Johannes W. Rohen

Topographische Anatomie

10. Auflage

Topographische Anatomie

Lehrbuch mit
besonderer Berücksichtigung
der klinischen Aspekte und
der bildgebenden Verfahren

Johannes W. Rohen
Prof. em. Dr. med., Dr. med. h. c.
Anatomisches Institut
der Universität Erlangen-Nürnberg

unter Mitarbeit von
Prof. Dr. Winfried Neuhuber
Anatomisches Institut (Lehrstuhl I)
der Universität Erlangen-Nürnberg

Zehnte, völlig neu gestaltete Auflage

Mit 310 Abbildungen,
davon 205 mehrfarbig und 101 Tabellen

Schattauer

Prof. em. Dr. med., Dr. med. h. c. Johannes W. Rohen
Anatomisches Institut der
Universität Erlangen-Nürnberg
Universitätsstraße 19
91054 Erlangen

Die Deutsche Bibliothek – CIP-Einheitsaufnahme

Rohen, Johannes W.:
Topographische Anatomie : Lehrbuch mit besonderer Berücksichtigung der klinischen Aspekte und der bildgebenden Verfahren ; mit 101 Tabellen / Johannes W. Rohen. - 10., völlig neu gestaltete Aufl. - Stuttgart ; New York : Schattauer, 2000
ISBN 3-7945-1897-7

Printed in Germany

Umschlaggestaltung: Bernd Burkart
Satz und Druck: Mayr Miesbach, Druckerei und Verlag GmbH, Am Windfeld 15, D-83714 Miesbach

Gedruckt auf chlor- und säurefrei gebleichtem Papier.

ISBN 3-7945-1897-7

Vorwort zur 10. Auflage

Die topographische Anatomie befaßt sich mit den Lageverhältnissen der Organe und Leitungsbahnen, d. h. mit ihren räumlichen Beziehungen zueinander. Sie ist daher eine unverzichtbare Voraussetzung für den praktizierenden Arzt, insbesondere natürlich für den Chirurgen, aber auch für alle anderen Fachrichtungen der Medizin. In den letzten Jahren haben die sog. bildgebenden Verfahren (Sonographie, MRT, CT usw.) eine zunehmende Bedeutung in der praktischen Medizin gewonnen. Die Beurteilung dieser Bilder setzt gute topographisch-anatomische Kenntnisse voraus. Die vorliegende Neuauflage hat dieser Tatsache in besonderer Weise Rechnung getragen. Wir haben nicht nur dem Buch ein methodisches Kapitel über die bildgebenden Verfahren als solche vorangestellt, sondern auch an zahlreichen Stellen MRT- und CT-Aufnahmen in den Text eingefügt.

Die topographisch-anatomische Beschreibung geht klassischerweise von Regionen aus, deren Grenzen traditionell festgelegt sind. Der Arzt, der in einer bestimmten Region einen Eingriff, eine Biopsie oder Injektion vornimmt, muß wissen, welche Leitungsbahnen oder Strukturen in welcher Schicht und in welcher Nachbarschaft anzutreffen sind. Es kommt daher sehr darauf an, sich beim Studium der Topographie gute räumliche Vorstellungen über die Topographie dieser Regionen zu erarbeiten. Selbstverständlich kann das nicht durch schematische Zeichnungen oder detaillierte Beschreibungen erreicht werden. Der Studierende muß schon versuchen, im Präpariersaal am Objekt selbst die nötigen Raumvorstellungen zu gewinnen. Diese »Lernarbeit« kann aber wesentlich erleichtert und vor allem beschleunigt werden, wenn man vorher nicht nur die topographischen Verhältnisse, sondern auch die systematischen Zusammenhänge studiert hat. Es wurde daher im vorliegenden Band, bevor mit der eigentlichen Beschreibung der topographischen Verhältnisse begonnen wurde, jeweils eine kurze Darstellung der systematischen Anatomie, z. B. der Muskellogen und Leitungsbahnen, vorausgeschickt. Um hierfür nicht zu viel Raum zu verlieren, wurde der Stoff weitgehend in Tabellen und Schemata zusammengefaßt, die man auch überschlagen kann, wenn man dieses Wissen bereits zur Verfügung hat. Es hat sich aber gezeigt, daß selbst praktizierende Ärzte ganz dankbar sind, wenn sie z. B. die Astfolge von bestimmten Arterien oder die Lage der Leitungsbahnen innerhalb der verschiedenen Muskellogen nochmals kurz wiederholen können, bevor sie sich mit der Topographie einer speziellen Region beschäftigen.

Im modernen Unterrichtsbetrieb der Anatomie spielen heute die klinischen Bezüge eine immer größer werdende Rolle. Der Studierende möchte wissen, warum er die vielen anatomischen Details lernen muß und was er davon später in der Praxis gebrauchen kann. Daher wurden an zahlreichen Stellen »klinische Hinweise« eingefügt, die aber, um den laufenden Text nicht zu sehr zu zersplittern, farblich abgesetzt wurden, so daß diese Texte auch überschlagen werden können, wenn die Zeit knapp ist.

Gegenüber früheren Auflagen wurde der Text an vielen Stellen gekürzt und übersichtlicher gestaltet, um der Tatsache Rechnung zu tragen, daß der Studierende – auch für dieses, eigentlich sehr wichtige Teilgebiet der Anatomie – meist nur wenig Zeit zur Verfügung hat. Wenn der Umfang des Buches insgesamt dennoch nicht wesentlich geringer geworden ist, so liegt das daran, daß zahlreiche neue Abbildungen (insgesamt 36) und Tabellen (z. B. über Kennmuskeln, Kenndermatome usw.) eingefügt worden sind. Die Abbildungen sind größtenteils aus sich selbst heraus verständlich, so daß diese, wie auch die tabellarischen Zusammenstellungen, unmittelbar zum Lernen und Memorieren verwendet werden können.

Im übrigen wurde die anatomische Nomenklatur nochmals gründlich überarbeitet und das gesamte Abbildungsmaterial neu durchgesehen, vervollständigt und verbessert, sowie im Hinblick auf die klinischen Bezüge ergänzt.

Ich hoffe, daß das Buch auch in seiner neuen Form seinen Zweck, nämlich dem angehenden oder auch schon tätigen Arzt diesen schwierigen Stoff verständlich zu machen, erfüllt, daß es nach wie vor viele Freunde behält und neue hinzugewinnt.

Erlangen, im Herbst 1999
J. W. Rohen

Danksagung

Besonderen Dank schulde ich meinem Kollegen und Nachfolger im Amt, Herrn Prof. Dr. W. Neuhuber, für die gründliche Durchsicht des Manuskripts und die zahlreichen Anregungen für Verbesserungen und Ergänzungen. Ganz herzlichen Dank möchte ich auch Herrn Prof. Dr. A. Heuck (München) aussprechen, der mir bei der Abfassung des einführenden Kapitels über die bildgebenden Verfahren wesentlich geholfen und zahlreiche MRT- und CT-Abbildungen zur Verfügung gestellt hat. Die meisten der radiologischen Aufnahmen aus den früheren Auflagen, die ich von den Herren Professoren W. Huk, G. Gademann, W. Rödl, H. W. Stadler und A. Düring erhalten hatte, wurden auch in dieser Auflage wieder verwendet. Ich möchte diese Gelegenheit gerne wieder benützen, diesen Kollegen meinen herzlichsten Dank für die hilfreiche Unterstützung zum Ausdruck zu bringen.

Herrn Prof. Dr. W. Bautz, Direktor des Instituts für radiologische Diagnostik der Universität Erlangen, verdanke ich die MRT-Aufnahmen vom Thorax und von der Lendenwirbelsäule, wofür ich mich herzlich bedanken möchte.

Die neuen topographischen Zeichnungen und Schemata wurden von meiner Graphikerin, Frau Annette Gack, angefertigt, die sich mit viel Hingabe, Geduld und großem Können dieser Aufgabe gewidmet und auch bei dem neuen Layout des Buchs mit ihrer großen Sachkenntnis und ihrem herausragenden Stilgefühl mitgewirkt hat. Ohne ihre Mitarbeit wäre die Neuauflage der »Topographie« in dieser Form nicht zustande gekommen. Ich möchte ihr an dieser Stelle gerne meinen ganz besonderen Dank aussprechen. Auch unsere Sekretärin, Frau Lisa Köhler, hat mir viel geholfen, mit den Textänderungen zurechtzukommen und das Sachverzeichnis zu erstellen, wofür ich mich ganz herzlich bedanken möchte.

Nicht zuletzt sei allen Studierenden und Kollegen, die mir Hinweise und Verbesserungsvorschläge gemacht haben, insbesondere aber auch dem F. K. Schattauer Verlag, vor allem Herrn D. Bergemann, für das bereitwillige Eingehen auf alle meine Wünsche ganz herzlich gedankt.

Erlangen, Herbst 1999
J. W. Rohen

Aus den Vorworten zu früheren Auflagen

Es fehlt nicht an ausgezeichneten Lehrbüchern der Topographischen Anatomie, so daß ein solches Buch einer Begründung bedarf. Das Hauptanliegen der vorliegenden Darstellung ist vor allem, den umfangreichen Stoff in einer möglichst kurz gefaßten und übersichtlichen Form zusammenzufassen, so daß der Student sich in relativ kurzer Zeit die wesentlichsten Tatbestände dieses Gebietes erarbeiten kann. Die Zusammenfassung einer so schwierigen und umfangreichen Materie verlangt daher besondere Kunstgriffe, um sich – ohne fragmentarisch und lückenhaft zu werden – in eine solche Kurzfassung pressen zu lassen. So wurden viele Sachverhalte, wie Leitungsbahnen, Regionenbegrenzung u. a., in Stichworttabellen zusammengefaßt, um den Text zu entlasten und ermüdende Wiederholungen zu vermeiden.

Bei der Abfassung des Textes habe ich mich davon leiten lassen, daß der Student für dieses, doch am Rande der praktischen Medizin liegende Fach meist nur wenig Zeit hat, und daß es hier weniger auf die Vermittlung von Einzelwissen und Fachausdrücken ankommt, als vielmehr auf die Erarbeitung eines praktisch anwendbaren Wissens, das sich nur ergibt, wenn man sich von den Körperregionen eine wirklichkeitsnahe, räumliche, d. h. plastisch-dreidimensionale Vorstellung erarbeitet hat. Wir haben daher den lateinischen Bezeichnungen nur eine untergeordnete Rolle zuerkannt und auch hinsichtlich der Nomenklatur jede Mehrfachbezeichnung vermieden (im ganzen wurde die sog. »neue Nomenklatur«, PNA 1955 in ihrer derzeitigen Fassung, benützt), dafür aber soweit wie möglich das räumliche Vorstellungsvermögen anzusprechen versucht.

Die Abbildungen sollen daher auch nicht als Wiedergabe anatomischer Präparate gelten. Sie sind vielmehr als Schemata anzusehen, die das plastische Denken anregen sollen. Die wirklichen Verhältnisse lassen sich ohnehin nicht durch Abbildungen wiedergeben. Reale Vorstellungen von der Topographischen Anatomie kann der Student nur durch Präparate oder Demonstrationen erwerben. Ein Lehrbuch soll und darf nur Anregungen geben und Vorstellungen wecken, vertiefen oder vorbereiten. Ich hoffe, daß die beigegebenen Abbildungen, die zum großen Teil auf bewährten Darstellungen der Literatur basieren, in der Lage sind, eine räumliche Vorstellung zu vermitteln; allerdings muß man sich etwas Zeit dafür nehmen.

Es wurde davon abgesehen, die Darstellungen der Leitungsbahnen scharf an der Regionengrenze abzubrechen. Meist kann man die Gebilde noch ein Stück weit verfolgen und damit in Gedanken an die Bilder von der Nachbarregion anknüpfen. Wir haben auch versucht, Schnittränder, aufgeklappte Muskeln und Haken zu vermeiden, um die bildhafte Vorstellung von der jeweiligen topographischen Situation einer Region nicht durch künstlich verlagerte Teile zu stören und die Vorstellung immer auf den lebenden Menschen im ganzen beziehen zu können. Wir haben uns bemüht, die Anatomie gleichsam durch die Haut hindurch sichtbar werden zu lassen und wie bei einem »gläsernen Menschen« erkennbar zu machen. Es wurden daher – wenn möglich – immer die Körperumrisse mitgezeichnet.

Die bleibende Bedeutung der Anatomie für den Arzt liegt ja in den räumlich-bildhaften Vorstellungen, die er sich im Studium erarbeitet hat. Chirurgische Methoden kommen und gehen, so daß sich die Akzente der »praktischen Bedeutung« einzelner anatomischer Tatsachen häufig verlagern. Die lebendigen Vorstellungen vom topographischen Aufbau des Körpers sind dagegen etwas Unveränderliches, das seinen Wert für den Arzt immer behalten wird, auch wenn sich die Behandlungsmethoden ändern. Darin liegt auch die Bedeutung der Topographischen Anatomie für Klinik und Praxis.

Das Buch wurde in der Hauptsache für den Studenten geschrieben, der mit seiner Zeit haushalten muß. Ich habe daher davon abgesehen, die Abbildungen mit Beschriftungshinweisen zu überladen. Vielmehr wurde versucht, die Hinweise so zu ordnen, daß man mit einem Blick die behandelten Tatsachen überschauen kann. Die zusammenliegenden Leitungsbahnen wurden zusammengefaßt, manche Tatsachengruppen auf der einen, andere auf der gegenüberliegenden Seite benannt. Es ist m. E. in einem Topographiebuch nicht mehr erforderlich, alle in einer Abbildung erkennbaren Gebilde zu beschriften. Viele grundlegende Begriffe dürfen vorausgesetzt werden. Wir haben uns vielfach nur auf die Hervorhebung der wesentlichen Dinge beschränkt. Zum Nachschlagen müssen die Atlanten und die großen Lehrbücher herangezogen werden. Darüber hinaus habe ich auch versucht, die Bilder stärker in den Text einzubeziehen. Sachliche Zusammenhänge, die aus einer Abbildung voll erkennbar sind, wurden im Text nicht nochmal beschrieben. Die tabellarischen Zusammenstellungen beziehen sich häufig auf die gleichen Numerierungen der nebenstehenden Abbildung. Die verdeutschten Fachausdrücke wurden auch in deutscher Schreibweise gebracht, was m. E. sinnvoller ist als das übliche Durcheinander lateinischer, griechischer und deutscher Typographie.

Ob es gelungen ist, durch alle diese Kunstgriffe den spröden Text der Topographie lebendiger und lesbarer zu machen sowie auf engstem Raum zusammenzudrängen, muß der Leser beurteilen. Oberstes Anliegen war jedoch immer der Bezug zur praktischen Medizin. Nicht umsonst pflegt man die Topographische Anatomie die praktische oder angewandte zu nennen.

Wertvolle Anregungen zur Verbesserung des Textes verdanke ich den Herren Professoren Castenholz, Mörike, Rodeck, Schwaiger, Südhof, Zenker und v. d. Zypen, aber auch vielen aufmerksamen Freunden, Kollegen und Studenten. Ihnen sei herzlich gedankt! Besonderen Dank möchte ich auch meinen Zeichner(inne)n (H. Klose-Baison, Ch. Fiebiger, G. Keuer, R. Rath, L. Schünzel) aussprechen. Insbesondere Frau Keuer hat sich unermüdlich in meine Vorstellungen eingelebt und durch ihre hervorragenden farbigen Abbildungen sehr dazu beigetragen, daß das Buch den Stil bekommen hat, den ich angestrebt habe.

Nicht zuletzt möchte ich dem Verlag, besonders Herrn Prof. Matis, für die Anregung, ein derartiges Buch abzufassen, und die dauernde Ermutigung bei der Arbeit an der Erstfassung sowie auch an den rasch aufeinanderfolgenden Neuauflagen herzlich danken. Die großzügige Bereitwilligkeit, mit der der Verlag auf alle meine Wünsche eingegangen ist, hebe ich gerne dankbar hervor.

J. W. Rohen

Inhaltsverzeichnis

Einführung

Rumpf

Obere Extremität

Untere Extremität

Hals und Kopf

Brust- und Bauchsitus

Becken und Genitalapparat

Abkürzungen

A. = Arteria
ant. = anterior
Art. = Articulatio
dext. = dexter, dextra
dist. = distalis
dors. = dorsalis
ext. = externus
For. = Foramen
Ggl. = Ganglion
Gl. = Glandula
inf. = inferior
int. = internus
lat. = lateralis
Lig. = Ligamentum
M. = Musculus
med. = medialis
N. = Nervus
NS = Nervensystem
Nucl. = Nucleus
post. = posterior
Proc. = Processus
prof. = profundus
prox. = proximalis
R. = Ramus
Rec. = Recessus
sin. = sinister, sinistra
sup. = superior
superf. = superficialis
V. = Vena
Var. = Variation
ventr. = ventralis
ZNS = zentrales Nervensystem

Der Plural eines lateinischen Terminus wird durch Verdoppelung des letzten Buchstabens angedeutet, z.B. Aa. = Arteriae, Mm. = Musculi, Ggll. = Ganglia.

Abbildungsnachweise

Diese Zeichnungen wurden dankenswerterweise von folgenden Graphikerinnen und Graphikern hergestellt:

Anton Atzenhofer – Abb. 110.

Gunther Fellmer – Abb. 72, 138, 166, 248.

Annette Gack – Abb. 12, 13, 15, 17, 25, 26, 32, 36, 37, 48, 52, 62, 75, 87, 90, 97a u. b, 106, 112, 113, 115, 126, 145, 166b, 198, 200, 204, 218, 238, 241, 257, 261, 262, 264, 265, 269, 270, 275.

Gisela Keuer – Abb. 31, 61, 64, 70, 73, 76, 100, 103, 107, 114, 134, 136, 137, 147, 151, 155, 157, 158, 160, 161, 163, 165, 167, 171, 174, 175, 179, 180, 182, 184, 185, 186, 195, 196, 199, 204, 206, 208, 209, 214, 223, 227, 229, 242, 247, 248, 249, 253, 258, 272, 286, 289, 293, 295, 297.

Helma Klose-Baison – Abb. 6, 11, 16, 27, 30, 33, 35, 41, 51, 65, 104, 125, 143, 144, 153, 193, 198, 232a u. b, 237, 251, 256a u. b, 257, 271, 299.

Sonja Mollenhauer – Abb. 20, 69, 128.

Evelyn Ott-Freiberger – Abb. 1, 2, 4, 10, 22, 38, 39, 40, 42, 43, 44, 45, 46, 47, 49, 58, 64, 67, 82, 83, 84, 85, 86, 88, 90, 93, 94, 95, 96, 98, 107, 118, 119, 120, 121, 122, 123, 243, 284, 285.

Waltraut Schlicher – Abb. 5, 50, 134, 217, 281.

Heinz Troeger – Abb. 22, 53, 54, 55, 56, 110, 127, 129, 130, 135.

Christiane Wittek – Abb. 3, 7, 9, 14, 21, 23, 24, 31, 51, 58, 79, 89, 92, 131, 132, 162, 178, 219, 225, 233, 250, 282, 283.

Einführung

Topographische Anatomie und bildgebende Verfahren

Die topographische Anatomie beschreibt die Lageverhältnisse der verschiedenen Strukturen des Körpers und ihre räumlichen Beziehungen zueinander. In der modernen Medizin hat die topographische Anatomie zunehmend an Bedeutung gewonnen; nicht nur, daß der Chirurg für operative Eingriffe präzise anatomische Kenntnisse benötigt, auch für zahlreiche kleinere Eingriffe, Biopsien und endoskopische Untersuchungen, insbesondere aber für die Beurteilung der heute durch die sog. bildgebenden Verfahren gewonnenen Abbildungen sind eingehende topographische Kenntnisse unverzichtbar. Da die modernen Verfahren der Computertomographie (CT) und Kernspintomographie (MRT) im Gegensatz zum herkömmlichen Röntgenbild immer nur Abbildungen von einer bestimmten **Schicht** des Körpers liefern (Schichtdicke in der Regel 8–10 mm), hat die früher eher vernachlässigte Anatomie der Schnitte in den letzten Jahren eine ständig wachsende Bedeutung erlangt. Die Schnittbilder stellen für die übliche präparative Anatomie eine ungewohnte, neue Dimension dar, die man sich – nicht ohne Mühen – zusätzlich erarbeiten muß, und in der man sich erst dann sicher bewegen kann, wenn man sich zuvor eingehende Kenntnisse in der »normalen« topographischen, d. h. in der dreidimensionalen, regionalen Anatomie erarbeitet hat.

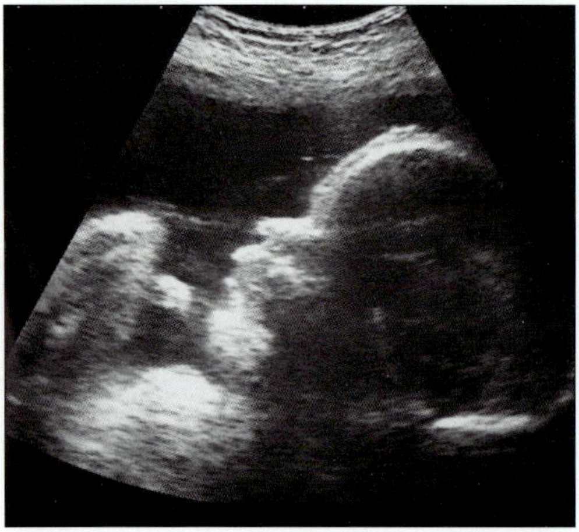

Abb. E-1. Ultraschallaufnahme eines menschlichen Fetus (etwa 5. Monat). Man erkennt deutlich das Profil des Gesichtes, Schulter und Hände (freundlicherweise zur Verfügung gestellt von Prof. L. A. Tulusan, Bayreuth; aus Lütjen-Drecoll E, Rohen JW. Atlas der Anatomie. Stuttgart: Schattauer 1997).

Die Basis der topographischen Anatomie ist auch heute noch die schichtweise makroskopische Präparation an der Leiche, daher **stratigraphische Anatomie.** Da sie die Strukturen immer nur im Bereich bestimmter, genau definierter Regionen beschreibt, spricht man vielfach auch von regionaler Anatomie. Die topographische Anatomie hat durch die sog. bildgebenden Verfahren, die eine Darstellung anatomischer Strukturen am Lebenden ermöglicht, heute eine bedeutende Erweiterung erfahren.

Neben der seit Anfang des Jahrhunderts bekannten Röntgenuntersuchung haben sich heute mehrere, sehr effektive Verfahren entwickelt, die weite Verbreitung gefunden haben. Insgesamt unterscheidet man im wesentlichen fünf verschiedene Untersuchungstechniken:

1. Ultraschalluntersuchung oder Sonographie
2. Röntgenuntersuchung
3. Computertomographie (CT)
4. Magnetresonanz- oder Kernspintomographie (MRT)
5. Szintigraphie (z. B. Positronenemissionstomographie [PET])

1. Die **Ultraschalluntersuchung** liefert Schichtbilder von einer beliebigen Körper-

region durch Reflektion hochenergetischer Schallwellen, die von einem Piezo-Kristall ausgestrahlt werden. Die Ultraschalluntersuchung erzeugt nicht so scharfe und klare Bilder wie das CT- oder MRT-Verfahren, hat aber mehrere Vorteile, so daß sich die Sonographie in der Praxis großer Beliebtheit erfreut:

a) Da keine ionisierenden Strahlen zum Einsatz kommen, werden keine biologischen Schäden gesetzt.
b) Jede gewünschte Ebene kann auch im raschen Wechsel untersucht werden.
c) Der apparative Aufwand ist relativ gering und das Verfahren daher sehr kostengünstig. Ein bevorzugtes Anwendungsgebiet ist z. B. die Schwangerenuntersuchung, da sich der Embryo oder Fetus schon von relativ frühen Stadien an gut zur Darstellung bringen läßt.

2. Das älteste bildgebende Verfahren ist die »**Röntgenographie**«. Die Röntgenstrahlen wurden 1895 von Conrad Wilhelm Roentgen, damals an der Universität Würzburg tätig, entdeckt und von ihm als X-Strahlen bezeichnet (im englischen Sprachraum heute noch X-rays genannt). Röntgenstrahlen werden dadurch erzeugt, daß eine Wolframanode von einem aus einer Kathode austretenden Elektronenstrahl bei Spannungen zwischen 20 und 150 KV bombardiert wird. Da Röntgenstrahlen von Weichteilen weniger absorbiert werden als von Knochen oder Metallen (die Absorption hängt von der Ordnungszahl der Elemente und der Dicke der Schichten ab), entstehen bildmäßige Kontraste, die sich besonders gut zur Darstellung des Knochensystems, etwa zur Erkennung von Frakturen oder Fremdkörpern eignen. Man muß aber immer berücksichtigen, daß sich im Röntgenbild alle Schichten übereinander projizieren und sich somit ein überlagerungsfreies Bild einer einzelnen anatomischen Struktur nicht gewinnen läßt.

3. Bei der **Röntgen-Computertomographie** (CT) dreht sich die Röntgenröhre in einer kontinuierlichen Kreisbewegung um den Patienten herum und durchstrahlt dabei die zu untersuchende Körperschicht mit einem schmalen, kollimierten Strahlenbündel. Der Röntgenröhre genau gegenüberliegend sind spezielle Detektoren angeordnet, welche die auf der anderen Seite der Körperschicht austretenden (und entsprechend der Gewebezusammensetzung geschwächten) Strahlen in elektrische Impulse umwandeln. Mit Hilfe leistungsfähiger Computer werden alle in der gewünschten Untersuchungsebene liegenden Signale erfaßt und zu einem **Schichtbild** zusammengesetzt. Diese Technik hat den Vorteil, daß sie überlagerungsfreie Abbildungen mit relativ hoher Auflösung erzeugt, hat jedoch den Nachteil, daß die Strahlenbelastung größer ist als bei der konventionellen Röntgenuntersuchung. Die CT-Bilder gleichen bezüglich ihrer Kontraste im wesentlichen den Röntgenbildern (Knochen erscheinen hell, Fettgewebe dunkel), repräsentieren jedoch lediglich eine etwa 1 cm dicke, axiale

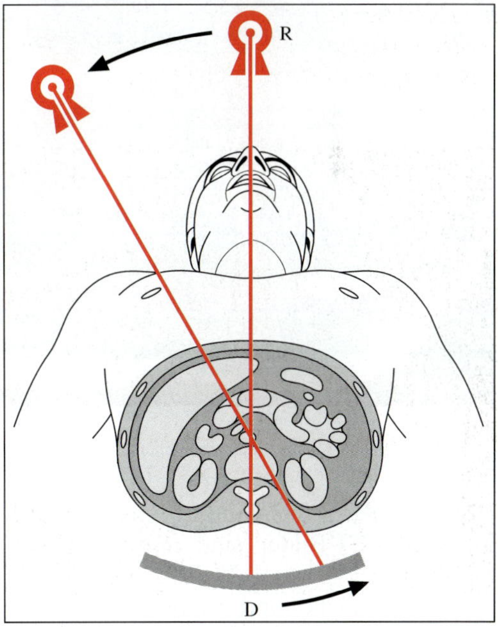

Abb. E-2. Schema über die Technik der **Transmissions-Computertomographie:** Durchstrahlung einer Körperschicht mit einem Röntgenstrahlenbündel aus einer Röntgenröhre (R) und Messung der Strahlenabsorption mit Detektoren (D) aus verschiedenen Richtungen.

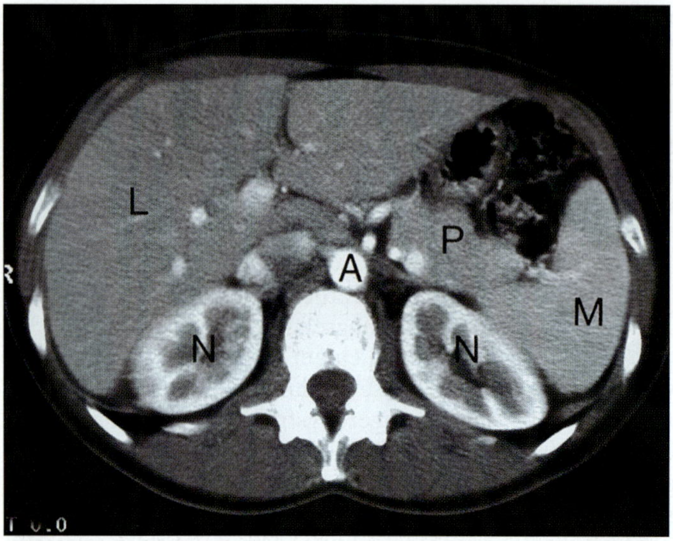

Abb. E-3

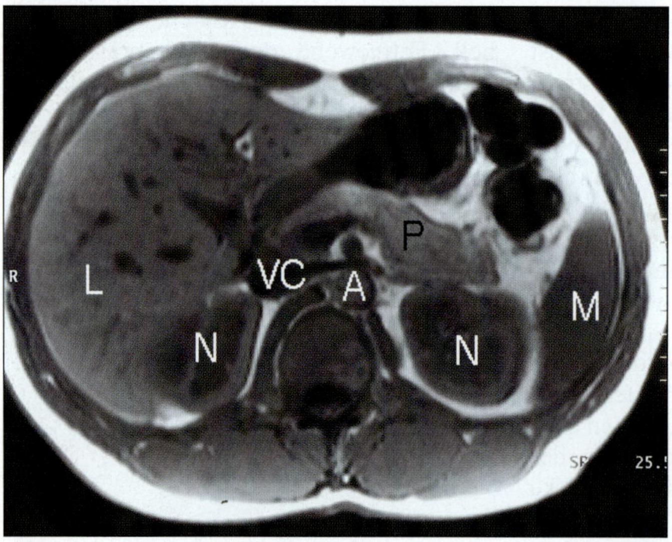

Abb. E-4

Abb. E-3 u. 4. Vergleich von CT- und MRT-Aufnahmen. Bei den **CT-Aufnahmen** (Abb. E-3) stellen sich z. B. Knochen sehr gut, Weichteile dagegen weniger gut dar. Bei **MRT-Aufnahmen** (Abb. E-4) ist es umgekehrt; hier treten z. B. Weichteile (Fettgewebe, Organe) kontrastreich hervor, während Knochen und Knorpel weniger gut erkennbar sind. A = Aorta; P = Pankreas; L = Leber; M = Milz; N = Nieren (freundlicherweise zur Verfügung gestellt von Prof. Dr. A. Heuck, München).

(transversale) Schicht einer bestimmten Region, d. h. CT-Bilder sind immer **Schnittbilder.**

Eine spezielle und besonders schnelle Form der Computertomographie stellt die **Elektronenstrahltomographie** dar, die, wie z. B. bei dem abgebildeten Herzen, auch eine dreidimensionale (3-D) Rekonstruktion der Herzkranzgefäße erlaubt (Abb. E-8).

4. Eine Belastung durch ionisierende Strahlen ergibt sich bei der **Kernspin-** oder **Magnetresonanztomographie** (MRT) nicht. Bei der MRT liegt der Patient in einem sehr starken Spulenmagneten, wobei sich die magnetischen Dipole der im Körper vorhandenen Atomkerne entlang des äußeren Magnetfeldes ausrichten. Dann werden elektromagnetische Wellen (Radiowellen)

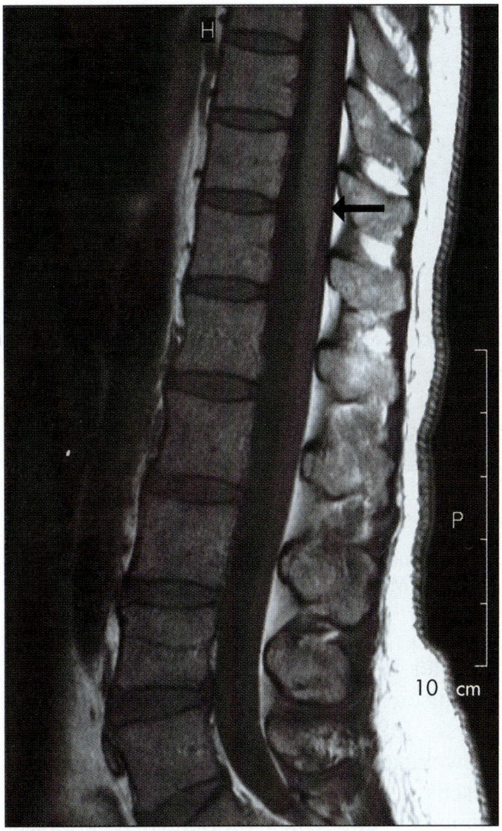

a)

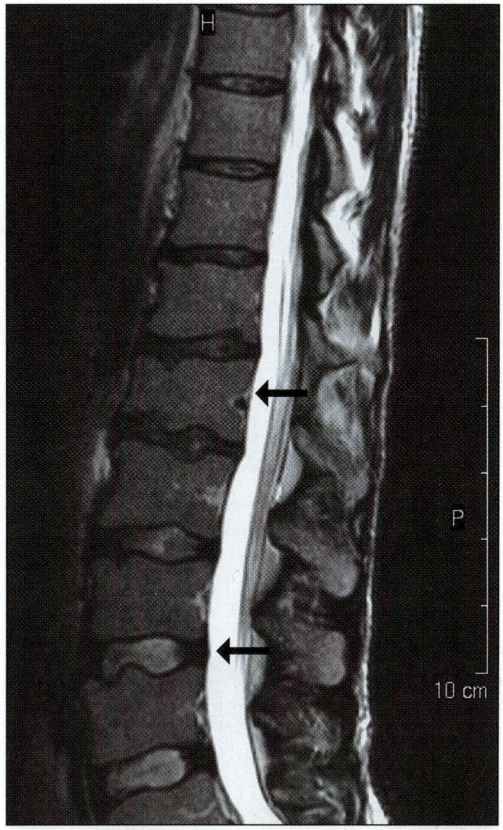

b)

Abb. E-5. MRT-Aufnahmen der unteren Brust- und Lendenwirbelsäule mit verschiedenen T1- und T2-Parametern (freundlicherweise zur Verfügung gestellt von Prof. Dr. W. Bautz, Institut für radiologische Diagnostik, Universität Erlangen).

a) Das sagittale Schnittbild (aufgenommen mit sog. T1-gewichteten Parametern) zeigt die Wirbelsäule vom 10. Brustwirbel bis zum Sacrum. Das Knochenmark der Wirbelkörper hat eine mittlere Signalintensität (Helligkeit), die Bandscheiben sind etwas dunkler dargestellt. Im Spinalkanal überwiegt die sehr niedrige Signalintensität des Liquor cerebrospinalis. Davon heben sich das Rückenmark mit dem Conus medullaris (Pfeil) und die Spinalnervenwurzeln der Cauda equina mit mittlerer Helligkeit ab. Das dorsal gelegene subkutane Fettgewebe hat eine sehr hohe Signalintensität.

b) Dieses Bild ist in der gleichen Schichtebene aufgenommen wie Abb. a, aber mit sog. T2-gewichteten Parametern. Die Bandscheiben haben jetzt eine höhere Signalintensität als das Knochenmark der Wirbelkörper, der Liquor cerebrospinalis ist jetzt sehr hell (Pfeile). Auch das subkutane Fettgewebe hat eine sehr hohe Signalintensität.

c) Lage der sagittal orientierten Serienschnitte.

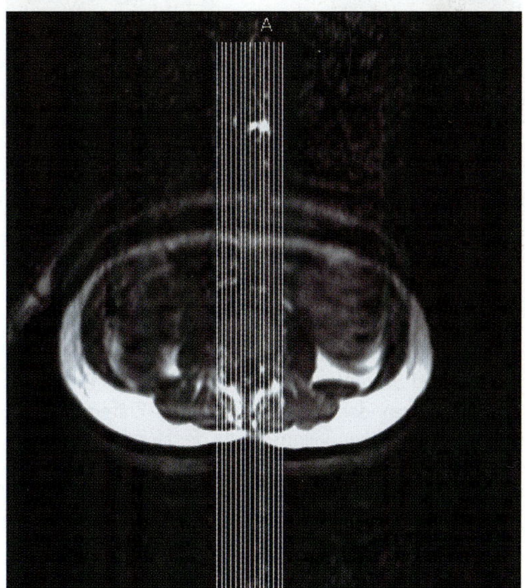

c)

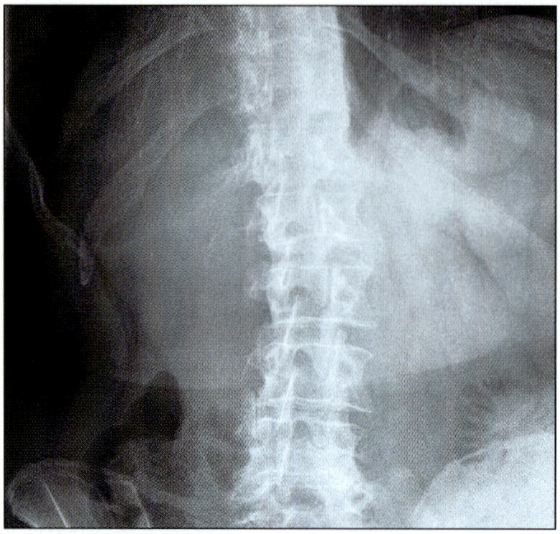

Abb. E-6. **Röntgenaufnahme der Bauchorgane** (normale p.-a.-Aufnahme). Alle Strukturen überlagern sich.
(Die Abb. E-6 und E-7 wurden freundlicherweise zur Verfügung gestellt von Prof. Dr. A. Heuck, München.)

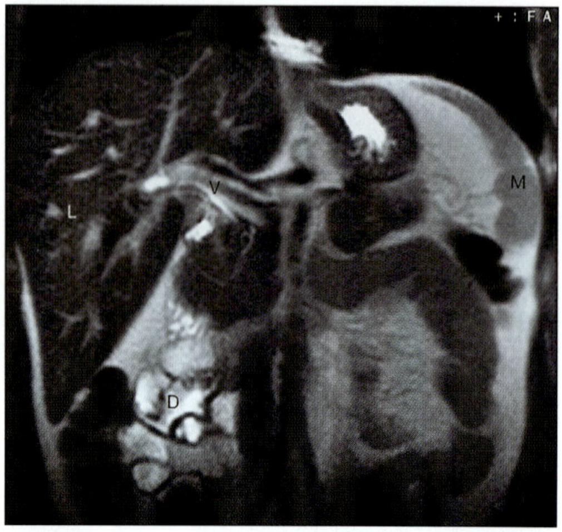

Abb. E-7. **MRT-Aufnahme der Bauchorgane** (koronaler Schnitt in Höhe der Pfortader [V]). Nur die in der Schnittebene gelegenen Organe werden dargestellt. L = Leber; M = Milz; D = Dünndarm; V = V. portae.

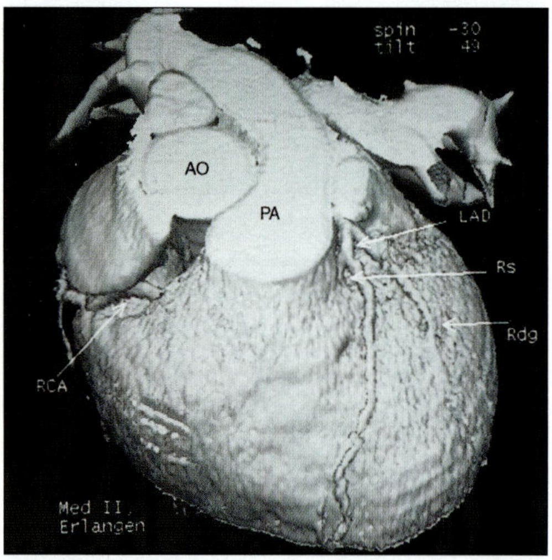

Abb. E-8. **Elektronenstrahltomographische Aufnahme vom menschlichen Herzen (3-D-Rekonstruktion** aus den axialen EBT-Schnitten im »Shaded Surface Display«). Nach Editieren der axialen Bilder zur Entfernung der Thoraxwand können Teilabschnitte der Herzkranzarterien eingesehen werden (freundlicherweise zur Verfügung gestellt von PD Dr. W. Moshage, Dr. S. Achenbach, Dr. D. Ropers, Med. Klinik II, Erlangen; Direktor: Prof. W. G. Daniel).
Ao = Aorta; RCA = A. coronaria dext.; LAD = R. interventricularis ant.; Rdg = R. diagonalis; PA = Truncus pulmonalis; Rs = R. septalis.

in einer bestimmten Folge von sehr kurzen Impulsen in den Körper eingestrahlt. Diese führen in Abhängigkeit von der Gewebezusammensetzung zu charakteristischen Antwortimpulsen, die sukzessive gemessen und von Computern rechnerisch ausgewertet werden. Das erlaubt eine sehr kontrastreiche Darstellung der untersuchten Gewebe. Es werden immer zweidimensionale Schnittbilder der gewünschten Schichten im Patienten erstellt.

Über die reine Abbildung hinaus können auch weitere biochemische Parameter, wie z. B. die sog. Spin-Gitter- und die Spin-Spin-Relaxationszeiten T1 und T2, aber auch MRT-Spektren der im Gewebe enthaltenen Metaboliten gewonnen werden.

Der Vorteil des MRT-Verfahrens liegt neben der fehlenden Strahlenbelastung nicht nur in der oft überraschenden Prägnanz und Schärfe der Abbildungen, sondern auch in der Tatsache, daß praktisch Schnittbilder in jeder gewünschten Ebene möglich sind. Im MRT-Bild erscheinen (im Gegensatz zum CT-Bild) Knochen sowie auch schnellfließende Flüssigkeiten (Blut) dunkel, Fettgewebe dagegen hell

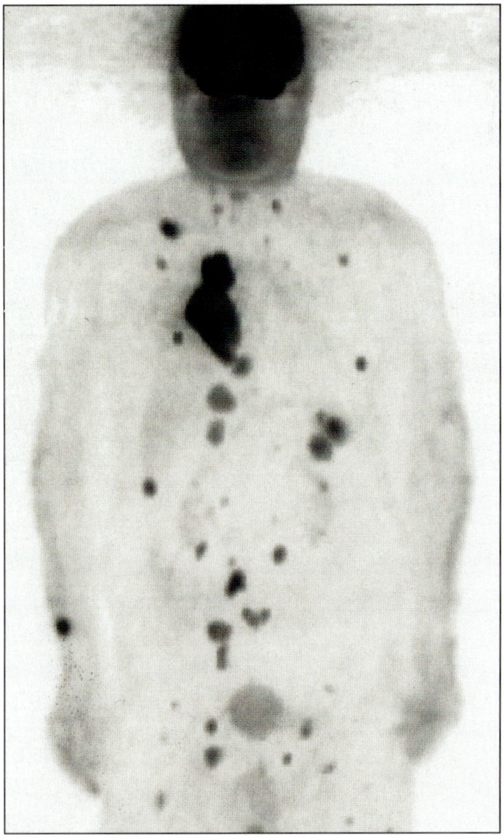

Abb. E-9. **Positronenemissionstomographie (PET)** mit 18-F-Deoxy-Glucose bei einem Patienten mit im gesamten Körper metastasierenden Melanomherden (schwarze Punkte, bzw. Flecken; Ganzkörpersummationsbilder) (freundlicherweise zur Verfügung gestellt von Dr. V. Meusel, Erlangen-Tennenlohe).

(vgl. die beiden Schnitte durch den Oberbauch).

Die heutigen Möglichkeiten digitaler Bildverarbeitung erlauben auch die Rekonstruktion **dreidimensionaler** Strukturen aus aufeinanderfolgenden Schnittserien von CT- und MRT-Bildern. Die große Genauigkeit der dadurch gewonnenen dreidimensionalen Darstellungen ermöglicht inzwischen sogar Planung und Durchführung operativer Eingriffe, was in bestimmten Gebieten der Chirurgie bereits praktische Anwendung gefunden hat.

5. **Nuklearmedizinische (szintigraphische) Verfahren** liefern Aussagen zu der Funktion von Geweben, Organen bzw. Organsystemen. Nach Verabreichung eines Radiopharmakons – hierunter versteht man die Verbindung eines radioaktiven Isotops mit einem Pharmakon – werden die ausgesendeten Gammastrahlen mit einer Gammakamera aufgenommen, um die Physiologie und Pathophysiologie von Stoffwechselvorgängen bildlich darzustellen. Für diagnostische Zwecke werden meist Isotope mit kurzer physikalischer Halbwertszeit (z. B. Technetium) verwendet, so daß die Gammastrahlen nur wenige Stunden detektierbar sind. Die Szintigraphie wird heute zur Funktionsdiagnostik vieler Organsysteme, unter anderem Skelett, Lunge, Niere, Leber, Herz oder Schilddrüse, eingesetzt (z. B. bei Verdacht auf Schilddrüsentumoren).

Bei der **Positronenemissionstomographie (PET)**, einem speziellen nuklearmedizinischen Schnittbildverfahren, werden Isotope von Elementen eingesetzt, die in nahezu allen organischen Verbindungen vorkommen (z. B. ^{11}C, ^{13}N, ^{15}O, ^{18}F). Derartige positronenemittierende Isotope eignen sich besonders zur Markierung von Biomolekülen und Pharmaka, ohne deren chemisches und physikalisches Verhalten im lebenden Organismus zu verändern. Aufgrund der physikalischen Besonderheiten ist es mit dieser Technologie möglich, Durchblutung, Stoffwechsel oder Rezeptorverteilung von Geweben dreidimensional darzustellen und absolut zu quantifizieren. Das Verfahren wird heute überwiegend eingesetzt, um den Glukosestoffwechsel des Gehirns, des linksventrikulären Myokards und von Tumoren abzubilden. Neben der Lokalisation und Ausdehnung von Tumoren bzw. deren Metastasen vermag man mit PET aufgrund der Erfassung der Stoffwechselaktivität von Tumorzellen zuverlässig zwischen vitalem Tumorrest-/Narbengewebe zu unterscheiden.

Rumpf

A. Muskeln und Leitungsbahnen des Rumpfes

I. Organisation des Rumpfes und allgemeine Gliederung der Muskulatur

Bestimmend für die Organisation des Rumpfes ist das Prinzip der Segmentation oder Metamerie. Gleichartig strukturierte Segmente folgen in kraniokaudaler Richtung aufeinander, wobei sich nicht nur die Skelettelemente (Wirbel, Rippen), sondern auch die Nerven und Gefäße in gleicher oder ähnlicher Anordnung von Segment zu Segment wiederholen. Die Segmentation ist im Thoraxbereich am reinsten differenziert, wird aber sowohl kopfwärts, d.h. im Halsbereich als auch kaudalwärts im Lenden- und Sakralbereich im Zusammenhang mit der Gestaltgliederung der benachbarten Regionen (Kopf, Extremitäten) stark modifiziert.

Im dorsalen Rumpfbereich bildet die Muskulatur kürzere und längere Stränge, die hauptsächlich in der Vertikalen, d.h. in kraniokaudaler Richtung, angeordnet sind und sich zwischen die Wirbelfortsätze einlagern (Abb. 1). Im Bereich der lateralen und ventralen Körperwand entstehen mehr flächenhafte Muskelplatten, die entweder eine schräge (Mm. intercostales, Mm. obliqui abdominis) oder eine horizontale Verlaufsrichtung (M. transversus abdominis) haben. Die Mm. intercostales sind noch rein metamer angeordnet, d.h. zu jedem Segment gehört eine entsprechende Muskelgruppe.

Bei der Bauchmuskulatur ist dagegen das Segmentprinzip insofern verwischt, als mehrere Segmente zu größeren Muskelplatten zusammengeflossen sind und nur noch die Gefäßversorgung und die Innervation die ursprünglichen Segmentareale erkennen lassen.

An der Dorsalseite des Rumpfes existieren zwei verschiedenartige Muskelgruppen. Am oberflächlichsten liegen die großen, flächenhaften Muskeln, die in der Entwicklung vom Kopf (M. trapezius, M. sternoclei-

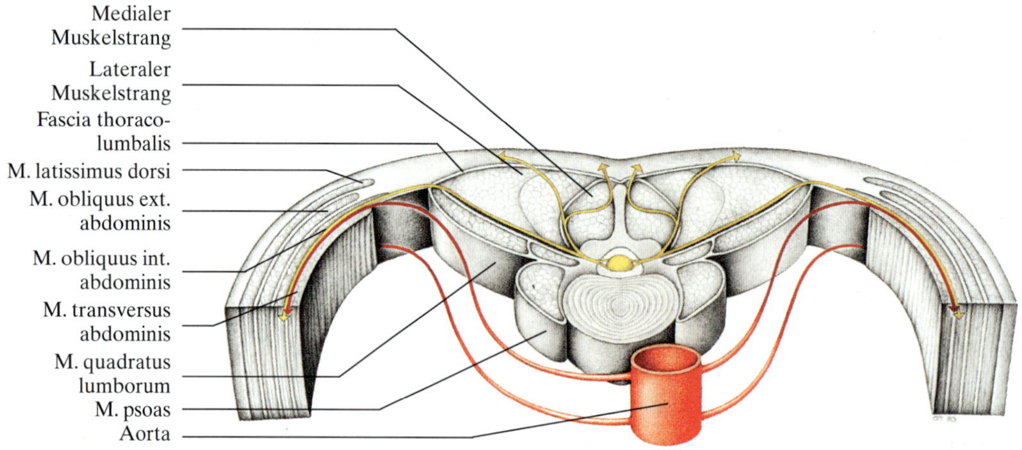

Abb. 1. Gliederung der Rückenmuskulatur und Lage der Gefäß-Nerven-Straßen im Bereich des Rückens. Gelb = Nervenwege; rot = Arterienstraßen.

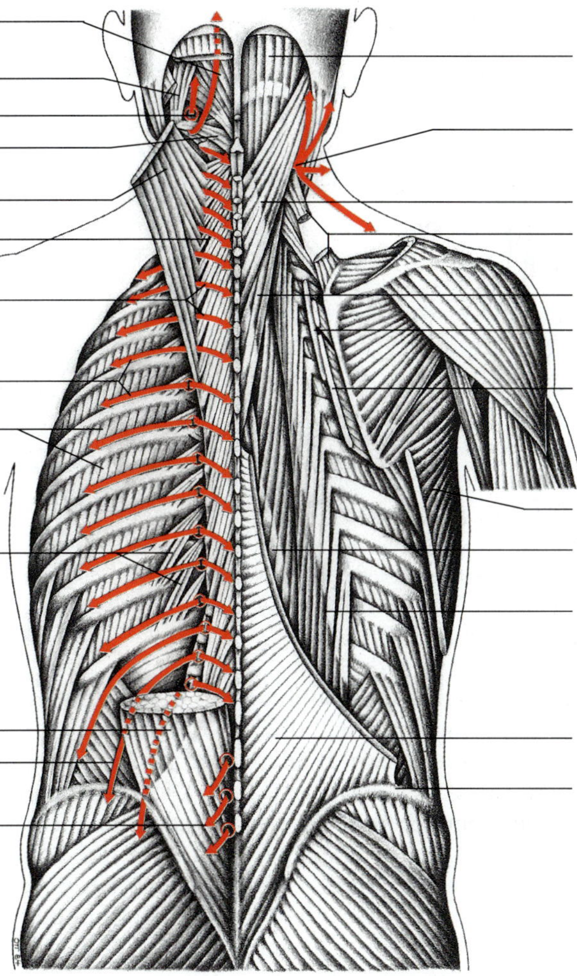

Abb. 2. Gliederung der Rückenmuskulatur und Lage der Gefäß-Nerven-Straßen (rote Pfeile) am Rücken. Oberflächliche Muskelschichten wurden entfernt.

A = Punctum nervosum (Erb-Punkt) für die Hautnerven des Plexus cervicalis
B = Tiefe Gefäß-Nerven-Straße des Nackens für N. occipitalis major und N. suboccipitalis
C = Mediale Gefäß-Nerven-Straße zum Rücken für Rr. med. der hinteren Spinalnervenäste und Rr. cutanei med. der hinteren Interkostalarterien
D = Laterale Gefäß-Nerven-Straße zum Rücken für Rr. lat. der hinteren Spinalnervenäste und Rr. cutanei lat. der hinteren Interkostalarterien
E = Obere Nervenstraße zur Glutäalregion für Nn. clunium sup.
F = Mediale Nervenstraße zum Rücken für dorsale Äste der Spinalnerven

domastoideus) oder vom Schultergürtel bzw. vom Arm (M. latissimus dorsi, Mm. romboidei, M. levator scapulae) auf den Rumpf herüber gewandert sind und hier neue Ursprungsgebiete gewonnen haben. Erst in der Tiefe liegen dann die eigentlichen, zum Rumpf gehörigen Muskeln, die das metamere Gestaltungsprinzip noch zeigen und als autochthone oder genuine Rückenmuskeln bezeichnet werden.

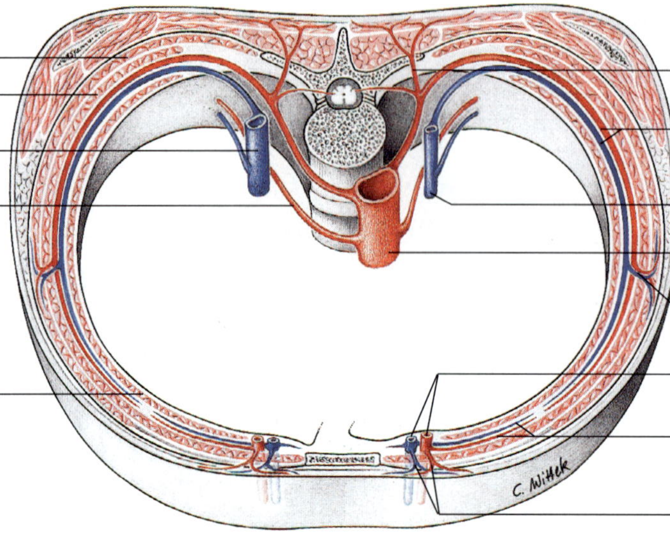

Abb. 3. Lage und Verlauf der Interkostalgefäße. Schematischer Horizontalschnitt durch den Thorax.

Diese Muskeln lagern sich so in die durch das Skelett gebildeten Rinnen ein, daß drei Hauptsysteme mit entsprechenden Bindegewebsabgrenzungen entstehen. Das erste System gruppiert sich um die Dornfortsätze herum (M. spinalis, M. interspinalis); das zweite befindet sich in der Rinne zwischen den Dornfortsätzen und den Querfortsätzen der Wirbel und besteht im wesentlichen aus den transversospinalen Muskeln (Mm. rotatores, Mm. multifidi und Mm. semispinales) sowie den spinotransversalen Muskeln (M. splenius capitis, M. splenius cervicis) *(medialer Muskelstrang)*; das dritte System *(lateraler Muskelstrang)* lagert sich in die Rinne zwischen den Querfortsätzen der Wirbel und den Rippen ein bzw. direkt auf die dorsalen Abschnitte der Rippen (Abb. 1). Der laterale Strang besteht aus zwei langen Muskelsträngen, die vom Beckenrand und vom Kreuzbein entspringen und bis zum Hals bzw. Kopf aufsteigen.

Lateral liegt der *M. iliocostalis*, medial der *M. longissimus* (Abb. 2). Die zwischen den Querfortsätzen der Wirbel verlaufenden Mm. intertransversarii sowie die kleinen Kopfmuskeln sollen hier zunächst unberücksichtigt bleiben. (vgl. S. 30).

Die genannten Muskeln werden als Ganzes durch eine aus zwei Blättern bestehende derbe, aponeurotische Faszie eingescheidet *(Fascia thoracolumbalis)*, wobei das tiefe Blatt an den Querfortsätzen der Lendenwirbel und das oberflächliche Blatt an den entsprechenden Dornfortsätzen bzw. an der Crista sacralis mediana ansetzt (Abb. 1).

Die *Leitungsbahnen* kommen entweder aus dem Wirbelkanal (Nerven) oder aus der Brust- bzw. Bauchhöhle (Arterien, Venen). Sie benützen die genannten Muskellogen, um zu ihren Erfolgsorganen zu gelangen (Abb. 2).

Am Rücken kommen die Leitungsbahnen in regelmäßiger segmentaler Anordnung jeweils zwischen zwei Querfortsätzen der Wirbel zum Vorschein. Sie teilen sich hier in zwei Gruppen, die mediale Gruppe gelangt in den Bereich des medialen Muskelstranges und erreicht die Oberfläche dicht neben den Dornfortsätzen, die laterale Gruppe verläuft im lateralen Muskelstrang und erreicht die Haut etwas weiter lateral. In Höhe der Wirbelquerfortsätze beginnen auch die Gefäß-Nerven-Straßen der lateralen und ventralen Körperwand. Hier verlaufen die Leitungsbahnen – jeweils am Unterrand der Rippen – zwischen dem M. intercostalis intimus einerseits und dem M. intercostalis int. und ext. andererseits (Abb. 3).

II. Leitungsbahnen des Rumpfes

1. Arterien

Letztlich stammen alle Arterien, die die Körperwand bzw. die Eingeweide versorgen, aus der Aorta, die im oberen Bereich der Brusthöhle einen nach links-hinten verlaufenden Bogen *(Arcus aortae)* bildet und dann an der Brustwirbelsäule entlang, abwärts bis zur unteren Lendenwirbelsäule verläuft, wo sie sich schließlich in die beiden *Aa. iliacae communes* aufspaltet (Abb. 4).

Die ersten, aus der aufsteigenden Aorta *(Aorta ascendens)* entspringenden Arterien versorgen das Herz selbst. Das sind die Kranzgefäße *(Aa. coronariae)*. Aus dem anschließenden Aortenbogen *(Arcus aortae)* zweigen dann die großen Arterien für die Versorgung von Kopf und Hals sowie auch für den Arm ab.

Als erstes geht der *Truncus brachiocephalicus* aus der Aorta hervor, der sich in die *A. subclavia dext.* für den rechten Arm und die *A. carotis communis dext.* für die rechte Hälfte von Kopf und Hals aufzweigt. Unmittelbar nach dem *Truncus brachiocephalicus* folgen die *A. carotis communis sin.* für die linke Kopf- und Halshälfte, sowie die *A. subclavia sin.* für den linken Arm.

Von der Brustaorta *(Aorta thoracica)* gehen dann in jedem Segment in regelmäßiger Folge die Interkostalarterien *(Aa. intercostales post.)* ab. Im Brustbereich entläßt die Aorta noch die für die Lungen *(Aa. bronchiales)* und den Ösophagus *(Aa. oesophageae)* bestimmten Äste.

Die neben der Brustwirbelsäule senkrecht absteigende Aorta erreicht schließlich den Hiatus aorticus des Zwerchfells, der etwa in Höhe des 12. Brustwirbelkörpers liegt. Sie wird distal davon als *Aorta abdominalis* bezeichnet. Aorta thoracica und abdominalis bilden zusammen die *Aorta descendens*. Unmittelbar nach dem Durchtritt durch den Zwerchfellschlitz gehen von der Aorta die wichtigsten Arterien für die Versorgung der Oberbauchorgane ab, nämlich der *Truncus coeliacus* für Magen, Leber, Pankreas und Milz, die *A. mesenterica sup.* für den Dünndarm und Teile des Dickdarms sowie die *Aa. renales* für die Nieren. Im Bereich der unteren Lendenwirbelsäule spaltet sich die Aorta abdominalis in zwei Äste auf *(Aa. iliacae communes)*, die sich beiderseits an der Beckeneingangsebene wieder in je eine *A. iliaca ext.* und *A. iliaca int.* aufteilen. Die A. iliaca int. versorgt die Beckenorgane, die Glutäalregion und das Genitale; die A. iliaca ext. zieht steil abwärts, unter dem Leistenband hindurch zum Bein, wo sie dann als *A. femoralis* bezeichnet wird. Die gerade Fortsetzung der Aorta entlang der Wirbelsäule ist sehr klein. Sie entspricht der Schwanzarterie der Säuger und heißt *A. sacralis mediana*. Die Gefäßversorgung von Gliedmaßen und Kopf wird in den jeweiligen Kapiteln besprochen.

Die Gefäße des Rumpfes spiegeln die metamere Gliederung der Körperwandung wieder. Jedem Segment ist ein entsprechendes Gefäßpaar *(Aa. intercostales)* zugeordnet. Im Brustbereich verläuft dieses in den Interkostalräumen, und zwar zwischen den Mm. intercostales intimi und int. Im dorsalen Bereich der Brustwand, wo die Mm. intercostales int. aufhören und diese Schicht nur noch als bindegewebige Membran vorhanden ist, verlaufen die Interkostalgefäße dann auch direkt zwischen den Mm. intercostales ext. und intimi (Abb. 3).

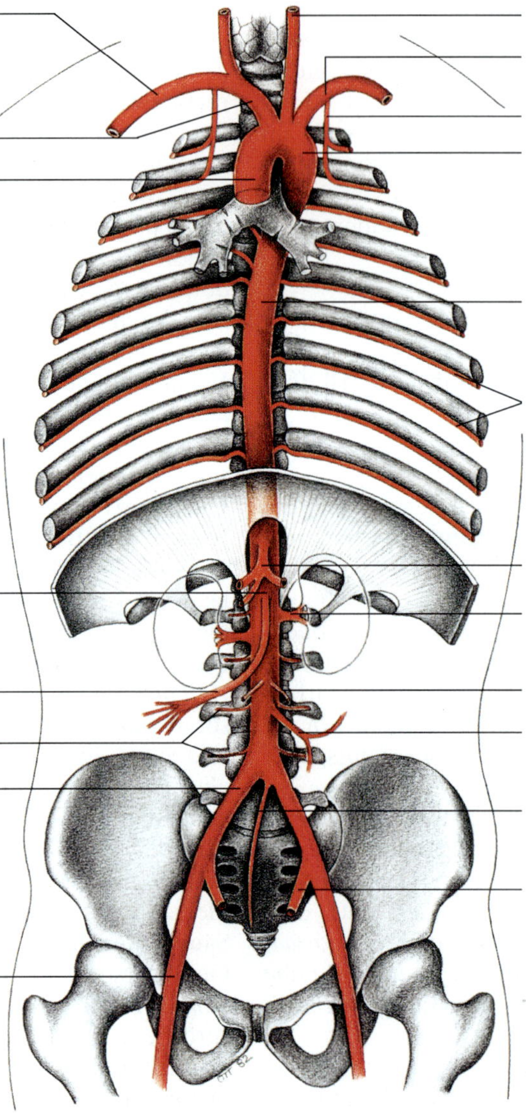

Abb. 4. Astfolge der Aorta, Ansicht von ventral. (Die Zahlen entsprechen denen der Tab. S. 15.)

Da die Aorta descendens in der Regel etwas links von den Wirbelkörpern liegt, sind die Aa. intercostales post. der rechten Seite etwas länger und ziehen zunächst über die Wirbelkörper hinweg, ehe sie in die Interkostalräume eintreten.

Die Aa. intercostales post. versorgen nicht nur die Interkostalmuskulatur und die vordere Körperwandung, sondern mit rückläufigen Ästen *(Rr. dorsales)* auch die autochthone Rückenmuskulatur und das Rückenmark mit seinen Häuten (Rr. spinales). Ventral anastomosieren sie mit den Aa. intercostales ant. aus der neben dem Sternum abwärts verlaufenden *A. thoracica int.* (Abb. 3).

Astfolge der Aorta

Aorta ascendens	
1. A. coronaria dext. A. coronaria sin.	Im Sulcus coronarius zum Herzmuskel
Arcus aortae	
2. Truncus brachiocephalicus 3. A. carotis communis sin. 4. A. subclavia sin.	Für rechte Kopf- und Halshälfte, für rechten Arm Für linke Kopf- und Halshälfte Für linken Arm
Pars thoracica aortae	
5. Aa. bronchiales 6. Rr. oesophageales 7. Aa. intercostales post. (10 Paare) 8. Aa. phrenicae sup.	Für Bronchialbaum und Lungen Zum Ösophagus Zur Interkostalmuskulatur und zur ventralen und lateralen Körperwand Von oben zum Zwerchfell
Pars abdominalis aortae	
9. Aa. phrenicae inf. 10. Aa. lumbales (4 Paare) 11. A. renalis dext. u. sin. 12. Truncus coeliacus 13. A. mesenterica sup. 14. A. mesenterica inf. 15. Aa. testiculares bzw. ovaricae	Von unten zum Zwerchfell Zur dorsalen Bauchwand Zu den Nieren Zu den Oberbauchorganen (Leber, Milz, Magen, Pankreas) Für Dünn- und Dickdarm Für Dickdarm Für die Keimdrüsen
16. *A. sacralis mediana*	Ende der Aorta, ehemalige Schwanzarterie

Unterhalb des Thorax setzen sich die hinteren Interkostalarterien auf die Bauchwand fort und verlaufen hier in regelmäßigen Abständen relativ parallel zueinander schräg nach vorne-unten in den den Interkostalmuskeln entsprechenden Schichten der Bauchmuskulatur, nämlich zwischen M. transversus abdominis und M. obliquus int. abdominis abwärts. Nur die beiden ersten Interkostalräume werden nicht direkt aus der Aorta versorgt, sondern aus Ästen der *A. intercostalis suprema*, die aus dem Truncus costocervicalis, einem Ast der *A. subclavia*, stammt.

An der dorsalen Bauchwand unterhalb des Zwerchfells existieren in Höhe der lumbalen Segmente ebenfalls paarig angeordnete Arterienstämme, die den Interkostalarterien der Brustsegmente entsprechen und wie diese direkt aus der Aorta entspringen. Sie versorgen hauptsächlich die Muskulatur der dorsalen Bauchwand und heißen *Aa. lumbales*. Meist sind aber nicht mehr fünf, sondern nur noch vier solcher Gefäßpaare ausgebildet.

Die Segmentgliederung des Rumpfes ist also eine bilateral-symmetrische Gliederung, die sich auch in der Architektur der zugehörigen Gefäßpaare deutlich zeigt. Demgegenüber stellen die nach innen abgehenden Äste, die die großen Organe der Bauchhöhle versorgen, unpaare Gefäßstämme dar. In der Regel verlaufen sie in der Achse der großen mesenterialen Duplikaturen und tragen dadurch auch zur Stabilisierung der Bauchorgane bei. Eine Ausnahme machen nur die Nierenarterien, die paarig sind und in Höhe des 1. und 2. Lendenwirbels aus der Bauchaorta entspringen.

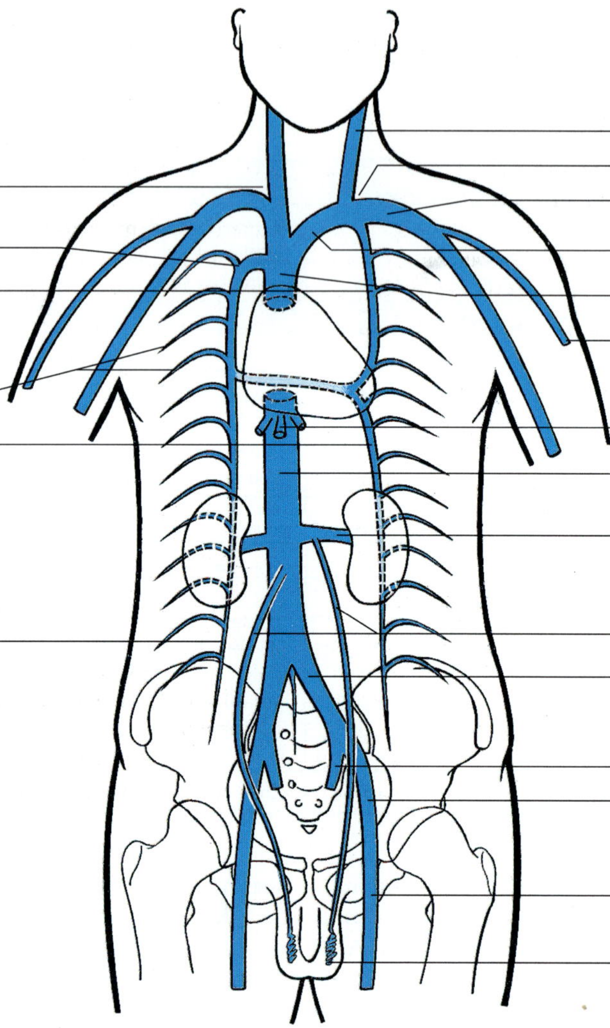

Abb. 5. Venen des Rumpfes. 1 = Angulus venosus sin.; 2 = Angulus venosus dext.

2. Venen

Das venöse Blut sammelt sich in zwei großen Venenstämmen, den beiden Hohlvenen *(V. cava sup.* und *V. cava inf.)*, die eine vertikale Verlaufsrichtung aufweisen und in den rechten Vorhof einmünden. Die obere Hohlvene führt das venöse Blut der oberen Körperhälfte, den Hirnliquor und die Körperlymphe, die untere Hohlvene, das venöse Blut der unteren Körperhälfte einschließlich der Bauchorgane (Leber usw.) dem Herzen zu.

Die *V. cava sup.* entsteht aus der Vereinigung der *V. brachiocephalica dext.* und *sin.*, die ihrerseits wieder durch den Zusammenfluß zweier größerer Venen zustande kommen: 1. der *V. jugularis int.*, die das venöse Blut von Kopf und Hals abführt, und 2. der

V. subclavia aus dem Bereich der oberen Extremität. Beide Gefäße vereinigen sich im sog. Venenwinkel *(Angulus venosus)*. Kurz vor dem Übergang der V. cava sup. in das rechte Herz mündet in sie noch die *V. azygos* ein, die die venösen Gefäße der dorsalen Brustwand, insbesondere die *Vv. intercostales post.*, die *V. hemiazygos* und *V. intercostalis suprema*, aufnimmt. Die Azygosvenen sind direkte Fortsetzungen der Lumbalvenen *(Vv. lumbales ascendentes)*, die an der dorsalen Bauchwand senkrecht nach oben ziehen, das Zwerchfell durchsetzen und sich links in die *V. hemiazygos*, rechts in die *V. azygos* fortsetzen (Abb. 5).

Die *V. cava inf.* sammelt das Blut der unteren Körperhälfte, insbesondere aus der Bauch- und Beckenhöhle und den unteren Extremitäten. Sie verläuft an der dorsalen Bauchwand senkrecht aufwärts und durchsetzt das Zwerchfell im Bereich des Centrum tendineum. Kurz vor ihrer Einmündung in den rechten Vorhof nimmt sie die *Vv. hepaticae* aus der Leber auf (meist drei größere Stämme). Wichtige Zuflüsse sind außerdem die *Vv. renales*, die *Vv. lumbales* und die *V. testicularis* bzw. *ovarica dext.* (die V. testicularis bzw. ovarica sin. mündet in die V. renalis sin. und nicht direkt in die V. cava inf. ein).

Die V. cava inf. entsteht durch den Zusammenfluß der Vv. iliacae communes in Höhe des 4. Lendenwirbelkörpers. Jede V. iliaca communis bildet sich wieder aus dem Zusammenfluß der V. iliaca ext. und int. Die V. iliaca int. erhält ihre Zuflüsse aus dem kleinen Becken, die V. iliaca ext. stellt die Verlängerung der V. femoralis und damit das Hauptabflußgefäß der unteren Extremität dar.

3. Nerven

Die für die Innervation der Rumpfwand bestimmten, aus dem Rückenmark kommenden Nerven zeigen eine regelmäßige metamere Gliederung (Abb. 7). Zu jedem Knochen- und Muskelsegment gehört ein entsprechendes *Nervensegment*. So werden z.B. in regelmäßiger Anordnung streifenförmige Hautareale *(Dermatome)* von den

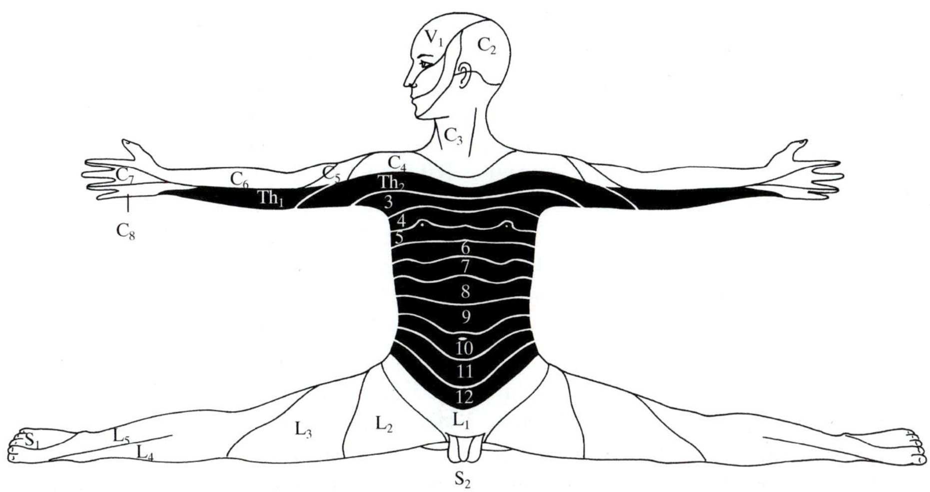

Abb. 6. Hautsegmente (Dermatome) des Menschen. Thorakale Segmente (Th_1–Th_{12}) schwarz hervorgehoben. Die Extremitäten wurden entsprechend ihrer embryonalen Wachstumsrichtung seitlich abgespreizt gezeichnet, um den Bezug zu den angrenzenden Segmenten deutlicher zu machen (nach Hansen u. Schliack). Kenndermatome: Th_4 = Brustwarze; Th_{10} = Nabel. Kennmuskeln: Th_6–Th_{12} = Bauchmuskeln.

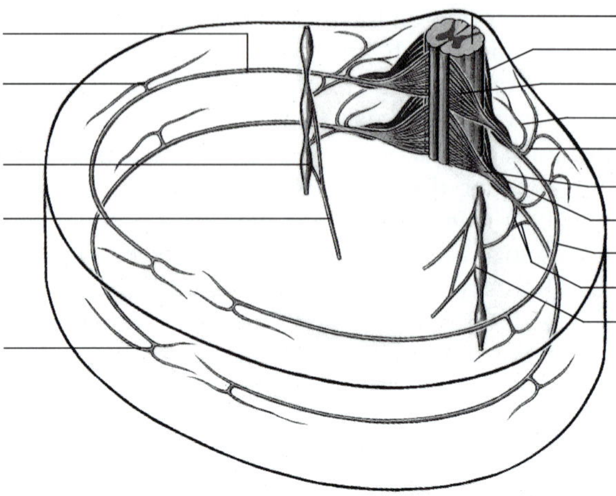

Abb. 7. Rückenmark und zugehörige Spinalnerven mit ihren Ästen (nach Sobotta).

segmental aus dem Rückenmark austretenden Nervenpaaren versorgt, so daß man jedem dieser Hautsegmente einen bestimmten Nerven zuordnen kann (Abb. 6). Das Rückenmark ist im Wirbelkanal untergebracht. Entfernt man die Wirbelbögen und öffnet den Wirbelkanal von dorsal, so erkennt man, daß aus dem Rückenmark ventral und dorsal Nervenfasern austreten (vordere und hintere Wurzel, *Radix ant.* und *post.*), die einen Fächer von Wurzelfäden *(Fila radicularia)* bilden und sich in Höhe eines jeden Segmentes zu einem Nerven, dem Spinalnerven *(N. spinalis)* zusammenschließen (Abb. 7). Die hintere Wurzel enthält ein Ganglion *(Ggl. spinale)*, das im For. intervertebrale lokalisiert ist. Die Spinalnerven werden nach den jeweiligen Segmenten benannt. Der zum dritten thorakalen Segment gehörige Spinalnerv heißt z. B. N. spinalis thoracalis tertius oder abgekürzt Th_3. Im Brustbereich existieren 12 Spinalnerven (Th_1–Th_{12}), im Lumbalbereich 5 lumbale (L_1–L_5) und im Sakralbereich 5 sakrale (S_1–S_5) und im rudimentären Kokzygealbereich 1–3 (Co_1–Co_3) (Abb. 8). Im Halsbereich zählt man abweichend von den sieben Skelettelementen acht Nervensegmente (C_1–C_8), da der zwischen Hinterhaupt und 1. Halswirbel austretende Spinalnerv (C_1) noch zu den sieben zervikalen Segmenten hinzugerechnet werden muß (Abb. 8).

Während der Embryonalentwicklung und postnatal bleibt das Wachstum des Rückenmarks gegenüber dem des Rumpfes zunehmend zurück, so daß die Spinalnervenwurzeln, vor allem der lumbalen und sakralen Segmente stark verlängert werden. Dadurch ergibt sich das Bild eines »Pferdeschweifes« *(Cauda equina)* (Abb. 9 und 10). Das spitz zulaufende Ende des Rückenmarks *(Cauda equina)* kommt durch diese (passive) Kranialwärtsverschiebung des Rückenmarks *(Ascensus)* in Höhe der Zwischenwirbelscheibe von Th_{12} und L_1 zu liegen (Abb. 8). Beim Neugeborenen liegt es noch in Höhe von L_3. Der *Conus medullaris* läuft in einen dünnen Faden aus *(Filum terminale)*, der an der Rückfläche des Steißbeins fixiert ist. Bei der entwicklungsbedingten Verschiebung des Rückenmarks bleiben die Spinalganglien in den Foramina intervertebralia liegen, so daß der Rückenmarkskanal nur von den Fila radicularia ausgefüllt wird. Nur das kurze Stück vom Spinalganglion bis zum Abgang des ersten Nervenastes wird als *N. spinalis* bezeichnet.

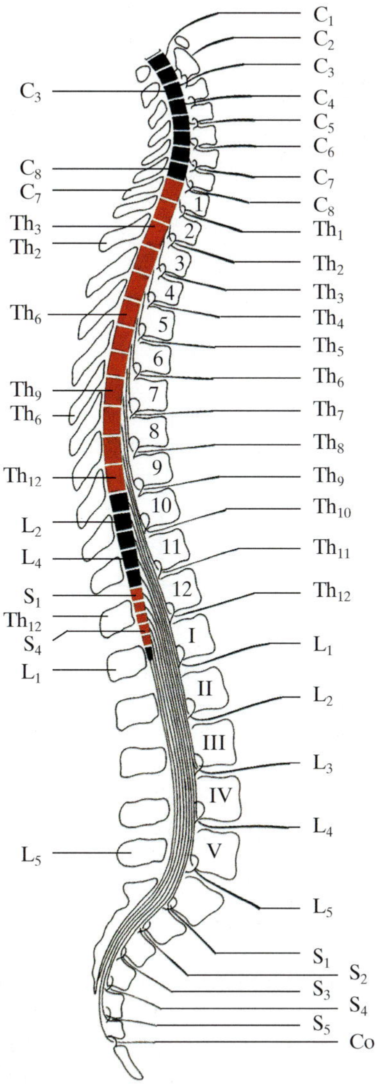

Abb. 8. Lagebeziehungen der Rückenmarkssegmente und Spinalnervenwurzeln zu den Wirbeln (schematisch dargestellt am Sagittalschnitt). 1–12 = Brustwirbelkörper; I–V = Lendenwirbelkörper; Bezeichnungen an der Dorsalseite (C_7, Th_2, Th_{12}, L_1, L_5) = Dornfortsätze der entsprechenden Wirbel; C_1–Co = entsprechende Spinalnerven

Spinalnervenäste. Jeder Spinalnerv besitzt fünf Äste (Abb. 7 und 10):

Der *R. post.* versorgt die autochthone Rückenmuskulatur und die zugehörigen Segmente der Haut. Er zweigt bereits in Höhe der Querfortsätze der Wirbel vom Spinalnerven ab, wendet sich dann nach dorsal und teilt sich regelmäßig wiederum in einen medialen und lateralen Unterast auf.

Der *R. ant.* gehört funktionell zur lateralen und vorderen Rumpfwand, wo er seine Versorgungsgebiete über die zwischen den Interkostalmuskeln gelegene Gefäß-Nerven-Straße erreicht. Im Brustbereich wird er daher auch als *N. intercostalis* bezeichnet. Der R. ant. verläuft wie die Blutgefäße (vgl. S. 37 ff.) am Unterrand der Rippen zwischen dem M. intercostalis ext. bzw. int. einerseits und dem M. intercostalis intimus andererseits nach vorne bis zum Sternum (Abb. 10). Während seines Verlaufes gibt er Äste an die Interkostalmuskeln ab sowie einen Hautast zur seitlichen Rumpfwand *(R. cutaneus lat.)* und einen Hautast zur vorderen Rumpfwand, der etwa zwei Finger breit neben dem Sternum an die Oberfläche tritt *(R. cutaneus ant.)*. Im Bereich der Bauchwand verlaufen die Interkostalnerven in denselben regelmäßig angeordneten, parallel zueinander orientierten Gefäß-Nerven-Straßen, in denen auch die Gefäße liegen, also zwischen dem M. transversus abdominis und dem M. obliquus int. abdominis (Abb. 3).

Die *Rr. communicantes* stellen die Verbindung zum Grenzstrang des Sympathicus her. Der *R. communicans albus* enthält hauptsächlich markhaltige (»weiße«) Nervenfasern, die aus dem Rückenmark kommen und zu den Grenzstrangganglien ziehen, wo sie teilweise umgeschaltet werden. Der *R. communicans griseus* führt im wesentlichen marklose oder markarme (»graue«) Nervenfasern, die aus den Grenzstrangganglien kommen und zu den Spinalnerven ziehen, mit denen sie dann die Körperwand erreichen (autonome Innervation).

Der 5. Spinalnervenast (der *R. meningeus*) verläuft rückläufig zum Wirbelkanal und versorgt (sensibel) die Rückenmarkshäute und das Periost.

Extremitätenplexus. Da die Extremitäten während der Embryonalentwicklung an der

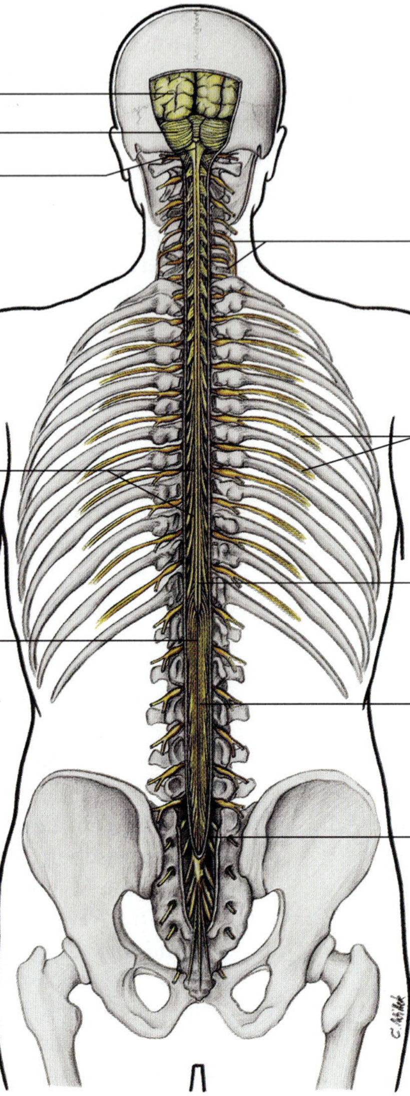

Abb. 9. Lage des Rückenmarks im Wirbelkanal in der Ansicht von dorsal. Die Wirbelbögen wurden entfernt und der Duralsack eröffnet.

ventralen Körperwand entstanden sind, werden sie von den ventralen Ästen der Spinalnerven (Rr. ant.) innerviert. Bei der Extremitätenentwicklung geht aber die ursprüngliche Segmentgliederung weitgehend verloren. Bei dem Längenwachstum der Gliedmaßen verschieben sich die Segmente, wobei die Nerven sich verflechten und Plexus bilden. So entsteht aus den Rr. anteriores der Halssegmente der *Plexus cervicalis* (C_1–C_4), im Bildungsbereich der Armsegmente der *Plexus brachialis* (C_5–Th_1) und in demjenigen der unteren Extremität der *Plexus lumbosacralis* (Th_{12}–S_5). Diese Plexus und die aus ihnen hervorgehenden Nerven werden bei den Extremitäten besprochen (Abb. 11).

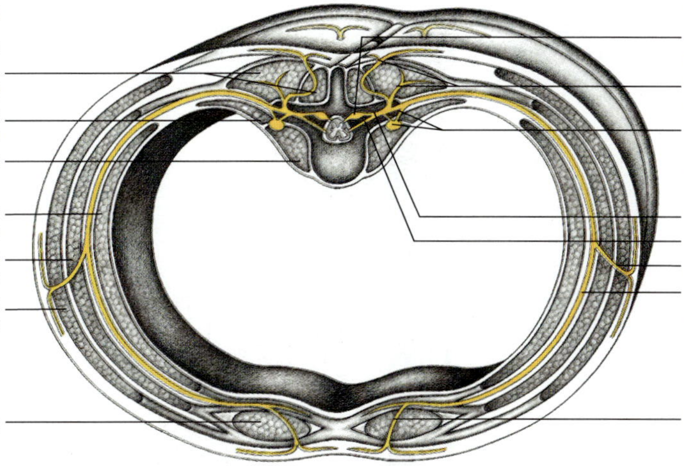

Abb. 10. Lage und Gliederung eines Nervensegmentes, dargestellt am Horizontalschnitt durch den Thorax. Der R. ant. n. spinalis ist der N. intercostalis.

Äste eines Spinalnerven

1. R. post.	Zur autochthonen Rückenmuskulatur und den Dermatomen des Rückens
2. R. ant. (Nn. intercostales, Plexus cervicalis, Plexus brachialis und lumbosacralis	Zur lateralen und ventralen Körperwand (Bauch- und Interkostalmuskulatur, Segmente der Haut) sowie zu den Extremitäten
3. R. meningeus	Zum Wirbelkanal für Rückenmarkshäute und Periost
4. R. communicans albus 5. R. communicans griseus	Zu- und abführende Verbindungen zum Truncus sympatheticus (zum autonomen NS gehörig)

Rückenmarkshäute. Das durchschnittlich 10 mm dicke Rückenmark (RM) füllt den Wirbelkanal nicht vollständig aus. Es läuft etwas gestreckter als der S-förmig gekrümmte Wirbelkanal und wird durch seine Hüllen, vor allem durch die harte Hirnhaut *(Dura mater spinalis)* so in den Kanal eingebaut, daß extreme Bewegungen der Wirbelsäule keine Zerrungen des empfindlichen Nervengewebes hervorrufen können. Der Schlauch der Dura beginnt am Foramen (occipitale) magnum, der einzigen Stelle, wo der Duraschlauch am Knochen fixiert ist, und zieht dann durch den Wirbelkanal abwärts bis zum Canalis sacralis, wo er schließlich stumpf zugespitzt endet (Abb. 9).

In Höhe der Forr. intervertebralia bildet die Dura jederseits zylinderförmige Aussackungen, die den jeweiligen Spinalnerven und das Spinalganglion einschließen. Vom Periost des Wirbelkanals ist der Durasack durch das Spatium epidurale (peridurale) getrennt, welches Binde- und Fettgewebe sowie einen ausgedehnten Venenplexus *(Plexus venosus vertebralis int.)* enthält. Der Plexus wird über die großen Venen der dorsalen Brustwand (Vv. lumbales ascendentes, V. azygos und hemiazygos) drainiert.

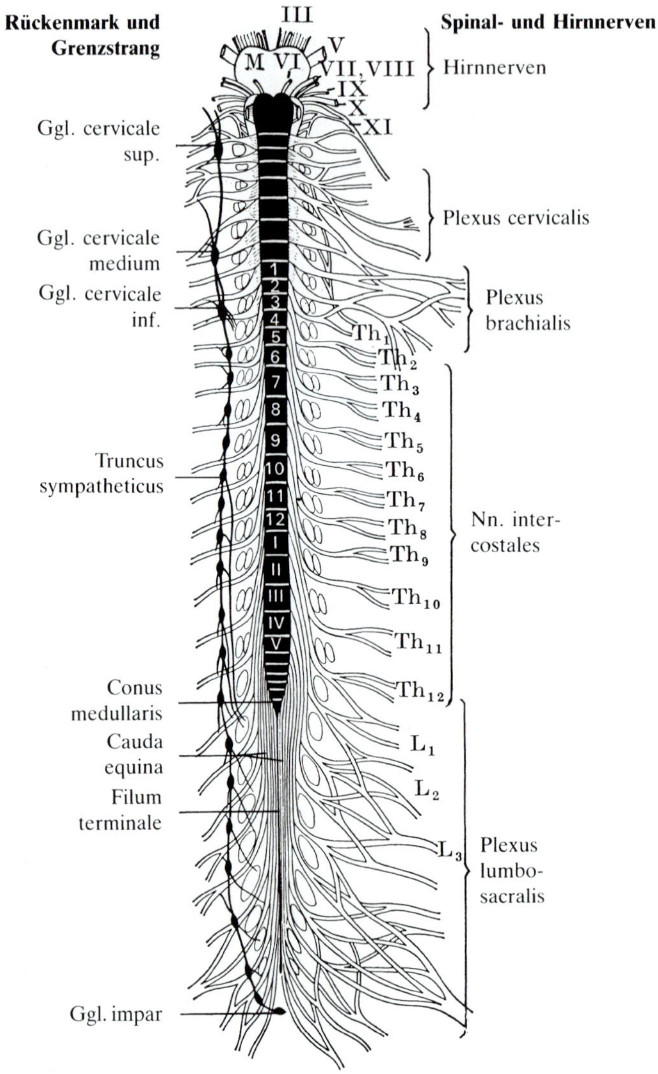

Abb. 11. Segmentale Gliederung von Rückenmark und Spinalnerven in Beziehung zur Wirbelsäule. Ventralansicht. 1–12 = Brustsegmente; I–V = Lendensegmente. In der linken Bildhälfte wurde der Grenzstrang des Sympathikus, in der rechten Bildhälfte die Gliederung der Spinalnerven in die Extremitätenplexus dargestellt. M = Medulla oblongata; römische Zahlen oben im Bild = Hirnnerven.

Das Rückenmark wird von einer dünnen gefäßreichen Bindegewebshaut *(Pia mater) umhüllt.* Vorne, in der Fissura mediana des Rückenmarks verlaufen die unpaare *A. spinalis ant.* (aus der A. vertebralis) und hinten etwa in Höhe der Wurzeleintrittszone die paarigen *Aa. spinales post.* (Äste der A. cerebelli inf. post. oder der A. vertebralis) (Abb. 12). Zwischen Dura und Pia mater bleibt ein Verschiebespalt, der von einer dünnen, spinnwebenartigen Bindegewebshaut *(Arachnoidea)* ausgekleidet wird, der Subarachnoidalraum *(Spatium subarachnoideum)*, der eine wasserklare, eiweißfreie

Rückenmarkshäute

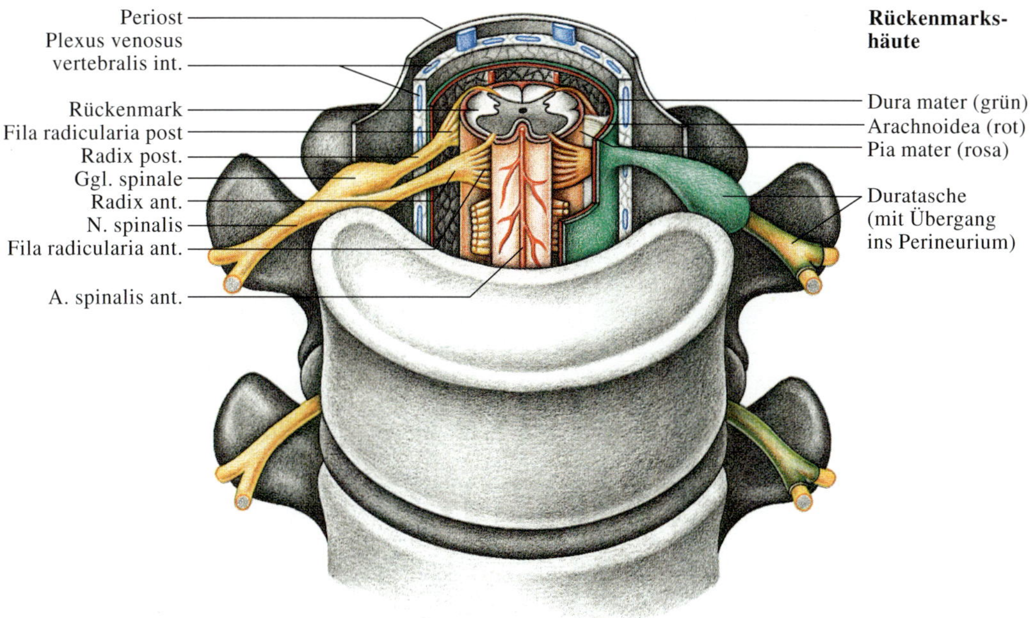

Abb. 12. Lage und Gliederung der Rückenmarkshäute innerhalb des Wirbelkanals (schematisch).

Gliederung der Rückenmarkshäute

Weiche Hirnhaut (Leptomeninx)	1. Pia mater	– Ernährende Gefäßschicht mit Ligg. denticulata	
			← Spatium subarachnoideum mit Liquor cerebrospinalis ext.
	2. Arachnoidea	– Spinnwebehaut, Abschluß des Liquormantels	
			← Spatium subdurale
Harte Hirnhaut (Pachymeninx)	3. Dura mater	– Feste Bindegewebshaut – Durasack zur mechanischen Fixation des RM	
			← Spatium epidurale (peridurale)
	4. Epiduraler Fettmantel	– Verschiebepolster mit venösen Plexus und Fettgewebe	
	5. Periost	– Auskleidung des Wirbelkanals	

Flüssigkeit *(Liquor cerebrospinalis ext.)* enthält. In dieser Flüssigkeit schwimmt der Rückenmarksstrang – sonst nur noch durch die zipfelförmigen, frontal gestellten *Ligg. denticulata* gehalten. Diese zarten Bänder gehen von der Pia aus und befestigen sich beiderseits jeweils zwischen zwei Spinalnerven an der Dura.

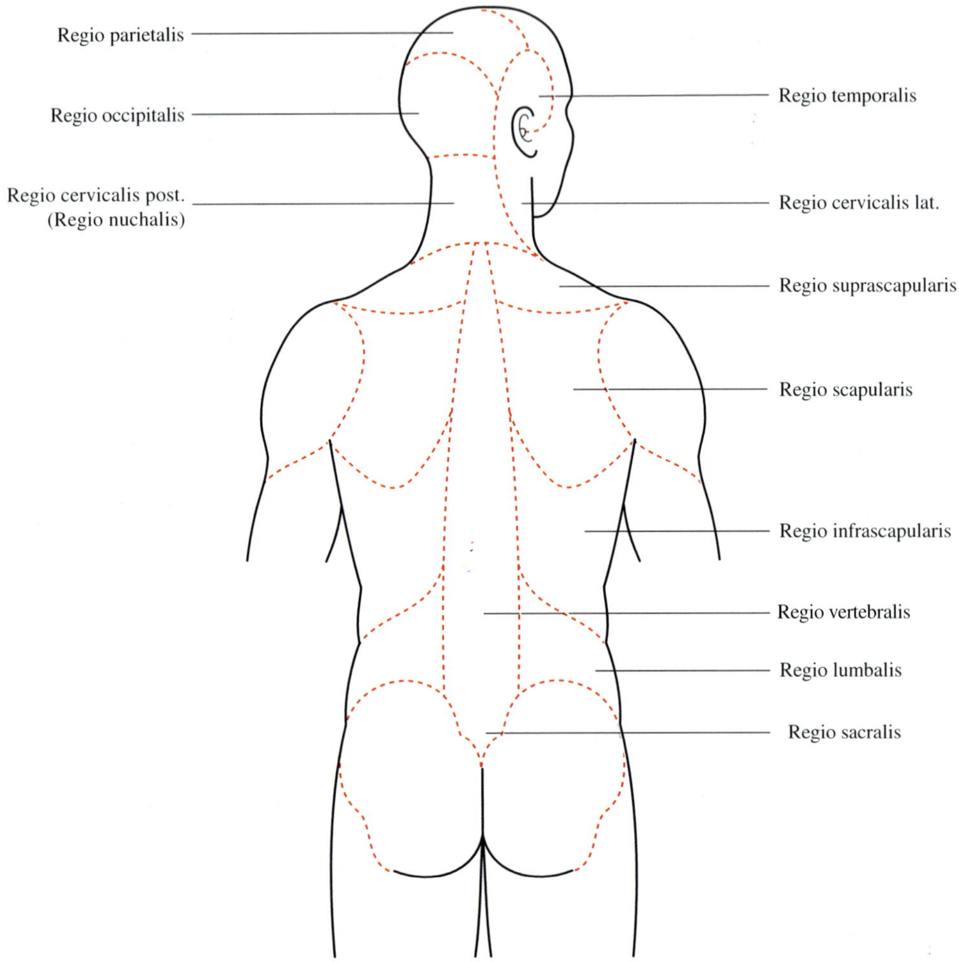

Abb. 13. Regionen von Kopf und Rücken (Grenzlinien punktiert).

B. Topographische Anatomie des Rückens

I. Rückenregionen

Auch die topographische Anatomie der Rückenregionen spiegelt noch weitgehend die ursprüngliche metamere Gliederung des Rumpfes wider (Abb. 15 u. 16). Die Lokalisation der Segmente läßt sich am besten an den Dornfortsätzen und den Rippen ablesen. Die Dornfortsätze der oberen Halswirbel sind wegen des kräftigen Lig. nuchae nicht tastbar. Man orientiert sich am besten an dem etwas vorstehenden Dornfortsatz des 7. Halswirbels (Vertebra prominens). Die Dornfortsätze der Brustwirbel überlagern sich dachziegelförmig und lassen sich oft palpatorisch nur ungenau voneinander abgrenzen. Die Knochenpunkte der Scapula, des Beckenkammes (Crista iliaca) und der Lendenwirbelsäule sind dagegen gut tastbar.

Unterhalb der Scapula (Angulus inf.) sind lateral vom Muskelwulst des M. erector spinae die 5 unteren Rippen zu fühlen. Über dem Dornfortsatz des 5. Lendenwirbels ist die Haut, besonders bei der Frau, meist grübchenförmig eingezogen. Zusammen mit dem gut sichtbaren hinteren Abschnitt des Beckenkammes entsteht dadurch eine kleine rautenförmige Einsenkung der Haut, die *Michaelis-Raute* (Abb. 14).

Klinische Hinweise. Form und Breite der Michaelis-Raute spielt in der Geburtshilfe eine Rolle, weil sich daraus auf die Weite und Form des Beckens schließen läßt. Bei

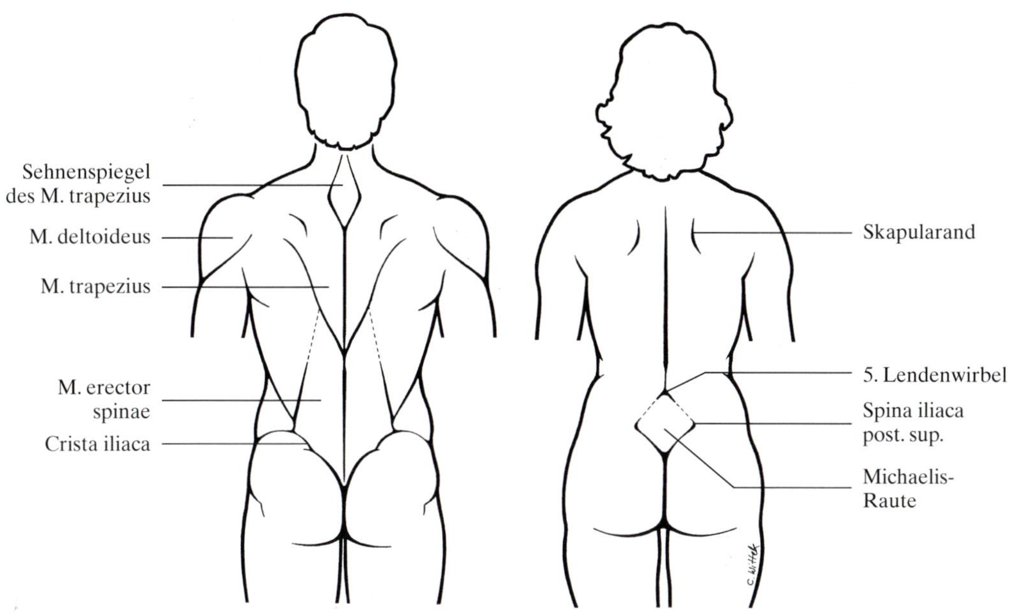

Abb. 14. Oberflächenrelief des Rückens beim Mann (links) und bei der Frau (rechts). Man beachte die Lage der Michaelis-Raute.

einer Skoliose der Lendenwirbelsäule oder bei unregelmäßigen Beckenverformungen (z. B. als Folge einer Rachitis etc.) wird die Michaelis-Raute asymmetrisch.

Die Rückenmuskulatur ist, besonders beim Mann, so kräftig, daß sie für das Relief des Rückens bestimmend wird. Die autochthone Rückenmuskulatur mit ihrem medialen und lateralen Strang (M. erector spinae) erscheint am Lebenden besonders im Lendenbereich als ein kräftiger rundlicher Muskelwulst. Auch der Rand des M. trapezius und des M. latissimus dorsi lassen sich durch die Haut hindurch erkennen (Abb. 14).

Innervation. An der *Dorsalseite des Rückens* treten in segmentaler Reihenfolge die Endäste der Rr. dorsales von den Spinalnerven an die Oberfläche. Da sich die dorsalen Äste innerhalb der Muskellogen für die autochthone Rückenmuskulatur in zwei Äste aufspalten, findet man an der Dorsalseite meist zwei Endäste, die aber unterschiedlich differenziert sind. In der oberen Rumpfhälfte sind die medialen Äste kräftiger, in der unteren die lateralen (Abb. 15). Die medialen Äste durchbrechen zusammen mit den gleichnamigen Arterien und Venen etwa zwei Querfinger breit neben der Medianlinie die oberflächlichen Rückenmuskeln (M. trapezius, M. latissimus) und verlaufen von da lateralwärts zu den entsprechenden Hautsegmenten (Abb. 15 u. 16). Die medialen Äste erreichen kaudal vom M. trapezius die Oberfläche meist nicht mehr. Hier sind es vor allem die lateralen Zweige der dorsalen Spinalnervenäste, die den M. latissimus durchbrechen und die zugehörigen Hautsegmente versorgen.

Im Bereich der Fascia thoracolumbalis findet man nur wenige Durchbruchstellen von Hautnerven; diese folgen vielmehr deren lateralem Rand (Abb. 15 u. 16). An der seitlichen Brust- und Bauchwand anastomosieren die dorsalen Spinalnervenäste mit den Zweigen, die aus den Interkostalnerven, d. h. den ventralen Spinalnervenästen, stammen *(Rr. cutanei lat.)* und sich nach rückwärts wenden.

In der Nacken- und Lumbalregion wird das metamere Innervationsmuster etwas abgewandelt.

In der *Regio cervicalis post.* erreicht der dorsale Ast des 1. Spinalnerven (C_1) die Haut nicht, sondern versorgt als N. suboccipitalis die kleinen Muskeln der Atlantookzipitalgelenke und die kurzen Nackenmuskeln. Dagegen ist der dorsale Ast des 2. Spinalnerven (C_2) besonders kräftig. Sein sensibler Endast (N. occipitalis major) schließt sich der A. occipitalis an und teilt deren Versorgungsgebiet am Nacken und Hinterhaupt. Der dorsale Ast des 3. Spinalnerven wird auch als N. occipitalis tertius bezeichnet, zeigt aber keine Besonderheiten (Abb. 17).

Im *Lumbalbereich* entwickeln sich meist zwei bis drei kräftigere Nerven, die aus den Rr. posteriores der Spinalnerven von L_1-L_3 stammen, den unteren Teil des M. latissimus dorsi durchbrechen und schräg nach lateral-unten zur Glutäalregion verlaufen. Sie werden als *Nn. clunium sup.* bezeichnet. Demgegenüber sind die *Nn. clunium medii,* die aus den dorsalen Spinalnervenästen der oberen Sakralsegmente kommen, meist nur sehr dünn und präparatorisch schwer darstellbar. Sie durchbrechen im Bereich des Kreuzbeins die Körperfaszie und ziehen vornehmlich nach lateral (Abb. 15 und 16).

Die *Nn. clunium inf.* treten von kaudal in die Glutäalregion ein, indem sie um den Unterrand des M. glutaeus maximus herumbiegen, nach oben ziehen und die restlichen Areale der Gesäßgegend versorgen. Diese Nerven stammen aber nicht aus den dorsalen Ästen der Spinalnerven, sondern aus dem N. cutaneus femoris post., der ein Ast des Plexus sacralis (S_1–S_3) ist und damit den ventralen Spinalnervenästen zugerechnet werden muß.

Die dorsalen Spinalnervenäste kann man zusammen mit den zugehörigen Gefäßen durch alle Schichten der Rückenmuskulatur bis in die Tiefe verfolgen. Dabei wird deut-

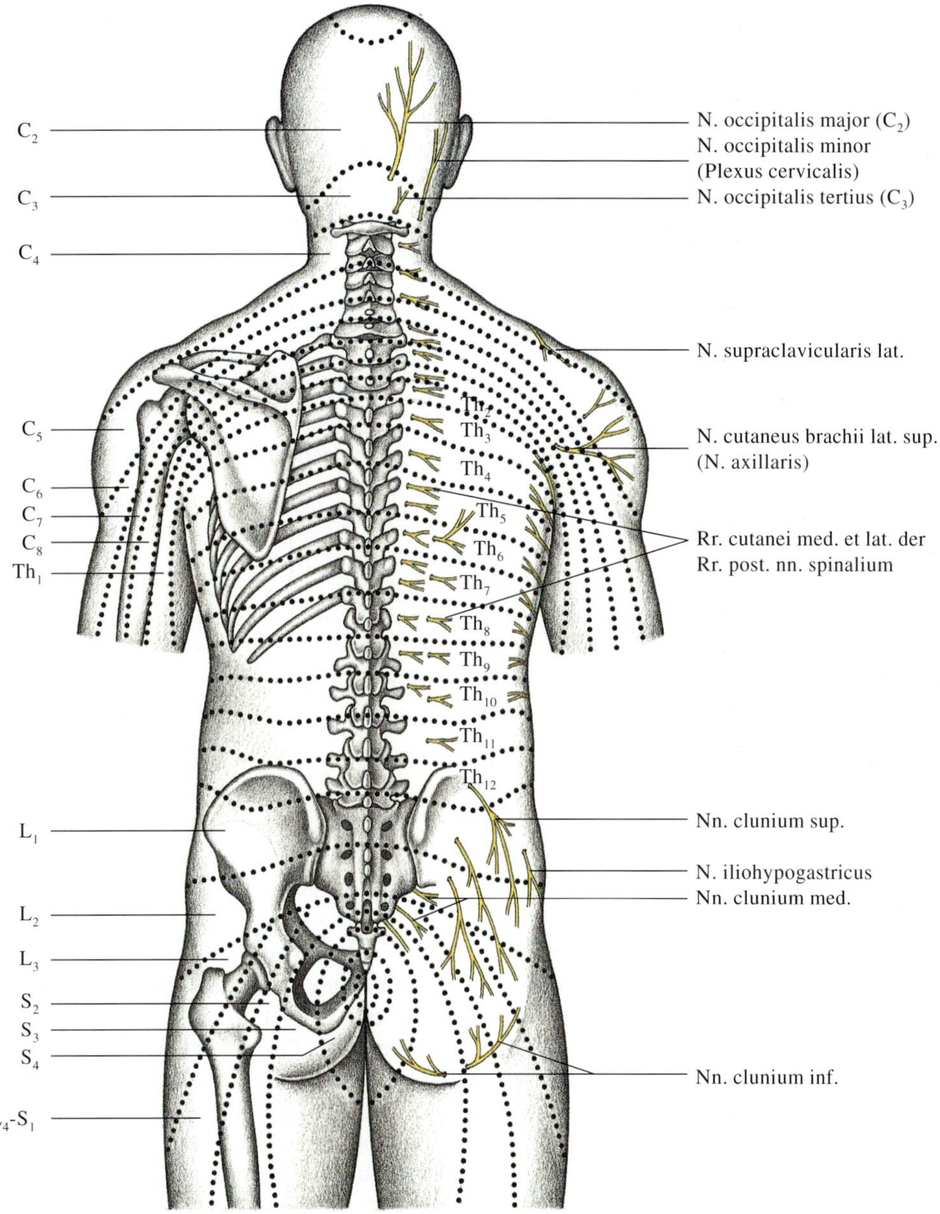

Abb. 15. Segmentgliederung des Rückens und Hautnerven an der Dorsalseite des Rumpfes (modif. nach Hansen und Schliak).

lich, daß die medialen Äste in sehr regelmäßiger Anordnung durch die Muskulatur des medialen Stranges des M. erector spinae, meist über die Mm. semispinales und Mm. multifidi hinweg verlaufen, während die lateralen Äste vor allem innerhalb des M. longissimus lokalisiert sind. Beide Äste vereinigen sich in Höhe der Querfortsätze der

Gliederung der Spinalnervenäste

Ventrale Spinalnervenäste (Rr. ant.)		Spinalnerven-segmente	Dorsale Spinalnervenäste (Rr. post.)
		C_1	N. suboccipitalis
	Plexus cervicalis	C_2	N. occipitalis major
		C_3	N. occipitalis tertius
		C_4	Rr. post. nn. spinalium (C_4–Th_{12})
	Plexus brachialis	C_5, C_6, C_7, C_8, Th_1	
	Nn. intercostales	Th_2 … Th_{11}	
	N. subcostalis	Th_{12}	
Plexus lumbosacralis	Plexus lumbalis	L_1, L_2, L_3	Nn. clunium sup. (L_1–L_5)
	Plexus sacralis (Nn. clunium inf.)	L_4, L_5, S_1, S_2, S_3, S_4	Nn. clunium medii (S_1–S_3)
	Plexus coccygeus	S_5, Co_1 … Co_6	Rr. post. (S_4–Co_1)

Wirbel, wo sie meist scharf um das Lig. intertransversarium herumbiegen (Abb. 16).

II. Nackenregion (Regio cervicalis post.)

Haut und Unterhautgewebe sind im Bereich des Nackens sehr derb und reich an elastischen Fasern, so daß sich die Ränder von Schnittwunden retrahieren. Die autochthone Rückenmuskulatur wird durch den M. trapezius und M. sternocleidomastoideus überdeckt. Zwischen beiden Muskeln bleibt dorsal eine Lücke, deren Boden vom M. splenius capitis gebildet wird. Ziemlich genau in der Mitte zwischen Warzenfortsatz und Protuberantia occipitalis ext. treten am Hinterrand des M. sternocleidomastoideus die *A. und V. occipitalis* an die Oberfläche. Die Arterie versorgt die Hinterhauptsregion und anastomosiert mit Ästen der A. auricularis post., die unmittelbar hinter der Ohrmuschel verläuft. Bei den Nerven, die in die oberflächliche Schicht eintreten, handelt es sich vor allem um den N. occipitalis minor, der am Hinterrand des M. sternocleidomastoideus verläuft und den *N. auricularis magnus* (beides Äste des Plexus cervicalis) sowie um den *N. occipitalis major*, ein dorsaler Ast von C_2, der den Ansatz des M. trapezius durchbohrt und mit den Ästen der A. occipitalis zusammen zum Hinterhaupt zieht. Der wesentlich kleinere *N. occipitalis tertius* (dorsaler Ast

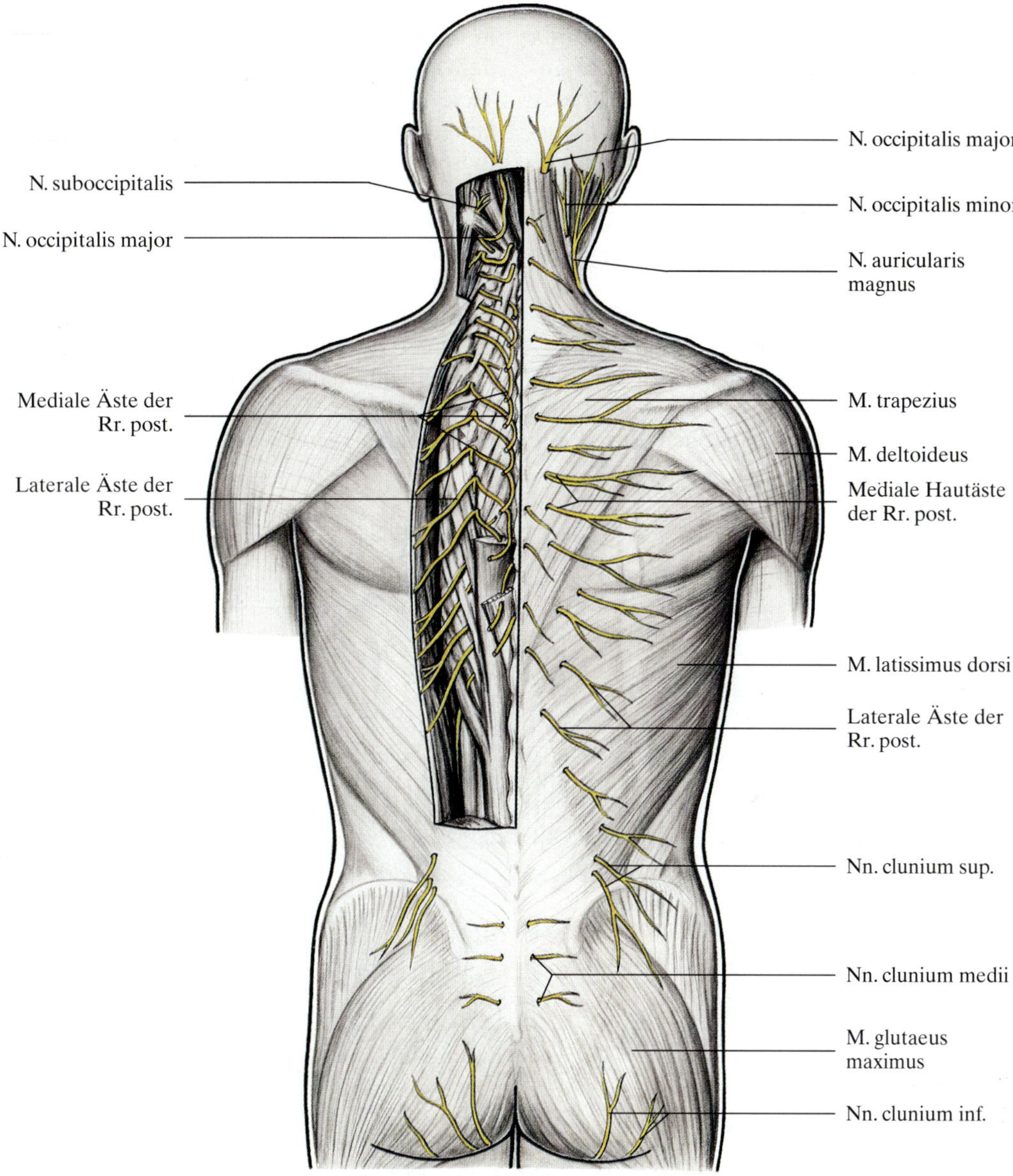

Abb. 16. Dorsales Spinalnervenäste. Links tiefe Schicht, rechts oberflächliche Schicht. Die gestrichelte Linie grenzt die medialen Äste der Rr. post. gegen die lateralen ab (nach Braus).

von C_3) durchbohrt kaudal davon den M. trapezius (Abb. 17).

Unter dem M. trapezius liegt der schräg verlaufende M. splenius capitis. Unter diesem in einer 3. Schicht der fast senkrecht verlaufende M. semispinalis capitis. Wird der M. semispinalis capitis durchtrennt, kommt die Schicht der kurzen Kopfmuskeln zum

Vorschein (sog. Muskeldreieck) (Abb. 17). Es existieren damit in dieser Region vier Muskelschichten. Topographisch orientiert man sich am besten am Muskeldreieck der kleinen kurzen Kopfmuskeln (M. rectus capitis post. major und minor, M. obliquus capitis inf. und sup.). Diese Muskeln bilden zusammen ein Dreieck, in dessen Tiefe der Atlasbogen mit der A. vertebralis gelegen ist (Abb. 17).

Die **A. vertebralis** zieht im Querfortsatzkanal des 6. bis 1. Halswirbels (For. transversaria der Halswirbel) kranialwärts. Auf dem Atlasbogen biegt sie dann nach hinten und medial ab und tritt schließlich durch die Membrana atlantooccipitalis post. hindurch in die Schädelhöhle ein. Obwohl sie auf dem Atlasbogen relativ versteckt in der Tiefe der Nackenregion liegt, kann sie mit einiger Erfahrung und Geschicklichkeit an dieser Stelle gefahrlos punktiert werden. Die A. vertebralis wird im Bereich der Halswirbelsäule immer von einem dichten Venenplexus umgeben.

Im Muskeldreieck, *oberhalb* des Atlasbogens, tritt der *N. suboccipitalis* (C_1) aus der Tiefe hervor. Er führt die motorischen Fasern für die benachbarten kurzen Nackenmuskeln und gibt keine Hautäste zur Oberfläche ab. *Unterhalb* des Muskeldreiecks (unterhalb des

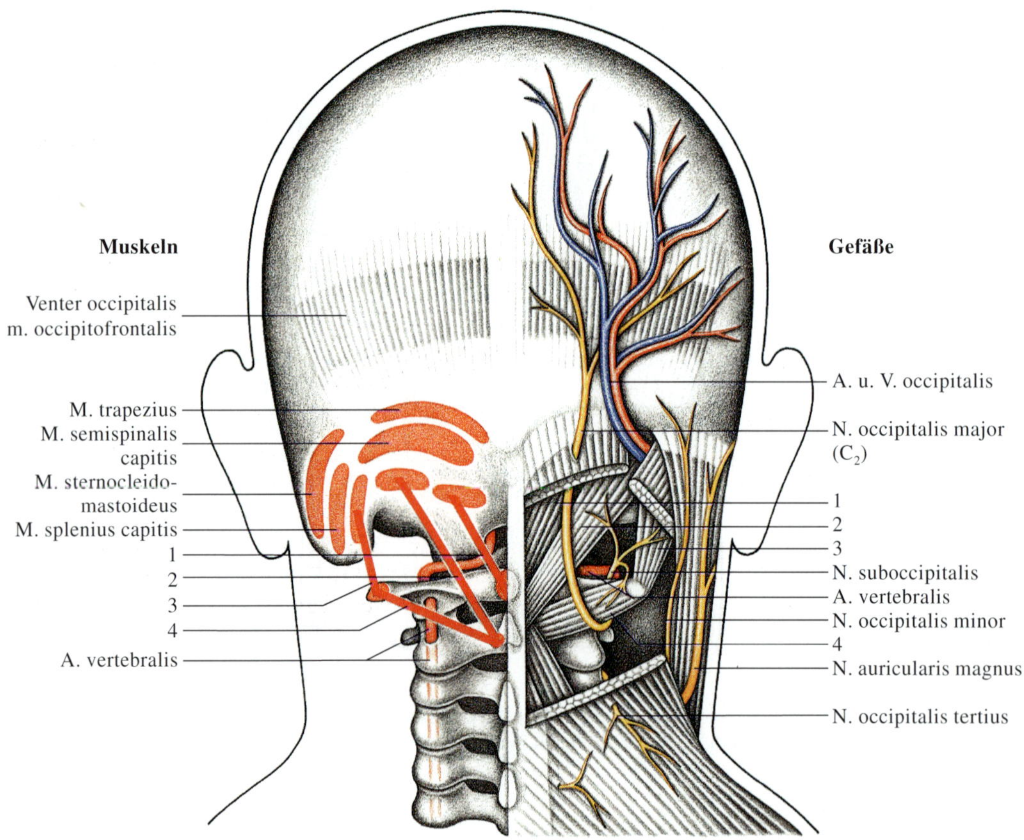

Abb. 17. Nackenregion (tiefe Schicht). Man beachte den Verlauf der A. vertebralis. Muskeln des in der Tiefe liegenden Muskeldreiecks: 1 = M. rectus capitis post. minor; 2 = M. rectus capitis post. major; 3 = M. obliquus capitis sup.; 4 = M. obliquus capitis inf.

M. obliquus capitis inf.) biegt der **N. occipitalis major** (C_2) nach dorsal um, durchbohrt alle Schichten der Nackenmuskulatur, von denen er nur den M. semispinalis capitis, den M. longissimus capitis und den M. splenius capitis versorgt. Er ist aber im wesentlichen sensibel, erreicht in großem, bogenförmigem Verlauf den M. trapezius und zieht durch dessen okzipitalen Ansatz hindurch zur Haut der Hinterhauptsregion, wo er ein ausgedehntes Nervennetz bildet.

Die tiefsten Halsgefäße *(A. und V. cervicalis prof.)* breiten sich meist in der Schicht zwischen den Mm. semispinales cervicis und capitis aus. Die Arterie stammt aus dem Truncus costocervicalis der A. subclavia.

III. Wirbelsäule und Wirbelkanal

1. Wirbelsäule

Die Wirbelsäule ist ein gegliederter Stab, dessen Bauelemente die Wirbel darstellen. Die S-förmige Krümmung, charakterisiert durch die Halslordose, Brustkyphose und Lendenlordose, entwickelt sich erst nach der Geburt im Zusammenhang mit dem aufrechten Gang.

Funktionell sind vor allem zwei Bauelemente zu unterscheiden, die Wirbelkörper und die Wirbelgelenke. Die ersteren haben eine vorwiegend statische, die letzteren eine mehr dynamische Funktion für die Beweglichkeit des Rumpfes. Die Wirbelgelenke bestimmen Form und Richtung einer Bewegung, die Wirbelkörper mit ihren Zwischenwirbelscheiben dagegen das Bewegungsausmaß. Die faserknorpeligen *Zwischenwirbelscheiben* (Disci intervertebrales) bestehen aus zwei Strukturelementen, dem zentral gelegenen Gallertkern (Nucleus pulposus) und dem umgebenden Faserring (Anulus fibrosus), der an den knöchernen Randleisten der Wirbelkörper befestigt ist.

Klinische Hinweise. Im Alter kann es zur Verschmälerung der Disci, zur Einlagerung von Kalkkonkrementen und schließlich zu Einrissen in der Faserknorpelplatte kommen. Horizontale Einrisse oder Spaltbildungen sind am häufigsten an der oberen Halswirbelsäule (Unkovertebralspalten) zu finden. Die Spalten können die Zwischenwirbelscheibe halbieren und einen gelenkartigen Ausbau erfahren. In die Risse oder Spalten kann der unter dem Druck der Körperlast stehende Nucleus pulposus eindringen und bis in den Wirbelkanal durchbrechen. So entsteht das Bild einer **Pulposushernie** (Diskusprolaps). Je nach Lokalisation und Größe solcher Hernien ergeben sich charakteristische, segmentbezogene, neurologische Symptome (Ischialgien, Zervikalsyndrom usw.).

Mit dem aufrechten Gang hat sich beim Menschen eine Abknickung der Lendenwirbelsäule gegen das Kreuzbein herausgebildet (Promontorium). Der 5. Lendenwirbel bekommt durch die Abknickung der Wirbelsäule eine etwas andere Neigung, so daß seine Achse zur Kreuzbeinachse durchschnittlich einen Winkel von 143° erreicht *(Lumbosakralwinkel)*. Obwohl der Bandapparat im lumbosakralen Übergangsgebiet besonders verstärkt ist (Ligg. iliolumbalia, Ligg. sacroiliaca) und die Gelenkflächen der Lumbosakralgelenke eine fast frontale Stellung einnehmen, hat der 5. Lendenwirbel eine Tendenz zum Abgleiten auf der schrägen Ebene des Kreuzbeins, was z. B. durch die Belastungen des modernen Lebens (Autofahren usw.) besonders gefördert wird.

Klinische Hinweise. Pulposushernien, Diskusschäden und Lageveränderungen der Skelettelemente sind im Lumbasakralbereich besonders häufig. Solche Veränderungen können zur Einklemmung der unteren Lumbalnerven und damit

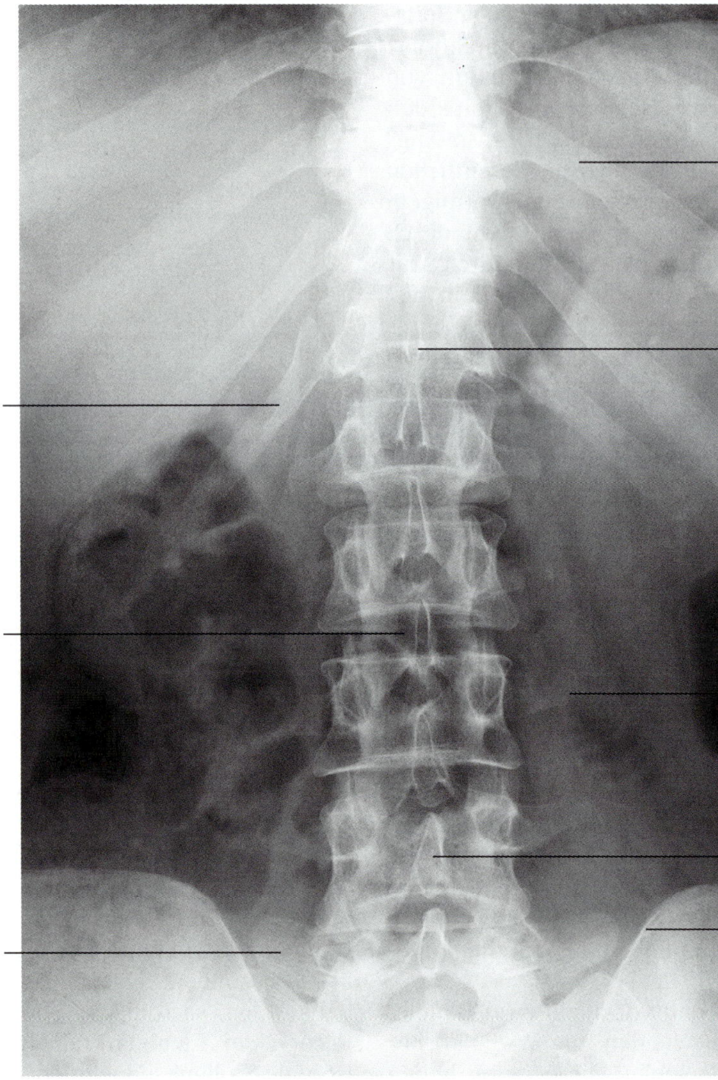

Abb. 18. Röntgenbild der unteren Brust- und der Lendenwirbelsäule (a.-p. Aufnahme).

zu schmerzhaften Neuralgien im Innervationsgebiet des N. ischiadicus führen. Ein übermäßiges Vorspringen des Promontoriums kann bei Frauen zum absoluten Geburtshindernis werden.

In 5–7% wird eine Verschmelzung des 5. Lendenwirbels mit dem Kreuzbein (*Sakralisation* von L_5) oder umgekehrt ein Erhaltenbleiben des obersten Kreuzbeinwirbels mit entsprechender Eingliederung in die Lendenwirbelsäule (*Lumbalisation* von S_I) beobachtet. Eine halbseitige Sakralisation bzw. Lumbalisation ist immer mit einer Skoliose, häufig auch mit neurologischen Begleitsymptomen verbunden.

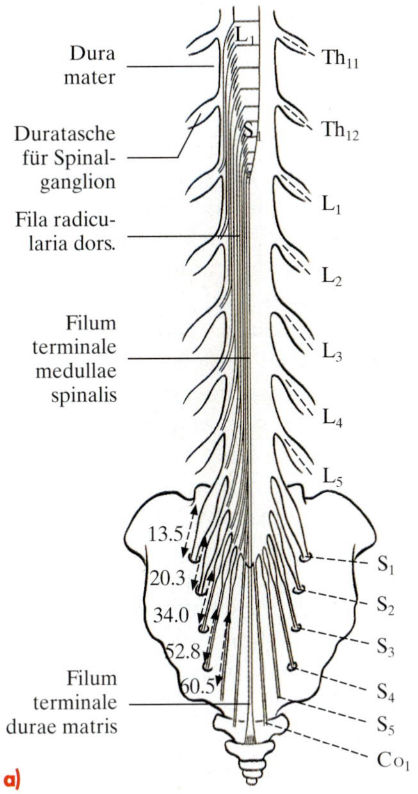

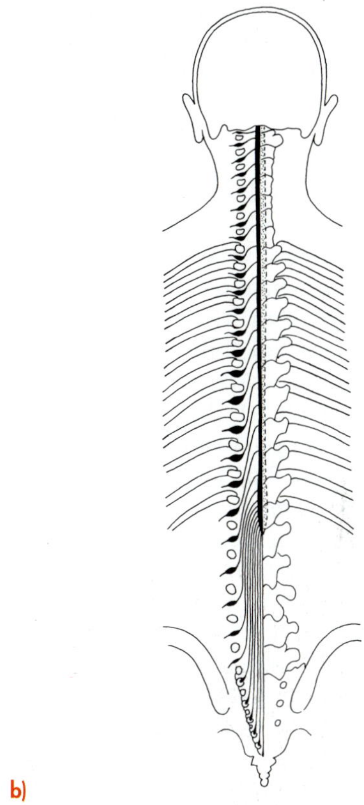

Abb. 19. a) Cauda equina des Rückenmarks mit Durasack und Sacrum (schematisch, nach J. Lang). Man beachte die Verkürzung der Segmenthöhen und die Verlängerung der Fila radicularia in kaudaler Richtung.
b) Lage des Rückenmarks und der Spinalganglien im Verhältnis zum Skelett (aus Töndury).

2. Wirbelkanal

Die Wirbelbögen umschließen mit den sie verbindenden elastischen Ligg. flava den Wirbelkanal. Die dorsale Aufmeißelung der breitflächigen Wirbelbögen (Laminae arcus vertebrae) eröffnet den Wirbelkanal (Laminektomie). Der Kanal reicht vom For. (occipitale) magnum bis zum Hiatus sacralis und enthält das Rückenmark mit seinen Hüllen, die vorderen und die hinteren Wurzeln der Spinalnerven sowie den Plexus venosus vertebralis int. Die Spinalganglien sind mit Ausnahme der sakralen Segmente in den Forr. intervertebralia untergebracht (Abb. 19 b).

Während im Schädelinnenraum Dura und Periost verschmolzen sind, trennen sich beide Blätter am Hinterhauptsloch, so daß im gesamten Wirbelkanal zwischen **Dura** und Knochen ein ausgedehnter Spaltraum (Spatium epidurale oder peridurale) vorhanden ist. Dieser ist mit Fettgewebe und einem dichtmaschigen Venengeflecht (Plexus venosi vertebrales int. ant. und post.) erfüllt. Das epidurale Fettgewebe bildet ein Polster zum Schutze der Dura mater und des Rückenmarks bei den Rumpfbewegungen und paßt zugleich die Form des Rückenmarks in die Negativform des Wirbelkanals ein. Innerhalb des derbfaserigen Duralsackes befindet sich die zarte **Arachnoidea,** die den liquorhaltigen Subarachnoidalraum abschließt. Zwischen Arachnoidea und Dura existiert praktisch kein Spaltraum mehr (Spatium subdurale). Dural- und Arachnoidalsack enden in Höhe des 2. Sakralwirbels und verschmelzen kaudal mit dem Filum terminale, das am 1. Steißbeinwirbel angewachsen ist. Die Pia liegt direkt dem Rückenmark auf, bildet aber in der Mitte zwischen den vorderen und hinteren Spinalnervenwurzeln (Fila radicularia ant. u. post.) zipfelförmige Aussackungen (Ligg. denticulata). Die **Pia mater** beherbergt die *Rückenmarksarterien:* die unpaare A. spinalis ant. liegt in der Fissura mediana ant., die paarigen Aa. spinales post. befinden sich an der hinteren Wurzeleintrittszone im Sulcus lat. post. des Rückenmarks. Sie stammen im Halsbereich meist aus der A. vertebralis, sonst aus Ästen der zugehörigen Segmentarterien und stellen Längsanastomosenketten dar.

Das Rückenmark läuft kaudal in den Conus medullaris aus, der in der Regel in Höhe des 1. Lendenwirbelkörpers (vgl. S. 19) lokalisiert ist. Der Durasack, der die Cauda equina umschließt, reicht wesentlich weiter kaudalwärts, meist bis S_2 oder S_3. Die Segmenthöhe des Rückenmarks nimmt von den lumbalen zu den sakralen Segmenten ab. Die Fila radicularia werden sakralwärts zunehmend länger (bis maximal 160 mm) (Abb. 19 a).

Klinischer Hinweis. Bei der **Lumbalpunktion** z. B. wird der lumbale Durasack angestochen und Liquorflüssigkeit aus dem spinalen Subarachnoidealraum entnommen. Beim Erwachsenen wird die Punktion in der Regel zwischen 3. und 4. Lendenwirbel, beim Kind möglichst zwischen 4. und 5. Lendenwirbel vorgenommen. Der Dornfortsatz des 4. Lendenwirbels läßt sich tasten; er liegt auf der Verbindungslinie der beiden höchsten Punkte der Darmbeinkämme (Jacoby-Linie). Die Nadel durchsticht das kräftige Lig. flavum und erreicht nach 5–7 cm (bei Kindern 2–3 cm) die Dura. Das Rückenmark wird bei diesem Vorgehen nicht gefährdet.

Der Wirbelkanal ist kaudal offen und nur durch Bänder verschlossen (Hiatus canalis sacralis). Diese Tatsache ermöglicht es, eine **epidurale** oder **peridurale Injektion** in den Sakralkanal, z. B. bei Lumbalgien oder beim Ischiassyndrom vorzunehmen. In Knie-Ellenbogen-Lage kann von kaudal in den Canalis sacralis eingestochen werden. Der Duralsack wird dabei nicht punktiert. Das Depot bleibt epidural.

C. Muskeln und Leitungsbahnen der ventralen Rumpfwand

I. Thorax, Brust- und Bauchwand

In der Gestaltung von Thorax und Brustwand prägen sich Geschlechts-, Konstitutions- und Altersunterschiede deutlich ab. Die Form des Thorax entspricht einem Konus mit kleiner oberer und großer unterer Schnittfläche. Die transversale Achse ist etwas größer als die sagittale. Pykniker zeigen einen kurzen und breiten, Astheniker einen langen und schmalen Thorax. Mit der Gestalt des Brustkorbs wechselt auch der Modus der Atmung. Der faßförmige Thorax mit ausladenden, horizontal stehenden Rippen ist für den Säugling und den Greis charakteristisch. Bei ihnen dominiert die kostodiaphragmale Atmung. Im mittleren Lebensalter herrscht mehr die sternokostale Atmung vor.

Klinische Hinweise. Die Unterschiede in Form und Funktion des Thorax spiegeln sich bis zu einem gewissen Grade auch in der Klinik der Lungenerkrankungen wider. Die Elastizität des Thorax ist bis zum 16. Lebensjahr so groß, daß Frakturen kaum beobachtet werden. Im Alter nimmt die Elastizität des Brustkorbes, vor allem auch wegen der zunehmenden Verkalkung der Rippenknorpel, stark ab, wodurch sich die Bruchneigung erhöht.

Der **Thorax** enthält nicht nur Brustorgane. Das untere Drittel umschließt auch die Organe des Oberbauches (Leber, Milz, Magen usw.). Die obere Thoraxapertur *(Apertura thoracis sup.)* ist nierenförmig und wird durch die Pleurakuppel abgeschlossen. Die untere Thoraxapertur *(Apertura thoracis inf.)* wird durch den Rippenbogen (Arcus costalis), die unteren Rippen und das Zwerchfell begrenzt. Die ersten 7 Rippen setzen am Sternum an *(Costae verae)*, die 8. bis 10. Rippe bilden den Arcus costalis mit dem epigastrischen Winkel *(Angulus infrasternalis)*. Die beiden letzten Rippen enden frei in der dorsalen Bauchwand. Durch die flächenhafte Torsion der Rippen, die sich überall dem Thoraxinhalt glatt anschmiegen, wie auch durch die Senkung der Rippen nach vorn entstehen dorsal schmälere Interkostalräume als ventral und oben. Der sternale Knorpelansatz verlängert sich von Rippe zu Rippe und beträgt bei der 7. Rippe schließlich rund 12 cm. Die Rippen sind am besten vorn in der Mamillarlinie zu tasten. Wegen der überlagernden Clavicula ist die 1. Rippe nicht palpabel.

Die Rippen werden vorne durch das Brustbein (Sternum) zusammengehalten, das sich durch die Verschmelzung paariger Sternalleisten während der Embryonalzeit entwickelt. Daraus erklären sich gelegentlich auftretende Spaltbildungen (Fissurae sterni congenitae).

Klinische Hinweise. Die Tatsache, daß die äußere Kompakta des Sternums relativ dünn ist und die Spongiosa zeitlebens rotes Knochenmark enthält, ermöglicht eine Gewebsentnahme an dieser Stelle **(Sternalpunktion).** Meist wird die Punktion in Höhe des 2. oder 3. Interkostalraumes, etwas lateral von der Mittellinie und wegen der horizontalen Knorpelleisten nicht in Höhe der Rippenknorpel ausgeführt. Der Markraum wird schon 3–5 mm unter dem Periost erreicht. Die hintere Knochenkompakta des Sternums ist manchmal besonders dünn (z.B. bei Osteoporosen). Dann besteht bei der

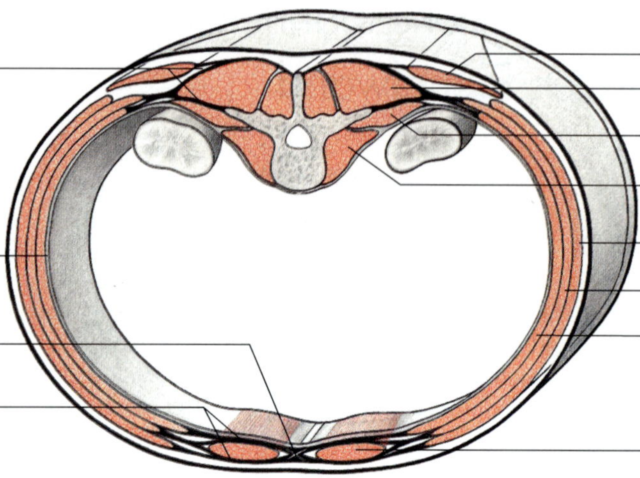

Abb. 20. Konstruktiver Aufbau der Bauchwand (oberhalb der Linea arcuata).

Schichten der Bauchwand

Lateral	Paramedian
1. Kutis 2. Subkutis (subkutanes Fettlager) 3. M. obliquus ext. abdominis 4. M. obliquus int. abdominis 5. M. transversus abdominis 6. Fascia transversalis 7. Peritoneum	1. Kutis 2. Subkutis 3. Voderes Blatt der Rektusscheide 4. M. rectus abdominis 5. Hinteres Blatt der Rektusscheide 6. Fascia transversalis 7. Peritoneum

Sternalpunktion die Gefahr eines Einbruchs ins vordere Mediastinum und damit einer Verletzung der großen Gefäße, besonders der Aorta. Eine Knochenmarkspunktion kann auch am Beckenkamm ausgeführt werden. Manubrium und Corpus sterni bilden einen Winkel (Angulus sterni [Ludovici]). Erst im späteren Lebensalter verschmelzen beide vollständig.

Frakturen. Bei Extensionsfrakturen tritt die Bruchlinie meist zwischen Manubrium und Corpus auf. Bau und Verknöcherungsmodus des Sternums erklären auch zwanglos, warum bei direkter Gewalteinwirkung meist Querbrüche entstehen.

Die Zwischenräume werden von den Interkostalmuskeln ausgefüllt, die sich in drei Schichten anordnen *(M. intercostalis ext., int. und intimus)*. Im unteren Thoraxbereich gibt es häufig auch Interkostalmuskeln, die zwei oder mehrere Interkostalräume überspringen. Der *M. subcostalis* gehört zum System der Interni und liegt an der Innenseite des Thorax im Bereich der unteren Rippen. Der *M. transversus thoracis* liegt ebenfalls innen und strahlt vom unteren Sternum schräg aufwärts bis zum 2. bis 6. Rippenknorpel.

Die vordere **Bauchwand** enthält demgegenüber keine Knochenelemente. Sie wird durch die drei seitlichen Bauchmuskel-

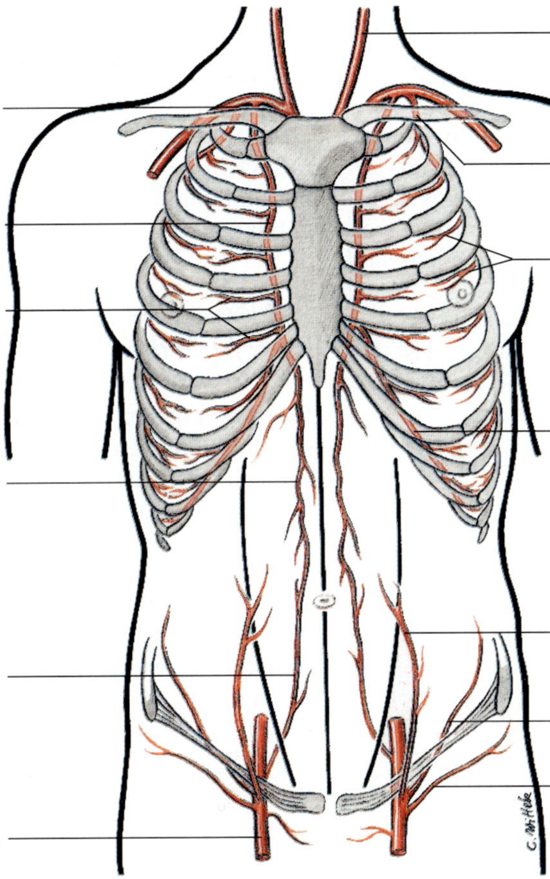

Abb. 21. Arterien der ventralen Rumpfwand (schematisch). Die hinteren Interkostalarterien mit Ausnahme der beiden ersten Interkostalarterien entspringen aus der Pars thoracica aortae.

platten und den M. rectus abdominis gebildet. Die schrägen Bauchmuskeln bilden vorn und hinten jeweils flächenhafte Sehnen (Aponeurosen), die dorsal mit der Fascia thoracolumbalis den M. erector spinae und ventral mit der Rektusscheide den M. rectus abdominis logenartig einhüllen (Abb. 20). Das vordere Blatt der Rektusscheide wird von der Aponeurose des M. obliquus ext. abdominis und dem Vorderblatt der Internusaponeurose, das hintere Blatt von der Transversusaponeurose und dem hinteren Blatt der Internusaponeurose gebildet. Handbreit unterhalb des Nabels, an der Douglas-Linie *(Linea arcuata)*, ändern sich diese Verhältnisse insofern, als die Aponeurosen aller drei Bauchmuskeln in das vordere Blatt der Rektusscheide übergehen und der Rektus an der Dorsalseite nur noch von der Fascia transversalis begrenzt wird. Bei chirurgischen Eingriffen in diesem Bereich muß also beachtet werden, daß nach Durchtrennung des Rektus dorsal keine derbere Bindegewebsschicht mehr zu erwarten ist.

II. Leitungsbahnen der vorderen Rumpfwand

Die Leitungsbahnen der vorderen Rumpfwand spiegeln das metamere Muster der Skelett- und Muskelelemente, besonders im Brustbereich deutlich wider. Im allgemeinen läßt sich ein vertikales System, das sind Leitungsbahnen, die in der Längsrichtung dem Sternum oder Rektussystem folgen, von einem horizontalen System, das den Segmenten zugeordnet werden kann, unterscheiden.

1. Arterien

Aus der A. subclavia stammt die *A. thoracica int.,* die etwa 2 cm neben dem Sternum abwärts zieht, das Zwerchfell durchbohrt und als *A. epigastrica sup.* in der hinteren Rektusscheide zur Bauchwand verläuft. Vor dem Zwerchfelldurchtritt gibt sie noch die A. musculophrenica ab, die parallel mit dem Rippenbogen nach lateral geht. Kurze seitliche Äste ziehen zu den Interkostalräumen *(Rr. intercostales ant.)*. Die A. pericardiacophrenica begleitet den N. phrenicus zum Zwerchfell.

Aus der Aorta stammen die unteren 10 Interkostalarterien *(Aa. intercostales post.)*, die vom 6. Segment an auch in die Bauchwand übertreten (Abb. 21). Die ersten zwei Interkostalräume werden von der *A. intercostalis suprema* versorgt, die aus dem Truncus costocervicalis entspringt, zusätzlich auch von Ästen der A. thoracica sup. Aus der A. iliaca ext. bzw. A. femoralis kommen die von unten aufsteigenden Äste der Bauchwand. Oberflächlich verläuft die *A. epigastrica superf.* auf der Bauchmuskulatur nach oben; auf dem hinteren Blatt der Rektusscheide zieht die A. epigastrica inf., die kranial mit der A. epigastrica sup. anastomosiert, nach aufwärts (Abb. 21).

Die *A. circumflexa iliaca prof.* entspringt aus der A. iliaca ext. kurz bevor diese das Leistenband passiert, und wendet sich, dem Beckenkamm folgend, nach lateral.

Die *A. circumflexa iliaca superf.* geht kurz distal vom Leistenband von der A. femoralis ab und wendet sich dann ebenfalls nach lateral. Kleinere Äste zweigen zum Leistenkanal und zum äußeren Genitale ab (Aa. pudendae ext.).

2. Nerven der ventralen Rumpfwand

Die Nerven der Ventralseite des Rumpfes stammen ausschließlich aus den Rami ventrales der Spinalnerven und zeigen noch am reinsten die ursprüngliche segmentale Anordnung der Rumpfmetamerie (Abb. 22). Die Rr. ventrales heißen im Rumpfbereich Nn. intercostales und ziehen den Rippen entlang nach vorne. Ihre Hautäste treten vorne wenig neben der Mittellinie als *Rr. cutanei ant.* segmentweise an die Oberfläche. Die *Rr. cutanei lat.* der Interkostalnerven perforieren die Faszie des M. serratus ant. zwischen den jeweiligen Zacken etwa in Höhe der mittleren oder vorderen Axillarlinie und teilen sich jeweils in zwei Äste auf, die sich dann nach vorne bzw. nach hinten ausbreiten und mit den benachbarten Hautarealen anastomosieren (Abb. 22). In die Region unterhalb der Clavicula strahlen die Hautäste des Plexus cervicalis *(Nn. supraclaviculares mediales)* in die Leistenregion die Hautäste des Plexus lumbalis (N. iliohypogastricus, N. ilioinguinalis und N. genitofemoralis) mit ein.

3. Venen

Im häufig sehr fettreichen subkutanen Gewebe der vorderen Rumpfwand findet sich ein ausgedehntes Venennetz, das sowohl kranialwärts (zur Achselhöhle hin) als auch nach kaudal (zur Inguinalregion hin) drainiert wird (Abb. 23).

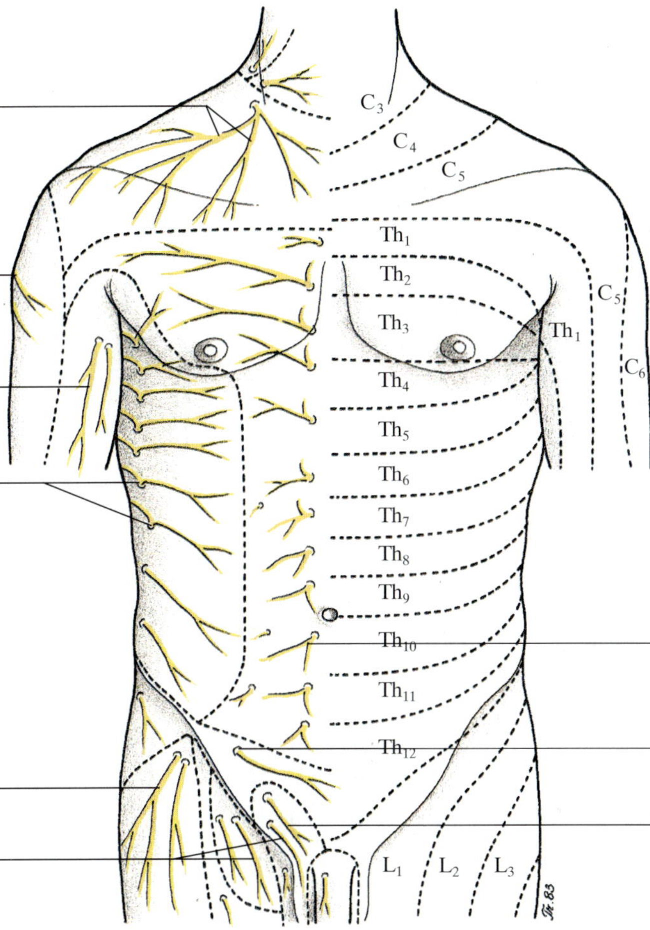

Abb. 22. Hautnerven der ventralen Rumpfwand. Schema der segmentalen Innervation (nach Wolf-Heidegger).

Im Bereich der Brustdrüse bildet sich ein mehr oder weniger zirkulär orientiertes Venennetz (Plexus venosus areolaris), dessen ableitende Venen einerseits zur Achselhöhle ziehen, andererseits (nach medial) aber auch mit den Interkostalvenen in Verbindung stehen.

Vom unteren Thoraxabschnitt und der oberen Bauchwand fließt das venöse Blut durch die *V. thoracoepigastrica* in die *V. thoracica lat.* und weiter in die V. axillaris ab (Einzugsgebiet der V. cava sup.). Die V. thoracoepigastrica anastomosiert an der vorderen Bauchwand mit der *V. epigastrica superf.*, die kaudalwärts in die *V. saphena magna* einmündet und dadurch mit der V. femoralis und der unteren Hohlvene in Verbindung steht. Auf diese Weise kommt eine Anastomose zwischen dem Einstromgebiet der V. cava sup. mit dem der V. cava inf. zustande. Die kleinen Venen um den Nabel herum haben nach innen auch mit

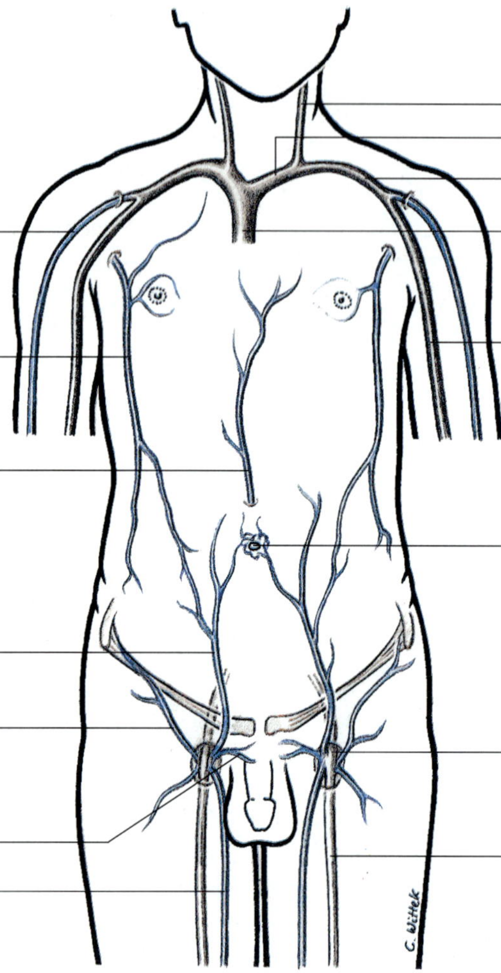

Abb. 23. Venen der ventralen Rumpfwand (schematisch). Blau = oberflächliche Venen; grau = tiefergelegene Körpervenen.

den *Vv. paraumbilicales,* die im Lig. teres hepatis verlaufen, Verbindungen, die bei Pfortaderstauungen eine Rolle spielen können (s. S. 359).

Die *V. thoracica int.* begleitet die gleichnamige Arterie und steht mit den Interkostalvenen, die ebenfalls den Arterien parallel verlaufen, in Verbindung. Kaudalwärts setzt sie sich in die *V. epigastrica sup.* fort, die mit der *V. epigastrica inf.* innerhalb des hinteren Blattes der Rektusscheide anastomosiert.

4. Lymphgefäße

Die Lymphgefäße der vorderen Rumpfwand folgen im allgemeinen den Venen. In die Lymphgefäßstraßen sind jedoch immer auch Lymphknoten, die meist in Gruppen zusammenliegen, eingelagert. Die wichtigsten und größten Lymphknotengruppen liegen in der Achselhöhle, in der Leistenregion und am Hals im Bereich des M. sternocleidomastoideus (Abb. 24).

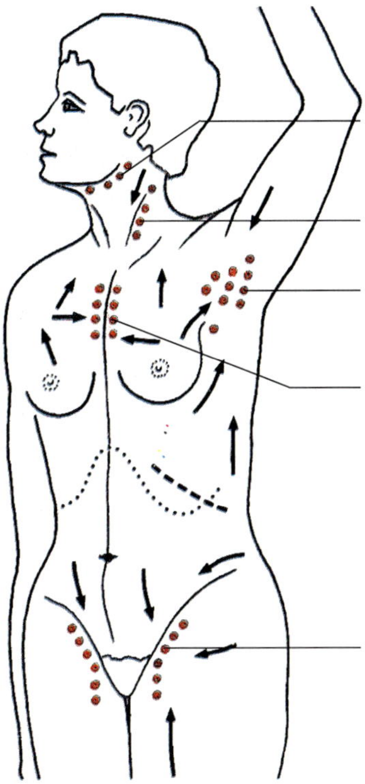

Die Lymphgefäße der vorderen und seitlichen Brustwand ziehen hauptsächlich zu den axillären Lymphknoten *(Nodi lymphatici axillares)*, die der vorderen Bauchwand zu den inguinalen Lymphknoten *(Nodi lymphatici inguinales superf.)*. Eine bogenförmige Linie unterhalb des Rippenbogens stellt die »Wasserscheide« zwischen diesen beiden Abflußgebieten dar.

Die neben dem Sternum gelegenen Lymphgefäße und Lymphknotengruppen *(Nodi lymphatici parasternales)* haben auch Verbindungen mit den in der Tiefe verlaufenden Gefäßen in der Umgebung der V. thoracica int. sowie mit denen der Interkostalräume.

Die Lymphgefäße von Kopf und Hals werden weiter unten beschrieben (s. S. 237).

Abb. 24. Lymphabflußwege und regionäre Lymphknoten an der ventralen Rumpfwand (schematisch). Die Pfeile deuten die Hauptabflußrichtungen an. Rot = Lymphknotengruppen; gestrichelte Linie = »Wasserscheide« für den Lymphabfluß nach kranial und kaudal.

Gefäßversorgung der Rumpfwand

Arterien

A. epigastrica sup. (Fortsetzung der A. thoracica int. – absteigend durch die Larrey- bzw. Morgagni-Spalte auf die Hinterwand der Rektusscheide),
A. epigastrica inf. (Ast der A. iliaca ext. – aufsteigend in der Hinterwand der Rektusscheide),
A. epigastrica superf. (aus der A. femoralis – aufsteigend in der vorderen Bauchwand),
A. circumflexa ilica superf. und prof. (Äste der A. femoralis bzw. A. iliaca ext. – bilden, indem sie mit Ästen der A. iliolumbalis (aus der A. iliaca int.) kommunizieren, einen Anastomosenkranz in Höhe des Beckenrandes).

Venöse Abflüsse kranial vom Nabel

V. epigastrica sup. (als V. thoracica int. zur V. subclavia)
V. thoracoepigastrica (an der seitlichen Brustwand gelegen – zur V. axillaris)
V. thoracica lat. (auf dem M. serratus ant. gelegen – zur V. axillaris)

Venöse Abflüsse kaudal vom Nabel

V. epigastrica inf. (im hinteren Blatt der Rektusscheide – zur V. iliaca ext.)
V. epigastrica superf. (selbständig oder mit der V. circumflexa iliaca superf. zusammen in die V. saphena magna zur V. femoralis).

Lymphabflüsse

Die regionären Lymphknoten der Bauchwand liegen oberhalb bzw. unterhalb einer bogenförmigen Linie (Abb. 24), kranial davon strömt die Lymphe in die Achselhöhle (Nodi lymphatici axillares), kaudal zur Leistenregion (Nodi lymphatici inguinales superf. [Tractus horizontalis]) ab.

D. Topographische Anatomie der ventralen Rumpfwand

I. Brustwand

An der Brustwand können drei gut trennbare Schichten unterschieden werden:

1. *Oberflächliche Schicht,* die das subkutane Binde- und Fettgewebe mit den oberflächlichen Leitungsbahnen (Hautvenen, Hautnerven usw.) umfaßt.

2. *Mittlere Schicht,* die die Brustmuskulatur beherbergt.

3. *Tiefe Schicht,* die die Thoraxwand mit den Interkostalmuskeln und zugehörigen Leitungsbahnen darstellt.

Oberflächliche Schicht der Brustwand. In dieser Schicht befinden sich ein ausgedehntes Venennetz, die oberflächlichen Arterien, die Lymphgefäße der Subkutis und die Hautnerven (Abb. 25 und 26).

Brustdrüse. Eine Sonderbildung stellt die Brustdrüse (Gl. mammaria) dar, die sich in Höhe der 3.–6. Rippe innerhalb des subkuta-

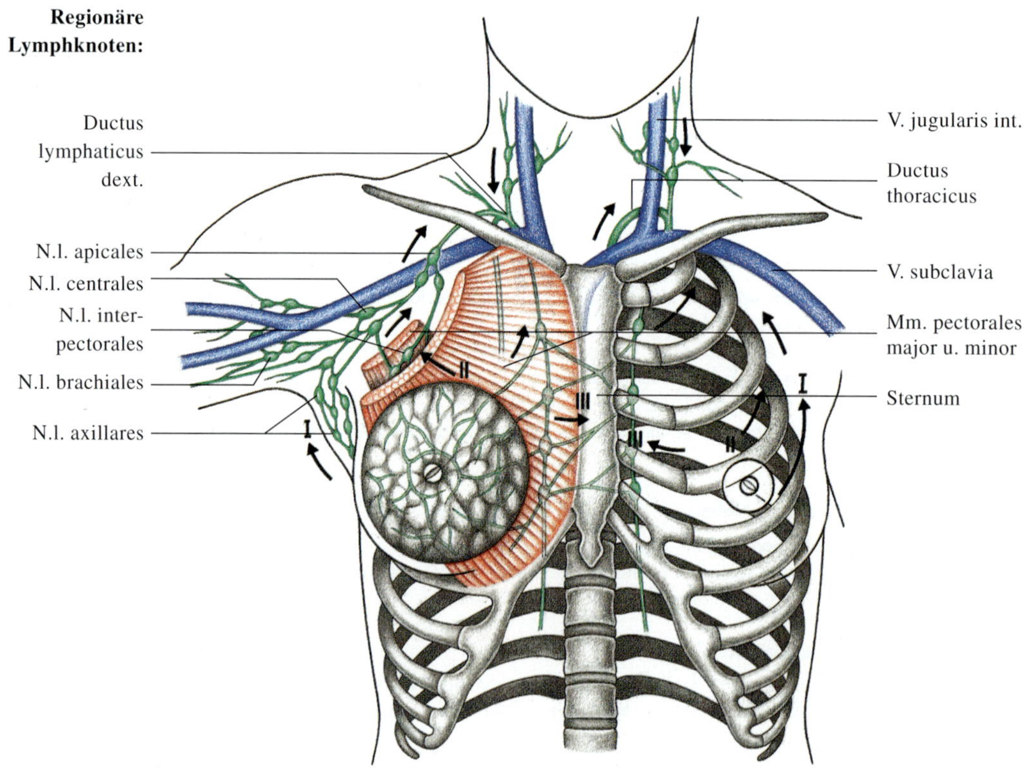

Abb. 25. Lymphabflußwege und regionäre Lymphknoten der weiblichen Brustdrüse. I = axilläre Abflußbahn (zu den Lymphknoten der Achselhöhle); II = interpektorale Abflußbahn (entweder nach lateral zu den axillären oder nach kranial zu den infra- und supraklavikulären Lymphknoten); III = parasternale Abflußbahn (zu Lymphknotengruppen an der gleichen und gegenüberliegenden Seite des Sternums). N.l. = Nodi lymphatici.

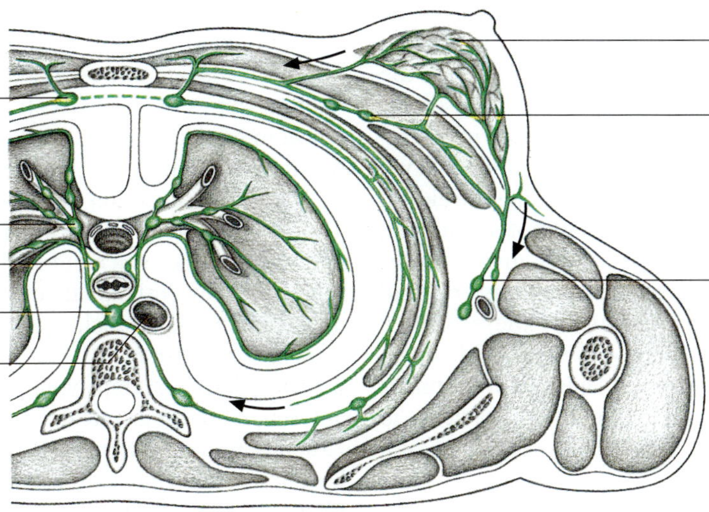

Abb. 26. Lymphabflußbahnen der Mamma am Horizontalschnitt. N.l. = Nodi lymphatici (nach Corning).

nen Gewebes, besonders bei der Frau, mächtig entwickeln kann. Die *Mamille* projiziert sich besonders bei Mädchen auf den 4. Interkostalraum. Bei älteren Frauen sinkt die Brustdrüse meist weiter nach unten. Die Brustdrüse ist auf der Pektoralisfaszie nur durch einige Retinacula locker fixiert und daher gut verschieblich.

Die Haut über dem Drüsenkörper ist im Gegensatz zur Haut anderer Körperstellen nicht abhebbar und nicht verschieblich. Der Drüsenkörper setzt sich aus 15 bis 20 Läppchen zusammen, deren Ausführungsgänge *(Ductus lactiferi)* sinusartige Erweiterungen *(Sinus lactiferi)* bilden und auf der Papille (Papilla mammae) ausmünden. Die Areola ist umsäumt von kleinen apokrinen Knäueldrüsen (Gll. areolares, Montgomery-Drüsen), von denen atypische Tumoren oder Zysten ausgehen können. Der Drüsenkörper entfaltet sich innerhalb des Bindegewebskörpers der Subkutis in horizontal und vertikal orientierten Septen *(Ligg. suspensoria mammae)*. Er kann mehrere Ausläufer besitzen, von denen der Achselfortsatz am kräftigsten ist. Dieser überragt den freien Rand des M. pectoralis major und dringt in die Achselhöhle vor.

Die *arterielle Versorgung* der Brustdrüse stammt in der Hauptsache aus Ästen der A. thoracica lat. und der A. thoracica int. (Rr. mammarii med. und lat.). Daneben beteiligen sich in geringerem Ausmaß auch perforierende Äste der 3. bis 6. Interkostalarterie. Die Mamille wird vornehmlich von oberflächlichen Gefäßen versorgt, was bei kosmetischen Operationen von Bedeutung ist.

Lymphabflüsse. Bei der Häufigkeit des Mammakarzinoms ist die Kenntnis der Lymphdrainagewege für den Arzt von großer Wichtigkeit. Man unterscheidet einen Plexus areolaris in der Mamille und einen Plexus subareolaris im Drüsenkörper. Diese Geflechte entleeren sich über 3 Hauptabflußwege (Abb. 25 und 26).

1. *Axilläre Abflußbahn,* über Lymphknoten am Unterrand des M. pectoralis major (Nodi lymphatici pectorales) zu den Nodi lymphatici axillares der Achselhöhle. Die tiefen Achselhöhlenlymphknoten (Nodi lymphatici centrales) nehmen übrigens auch die subskapulären und brachialen Lymphbahnen auf.

2. *Parasternale Abflußbahn* (sog. »Mammarialymphstrang«). Im Gegensatz zur axillären Bahn kommen hier nur wenige Lymphkno-

ten vor. Die parasternalen Lymphgefäße liegen neben dem Sternum, meist in Begleitung der V. thoracica int., und münden in die Nodi lymphatici supraclaviculares oder direkt in den Truncus jugularis am Venenwinkel ein.

3. Die *interpektorale Abflußbahn* geht zwischen den beiden Mm. pectorales direkt zu den tiefer gelegenen Lymphknotengruppen, die kranial vom M. pectoralis minor hinter der Fascia clavipectoralis lokalisiert sind (Nodi lymphatici apicales). Diese stehen ihrerseits wieder über die infra- und supraklavikulären Gruppen mit dem Truncus jugularis bzw. dem Ductus thoracicus in Verbindung.

Klinische Hinweise. Bösartige *Tumoren der Brustdrüse* metastasieren meist auf dem Lymphwege, bevorzugt zuerst über die axillären Lymphknoten. Die tiefen axillären Lympknoten schneiden vielfach die quer durch die Achselhöhle verlaufenden Nn. intercostobrachiales so ein, daß Metastasen von Mammatumoren Hypersensibilitätserscheinungen am Arm hervorrufen können. Die sternalen Lymphgefäße anastomosieren auch nach innen mit den interkostalen und mediastinalen Lymphbahnen. Hieraus erklären sich die gar nicht so selten vorkommenden, »inneren« Metastasen der Mammakarzinome (mediastinale, bronchopulmonale oder pleurale Metastasen). Über die parasternalen Lymphbahnen können Metastasen auch auf die andere Körperseite übergreifen (sog. paradoxe Metastasen).

Die **mittlere Schicht der Brustwand** wird hauptsächlich von den großen Brustmuskeln (M. pectoralis major und minor) und ihren zum Teil derben Faszien gebildet *(Fascia pectoralis)*. Zwischen M. pectoralis major und minor liegt die kräftige *Fascia clavipectoralis*, die das Trigonum deltoideopectorale unterfüttert und die V. cephalica auf ihrem Wege zur V. subclavia konstruktiv in das Fasziensystem der Brustmuskulatur einbindet und dadurch an dieser Stelle fixiert. Unmittelbar auf der Brustwand liegt der M. serratus ant., der sich unten mit den Zacken des M. obliquus ext. abdominis verzahnt. Die Leitungsbahnen der seitlichen Brustwand verlaufen auf dem M. serratus ant. und stehen mit denen der Achselhöhle in Verbindung.

Die **tiefe Schicht der Brustwand** wird vom Thorax mit seinen Faszien und Muskeln gebildet. Innen wird er von einer stellenweise festeren Bindegewebslamelle ausgekleidet, die den Namen Faszie nicht ganz zurecht trägt *(Fascia endothoracica)*. Sie läßt sich ohne Schwierigkeiten stumpf von der Thoraxwand ablösen, hängt aber mit der Pleura parietalis zusammen. Außen werden Rippen und Interkostalmuskeln von der Fascia thoracica ext. überzogen, die einen Teil der allgemeinen Körperfaszie darstellt und kaudal in die Fascia abdominalis superf. übergeht.

Die **Interkostalräume** werden durch die Zwischenrippenmuskeln verschlossen. Die *Mm. intercostales ext.* verlaufen schräg von hinten-oben nach vorne-unten und füllen den Interkostalraum von der Wirbelsäule bis zur Knorpel-Knochen-Grenze der Rippen aus, die gegenläufigen *Mm. intercostales int.* beginnen erst an den Rippenwinkeln, reichen dafür aber weiter nach vorne bis an das Sternum.

Die *Mm. intercostales intimi* liegen ganz innen und haben sich vor allem durch die interkostalen Leitungsbahnen von den Mm. intercostales int. abgespalten. Zwischen den Mm. intercostales intimi und int. entsteht dadurch ein Kanal *(Canalis intercostalis)*, in dem das Gefäß-Nerven-Bündel untergebracht ist. Topographisch liegt die V. intercostalis am weitesten kranial (periostnahe), dann folgt die Arterie und schließlich der Nerv (Merkwort: »VAN«) (Abb. 27). Etwa in der mittleren Axillarlinie teilen sich die Interkostalgefäße jeweils in einen supra- und einen infrakostalen Ast und anastomosieren vorn mit den entsprechenden Zweigen der Vasa thoracica int. (Abb. 21).

Klinischer Hinweis. Flüssigkeitsansammlungen zwischen den beiden Pleurablät-

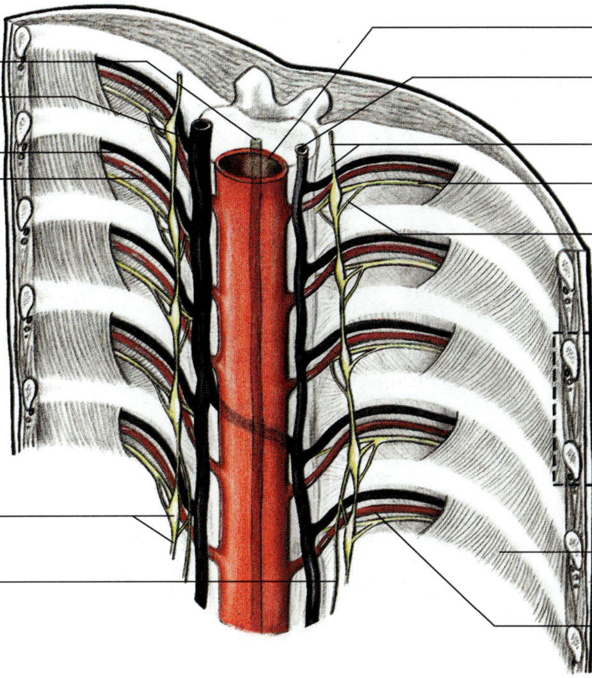

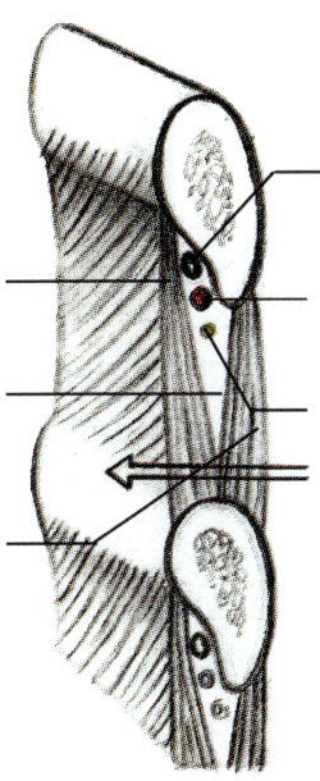

Abb. 27. Lage der Leitungsbahnen im dorsalen Mediastinum und im Bereich der Interkostalmuskulatur. Pfeil = Punktionsweg jeweils am oberen Rand der Rippe.

tern (Pleuraergüsse) können von außen punktiert werden. Bei dorsalen Punktionen sticht man die Nadel zweckmäßigerweise immer am Oberrand der Rippe ein, da hier keine Gefäße verlaufen. Ventral ist die Situation anders. Da die Interkostalgefäße sich lateral aufgespalten haben, muß die Nadel bei ventralen Punktionen in der Mitte des Interkostalraumes eingestochen werden.

Die *Interkostalarterien* unterkreuzen an der dorsalen Brustwand den Grenzstrang des Sympathikus, den Ösophagus und die Vv. azygos bzw. hemiazygos. Diejenigen der rechten Seite überqueren die Wirbelsäule. Die ersten vier Interkostalarterien ziehen von der Aorta aus zunächst kranialwärts, wobei sie den Rippenköpfchengelenken dicht benachbart sind, was bei Rippenresektionen beachtet werden muß. Da die Mm. intercostales int. erst an den Rippenwinkeln beginnen, liegen die Interkostalgefäße der Fascia endothoracica und der Pleura parietalis dorsal eng an. Die Interkostalgefäße anastomosieren vorn mit den Rr. intercostales ant. der A. thoracica int., die neben dem Sternum auf der Fascia endothoracica abwärts zieht und kaudal in die A. epigastrica sup. übergeht, welche ihrerseits wieder mit der A. epigastrica inf. anastomosiert (Abb. 21).

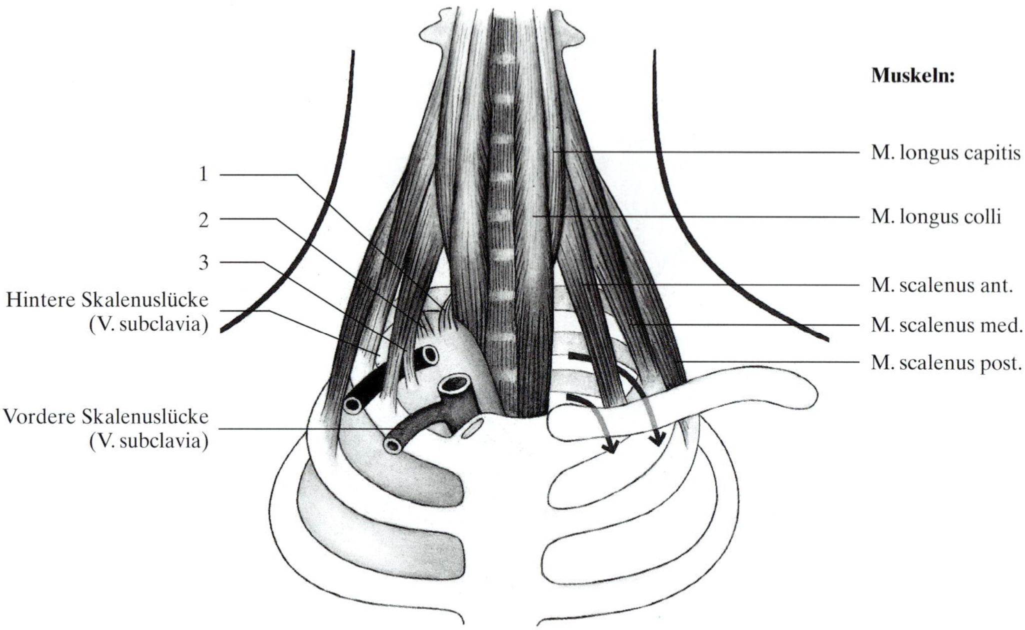

Abb. 28. Topographie der Pleurakuppel. 1 = Lig. pleurovertebrale (vom Proc. transversus des 7. Halswirbels zur Pleurakuppel); 2 = Lig. pleurocostale (vom Hals der 1. Rippe zur Fascia endothoracica); 3 = M. scalenus minimus (zwischen A. und V. subclavia zur Pleurakuppel).

Klinische Hinweise. Durch die Anastomosen der epigastrischen Gefäße kommt ein **Kollateralkreislauf** für die Aorta *über die Brustwand* (z.B. bei der Aortenisthmusstenose) zustande. Die kongenitale Aortenstenose liegt häufig im Bereich des Lig. arteriosum (Botalli) und führt zu einer Spaltung des Kreislaufs in ein Überdruckgebiet (prästenotisch im Bereich von Kopf, Hals und oberer Extremität) und ein Unterdruckgebiet (poststenotisch im Bereich von Brust, Bauch und unterer Extremität). Über die A. subclavia via A. thoracica int. und Aa. intercostales kann das Blut jedoch die Aorta erreichen. Es kommt dabei zu einer Strömungsumkehr in den Interkostalgefäßen, die geschlängelt und vergrößert erscheinen (pulsierende Interkostalräume; im Röntgenbild werden Rippenusuren sichtbar).

II. Topographie der Pleurakuppel

Die Lungenspitzen bilden einen breiten, abgerundeten Kegel, der die 1. Rippe überragt und zeltartig von den drei Mm. scaleni überdacht wird. Pleura und Fascia endothoracica sind hier membranös verstärkt (Cupula pleurae) und im Rahmen der 1. Rippe verspannt (Abb. 28). Flächenhafte Bandzüge, die von der tiefen Halsfaszie sowie auch der 1. Rippe ausgehen, fixieren die großen Gefäße (Vasa subclavia) und verstärken die konstruktive Verspannung der Pleurakuppel im Rippenbogen. Da die 1. Rippe vorn tiefer steht als hinten, überragt die Lungenspitze die obere Thoraxapertur vorne um etwa 3–4 cm. Der Pleurakuppel lagern sich die A. und V. subclavia, die A. und V. thoracica int. und der N. phrenicus sowie auch die

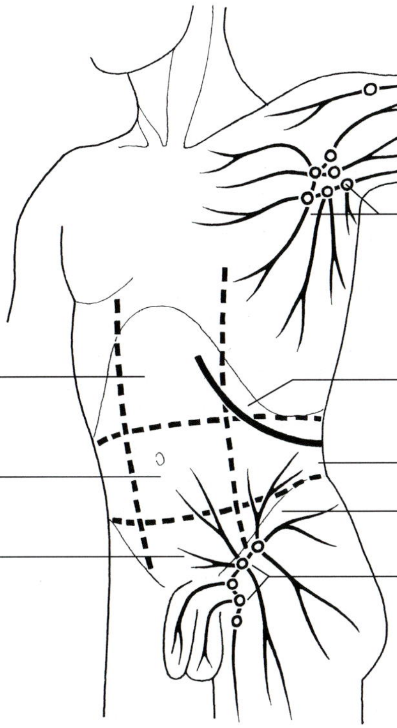

Abb. 29. Regionen der Bauchwand. Die bogenförmige Linie gibt die Grenze der Lymphabflüsse zur Inguinal- und Axillarregion an (umgez. nach Corning).

A. vertebralis direkt an, so daß an der gehärteten Lunge entsprechende Abdrücke zu erkennen sind. Dorsal kommen das Ggl. cervicothoracicum (stellatum) und die Ansa subclavia, kranial der Plexus brachialis in unmittelbare Berührung mit der Pleurakuppel.

Klinischer Hinweis. Bei zentralen Venenkatheterisierungen kann es zu Pleuraverletzungen und damit zu einem Pneumothorax kommen.

III. Bauchwand

Die vordere Bauchwand, die topographisch gesprochen unten am Leistenband und oben am Rippenbogen endet, wird herkömmlicherweise durch zwei horizontale und zwei vertikale Linien in neun *Regionen* geteilt: die obere Horizontale geht durch den unteren Rand des Rippenbogens, die untere Horizontale durch die beiden vorderen oberen Darmbeinstacheln und die vertikalen Linien folgen dem lateralen Rand des M. rectus abdominis (Abb. 29). Die auf diese Weise abgegrenzten Etagen werden als Epi-, Meso- und Hypogastrium bezeichnet. Im epigastrischen Raum liegt rechts das Leber-, links das Magenfeld, im Hypogastrium sind der Leistenkanal und in der Regio lat. dext. des Mesogastriums das Caecum mit der Appendix lokalisiert.

Die **Bauchwand** besteht aus schalenartig übereinandergelagerten Gewebsplatten, die sich in drei Gruppen gliedern lassen: 1. Haut und subkutanes Bindegewebe, 2. muskuloaponeurotische Schichten, 3. Peritoneum und subperitoneales Gewebe. Die Subkutis

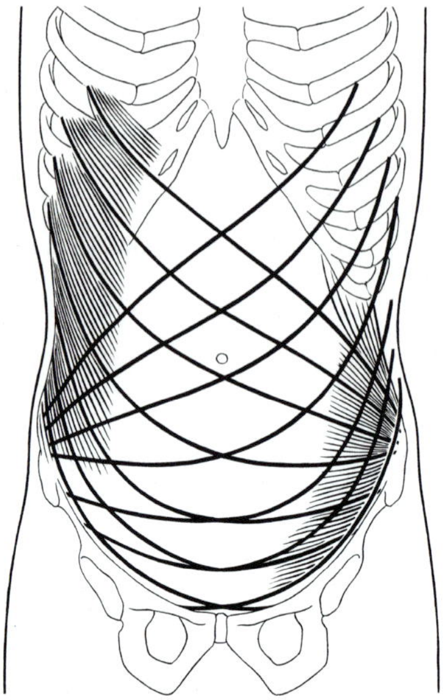

Abb. 30. Konstruktive Bauweise der ventrolateralen Bauchwand. Die Faserzüge des M. obliquus ext. abdominis rechts gehen über die Schrägsysteme der Aponeurosen und Rektusscheiden in diejenigen des M. obliquus int. abdominis der anderen Seite über. Die Winkel der beiden sich überkreuzenden Schrägsysteme werden kaudalwärts größer (nach v. Lanz).

zeichnet sich durch eine lamelläre Struktur aus, in der Fett in großer Menge gespeichert werden kann. Die oberflächliche Körperfaszie ist zart und dehnbar – eine wichtige Voraussetzung für die Verschieblichkeit der Bauchdecken. Die muskuloaponeurotische Schicht besteht aus den drei seitlichen Bauchmuskeln mit ihren Aponeurosen und dem Rektussystem mit seiner Rektusscheide sowie der Linea alba als mechanisches Verspannungselement. Durch die muskuloaponeurotischen Schichten wird der Bauchinhalt gewissermaßen wie durch ein Mieder elastisch gegürtet und unter Druck gesetzt. Sie sind daher auch für die Regulation des intraabdominalen Druckes von größter Bedeutung. Nicht nur bei der Atmung, sondern auch beim Husten, Niesen, Erbrechen, bei der Stuhl- und Harnentleerung wie auch bei der Geburt spielt die Spannungserhöhung innerhalb der muskuloaponeurotischen Schichten (Bauchpresse) eine Rolle. Das Peritoneum (Serosa) bedeckt die Muskelschichten der Bauchwand zusammen mit einer dünnen Lamelle lockermaschigen Binde- und Fettgewebes (Subserosa) von innen und läßt sich mit Ausnahme der Nabelgegend überall leicht von der Fascia transversalis, d. h. der inneren Faszie der Bauchdeckenmuskulatur ablösen.

Die Faserzüge der Rektusscheide sind schichtweise gekreuzt und bilden eine mehrfache Gurtung für den Bauchinhalt (Abb. 30). Sie kreuzen in der Medianebene in die jeweils tiefere Schicht, wodurch die Linea alba besonders fest wird. Diese kann überdies durch den kleinen M. pyramidalis aktiv gespannt werden. Infolge der aufrechten Körperhaltung steht der Bauchhöhleninhalt beim Menschen in besonderer Weise unter der Einwirkung der Schwerkraft. Es ergibt sich ein »hydrostatischer Schichtungsdruck« (v. Lanz), der sich auch auf die Konstruktion der Bauchwand auswirkt. Die Faserkreuzungen in der Rektusscheide sind im epigastrischen Bereich nahezu rechtwinklig. Unterhalb des Nabels werden die Winkel größer (bis zu 120°, Abb. 30). Der hydrostatische Schichtungsdruck belastet bei aufrechter Haltung besonders die Wand des Unterbauches. Die Aponeurosen der schrägen Bauchmuskeln gehen unterhalb des Nabels gemeinsam in das vordere Blatt der Rektusscheide über, während das hintere Blatt der Rektusscheide kaudalwärts ausläuft. Die Linea arcuata (besser Zona arcuata, denn es handelt sich nicht um eine scharfbegrenzte Linie), ist damit Ausdruck dieses Konstruktionsprinzips. Auch die Umgruppierung der unteren Internusfasern, deren Sehnen in das geschilderte hypogastrische Verspannungssystem fast horizontal einstrahlen, ist daraus abzuleiten. Die Mm. obliqui externi sind über die Schrägfaserzüge der Rektusscheiden hinweg mit den Mm. obliqui int. der gegenüberliegenden Seiten verknüpft. Dadurch ergeben sich schräge Verspannungsgurte über die gesamte Bauchwand hinweg, die durch die Zwischensehnen der Mm. recti funktionell noch unterteilt werden können. Die schräg kreuzenden Fasersysteme der Rektusscheide weichen am *Nabel* auseinander und gruppieren sich ringartig um *(Anulus umbilicalis)*. Die Fascia transversalis ist hier verstärkt und wird zur Fascia umbilicalis, einer aponeurotischen Faserplatte. Da die Subkutis im Bereich des Nabels fehlt, ist die Haut eingezogen.

Klinische Hinweise. Bauchwandbrüche (Hernien) kommen besonders im Bereich der Schwachstellen der Wandkonstruktion vor, insbesondere bei Zuständen, die mit einer Auflockerung der Bauchwand einhergehen (Aszites, Schwangerschaft, intraabdominelle Tumoren usw.). Eine natürliche Bruchpforte stellt der Leistenkanal dar. Oberhalb des Leistenbandes dringt nicht selten Bauchinhalt durch die Bauchdecken nach außen vor (Leistenbrüche oder **Herniae inguinales**).

Oberhalb des Nabels weichen die beiden Mm. recti etwas auseinander (physiologische Diastase). Die »Linea alba« bildet hier eine Platte, die erst unterhalb des Nabels den Charakter eines Septums annimmt. Weichen die beiden Recti im epigastrischen Raum stärker auseinander, so kann sich die Bauchwand flächenhaft vorwölben. Diese **Rektusdiastase** stellt jedoch keinen Bruch im eigentlichen Sinne dar, da weder ein Bruchsack noch eine Bruchpforte gebildet werden. Kommt es dagegen zu regelrechten Brüchen, so spricht man von **Herniae epigastricae.** Diese sind bei Männern besonders im mittleren Lebensalter häufiger als bei Frauen und entwickeln sich wahrscheinlich durch Ausweitung kleinerer Gefäß-Nerven-Kanälchen.

Bei den **Nabelhernien (Herniae umbilicales),** die angeboren oder erworben sein können, weitet sich der Nabelring so aus, daß Bauchhöhleninhalt austreten kann. Kleinere Nabelbrüche sind bei Säuglingen häufig und als Nebenbefund in jedem Lebensalter zu beobachten. Der scharfrandige Nabelring ist selbst bei größeren Nabelbrüchen noch gut tastbar. Nabelschnurbrüche **(Herniae funiculi umbilicalis, Omphozele)** sind selten und entwickeln sich durch unvollständige Reposition der Baucheingeweide während der Fetalzeit. Sie entstehen also durch Persistenz des physiologischen Nabelbruches, der sich normalerweise bis zur Geburt vollständig zurückgebildet hat. Im Gegensatz zum Nabelbruch ist der Nabelschnurbruch nicht von der Epidermis, sondern von dem dünnen, durchscheinenden Amnion und dem sulzigen Gewebe des Nabelstranges überzogen.

An der Innenseite der Bauchwand sieht man verschiedene Peritonealfalten, die vom Nabel ausgehen und in der Hauptsache Rudimente des Embryonalkreislaufs darstellen. Nach kranial zieht das Lig. falciforme, das die obliterierte Nabelvene (Lig. teres hepatis) enthält. Nach kaudal geht jederseits die Plica umbilicalis med. mit den obliterierten Nabelarterien sowie in der Medianebene die Plica umbilicalis mediana mit dem obliterierten Urachus ab. Die Plicae umbilicales lat., die die Vasa epigastrica inf. enthalten, haben keine Verbindung mit dem Nabel, sondern verlaufen paramedian in der hinteren Rektusscheide (Abb. 35).

Die 3 bis 5 Zwischensehnen des M. rectus abdominis (Intersectiones tendineae) sind vorn mit der Rektusscheide verwachsen, hinten dagegen nicht. Abszesse oder Hämatome können sich daher dorsal ungehindert ausbreiten, während sie vorn auf das zugehörige Muskelsegment beschränkt bleiben.

Klinischer Hinweis. Die Intersectiones des M. rectus dürfen palpatorisch nicht mit intraabdominalen Organabschnitten (Leberrand u.a.) verwechselt werden. Punktionen der Bauchhöhle (Aszites) werden zweck-

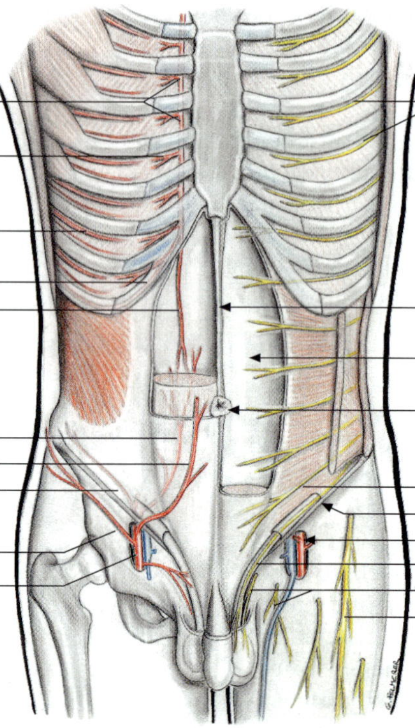

Abb. 31. Schema über die Anordnung der Leitungsbahnen in der Bauchwand. Bevorzugte Bruchstellen: 1 = Rektusdiastasen; 2 = laterale Bauchwandhernien; 3 = Herniae umbilicales; 4 = Herniae inguinales; 5 = Herniae femorales.

mäßigerweise lateral vom M. rectus vorgenommen, da hier keine größeren Gefäße liegen.

Die Nerven der Bauchwand verlaufen schräg von hinten-oben lateral nach vorn-unten medial, weitgehend zwischen dem M. transversus und M. obliquus int. Ventral liegen sie auf der hinteren Rektusscheide. Die Nerven des Plexus lumbalis (N. iliohypogastricus, N. ilioinguinalis und N. genitofemoralis) verlaufen in der Nähe des Leistenbandes zum Teil in Begleitung des Samenstranges (N. ilioinguinalis und R. genitalis n. genitofemoralis).

Regio inguinalis. Im lateralen Feld der Leistenregion durchsetzt der Leistenkanal, der beim Mann den Funiculus spermaticus, bei der Frau das Lig. teres uteri enthält, die vordere Bauchwand. Erst kurz vor der Geburt wandert der Hoden kaudalwärts durch den Leistenkanal in den Hodensack ein *(Descensus testis)*. Dabei wird das angrenzende Peritoneum mitgenommen, so daß sich eine handschuhfingerartige Ausstülpung des Peritoneums ausbildet *(Proc. vaginalis)*, die aber normalerweise rasch obliteriert *(Vestigium proc. vaginalis)*. Nur das den Hoden und Nebenhoden vorne anlagernde Peritoneum bleibt erhalten und bildet die *Tunica vaginalis testis*, deren viszerales Blatt (Lamina visceralis) von den Klinikern meist noch als Epiorchium und deren parietales Blatt (Lamina parietalis) als Periorchium bezeichnet wird. Eine grübchenartige Vertiefung (Infundibulum) am inneren Leistenring zeigt häufig noch die Stelle des Abganges des ehemaligen Peritonealfortsatzes an. Der vollendete Descensus testis gilt bei männlichen Neugeborenen als Reifezeichen.

Gleichzeitig mit dem Descensus testis verlagern sich auch Teile der vorderen Bauchwand bis in den Hodensack hinein. Dadurch entstehen die **Hodenhüllen.** Von den schrägen Bauchmuskeln schieben sich Bündel des M. obliquus int. abdominis bis in den Hodensack vor und bilden den *M. cremaster.* Die Kremasterbündel sind in der Regel durch bindegewebige Platten unterbrochen, die insgesamt als *Fascia cremasterica* bezeichnet werden. Die *Fascia spermatica ext.* lagert sich außen der Kremasterplatte auf. Sie stellt eine Fortsetzung der allgemeinen Körperfaszie dar, die auch den M. obliquus ext. abdominis überzieht. Innen schließt sich an die Kremastermuskulatur die *Fascia spermatica int.* an, die relativ kräftig ist. Der M. cremaster setzt an dieser Faszie an, so daß bei der Muskelkontraktion der Hoden gehoben werden kann *(Kremasterreflex)*. Die *Fascia spermatica int.* ist eine Fortsetzung der Fascia transversalis der Bauchwand, die sich im Bereich des Leistenkanals und des Hodensackes etwas verstärkt. Die Skrotalhaut zeichnet sich außer durch ihre Pigmentation auch durch das Fehlen einer Subkutis aus. Statt dessen ist eine Schicht glatter Muskulatur entwickelt *(Tunica dartos)*, die bei den reflektorischen Hodenverlagerungen durch den quergestreiften M. cremaster die Skrotalhaut raffen und mitbewegen kann.

Der 4–6 cm lange **Leistenkanal** beginnt am Anulus inguinalis prof. in der Fossa inguinalis lat. Er liegt lateral von der Plica umbilicalis lat., in der die Vasa epigastrica inf. verlaufen. Er durchsetzt schräg von hinten-oben lateral nach vorn-unten medial die Schichten der Bauchwand und endet am Anulus inguinalis superfic. Der äußere Leistenring befindet sich in Höhe der Fossa inguinalis med., die zwischen den Plicae umbilicales lat. und med. als grübchenförmige Peritonealvertiefung vorhanden ist.

Die Fasern des M. obliquus ext. haben keine Beziehung zum Leistenkanal, da sie bereits in Höhe der sog. Muskelecke in die sehnige Aponeurose übergehen. Am äußeren Leistenring spaltet sich aber die Aponeurose in zwei Schenkel, nämlich das Crus mediale und Crus lat., die durch die Fibrae intercrurales zusammengehalten werden (Abb. 33). Die Muskelbündel des Internus und Transversus erreichen zwar den Leistenkanal, bedecken aber nur das laterale Drittel des Samenstranges (Abb. 34). Der Transversus bleibt dabei immer ablösbar und verläuft mehr am oberen Rand des Kanals, indem er diesen bogenförmig umgreift. Der Internus ist für den Chirurgen besonders wichtig, da er der einzige Muskel ist, der den Leistenkanal muskulös bedeckt.

Das *Leistenband* (Lig. inguinale [Pouparti]) ist eigentlich kein abgrenzbares Gebilde. Es entsteht vielmehr durch die Verflechtung verschiedener Fasersysteme, wie z. B. der Aponeurose des M. obliquus ext. abdominis, der Fascia lata usw. Die Fasern der Externusaponeurose biegen in Höhe des Leistenbandes nach innen um und bilden bogenförmige Faserzüge, die man als Lig. reflexum bezeichnet. Dadurch entsteht eine tiefe Rinne für den Samenstrang. Da diese Züge dorsalwärts auslaufen, ist die Hinterwand des Leistenkanals dünn und besteht hier nur noch aus der Fascia transversalis. Medial wird der innere Leistenring durch das Lig. interfoveolare, das häufig auch Muskelfasern enthält (M. interfoveolaris), begrenzt. Über dem Lig. interfoveolare verlaufen die Vasa epigastrica inf. und werfen dadurch an der hinteren Bauchwand die Plica umbilicalis lat. auf (Abb. 32 und 35).

Der *innere Leistenring* wird daher medial vom Lig. interfoveolare sowie der Plica umbilicalis lat. und kaudal vom Leistenband begrenzt. Medial schließt sich die *Fossa inguinalis med.,* die in Höhe des äußeren Leistenringes liegt, an. Hier ist in der Regel die Fascia transversalis verstärkt und bildet senkrecht vom Leistenband aufwärtsziehende Faserzüge *(Falx inguinalis)*. Da jedoch in diesem Bereich keine Muskel-

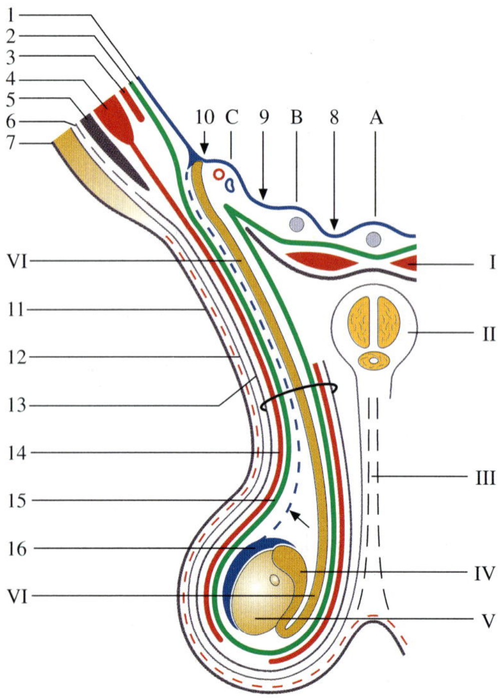

Schichten der Bauchwand
1. Peritoneum
2. Fascia transversalis
3. M. transversus abdominis
4. M. obliquus int. abdominis
5. M. obliquus ext. abdominis
6. Fascia abdominis superf.
7. Haut

Bauchfellfalten
A Plica umbilicalis mediana (mit Chorda urachi)
B Plica umbilicalis med. (mit Chorda a. umbilicalis)
C Plica umbilicalis lat. (mit A. u. V. epigastrica inf.)

8. Fossa supravesicalis
9. Fossa inguinalis med.
10. Fossa inguinalis lat.

Hodenhüllen
11. Skrotalhaut
12. Tunica dartos
13. Fascia spermatica ext.
14. M. cremaster
15. Fascia spermatica int.
16. Tunica vaginalis testis

Abb. 32. Schichtengliederung von Bauchwand und Hodenhüllen. I = M. rectus abdominis mit Rektusscheide; II = Peniswurzel; III = Septum scroti; IV = Nebenhoden (Epididymis); V = Hoden (Testis); VI = Ductus deferens. Pfeil = Entwicklungsgeschichtlicher Rest des Processus vaginalis peritonei.

Vergleich der Hodenhüllen mit den entsprechenden Schichten der Bauchwand

Bauchwand	Hodenhüllen
1. Kutis	1. Kutis
2. Subkutis	2. Tunica dartos (anstelle einer Subkutis, die fehlt)
3. Oberflächliche Körperfaszie	3. Fascia spermatica ext.
4. M. obliquus abdominis ext.	4. –
5. M. obliquus abdominis int.	5. M. cremaster mit Fascia cremasterica
6. Fascia transversalis	6. Fascia spermatica int.
7. Peritoneum	7. Tunica vaginalis testis a) Lamina visceralis (Epiorchium) b) Lamina parietalis (Periorchium)

fasern mehr vorhanden sind (sog. muskelfreies Leistenfeld) und die Bauchwand hier nur in individuell variabler Weise von bandartigen Faszienverstärkungen (Falx inguinalis, Lig. interfoveolare) oder aberrierenden Muskelbündelchen *(M. interfoveolaris)* gedeckt wird, liegt an dieser Stelle ein Locus minoris resistentiae (Abb. 35). Die aber-

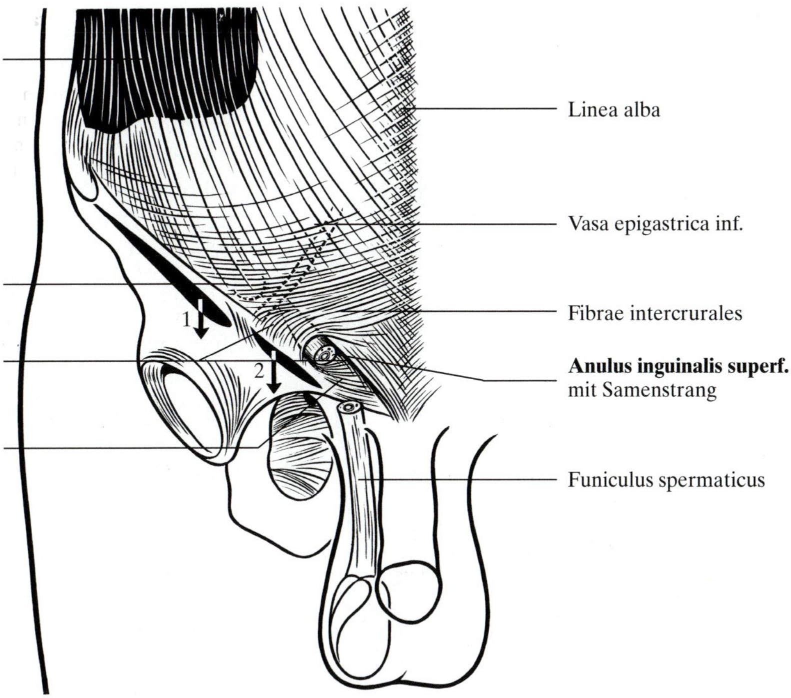

Abb. 33. Bandapparat im Bereich des Leistenkanals. Der Samenstrang ist teilweise durchtrennt. 1 = Lacuna musculorum; 2 = Lacuna vasorum.

Begrenzung des Leistenkanals

Untere Wand:	Lig. inguinale (Pouparti)
Mediale Wand:	Lig. reflexum
Obere Wand:	M. transversus abdominis M. obliquus int. abdominis
Hintere Wand:	Fascia transversalis und Peritoneum
Vordere Wand:	Aponeurose des M. obliquus ext. abdominis mit Crus med. und Crus lat. Fibrae intercrurales der Externusaponeurose Fascia abdominalis superf.

rierenden Muskelfasern werden vom *N. ilioinguinalis* versorgt, der etwa 2–3 cm von der Spina iliaca ant. sup. entfernt den M. obliquus int. durchbricht und dann mit dem Samenstrang zusammen durch den äußeren Leistenring zieht. Im Bereich der Fossa supravesicalis ist die Bauchwand sehr fest. Hier befestigt sich der M. rectus am Schambein. Medial steigt das Lig. umbilicale medianum, das den Rest der Allantois (Chorda urachi) enthält, zum Nabel auf. Auch die hinteren Faszien verstärken sich medial wieder (Adminiculum lineae albae).

Der **Leistenkanal der Frau** zeigt im Prinzip denselben anatomischen Aufbau wie der des Mannes. Statt des Samenstranges zieht

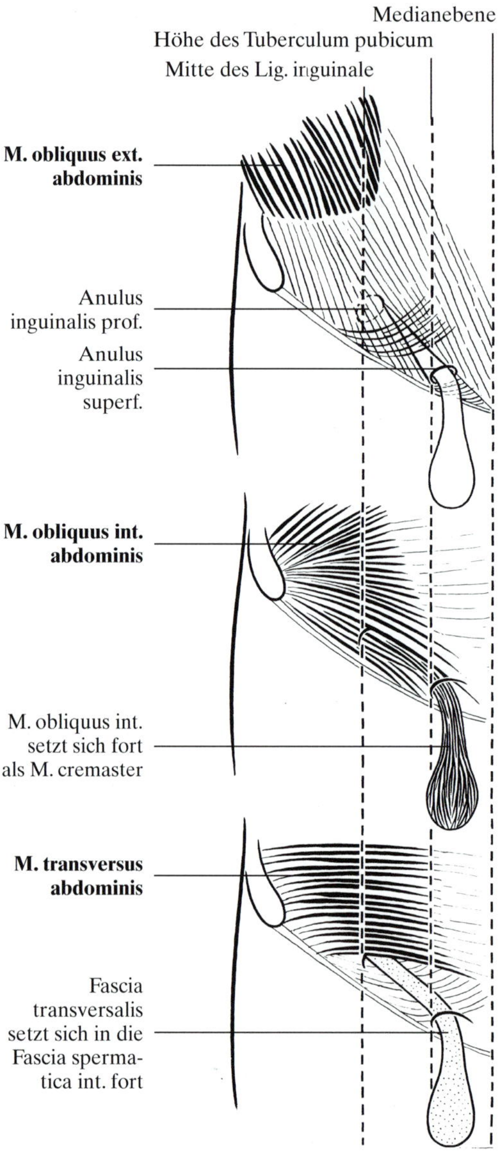

Abb. 34. Schema der drei Bauchmuskeln und ihrer Beziehungen zum Leistenkanal.

das *Lig. teres uteri* als Fortsetzung des Lig. ovarii proprium durch den Kanal bis in die großen Labien. Das Band ist reich an Bindegewebe, Lymphgefäßen und glatter Muskulatur, die in der Schwangerschaft zunimmt.

Klinische Hinweise. Der Leistenkanal ist eine häufige Bruchpforte. Klinisch können zwei Hauptformen von **Leistenhernien** unterschieden werden: die direkten und die indirekten (Herniae inguinales directae et indirectae). Die direkten Hernien durchbrechen die Bauchwand medial von den epigastrischen Gefäßen der Plica umbilicalis lat. und heißen daher auch mediale Leistenhernien; die indirekten benützen den Leistenkanal als Bruchpforte und beginnen lateral von den epigastrischen Gefäßen (Herniae inguinales lat.). Die lateralen Hernien können angeboren oder erworben sein, die medialen sind immer erworben. 80% aller Leistenhernien sind laterale, 20% mediale Brüche. Bei den angeborenen Leistenhernien bleibt der Processus vaginalis offen (Abb. 36 c). Der Bruchsack erweitert dann die Tunica vaginalis testis. Bei den erworbenen lateralen Leistenbrüchen (Abb. 36 b) bleiben die Proc.-vaginalis-Reste und die Tunica vaginalis erhalten. Der Bruchsack liegt dann außerhalb von Peri- und Epiorchium. Die direkten Hernien (Abb. 36 a) durchsetzen die Bauchwand in senkrechter Richtung, die indirekten schräg. Beide kommen an der gleichen Stelle, nämlich am äußeren Leistenring, zum Vorschein; doch bleiben die direkten Hernien häufiger an der Wurzel des Hodensackes liegen und sind kleiner. Unter *Kryptorchismus* versteht man eine Entwicklungshemmung mit unvollständigem Deszensus des Hodens. Der vollständig deszendierte Hoden ist ein Reifezeichen. Bei ausgetragenen Neugeborenen befindet sich der Hoden in 96% der Fälle im Scrotum, bei Frühgeburten dagegen nur in 68%. Dystope Keimdrüsen degenerieren in der Regel rasch, können jedoch auch zu Tumoren entarten.

Der weibliche Leistenkanal ist enger und fester als der des Mannes, weshalb Leistenhernien bei Frauen seltener sind (Herniae labiales). Die Herniae labiales entsprechen den Herniae scrotales.

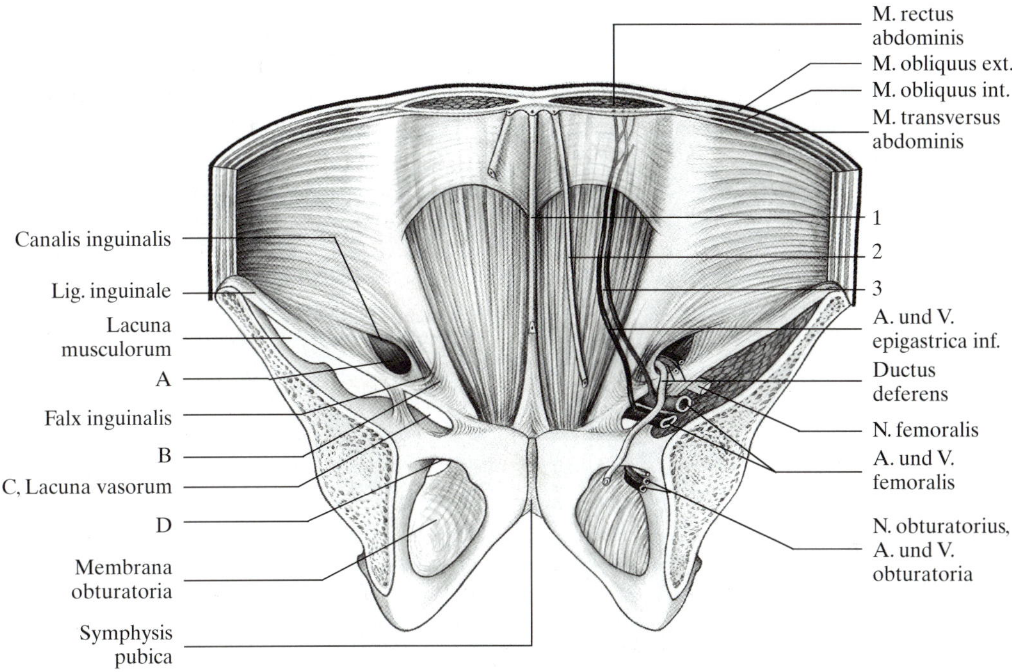

Abb. 35. Strukturverhältnisse der vorderen Bauchwand im Inguinalbereich mit Kanälen und Bruchpforten (von hinten).
Peritoneale Falten der hinteren Bauchwand: 1 = Plica umbilicalis mediana (mit Chorda urachi); 2 = Plica umbilicalis med. (mit Chorda a. umbilicalis); 3 = Plica umbilicalis lat. (mit Vasa epigastrica).
Bruchpforten: A = Eingang zum Leistenkanal (Herniae inguinales lat.) (vgl. Abb. 36 b und c). Man beachte die Internusfasern, die den Eingang oben überkreuzen; B = Fossa inguinalis med. (Herniae inguinales med.) (vgl. Abb. 36 a). C = Lacuna vasorum (Herniae femorales); D = Canalis obturatorius (Herniae obturatoriae).

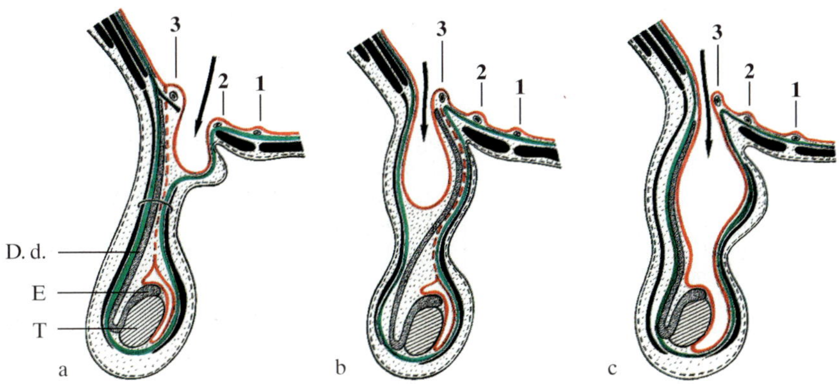

Abb. 36. Schematische Darstellung der Leistenbrüche (vgl. mit Abb. 35). Die Pfeile zeigen auf die Bruchpforten (E = Epididymis; D. d. = Ductus deferens; T = Testis).
a) Hernia inguinalis med.; b) Hernia inguinalis lat. acquisita; c) Hernia inguinalis lat. congenita.
Falten der Bauchwand: 1 = Plica umbilicalis mediana; 2 = Plica umbilicalis med.; 3 = Plica umbilicalis lat.
Hodenhüllen: gestrichelt = Fascia spermatica ext.; schwarz = M. cremaster; grün = Fascia spermatica int.; rot = Peritoneum, Proc. vaginalis und Tunica vaginalis testis.

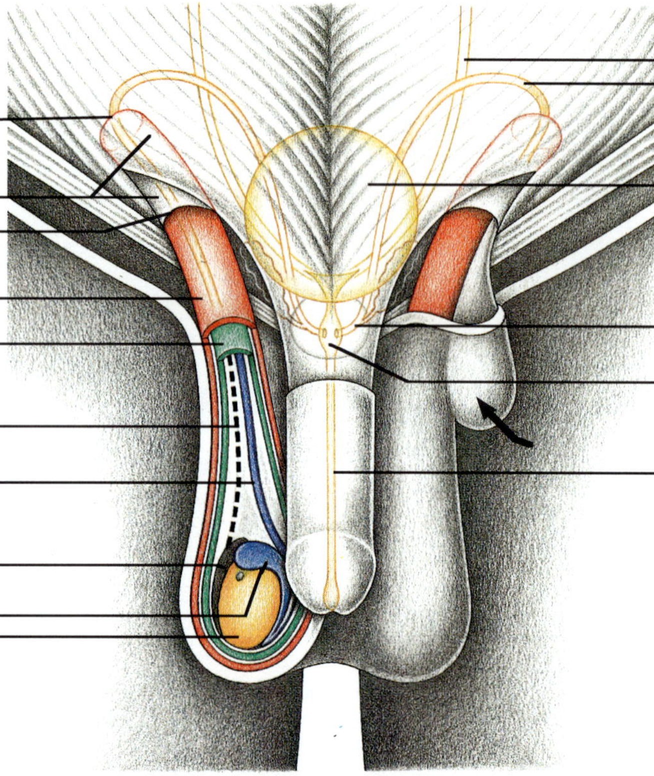

Abb. 37. Männliches Genitale mit Leistenkanal, Hodenhüllen und Samenwegen. Links ist eine laterale Leistenhernie (Pfeil) dargestellt. Peniswurzel und Harnblase sind durchsichtig gezeichnet.

Inhalt des Leistenkanals

Mann	Frau
Funiculus spermaticus (Samenstrang) Vestigium proc. vaginalis (obliterierter Peritonealfortsatz) Ductus deferens A. ductus deferentis (aus der A. vesicalis inf.) A. testicularis (aus der Bauchaorta) V. testicularis (als Fortsetzung des Plexus pampiniformis – Abfluß rechts in die V. cava inf. und links in die V. renalis) Fascia spermatica int. (Übergang in die Fascia transversalis) M. cremaster (Übergang in M. obliquus int. abdominis) A. cremasterica (aus der A. epigastrica inf.) N. ilioinguinalis (L_1) R. genitalis n. genitofemoralis (L_2)	Lig. teres uteri A. ligamenti teretis uteri (aus der A. epigastrica inf.) N. ilioinguinalis (L_1) R. genitalis n. genitofemoralis (L_2)

Obere Extremität

A. Muskeln und Leitungsbahnen von Schulter und oberer Extremität

I. Gliederung der Muskellogen und Lage der Gefäß-Nerven-Straßen

1. Dorsale Schulterregionen

An der Dorsalseite von Schulter und Nacken wird das Bild von den großen, vom Schultergürtel auf die Arme oder vom Kopf auf den Rumpf übergreifenden Muskeln bestimmt. Am oberflächlichsten liegt der *M. trapezius*, dessen Ursprungsfeld bis zum 12. Brustwirbeldorn herunterreicht. In einer 2. Schicht darunter liegen die beiden *Mm. rhomboidei* mit etwas schräg abwärts gerichtetem Verlauf, die am medialen Rand der Scapula ansetzen. Kranial schließt sich der *M. levator scapulae* an diese Muskelgruppe an (Abb. 38). Unter der Rhomboideusplatte befindet sich eine lockermaschige

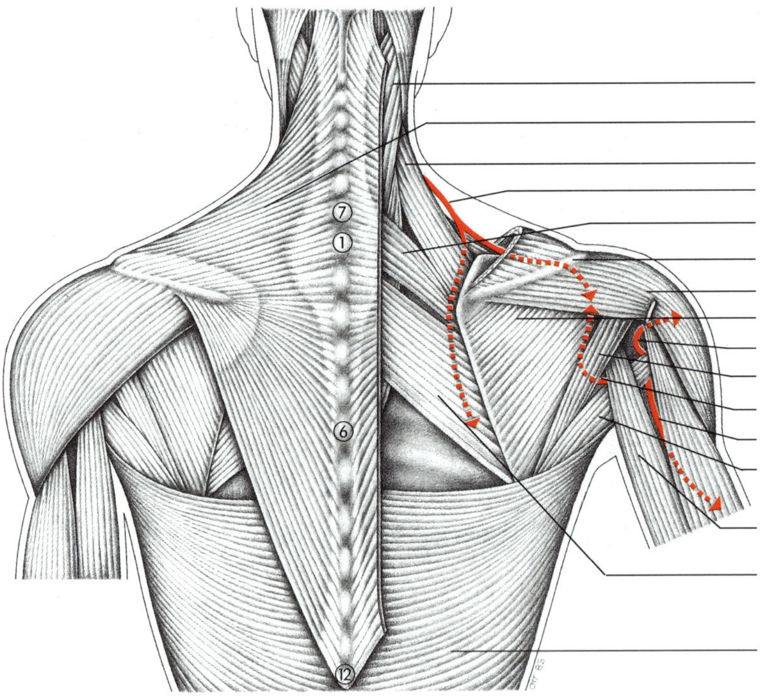

Abb. 38. Muskellogen an der Dorsalseite von Rücken und Schulter sowie Lokalisation der Gefäß-Nerven-Straßen (rot).
A = Gefäß-Nerven-Straße zur Schulter für N. und A. dors. scapulae (nach medial) und für A. und N. suprascapularis (nach lateral)
B = Laterale Achselmuskellücke für N. axillaris, A. und V. circumflexa humeri post.
C = Mediale Achselmuskellücke für A. und V. circumflexa scapulae
D = Radialiskanal in der Streckerloge des Oberarms für N. radialis, A. prof. brachii

bindegewebige Verschiebeschicht. Dann folgt die dorsale Thoraxwand.

Die **Leitungsbahnen,** die aus dem Halsbereich kommen, folgen zunächst dem M. levator scapulae, unterkreuzen dessen Ansatzfeld an der Scapula und verlaufen dann kaudalwärts *unterhalb* der Rhomboideusplatte, parallel zum medialen Skapularand (Abb. 38, Hinweis A).

Eine andere Gefäß-Nerven-Straße geht um das Collum scapulae herum, wobei Verbindungen mit den von unten durch die mediale Achselmuskellücke kommenden Leitungsbahnen zustande kommen.

Das Schulterblatt ist allseitig von kräftigen Muskelpaketen umgeben. In der Fossa supraspinata liegt der *M. supraspinatus,* in der Fossa infraspinata der *M. infraspinatus* und kaudal anschließend der *M. teres minor.* Alle drei Muskeln befestigen sich stufenweise untereinander am Tuberculum majus humeri. Der *M. teres major* jedoch, der vom Angulus inf. der Scapula kommt, zieht mit dem *M. latissimus* zusammen nach vorne und setzt an der Crista tuberculi minoris des Humerus an. Dadurch entsteht ein Spalt, der vom langen Trizepskopf durchsetzt wird, so daß eine laterale und eine mediale Achselmuskellücke (For. axillare med. et lat.) entsteht. Beide Lücken werden von Leitungsbahnen benützt, um von ventral aus in die dorsale Schulterregion zu gelangen (Abb. 38, Hinweis B u. C).

Ventral und distal vom M. teres major bzw. vom langen Trizepskopf befindet sich eine weitere Gefäß-Nerven-Straße, die den schräg um den Humerus verlaufenden Radialiskanal benützt, der im wesentlichen

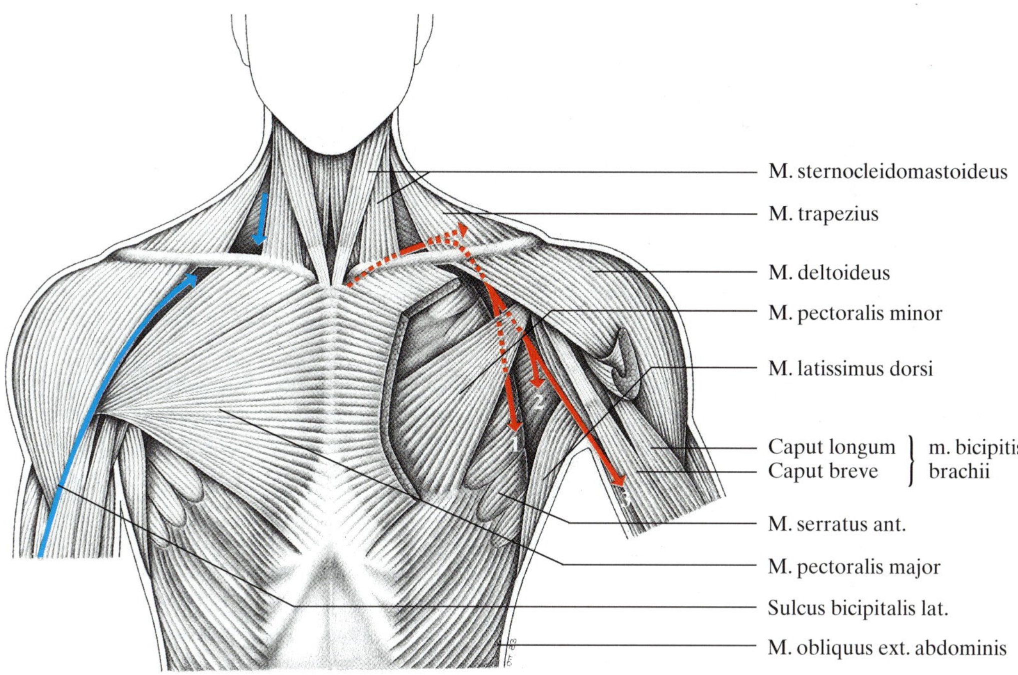

Abb. 39. Lage der Muskellogen von Schulter und Brustwand. Ventralansicht. Rechts = oberflächliche Schicht; links = tiefe Schicht. Rot = Gefäß-Nerven-Straßen zum Schultergürtel und Arm. 1 = Straße für N. thoracicus longus, A. und V. thoracica lat.; 2 = Straße für N., A. und V. thoracodorsalis; 3 = Straße zum Arm für N. medianus, A. und V. brachialis, N. ulnaris, N. musculocutaneus. Blau = Venenstraße (V. cephalica).

zwischen dem lateralen und medialen Trizepskopf liegt und distalwärts in der Ellenbeugeregion wieder die Beugeseite erreicht (Abb. 38, Hinweis D).

2. Ventrale Schulterregionen

Der Schultergürtel wird ventral ebenfalls vollständig von großflächigen Muskeln eingehüllt. Von kranial kommen die beiden, zum Kopf gehörigen, großen Muskeln, der M. trapezius und M. sternocleidomastoideus, und befestigen sich an der Clavicula. Dazwischen bleibt ein größerer dreiseitiger Spaltraum frei, das sog. lat. Halsdreieck (Trigonum colli lat.), in dessen Tiefe man die drei Mm. scaleni und den M. levator scapulae findet.

Unterhalb der Clavicula bilden wiederum zwei große Muskelplatten eine oberflächliche Schicht, nämlich der *M. pectoralis major* und *M. deltoideus,* die die gegenüberliegende Fläche der Clavicula besetzen. Zwischen beiden entsteht eine tiefeinschneidende Muskelrinne, die sich unter der Clavicula zu einer dreiseitigen Lücke vergrößert (Trig. deltoideopectorale). Diese Lücke dient der großen Hautvene des Armes, der V. cephalica, als Durchtrittsstelle. Hier gelangen aber auch Gefäße und Nerven aus der Tiefe an die Oberfläche (Abb. 39).

Entfernt man den M. pectoralis major, kommt eine zweite Muskelschicht zum Vorschein, nämlich der kleine M. subclavius und vor allem der M. pectoralis minor, dessen Sehne am Proc. coracoideus ansetzt. Unterhalb dieser Muskeln liegt die Thoraxwand, lateral bedeckt vom M. serratus ant. Zwischen M. serratus ant., M. pectoralis minor und Oberarmmuskulatur breitet sich die geräumige Achselhöhle aus. Am Proc. coracoideus setzen außer dem M. pectoralis minor auch noch der M. coracobrachialis sowie die Sehne des kurzen Bizepskopfes an. Dadurch entsteht gegen die Achselhöhle zu eine Muskelrinne, die sich distalwärts zwischen M. biceps und triceps brachii in den Sulcus bicipitalis med. fortsetzt. Der Sulcus bicipitalis lat. liegt lateral vom langen Bizepskopf zwischen diesem und dem M. deltoideus und setzt sich kranialwärts in das Trig. deltoideopectorale fort.

Die **Leitungsbahnen** von und zum Arm benützen aber hauptsächlich die mediale Bizepsrinne (Sulcus bicipitalis med.). Sie treten am Hals durch die Skalenuslücken hindurch, und ziehen dann unterhalb der Clavicula von oben in die Achselhöhle hinein und weiter – unter dem Ansatz des M. pectoralis minor hindurch – zum Oberarm, wobei sie dem M. coracobrachialis eng benachbart sind. Von der Achselhöhle aus bilden sich dann noch zwei weitere, ebenfalls *unter* dem M. pectoralis minor gelegene Gefäß-Nerven-Straßen: die vordere verläuft an der Brustwand entlang auf dem M. serratus ant., die hintere folgt dem lateralen Rand der Scapula und zieht zum M. latissimus dorsi (Abb. 39).

3. Oberarmregionen

Die **Muskulatur des Oberarms** ist in zwei großen Muskellogen untergebracht, die durch zwei kräftige bindegewebige Septen voneinander abgegrenzt sind (Septum intermusculare brachii lat. und med.) (Abb. 41). Ventral liegen die Beugemuskeln: oberflächlich der *M. biceps brachii* und darunter der nur $^{2}/_{3}$ der Humerusfläche bedeckende *M. brachialis.* Lateral schiebt sich im unteren Drittel des Oberarms noch der *M. brachioradialis* nach kranial in die Beugerloge hinein vor. Dorsal füllt der *M. triceps brachii* mit seinen drei Köpfen die Streckerloge vollständig aus. Zwischen medialem und lateralem Trizepskopf befindet sich der spiralig und unmittelbar auf dem Knochen verlaufende Radialiskanal, dessen Leitungsbahnen distalwärts wieder auf die Beugeseite überwechseln und in die Ellenbeuge einbiegen (Abb. 40, Hinweis A).

Die meisten **Leitungsbahnen** des Oberarms kommen aus der Achselhöhle und benützen zunächst die Muskelrinne zwischen dem M. coracobrachialis und M. triceps brachii, distal dann die Rinne zwischen M. biceps und M. brachialis, die vor dem

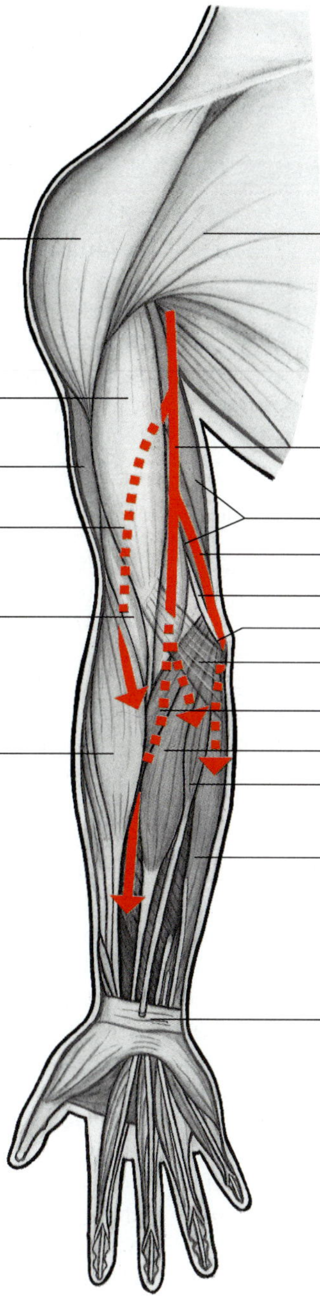

Abb. 40. Muskellogen des Armes und Gefäß-Nerven-Straßen (rot), Ventralansicht.
A = Radialiskanal in der Streckerloge des Oberarms für N. radialis und A. prof. brachii
B = Gefäß-Nerven-Straße der Beugerloge des Oberarms (Sulcus bicipitalis med.) – für N. ulnaris (geht distal in Loge C über), N. medianus, A. brachialis, Vv. brachiales, Nn. cutanei brachii und antebrachii med.
C = Ulnare Gefäß-Nerven-Straße des Oberarms – für N. ulnaris und A. collateralis ulnaris sup.

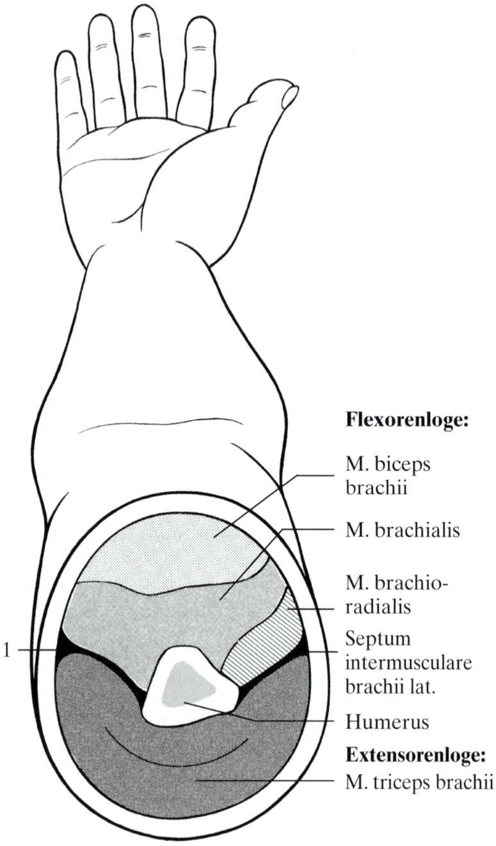

Abb. 41. Querschnitt durch den Oberarm.
1 = Septum intermusculare brachii med.

Septum intermusculare brachii med. liegt (Abb. 40, Hinweis B). Äußerlich ist diese Rinne als Sulcus bicipitalis med. erkennbar. Im unteren Drittel des Oberarms verbreitert sich der Bindegewebsraum zwischen diesen Muskeln. Die Leitungsbahnen verlaufen hier auf dem M. brachialis, um dann von medial und zwar unterhalb der Bizepsaponeurose in die Ellenbeuge überzutreten. Aus dieser allgemeinen Straße schert nur ein Gefäß-Nerven-Strang aus (Ulnariskanal). Dieser wechselt durch eine Lücke im Septum intermusculare brachii med. von der Beuger- auf die Streckerloge über und erreicht so das lockere Bindegewebe hinter dem Epicondylus med. humeri, von wo er aber distal wieder in die Beugerloge des Unterarms eintritt (Abb. 40, Hinweis C).

4. Unterarm- und Handregionen

Die **Unterarmmuskulatur** gliedert sich in eine dorsale Strecker- und eine palmare Beugergruppe. Die Streckmuskeln entspringen vom Epicondylus lat. humeri, die Beuger vom Epicondylus med. humeri. Die Beugermuskulatur ordnet sich in drei übereinander gelegene Schichten an (Abb. 47).

In der **oberflächlichen Schicht** liegen fächerartig vom Epicondylus med. humeri ausstrahlend folgende Muskeln: am weitesten proximal der *M. pronator teres,* der schon am Radius endet, daran anschließend der *M. flexor carpi radialis,* dessen Sehne am zweiten Metakarpalknochen ansetzt, 3. dann der *M. palmaris longus,* dessen Sehne über das Retinaculum flexorum hinweggeht und in die Palmaraponeurose ausstrahlt, und 4. schließlich ganz an der ulnaren Seite der *M. flexor carpi ulnaris,* dessen Sehne über das Os pisiforme sowohl am Hamulus ossis hamati als auch am fünften Metakarpalknochen ansetzt.

Die **mittlere Schicht** füllt ausschließlich der großflächige *M. flexor digitorum superf.* aus. Seine Sehnen ziehen unter dem Retinaculum flexorum, d.h. durch den Karpalkanal hindurch in die Hohlhand und setzen an den Mittelphalangen der Finger an (Abb. 42).

In der **tiefen Schicht** liegen dicht nebeneinander der *M. flexor pollicis longus* (radial) und der *M. flexor digitorum prof. (medial)* (Abb. 43). Die Sehnen des tiefen Fingerbeugers verlaufen mit denen des oberflächlichen Fingerbeugers zusammen, ziehen aber weiter distalwärts bis zu den Endphalangen. Unter der tiefen Muskelschicht breitet sich dann noch ganz in der Tiefe der *M. pronator quadratus* mit seinen quer verlaufenden Fasern zwischen Radius und Ulna vor der Membrana interossea antebrachii aus, der aber nur das untere Viertel des Unterarms einnimmt.

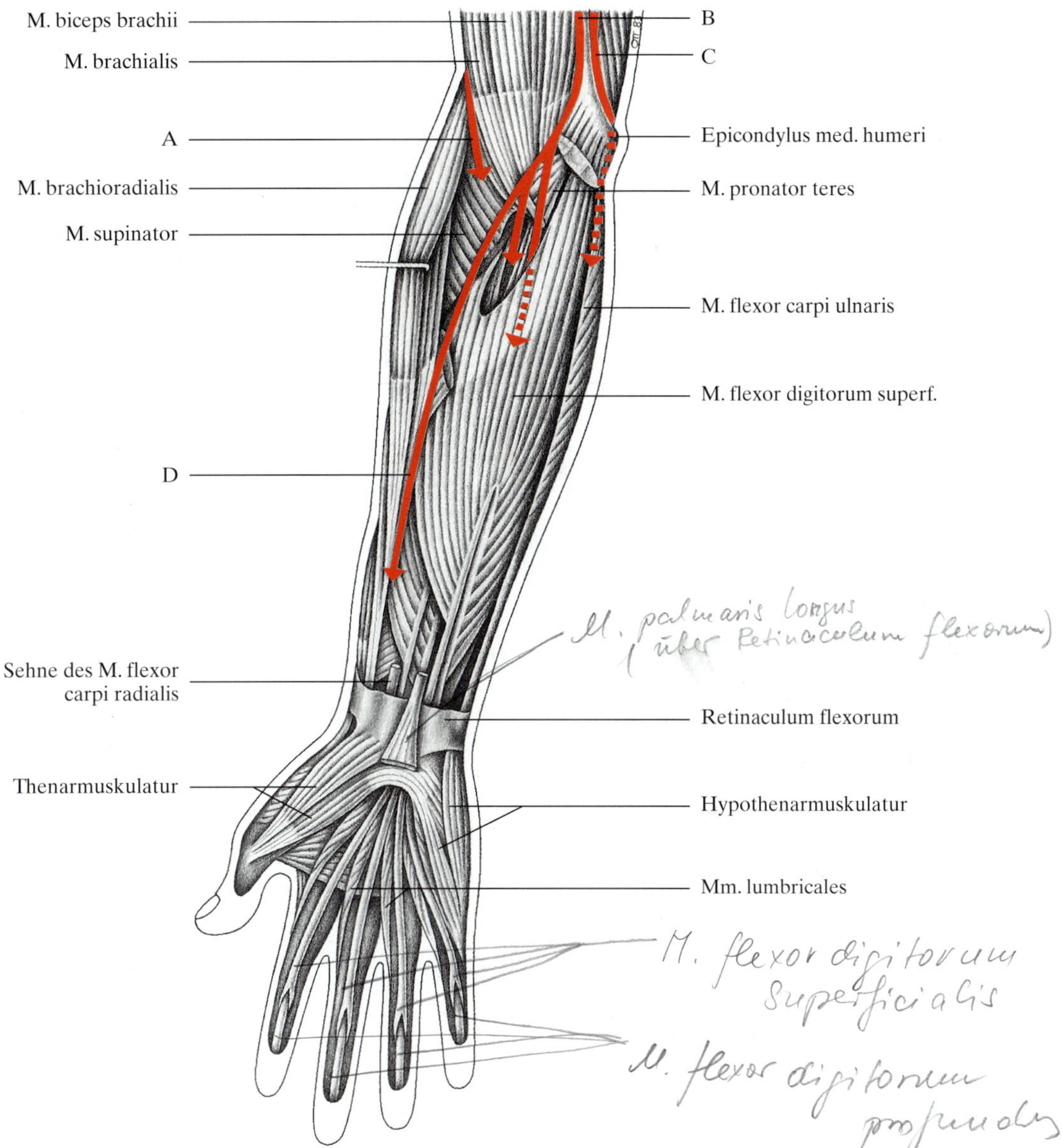

Abb. 42. Muskellogen und Gefäß-Nerven-Straßen am Unterarm, mittlere Schicht.

A = Radiale Gefäß-Nerven-Straße der Streckerloge des Oberarms – Übergang des Radialiskanals in die Ellenbeuge – für N. radialis, A. collateralis radialis

B = Gefäß-Nerven-Straße der Beugerloge des Oberarms zur Ellenbeuge – für N. medianus, Vv. brachiales, A. brachialis (teilt sich in der Ellenbeuge in die A. radialis und A. ulnaris)

C = Ulnare Gefäß-Nerven-Straße der Streckerloge des Oberarms – für N. ulnaris, A. collateralis ulnaris sup.

D = Radiale Gefäß-Nerven-Straße des Unterarms für A. radialis, R. superf. des N. radialis

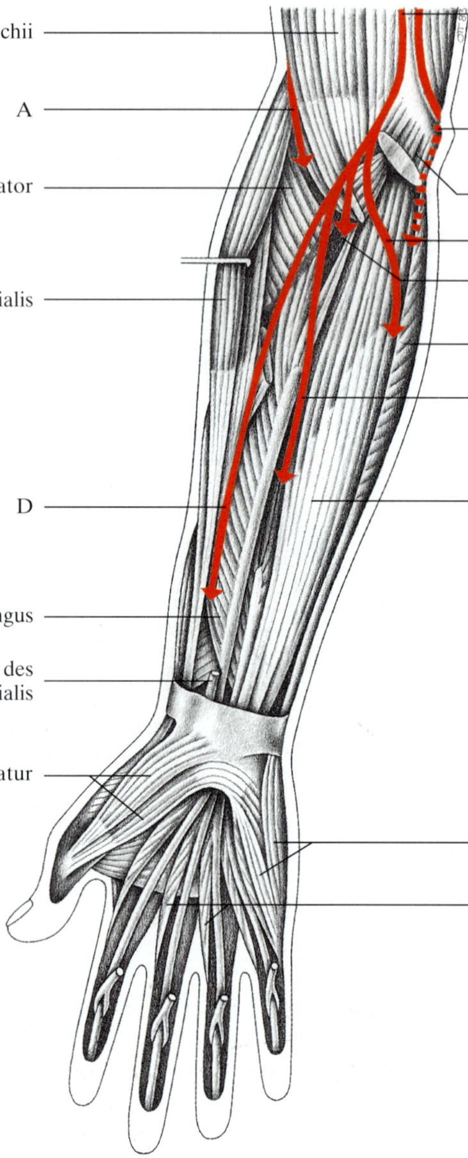

Abb. 43. Muskellogen und Gefäß-Nerven-Straßen (rot) am Unterarm, tiefe Schicht. Zusätzlich zu den in Abb. 44 durchtrennten Muskeln wurde auch der M. flexor digitorum superf. entfernt.

A = Radialiskanal (Übergang in die Ellenbeuge) – für N. radialis, A. collateralis radialis, A. recurrens radialis
B = Gefäß-Nerven-Straße des Oberarms für N. medianus, A. brachialis, Vv. brachiales
C = Ulnare Gefäß-Nerven-Straße des Unterarms für A. und V. ulnaris, N. ulnaris (kommt von dorsal)
D = Radialisstraße des Unterarms für A. radialis und R. superf. n. radialis
E = Medianusstraße in der Beugerloge des Unterarms für N. medianus
F = Tiefe Ellenbeugenstraße (zum Ellenbogengelenk und zur Membrana interossea) für A. interossea communis

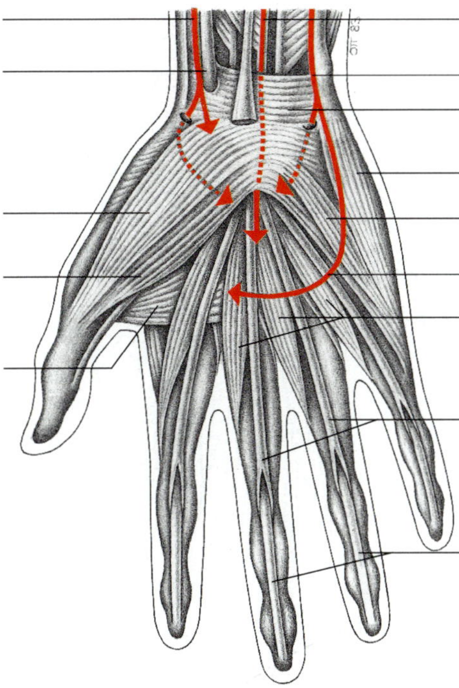

Abb. 44. Muskellogen und Gefäß-Nerven-Straßen (rot) in der Hohlhand, oberflächliche Schicht.
A = Radiale Gefäß-Nerven-Straße, z. T. Fortsetzung in die tiefe Hohlhandloge (punktierte Linie) für A. radialis (mit Ast zum Arcus palmaris prof.)
B = Medianusstraße (Übergang in die Hohlhand durch den Canalis carpi) für N. medianus
C = Ulnare Gefäß-Nerven-Straße mit Ast zum Arcus palmaris prof. (punktierte Linie) für R. palmaris prof. der A. ulnaris und R. prof. n. ulnaris; sowie
D = mit Ast für oberflächliche Hohlhandregion zum Arcus palmaris superf. für R. palmaris superf. a. ulnaris und R. superf. n. ulnaris

In der **Hohlhandloge** (Palma manus) bilden sich radial drei, ulnar nur zwei Muskelschichten aus. In der oberflächlichen Schicht, die durch die Palmaraponeurose abgeschlossen wird, verlaufen die Sehnen der beiden Fingerbeuger; in der mittleren Schicht, die in der ulnaren Hälfte der Hand weitgehend fehlt, liegt der *M. adductor pollicis*, dessen Caput transversum nur bis zum 3. Metakarpalknochen reicht; in der tiefen Schicht sind schließlich die Mm. interossei untergebracht (vier dorsale und drei palmare).

An die Hohlhandloge schließen sich ulnarseitig die Hypothenarloge mit drei Muskeln (M. flexor digiti minimi brevis sowie M. abductor und M. opponens digiti minimi) und radial die Thenarloge mit vier Muskeln an (M. abductor pollicis brevis, M. flexor pollicis brevis sowie der M. opponens pollicis und M. adductor pollicis).

Die **Leitungsbahnen** gehen weitgehend vom Bindegewebsraum in der Ellenbeuge aus. Eine Gefäß-Nerven-Straße wendet sich zur radialen Seite des Unterarms und folgt dem M. brachioradialis (radiale Gefäß-Nerven-Straße, Hinweis D in Abb. 42); eine andere zieht nach ulnar und folgt dem M. flexor carpi ulnaris (ulnare Gefäß-Nerven-Straße, Hinweis C in Abb. 43); eine dritte Straße verläuft schließlich in dem Bindegewebe zwischen der mittleren und tiefen Muskelschicht, d.h. zwischen dem M. flexor

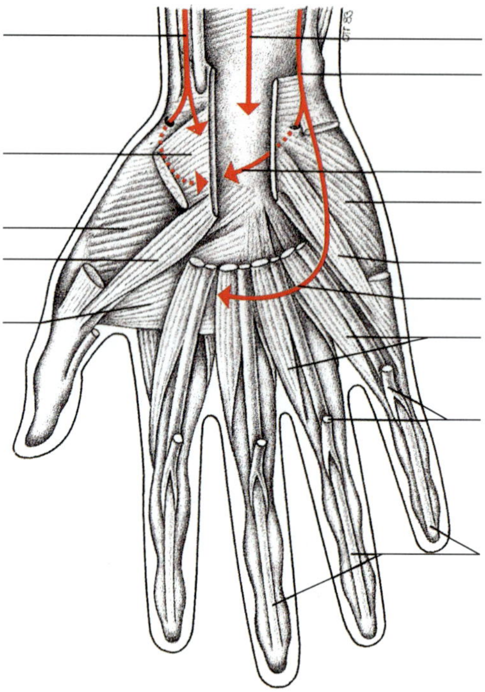

Abb. 45. Muskellogen und Gefäß-Nerven-Straßen (rot) der Hohlhand, mittlere und tiefe Schicht. Retinaculum flexorum durchtrennt.

A = Radiale Gefäß-Nerven-Straße (Verbindungen mit der tiefen und oberflächlichen Hohlhandloge) – für A. radialis und R. superf. n. radialis (nur zur Haut)
B = Medianusstraße (durch den Canalis carpi zur Hohlhand) – für N. medianus
C = Ulnare Gefäß-Nerven-Straße – geht oberhalb des Retinaculum flexorum in die oberflächliche und tiefe Hohlhandloge über – für N. und A. ulnaris
D = Oberflächliche Hohlhandloge für Arcus palmaris superf. (aus der A. ulnaris)
E = Gefäß-Nerven-Straße der tiefen Hohlhandloge mit Arcus palmaris prof. und R. prof. n. ulnaris

digitorum superf. und prof. bis zur Hohlhand (mediane Gefäß-Nerven-Straße, Hinweis E in Abb. 43). Ähnlich wie am Bein besitzt auch am Unterarm die Membrana interossea proximal eine Öffnung, durch die Gefäße und Nerven von der Beugerseite in die Streckerloge übertreten können (Abb. 42 und 43).

In die Hohlhandlogen kommen die Leitungsbahnen einmal direkt durch den Karpalkanal, d.h. *unter* dem Retinaculum flexorum (Hinweis B in Abb. 44), einmal aber auch von ulnar, d.h. *über* dem Retinaculum flexorum (Hinweis C in Abb. 44). Die ulnare Straße teilt sich distal vom Retinaculum flexorum in zwei Wege: der oberflächliche bleibt in der oberflächlichen Schicht, der tiefe führt durch die Hypothenarloge hindurch in die mittlere Hohlhandloge, die aber durch den 1. Zwischenknochenraum hindurch mit der radialen Gefäßstraße des Unterarms Verbindungen hat (Abb. 45).

Die **Streckmuskulatur** von Unterarm und Hand entspringt vom Epicondylus lat. humeri und gliedert sich innerhalb der Streckerloge an der Dorsalseite des Unterarms in zwei Gruppen, die durch die schräg den Radius überquerenden Daumenstrecker auseinandergedrängt werden. An der Ulnarseite ver-

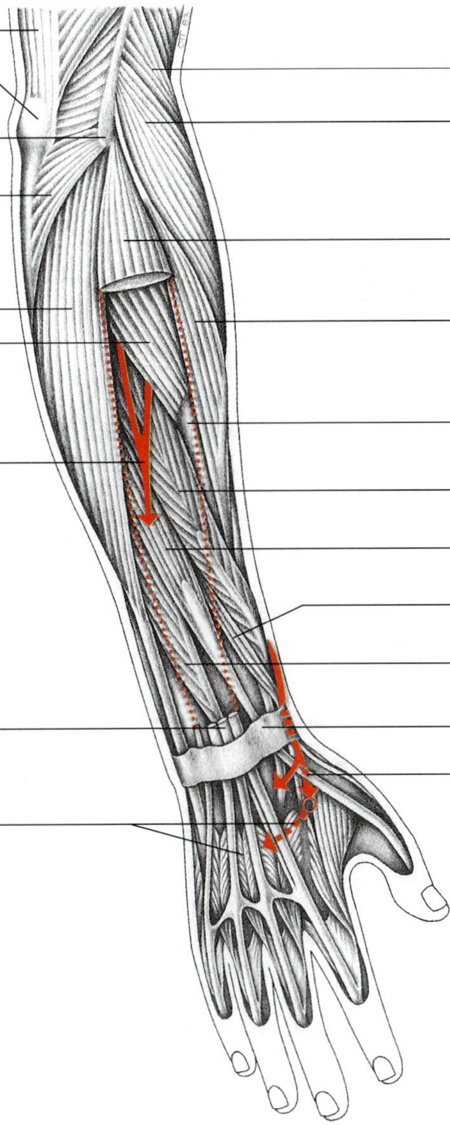

Abb. 46. Muskellogen und Gefäß-Nerven-Straßen (rot) an der Streckseite des Unterarms. Der M. extensor digitorum wurde durchtrennt.
A = Dorsale Gefäß-Nerven-Straße (in der Streckerloge des Unterarms) für A. interossea post. und N. interosseus post. (aus dem R. prof. n. radialis)
B = Radiale Gefäß-Nerven-Straße für R. superf. n. radialis und A. radialis (mit Übergang zum Arcus palmaris prof. [punktierte Linie]). Der Nerv läuft über, die Arterie unter der Sehne des M. extensor pollicis longus

läuft der M. extensor carpi ulnaris, dem proximal der kleine M. anconaeus anliegt. Den Hauptteil der Streckerloge nimmt der M. extensor digitorum ein, dessen Sehnen durch das 4. Sehnenfach des Retinaculum extensorum hindurchgehen (Abb. 46).

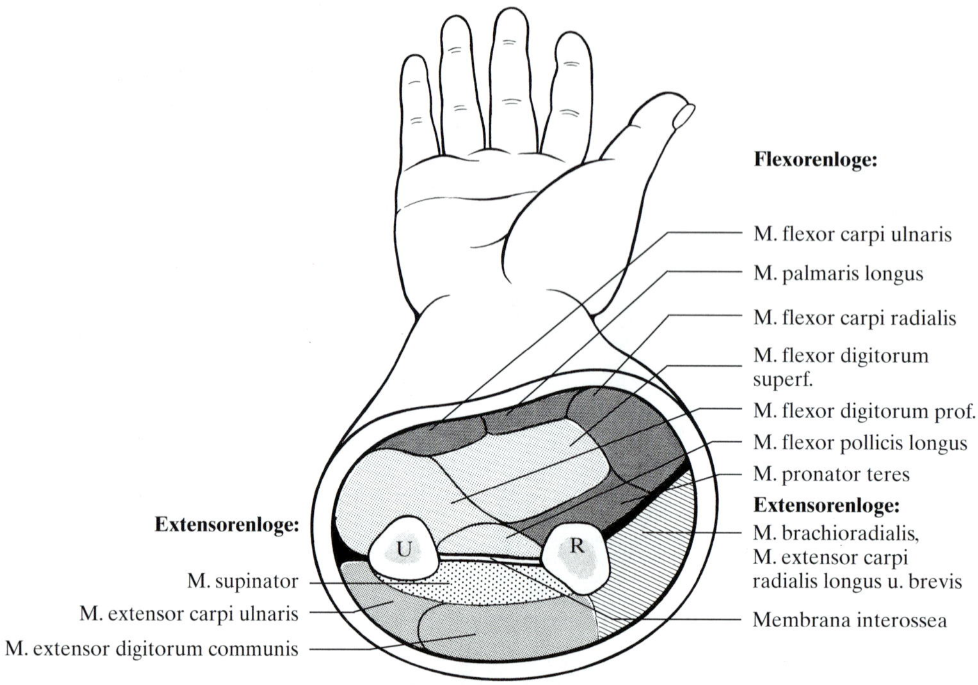

Abb. 47. Querschnitt durch den rechten Unterarm in Supinationsstellung. R = Radius; U = Ulna.

An der Radialseite finden sich der M. extensor carpi radialis brevis und longus, denen sich – schon auf der Beugerseite – radialwärts der M. brachioradialis anschließt. Zwischen den beiden Extensores carpi radiales und dem M. extensor digitorum schieben sich die Daumenstrecker ein, die mit ihren Muskelbäuchen teilweise unter den M. extensor digitorum zu liegen kommen und damit eine tiefe Muskelschicht in der dorsalen Streckerloge bilden. Diese Muskeln sind von proximal nach distal in folgender Weise angeordnet: 1. der kräftige M. abductor pollicis longus, dessen Sehne am 1. Metakarpalknochen ansetzt, 2. der relativ kleine M. extensor pollicis brevis, der an der Grundphalanx des Daumens fixiert ist; beide verlaufen durch das 1. Sehnenfach des Retinaculum extensorum (vgl. Abb. 79); 3. der M. extensor pollicis longus, der an der Endphalanx des Daumens ansetzt (3. Sehnenfach), 4. ganz distal und medial folgt schließlich noch der M. extensor indicis, dessen Sehne mit dem Extensor digitorum zusammen durch das 4. Sehnenfach zur Dorsalaponeurose des 2. Fingers zieht.

Die **Leitungsbahnen** treten von der Beugerloge des Unterarms durch die Membrana interossea und den M. supinator hindurch in die Streckerloge über, wo sie sich in der Bindegewebsschicht zwischen den Daumenstreckern, d.h. der tiefen Muskelschicht und dem M. extensor digitorum ausbreiten (Hinweis A in Abb. 46).

An der Radialseite des Unterarms findet sich noch eine Gefäß-Nerven-Straße, die in Verlängerung des M. brachioradialis unter den Sehnen der Daumenstrecker hindurch in den Bindegewebsraum des Handrückens übertritt (radiale Gefäß-Nerven-Straße, Hinweis B in Abb. 46). Einerseits verlaufen die Leitungsbahnen hier zwischen den Sehnen der Fingerstrecker und den Mm. interossei nach ulnar, andererseits aber auch durch den 1. Zwischenknochenraum der Hand zur tiefen Schicht

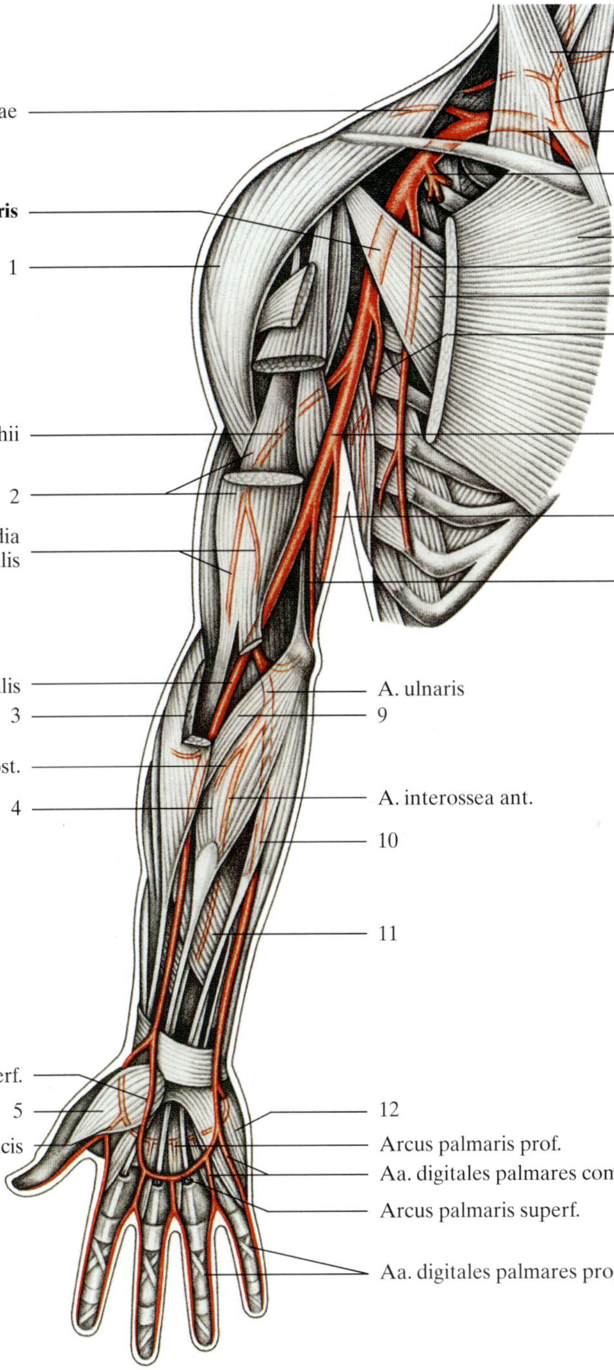

Abb. 48. Verlauf der wichtigsten Arterien der oberen Extremität.
Muskeln: 1 = M. deltoideus; 2 = M. biceps brachii; 3 = M. brachioradialis; 4 = M. flexor carpi radialis; 5 = Thenarmuskulatur; 6 = M. sternocleidomastoideus; 7 = M. pectoralis major; 8 = M. pectoralis minor; 9 = M. pronator teres; 10 = M. flexor carpi ulnaris; 11 = M. flexor digitorum superf.; 12 = Hypothenarmuskulatur.

der mittleren Hohlhandloge (Abb. 45 und 46). Am Handrücken gibt es keine ortseigene Muskulatur. Die Mm. interossei dors., die dorsalwärts die Metakarpalknochen etwas überragen, sind von der Ventralseite aus eingewandert und werden auch von ventral aus versorgt. Eine derbere bindegewebige Abgrenzung, die der Palmaraponeurose vergleichbar wäre, existiert dorsal nicht.

II. Leitungsbahnen der oberen Extremität

1. Arterien

Die arterielle Gefäßversorgung der oberen Extremität sowie der benachbarten Schulter- und Halsregionen stammt aus der *A. subclavia.* Diese entspringt links aus dem Aortenbogen und rechts aus dem Truncus brachiocephalicus. Sie zieht in einem großen Bogen durch die obere Thoraxapertur zur hinteren Skalenuslücke, die zwischen dem M. scalenus ant. und medius gelegen ist und tritt dann zwischen Clavicula und 1. Rippe von oben in die pyramidenförmige Achselhöhle (Fossa axillaris) ein. Distal von der Clavicula heißt sie *A. axillaris* (Abb. 48).

Nachdem die A. axillaris den unteren Rand des M. pectoralis major passiert hat und auf den Arm übergetreten ist, wird sie *A. brachialis* genannt. Diese spaltet sich in der Ellenbeuge in zwei größere Arterien, die *A. radialis* und *A. ulnaris* auf, die dann an der radialen bzw. ulnaren Seite des Unterarms bis zur Hand verlaufen. Die A. radialis tritt mit ihrem Endast in Höhe des Handgelenks schließlich über die Streckseite des Unterarms hinweg von dorsal in die Hohlhand über, um in der Hauptsache den Arcus palmaris prof. zu bilden, während die A. ulnaris auf der Beugeseite verbleibt und den oberflächlichen Hohlhandbogen *(Arcus palmaris superf.)* bildet.

A. axillaris

Nachdem die A. subclavia die Clavicula passiert hat, gibt sie als A. axillaris eine Reihe von Ästen zur Brustwand und zum Schultergürtel ab (Abb. 48).

1. Die *A. thoracica sup.* ist ein variabler Ast, der sich an der Versorgung der zwei oberen Interkostalräume und der Brustmuskulatur beteiligt.

2. Die *A. thoracoacromialis* versorgt mit ihren Ästen den M. deltoideus, die Clavicula, das äußere Schlüsselbeingelenk und die Brustmuskulatur.

3. Die *A. thoracica lat.* zieht auf dem M. serratus ant. senkrecht nach unten und versorgt die vorderen Abschnitte der Brustwand sowie die Brustdrüse.

4. Die *A. subscapularis* zieht ebenfalls senkrecht abwärts, liegt aber mehr hinten – zwischen dem M. latissimus dorsi und M. serratus ant. Durch ihren Hauptast, die *A. thoracodorsalis*, versorgt sie unter anderem auch die beiden genannten Muskeln. Ein rückläufiger Ast *(A. circumflexa scapulae)* erreicht durch die mediale Achselmuskellücke die Fossa infraspinata und anastomosiert hier mit der A. suprascapularis aus dem Truncus thyrocervicalis (Kollateralkreislauf der Schulter).

5. Die beiden letzten aus der A. axillaris entspringenden Arterien (*Aa. circumflexae humeri ant.* und *post.*) bilden einen Anastomosenkranz um das Collum chirurgicum des Humerus. Sie beteiligen sich an der arteriellen Versorgung des Schultergelenkes und des M. deltoideus.

A. brachialis

Die A. axillaris wird vom Unterrand des M. pectoralis major an als A. brachialis bezeichnet. Diese verläuft in der Beugerloge des Oberarms distalwärts zunächst neben dem M. coracobrachialis und dann medial vom M. biceps brachii im Sulcus bicipitalis med. nach distal bis zur Ellenbeuge (Abb. 48).

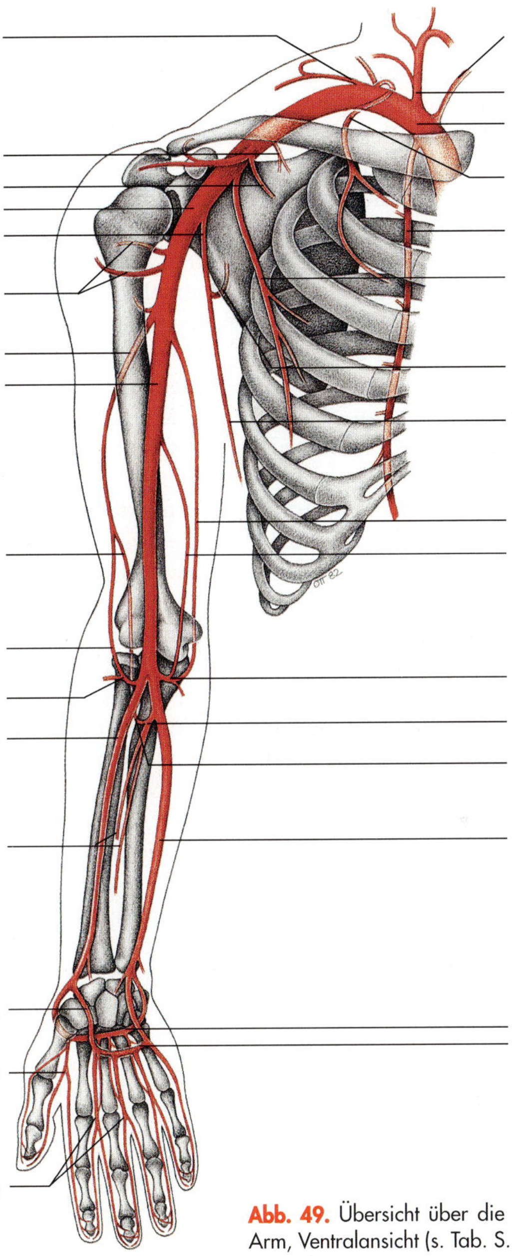

Abb. 49. Übersicht über die Arterien von Schulter und Arm, Ventralansicht (s. Tab. S. 73).

6. *A. prof. brachii.* Bevor die A. brachialis aber ihren eigentlichen Kurs in der Beugerloge nimmt, gibt sie noch nach dorsal zur Streckerloge die A. prof. brachii ab, ein kräftiges Gefäß, das sich zusammen mit dem N. radialis im Canalis radialis schraubenförmig um den Humerus herumwindet. Die A. prof. brachii teilt sich distal in zwei Arterien für das Rete articulare cubiti auf, die *A. collateralis radialis* und *media*, die mit rückläufigen Kollateralarterien aus der A. radialis und A. ulnaris

(*A. recurrens radialis* und *ulnaris*) anastomosieren.

7. Die *Aa. collaterales ulnaris sup.* und *inf.* gehen im Oberarmbereich von der A. brachialis ab und ziehen hinter dem Septum intermusculare med. abwärts zum Rete articulare des Ellenbogengelenks, wo sie mit den Ästen der A. recurrens ulnaris anastomosieren. In der Ellenbeuge teilt sich dann die A. brachialis in ihre beiden Endäste, nämlich die A. radialis und A. ulnaris auf.

8. Die *A. radialis* wendet sich nach radial und zieht an der Bizepssehne vorbei zum M. brachioradialis. Hier zweigt zunächst eine kleine Arterie nach rückwärts zum Rete articulare cubiti ab, die mit den von oben kommenden kollateralen Arterien anastomosiert *(A. recurrens radialis)*. Die A. radialis folgt dann dem M. brachioradialis abwärts bis zur Handwurzel. Dort gibt sie nach palmar einen kleinen, oberflächlichen Ast zum oberflächlichen Hohlhandbogen ab *(Ramus palmaris superf.)*, der aber häufig verkümmert ist. Sie biegt dann nach dorsal um und erreicht durch die Tabatière und anschließend durch den 1. Zwischenknochenraum hindurch von dorsal die tiefe Hohlhandloge, wo sie den tiefen Hohlhandbogen (*Arcus palmaris prof.* [11]) bildet, der vor allem die Mm. interossei, die Thenarmuskulatur sowie Daumen und Zeigefinger versorgt *(A. princeps pollicis, A. radialis indicis)*.

9. Die *A. ulnaris* entläßt noch in der Ellenbeuge eine rückläufige Arterie für das Rete articulare cubiti *(A. recurrens ulnaris)*, die mit den beiden Kollateralarterien der A. brachialis anastomosiert sowie die *A. interossea communis*, die weiter distal in der Ellenbeuge abzweigt und sich rasch in drei Äste aufteilt: die *A. interossea recurrens* stellt einen rückläufigen Ast zum Rete articulare cubiti dar; die *A. interossea ant.* zieht auf der Vorderfläche der Membrana interossea antebrachii abwärts bis zum M. pronator quadratus, während die *A. interossea post.* auf der Dorsalseite der Membrana interossea, also in der Streckerloge, abwärts zieht und hier die Streckmuskeln des Unterarms versorgt.

Die *A. ulnaris* zieht hinter dem M. pronator teres nach ulnar, wobei sie vor allem dem M. flexor carpi ulnaris bis zur Handwurzel folgt. Hier läuft sie aber oberhalb des Retinaculum flexorum – radial am Os pisiforme vorbei – zur oberflächlichen Hohlhandloge, wo sie in der Hauptsache den *Arcus palmaris superf.* (10) speist, dessen Äste *(Aa. digitales palmares communes)* dann die Beugersehnen und die ulnaren 3½ Finger versorgen. Die restlichen 1½ Finger (Daumen und Zeigefinger) werden vom tiefen Hohlhandbogen arteriell versorgt.

Man sieht, daß die großen arteriellen Gefäßstämme bevorzugt in den Beugerlogen untergebracht sind. Die Streckseiten werden vermieden. Meist besitzen die Hauptarterien *»Leitmuskeln«*, mit denen sie durch Bindegewebszüge verbunden sind. Im Schulterbereich verspannt der M. subclavius das Gefäßbündel (beim Durchtritt durch die Lücke zwischen Clavicula und 1. Rippe), in der Achselhöhle der M. coracobrachialis und in der Ellenbeuge der M. biceps brachii mit seiner Aponeurose. Am Unterarm wird der M. brachioradialis zum Leitmuskel für die A. radialis und der M. flexor carpi ulnaris für die A. ulnaris. Man darf annehmen, daß dieser »konstruktive Einbau« der großen Arterien in die Muskellogen funktionelle Gründe hat, d.h. daß die Arterien bei den Bewegungen so mitgeführt werden, daß sie nicht abgeklemmt werden können.

Klinische Hinweise. Die Höhe der Aufzweigung der A. brachialis in die A. radialis und ulnaris variiert stark. Es kommt vor, daß die A. radialis schon weit oberhalb der Ellenbeuge abzweigt und dann über der Bizepsaponeurose verläuft, was zu gefährlichen Verwechslungen mit einer Kubitalvene führen kann.

2. Venen

Im Bereich der Extremitäten folgen die Venen in der Regel den gleichnamigen

Arterien, wobei jedoch meist eine Arterie von zwei Venen begleitet wird. Diese drei Gefäße werden dann von einer gemeinsamen Bindegewebsscheide eingehüllt, die konstruktiv so in die Muskellogen der Extremitäten eingebaut ist, daß die Venen bei den jeweiligen Bewegungen nicht abgeklemmt werden und der venöse Rückfluß gesichert ist. Demgegenüber bilden jedoch die oberflächlichen Hautvenen ein eigenes Drainagesystem, das nicht von entsprechenden Arterien begleitet wird (Abb. 50). Die Venen des Handrückens anastomosieren zu einem ausgedehnten subkutanen Netzwerk *(Rete venosum dors. manus)*, das proximalwärts vor allem über die *V. cephalica* abfließt. Diese Vene verläuft an der Radialseite des Unterarms und geht über die Ellenbeuge in den Sulcus bicipitalis lat. des Oberarms und anschließend in das Trigonum deltoideopectorale über, wo sie durch die Faszien hindurch in die V. axillaris einmündet. In denjenigen Abschnitten der Hohlhand, die dem Druck ausgesetzt sind (Palma manus), fehlen ausgedehntere subkutane Venennetze. Das venöse Blut sowie auch die Lymphe strömen bevorzugt zum Handrücken ab.

Aus den Venen der Handfläche und der ulnaren Seite des Unterarms formiert sich die *V. basilica*, die zweite größere Hautvene

Arterien für die obere Extremität

A. axillaris	
1. *A. thorcica superior*	Variabler Ast zur Brustwand
2. *A. thoracoacromialis*	In Höhe des Trigonum deltoideopectorale zu den Brustmuskeln, zur Clavicula und zum lateralen Schlüsselbeingelenk
3. *A. thoracica lat.*	Zur lateralen Brustwand (M. serratus ant.) und Brustdrüse
4. *A subscapularis* A. circumflexa scapulae A. thoracodorsalis	Zur Muskulatur des Schultergürtels (M. latissimus dorsi, M. serratus ant., untere Schulterblattmuskulatur)
5. *A. circumflexa humeri ant.* und *post*	Anastomosenring um den Humerushals – für Schultergelenk und M. deltoideus
A. brachialis	
6. *A. prof. brachii* A. collateralis media A. collateralis radialis	Für Streckerloge des Oberarms (M. triceps brachii) und Ellenbogengelenk
7. *A. collateralis ulnaris sup.* und *inf.*	Zum Rete articulare cubiti
8. *A. radialis* A. recurrens radialis R. palmaris superf.	Im radialen Teil der Beugerloge des Unterarms – Ast zum Ellenbogengelenk zum Arcus palmaris prof.
9. *A. ulnaris* A. recurrens ulnaris A. interossea communis R. palmaris prof.	Im ulnaren Teil der Beugerloge – zum Arcus palmaris superf.; Äste zum Ellenbogengelenk und zur Dorsalseite des Unterarms zum Arcus palmaris prof.
10. *Arcus palmaris superf.* Aa. digitales palmares communes et proprii	In der oberflächlichen Hohlhandloge – Äste zu den Fingern
11. *Arcus palmaris prof.* A. princeps pollicis A. radialis indicis Aa. metacarpales palmares	Zur tiefen Hohlhandloge (Thenarmuskulatur, Mm. lumbricales, Mm. interossei)

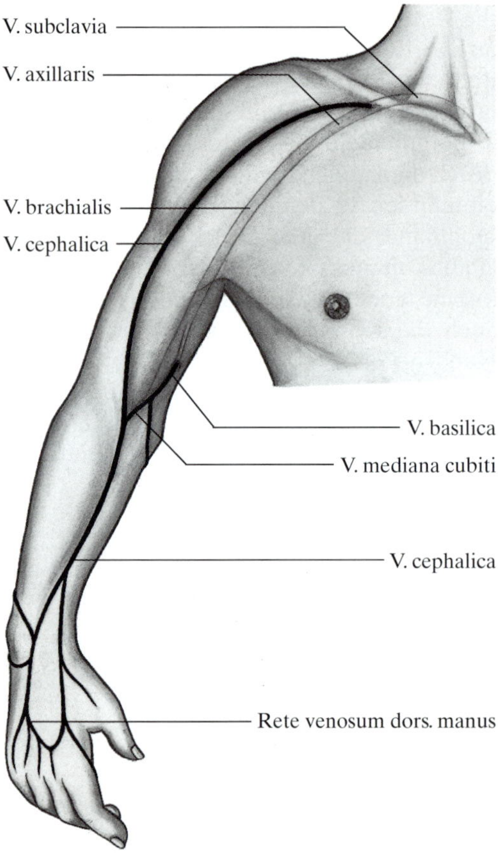

Abb. 50. Verlauf der Hautvenen am Arm. Arm in Pronationsstellung.

des Armes. Sie erreicht die Ellenbeuge im medialen Bereich und verläuft oberhalb davon zunächst noch ein Stück weit im Sulcus bicipitalis medialis weiter. Etwa in der Mitte des Oberarmes perforiert sie die Fascia brachii *(Hiatus basilicus)* und mündet als stärkste Hautvene des Armes in eine der beiden Vv. brachiales ein. In der Ellenbeuge existieren mehrfache, aber variable Querverbindungen (z.B. *V. mediana cubiti, V. mediana antebrachii*). Die meisten Hautvenen besitzen klappenlose Verbindungen mit den tiefen Armvenen. Sie können in allen Regionen für intravenöse Injektionen und Katheterisierungen verwendet werden.

3. Nerven der oberen Extremität

Der Rumpf hat seine metamere Gliederung weitgehend beibehalten. Im Bereich der Extremitäten geht die strenge segmentale Anordnung jedoch größtenteils verloren und die mit der Bewegungsdynamik im Zusammenhang stehende Radiärstruktur setzt sich durch (Abb. 6 und 51).

Die Gliedmaßen entwickeln sich als knospenartige Fortsätze, zunächst an der ventralen Körperwand, wobei die Armanlage in Höhe der unteren zervikalen Segmente (C_5–C_8) und die Beinanlage in Höhe der lumbalen und sakralen Segmente (L_1–S_4) aussproßt. Mit der Verlängerung der Gliedmaßenknospen verschieben sich die ursprünglich nebeneinander liegenden Segmente so gegeneinander, daß die im mittleren Bereich lokalisierten Segmente ganz nach distal verlagert werden (z.B. beim Arm das Segment C_7) und den Kontakt mit dem Rumpf völlig verlieren. Auch die übrigen Segmente werden in die Länge gezogen, gegeneinander verschoben und teilweise in ventrodorsaler Richtung verdreht. Diese Verlagerung wird von den zu diesen Segmenten gehörigen anterioren (ventralen) Ästen der Spinalnerven, die ja die ventrale Körperwand versorgen, mitgemacht, so daß sich diese Äste gleich nach dem Abgang von den entsprechenden Spinalnerven stark miteinander verflechten und die *Extremitätenplexus* bilden. Da auch die Halsmuskulatur ihre segmentale Anordnung aufgibt und im Übergangsbereich zum Kopf eine Neugliederung entsteht, bildet sich auch hier ein Nervengeflecht aus (*Plexus cervicalis,* C_1–C_4). Das Armgeflecht *(Plexus brachialis)* entsteht im Bereich der ursprünglich embryonalen Armanlage, nämlich in den Segmenten C_5–Th_1. Entsprechendes gilt auch für die untere Extremität, bei der die vorderen (ventralen) Äste der Spinalnerven aus den Segmenten Th_{12}–S_5 das Beingeflecht *(Plexus lumbosacralis)* bilden (Abb. 11).

Demgegenüber behalten die posterioren (dorsalen) Äste im gesamten Bereich des

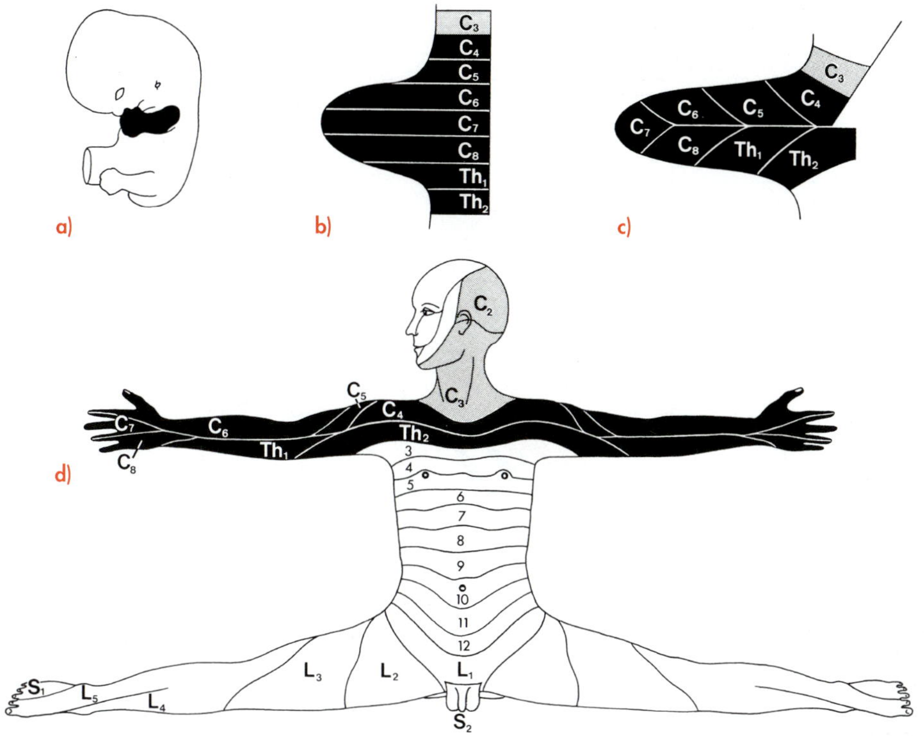

Abb. 51. Verschiebung der Armsegmente während der Embryonalentwicklung.
a) Embryo mit Armanlage (schwarz).
b und c) Auswachsen der Armanlage zum Arm (Distalverlagerung der Segmente C_6–C_8).
d) Segmentgliederung beim Erwachsenen.

Kennmuskeln für Myotome:

C_5 = M. biceps brachii
C_6 = M. brachioradialis
C_7 = M. triceps brachii
C_8 = Fingerbeuger, kleine Handmuskeln

Kenndermatome:

C_6 = Daumen
C_7 = Mittelfinger
C_8 = Kleinfinger
Th_1 = Ellbogen

Rumpfes ihre segmentale Gliederung bei, denn an der dorsalen Körperwand kommt es nicht zu prinzipiellen Neuentwicklungen. Wenn von den Extremitäten Muskeln auf die Dorsalseite herüberwachsen, wie z.B. der M. latissimus, die Mm. rhomboidei, Mm. serrati usw., so nehmen sie ihre aus den Extremitätenplexus stammenden Nerven mit, d.h., auch nach solchen extremen Verlagerungen bleibt die ursprüngliche Innervation aus den ventralen Ästen der Spinalnerven bzw. aus dem Plexus brachialis erhalten.

Die innervierenden Nerven für die obere Extremität stammen aus dem **Plexus brachialis** (C_5–Th_1), der fast immer auch Anastomosen mit den angrenzenden Segmenten (C_4 und Th_2) eingeht.

Das Armgeflecht tritt zusammen mit der A. subclavia (nicht der V. subclavia) durch die hintere Skalenuslücke, d.h. zwischen M. scalenus anterior und medius unter der Clavicula hindurch von oben in die Achselhöhle ein, so daß eine Pars supraclavicularis und eine Pars infraclavicularis des Plexus brachialis unterschieden werden kann. Anfangs formieren sich drei Primärstränge *(Trunci)*, die sich jeweils in einen ventralen und einen dorsalen Ast aufspalten. Diese Äste gruppieren sich unterhalb der Clavicula wie-

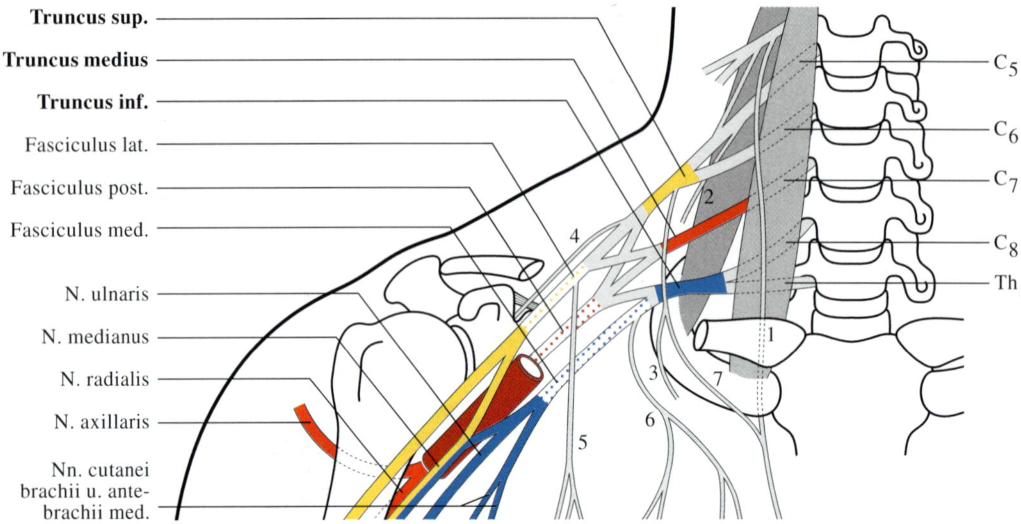

Abb. 52. Aufbau des Plexus brachialis aus den vorderen Wurzeln der Spinalnerven C_5–Th_1. Die drei Trunci spalten sich jeweils in einen vorderen und hinteren Ast auf. Die beiden Äste schließen sich dann in unterschiedlicher Weise zu drei Faszikeln zusammen, aus denen die Armnerven hervorgehen (vgl. Tabelle).
1 = N. phrenicus (C_3–C_5); 2 = N. dors. scapulae; 3 = N. subclavius; 4 = N. suprascapularis; 5 = N. pectoralis lat.; 6 = N. pectoralis med.; 7 = N. phrenicus accessorius (C_6).

Plexus brachialis

Truncus sup. (C_5–C_6)	dorsale Äste aller drei Trunci (C_5–Th_1)	Fasciculus post	N. axillaris N. radialis
Truncus medius (C_7)	ventrale Äste des Truncus sup. u. medius (C_5–C_7)	Fasciculus lat.	N. musculocutaneus N. medianus (laterale Wurzel)
Truncus inf. (C_8– Th_1)	ventraler Ast des Truncus inf. (C_8–Th_1)	Fasciculus med.	N. medianus (mediale Wurzel) N. ulnaris N. cutaneus brachii med. N. cutaneus antebrachii med.

derum in drei sekundäre Stränge (Fasciculi). Und zwar schließen sich alle dorsalen Äste zum Fasciculus dors. zusammen, während die ventralen Äste oben den Fasciculus lat. und unten den Fasciculus med. bilden (Abb. 52). Aus den Faszikeln gehen die Armnerven hervor.

Plexus brachialis

Aus der **Pars supraclavicularis** des Armplexus gehen hauptsächlich Äste zur Schulter und zur Brustwand hervor (Abb. 52 und 53):

1. Der *N. dorsalis scapulae* (C_5) verläuft durch den M. levator scapulae nach hinten zu den beiden Mm. rhomboidei.

2. Der *N. thoracicus longus* (C_5–C_7) zieht an der seitlichen Brustwand zusammen mit der A. thoracica lat. auf dem M. serratus ant. abwärts.

3. Der *N. suprascapularis* verläuft mit der gleichnamigen Arterie nach hinten zur Scapula, wo er unter dem Lig. transversum

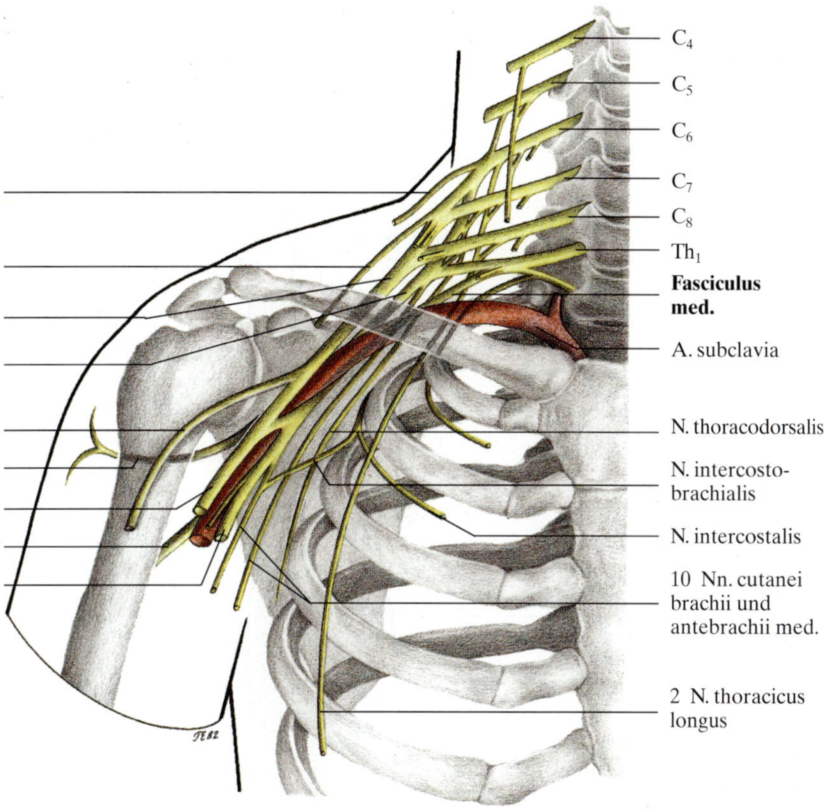

Abb. 53. Lage und Gliederung des Plexus brachialis. Ventralansicht. Die Zahlen entsprechen der Numerierung in der Tabelle (S. 82) und im Text (S. 76–84). C_4–Th_1 = Rr. ant. der entsprechenden Spinalnervensegmente.

scapulae sup. hindurchzieht, um die dorsale Schulterblattmuskulatur (M. supra- und infraspinatus) zu erreichen.

4. Mehrere direkte Äste des Plexus brachialis ziehen nach dorsal zum M. subscapularis und teres major *(Nn. subscapulares)*, von denen ein langer Ast (N. thoracodorsalis) zusammen mit der gleichnamigen Arterie an der lateralen Brustwand abwärts verläuft und den M. latissimus dorsi versorgt.

5. Der kurze *N. subclavius* verläuft vor dem M. scalenus ant. direkt zum M. subclavius.

Aus der **Pars infraclavicularis** gehen mehrere lange Äste zur Brustwand und zur oberen Extremität hervor.

6. Als *N. pectoralis med.* und *lat.* werden zwei dickere Äste bezeichnet, die von hinten in den M. pectoralis major und minor eindringen.

I. Der *Fasciculus lat. des Plexus brachialis* bildet die laterale Wurzel der Medianusgabel und den N. musculocutaneus.

7. Der *N. musculocutaneus* durchbohrt den M. coracobrachialis und verläuft in der Beugerloge des Oberarms zwischen M. biceps brachii und M. brachialis, die er motorisch innerviert, zur lateralen Seite des Oberarms. Er läuft in einen Hautast aus, der die Radialseite des Unterarms versorgt *(N. cutaneus antebrachii lat.)*.

II. Der *Fasciculus post.,* der Zuflüsse aus allen Segmenten des Plexus brachialis erhält, bildet zwei große Armnerven, nämlich den N. axillaris und den N. radialis (Abb. 54).

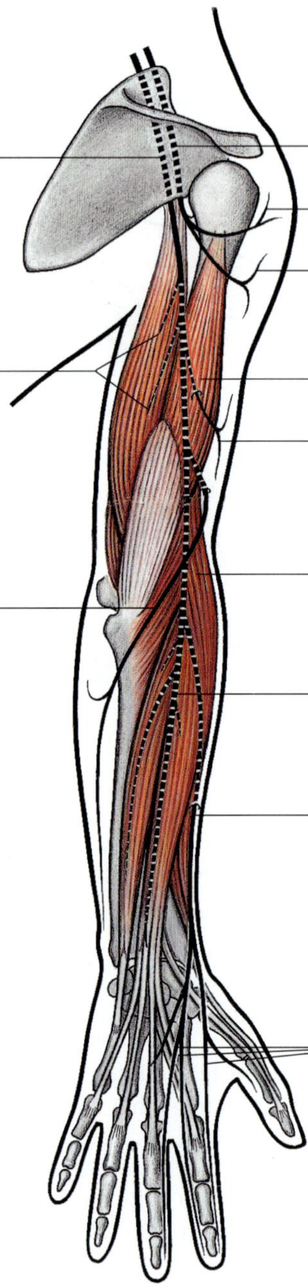

Abb. 54. Verlauf und Astfolge von N. axillaris und N. radialis (in Anlehnung an M. Clara). Die vom N. radialis versorgten Muskeln sind dargestellt.

8. Der *N. axillaris* (C_5–C_7) wendet sich nach dorsal zur lateralen Achselmuskellücke, durch die er zusammen mit der A. circumflexa humeri post. hindurchzieht, um den M. deltoideus und den M. teres minor zu versorgen. Ein Hautast *(N. cutaneus brachii*

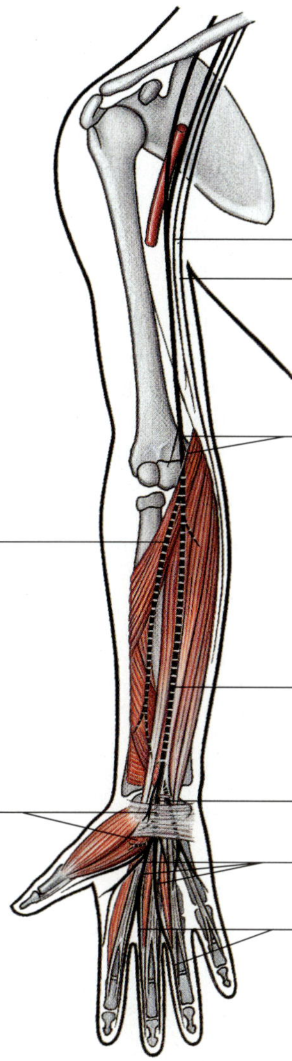

Abb. 55. Verlauf und Astfolge des N. medianus (in Anlehnung an M. Clara). Die zugehörigen Muskeln sind dargestellt.

lat. sup.) biegt um den Hinterrand des M. deltoideus herum zur Haut an der Dorsal- und Lateralseite des Oberarms (Abb. 54).

9. Der *N. radialis* (Abb. 54) ist der motorische Nerv für alle Streckmuskeln des Armes sowie für den M. supinator und den M. brachioradialis, der ursprünglich auch zu den Streckern zählte, aber entwicklungsgeschichtlich über die Beugerachse hinweg nach vorne gewandert und dadurch ein Beugemuskel geworden ist. Außerdem versorgt der N. radialis sensibel die Streckseite des ganzen Armes, wobei am Oberarm zwei größere Hautäste (*N. cutaneus brachii post.* und *N. cutaneus brachii lat. inf.*) gebildet werden, am Unterarm jedoch meist nur ein Hautast entsteht, der *R. cutaneus antebrachii post.* An der Dorsalseite der Hand versorgt der N. radialis die radialen 2½ Finger und teilt

sich in der Innervation der Hautareale hier gleichmäßig mit dem N. ulnaris, der die ulnaren 2½ Finger innerviert. Außerdem gibt der N. radialis auch sensible Äste zu den Gelenken der oberen Extremität ab.

Am Oberarm verläuft der N. radialis zunächst als direkte Fortsetzung des Fasciculus post. des Plexus brachialis, wendet sich aber dann nach hinten und umkreist den Humerus in einer langgestreckten spiraligen Tour zwischen dem lateralen und medialen Kopf des M. triceps brachii (Abb. 64), wobei er dicht am Knochen in einem eigenen Kanal, zusammen mit der A. prof. brachii bis zum Septum intermusculare lat. verläuft, das er durchbohrt und damit von radial in die Ellenbeuge gelangt, wo er in der Tiefe zwischen dem M. brachialis und dem M. brachioradialis zu finden ist. In Höhe des Radiusköpfchens spaltet er sich in seine zwei Endäste auf. Der sensible *R. superf.* bleibt oberflächlich und begleitet den M. brachioradialis bis zur Hand, um dann am Handrücken in die Haut der radialen 2½ Finger auszustrahlen *(Nn. digitales dors.)*. Der motorische *R. prof.* zweigt in der Ellenbeuge vom N. radialis ab, durchbohrt den M. supinator und dringt damit in die Streckerloge des Unterarms ein. Er innerviert die Streckmuskeln der Hand; sein Endast verläuft auf der Membrana interossea zwischen dem M. extensor pollicis brevis und longus distalwärts *(N. interosseus [antebrachii] post.)* und erreicht schließlich das Handgelenk.

III. Der *Fasciculus med.* des Plexus brachialis beteiligt sich an der Medianusgabel,

Übersicht über die motorische Innervation des Armes

Nerv	Oberarm	Unterarm	Hand
N. musculocutaneus	Beuger	–	–
N. radialis	Strecker	Strecker, M. supinator	–
N. medianus	–	Beuger, Mm. pronatores, Ausnahmen ↓	Thenarmuskulatur, M. lumbricalis I und II, Ausnahmen ↓
N. ulnaris	–	M. flexor carpi ulnaris M. flexor digitorum prof. (ulnarer Teil)	M. adductor pollicis M. flexor pollicis brevis (tiefer Kopf)
			Hypothenarmuskulatur Mm. interossei Mm. lumbricales III, IV

Übersicht über die sensible Innervation des Armes

Hautgebiete	Oberarm	Unterarm	Hand
Dorsal:	N. radialis	N. radialis	2½ Finger – N. radialis 2½ Finger – N. ulnaris
Lateral:	N. axillaris, N. radialis	N. musculocutaneus	–
Medial:	N. cutaneus brachii med.	N. cutaneus antebrachii med.	–
Palmar:	–	–	3½ Finger – N. medianus 1½ Finger – N. ulnaris

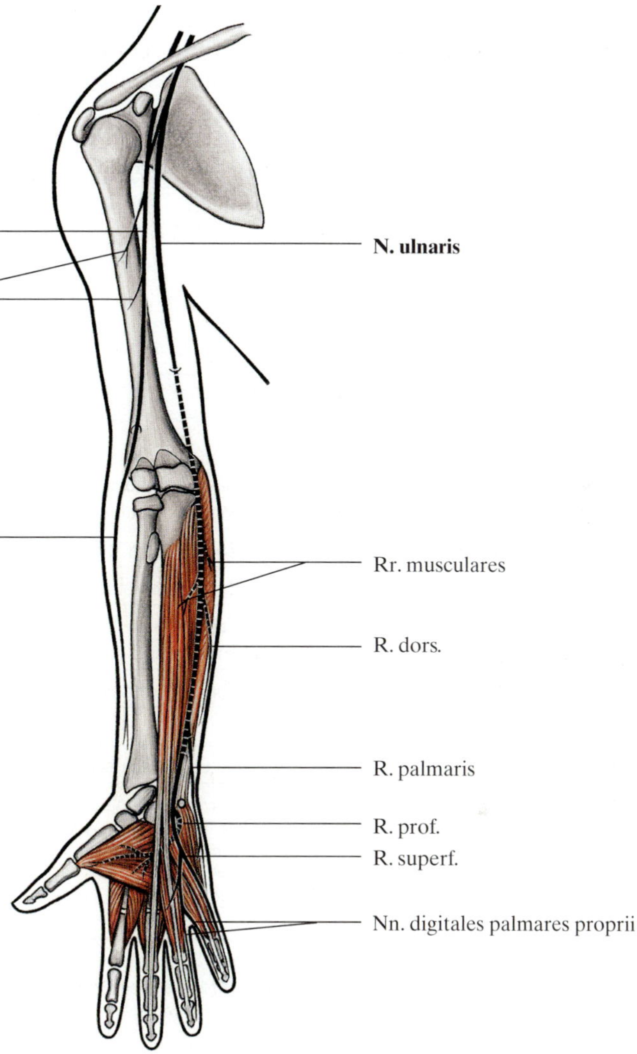

Abb. 56. Verlauf und Astfolge von N. ulnaris und N. musculocutaneus (in Anlehnung an M. Clara). Die vom N. ulnaris versorgten Muskeln sind dargestellt.

bildet den N. ulnaris und zwei lange Hautnerven, nämlich

10. die *Nn. cutanei brachii* und *antebrachii med*. Diese verlaufen an der Medialseite des Oberarms bzw. des Unterarms und innervieren die dort gelegenen Hautareale.

11. Der *N. medianus* (Abb. 55) erhält eine Wurzel aus dem lateralen und eine aus dem medialen Faszikel des Plexus brachialis. Die dadurch gebildete *Medianusgabel* liegt auf der A. brachialis, die der Nerv dann auch bis zur Ellenbeuge begleitet. In der Ellenbeuge liegt er *unter* der Aponeurose des M. biceps brachii, wendet sich dann aber leicht nach medial, um zwischen den beiden Köpfen des M. pronator teres hindurch in die Beugerloge des Unterarms zu ziehen. Er tritt unter dem Sehnenbogen des radialen Kopfes des

M. flexor digitorum superf. in die Tiefe und verläuft dann zwischen oberflächlichem und tiefem Fingerbeuger weiter durch den Canalis carpi bis zur Hand. Proximal des Handgelenks liegt der N. medianus zwischen den Sehnen des M. flexor carpi radialis und dem M. palmaris longus oberflächlich direkt unter der Faszie. In der Hohlhand splittert er sich in drei bis vier Äste für die sensible Versorgung der 3½ radialen Finger auf *(Nn. digitales palmares communes et proprii)*. Außerdem innerviert er sensibel auch die Palma manus *(R. palmaris)* sowie die Gelenkkapseln des Ellenbogengelenks und der Fin-

Nerven der oberen Extremität

Plexus brachialis (C_5–Th_1)	
I. Pars supraclavicularis	
1. *N. dors. scapulae*	Dorsale Schulterregion zum M. levator scapulae und Mm. rhomboidei
2. *N. thoracicus longus*	Zur lateralen Thoraxwand (M. serratus ant.)
3. *N. suprascapularis*	Zur Schulterblattmuskulatur (M. supra- und intraspinatus)
4. *Nn. subscapulares* N. thoracodorsalis	Zur lateralen Brustwand (M. subscapularis, M. latissimus dorsi und M. teres major)
5. *N. subclavius*	Zum M. subclavius
II. Pars infraclavicularis	
6. *N. pectoralis med. und lat.*	Zu den Mm. pectorales major und minor
7. *N. musculocutaneus* N. cutaneus antebrachii lat.	Zur Beugerloge des Oberarms (M. biceps brachii, M. brachialis und M. coracobrachialis), Hautast zum Unterarm
8. *N. axillaris* N. cutaneus brachii lat. sup.	Zum M. deltoideus und teres minor, Hautast zur Schulter
9. *N. radialis* N. cutaneus brachii und antebrachii post. N. cutaneus brachii lat. inf. R. superf. R. prof.	Zur Streckerloge vom Oberarm und Unterarm, Hautäste zur Dorsalseite von Oberarm, Unterarm und Hand (2½ Finger)
10. *N. cutaneus brachii* und *antebrachii med.*	Selbständige Hautäste des Plexus brachialis zur Medialseite von Oberarm und Unterarm
11. *N. medianus* N. interosseus [antebrachii] ant. R. palmaris Nn. digitales palmares communes et proprii	Zur Beugerloge von Unterarm und Hand (Fingerbeuger und Thenarmuskeln), Hautäste zur Hohlhand und palmar zu den ersten 3½ Fingern sowie dorsal zur Haut von 2½ Fingerendgliedern
12. *N. ulnaris* R. dors. R. palmaris R. prof. R. superf.	Zur Beugerloge von Unterarm und Hand (Hand- und Hypothenarmuskulatur), Hautäste zur Dorsalseite (2½) und zur Palmarseite der Hand (1½ Finger), sowie zur Dorsalseite der Endglieder (1½ Finger)

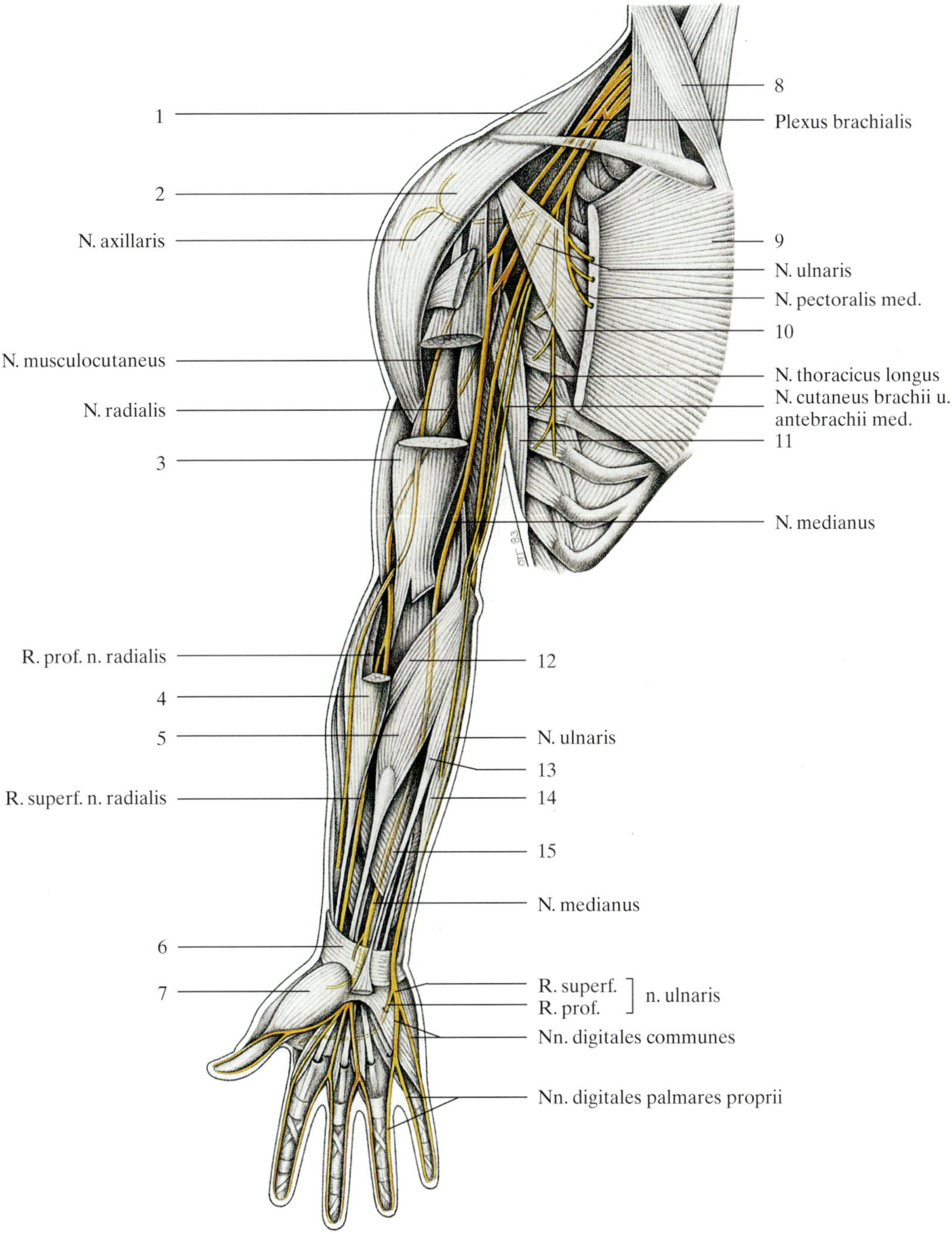

Abb. 57. Lage und Verlauf der Nerven der oberen Extremität. **Muskeln:** 1 = M. trapezius; 2 = M. deltoideus; 3 = M. biceps brachii; 4 = M. brachioradialis; 5 = M. flexor carpi radialis; 6 = Retinaculum flexorum; 7 = Thenarmuskulatur; 8 = M. sternocleidomastoideus; 9 = M. pectoralis major; 10 = M. pectoralis minor; 11 = M. latissimus dorsi; 12 = M. pronator teres; 13 = M. palmaris longus; 14 = M. flexor carpi ulnaris; 15 = M. flexor digitorum superf.

gergelenke, motorisch vor allem die Unterarmbeuger mit Ausnahme des M. flexor carpi ulnaris und des ulnaren Kopfes des M. flexor digitorum prof., die Muskulatur des Daumenballens mit Ausnahme des M. adductor pollicis und des tiefen Kopfes des M. flexor pollicis brevis. Zum Oberarm entsendet der N. medianus keine Äste. Unmittelbar nach dem Durchtritt durch den M. pronator teres zweigt noch der *N. interosseus antebrachii ant.* ab, der mit der gleichnamigen Arterie auf der Membrana interossea antebrachii distalwärts zieht und den M. pronator quadratus sowie das Handgelenk innerviert.

12. Der *N. ulnaris* (Abb. 56) stellt den Hauptnerven für die Innervation der Handmuskulatur dar. Am Oberarm hat er keine Äste, am Unterarm versorgt er nur den M. flexor carpi ulnaris und beteiligt sich an der sonst vom N. medianus versorgten Innervation des M. flexor digitorum prof. Sensible Äste gehen zur Haut des Handrückens und der 2½ ulnaren Finger sowie zur Volarseite der Hand und zur palmaren Fläche der Finger (1½ Finger). Diese sensiblen Äste anastomosieren mit den entsprechenden Hautästen des N. medianus an der Palmarseite und des N. radialis an der Dorsalseite.

In seinem Verlauf hält sich der N. ulnaris ganz an die Medialseite des Armes. Er entspringt aus dem medialen Fasciculus des Plexus brachialis, verläuft im Sulcus bicipitalis med. zusammen mit der Armarterie und dem N. medianus in der Beugerloge abwärts, durchbricht aber dann bereits in der Mitte des Oberarms das Septum intermusculare med. und gelangt so zur Streckerloge des Armes. Hier zieht er dicht am Knochen vorbei hinter dem Epicondylus med. humeri, um dann zwischen den beiden Köpfen des M. flexor carpi ulnaris hindurch wieder auf die Beugeseite überzuwechseln. Er umgeht damit die Beugeseite des Ellenbogengelenkes. An der Innenseite des M. flexor carpi ulnaris (Leitmuskel) erreicht er die A. ulnaris, mit der er zusammen bis zur Handwurzel zieht. Vorher zweigt ein Hautast (R. dors.) für den Handrücken und die ulnaren 2½ Finger ab, der die Sehne des M. flexor carpi ulnaris unterkreuzt und auf dem Handrücken mit den Ästen des N. radialis anastomosiert. Im Bereich der Handwurzel teilt sich dann der N. ulnaris in einen oberflächlichen und einen tiefen Ast. Der oberflächliche *R. superf.* versorgt die Haut des Kleinfingerballens und die Haut der palmaren und dorsalen Seite von 1½ Fingern (4. und 5. Finger) (*N. digitalis palmaris communis* und *Nn. digitales palmares proprii*). Der *R. prof.* dringt zwischen dem M. flexor digiti minimi brevis und dem M. abductor digiti minimi in die Tiefe und zieht dann bogenförmig unter den Sehnen der Fingerbeuger hindurch, zusammen mit dem tiefen Arterienbogen (Arcus palmaris prof.) zu den Muskeln der mittleren Hohlhandloge.

Der N. ulnaris liegt an der Handwurzel sehr oberflächlich und verläuft oberhalb des Retinaculum flexorum an der radialen Seite des Os pisiforme vorbei, wo die Aufspaltung in den *R. prof.* und *superf.* erfolgt. A., V. und N. ulnaris werden an dieser Stelle von einer Verstärkung der Unterarmfaszie bedeckt, die vom Os pisiforme zum Retinaculum flexorum zieht. Dadurch entsteht der sog. Guyon-Kanal.

Die **motorische Innervation** des Armes folgt einem Muster, das in gewisser Weise funktionell gedeutet werden kann. Die gesamte Streckmuskulatur des Armes, also vom Ober- und Unterarm, wird vom N. radialis versorgt. Der N. musculocutaneus ist der motorische Nerv für die Oberarmbeuger, der N. medianus für die Unterarmbeuger und der N. ulnaris für die Handmuskulatur. In den Grenzbereichen überschneiden sich allerdings die Innervationsgebiete, wobei auch Ausnahmen zu berücksichtigen sind.

Bei der **sensiblen Innervation** der Hand kommen an der Palmarseite häufig Variationen im Verteilungsmuster (3½ zu 1½ Finger) vor. Auch muß berücksichtigt werden, daß bei den Endphalangen die Dorsalseiten von den Hautästen der Palmarseite versorgt werden.

Klinische Hinweise. Bei etwa einem Drittel der Menschen kommen an Unterarm und Hand Anastomosen zwischen N. medianus und N. ulnaris vor. Dadurch kann bei Verletzung eines Nerven unter Umständen der motorische Ausfall kompensiert werden.

Ausstrahlende Schmerzen oder Sensibilitätsstörungen im Kleinfingerbereich (Ulnarisgebiet) kommen häufig bei Durchblutungsstörungen des Herzmuskels (z. B. bei Koronarsklerose) vor.

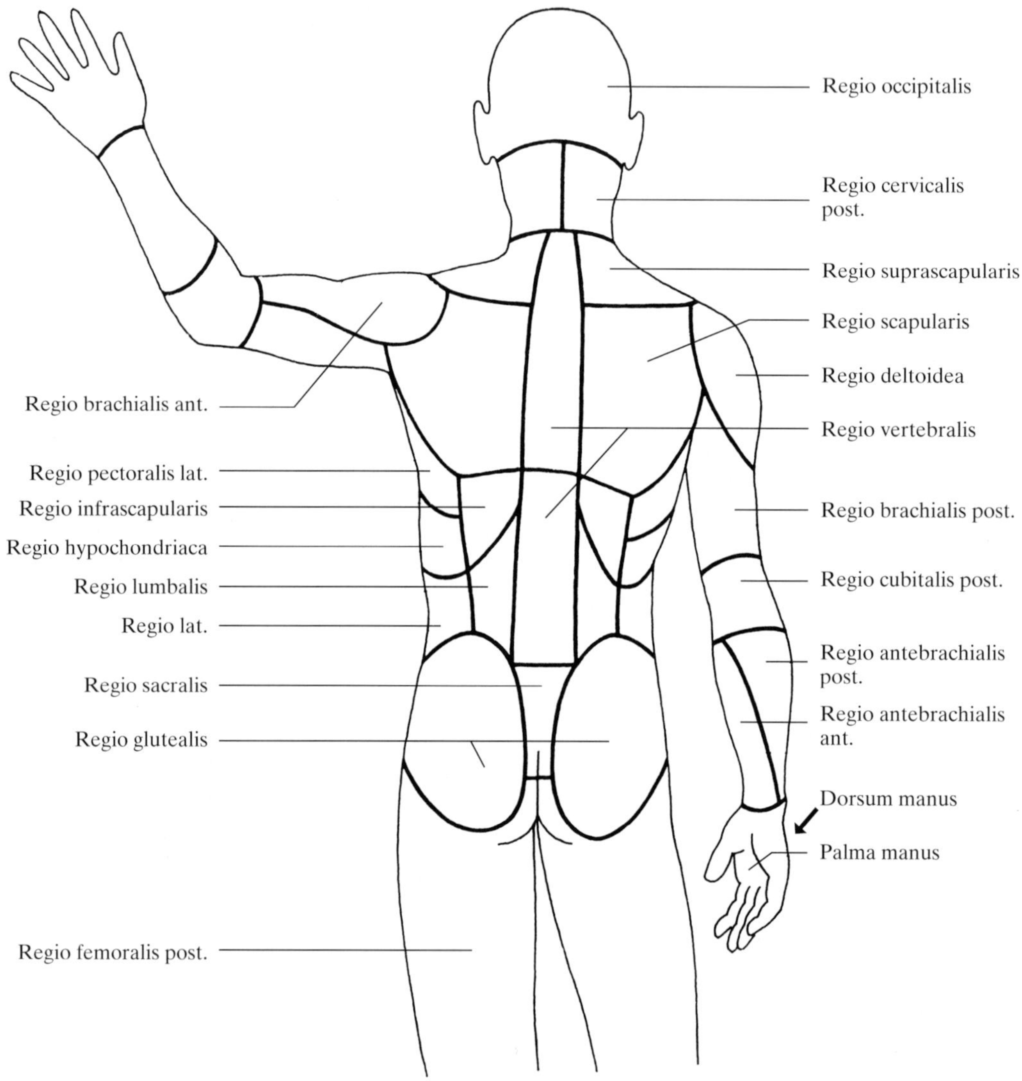
Regio occipitalis
Regio cervicalis post.
Regio suprascapularis
Regio scapularis
Regio deltoidea
Regio brachialis ant.
Regio vertebralis
Regio pectoralis lat.
Regio infrascapularis
Regio brachialis post.
Regio hypochondriaca
Regio cubitalis post.
Regio lumbalis
Regio lat.
Regio antebrachialis post.
Regio sacralis
Regio antebrachialis ant.
Regio glutealis
Dorsum manus
Palma manus
Regio femoralis post.

B. Topographische Anatomie der oberen Extremität

Mit dem Längenwachstum der Extremitätenknospen, die aus Anlagen der ventralen Körperwand entstehen, gruppieren sich die Muskel- (Myotome) und Hautsegmente (Dermatome) der oberen Extremität neu (Abb. 51), wodurch sich die segmentale Anordnung der zugehörigen Nerven verwischt und die Innervationsgebiete überschneiden (Abb. 58).

Klinische Hinweise. Die Muskulatur der Gliedmaßen wird plurisegmental versorgt. Eine rückenmarksnahe **radikuläre Lähmung** ist nicht so schwerwiegend wie die periphere Lähmung eines Nerven, da bei der radikulären Lähmung die zugehörigen Muskeln immer noch von Nachbarsegmenten aus versorgt werden. Auch bei der sensiblen Innervation überschneiden sich die Hautsegmente. Die sensiblen Wurzelfelder der Haut sind nicht so streng gegeneinander abgegrenzt, daß eine radikuläre Lähmung eine scharfbegrenzte Empfindungsstörung **(Analgesie)** hervorrufen würde. Erst beim Ausfall mehrerer hinterer Wurzeln treten lokalisierbare anästhetische Zonen auf. Meist sind die Nachbargebiete dann hyperästhetisch. Die Kenntnis der Segmentgrenzen der Haut (Wurzelfelder) ermöglicht die Lokalisation pathologischer Prozesse am Rückenmark oder an der Wirbelsäule (z.B. bei Gelenksyndromen, Tumoren, Spondylitiden). Die Schemata der Hautinnervation und der segmentalen Wurzelfelder stimmen im allgemeinen nicht vollständig überein (Abb. 58). Zwischen bestimmten Hautarealen und inneren Organen ergeben sich vielfach projektive Beziehungen (z. B. Head-Zonen).

I. Schulterregionen

1. Regio infraclavicularis

Die Mohrenheim-Grube (Trigonum clavipectorale), die unter dem Schlüsselbein zwischen M. deltoideus und M. pectoralis major liegt, läuft gegen den Oberarm in den Sulcus bicipitalis lat. aus. In dieser Rinne liegt die V. cephalica mit Lymphgefäßen, die von der Daumenseite der Hand kommen. Die Vene durchbohrt die tiefe Pektoralisfaszie (Fascia clavipectoralis) dicht unterhalb der Clavicula und mündet in die V. axillaris ein. Umgekehrt verlaufen hier auch die Nn. pectorales med. in Begleitung der **A. thoracoacromialis** zu den Brustmuskeln. Die Arterie ist ein Ast der A. axillaris und teilt sich oberhalb der Faszie in die folgenden Endäste auf:

1. Rr. pectorales	Zum M. pectoralis major und minor
2. R. acromialis	Zum Rete acromiale
3. R. deltoideus	Zum M. deltoideus (meist in Begleitung der V. cephalica)
4. R. clavicularis	Zur Clavicula und zum M. subclavius

Unterhalb der Clavicula ist der Plexus brachialis am schmalsten und beginnt sich in die drei großen Faszikel umzugruppieren. Zwischen 1. Rippe, Clavicula und dem oberen Rand des M. pectoralis minor findet man in der Reihenfolge von medial nach lateral: V. axillaris, A. axillaris und Plexus brachialis sowie zahlreiche infraklavikuläre Lymphknoten. Die V. axillaris geht unter dem Schlüsselbein in die V. subclavia über. Die wichtigsten Äste der A. axillaris, die innerhalb der Achselhöhle von der Arterie abgehen, sind:

A. thoracoacromialis	Zur Infraklavikularregion
A. thoracica sup.	Zur Brustwand
A. thoracica lat.	Zum M. serratus ant.

Klinische Hinweise. Die A. subclavia kann in dieser Region zwischen M. subclavius und M. pectoralis minor operativ freigelegt und unterbunden werden. Durch Senken der Schulter kann die A. subclavia in Notfallsituationen zwischen Clavicula und 1. Rippe abgeklemmt werden. Die V. subclavia ist durch den M. subclavius und die tiefe Pektoralisfaszie konstruktiv so verspannt, daß sie beim Schock oder bei Herz-Kreislauf-Stillstand nicht kollabiert und damit ein venöser Zugang in Notfallsituationen erhalten bleibt (Subklaviakatheter) (vgl. Abb. 158). Eine Verletzung der V. subclavia kann auch zur Luftembolie führen. Andererseits schützt aber das muskulofasziale Verspannungssystem das Gefäß-Nerven-Bündel auch in dieser Lage, so daß Gefäßverletzungen bei Schlüsselbeinbrüchen selten sind.

2. Regio deltoidea und Schultergelenk

Der M. deltoideus, dessen Ausdehnung der Regio deltoidea im wesentlichen entspricht, überlagert das Schultergelenk vollständig, so daß die Lage des Gelenkkopfes, die Tubercula und der Proc. coracoideus palpatorisch kaum zu bestimmen sind. Der N. axillaris, der den M. deltoideus und M. teres minor innerviert, tritt nach dorsal zusammen mit der A. circumflexa humeri post. durch die laterale Achsellücke in den Bindegewebsraum unter dem Deltamuskel (Spatium subdeltoideum) ein (vgl. S. 94). Er umkreist den Humerus in Höhe des Collum chirurgicum. Von vorne kommt die A. circumflexa humeri ant., ein Ast der A. axillaris, welche Humeruskopf und Gelenkkapsel versorgt und mit der gleichnamigen hinteren Arterie einen vollständigen Gefäßkranz um das Collum chirurgicum bildet.

Klinischer Hinweis. Die enge topographische Beziehung des **N. axillaris** zu Hume-

	Lateral	Dorsal	Medial und Volar
Oberarm	N. cutaneus brachii lat. sup. (n. axillaris) N. cutaneus brachii lat. inf. (n. radialis)	N. cutaneus brachii post. (n. radialis)	N. cutaneus brachii med. (Plexus brachialis)
Unterarm	N. cutaneus antebrachii lat. (n. musculocutaneus)	N. cutaneus antebrachii post. (n. radialis)	N. cutaneus antebrachii med. (Plexus brachialis)
Hand	R. superf. n. radialis	R. superf. n. radialis (2½ Finger) R. dorsalis n. ulnaris (2½ Finger)	*Palma manus* R. palmaris (n. medianus) R. palmaris (n. ulnaris) *Finger:* Nn. digitales palmares communes et proprii 3½ Finger N. medianus 1½ Finger N. ulnaris

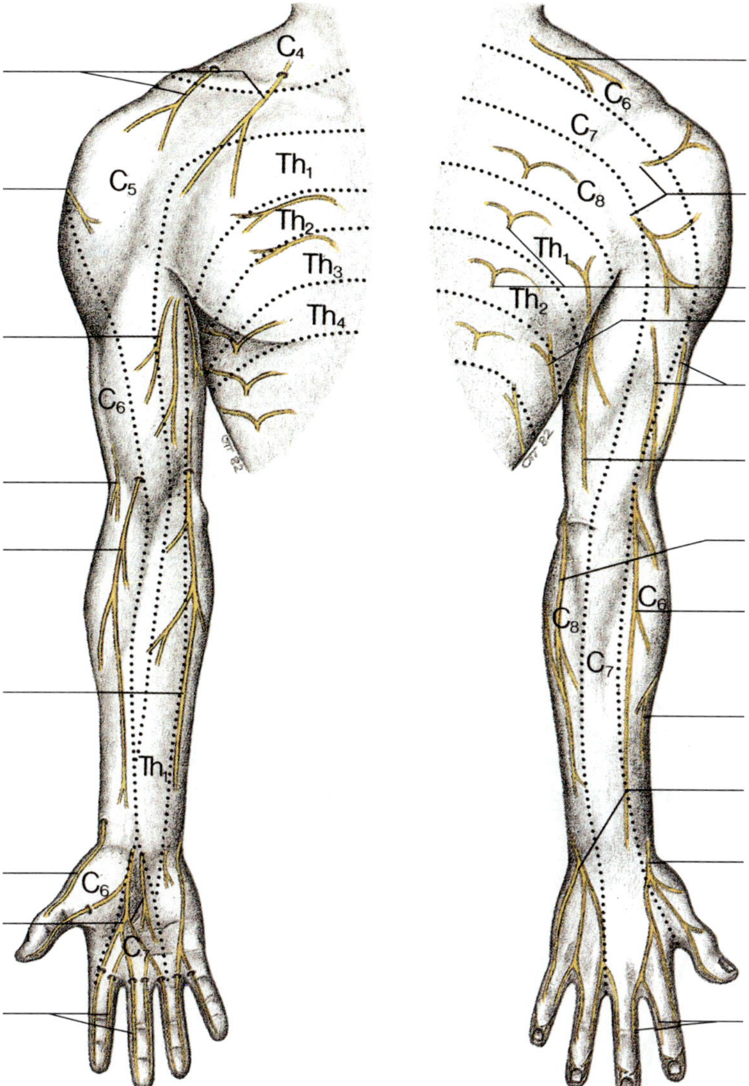

Abb. 58. Hautnerven des rechten Armes von ventral und dorsal. Punktierte Linien = Segmentgrenzen. 1 = Hautäste der Rr. posteriores der Spinalnerven; 2 = Rr. cutanei lat. der Interkostalnerven.

rus und Schultergelenk führt dazu, daß bei Frakturen und Luxationen häufig Axillarisverletzungen vorkommen. Auch bei intramuskulären Injektionen in den M. deltoideus sowie bei faserparalleler Spaltung dieses Muskels beim operativen Zugang zur Rotatorenmanschette kann der handbreit unterhalb des Acromions verlaufende N. axillaris geschädigt werden.

Unter dem M. deltoideus stößt man unmittelbar auf das **Schultergelenk** (Abb. 59 und 60), dessen Kapsel vom Deltamuskel durch die ausgedehnte Bursa subdeltoidea und

Oberflächliche Hautnerven der Region:

Vorn: Nn. supraclaviculares intermedii und lat. (aus dem Plexus cervicalis)
Hinten: N. cutaneus brachii lat. sup. (aus dem N. axillaris)

subacromialis getrennt ist. Diese Schleimbeutel, die normalerweise nicht mit der Gelenkhöhle kommunizieren, ermöglichen das Gleiten des Gelenkkopfes gegen den Muskel und das knöcherne Dach der Schulter, das vom Acromion, Processus coracoideus und Lig. coracoacromiale gebildet wird (sog. Fornix humeri). Sie sind daher funktionell äußerst wichtig und stellen eine Art Nebengelenk dar, das vor allem die Abduktionsbewegungen des Armes fördert. Von den zahlreichen anderen *Schleimbeuteln*, die meist im Ansatzbereich der Muskeln zu finden sind, ist die Bursa subtendinea m. subscapularis von besonderer Bedeutung, da sie am Ansatz der Subskapularissehne regelmäßig mit der Gelenkhöhe kommuniziert.

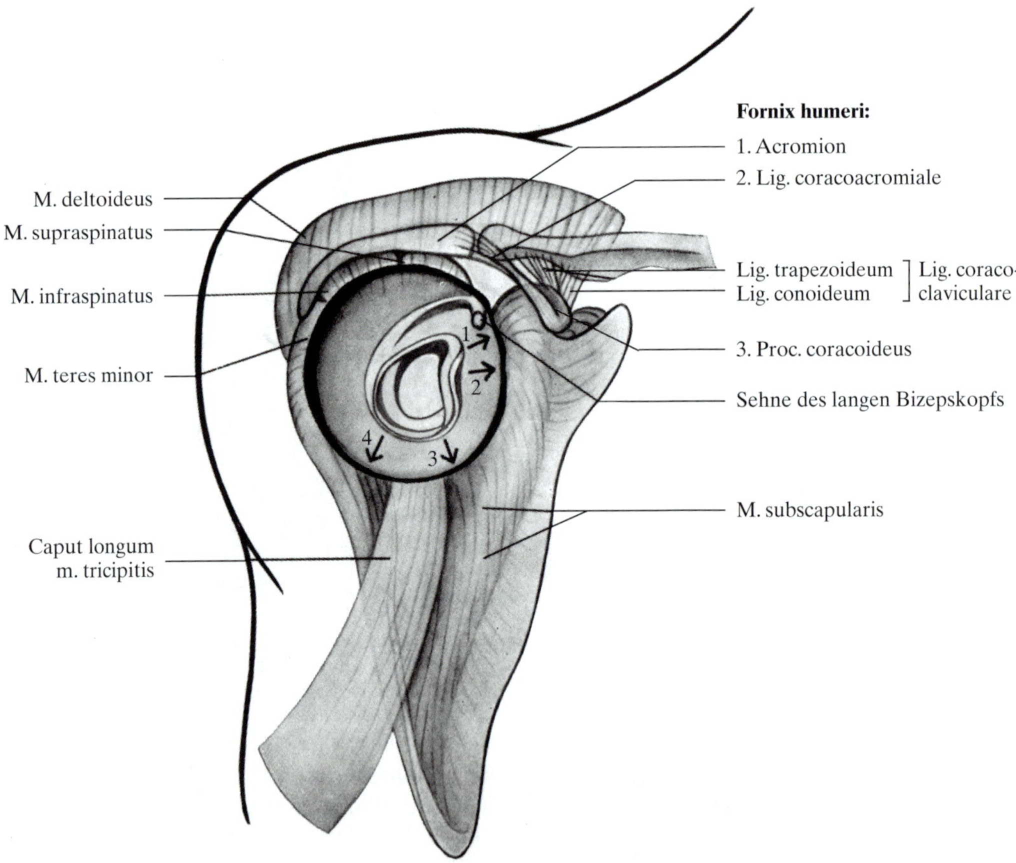

Abb. 59. Aufsicht auf das eröffnete Schultergelenk mit Kapsel- und Muskelhülle nach Exartikulation des Oberarmkopfes (modif. nach v. Lanz u. Wachsmuth). Man erkennt die schwachen Stellen in der Kapselwand (mit Nummern bezeichnet), wo Luxationen am häufigsten vorkommen: 1 = Luxatio subcoracoidea; 2 = Luxatio infraclavicularis; 3 = Luxatio axillaris; 4 = Luxatio infraspinata.

Die *Gelenkkapsel* entspringt an der Gelenklippe (Labrum glenoidale) und befestigt sich am Collum anatomicum; dadurch bleiben die Tubercula als Muskelansatzfelder außerhalb der Kapsel. Die Epiphysenfuge bildet eine gekrümmte Fläche und trennt den Humerusschaft vom Gelenkkopf mitsamt den Tubercula. Sie liegt deshalb an der lateralen Seite außerhalb, an der medialen aber innerhalb der Gelenkhöhle. Die Gelenkhöhle setzt sich in der Regel entlang der Sehne des langen Bizepskopfes noch ein Stück weit auf den Humerus mit einer röhrenförmigen Sehnenscheide (Vagina synovialis intertubercularis) fort. Innerhalb des Gelenkes reibt sich die etwas abgeplattete Bizepssehne, die an der Tuberositas supraglenoidalis befestigt ist, auf dem Gelenkkopf, so daß sie bei arthrotischen Prozessen aufgerauht und geschädigt werden kann (Abb. 59).

Der im Verhältnis zur Pfanne viermal größere Gelenkkopf wird in dem lockeren Kapselsack, der nur durch schwache Bänder (Lig. coracohumerale, Ligg. glenohumeralia) verstärkt ist und kaudal eine entfaltbare Reservetasche (Recessus axillaris) besitzt, im wesentlichen durch den Zug der umgebenden Muskulatur gehalten (Gelenk mit Muskelführung). Die nahezu vollständige Muskelhülle, die man in ihrer Gesamtheit auch als **Rotatorenhaube** bezeichnet, wird nur medial oben, im Bereich des Korakoids und kaudal vor bzw. hinter dem langen Trizepskopf unterbrochen (Abb. 59). **Luxationen** sind daher an diesen Stellen besonders häufig (Luxatio axillaris, subacromialis usw.). Um den Humerusschaft (Collum chirurgicum) entsteht durch die Aa. circumflexae humeri ant. und post. ein arterieller Anastomosenkranz, der die Gelenkkapsel, den Humeruskopf und den M. deltoideus

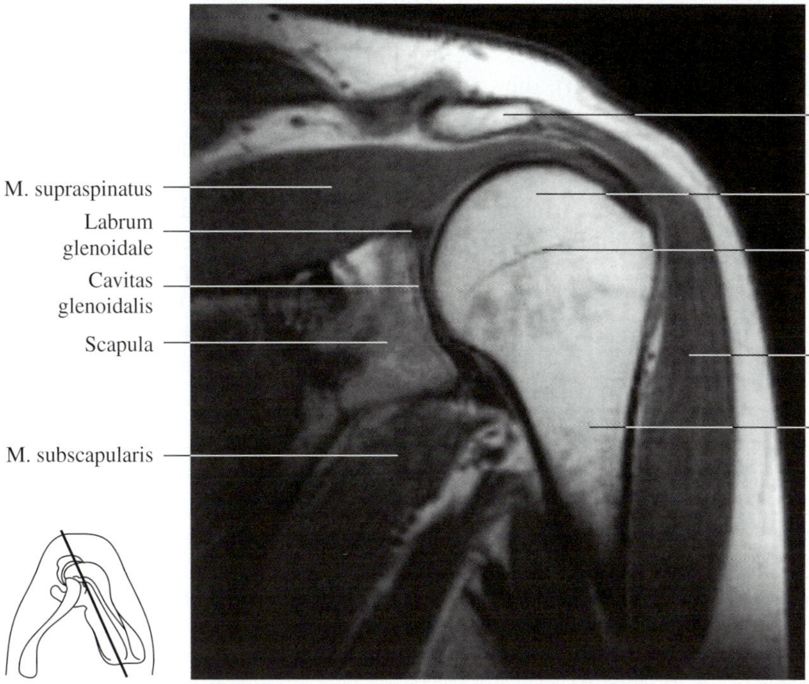

Abb. 60. Koronaler Schnitt durch das Schultergelenk
(MR-Aufnahme aus Heuck A, Luttke G, Rohen J W. MR-Atlas der Extremitäten. Stuttgart: Schattauer 1994).

versorgt. Die Punktion der Gelenkhöhle wird bevorzugt von dorsal aus vorgenommen.

3. Regio axillaris

Die *Achselhöhle* (Fossa axillaris) stellt einen pyramidenförmigen mit Fett- und Bindegewebe ausgefüllten Raum dar, dessen Spitze hinter dem Ansatz des M. pectoralis minor zu suchen ist. Kaudal wird sie durch eine vielfach perforierte Faszie (Fascia axillaris) abgeschlossen, in die auch Muskelfasern eingelagert sein können (sog. Langerscher Achselbogen). Der Gefäß-Nerven-Strang tritt durch die Skalenuslücken unter der Clavicula hindurch von oben in die Achselregion ein. Er ist vom axillären Bindegewebe durch eine eigene Bindegewebsscheide (Fascia axillaris prof.) getrennt. Nach dorsal steht der Bindegewebsraum der Achselhöhle mit der Regio scapularis durch die mediale und laterale Achselmuskellücke in Verbindung (s. S. 94). Im zentralen Bindegewebsraum der Axilla finden sich lediglich die Nn. intercostobrachiales (laterale Äste des 2. und 3. Interkostalnerven zum Arm), die ausgedehnten axillären Lymphknoten sowie gelegentlich auch bei hoher Einmündung in die Axillarvene – die V. basilica. Die axillären Bindegewebsräume sind mehrfach gekammert, was bei karzinomatösen Prozessen die Ausräumung der axillären Lymphknoten erleichtert, ohne daß eine Verletzungsgefahr für den Gefäß-Nerven-Strang besteht. Lediglich der N. thoracodorsalis gelangt kaudal in Begleitung der gleichnamigen Gefäße in das axilläre Fettgewebe und ist daher gefährdet. Der N. thoracicus longus verläuft geschützt unter der Faszie des M. serratus ant., zusammen mit den Vasa thoracica lat.

Klinischer Hinweis. Die frei durch die Achselhöhle verlaufenden Nn. intercostobrachiales werden meist von Lymphknotensträngen eingescheidet. Mammakarzinommetastasen können daher ausstrahlende Schmerzen in den Arm verursachen, da die Nn. intercostobrachiales mit den ulnaren Hautnerven des Plexus brachialis zusammenhängen .

Der **Gefäß-Nerven-Strang** (Leitmuskel: M. coracobrachialis) enthält von medial nach lateral die V. axillaris, die A. axillaris und den Plexus brachialis, der sich hauptsächlich um die A. axillaris herumgruppiert (Abb. 61 und 62). Man unterscheidet topographisch 3 Abschnitte: 1. den zwischen Clavicula und M. pectoralis minor, 2. den hinter dem M. pectoralis minor und 3. den zwischen M. pectoralis minor und major gelegenen Abschnitt. Im mittleren Abschnitt gruppieren sich die 3 Plexusfaszikel so um die A. axillaris herum, daß der Fasciculus post. dorsal von der Arterie, der Fasciculus lat. und med. jeweils lateral und medial von der Arterie zu liegen kommt. Lateraler und medialer Faszikel bilden die beiden Medianuswurzeln auf der Vorderwand der

Fossa axillaris

Begrenzung	vorn: hinten:	Freier Rand des M. pectoralis major (vordere Achselfalte) Freier Rand des M. latissimus dorsi (hintere Achselfalte)
Wände	medial: lateral: ventral: dorsal:	Thorax und M. serratus ant. (auf dem Muskel sind N. thoracicus longus, A. und V. thoracica lat. gelegen) Humerus, M. coracobrachialis (hier: Gefäß-Nerven-Strang des Armes) M. pectoralis major und minor M. latissimus dorsi, M. teres major und M. subscapularis (hier vorne-innen gelegen: N., A. und V. thoracodorsalis)

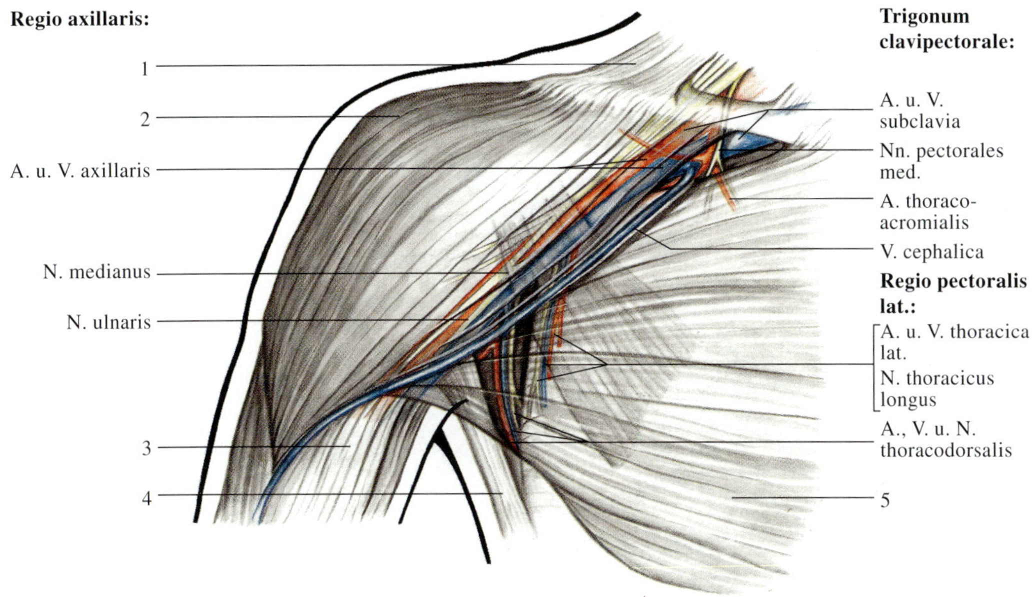

Abb. 61. Regio axillaris. Die Mm. pectorales sind durchsichtig gedacht. Die V. cephalica liegt oberflächlich und erreicht die V. subclavia durch die Mohrenheim-Grube (Trig. clavipectorale).
Muskeln: 1 = M. trapezius; 2 = M. deltoideus; 3 = M. biceps brachii; 4 = M. latissimus dorsi; 5 = M. pectoralis major.

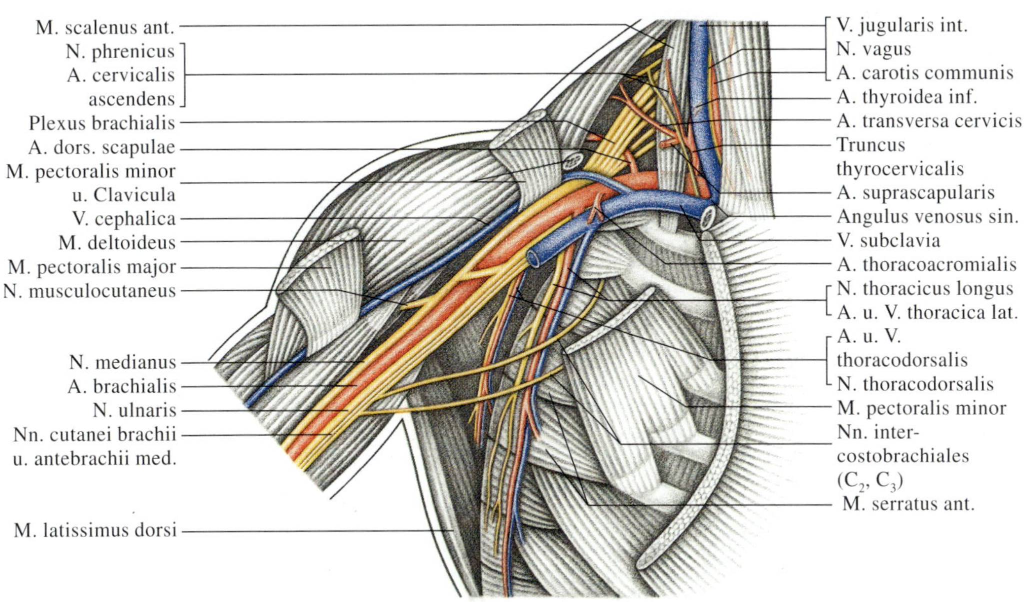

Abb. 62. Regio axillaris (von vorne). Clavicula und beide Mm. pectorales wurden größtenteils entfernt.

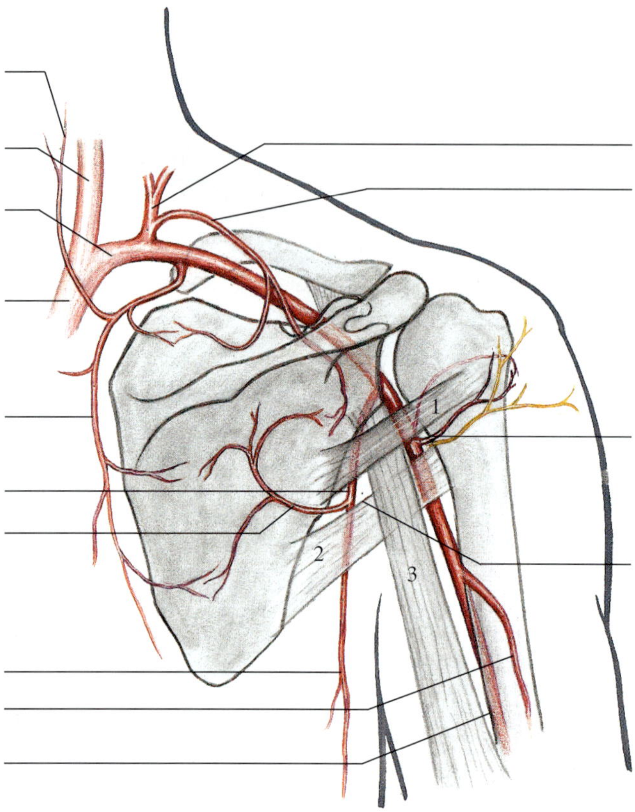

Abb. 63. Kollateralkreislauf im Bereich der Schulter. Proximal vom Abgang der A. prof. brachii soll die A. axillaris bzw. brachialis nicht unterbunden werden, da in diesem Bereich kein kollateraler Blutweg besteht (nach v. Lanz u. Wachsmuth). 1 = M. teres minor; 2 = M. teres major; 3 = Caput longum m. tricipitis brachii.

Achselmuskellücken (Abb. 63)

	Begrenzung	Durchtritte
Mediale Achselmuskellücke	Dreiseitig, zwischen M. teres minor, M. teres major und Caput longum des M. triceps brachii	A. und V. cicumflexa scapulae
Laterale Achselmuskellücke	Viereckig, zwischen M. teres major und minor, Caput longum des M. triceps brachii und Humerus	A. und V. circumflexa humeri post. und N. axillaris

A. axillaris. Der N. medianus begleitet die A. brachialis bis zur Ellenbeuge und umgreift sie in einer langen, nach medial gerichteten, spiraligen Drehung. Der laterale Strang des Plexus brachialis entläßt den N. musculocutaneus, der meist den M. coracobrachialis durchbohrt und im Sulcus bicipitalis lat. mit seinem Hautnerv (N. cutaneus antebrachii lat.) zum Vorschein kommt. Der N. musculocutaneus ist der motorische Nerv für die Beugemuskulatur an der Vorderseite des Oberarmes (M. biceps brachii, M. brachialis und M. coracobrachialis). Der mediale Faszikel spaltet sich in den N. ulnaris und in die zwei langen Hautnerven für die mediale Seite des Armes auf (N. cutaneus brachii und antibrachii med.). Der dorsale Faszikel, der Zuschüsse aus den ventralen Ästen aller fünf Spinalnervenwurzeln des Plexus brachialis erhält, bildet den N. radialis und N. axillaris. Der N. axillaris schlingt sich um den Humerushals (Collum chirurgicum) und erreicht durch die laterale Achselmuskellücke den M. deltoideus. Da er gerade unterhalb der Gelenkkapsel vorbeiläuft, kann er bei Schultergelenkluxationen leicht geschädigt werden. Der N. radialis zieht etwas schräger abwärts und tritt zwischen dem medialen und dem langen Trizepskopf zusammen mit der A. prof. brachii in den Radialiskanal ein, der unmittelbar am Knochen liegt.

Klinische Hinweise. N. radialis und N. medianus sind durch ihre Gelenknähe bei Schulterluxationen oder Druckbelastungen, zum Beispiel durch Krücken, gefährdet (Drucklähmung). Die A. axillaris und die genannten Nerven liegen in einer eigenen, derben Bindegewebsscheide, die sich von der Venenscheide abgrenzen läßt. Variationen der Gefäßverhältnisse sind in diesem Bereich besonders häufig. Eine Unterbindung der A. brachialis zwischen dem Abgang der A. subscapularis und A. prof. brachii ist wegen des Fehlens von kollateralen Umwegen kontraindiziert.

Kollateralkreislauf im Bereich der Schulter (Abb. 63). Die A. circumflexa scapulae ist ein Ast der A. subscapularis (aus der A. axillaris) und anastomosiert im Schulterblattgebiet mit der A. suprascapularis (aus der A. subclavia) sowie dem tiefen Ast der A. transversa cervicis, der, wenn er selbständig aus der A. subclavia entspringt, als A. scapularis descendens bezeichnet wird. Die arteriellen Anastomosen sind so zahlreich, daß eine Unterbindung der A. axillaris möglich ist. Die A. suprascapularis betritt die Fossa supraspinata oberhalb des Lig. transversum scapulae sup., der N. suprascapularis läuft dagegen durch die Incisura scapulae unterhalb des Lig. transversum am Ansatz des M. omohyoideus hindurch, um die von ihm innervierten Mm. supra- und infraspinati zu erreichen.

II. Arm

1. Regio brachii anterior und posterior (Oberarm)

Von der Achselhöhle kommend verläuft das Gefäß-Nerven-Bündel an der medialen Seite des Oberarms innerhalb der Beugerloge und folgt zuerst dem M. coracobrachialis sowie distal davon dem M. biceps brachii, die beide als Leitmuskeln zu betrachten sind.

Klinische Hinweise. Im proximalen Abschnitt des Sulcus bicipitalis med. liegt der Gefäß-Nerven-Strang relativ dicht unter der Haut, so daß er hier operativ leicht erreichbar ist. Durch Injektion eines Lokalanästhetikums können hier auch alle Armnerven anästhesiert werden (sog. Plexusanästhesie), so daß schmerzfreie Eingriffe am wachen Patienten möglich sind.

Während seines Verlaufes am Oberarm zweigen vom Gefäß-Nerven-Bündel drei wichtige Gruppen von Leitungsbahnen ab (Abb. 62 und 64).

1. Noch in der Regio axillaris zweigt der *N. musculocutaneus* nach lateral ab. Er durchbohrt den M. coracobrachialis, verläuft zwischen M. biceps brachii und M. brachialis zur Ellenbeuge und innerviert die Muskeln der Beugerloge des Oberarms. Sein Hautast (N. cutaneus antebrachii lat.) erscheint an der

lateralen Seite der Bizepssehne in der Ellenbeuge, wo er die Unterarmfaszie durchbohrt.

2. Am unteren Latissimusrand zweigen vom Gefäß-Nerven-Strang der *N. radialis* und die A. prof. brachii nach dorsal ab und treten zwischen Caput longum und med. des M. triceps brachii in den spiraligen, dicht am Humerus verlaufenden Radialiskanal ein

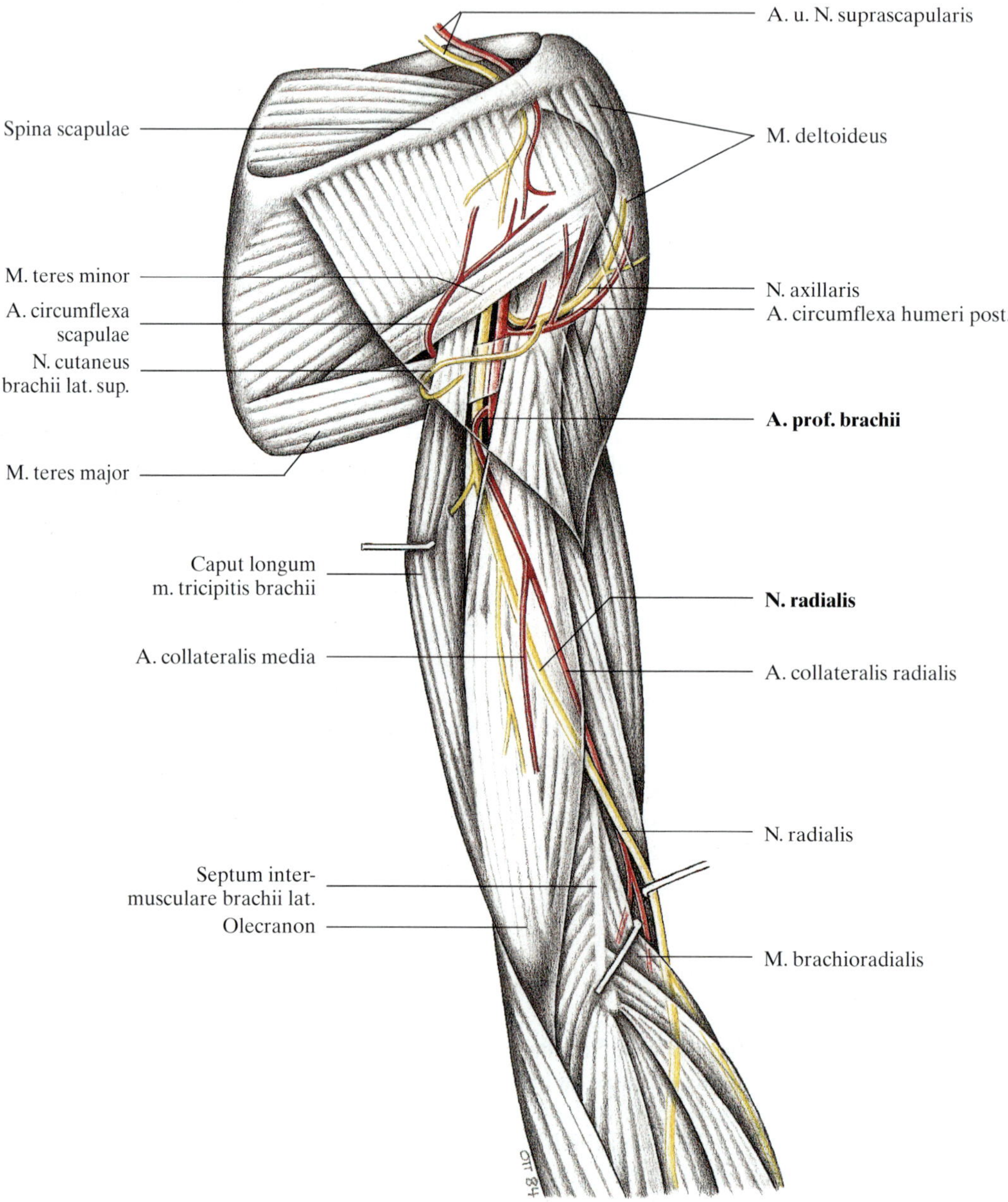

Abb. 64. Gefäße und Nerven an der Dorsalseite des Oberarms. M. deltoideus und M. triceps brachii (Caput lat.) sind durchsichtig gedacht. Man beachte die Lage der Achselmuskellücken.

(Abb. 64). Distal durchbohrt der Nerv in Begleitung der A. collateralis radialis das Septum intermusculare brachii lat. und tritt zwischen dem M. brachioradialis und M. brachialis von lateral her in die Ellenbeuge über.

Klinische Hinweise. Im Radialiskanal am Humerus wird der N. radialis häufig geschädigt (Frakturlähmung, Druckschädigung bei Narkosen usw.). Da die innervierenden Äste für den Trizeps bereits vor Eintritt des Nerven in den Radialiskanal abgehen, sind dabei Trizepslähmungen selten. Die Radialislähmung bezieht sich dann nur auf die Muskeln in der Streckerloge des Unterarms sowie auf Sensibilitätsstörungen der Hand.

3. Zuletzt verläßt der *N. ulnaris*, begleitet von der A. collateralis ulnaris sup., das Gefäß-Nerven-Bündel des Oberarms. Nach Perforation des Septum intermusculare brachii med. gelangt der Nerv in die Streckerloge, wo er schließlich unmittelbar hinter dem Epicondylus med. humeri zu finden ist.

Zum Schluß verbleiben im Gefäß-Nerven-Strang nur noch die A. brachialis mit ihren 2 Begleitvenen und der N. medianus, der die Arterie von lateral nach medial in einem langgestreckten, spiraligen Bogen umkreist, sowie zahlreiche Lymphgefäße und Lymphknoten, die den Venen eng angelagert sind.

2. Regio cubitalis anterior (Ellenbogenregion)

In der Regio cubitalis ant. bilden die Muskelwülste Y-förmige Rinnen, an denen sich die Gefäß-Nerven-Straßen orientieren. In diese Rinnen sind die oberflächlichen Venen und Hautnerven eingebettet (Abb. 68). Im Sulcus bicipitalis lat. ist die V. cephalica zusammen mit dem N. cutaneus antebrachii lat., dem Hautast des N. musculocutaneus, zu finden. Die Vene, die von den oberflächlichen kubitalen Lymphgefäßen begleitet wird, sammelt das Blut vom Handrücken und von der radialen Seite des Unterarms. Im Sulcus bicipitalis med. verschwindet die V. basilica durch einen Faszienschlitz handbreit oberhalb der Ellenbeuge in die Tiefe

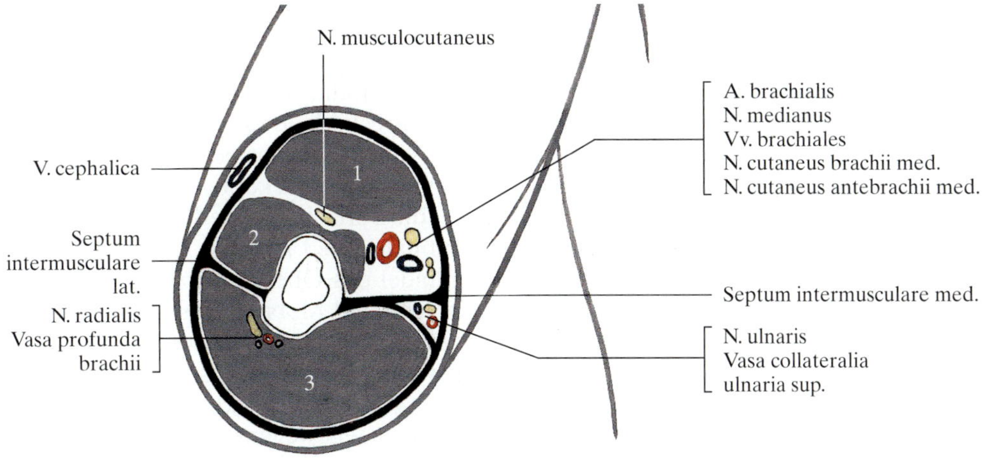

Abb. 65. Querschnitt durch den rechten Oberarm (von unten). Darstellung der Gefäß-Nerven-Straßen. 1 = M. biceps brachii; 2 = M. brachialis; 3 = M. triceps brachii.

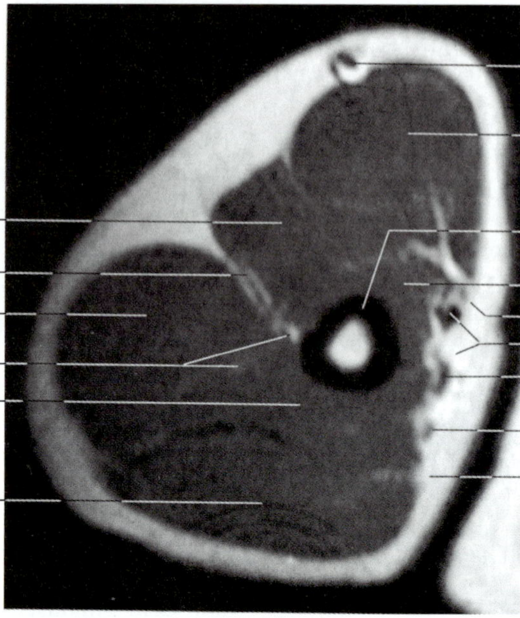

Abb. 66. Querschnitt durch den rechten Oberarm (von unten) (MR-Aufnahme, freundlicherweise zur Verfügung gestellt von Prof. Dr. A. Heuck, München). 1 = M. biceps brachii; 2 = M. brachialis; 3 = M. coracobrachialis; 4–6 = M. triceps brachii; 4 = Caput lat.; 5 = Caput med.; 6 = Caput longum.

und mündet meist in die mediale V. brachialis ein. Die V. basilica wird vom N. cutaneus antebrachii med. begleitet und sammelt das venöse Blut vornehmlich von der ulnaren Seite des Unterarms und der Hand. Beide Hautvenen stehen durch die *V. mediana cubiti* miteinander in Verbindung, eine Venenanastomose, die in ihrer Form sehr variieren kann. Die V. mediana cubiti liegt unmittelbar auf der Aponeurose des M. biceps brachii (früher Lacertus fibrosus), weshalb sie hier leicht punktiert werden kann. Bei zu tiefen Einstichen, die die Bizepsaponeurose durchbohren, kann die A. brachialis oder der N. medianus, die beide unmittelbar unter der Bizepsaponeurose verlaufen (Abb. 70), verletzt werden.

Im Bereich der lateralen Rinne (Sulcus cubitalis lat.) in der Tiefe zwischen M. brachialis und M. brachioradialis gelangen der N. radialis und die A. collateralis radialis in die Ellenbeuge. Der *N. radialis* teilt sich hier in einen oberflächlichen und einen tiefen Ast. Der oberflächliche Ast folgt distal dem M. brachioradialis und schließt sich der A. radialis an; der tiefe Ast durchbohrt den M. supinator und schlingt sich um das Collum radii. Auf diese Weise gelangt er in die Streckerloge des Unterarms, wo er mit den Vasa interossea post. das Gefäß-Nerven-Bündel der Streckerloge bildet.

Im Bereich der medialen Rinne (Sulcus cubitalis med.) dringt das Gefäß-Nerven Bündel des Oberarmes zwischen M. biceps brachii und M. brachialis in die Ellenbeuge ein. Die Bizepsaponeurose und das Bindegewebssystem der Fossa cubiti verankern die Gefäße konstruktiv derart, daß sie bei den Beugebewegungen mitgeführt und nicht abgeknickt oder gestaucht werden. Von der Brachialarterie zweigt unter der Bizepsaponeurose (häufig auch weiter proximal) die *A. radialis* ab, die radialwärts die Bizepssehne kreuzt und distal dem M. brachioradialis als

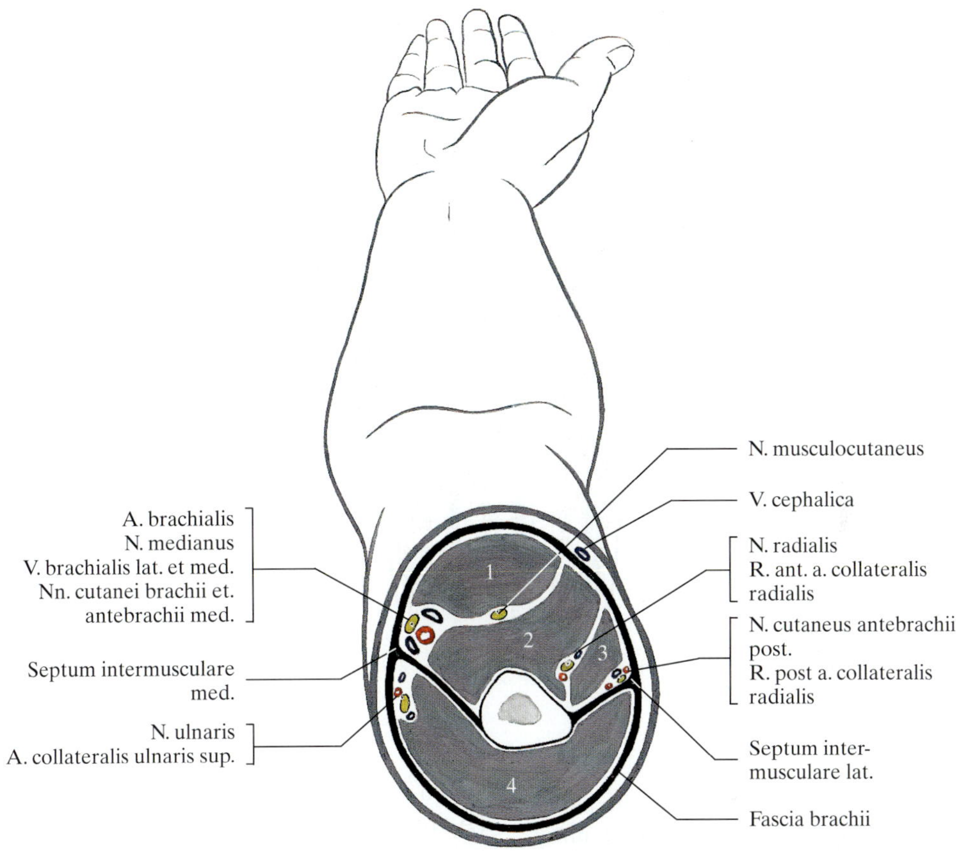

Abb. 67. Querschnitt durch den unteren Teil des Oberarms zur Darstellung der Gefäß-Nerven-Straßen. 1 = M. biceps brachii; 2 = M. brachialis; 3 = M. brachioradialis; 4 = M. triceps brachii.

Leitmuskel folgt. Die A. brachialis wendet sich dagegen in die Tiefe und spaltet sich am oberen Rand des M. pronator teres in die A. ulnaris und A. interossea communis auf. Meist wird aber dieses Stück der A. brachialis schon als A. ulnaris bezeichnet. Der N. medianus liegt der A. brachialis medial dicht an und verläßt die Ellenbeuge durch den Schlitz zwischen dem humeralen und dem ulnaren Kopf des M. pronator teres (Abb. 70). Die A. interossea communis dringt am oberen Pronatorrand in die Tiefe und spaltet sich am distalen Rand der Chorda obliqua der Membrana interossea in die A. interossea ant. und post. auf. Zwischen Radius und Ulna hindurch erreicht die A. interossea recurrens das Rete articulare cubiti und beteiligt sich damit am Kollateralkreislauf der Ellenbogenregion. Die A. ulnaris dringt hinter dem ulnaren Kopf des M. pronator teres zwischen die mittlere und tiefe Beugerschicht vor, wo sie mit dem N. ulnaris das ulnare Gefäß-Nerven-Bündel des Unterarms konstituiert.

Klinische Hinweise. Die relativ oberflächliche Lage der **A. brachialis** im Bereich des Sulcus bicipitalis med. ermöglicht hier die bei der Blutdruckmessung erforderliche Kompression. Die **V. mediana cubiti** (Abb. 68) wird gerne für intravenöse Injektionen

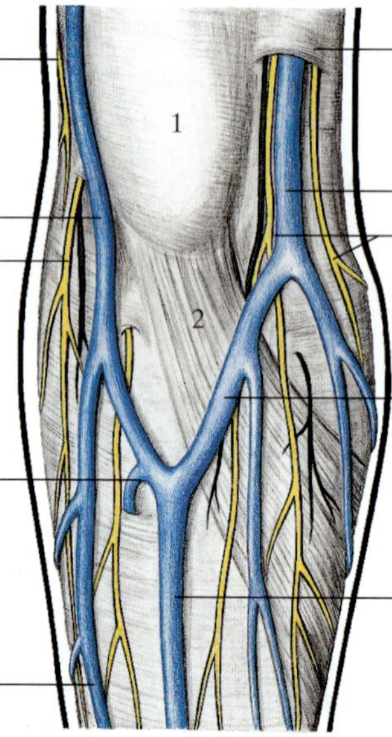

Abb. 68. Regio cubitalis ant. (oberflächliche Schicht). 1 = M. biceps; 2 = Aponeurose des M. biceps brachii.

oder Blutentnahmen benützt. N. medianus und A. brachialis liegen geschützt unter der Bizepsaponeurose. Dennoch kann eine etwas zu tief eingestochene Nadel das Gefäß-Nerven-Bündel verletzen. Der R. prof. des **N. radialis** verläuft in enger Nachbarschaft des Collum radii, so daß er bei Radiusfrakturen, aber auch bei operativen Eingriffen, verletzt werden kann. Im Gegensatz zu Radialislähmungen am Oberarm treten hier jedoch keine Sensibilitätsstörungen auf, da der R. prof. vornehmlich motorische Fasern für die Unterarmstrecker enthält.

Der gut ausgebildete **Kollateralkreislauf der Ellenbeuge** erlaubt die Unterbindung der A. brachialis distal des Abgangs der A. prof. brachii. Über das Rete articulare cubiti anastomosieren die Aa. collaterales radialis und media sowie die Aa. collaterales ulnares sup. und inf. mit den rückläufigen Ästen der drei großen Ellenbeugegefäße (A. recurrens radialis, A. recurrens ulnaris und A. interossea recurrens) (Abb. 69).

3. Regio cubitalis posterior und Ellenbogengelenk

Die Dorsalseite der Kubitalregion ist muskelarm, und ihre äußere Plastik wird weitgehend von den Skeletteilen bestimmt. Die beiden Epikondylen des Humerus und das Olecranon sind durch die Haut gut tastbar. Unterhalb des Epicondylus lat. sind das Radiusköpfchen und der Gelenkspalt besonders bei den Drehbewegungen des Armes zu tasten. Die drei Teilgelenke werden von einer gemeinsamen *Gelenkkapsel* umschlossen, die die Epikondylen mit ihren Muskelursprungsfeldern freiläßt, die Fossa coronoidea und den größten Teil der Fossa olecrani jedoch einschließt. Die synoviale Schicht der Gelenkkapsel weitet sich unter-

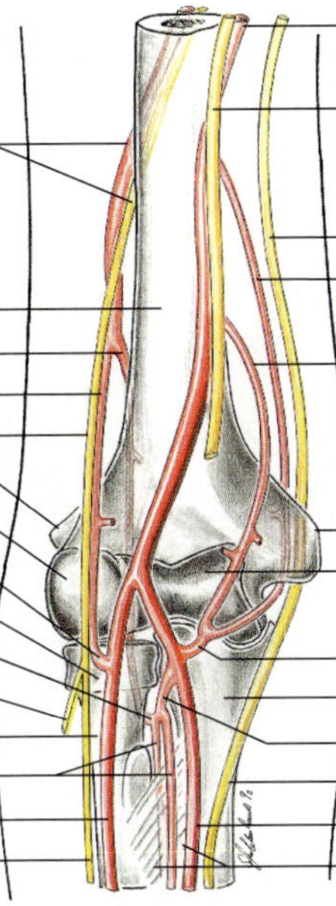

Abb. 69. Kollateralkreislauf im Bereich des Ellenbogengelenks (rechte Seite, von vorn). 1 = Humerus; 2 = Epicondylus lat. humeri; 3 = Capitulum humeri; 4 = Caput radii (Circumferentia articularis); 5 = Radius; 6 = Epicondylus med. humeri; 7 = Trochlea humeri; 8 = Ulna; 9 = Membrana interossea.

halb des Radiusköpfchens sackartig aus (Recessus sacciformis), wodurch die Drehbewegungen erleichtert werden. Das Lig. anulare fixiert das Radiusköpfchen an der Ulna und dient dem lateralen Kollateralband als Ansatz. Dadurch wird eine Abspreizbewegung im Humeroradialgelenk, das anatomisch ein Kugelgelenk ist, unmöglich. Am radialen Epikondylus überdeckt der M. anconaeus den Gelenkspalt. Größere Gefäße oder Nerven fehlen hier.

Hinter dem Epicondylus med. verläuft der N. ulnaris in Begleitung der A. collateralis sup. unmittelbar auf dem Periost im Ulnariskanal nach distal und tritt zwischen den beiden Köpfen des Flexor carpi ulnaris in die Beugerloge ein.

Klinische Hinweise. Beim sog. **Krukenberg-Arm** wird das Lig. anulare durchtrennt und das Humeroradialgelenk als Kugelgelenk wieder mobilisiert. Der Unterarm wird dadurch operativ zu einer Greifgabel umgeformt.

Am radialen Epicondylus überdeckt der M. anconaeus den Gelenkspalt. Größere Gefäße oder Nerven fehlen hier. Der Zugang zum Ellenbogengelenk von dorsal-lateral ist also am ungefährlichsten. Die Haut über dem Olecranon ist äußerst verschieblich. Im lockermaschigen Subkutangewebe schützt die **Bursa subcutanea olecrani** den Knochen. Bei chirurgischer Entfernung dieser Bursa (z. B. wegen chronischer Entzündung) darf die Präparation nur nach lateral erfolgen, um den N. ulnaris nicht zu gefährden.

Der hinter dem medialen Epicondylus verlaufende N. ulnaris kann hier leicht verletzt werden, so daß gegebenenfalls eine **Ulnarisparese** mit Krallenhand (Abb. 81) entsteht.

Die Spitze des Olecranon fällt bei Streckstellung in die Verbindungslinie bei-

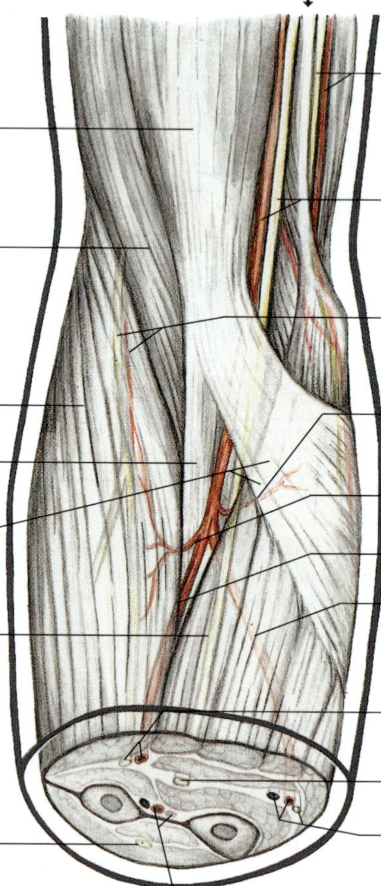

Abb. 70. Regio cubiti ant. (tiefere Schicht). Fascia antebrachii und Muskeln sind durchsichtig gedacht (modif. nach v. Lanz u. Wachsmuth).

der Epikondylen. Bei rechtwinkliger Beugung entsteht das sog. Ellenbogendreieck, das normalerweise gleichschenklig sein soll. Epikondylenabrisse, Luxationen, Olekranonabrisse oder Dislokationen lassen sich durch diese Hilfslinien leicht diagnostizieren.

4. Regio antebrachii (Unterarm)

Die Leitungsbahnen gruppieren sich in der Ellenbeuge so um, daß sie im Unterarmbereich wieder auf die Bindegewebsräume der Muskellogen verteilt sind. Die Gefäße und Nerven verteilen sich am Unterarm hauptsächlich auf die folgenden drei Muskel-

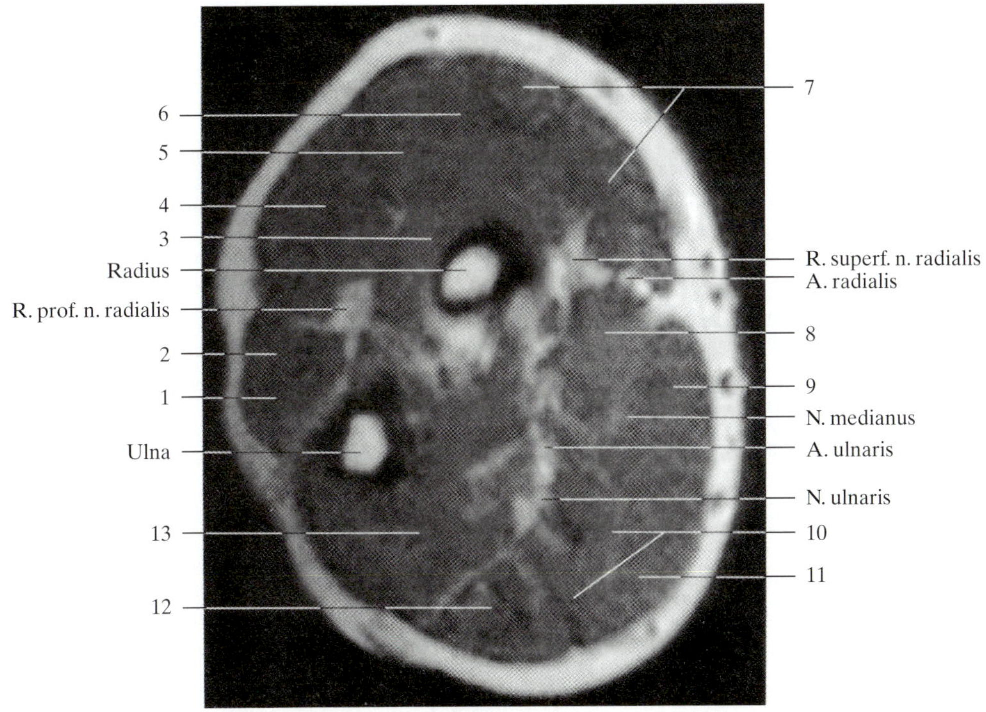

Abb. 71. Querschnitt durch den rechten Unterarm, Ansicht von unten (MR-Aufnahme, freundlicherweise zur Verfügung gestellt von Prof. Dr. A. Heuck, München).

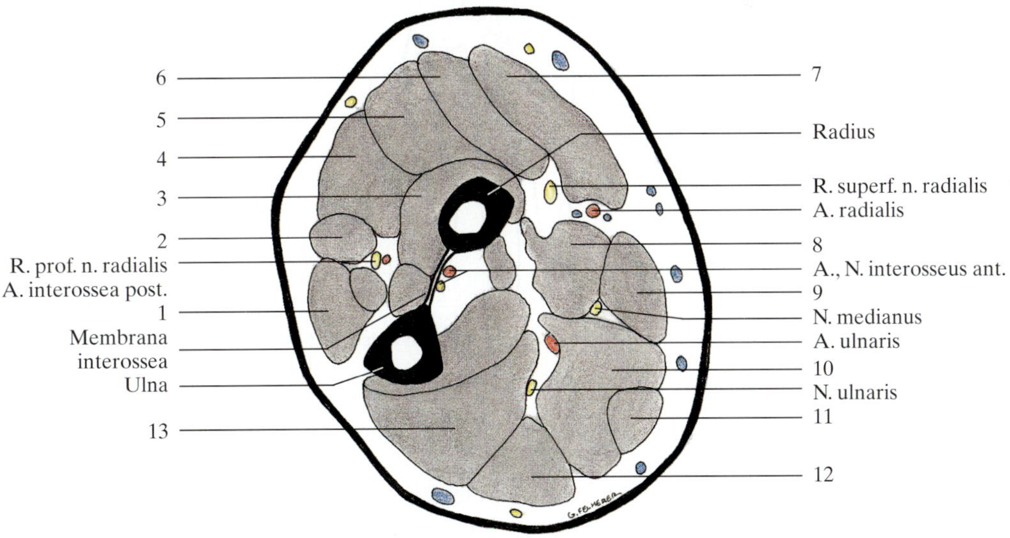

Abb. 72. Querschnitt durch den rechten Unterarm. Schemazeichnung entsprechend der MR- Aufnahme von Abb. 71. 1 = M. extensor carpi ulnaris; 2 = M. extensor digiti minimi; 3 = M. supinator; 4 = M. extensor digitorum; 5 u. 6 = M. extensor carpi radialis longus (6) und brevis (5); 7 = M. brachioradialis; 8 = M. pronator teres; 9 = M. flexor carpi radialis; 10 = M. flexor digitorum superf.; 11 = M. palmaris longus; 12 = M. flexor carpi ulnaris; 13 = M. flexor digitorum prof.

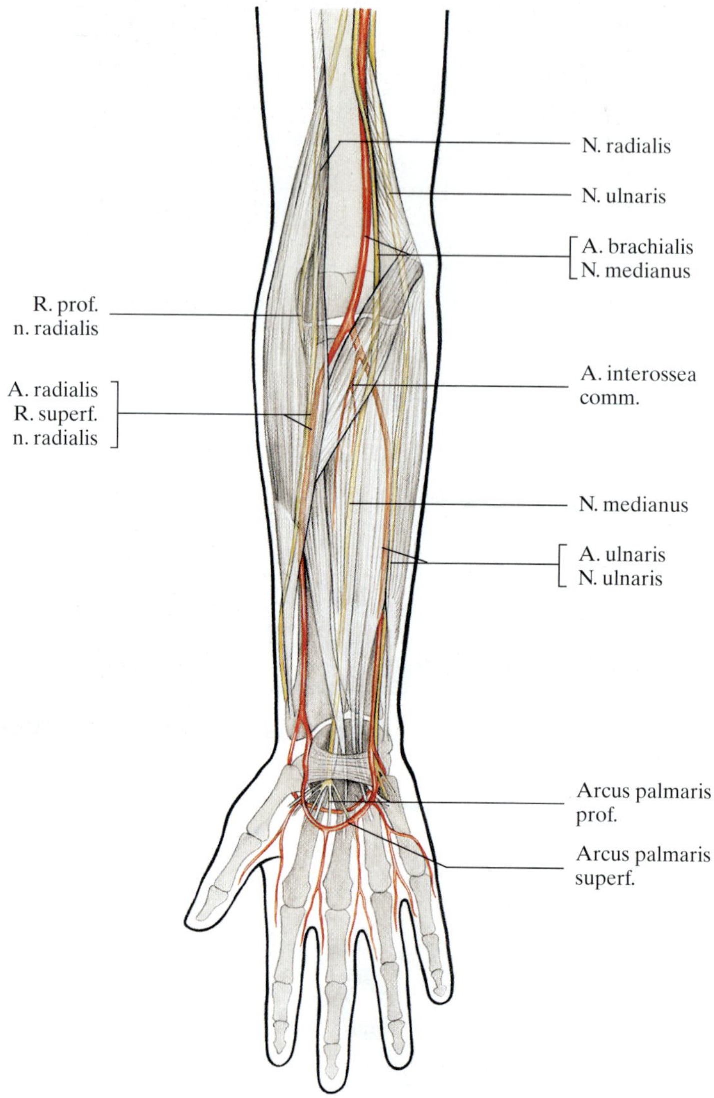

Abb. 73. Regio antebrachii anterior und die Gefäß-Nerven-Straßen am Unterarm (modif. nach v. Lanz u. Wachsmuth).

logen: a) die Streckerloge, b) die Beugerloge und c) die Logen der radialen Muskulatur (M. brachioradialis, Mm. extensores carpi radiales, M. supinator). Zusammen mit den Bindegewebslogen dorsal und ventral von der Membrana interossea entstehen somit fünf Gefäß-Nerven-Straßen, die in der Regel einem Hauptmuskel (als sog. »Leitmuskel«) zugeordnet sind (Abb. 73 und 75):

Die ulnaren Gefäße liegen tiefer als die radialen, werden jedoch oberhalb des Handgelenks neben der Sehne des M. flexor carpi ulnaris ganz oberflächlich. Der N. medianus kommt distal mehr und mehr an die Oberfläche und liegt proximal vom Retinaculum flexorum nahezu subfaszial zwischen der Sehne des M. flexor carpi radialis und M. palmaris longus. Daher wird der Nerv

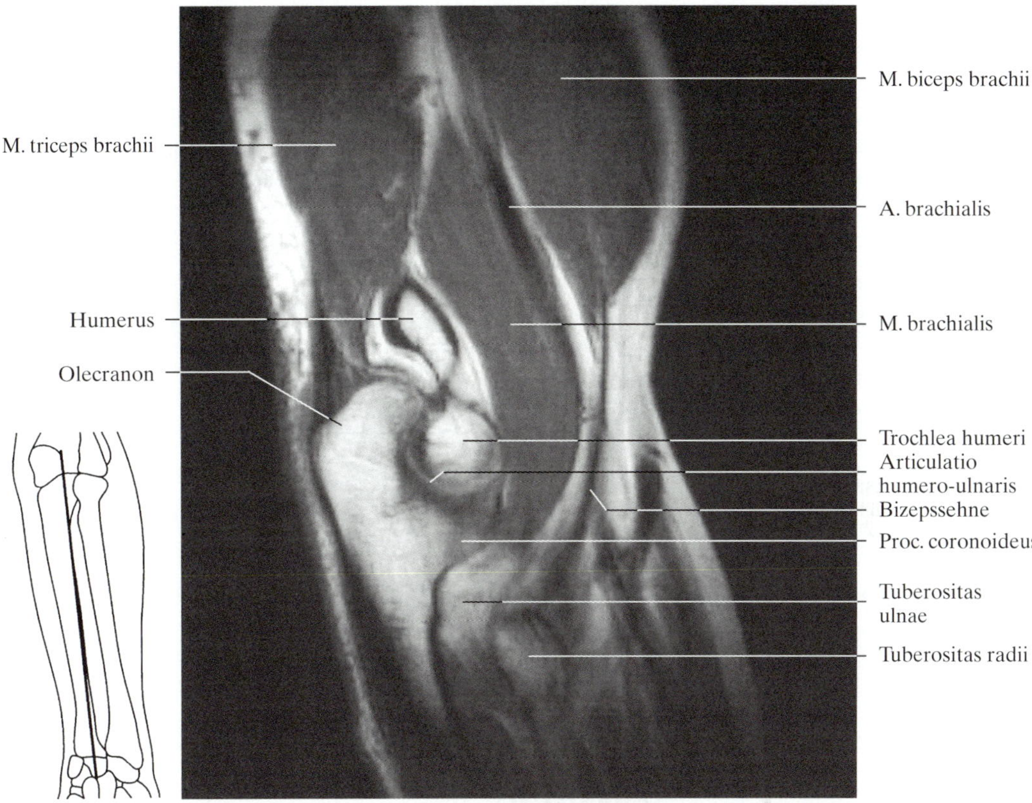

Abb. 74. Sagittaler Schnitt durch das linke Ellenbogengelenk (MR-Aufnahme aus Heuck A, Luttke G, Rohen JW. MR-Atlas der Extremitäten. Stuttgart: Schattauer 1994).

hier am häufigsten verletzt (Suizidversuche, Unfälle usw.). Die am Unterarm gelegenen Beuger werden vom N. medianus innerviert, mit Ausnahme des M. flexor carpi ulnaris und des ulnaren Teils des M. flexor digitorum prof., die vom N. ulnaris versorgt werden; die am Unterarm gelegenen Streckmuskeln einschließlich des M. brachioradialis und M. supinator innerviert der N. radialis.

III. Hand

Die menschliche Hand ist eine Greifhand. Die Handfläche ist daher durch eine die Weichteile schützende derbe Sehnenplatte, die Palmaraponeurose, versteift. Diese besteht aus Längs- und Querfasern (Fasciculi longitudinales et transversi), die mit der Haut fest verwachsen sind und in das Bindegewebe der Grundgelenke ausstrahlen. Die Aponeurose wird vom M. palmaris longus sowie vom M. palmaris brevis, der von der Haut des Hypothenar kommt, verspannt. Bei pathologischer Schrumpfung der Aponeurose (Dupuytren-Kontraktur) kommt es nicht selten auch zu einer Einschränkung der Fingerbeweglichkeit (Beugekontraktur), da die Beugersehnen der Finger mit in den Schrumpfungsprozeß einbezogen werden können.

Mit der Greiffunktion hängen auch die Kammerung der Bindegewebsräume und das Fehlen oberflächlicher Gefäße in der

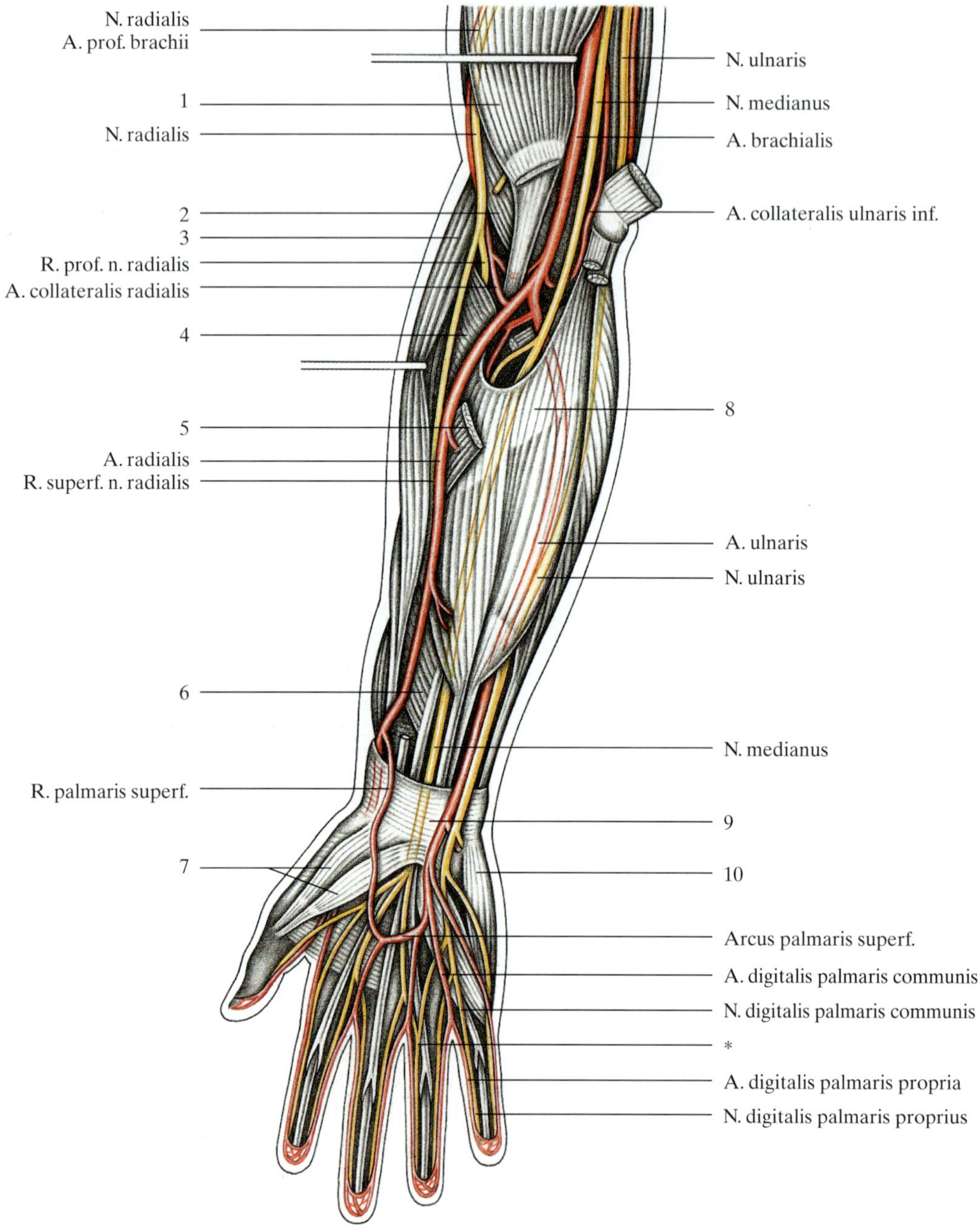

Abb. 75. Topographie des Unterarms (mittlere Schicht). Darstellung der Gefäß-Nerven-Straßen. Muskeln: 1 = M. biceps brachii; 2 = M. brachialis; 3 = M. brachioradialis; 4 = M. supinator; 5 = M. pronator teres; 6 = M. flexor pollicis longus; 7 = Thenarmuskulatur; 8 = M. flexor digitorum superf.; 9 = Retinaculum flexorum; 10 = Hypothenarmuskulatur; * = Anastomose zwischen den Hautästen des N. medianus und N. ulnaris.

Hohlhand zusammen. Hautvenen gibt es nur am Handrücken, wo das subkutane Bindegewebe im Gegensatz zur Hohlhand locker und entfaltungsfähig ist.

Klinischer Hinweis. Entzündliche Prozesse, Hämatome u. ä. finden in der Hohlhand keinen Raum und breiten sich fast immer zum Handrücken hin aus, der rasch anschwillt, auch wenn der Prozeß volar und nicht dorsal lokalisiert ist (sog. kollaterales Ödem des Handrückens).

1. Palma manus

Gegen den Unterarm ist die Hohlhand durch drei quere Hautfalten scharf abgesetzt (Sulcus carpi prox., medius und dist.). Die mittlere Karpalfalte (sog. Restricta, 1 in Abb. 76) liegt in Höhe des proximalen, die untere (sog. Rascetta, 2 in Abb. 76) in Höhe des distalen Handgelenkes. Die Leitungsbahnen betreten die Hohlhand durch den Canalis carpi, der durch das Retinaculum flexorum überbrückt wird. Hier liegt der N. medianus sehr oberflächlich.

1. Radiale Gefäß-Nerven-Straße	
Leitmuskel: Inhalt:	M. brachioradialis. R. superf. des N. radialis sowie A. und V. radialis. Die Arterie geht durch die Tabatière hindurch zur Dorsalseite der Hand und durch den M. interosseus dors. I zum tiefen Hohlhandbogen. Am distalen Radiusende, wo die Arterie dem Knochen direkt anliegt, kann der Puls gefühlt werden.
2. Ulnare Gefäß-Nerven-Straße	
Leitmuskel: Inhalt:	M. flexor carpi ulnaris. N. ulnaris sowie A. und V. ulnaris. Etwa von der Mitte des Unterarmes ab verlaufen die Leitungsbahnen in der Rinne zwischen dem M. flexor carpi ulnaris und dem M. flexor digitorum prof. Sie gehen oberhalb des Retinaculum flexorum auf die Hand über.
3. Mittlere Gefäß-Nerven-Straße	
Leitmuskel: Inhalt:	M. flexor carpi radialis (erst im distalen Unterarmbereich). N. medianus und unbedeutende Begleitgefäße. Die Leitungsbahnen liegen in der Rinne zwischen oberflächlichen und tiefen Fingerbeugern und betreten unter dem Retinaculum flexorum die Hohlhand.
4. Die dorsale Zwischenknochenstraße	
Leitmuskel: Inhalt:	M. extensor digitorum. R. prof. des N. radialis und A. und V. interossea post. Die Leitungsbahnen ziehen in der Schicht zwischen tiefen und oberflächlichen Streckern distalwärts, ohne die Hand zu erreichen. Der R. prof. des N. radialis durchbohrt den M. supinator, um in diese Loge vorzudringen. Er ist vornehmlich motorisch und innerviert die Streckmuskulatur.
5. Die volare Zwischenknochenstraße (unmittelbar auf der Membrana interossea)	
Inhalt:	Vasa interossea ant. und N. interosseus antebrachii ant. Diese Leitungsbahnen durchbohren oberhalb des M. pronator quadratus die Zwischenknochenmembran und gelangen so zur Streckseite (Rete carpi dors.). Die Nerven enden im M. pronator quadratus.

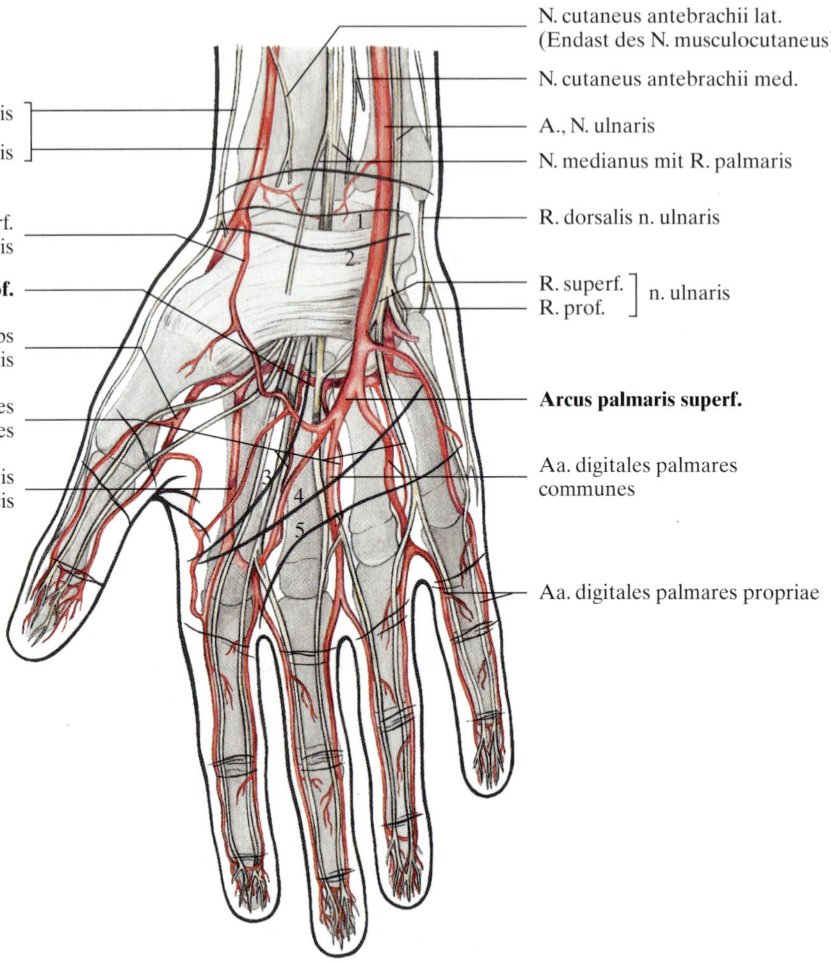

Abb. 76. Topographie der Hand (nach Braus). Handlinien: 1 = Linea restricta; 2 = Linea rascetta; 3 = Linea vitalis; 4 = Linea cephalica; 5 = Linea mensalis.

Canalis carpi (Karpaltunnel)

Palmar vom Retinaculum verlaufen	N. und A. ulnaris Sehne des M. palmaris longus
Durch den Kanal verlaufen	N. medianus Sehnen des M. flexor digitorum superf. Sehnen des M. flexor digitorum prof. Sehne des M. flexor pollicis longus

Klinischer Hinweis. Die traumatische Medianusverletzung an der Handwurzel oder die Kompression des Nerven im Canalis carpi *(Karpaltunnelsyndrom)* zählt zu den häufigsten peripheren Nervenläsionen. Beim Tunnelsyndrom kann die operative Spaltung des Retinakulums angezeigt sein.

Die Topographie der Leitungsbahnen wird durch die Faszienlogen der Handmuskulatur bestimmt (Abb. 77). Thenar- und Hypothenarmuskeln sind jeweils von einer derben Faszienscheide umgeben, die gegen den Unterarm abgeschlossen ist (Thenar- und Hypothenarloge). Nur die mittlere Hohlhandloge (Spatium palmare intermedium) öffnet sich gegen die Bindegewebsräume des Unterarms, was für die Fortleitung infektiöser Prozesse von Bedeutung sein kann. Die Faszienlogen bilden konstruktiv wichtige Druckkammern für die Greiffunktion der Hand. Das ulnare Gefäßbündel, das unmittelbar radial vom Os pisiforme zu finden ist, verläßt die Hypothenarloge durch einen schmalen Spalt und biegt bogenförmig in den mittleren Hohlhandraum ein, wo sich durch eine

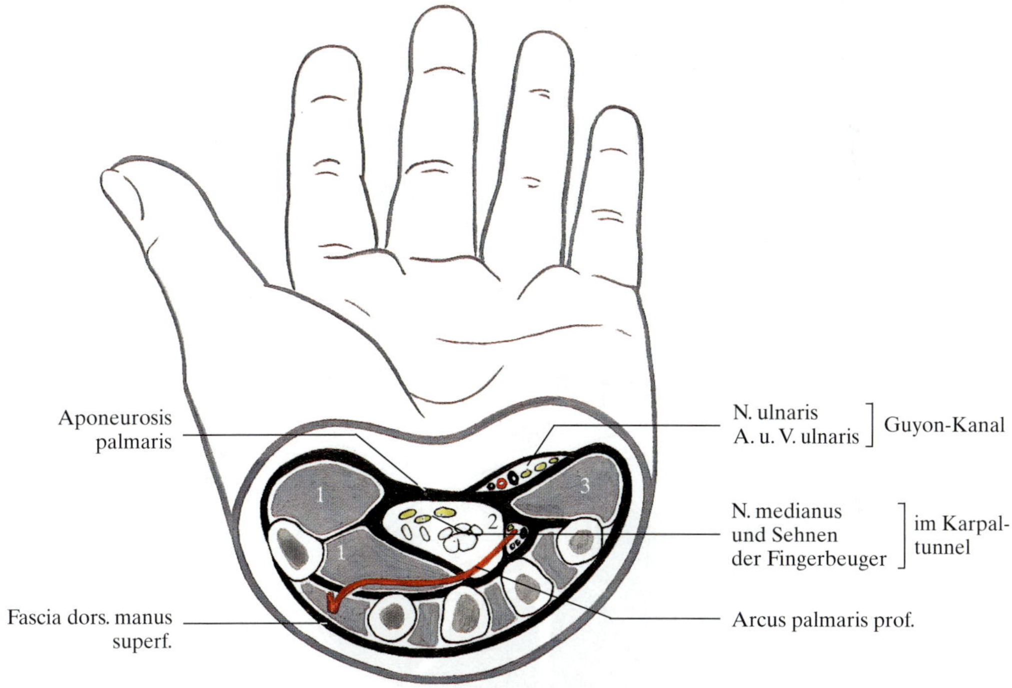

Abb. 77. Muskellogen und Gefäß-Nerven-Straßen an der Hand, dargestellt an einem Querschnitt in Höhe der Mittelhandknochen (modif. nach v. Lanz u. Wachsmuth). 1 = Thenarloge; 2 = Mittelhandloge; 3 = Hypothenarloge.

Inhalt der Handlogen

	Muskulatur	Leitungsbahnen
Thenarloge	Kurze Daumenmuskeln	A. radialis (auf dem Wege zum Arcus palmaris prof.)
Mittlere Hohlhandloge	Sehnen aller Fingerbeuger Mm. lumbricales (zum M. flexor digitorum prof. gehörig)	Arcus palmaris superf. N. medianus (Nn. digitales palmares)
Hypothenarloge	Kleinfingerballenmuskulatur	A. und N. ulnaris

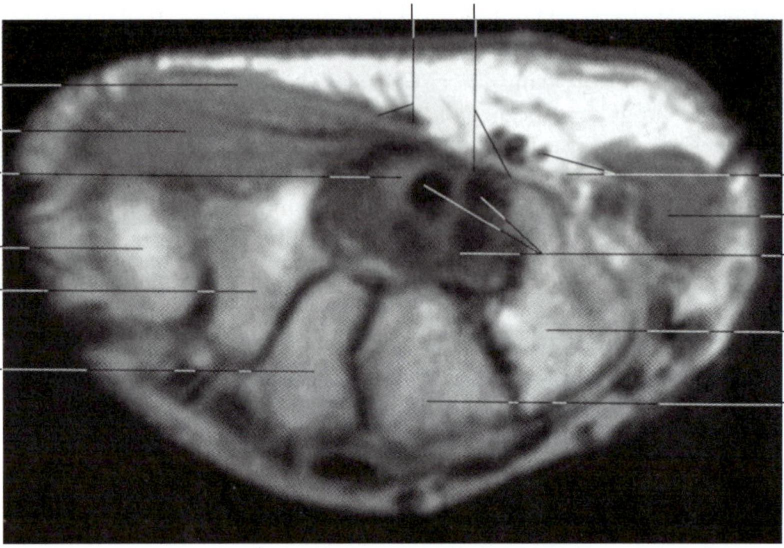

Abb. 78. a) Querschnitt durch die Handwurzel, linke Hand, Ansicht von oben. (MR-Aufnahme, freundlicherweise zur Verfügung gestellt von Prof. Dr. A. Heuck, München) (Hinweise s. Abb. 78b).

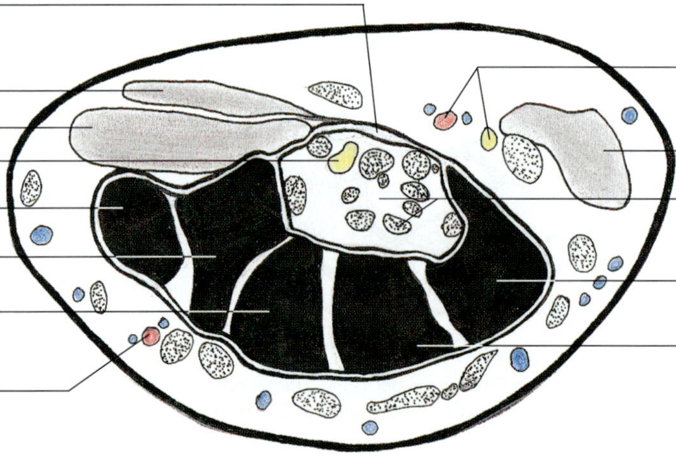

Abb. 78. b) Querschnitt durch die Handwurzel, linke Hand, Ansicht von oben (Schemazeichnung entsprechend der MR-Aufnahme von Abb. 78a). 1 = M. opponens pollicis; 2 = M. abductor pollicis brevis; 3 = Aponeurosis palmaris; 4 = M. abductor digiti minimi; 5 = Os trapezium; 6 = Os scaphoideum; 7 = Os trapezoideum; 8 = Os capitatum; 9 = Os hamatum.

Anastomose mit dem oberflächlichen Ast der A. radialis dicht unter der Palmaraponeurose unmittelbar auf den Beugersehnen der *oberflächliche Arterienbogen* (Arcus palmaris superf.) bildet. Dieser versorgt mit kräftigen, radiär ausstrahlenden Arterien (Aa. digitales palmares communes), die sich an der Fingerwurzel jeweils in zwei Äste aufspalten

(Aa. digitales palmares proprii), den 2. bis 5. Finger. Die Digitalarterien werden von den gleichnamigen Ästen des N. medianus und ulnaris begleitet. Der oberflächliche Hohlhandbogen projiziert sich etwa auf die Mitte der Mittelhandknochen und überlagert die Sehnen der Fingerbeuger mit den Mm. lumbricales und den Fächer der Medianusäste.

Klinischer Hinweis. Die Aufspaltung der Digitalarterien erfolgt auf Höhe der Fingergrundgelenke, während sich die entsprechenden Nerven bereits weiter proximal aufteilen (Abb. 76). Dies ist eine Orientierungshilfe bei Operationen in der Hohlhand.

Der *tiefe Hohlhandbogen* (Arcus palmaris prof.) entsteht durch eine Anastomose der A. radialis mit dem tiefen Ast der A. ulnaris. Er liegt unter der tiefen Hohlhandfaszie in der Loge der Mm. interossei. Die A. radialis macht dabei einen Umweg, indem sie die Beugeseite zunächst verläßt, unter den Sehnen der Daumenstrecker hindurch durch die Tabatière zum 1. Zwischenknochenraum verläuft, den M. interosseus dorsalis I durchbohrt und so wieder auf die Beugeseite gelangt. So erreicht sie – durch die beiden Köpfe des M. adductor pollicis hindurchtretend – die mittlere Hohlhandloge. Sie bildet hier den Hauptteil des tiefen Hohlhandbogens, von dem die kräftige A. princeps pollicis für den Daumen, die A. radialis indicis für den 2. Finger sowie mehrere kleinere Aa. metacarpeae palmares abgehen. Der tiefe, motorische Ast des N. ulnaris, der den Adductor pollicis, den tiefen Kopf des M. flexor pollicis brevis, sämtliche Mm. interossei sowie die Mm. lumbricales III und IV innerviert, begleitet den tiefen Hohlhandbogen.

Der Arcus prof. projiziert sich auf die Basen der Mittelhandknochen, liegt also etwas weiter proximal als der oberflächliche Hohlhandbogen. Die Beugersehnen werden in der mittleren Faszienloge durch *Sehnenscheiden* gleitfähig erhalten. Normalerweise besitzt der lange Daumenbeuger eine eigene Sehnenscheide, während die beiden Fingerbeuger unter dem Retinaculum in einen gemeinsamen Hohlhandsack eingeschlossen sind. Die Beugersehnen der Finger haben eine Sehnenscheide, die in der Regel nur am 5. Finger mit dem Hohlhandsack kommuniziert (Abb. 79).

Klinische Hinweise. Infektionen des Kleinfingers können auf den Hohlhandsack und gegebenenfalls auch auf die Daumenbeugersehnenscheide übergreifen (sog. V-Phlegmone). Variationen dieser Anordnung sind jedoch sehr häufig. Die Sehnenscheiden haben aber auch durch das Mesotenon ernährende, mesenteriumähnliche Funktionen. Zerstörungen des Mesotenons führen daher zu Sehnennekrosen.

2. Dorsum manus

Fast der gesamte venöse und lymphatische Abfluß der Hand erfolgt über den Handrücken. Das ausgedehnte Venennetz des Handrückens (Rete venosum dorsale manus) bildet das Wurzelgebiet der V. cephalica (Radialseite) und V. basilica (Ulnarseite). Die Hautäste des N. radialis und N. ulnaris (R. superf. n. radialis und R. dorsalis n. ulnaris) teilen sich je zur Hälfte in die sensible Versorgung von Hand und Fingern (je 2½ Finger). Ausgenommen sind die dorsalen Abschnitte der Endglieder, die von den ventralen Hautästen versorgt werden. Die Streckersehnen werden durch 6 Sehnenfächer im Retinaculum extensorum an der Handwurzel fixiert und durch Sehnenscheiden gleitfähig erhalten (Abb. 79).

Die Streckersehnen des 1. und 3. Faches begrenzen die sog. Tabatière *(Fovea radialis)*, an deren Boden die A. radialis zu finden ist. Die sensiblen Endäste des N. radialis (Nn. digitales dorsales) überqueren die kleine Grube, in deren Tiefe man die Sehne des M. extensor carpi radialis longus, das Os scaphoideum, das Os trapezium und die Basis des Os metacarpale I finden kann.

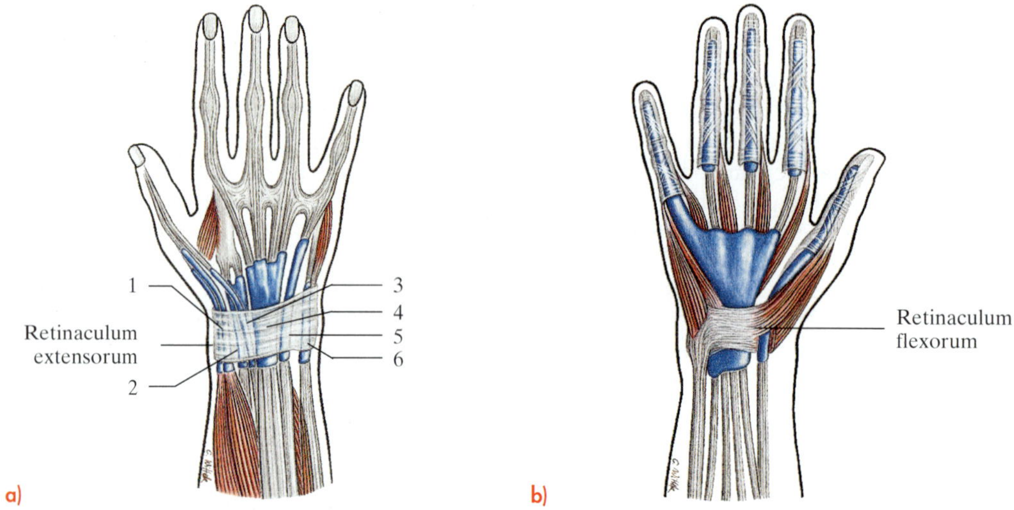

Abb. 79. Sehnenscheiden der Hand (blau).
a) Dorsale Sehnenscheiden mit zugehörigen Sehnenfächern im Retinaculum extensorum.
b) Palmare Sehnenscheiden mit Retinaculum flexorum.

1. Sehnenfach:	M. abductor pollicis longus und M extensor pollicis brevis
2. Sehnenfach:	M. extensor carpi radialis longus und brevis
3. Sehenfach:	M. extensor pollicis longus
4. Sehnenfach:	M. extensor digitorum und M. extensor indicis
5. Sehnenfach:	M. extensor digiti minimi
6. Sehnenfach:	M. extensor carpi ulnaris

Die schwachen Arterien des Handrückens (Aa. metacarpales dorsales) liegen auf den Mm. interossei dorsales und werden von den karpalen Ästen der A. ulnaris und radialis gespeist. Sie besitzen ausgiebige Anastomosen über die Rr. perforantes mit den palmaren Gefäßen.

3. Handgelenke

Das *proximale Handgelenk* (Articulatio radiocarpea) ist ein 2achsiges Eigelenk, das alle Bewegungen mit Ausnahme der Rotation erlaubt. Die Umwendebewegungen (Pro- und Supination) finden in den beiden Drehgelenken des Unterarmes statt (Articulatio radioulnaris prox. und dist.). Das distale Radioulnargelenk ist vom proximalen Handgelenk durch einen Discus articularis getrennt. Die Gelenkhöhlen kommunizieren normalerweise nicht miteinander. Die proximalen Handwurzelknochen (Os scaphoideum, lunatum und triquetrum) bilden den Gelenkkopf, der Radius die Gelenkpfanne. Zwischen der Größe von Gelenkkopf und -pfanne besteht ein Mißverhältnis. Die Gelenkpfanne wird daher durch überknorpelte Bandzüge und den Discus articularis vergrößert. Die Gelenkkörper weichen bei der Radialabduktion am stärksten auseinander. Das Triquetrum verliert ganz den Kontakt mit der Gelenkpfanne.

Klinische Hinweise. Druckschmerz in der Tabatière gilt klinisch als Hinweis auf eine Fraktur des Os scaphoideum. Injektionen in die Gelenkhöhle des proximalen Handgelenks sind bei leichter Radialabduktion an der ulnaren Seite von dorsal am besten durchführbar. Bei Gewalteinwirkungen in Ulnarabduktionsstellung können das Os triquetrum oder lunatum, bei Radialabduktion das eingeklemmte Os scaphoideum (naviculare) zertrümmert werden.

Das S-förmig gestaltete *distale Handgelenk* (Articulatio mediocarpea) liegt zwischen der proximalen und der distalen Reihe der Handwurzelknochen und bildet eigentlich eine mosaikartig zusammengesetzte Amphiarthrose. Die verzweigte Gelenkhöhle wird mit äußerst straffen Bändern fixiert.

4. Finger

Mit Ausnahme des Daumens bilden die Finger jeweils drei Gelenke. Das Grundgelenk ist anatomisch ein Kugelgelenk, die beiden übrigen Gelenke sind Scharniergelenke.

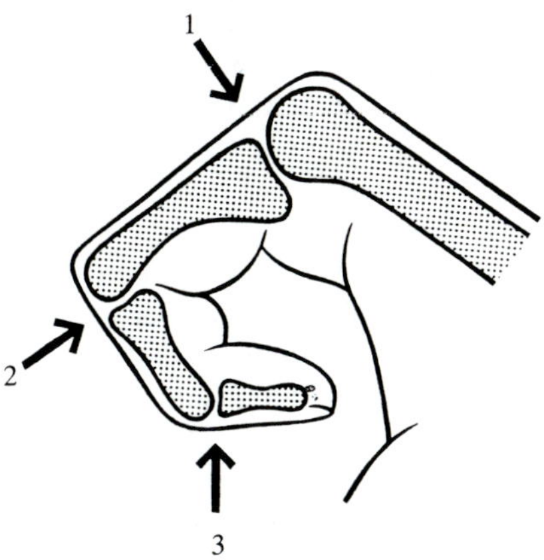

Abb. 80. Lage der Fingergelenkspalten bei Beugung; 1 = Grundgelenk; 2 = Mittelgelenk; 3 = Endgelenk.

Durch die straffen Kollateralbänder, die sich bei der Beugung anspannen, wird die Rotationsbewegung gehemmt und die Abspreizbewegung bei der Beugung zunehmend eingeschränkt. Mittel- und Endgelenke sind Scharniergelenke. Während die Strecksehnen in die einheitliche Dorsalaponeurose übergehen, liegen die Beugersehnen in einem osteofibrösen Kanal mit einer hochdifferenzierten Sehnenscheide, die durch eine Vagina fibrosa mit bandartigen Verstärkungszügen (Pars anularis und cruciformis) am Knochen fixiert ist. Die Sehnenscheiden sind zum Teil mit faserknorpeligen Platten in die Gelenke einbezogen. Die Gelenkspalten der Fingergelenke liegen nicht in Höhe der dorsalen Hautfalten, sondern sind etwas distal davon, beim Grundgelenk etwa 1 cm, beim Mittelgelenk ½ cm, beim Endgelenk ¼ cm unterhalb der jeweiligen Beugekuppe tastbar (Abb. 80). Eine Sonderstellung nimmt der Daumen ein. Das Os metacarpale I artikuliert mit dem Os trapezium in Höhe der Handwurzel in Form eines 2achsigen Sattelgelenkes, das Ab- und Adduktionen sowie Repositions- und Oppositionsbewegungen erlaubt und die Hand erst zur vollwertigen Greifhand macht. Die Kapsel dieses Gelenkes ist relativ schwach, so daß Luxationen nicht selten sind (5% aller Verrenkungen).

Die *Leitungsbahnen* (Nn. digitales dorsales, Nn. digitales palmares proprii) laufen in der Längsrichtung jeweils an den Seiten der Finger, wobei ein dorsales und ein palmares Gefäßnervenpaar gebildet werden. Die dorsalen Gefäße und Nerven erschöpfen sich bereits im Bereich der Mittelphalanx, so daß

Sensible Innervation der Finger

Dorsal:	2½ Finger vom N. radialis (R. superf.) 2½ Finger vom N. ulnaris (R. dors.)	bilden jeweils die:	Nn. digitales dors. n. radialis bzw. ulnaris
Volar:	1½ Finger vom N. ulnaris (R. superf.) 3½ Finger vom N. medianus (Nn. digitales palmares communes	bilden jeweils die	Nn. digitales palmares proprii n. ulnaris bzw. mediani

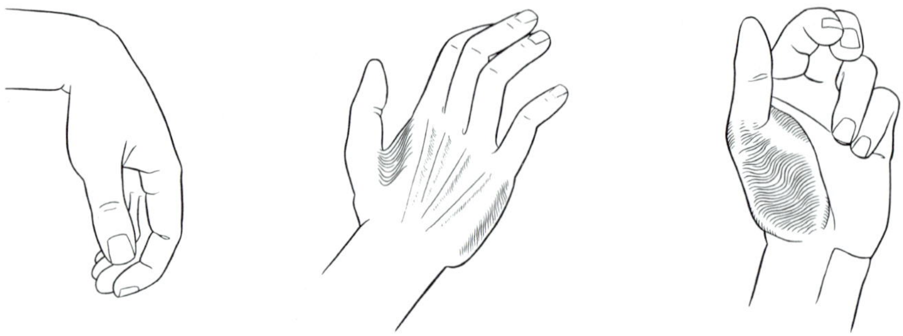

Abb. 81. Lähmungsformen der Hand (nach Mumenthaler). Atrophierende Muskelgruppen hervorgehoben.

die kräftigeren, palmaren Leitungsbahnen distalwärts deren Versorgungsgebiet mitübernehmen. Wegen der ausgiebigen Anastomosen empfiehlt es sich daher bei Leitungsanästhesien, sowohl das dorsale als auch das palmare Nervenpaar auszuschalten, was meist im Bereich der Grundgelenke geschieht.

5. Bewegungsstörungen der Hand

Radialislähmung. Die Dorsalextensoren der Hand, der Finger und des Daumens, der M. brachioradialis und M. supinator sowie der M. abductor pollicis longus fallen aus. Es ergibt sich das Bild der »Fallhand« oder »Kußhand« (Abb. 81). Wegen des Übergewichtes der Beuger ist das Handgelenk extrem gebeugt, der Daumen kann nicht abduziert und gestreckt werden.

Bei gestrecktem Arm ist die Supination unmöglich, bei gebeugtem Arm kann mit Hilfe des Bizeps noch supiniert werden. Die Sensibilität ist nur in einem kleinen Bezirk dorsal über dem Spatium interosseum I gestört und muß gezielt in dieser Zone geprüft werden.

Ulnarislähmung. Der Ausfall des ulnaren Hand- und tiefen Fingerbeugers des Unterarmes ist praktisch bedeutungslos. Wichtig ist dagegen die Parese der kleinen, vom N. ulnaris innervierten Handmuskeln (alle Mm. interossei, die Mm. lumbricales III und IV und der M. adductor pollicis). Die Interossei bewirken normalerweise eine Beugung in den Fingergrundgelenken und eine Streckung in den Mittel- und Endgelenken der Finger. Bei Ulnarislähmung entsteht beim Versuch, die Faust zu schließen, durch das Übergewicht der Extensoren eine Hyperextension in den Grundgelenken und eine Beugung in den Mittel- und Endgelenken besonders der ulnaren zwei Finger (*Krallen-* oder *Klauenhand*) (Abb. 81). Die Ab- und Adduktionsbewegungen der Finger sind gestört. 4. und 5. Finger können nicht ganz aneinander adduziert werden und stehen etwas ab. Das kräftige Festhalten eines Papiers zwischen Daumen und Zeigefinger ist nur bei Beugung des Daumenendgliedes möglich. Der Daumen steht abduziert (Lähmung des Adduktors). Die Sensibilität ist sowohl dorsal als auch palmar an der ulnaren Handkante und am kleinen Finger gestört. Besonders charakteristisch ist die scharfe Grenzlinie in der Mitte des Ringfingers.

Medianuslähmung. Ausgefallen sind die Mm. pronatores, die Unterarmbeuger mit Ausnahme des ulnaren Kopfes vom Flexor digitorum prof. und des M. flexor carpi ulnaris, die Daumenballenmuskulatur mit Ausnahme des Adduktors und des tiefen Kopfes vom Flexor, die vom N. ulnaris innerviert werden. Auf diese Weise fehlt die Abduktions- und Oppositionsfähigkeit des

Daumens, der langgestreckt dem Zeigefinger anliegt *(Affenhand)*. Beim Versuch, die Faust zu schließen, ist die Beugung der Mittel- und Endgelenke der ersten 3 Finger gestört. Beim 4. und 5. Finger kann die vom N. ulnaris innervierte Muskulatur noch eine gewisse Beugung bewirken. Die Pronation ist stark eingeschränkt, ebenso die Radialabduktion und die Beugung im Handgelenk. Der Daumenballen atrophiert, da die Thenarmuskulatur in der Hauptsache vom Medianus innerviert wird. Da der M. adductor pollicis noch funktioniert, kann man zwischen Daumen und Zeigefinger noch ein Stück Papier festhalten, auch wenn die Flexoren gelähmt sind (Kartentest). Im ganzen entsteht das Bild der *Schwurhand oder Geburtshelferhand* (Abb. 81). Ein Sensibilitätsausfall findet sich volar an der radialen Seite der Hand und den $3^1/_2$ radialen Fingern, aber auch dorsal an den Endgliedern des 2. und 3. Fingers.

Klinische Hinweise. Am Arm können an bestimmten Engstellen der Gefäß-Nerven-Straßen sog. **Engpaßsyndrome** auftreten:

1. **N. medianus**
   - am Durchtritt durch den M. pronator teres,
   - unter dem radialen Kopf des M. flexor digitorum superf.,
   - im Karpaltunnel.
2. **N. ulnaris**
   - im Sulcus n. ulnaris hinter dem Epicon dylus med. humeri,
   - an der Arkade zwischen den beiden Köpfen des M. flexor carpi ulnaris,
   - an der Handwurzel im Guyon-Kanal.
3. **N. radialis**
   - im Radialiskanal des Oberarms zwischen Caput lat. und med. des M. triceps brachii,
   - beim Durchtritt durch das Septum intermusculare lat.,
   - im Supinatorkanal (R. prof. n. radialis).

Untere Extremität

A. Muskeln und Leitungsbahnen der unteren Extremität

I. Gliederung der Muskellogen und Lage der Gefäß-Nerven-Straßen

1. Dorsale Becken- und Oberschenkelregion

In der **Gesäßregion** liegen die Abduktoren und Extensoren des Hüftgelenks in zwei Schichten übereinander. Die oberflächliche Schicht nimmt weitgehend der *M. glutaeus maximus* ein, der aber die vorderen Abschnitte der Beckenschaufel nicht bedeckt. Hier wird der hinten vom M. glutaeus maximus bedeckte *M. glutaeus medius* oberflächlich. In der tiefen Schicht sind die kleinen Rotatoren und Abduktoren untergebracht. In der Reihenfolge von kranial nach kaudal liegen hier folgende Muskeln nebeneinander (Abb. 82):

1. Der *M. glutaeus minimus* (unter dem M. glutaeus medius und ganz von diesem bedeckt).

2. Der *M. piriformis,* der sich kaudal an den M. gluteaus medius anschließt, mit seinem Ursprungsfeld aber bis ins kleine Becken hereinreicht.

3. Der *M. gemellus sup.*, der an der Spina ischiadica entspringt.

4. Der *M. obturator int.*, der von der Innenseite des kleinen Beckens kommt, wo er an der Membrana obturatoria ein breitflächiges Ursprungsfeld hat und dann mit seiner Sehne um den Beckenrand herumbiegt, um mit den benachbarten Rotatoren in der Fossa trochanterica anzusetzen.

5. Der *M. gemellus inf.*, der vom Tuber ischiadicum kommt.

6. Schließlich der *M. quadratus femoris*, der ebenfalls am Tuber ischiadicum entspringt und quer herüber bis zur Crista intertrochanterica zieht (Abb. 82).

Durch diese Anordnung der Muskeln entstehen drei größere Lücken, die von den Leitungsbahnen benützt werden, um aus dem Beckeninnenraum zur Gesäßregion, zum Beckenboden und zur Dorsalseite des Beines zu kommen (Abb. 82 u. 100).

Oberhalb des M. piriformis liegt das *For. suprapiriforme*, unterhalb von ihm das *For. infrapiriforme*, beide Foramina sind Teile des For. ischiadicum majus (Abb. 82). Zwischen Lig. sacrospinale und Lig. sacrotuberale befindet sich das *For. ischiadicum minus*, durch das außer dem M. obturator int. auch die Leitungsbahnen von und zum Beckenboden und äußeren Genitale ziehen (Hinweis B in Abb. 82).

An der Dorsalseite des **Oberschenkels** ordnet sich die Muskulatur in zwei Gruppen an. Beide Gruppen entspringen gemeinsam vom Tuber ischiadicum, weshalb sie auch zusammenfassend als *ischiokrurale Muskulatur* bezeichnet werden. Distalwärts spaltet sich die ischiokrurale Muskulatur jedoch zunehmend auf, die mediale Gruppe zieht zur Medialseite des Unterschenkels (Condylus med. tibiae), die laterale zum Caput fibulae. Die mediale Gruppe umfaßt den *M. semitendinosus* und *M. semimembranosus*; an sie schließt sich an der Innenseite des Oberschenkels der *M. gracilis* und distalwärts teilweise auch der *M. sartorius* an; die laterale Gruppe stellt der *M. biceps femoris* mit seinen zwei Köpfen dar.

Die **Leitungsbahnen,** die aus dem For. suprapiriforme kommen, dringen in die Schicht zwischen dem M. glutaeus medius und minimus ein (Hinweis A in Abb. 82). Die Nerven, die aus dem For. infrapiriforme ausgetreten sind, ziehen in der Rinne zwischen der lateralen und medialen Gruppe

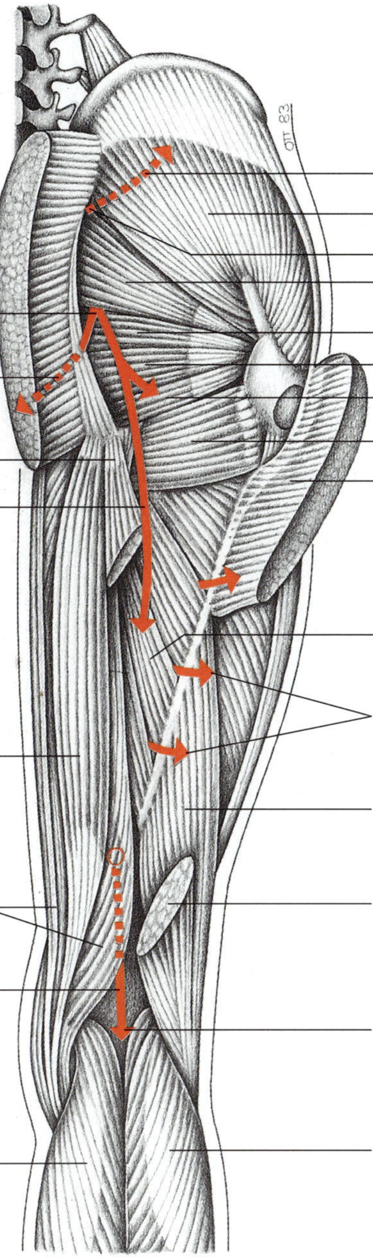

Abb. 82. Muskellogen und Gefäß-Nerven-Straßen (rot) an der Dorsalseite des Beines und in der Glutäalregion. Der M. glutaeus maximus sowie der lange Kopf des M. biceps femoris wurden durchtrennt.

Gefäß-Nerven-Straßen:

A = durch das For. suprapiriforme zu den kleinen Glutäalmuskeln für A. und V. glutealis sup., N. glutaeus sup.
B = durch das For. infrapiriforme und ischiadicum minus zum Beckenboden und Genitale für A. und V. pudenda int., N. pudendus
C = durch das For. infrapiriforme zum Bein und zur Glutäalregion für A. und V. glutealis inf., N. glutaeus inf. und N. ischiadicus
D = durch Muskellücken zur Dorsalseite des Oberschenkels für die Aa. perforantes I, II und III
E = durch den Adduktorenkanal (punktiert) zur Kniekehle für A. und V. poplitea

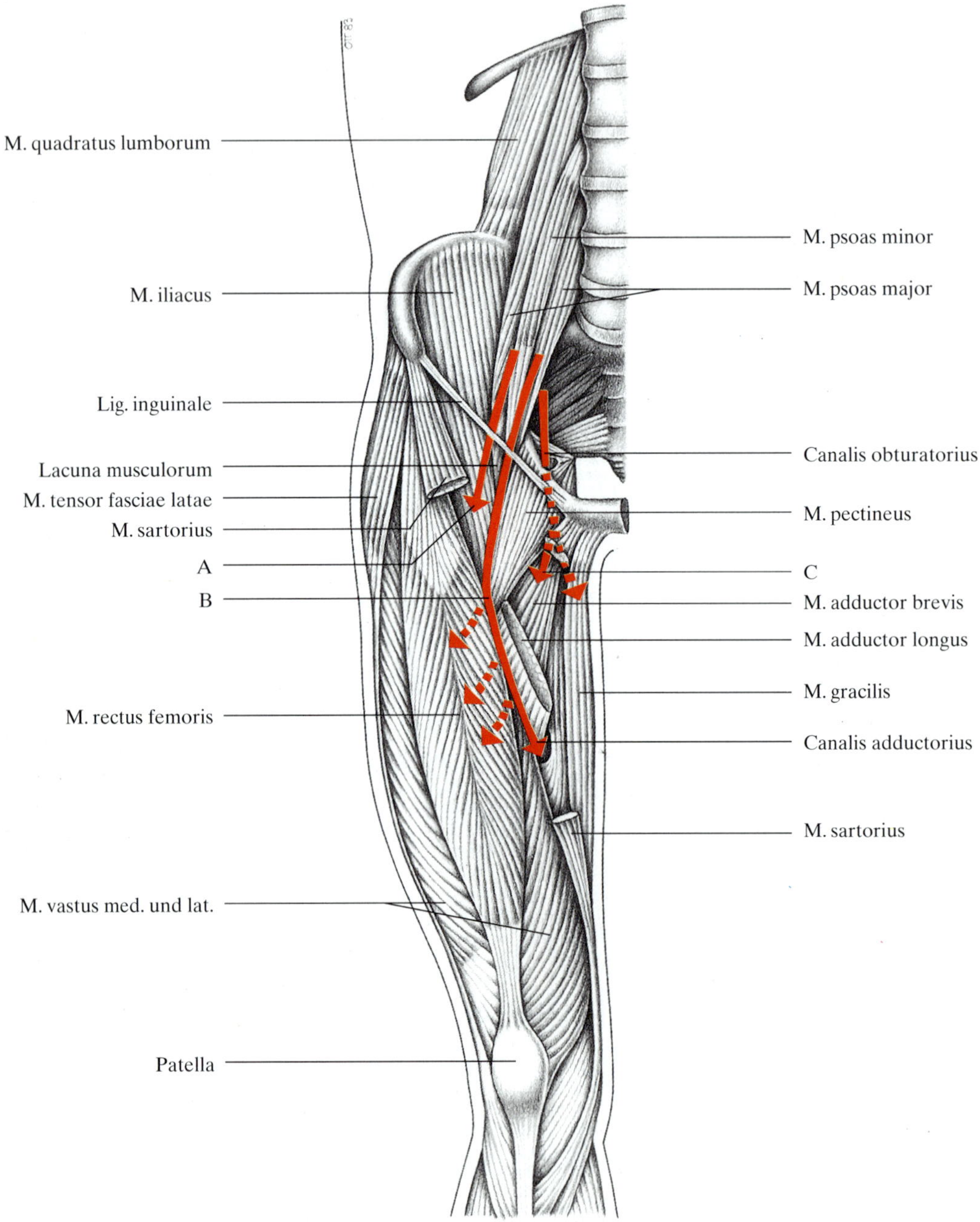

Abb. 83. Muskellogen und Gefäß-Nerven-Straßen (rot) an der Ventralseite von Oberschenkel und Becken. M. sartorius und M. adductor longus wurden durchtrennt.

Nerven- und Gefäß-Nerven-Straßen:

A = durch die Lacuna musculorum zum Oberschenkel für den N. femoralis und N. cutaneus femoris lat.

B = durch die Lacuna vasorum zum Oberschenkel für die A. und V. femoralis sowie für die Aa. perforantes zur Dorsalseite (punktierte Linien)

C = durch den Canalis obturatorius zur Adduktorenloge für die A. und V. obturatoria und den N. obturatorius.

der Beugemuskeln distalwärts zur Kniekehle, wobei sie den langen Bizepskopf unterkreuzen (Hinweis C in Abb. 82). Die Gefäße für die Dorsalseite des Oberschenkels kommen von der Ventralseite und benützen in der Regel drei Lücken im Ansatzbereich der Adduktorenmuskulatur (perforierende Gefäßstraßen, Hinweis D in Abb. 82). Die Gefäße für die Knieregion und den Unterschenkel kommen ebenfalls von der Ventralseite des Oberschenkels und ziehen durch den Adduktorenkanal in die Kniekehle (Hinweis E in Abb. 82).

2. Ventralseite des Oberschenkels

Die Flexoren des Hüftgelenks sind größtenteils im Becken und an der dorsalen Bauchwand untergebracht **(innere Hüftmuskulatur).** Der *M. iliacus* entspringt von der Fossa iliaca, der *M. psoas major* und *minor* von der Lendenwirbelsäule. Alle drei ziehen als *M. iliopsoas* gemeinsam unter dem Leistenband hindurch zum Trochanter minor. Vom Lig. inguinale geht ein kräftiger Faserzug nach innen ab, der sich mit der Faszie des M. iliacus verbindet *(Arcus iliopectineus)* und dadurch eine Loge für den M. iliopsoas und die zum Bein ziehenden Nerven, die *Lacuna musculorum* (Abb. 83) abgrenzt. Medialwärts entsteht eine weitere Öffnung zwischen Lig. inguinale und Pecten ossis pubis, die *Lacuna vasorum*, die lateral durch den Arcus iliopectineus und medial durch das Lig. lacunare begrenzt wird. Dies ist hauptsächlich eine Gefäßstraße zwischen Becken und Bein.

Medialwärts schließt sich an den M. iliopsoas die **Adduktorenmuskulatur** an, die in drei Schichten angeordnet ist. In der oberflächlichen Schicht liegen der M. pectineus und der M. adductor longus, ganz medial das lange Band des *M. gracilis*, der bis zum Pes anserinus des Unterschenkels verläuft. Die mittlere Schicht der Adduktoren nimmt nur der kleine *M. adductor brevis* ein; in der tiefen Schicht finden sich dann der *M. adductor minimus* und *M. adductor magnus*. Der M. adductor magnus bildet eine länger nach distal reichende Sehne aus, die am Condylus med. femoris ansetzt und dadurch eine Öffnung schafft, die den Leitungsbahnen den Weg von der Ventralseite des Oberschenkels nach dorsal in die Kniekehle ermöglicht (Abb. 83). Der M. adductor longus überspannt diese Öffnung mit einer breitflächig zum Vastus med. ziehenden Membran (Membrana vastoadductoria), so daß ein mehrere Zentimeter langer Kanal gebildet wird *(Canalis adductorius)*, der die darin untergebrachten Gefäße auch in ihrer Lage stabilisieren kann (Abb. 83).

Der Ansatz der Adduktorenmuskeln ist auf die schmale Knochenleiste an der Dorsalseite des Femur zusammengedrängt (Linea aspera). Es bleiben aber mehrere Lücken frei (meist 3–5), durch die Gefäße von der Ventralseite auf die Dorsalseite des Oberschenkels übertreten können (Hinweis D in Abb. 82).

Den Hauptteil der **Streckerloge** des Oberschenkels füllt der *M. quadriceps femoris* mit seinen vier Köpfen aus. Drei Köpfe (*Vastus med., lat.* und *intermedius*) sind auf den Oberschenkel beschränkt, nur der *M. rectus femoris*, der an der Spina iliaca ant. inf. entspringt, überspringt auch das Hüftgelenk. Die gemeinsame Sehne der Quadrizepsköpfe ist das Lig. patellae, das sich an der Tuberositas tibiae festheftet und in das die Patella eingelagert ist.

Die **Leitungsbahnen** des Beines, die aus dem Becken kommen und entweder lateral durch die Lacuna musculorum oder medial durch die Lacuna vasorum in die ventrale Streckerloge übertreten, verlaufen vornehmlich in der tief einschneidenden Rinne zwischen M. iliopsoas, dem M. quadriceps femoris und den Adduktoren (Hinweis A u. B in Abb. 83). Ein weiterer Zustrom von Leitungsbahnen erfolgt weiter medial durch den Canalis obturatorius, der im Bereich des For. obturatum gelegen ist und zur Adduktorenloge führt (Hinweis C in Abb. 83).

3. Unterschenkel und Fuß

An der **Dorsalseite** des **Unterschenkels** existieren für die Flexoren zwei große Muskellogen, eine oberflächliche und eine tiefe. In der oberflächlichen Loge befinden sich der *M. triceps surae* (M. soleus und M. gastrocnemius) und der M. plantaris; in der tiefen Loge befinden sich in der Reihenfolge von medial nach lateral: der *M. flexor digitorum longus*, dann der *M. tibialis post.* und am weitesten lateral der *M. flexor hallucis longus* (Abb. 84).

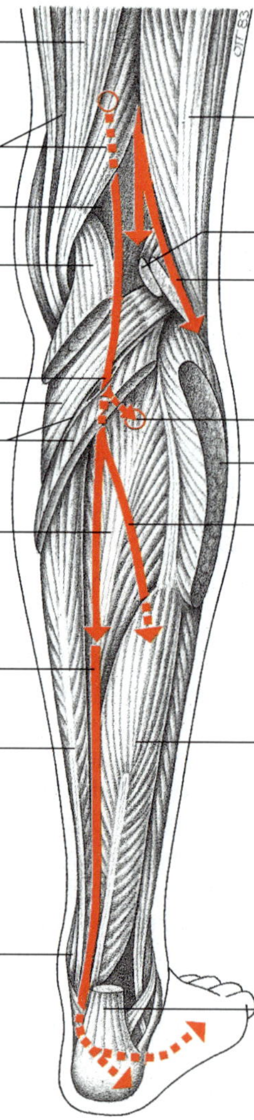

Abb. 84. Muskellogen und Gefäß-Nerven-Straßen (rot) an der Doralseite des Unterschenkels. M. triceps surae und M. plantaris wurden durchtrennt.

A = Dorsale Gefäß-Nerven-Straße aus dem Adduktorenkanal zur Beugerloge des Unterschenkels und zur Fußsohle für die A. und V. poplitea (Fortsetzung in A. tibialis post., Vv. tibiales post.) sowie den N. tibialis (kommt aus der Beugerloge des Oberschenkels)

B = Fibulare Nervenstraße zur Peronäus- und Streckerloge des Unterschenkels für den N. fibularis (peronaeus) communis

C = Gefäßstraße zur Streckerloge des Unterschenkels für die A. und V. tibialis ant.

D = Peroneale Gefäßstraße in der Beugerloge des Unterschenkels für die A. und V. fibularis (peronaea)

Beide Muskellogen sind durch eine kräftige Faszie (das tiefe Blatt der Fascia cruris) getrennt. Vor diesem Faszienblatt verlaufen die Leitungsbahnen distalwärts. Diese sind durch den Adduktorenkanal in die Kniekehle gelangt und erreichen die tiefe Flexorenloge durch eine Lücke im schräg verlaufenden Sehnenbogen des M. soleus (Arcus tendineus) (Hinweis A in Abb. 84). In die Streckerloge des Unterschenkels gelangen die Gefäße durch eine Lücke in der Membrana interossea (Hinweis C in Abb. 84).

Die **Leitungsbahnen** des Unterschenkels verlaufen distalwärts hauptsächlich in der Rinne zwischen dem M. tibialis post. und dem M. flexor digitorum longus, die sich dann hinter dem medialen Knöchel in die Fußsohle fortsetzt (Abb. 84). Lateral, im Bereich des M. flexor hallucis longus findet sich schließlich noch eine peroneale Gefäßstraße, die parallel der Fibula verläuft (Hinweis D in Abb. 84). Von den Leitungsbahnen der Kniekehle zweigt weiterhin eine Nervenstraße nach lateral ab, die am Unterrand des M. biceps femoris verläuft, um den Fibulahals herumbiegt und auf diese Weise die Streckerloge des Unterschenkels erreicht (fibulare Nervenstraße, Hinweis B in Abb. 84).

In der **Fußsohle** sind drei Muskellogen vorhanden; medial die Großzehenloge, lateral die Kleinzehenloge und in der Mitte die eigentliche Fußsohlenloge. Sowohl die Großzehenloge als auch die Kleinzehenloge sind durch kräftige Faszienhüllen eingescheidet, so daß sie von der übrigen Sohlenregion weitgehend getrennt sind. Die Großzehenloge enthält den *M. abductor hallucis* und *M. flexor hallucis brevis* sowie den *M. adductor hallucis* mit einem Caput transversum und einem Caput obliquum. Die Kleinzehenloge enthält den *M. abductor digiti minimi* und *M. flexor digiti minimi brevis* sowie den *M. opponens digiti minimi* (Abb. 85).

In der mittleren Fußsohlenloge ordnen sich die Muskeln bzw. Sehnen in drei übereinander gelegenen Schichten an. In der oberflächlichen Schicht ist der *M. flexor digitorum brevis* untergebracht. In der mittleren Schicht liegt der Sehnenfächer des *M. flexor digitorum longus* zusammen mit den zugehörigen Mm. lumbricales, der vom *M. quadratus plantae* verspannt wird und sich mit der Sehne des *M. flexor hallucis longus* kreuzt (Chiasma tendinum plantare). In der tiefen Schicht schließlich findet man die Ursprünge der beiden Köpfe des *M. adductor hallucis*, die *Mm. interossei dors.* und *plantares* sowie die Sehne des *M. peronaeus longus*.

Die **Leitungsbahnen** betreten die Fußsohle von der medialen Seite und zwar durch einen Bindegewebskanal im Ursprungsfeld des *M. abductor hallucis* (Abb. 85). Eine Gefäß-Nerven-Straße verbleibt in der Großzehenloge (mediale, plantare Straße, Hinweis B in Abb. 85), die andere wechselt in die Fußsohle über, wo sie den Raum zwischen der oberflächlichen und der mittleren Schicht durchquert und nach lateral in die Kleinzehenloge eintritt (laterale, plantare Straße, Hinweis A in Abb. 85). Von hier zieht ein Teil der Gefäße und Nerven bogenförmig weiter in die tiefste Etage der Fußsohlenloge hinein (Hinweis C in Abb. 85), von wo die Gefäße durch den 1. Zwischenknochenraum hindurch auch mit der Fußrückenloge anastomosieren (perforierende Gefäßstraße, Hinweis D in Abb. 85).

An der **ventralen** und **lateralen Seite des Unterschenkels** finden sich zwei Muskellogen. In der lateralen, die durch zwei Septa intermuscularia abgegrenzt wird, verlaufen die beiden Mm. peronaei (*M. peronaeus longus* und *brevis*) (sog. Peronäusloge). In der ventralen Muskelloge liegen die Extensoren, und zwar von medial nach lateral: der *M. tibialis ant.*, der *M. extensor hallucis longus* und am weitesten fibulawärts der *M. extensor digitorum longus*.

Im Gegensatz zur Hand verfügt der **Fußrücken** durchaus über eigene Muskulatur. Am Dorsum pedis befinden sich unter den Sehnen des M. extensor digitorum longus der kräftige *M. extensor digitorum brevis* und der damit zusammenhängende *M. extensor hallucis brevis*.

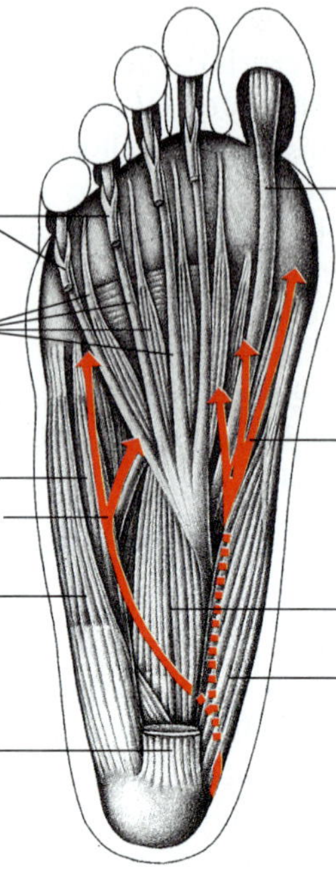

a)

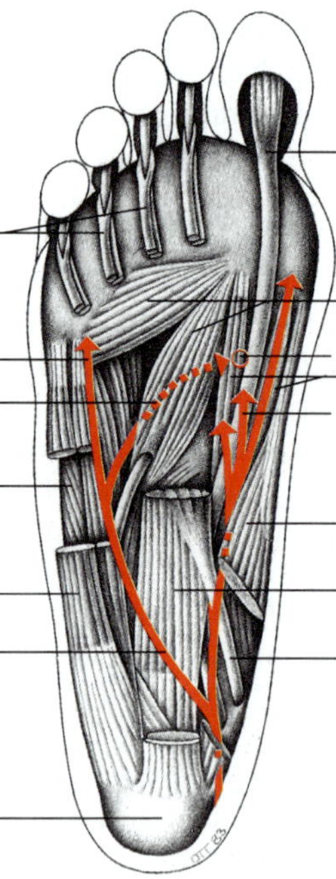

b)

Abb. 85. Muskellogen und Gefäß-Nerven-Straßen (rot) in der Fußsohle.
a) Mittlere Schicht. b) Tiefe Schicht.
A = Laterale Gefäß-Nerven-Straße der Fußsohle für A., V. und N. plantaris lat.
B = Mediale Gefäß-Nerven-Straße der Fußsohle für A., V. und N. plantaris med.
C = Tiefe Gefäß-Nerven-Straße für den Arcus plantaris (anastomosiert mit dem Fußrücken) und den R. prof. n. plantaris lat.
D = Öffnung im 1. Zwischenknochenraum für den Durchtritt des R. plantaris prof. der A. dors. pedis (Anastomose mit dem Arcus plantaris)

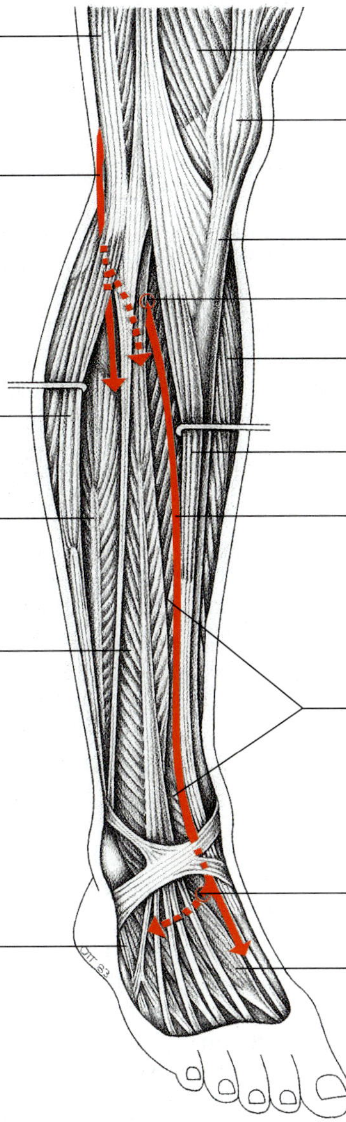

Abb. 86. Muskellogen und Gefäß-Nerven-Straßen (rot) an der Ventralseite von Unterschenkel und Fuß.
A = Fibulare Nervenstraße zur Peronäus- und Streckerloge für den N. fibularis (peronaeus) communis (distalwärts Aufteilung in N. fibularis prof. [punktierte Linie] und N. fibularis superf.)
B = Perforierende Gefäßstraße von der Dorsalseite zur Beugerloge des Unterschenkels für A. und V. tibialis ant.
C = Gefäß-Nerven-Straße der Beugerloge für A. und V. tibialis ant., N. fibularis (peronaeus) prof.
D = Gefäßstraße des Fußrückens für A. tarsalis medialis (früher A. arcuata) und den perforierenden Ast der A. dors. pedis (R. plantaris prof.), der mit dem Arcus plantaris der Fußsohle anastomosiert

Die **Leitungsbahnen** betreten die *Extensorenloge des Unterschenkels* von dorsal durch ein Loch im oberen Abschnitt der Membrana interossea cruris (perforierende Gefäßstraße, Hinweis B in Abb. 86) und folgen distalwärts zum Fußrücken der Rinne zwischen dem M. tibialis ant. und M. extensor hallucis longus (Haupt-Gefäß-Nerven-Straße, Hinweis C in Abb. 86).

In die *Peronäusloge* gelangen die Gefäße von dorsal aus der tiefen Flexorenloge, die Nerven dagegen durch einen Bindegewebskanal im Ursprungsfeld des M. peronaeus longus in Höhe des Fibulahalses (fibulare Nervenstraße, Hinweis A in Abb. 86).

Am **Fußrücken** liegen im Gegensatz zur Hand zwei kräftige Muskeln (M. extensor hallucis brevis und M. extensor digitorum brevis) sowie die Sehnen des langen Zehen- und Großzehenstreckers (M. extensor digitorum longus, M. extensor hallucis longus). Die Leitungsbahnen kommen aus der Streckerloge des Unterschenkels und teilen sich am Fußrücken in eine gerade und eine bogenförmig verlaufende Bahn (Abb. 86). Durch eine Lücke im 1. Zwischenknochenraum anastomosiert diese Gefäßstraße mit der tiefen Gefäß-Nerven-Straße der Fußsohle (Hinweis D in Abb. 86).

II. Leitungsbahnen der unteren Extremität

1. Arterien

Auch für die Arterien der unteren Extremität gilt der Satz, daß Gefäße meist in den Muskellogen der Beugeseiten lokalisiert sind. Der arterielle Hauptstamm für das Bein lag ursprünglich neben dem N. ischiadicus an der Dorsalseite, ist aber dann in der Stammesgeschichte allmählich verkümmert. Nur noch die kleine A. comitans n. ischiadici erinnert an diese Zusammenhänge. Statt der dorsalen Hauptarterie bilden sich Gefäßstämme an den jeweiligen Beugeseiten der Gelenke, die dann die gegenüberliegenden Streckseiten durch perforierende Äste versorgen. So wird die Glutäalregion durch zwei aus dem Becken nach dorsal (durch das For. ischiadicum majus) ziehende Arterien vaskularisiert, die Rückseite des Oberschenkels wird von drei starken perforierenden Ästen der ventral lokalisierten A. prof. femoris und die Streckerloge des Unterschenkels schließlich von der die Membrana interossea perforierenden A. tibialis ant. versorgt.

Die Arterien werden in der Regel von zwei Venen begleitet, die strickleiterartige Anastomosen miteinander ausbilden und mit den Arterien in einer gemeinsamen Bindegewebsscheide eingeschlossen sind. Durch diese Anordnung soll der venöse Rückfluß, der am Bein beim aufrecht gehenden Menschen sowieso stark behindert ist, durch den Arterienpuls gefördert werden (arteriovenöse Koppelung). Daher sind die Gefäßscheiden am Bein besser entwickelt als am Arm. Der Einbau dieser bindegewebig eingescheideten Gefäßstränge in den Faszienapparat der Muskellogen (jeweils im Bereich der Beugeseiten) erleichtert wahrscheinlich die zirkulatorischen Verhältnisse und sichert die funktionelle Verschieblichkeit der Gefäße bei den Muskelaktionen.

Im *Hüftbereich* kommen die Hauptarterien aus dem Inneren des Beckens, und zwar von der *A. iliaca int.* Diese teilt sich meist am oberen Rand des For. ischiadicum majus in zwei größere Stämme, einen vorderen und einen hinteren, die sich jeweils wieder in parietale und viszerale Äste aufspalten. Insgesamt können fünf parietale und fünf viszerale Äste unterschieden werden. Die viszeralen Äste versorgen die im kleinen Becken lokalisierten Eingeweide (innere Genitalorgane, Rektum, Harnblase usw.), die parietalen Äste die Beckenwandung (Beckenbodenmuskulatur, M. iliopsoas) und die Muskeln der Gesäßregion.

Die *A. glutealis sup.* stellt die Fortsetzung des hinteren Hauptastes der A. iliaca int. dar und zieht durch das For. suprapiriforme zur Glutäalmuskulatur. Einer ihrer Äste (R. prof.) begibt sich in die Schicht zwischen M. glutaeus medius und minimus, einer nach rückwärts zum M. glutaeus maximus (R. superf.).

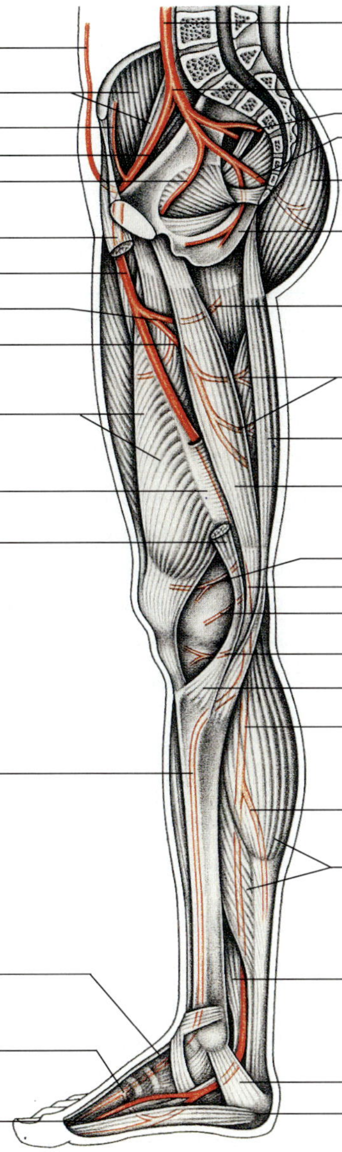

Abb. 87. Verlauf der Arterien von Becken und Bein (von medial). **Muskeln:** 1 = M. iliopsoas; 2 = M. quadriceps femoris; 3 = Lamina vastoadductoria, darunter: Canalis adductorius; 4 = M. sartorius; 5 = M. glutaeus maximus; 6 = M. semitendinosus; 7 = M. gracilis; 8 = Pes anserinus; 9 = M. triceps surae; 10 = M. flexor digitorum longus; 11 = Retinaculum mm. flexorum.

Die *A. glutealis inf.* erreicht die Glutäalmuskulatur durch das For. infrapiriforme und versorgt außer dem M. glutaeus maximus auch die kleinen Rotatoren der Glutäalregion und den N. ischiadicus (Abb. 87). Eine größere Arterie zur Dorsal-

Arterien der unteren Extremität

1. *A. iliaca ext.*	
2. **A. epigastrica inf.**	In der Plica umbilicalis lat. und an der Hinterseite des M. rectus abdominis. Anastomose mit A. epigastrica sup.
3. *A. circumflexa iliaca prof.*	Bogenförmig am Beckenkamm nach dorsal – zum M. iliacus
4. **A. femoralis**	
5. *A. epigastrica superf.*	Oberflächlich zum vorderen Blatt der Rektusscheide und zur Bauchmuskulatur
6. *A. circumflexa iliaca superf.*	Unterhalb des Leistenbandes bogenförmig nach lateral
7. *Aa. pudendae ext.* Aa. scrotales (labiales) ant.	Zum äußeren Genitale und zum Hodensack bzw. den Labia majora
8. *A. prof. femoris*	Für ventrale und dorsale Oberschenkelregionen
9. A. circumflexa femoris lat.	Zur Extensorenloge für M. quadriceps und M. sartorius
10. A. circumflexa femoris med.	Für Adduktorenloge, M. obturator ext. und Hüftgelenk
11. Aa. perforantes I, II, III	Zur dorsalen Oberschenkelloge – für ischiokrurale Muskulatur
12. *A. descendens genicularis*	Oberflächlich zum Rete articulare genus
13. **A. poplitea**	Durch Adduktorenkanal in die Kniekehle
14. *A. sup. med.* und *lat. genus*	Medial bzw. lateral zum Gefäßnetz des Kniegelenks
15. *Aa. inf. med.* und *lat. genus*	Distal vom Gelenkspalt medial und lateral zum Gefäßnetz des Kniegelenks
16. *A. media genus*	Zu den Kreuzbändern im Kniegelenk
17. *Aa. surales*	Für Caput med. und lat. des M. gastrocnemius
18. **A. tibialis post.**	Zur Flexorenloge des Unterschenkels
19. A. fibularis (peronaea)	Zur Fibula, zum lateralen Knöchel u. Calcaneus, Äste zum M. flexor hallucis longus, M. tibialis post. und den Mm. peronaei
20. A. plantaris med.	Zur Großzehenloge
21. A. plantaris lat.	Zu den Muskeln der Kleinzehenloge und mittleren Fußsohlenloge
22. *Arcus plantaris*	Bogenförmig in der tiefen Schicht der mittleren Fußsohlenloge
23. Aa. metatarsales plantares	Äste des Arcus plantaris – zu den Mm. interossei und Zehen
24. Aa. digitales plantares communes et propriae	Zu den Zehen
25. **A. tibialis ant.** A. recurrens tibialis post. A. recurrens tibialis ant. Aa. malleolares ant. lat. et med.	Zur Extensorenloge des Unterschenkels und zum Fußrücken Zum Gefäßnetz des Kniegelenks Zum Rete malleolare der Knöchel
26. *A. dors. pedis*	Zur Fußrückenloge
27. A. arcuata Aa. metatarsales dors. Aa. digitales dors. R. plantaris prof.	Gefäßbogen am Fußrücken Äste zu den Mm. interossei Zu den Zehen Perforierender Ast zur Fußsohle – Einmündung in den Arcus plantaris

seite des Oberschenkels existiert hier nicht. Die Hauptarterie zum Oberschenkel liegt ventral und ist die Fortsetzung der A. iliaca ext. Nachdem diese das Leistenband unterkreuzt hat und durch die Lacuna vasorum in die Streckerloge des Oberschenkels eingetreten ist, heißt sie *A. femoralis* (Abb. 87 u. 88).

Arterien der unteren Extremität

1. Die *A. iliaca ext.* gibt vor der Unterkreuzung des Leistenbandes noch die

2. *A. epigastrica inf.* ab, die senkrecht nach oben und medial zur hinteren Wand der Rektusscheide zieht und mit der von oben kommenden A. epigastrica sup. anastomosiert.

3. Die *A. circumflexa iliaca prof.* geht etwa in gleicher Höhe wie die vorige ab, wendet sich aber nach lateral, dem Beckenrand folgend, horizontal nach hinten, wo sie mit der A. iliolumbalis anastomosiert.

4. Die *A. femoralis* gibt dann sofort nach Durchtritt durch die Lacuna vasorum ebenfalls einen zur vorderen Bauchwand aufsteigenden Ast ab, die

5. *A. epigastrica superf.*, die auf der vorderen Wand der Rektusscheide aufwärts bis zur Nabelregion verläuft.

6. Spiegelbildlich zur A. circumflexa iliaca prof. zweigt dann auch unterhalb des Leistenbandes eine *A. circumflexa iliaca superf.* von der A. femoralis ab, die ebenso wie die A. circumflexa iliaca prof. in Höhe des Leistenbandes nach hinten zieht.

7. Mehrere kleine Äste wenden sich nach medial als *Aa. pudendae ext.* zum äußeren Genitale und versorgen u.a. auch das Skrotum *(Aa. scrotales ant.)* bzw. die großen Labien *(Aa. labiales ant.)*.

8. Die *A. prof. femoris* ist ein Hauptast der A. femoralis, der ca. 5 cm distal vom Leistenband nach dorsal von der A. femoralis abzweigt und das eigentlich nutritive Gefäß für den Oberschenkel darstellt. Dieses Gefäß versorgt alle Muskeln der ventralen, medialen und dorsalen Oberschenkellogen, während die A. femoralis hauptsächlich die Versorgung des Beines distal vom Kniegelenk übernimmt. Die Versorgung der Dorsalseite des Oberschenkels (Flexorenloge) geschieht im wesentlichen vermittels der Aa. perforantes, die Versorgung der medialen Muskelgruppe (Adduktoren) durch die A. circumflexa femoris med. sowie die A. obturatoria und die der vorderen Muskelgruppe (Extensoren) durch die A. circumflexa femoris lat.

9. Die *A. circumflexa femoris lat.* wendet sich direkt *unter* dem M. rectus femoris hindurch nach lateral, um sich dann in der Extensorenloge in einen aufsteigenden (R. ascendens) und einen absteigenden Ast (R. descendens) aufzuspalten.

10. Die *A. circumflexa femoris med.* ist kürzer und kleiner als die vorige und versorgt vor allem die oberen Abschnitte der Adduktorenloge. Sie dringt zwischen M. iliopsoas und M. pectineus in die Tiefe und spaltet sich in einen R. ascendens, einen R. prof. und einen für das Hüftgelenk bestimmten R. acetabularis auf. Der R. transversus zieht nach rückwärts zur ischiokruralen Muskulatur. Beide Aa. circumflexae femoris erreichen mit ihren Endästen auch die Dorsalseite des Oberschenkels und anastomosieren dort miteinander, so daß, ähnlich wie am Humerushals, um das proximale Ende des Femurs und um das Hüftgelenk ein arterieller Gefäßkranz entsteht. Dorsal existieren Anastomosen mit absteigenden Ästen der A. iliaca int. (A. obturatoria, Aa. glutaelis sup. und inf. usw.).

11. Die *Aa. perforantes* (gewöhnlich 3) sind Endäste der A. profunda femoris, die in regelmäßigen Abständen von ihr abzweigen und die dicht am Femur liegenden Lücken im Ansatzbereich des M. adductor magnus durchsetzen, um nach rückwärts zu den dorsalen Muskelgruppen des Oberschenkels, d.h. zur Flexorenloge zu ziehen, wo sie die ischiokrurale Muskulatur versorgen. Die *A. femoralis* verläßt die ventrale Muskelloge des Oberschenkels durch den Adduktorenkanal und erreicht auf diesem Wege die Kniekehle. Vorher geht noch die

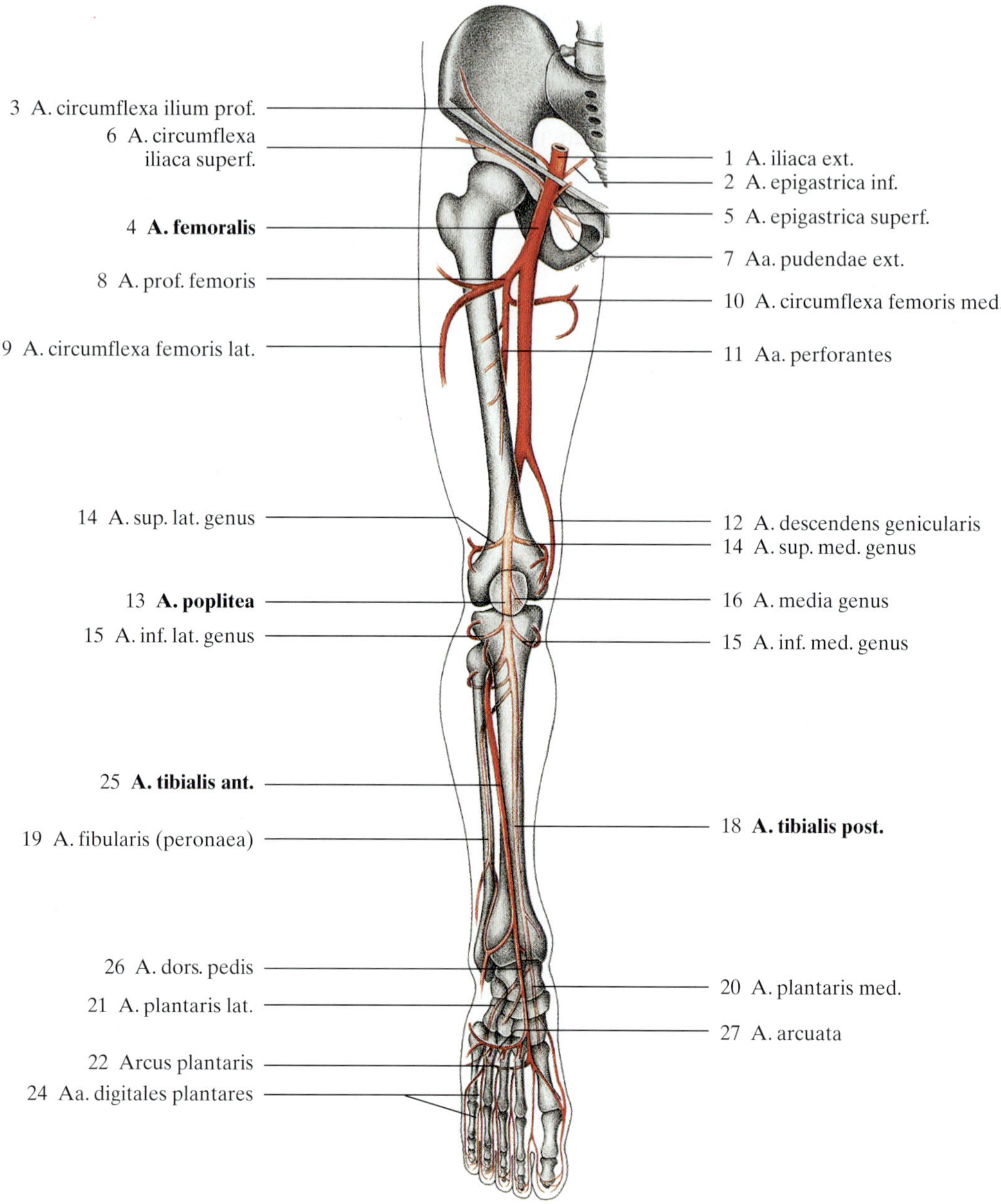

Abb. 88. Astfolge der wichtigsten Arterien des Beines. Schema, Ansicht von ventral. Die Zahlen entsprechen der Numerierung in der Tabelle S. 128.

12. *A. descendens genicularis* ab – eine kleine Arterie –, die die Lamina vastoadductoria durchbohrt, ventral (also außerhalb des Adduktorenkanals) distalwärts zieht und sich am Gefäßnetz des Kniegelenkes beteiligt. Nach Durchtritt durch den Adduk-

torenkanal heißt die A. femoralis, die jetzt ganz in der Tiefe der Kniekehle (Fossa poplitea) liegt,

13. *A. poplitea.* Ihre Hauptäste versorgen das Kniegelenk, wobei oberhalb und unterhalb des Gelenkspaltes jeweils zwei relativ symmetrische Gefäßpaare gebildet werden: proximal die

14. *Aa. sup. med.* und *lat. genus*, und distal die beiden

15. *Aa. inf. med.* und *lat. genus.* Dazwischen findet sich eine unpaare Arterie, die

16. *A. media genus*, die von dorsal in das Kniegelenk eindringt und hier die Kreuzbänder und die Gelenkkapsel versorgt.

17. Die *Aa. surales* stellen Muskeläste der A. poplitea dar, die in der Hauptsache die beiden Gastroknemiusköpfe versorgen (daher meist 2fach ausgebildet sind). Die A. poplitea verläßt die Kniekehle distal, indem sie sich unter dem Sehnenbogen des M. soleus (Arcus tendineus) in die Flexorenloge des Unterschenkels begibt. Hier ist sie vom tiefen Blatt der Fascia cruris bedeckt, liegt also vorne unter dem M. soleus in der tiefen Schicht der Flexorenloge, wo sie sich gewöhnlich distal vom M. popliteus in zwei große Äste aufspaltet, nämlich die A. tibialis ant. und post. Die A. tibialis ant. durchsetzt die Membrana interossea und erreicht so vorne die Extensorenloge des Unterschenkels, während die A. tibialis post. hinten in der tiefen Flexorenloge verbleibt und distalwärts dann hinter dem medialen Knöchel vorbei in die Fußsohle eintritt. Die A. poplitea ist einerseits durch den Sehnenbogen des M. soleus, andererseits durch den Einbau in den Adduktorenkanal d.h. an beiden Enden fixiert, so daß sie bei den Beugebewegungen des Kniegelenkes nicht gezerrt oder abgeklemmt werden kann.

18. Die *A. tibialis post.* setzt die Verlaufsrichtung der A. poplitea fort, folgt dem M. flexor digitorum longus bis zum medialen Knöchel, unterkreuzt dann den M. abductor hallucis und teilt sich unter dem Muskel dann in die zwei Endäste, die A. plantaris med. und lat. auf, die in der Fußsohle verlaufen.

19. Die A. tibialis post. entläßt distal vom Sehnenbogen des M. soleus die *A. fibularis (peronaea)*, die lateral der Fibula folgt und unter dem M. flexor hallucis longus hindurch zur lateralen Knöchelregion und zum lateralen Bereich des Calcaneus zieht. Kleinere Äste der A. tibialis post. ziehen zum medialen Knöchel *(Rr. malleolares med.)* und zum Calcaneus *(Rr. calcanei)*.

20. Die *A. plantaris med.* tritt in der Fußsohle in die Großzehenloge ein und wendet sich nach medial, während sich die

21. *A. plantaris lat.* schräg nach lateral in die mittlere Fußsohlenloge begibt, und zwischen M. flexor digitorum brevis und M. quadratus plantae in die Kleinzehenloge eintritt. Eine bogenförmig wieder nach medial weiterziehende Arterie bildet den

22. *Arcus plantaris*, der in der tiefen Schicht der mittleren Fußsohlenloge etwa in Höhe der Tarsometatarsalgelenke verläuft und von dem die

23. *Aa. metatarsales plantares* abgehen. Diese versorgen die Muskeln der tiefen Fußsohlenloge (Mm. interossei usw.). Distalwärts gehen sie in die *Aa. digitales plantares communes* über, die sich in Höhe der Zehengrundgelenke jeweils in zwei

24. *Aa. digitales plantares propriae* aufspalten, die die einander zugekehrten Seiten der Zehen versorgen.

Der *Arcus plantaris* anastomosiert mit einem perforierenden Ast des Fußrückens aus der A. dors. pedis (R. plantaris prof.), der den ersten Zwischenknochenraum passiert und damit von der Fußrückenloge in die mittlere Fußsohlenloge überwechselt.

25. Die *A. tibialis ant.* zieht, nachdem sie die Membrana interossea von dorsal nach ventral durchsetzt hat, in der Extensorenloge zwischen dem M. tibialis ant. und M. extensor digitorum longus bzw. im unteren Drittel des Unterschenkels zwischen dem M. tibialis ant. und dem M. extensor hallucis longus distalwärts, unterkreuzt dann die Sehne des M. extensor hallucis longus und heißt jetzt

26. *A. dors. pedis.* Der gerade in distaler Richtung weiter laufende Endast ist die *A.*

metatarsalis dors. I, die die einander zugekehrten Seiten der 1. und 2. Zehe versorgt.

27. Die *A. arcuata* ist dagegen der bogenförmig über den Fußrücken nach lateral ziehende Endast der A. dors. pedis, der die Aa. metatarsales dors. für die Ernährung der Mm. interossei des 2. bis 4. Zwischenknochenraumes übernimmt. Der *R. plantaris prof.* durchbohrt den 1. Zwischenknochenraum und beteiligt sich an der Bildung des *Arcus plantaris* in der Fußsohle. Die Versorgung der *Zehen* erfolgt am Fuß (im Gegensatz zur Hand) in der Hauptsache aus den Ästen des Arcus plantaris, der dem Arcus palmaris prof. der Hand vergleichbar ist.

2. Venen

Wie an der oberen Extremität müssen auch am Bein tiefe, die Arterien begleitende Venen und oberflächliche Hautvenen (ohne Arterienbegleitung) unterschieden werden. Die tiefen Venen tragen dieselben Bezeichnungen wie die Arterien und sind meist in der Zweizahl vorhanden (Abb. 89). Sie sind durch zahlreiche, strickleiterartig angeordnete Anastomosen miteinander verbunden und liegen mit den Arterien zusammen in einer derben Bindegewebsscheide.

Die *Hautvenen* haben andere Aufgaben und sind nicht in die Muskellogen eingebaut. Sie stehen aber mit den tiefen Beinvenen

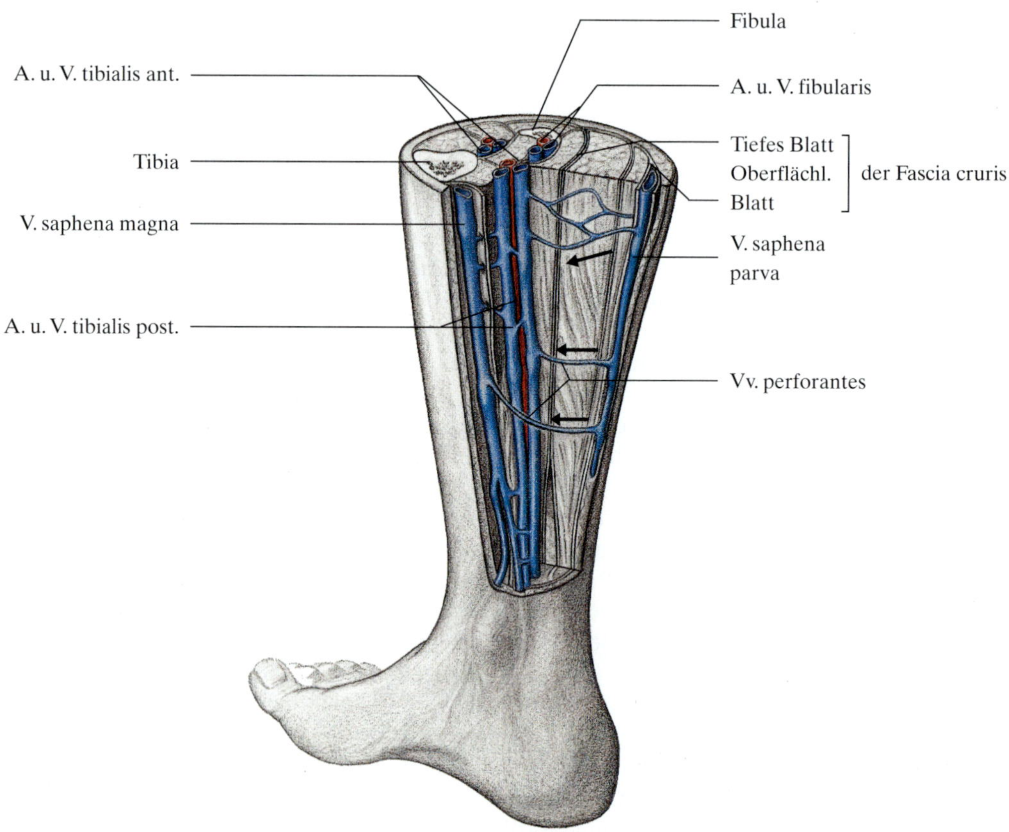

Abb. 89. Venentypen und Gefäßstraßen am Unterschenkel (nach Aigner). Pfeile = normale Flußrichtung in den Vv. perforantes.

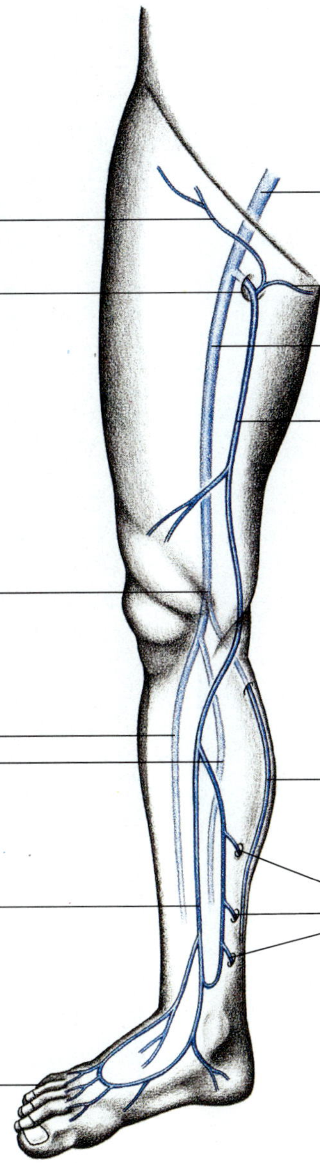

Abb. 90. Venensystem des Beines (von medial). Die oberflächlichen Hauptvenen perforieren die Faszie und fließen zum tiefer gelegenen Venensystem ab (Cockett-Venen).

durch Perforansvenen (Cockett-Venen) in Verbindung, die durch die Faszien hindurchgehen, und zu den tiefen Beinvenen drainiert werden. Besonders an der medialen und dorsalen Seite des Unterschenkels finden sich zahlreiche solcher Perforansvenen.

Klinische Hinweise. Die oberflächlichen Hautvenen sowie die Perforansvenen zeigen, besonders in höherem Alter, wahrscheinlich angeborene, pathologische Veränderungen ihrer Wandstruktur, die

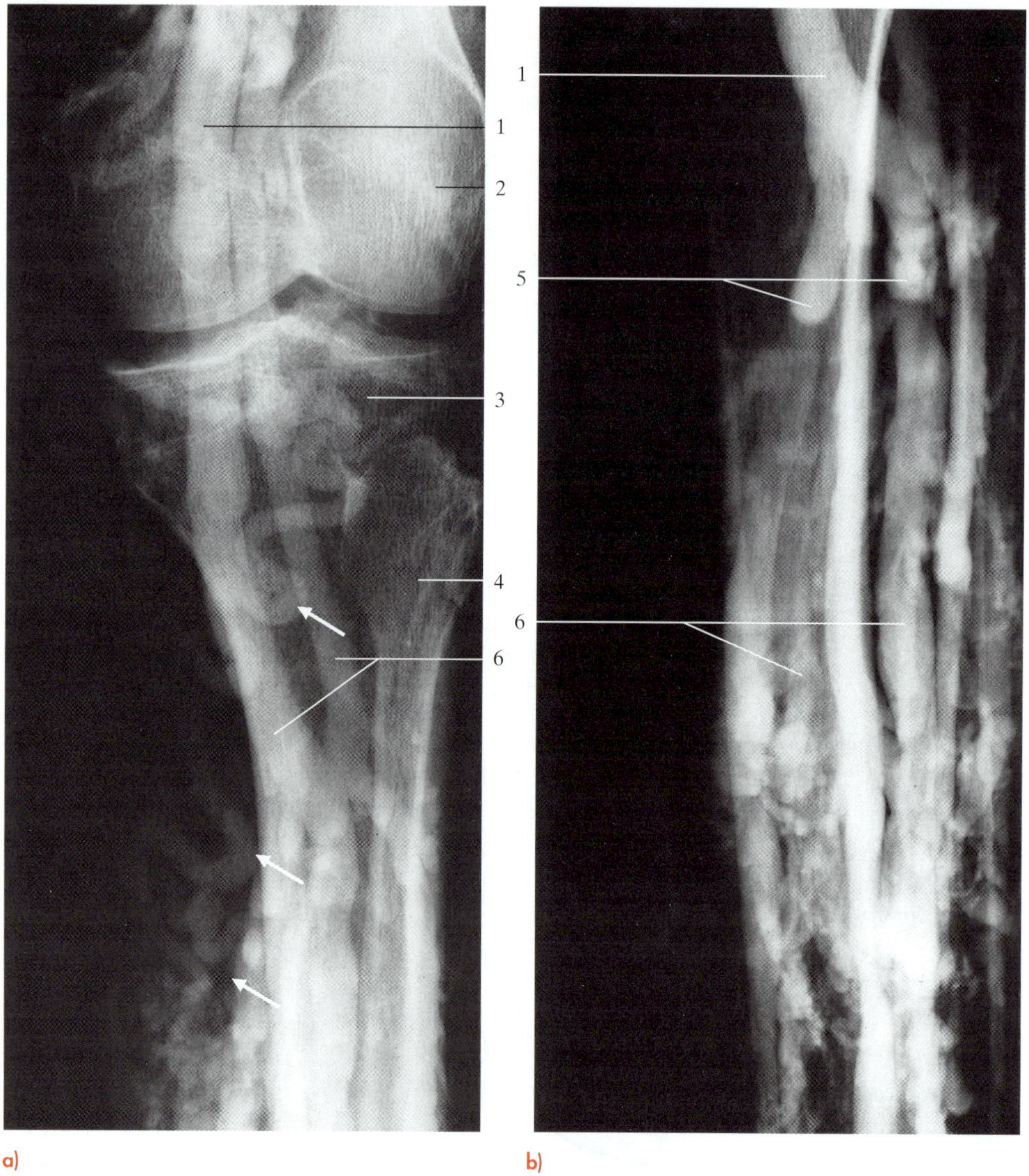

Abb. 91. a u. b) Phlebogramme der Unterschenkelvenen (linkes Bein); (Röntgenaufnahme nach intravenöser Injektion von Kontrastmitteln). Man beachte die varizenartige Erweiterung und Schlängelung der oberflächlichen Venen (Pfeile). 1 = V. poplitea; 2 = Femur; 3 = Tibia; 4 = Fibula; 5 = Venenklappen; 6 = tiefe Unterschenkelvenen.

zu Stauungen und Erweiterungen (sog. *Krampfadern* oder *Varizen*), ggf. auch zu schwerheilenden Unterschenkelgeschwüren (Ulcus cruris) führen können (Abb. 91).

Die *V. iliaca ext.* führt das venöse Blut von Bauchwand und Bein zur unteren Hohlvene (V. cava inf.) und weiter zum Herzen. In der Lacuna vasorum liegt die Vene medial von der Arterie. Distal vom Leistenband

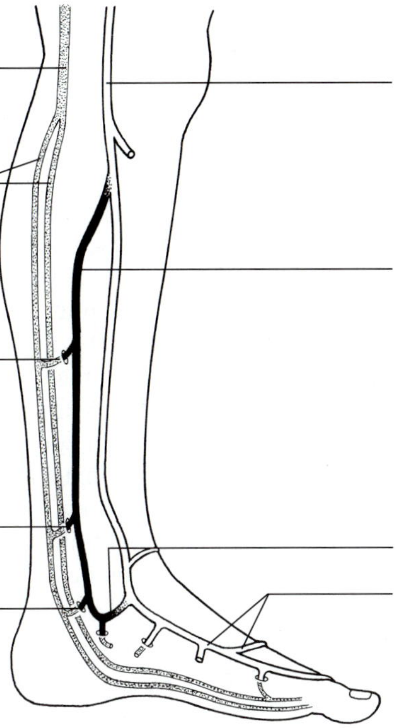

Abb. 91. c) Schema zur Lokalisation der »V. arcuata cruris post.« und der von ihr abgehenden Perforansvenen. Linker Unterschenkel und Fuß von medial. Nach F. Platz u. G. Adelmann (1976); aus May R, Partsch H, Staubesand J (Hrsg). Venae perforantes. München, Wien, Baltimore: Urban & Schwarzenberg 1981.

heißt sie *V. femoralis*. Das Venenblut aus dem Bereich des hinteren Blattes der Rektusscheide und der Bauchwand strömt über die *V. epigastrica inf.* und vom seitlichen Beckenrand über die *V. circumflexa iliaca prof.* in die V. iliaca ext.

Die *V. femoralis* liegt distal vom Leistenband relativ oberflächlich unter der Fascia lata. Wenige Zentimeter distal vom Lig. inguinale besitzt die Fascia lata ein Loch, durch das die große Hautvene des Beines, die *V. saphena magna*, hindurchtritt und in die V. femoralis einmündet (Hiatus saphenus). In diesem Bereich vereinigen sich auch die von der Haut der vorderen Bauchwand kommende *V. epigastrica superf.* sowie die von den Hautbezirken der seitlichen Beckenwandung kommende *V. circumflexa iliaca superf.* und die vom äußeren Genitale stammenden *Vv. pudendae ext.* mit der V. saphena magna oder V. femoralis. Die V. saphena magna erhält ihre Zuflüsse aus dem oberflächlichen Venengeflecht des Fußrückens *(Rete venosum dors. pedis)*, das mit einem weitgeschwungenen Venenbogen *(Arcus venosus dors. pedis)* in Höhe der Zehengrundgelenke, der teilweise auch das venöse Blut der Zehen aufnimmt, in Verbindung steht (Abb. 90). Am medialen Fußrand beginnend, zieht die V. saphena magna dann *vor* dem medialen Knöchel an der Innenseite des Unterschenkels nach oben, wendet sich dann zur Beugeseite des Kniegelenkes und verläuft weiter proximal dann an der ventromedialen Seite des Oberschenkels, wo sie durch den Hiatus saphenus hindurch in die V. femoralis einmündet. Dorsal liegt die *V. saphena parva*. Diese entsteht am lateralen Fußrand, wendet sich hinter dem lateralen Malleolus zur Rückfläche des Unterschenkels, tritt zwischen den beiden Gastroknemiusköpfen durch die Fascia cruris hindurch und mündet im Bereich der Kniekehle in die V. poplitea ein (Abb. 89 u. 90). Die beiden Vv. saphenae stellen die wichtigsten Hautvenen für die Drainage des oberflächlichen Venenblutes der unteren Extremität dar.

3. Nerven

Übersicht

Die Innervation des Beines folgt ursprünglich in ähnlicher Weise wie beim Arm dem metameren oder segmentalen Ordnungsprinzip. Durch das radiäre Auswachsen der embryonalen Beinanlage verschieben sich jedoch die segmentalen Hautfelder der sieben zugehörigen Segmente (L_2–S_3) in der Längsrichtung gegeneinander, wobei zugleich eine merkliche Einwärtsdrehung erfolgt, so daß die »Nahtlinie« der Segmente nach dorsal rückt. Die Segmente L_5 und S_1 an der Spitze der Beinanlage verschieben sich am weitesten nach peripher und verlieren schließlich ganz den Kontakt mit den rumpfnahen Segmenten (Abb. 92). Da die Extremitätenanlagen an der ventralen Körperwand entstehen, beteiligen sich auch nur die ventralen Äste der Spinalnerven an deren Innervation. Der die untere Extremität versorgende *Plexus lumbosacralis* bildet sich aus den ventralen Ästen der lumbalen, sakralen und kokzygealen Spinalnerven (L_1–L_5, S_1–S_5, Co). Verflechtungen mit den unteren thorakalen Segmenten (Th_{11}, Th_{12}) sind häufig.

Das Lendengeflecht *(Plexus lumbalis)* umfaßt den oberen Teil des Plexus lumbosacralis, d.h. die Segmente Th_{12}–L_3. Die Stämme des Plexus lumbalis liegen innerhalb des M. psoas major zwischen der oberflächlichen und tiefen Schicht des Muskels. In dieser Schicht zieht der Hauptnerv des Plexus, der N. femoralis kaudalwärts zur Lacuna musculorum und zur Ventralseite des Oberschenkels. Nach lateral gehen vom Plexus mehrere lange Nerven ab, die in der seitlichen und vorderen Rumpfwand ähnlich wie die Interkostalnerven in segmentartigen Abständen nach vorne ziehen und die Bauchmuskulatur sowie die zugehörigen Hautsegmente versorgen. Diese Nerven verlaufen zwischen dem M. transversus abdominis und M. obliquus int. abdominis nach vorne bis zum M. rectus abdominis.

Ähnlich wie bei den Interkostalnerven werden auch von ihnen lateral und vorne Rr. cutanei zur Haut abgegeben. Wenn die Äste des Plexus lumbalis auch hier und da Anastomosen untereinander eingehen, entspricht ihr Innervationsmuster doch noch weitgehend dem Segmentschema der Brustwand (vgl. S. 39).

Plexus lumbalis

Kurze Muskeläste entspringen direkt aus dem Plexus und versorgen die benachbarten Muskeln ventraler Herkunft (M. quadratus lumborum, M. psoas major und minor, Mm. intertransversarii lat. lumborum).

Äste des Plexus lumbalis

1. Der *N. iliohypogastricus* (Th_{12}, L_1) zieht hinter dem Nierenlager auf dem M. quadratus lumborum schräg abwärts, zwischen M. transversus und M. obliquus int. abdominis nach vorne und medial, handbreit oberhalb des Leistenbandes zur Bauchwand.

2. Der *N. ilioinguinalis* (L_1) verläuft im wesentlichen parallel zum vorigen Nerven, erreicht zusammen mit dem Samenstrang den Hodensack (bei der Frau mit dem Lig. teres uteri die großen Labien) und die Peniswurzel *(Nn. scrotales bzw. labiales ant.)*.

Gliederung der Plexus lumbosacralis

Th_{12}–$L_{3/4}$ Plexus lumbalis $L_{3/4}$–$S_{4/5}$ Plexus sacralis $S_{4/5}$–$Co_{1/3}$ Plexus coccygeus	Plexus lumbosacralis

3. Der *N. genitofemoralis* (L_1, L_2) durchbricht ventral den M. psoas major und spaltet sich in zwei Äste auf; der *R. genitalis* zieht durch den Leistenkanal zum äußeren Genitale, wo er den Samenstrang begleitet, den M. cremaster und die Tunica dartos versorgt; der *R. femoralis* zieht unter dem Leistenband hindurch zur Haut des Oberschenkels und der Leistenregion.

4. Der *N. cutaneus femoris lat.* (L_2, L_3) erreicht durch die Lacuna musculorum die Haut an der lateralen Seite des Oberschenkels.

5. Der *N. femoralis* (L_1–L_4) ist der Hauptnerv des Plexus lumbalis und erhält in der Regel Zuflüsse aus vier Segmenten (Abb. 93). Er versorgt motorisch den M. quadriceps femoris und M. iliopsoas und sensibel die Haut des Oberschenkels sowie die Haut der Innenseite des Unterschenkels. Nach Durchtritt durch die Lacuna musculorum fächert er sich rasch in zahlreiche Äste für den M. quadriceps femoris, M. sartorius und M. pectineus sowie für die Haut der Vorderfläche des Oberschenkels *(Rr. cutanei ant.)* auf. Der längste dieser Hautäste ist der *N. saphenus*, der mit den Schenkelgefäßen zunächst in den Adduktorenkanal eintritt, diesen aber wieder verläßt und mit der V. saphena magna zusammen an der Medialseite des Unterschenkels bis zum medialen Fußrand verläuft (Rr. cutanei cruris med.). Bogenför-

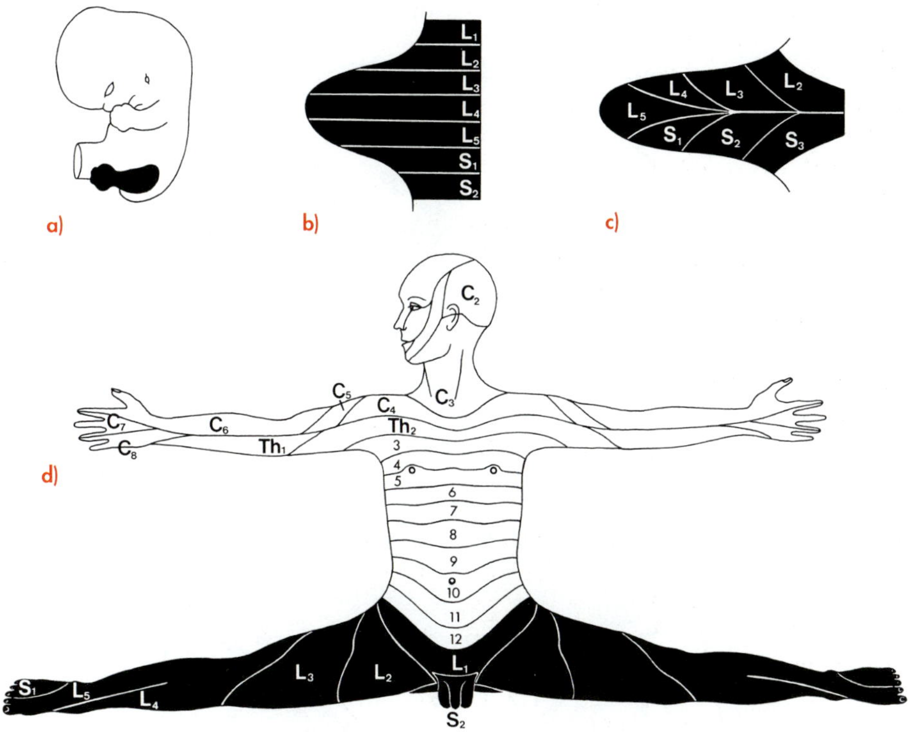

Abb. 92. Entwicklung der Segmentgliederung der unteren Extremität (schwarz). Man beachte die Distalwärtsverschiebung der Segmente L_4, L_5 und S_1.

Kennmuskeln für Myotome

L_2 = M. cremaster
L_3 = Adduktoren
L_4 = M. quadriceps femoris
L_5 = M. extensor hallucis longus
S_1 = M. triceps surae
$S_{3/4}$ = M. sphincter ani ext.

Kenndermatome

L_4 = Knie
L_5 = Großzehe
S_1 = Kleinzehe
$S_{3/4}$ = Perianalhaut

mig zur Knieregion abzweigende Hautäste kommen vom *R. infrapatellaris*.

6. Der *N. obturatorius* (L_2–L_4) zieht an der Seitenwand des kleinen Beckens entlang und durch den Canalis obturatorius hindurch zur Adduktorenmuskulatur des Oberschenkels (Abb. 93 u. 94). Mit seinen beiden Ästen (R. ant. und R. post.) versorgt er motorisch die Adduktoren sowie den M. pectineus und M. gracilis, und sensibel einen kleinen Hautbezirk an der Medialseite des Oberschenkels.

Plexus sacralis

Der Plexus sacralis umfaßt die Segmente L_4–S_3 und die rudimentären Schwanzsegmente (Co_{1-3}). Er ist das mächtigste Nervengeflecht des Körpers und läßt kräftige Nerven wie den N. ischiadicus und den N. pudendus aus sich hervorgehen.

Der *Plexus sacralis* versorgt die Glutäalregion, die Dorsalseite des Oberschenkels sowie den gesamten Unterschenkel und Fuß motorisch und sensibel. Die kräftigen Nervenstränge liegen an der Innenseite des kleinen Beckens vor dem M. piriformis, konvergieren zum For. infrapiriforme hin und schließen sich distal davon zu dem mächtigen N. ischiadicus zusammen, der dann in die Glutäalregion übertritt (Abb. 93–96).

Hier zweigen noch (vom Plexus selbst oder bereits vom N. ischiadicus) mehrere Muskeläste zu den kleinen Rotatoren des Oberschenkels ab (M. piriformis, M. gemellus sup. und inf., M. obturator int., M. quadratus femoris).

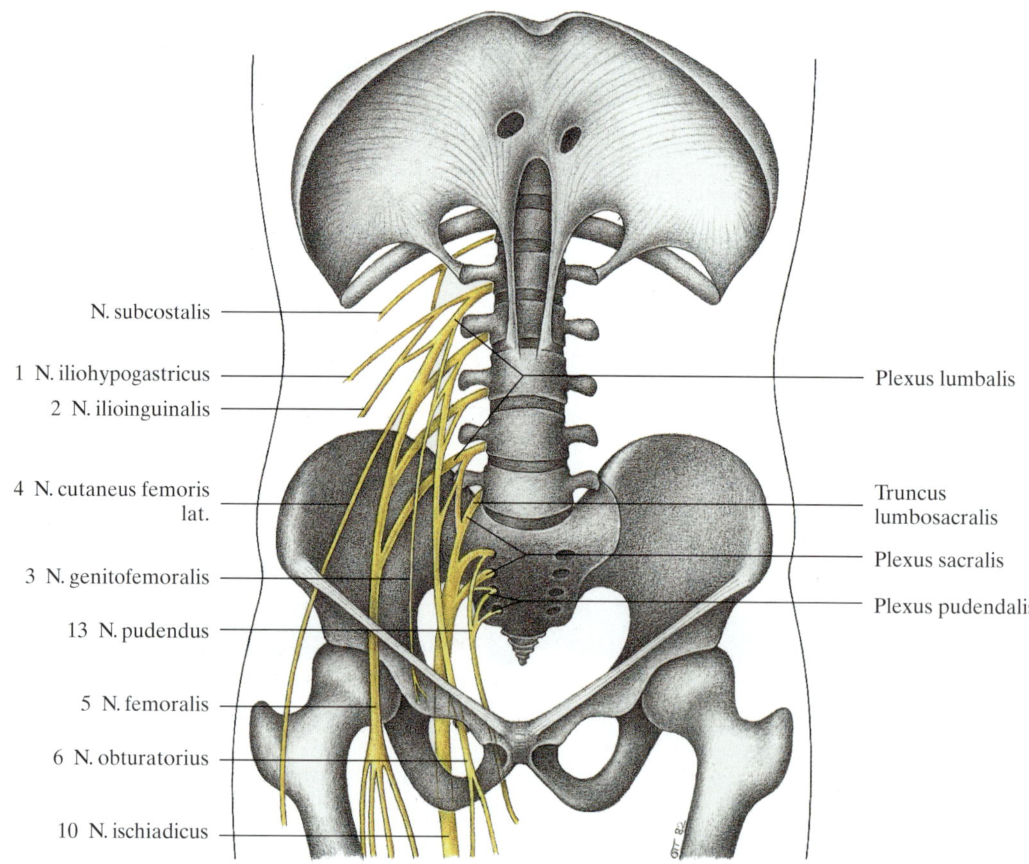

Abb. 93. Hauptäste des Plexus lumbosacralis. Schematische Darstellung; Ventralansicht (Nummern s. Tab. S. 143).

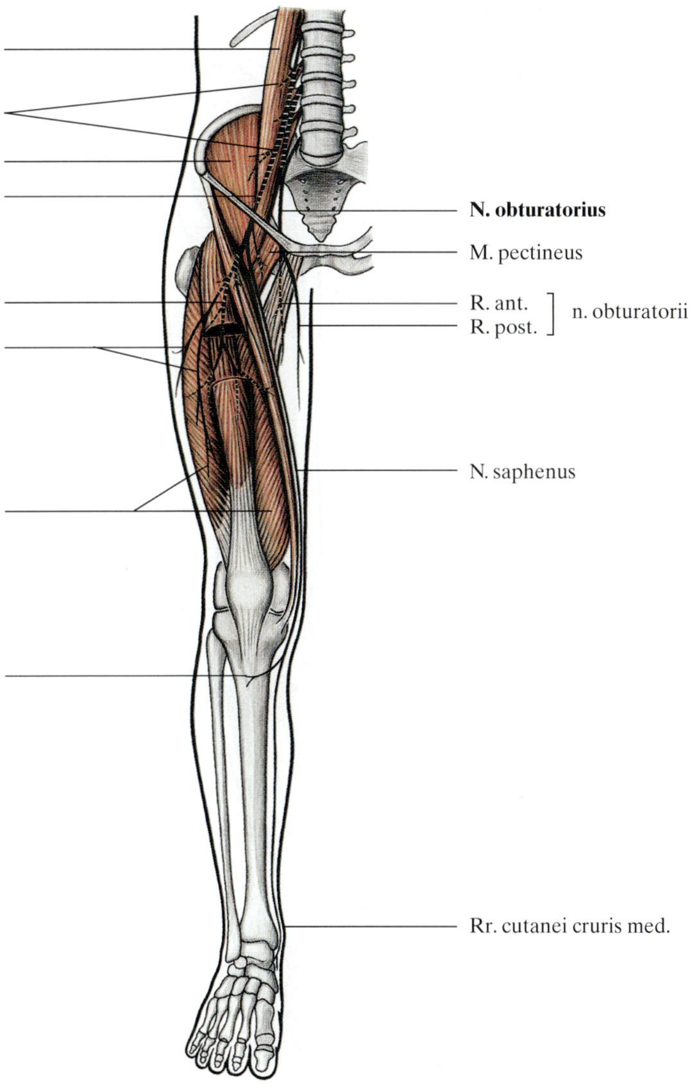

Abb. 94. Astfolge des N. femoralis und zugehörige Muskelgruppen (braun). Zusätzlich ist der N. obturatorius, der sich am Oberrand des M. adductor brevis in seine zwei Endäste aufspaltet, dargestellt (modif. nach M. Clara).

Äste des Plexus sacralis

7. Der *N. glutaeus sup.* (L_4–S_1) gelangt durch das For. suprapiriforme in die Schicht zwischen M. glutaeus medius und minimus, die er zusammen mit dem M. tensor fasciae latae innerviert.

8. Der *N. glutaeus inf.* (L_5–S_2) verläßt das Becken durch das For. infrapiriforme und innerviert den M. glutaeus maximus.

9. Der *N. cutaneus femoris post.* (S_1, S_2) ist ein Hautast, der vom For. infrapiriforme aus zur Rückseite des Oberschenkels, mit einigen rückläufigen Ästen *(Nn. clunium inf.)* zur Gesäßhaut und nach medial zur Dammregion und zum äußeren Genitale *(R. perinealis)* zieht (Abb. 95).

10. *N. ischiadicus* (L_4–S_3). Dieser mächtigste Nerv des Körpers verläßt das kleine

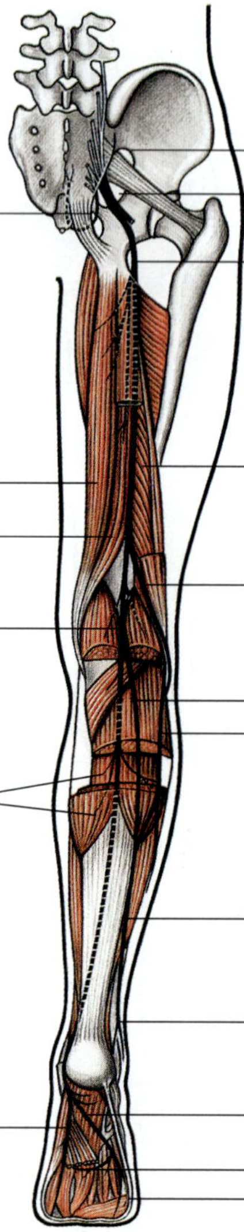

Abb. 95. Astfolge des N. ischiadicus und zugehörige Muskelgruppen (braun). Ansicht von dorsal (modif. nach M. Clara).

Becken durch das For. infrapiriforme, verläuft dorsal über die kleinen Rollmuskeln hinweg zur Flexorenloge des Oberschenkels, wo er den langen Kopf des Bizeps unterkreuzt und dann in die Kniekehle eintritt. In wechselnder Höhe teilt er sich in seine zwei Hauptäste auf, den N. tibialis und N. fibularis communis (Abb. 95–97).

11. Der *N. fibularis communis* (L_4–S_2) läuft innerhalb der Kniekehle am M. biceps femoris entlang nach lateral zum Fibulahals, um den er sich herumschlingt, um in die Peronäusloge einzutreten. Vorher zweigt meist noch der sensible *N. cutaneus surae lat.* zur Haut an der Dorsalseite des Unterschenkels ab. Dann teilt er sich in einen *N. fibularis (peronaeus) superf.* und *prof.* Der N. fibularis superf. durchquert den M. peronaeus longus und erreicht mit seinen Hautästen den Fußrücken (*N. cutaneus dors. med.* und

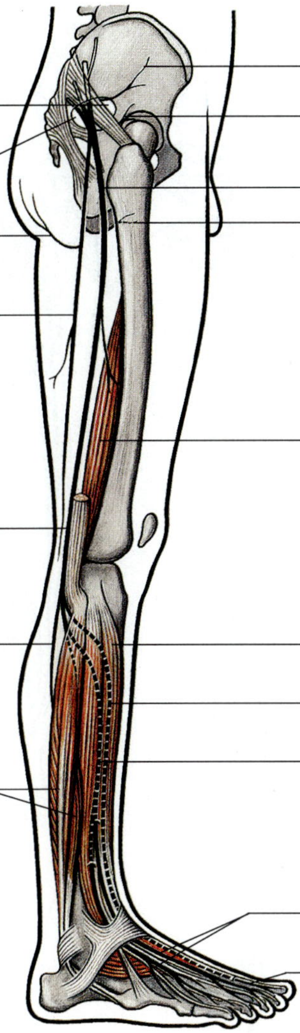

Abb. 96. Astfolge des N. ischiadicus und zugehörige Muskelgruppen (braun). Lateralansicht (modif. nach M. Clara).

intermedius). Der *N. fibularis prof.* biegt in die Extensorenloge des Unterschenkels ein, wo er die Streckermuskulatur innerviert und mit einem Hautast zwischen 1. und 2. Zehe endet (Abb. 96).

12. Der *N. tibialis* (L_4–S_3) verläuft zwischen den beiden Gastroknemiusköpfen durch den Sehnenbogen des M. soleus zur tiefen Flexorenloge des Unterschenkels, wo er hinter dem medialen Knöchel in die Fußsohle übergeht. Der N. tibialis versorgt die gesamte Flexorenmuskulatur und alle Muskeln der Fußsohle sowie die zugehörigen Hautareale. Noch in der Kniekehle zweigt der *N. cutaneus surae med.* ab, der sich mit dem *N. cutaneus surae lat.* aus dem N. fibularis communis zum *N. suralis* vereinigt. Dieser versorgt sensibel den Unterschenkel dorsal und den Fußrand lateral.

In Höhe des Retinaculum flexorum spaltet sich der N. tibialis in seine beiden Endäste auf *(N. plantaris med.* und *lat.)* (Abb. 97). Der N. plantaris med. verläuft

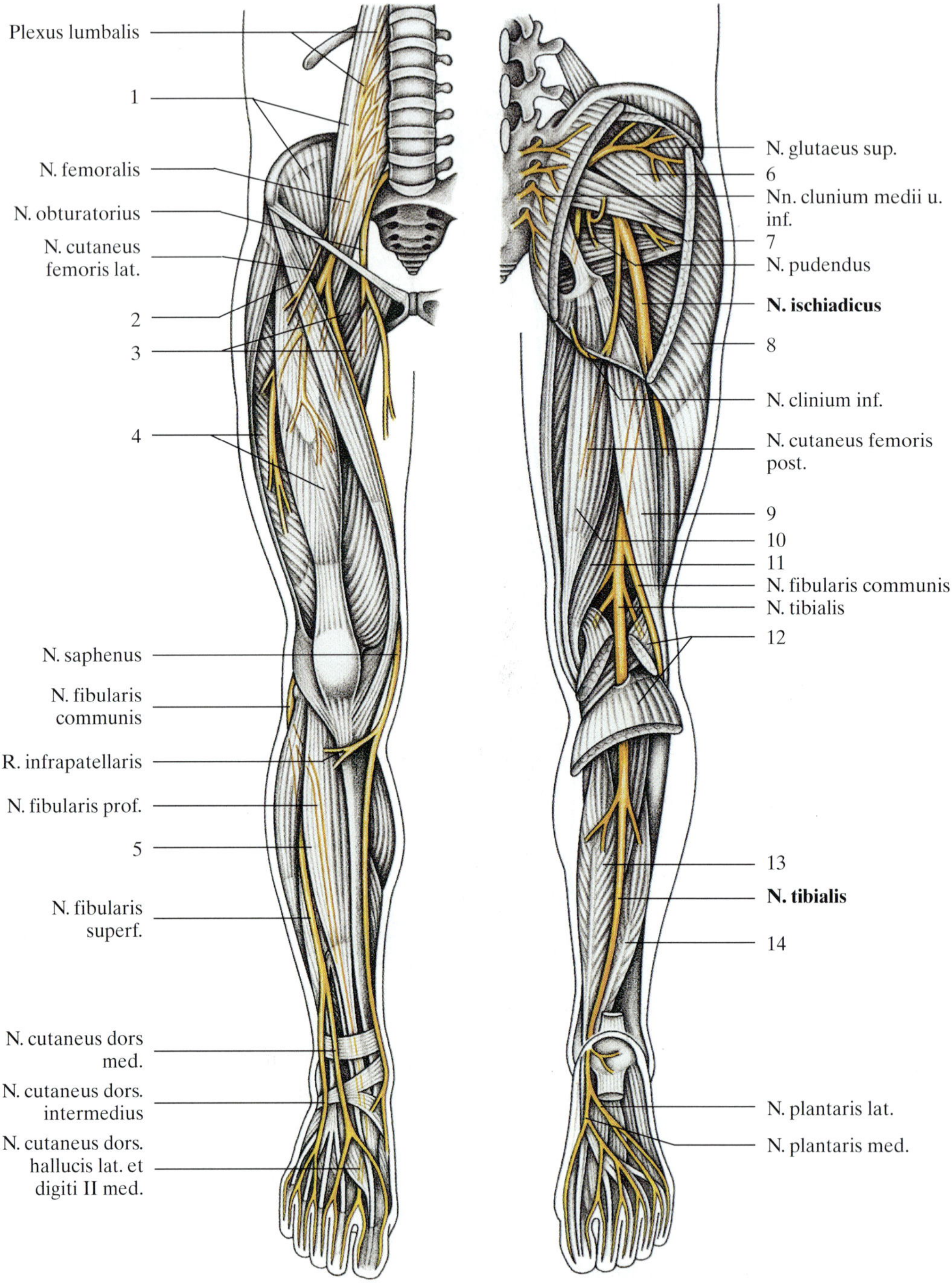

Abb. 97. Verlauf der wichtigsten Nerven des Beines von ventral (links) und dorsal (rechts). **Muskeln:** 1 = M. iliopsoas; 2 = M. sartorius; 3 = Mm. adductores; 4 = M. quadriceps femoris; 5 = M. tibialis ant.; 6 = M. glutaeus minimus; 7 = M. piriformis; 8 = M. glutaeus maximus; 9 = M. biceps femoris; 10 = M. semitendinosus; 11 = M. semimembranosus; 12 = M. triceps surae; 13 = M. flexor digitorum longus; 14 = M. flexor hallucis longus.

Nerven der unteren Extremität

Plexus lumbalis (Th_{12}–L_{3-4})	
1. *N. iliohypogastricus*	Zur lateralen und vorderen Bauchwand
2. *N. ilioinguinalis* Nn. scrotales (labiales) ant.	Durch Leistenkanal zum Hodensack und Penis (Labium majus, Clitoris)
3. *N. genitofemoralis* R. genitalis R. femoralis	Zu Leistenregion, Oberschenkelhaut und Hodenhüllen (M. cremaster)
4. *N. cutaneus femoris lat.*	Zur Haut der lateralen Seite des Oberschenkels
5. *N. femoralis* Rr. cutanei femoris ant. N. saphenus	Zum M. iliopsoas, M. quadriceps femoris, M. sartorius, M. pectineus Zur Haut der Ventralseite des Oberschenkels Zur Haut der Innenseite des Unterschenkels
6. *N. obturatorius* R. ant. R. post.	Durch Canalis obturatorius zur Adduktorenmuskulatur und Haut der Innenseite des Oberschenkels
Plexus sacralis (L_{3-4}–S_{3-4})	
7. *N. glutaeus sup.*	Durch das For. suprapiriforme zum M. glutaeus medius und minimus, M. tensor fasciae latae
8. *N. glutaeus inf.*	Durch das For. infrapiriforme zum M. glutaeus maximus
9. *N. cutaneus femoris post.* Nn. clunium inf. Rr. perineales	Zur Haut der Dorsalseite des Oberschenkels, der Glutäalregion und des Dammes
10. *N. ischiadicus*	Durch das For. infrapiriforme zur Flexorenloge des Oberschenkels, zum Unterschenkel und Fuß
11. *N. fibularis (peronaeus) communis* N. cutaneus surae lat. N. fibularis superf. N. fibularis prof.	Lateraler Ast des N. ischiadicus – zu den Extensoren und Mm. peronaei von Unterschenkel und Fußrücken – gibt einen Ast für den N. suralis ab – sensibel für die dorsolaterale Seite des Unterschenkels Für Mm. peronaei und Haut des Fußrückens Für Extensorenmuskulatur am Unterschenkel und Fuß
12. *N. tibialis* N. cutaneus surae med.	Medialer Ast des N. ischiadicus – zur Flexorenloge des Unterschenkels und zur Fußsohle Mediale Wurzel des N. suralis – sensibel für dorsolaterale Seite des Unterschenkels
N. plantaris med. N. plantaris lat.	Zur Großzehenloge – 3 1/2 Zehen sensibel Zur mittleren Fußsohlen- und Kleinzehenloge 1 1/2 Zehen sensibel
13. *N. pudendus* Nn. rectales inf. Nn. perineales Nn. scrotales (labiales) post. N. dors. penis (clitoridis)	Durch das For. infrapiriforme und For. ischiadicum minus zum Beckenboden, äußeren Genitale und Analkanal Zum Damm Zum Hodensack bzw. zu den Labia majora Zum Penis bzw. zur Clitoris
Plexus coccygeus (S_{4-5}–Co_{1-3})	
N. coccygeus	Letzter Spinalnerv – zur Haut über dem Steißbein
Nn. anococcygei	Durchbohren Lig. anococcygeum – zum Anus und zur Haut

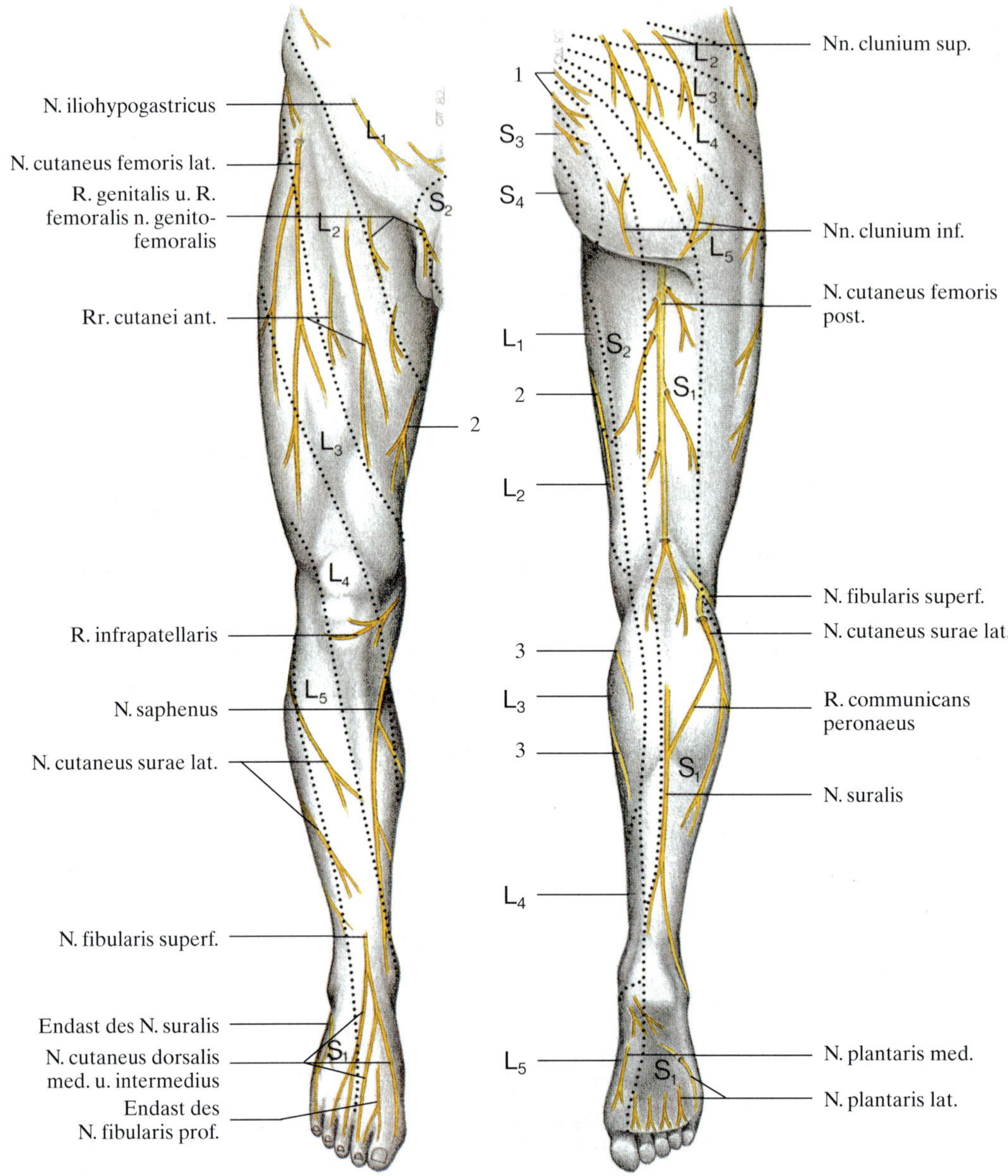

Abb. 98. Hautnerven des rechten Beines von ventral (links) und dorsal (rechts). Punktierte Linien = Segmentgrenzen. 1 = Nn. clunium medii; 2 = R. cutaneus n. obturatorii; 3 = Rr. cutanei cruris med. n. sapheni.

in der Großzehenloge, deren Muskeln er auch innerviert (dem N. medianus vergleichbar). Der *N. plantaris lat.* zieht zur Kleinzehenloge (dem N. ulnaris vergleichbar).

13. Der *N. pudendus* (S_3–S_4) verläßt das kleine Becken durch das For. infrapiriforme, tritt aber gleich durch das For. ischiadicum minus in die Fossa ischiorectalis ein und versorgt das äußere Geni-

tale, den Beckenboden, die Dammregion (*Nn. perineales, Nn. scrotales* bzw. *labiales post.*) und den Analkanal (*Nn. rectales inf.*). Sein Endast (*N. dors. penis* bzw. *clitoridis*) zieht zur Glans penis (clitoridis).

Plexus coccygeus (S_{4-5}–Co_{1-3})

Der Plexus coccygeus ist das rudimentäre Schwanzgeflecht. Die *Nn. anococcygei* versorgen die Haut um den Analkanal.

Übersicht über die sensible Innervation des Beines

Hauptgebiete	Oberschenkel	Unterschenkel	Fuß
Ventral:	N. femoralis	N. saphenus	Fußsohle $3\frac{1}{2}$ Zehen (N. plantaris med.) $1\frac{1}{2}$ Zehen (N. plantaris lat., r. superf.)
Lateral:	N. cutaneus femoris lat.	N. cutaneus surae lat.	N. suralis
Medial:	N. obturatorius	N. cutaneus surae med. N. saphenus	N. saphenus N. fibularis superf.
Dorsal:	N. cutaneus femoris post.	N. suralis	Fußrücken N. fibularis superf.[1]

[1] Mit Ausnahme der einander zugekehrten Flächen der 1. u. 2. Zehe, die vom N. fibularis prof. versorgt werden.

Übersicht über die motorische Innervation des Beines

Nerv	Oberschenkel	Unterschenkel	Fuß
N. obturatorius	Adduktoren[1]	–	–
N. femoralis	Strecker	–	–
N. tibialis	Beuger[2]	Beuger	Beuger
N. fibularis superf.	–	Mm. peronaei	–
N. fibularis prof.	–	Strecker	Strecker

[1] Der M. pectineus wird vom N. obturatorius und N. femoralis, der M. adductor magnus vom N. obturatorius und N. tibialis versorgt.
[2] Mit Ausnahme des Caput breve des M. biceps femoris, der vom N. fibularis communis versorgt wird.

Hautnerven des Beines

	Ventral		Dorsal
Oberschenkel	R. femoralis n. genitofemoralis N. cutaneus femoris lat. R. cutaneus n. obturatorii Rr. cutanei ant. n. femoralis		N. cutaneus femoris post.
Unterschenkel	N. cutaneus surae lat. (Endäste) N. saphenus R. infrapatellaris n. sapheni		N. cutaneus surae med. N. cutaneus surae lat. N. suralis
Fuß	*Dorsum pedis* N. cutaneus dors. med N. cutaneus dors. intermedius N. cutaneus dors. lat. (N. suralis) N. fibularis prof. (Endäste)	} Endäste N. fibularis superf.	*Planta pedis* N. plantaris lat. N. plantaris med.

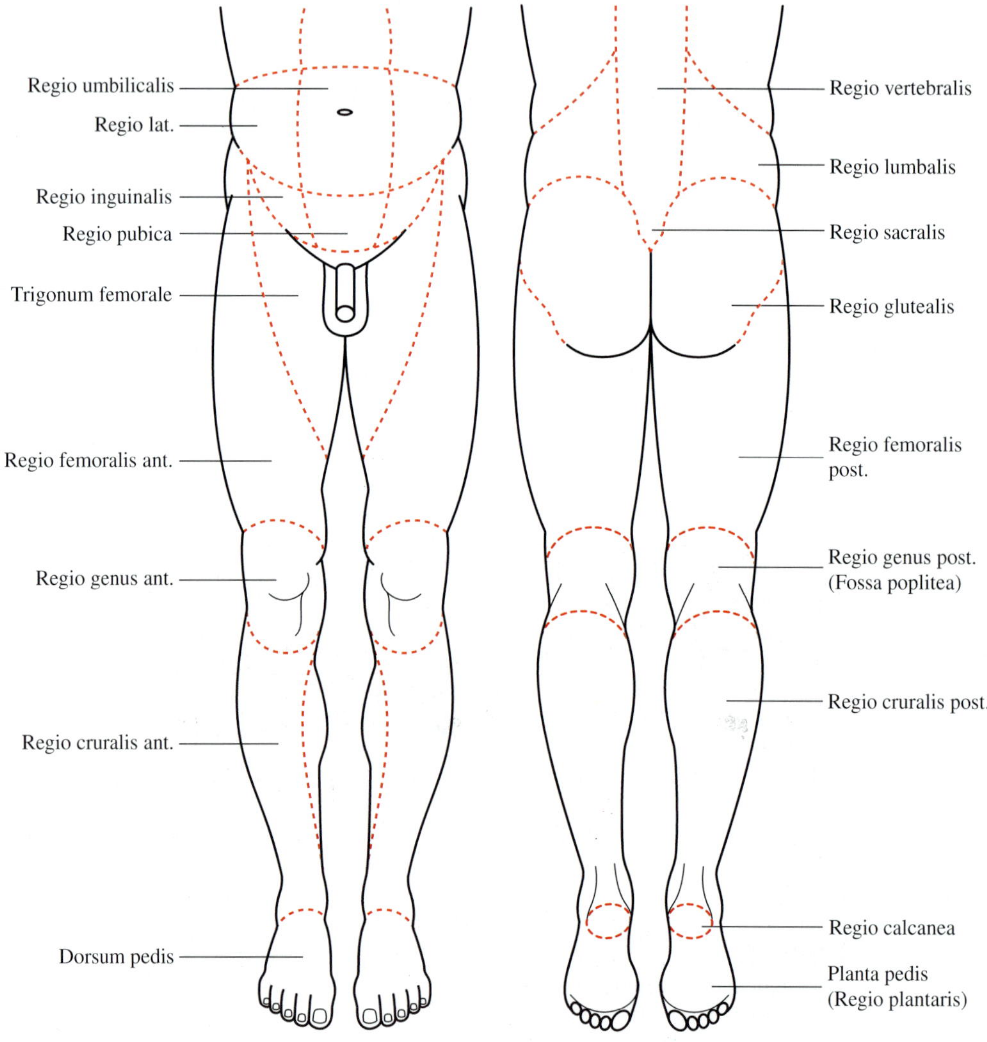
Regio umbilicalis
Regio lat.
Regio inguinalis
Regio pubica
Trigonum femorale
Regio femoralis ant.
Regio genus ant.
Regio cruralis ant.
Dorsum pedis
Regio vertebralis
Regio lumbalis
Regio sacralis
Regio glutealis
Regio femoralis post.
Regio genus post. (Fossa poplitea)
Regio cruralis post.
Regio calcanea
Planta pedis (Regio plantaris)

B. Topographische Anatomie der unteren Extremität

Durch die in der Evolution erreichte Aufrichtung des menschlichen Körpers ist das Bein in eine vertikale Stellung gelangt und zu einer direkten Fortsetzung des Rumpfes geworden. Dadurch haben sich auch die Segmente in die Länge gestreckt und teilweise in die Peripherie verlagert (z. B. bei L_5, S_1). Das Bild der *Hautinnervation* ist stark von diesen Entwicklungsprozessen geprägt worden. In Beinnähe wird die Haut der vorderen Bauchwand, der Leistenregion und des Genitales noch von den parallel in der Bauchwand verlaufenden, die ursprüngliche Metamerie widerspiegelnden Hautnerven des Plexus lumbalis innerviert (N. iliohypogastricus, N. ilioinguinalis, N. genitofemoralis) (Abb. 98). Die Vorderseite des Oberschenkels wird von den Endästen des N. femoralis (Rr. cutanei ant.), die laterale Seite vom N. cutaneus femoris lat., die Medialseite von denen des N. obturatorius und die Dorsalseite von den Hautästen des N. cutaneus femoris post. versorgt. Am Unterschenkel übernehmen medial der N. saphenus, dorsal der N. suralis und lateral sowie auch vorne Äste des N. cutaneus surae lat., der aus dem N. fibularis communis entspringt, im wesentlichen die sensible Versorgung. Die Haut des Fußrückens wird mit Ausnahme der einander zugekehrten Flächen der er-

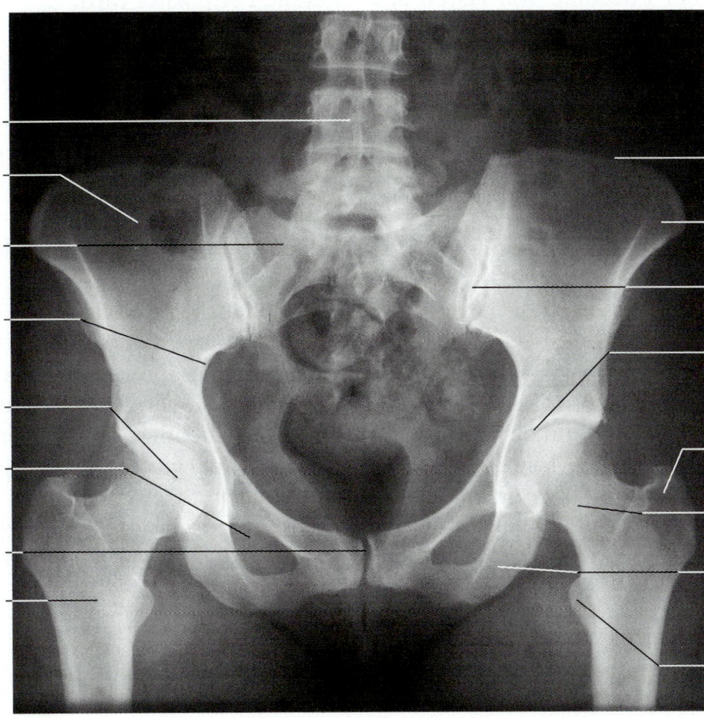

Abb. 99. Röntgenaufnahme von Becken und Hüftgelenken (a.-p. Aufnahme Prof. Dr. R. Flesch, Chirurgische Universitätsklinik, Erlangen).

1. Durchtritte der Leitungsbahnen im Foramen ischiadicum majus
a) Foramen suprapiriforme N. glutaeus sup. aus dem Plexus sacralis, A. und V. glutealis sup. (aus den Vasa iliaca int.). (Diese Leitungsbahnen versorgen den M. glutaeus medius und minimus sowie den M. tensor fasciae latae).
b) Foramen infrapiriforme N. ischiadicus – kann schon hier in seine beiden Hauptstämme (N. tibialis und N. fibularis communis) geteilt sein – innerviert den gesamten Unterschenkel und Fuß, am Oberschenkel nur die ischiokrurale Muskulatur. N. gluteus inf. u. N. cutaneus femoris post. (für die Dorsalseite von Oberschenkel und Gesäß), A. und V. glutealis inf. (aus den Vasa iliaca int. für den M. glutaeus maximus), Rr. musculares (aus dem Plexus sacralis für die kleinen Gesäßmuskeln), A. und V. pudenda int. (aus den Vasa iliaca int.) und der N. pudendus (aus Plexus sacralis, S_1–S_3), beide für die Versorgung von Damm, Anal- und Genitalregion
2. Durchtritte der Leitungsbahnen im Foramen ischiadicum minus
M. obturatorius int. A. und V. pudenda int. N. pudendus

sten und zweiten Zehe, in der Hauptsache von den Endästen des N. fibularis superf. (L_5), die Haut der Fußsohle von Ästen des N. plantaris lat. (S_1) und des N. plantaris med. (L_5) innerviert (Abb. 98). An der Innervation der Steißregion, des Beckenbodens und der Genitalregion beteiligen sich Äste des N. pudendus sowie die Nn. clunium medii (S_1–S_3) und die Nn. anococcygei (Co_{1-2}).

I. Beckengürtel

1. Regio glutealis (Gesäßregion)

Das äußere Erscheinungsbild der Glutäalregion wird weitgehend vom M. glutaeus maximus, dessen unterer Rand aber nicht die Gesäßfalte hervorruft, sondern diese schräg kreuzt, bestimmt (Abb. 100). Die Gesäßfalte entsteht durch einen Faszienstreifen, der vom Tuber ischiadicum ausgeht und das subkutane Fettpolster rafft.

Klinischer Hinweis. Lähmungen der Muskulatur, Luxationen u.a. lassen die Gesäßfalte verschwinden und geben damit wichtige Hinweise auf die Art der Erkrankung.

Die Glutäalfaszie scheidet den M. glutaeus maximus vollständig ein. Sie greift zwischen die groben Muskelbündel in die Tiefe und schafft dadurch eine Kammerung. Abszesse bleiben daher häufig auf diese Kammern beschränkt. Über dem M. glutaeus medius wird die Glutäalfaszie sehr derb. Die beiden kleinen Mm. glutaei liegen somit in einer straffen Bindegewebsloge, so daß entzündliche Prozesse (am häufigsten Spritzenabszesse) auf die Loge beschränkt bleiben und

Begrenzung der Regio glutealis

Kranial:	Beckenrand (Crista iliaca)
Kaudal:	Glutäalfalte (Sulcus glutealis)
Medial:	Analrinne (Crena ani)
Ventral:	Vorderrand des M. tensor fasciae latae und der Spina iliaca ant. sup.

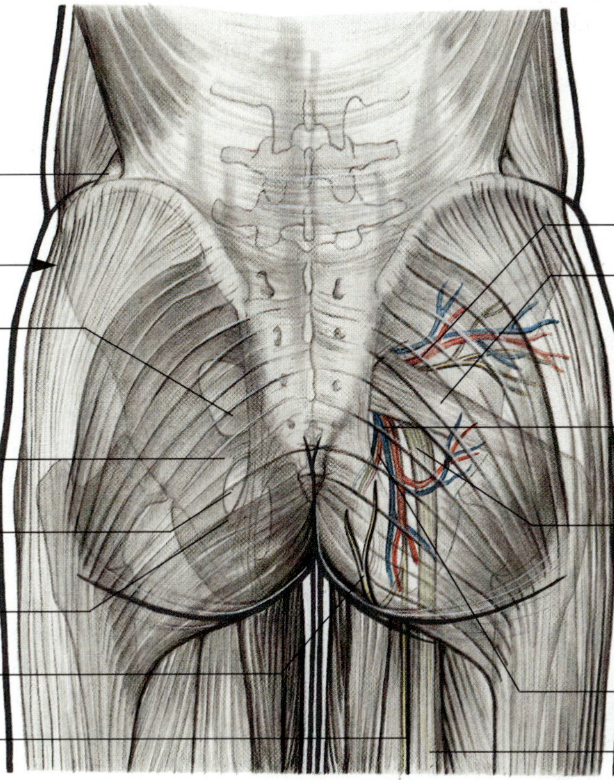

Abb. 100. Regio glutealis und femoralis post. Der Pfeil deutet auf die Einstichstelle bei der intramuskulären Injektion. Bei solchen Injektionen muß die Nadel senkrecht zur Hautoberfläche bis zum M. glutaeus medius geführt werden.

durch die Spannung der Faszie sehr schmerzhaft werden können. Unter dem Glutaeus maximus findet sich ein ausgedehnter Fett- und Bindegewebsraum (Spatium subgluteale), der stellenweise eine Dicke von 2 cm erreicht. Der Boden dieses Raumes wird von den kleinen Außenrollern des Hüftgelenks (M. piriformis, M. obturatorius int., M. gemellus sup. und inf., M. quadratus femoris) gebildet. Das Spatium subgluteale beherbergt die wichtigste Nervenstraße für Gesäß und Bein. Mit den Bindegewebsräumen des Beckens steht dieser Raum durch die Forr. ischiadica in Verbindung.

Das For. ischiadicum majus wird durch den vom Kreuzbein zum Trochanter ziehenden M. piriformis in das For. supra- und infrapiriforme untergliedert. Die pudendalen Leitungsbahnen verlassen das kleine Becken durch das For. infrapiriforme, ziehen dann um die Spina ischiadica und das Lig. sacrospinale herum und dringen in die Fossa ischiorectalis ein (Abb. 101). Sie umgehen damit den hinteren Rand des M. levator ani, verlaufen dann im Canalis pudendalis (Alcock-Kanal), d. h. in einer Duplikatur der relativ derben Faszie des M. obturatorius int., und sind dadurch vom Bindegewebsraum der Fossa ischiorectalis gut abgegrenzt.

Klinische Hinweise. Bei *intramuskulären Injektionen* muß die Region der Forr. ischiadica vermieden werden, da sonst die Gefahr einer Ischiadikus- oder Glutäalnervenschädigung besteht. Man teilt die ganze Glutäalregion durch ein aufrechtes Kreuz in vier Quadranten und injiziert in den vorderen oberen Quadranten (vgl. Pfeil in Abb. 100). Die Injektion erfolgt damit nicht in den M. glutaeus maximus sondern M. glutaeus medius.

Durch die Forr. ischiadica steht der Bindegewebsraum unter dem M. glutaeus maximus und weiter distal die Beugerloge des Oberschenkels mit dem Beckenraum in Verbindung. Phlegmonen, Eiterungen oder Senkungsabszesse können auf diesem Wege distalwärts bis in die Kniekehle vordringen.

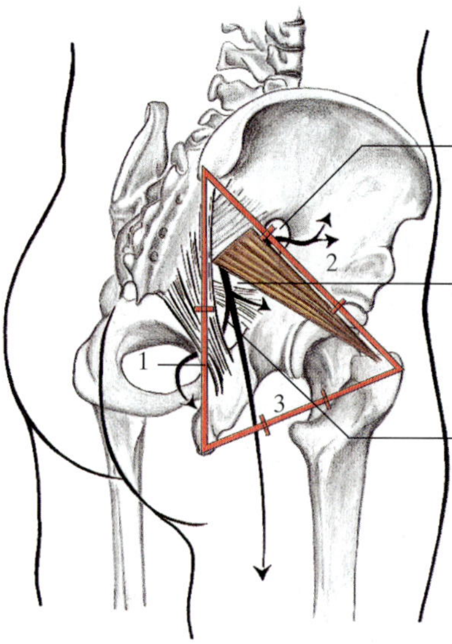

Abb. 101. Hilfslinien im Bereich der Glutäalregion zur Orientierung über die Lage der Forr. ischiadica und der großen Leitungsbahnen (modif. nach v. Lanz u. Wachsmuth).

2. Hüftgelenk (Articulatio coxae)

Das Hüftgelenk ist ein dreiachsiges Nußgelenk mit tiefer Pfanne (Acetabulum) und außerordentlich straffem Bandapparat. Die Kapsel setzt nicht am Labrum acetabulare sondern am Knochen an, so daß die Gelenklippe frei in den Gelenkraum hineinragt und die Gelenkpfanne weiter vertieft wird. Die Kapsel reicht vorn bis zur Linea intertrochanterica, hinten dagegen nur bis zur Mitte des Schenkelhalses. Auf diese Weise liegt die Epiphysenlinie innerhalb des Gelenkes. Während der Wachstumsperiode existiert für die Ernährung des Gelenkkopfes eine besondere Arterie, die im Lig. capitis femoris verläuft und wahrscheinlich in höherem Alter obliteriert (R. acetabularis der A. obturatoria). Da die Gelenkkapsel vorn (Lig. iliofemorale), medial (Lig. pubofemorale) und lateral-oben (Lig. ischiofemorale) durch starke Bänder verstärkt ist, kommen die allerdings seltenen Luxationen bevorzugt im hinteren und unteren Bereich vor.

Klinische Hinweise. Der Bandapparat ist bei leichter Abduktion, Beugung und Außenrotation am besten entspannt, das Volumen des Kapselraumes am größten.

Hilfslinien zur Lokalisation der Forr. ischiadica (s. Ziffern in Abb. 101)

1. Die **Spina-Tuber-Linie:** Zwischen der Spina iliaca post. sup. und dem Tuber ischiadicum. – In der Mitte liegt das For. infrapiriforme (Aufsuchen des N. ischiadicus, der Vasa pudenda int., Unterbindung der A. glutealis inf.).
2. Die **Spina-Trochanter-Linie:** Verbindungslinie vom Trochanter major zur Spina iliaca post. sup. – Zwischen mittlerem und oberem Drittel liegt das For. suprapiriforme (Unterbindung der A. glutealis sup.).
3. Die **Tuber-Trochanter-Linie:** Verbindunglinie vom Trochanter major zum Tuber ischiadicum. – Zwischen dem dorsalen und mittlerem Drittel kann der N. ischiadicus aufgesucht werden. Der N. ischiadicus liegt an dieser Stelle – unter dem M. glutaeus maximus hervortretend – lateral vom langen Bizepskopf, unmittelbar unter der Fascia lata. Eng benachbart läuft der N. cutaneus femoris post. distalwärts.

Das ist die Lage, die der Patient bei Hüftgelenksentzündungen automatisch einnimmt. In fortgeschrittenen Stadien (Einschmelzung des Pfannendaches, Lockerung des Lig. iliofemorale) tritt allerdings eine sekundäre Zwangshaltung in Form einer Beugung mit Innenrotation und Adduktion auf. Der Kapselraum kommuniziert in der Regel mit der Bursa iliopectinea, die sich an der Kreuzungsstelle mit dem M. iliopsoas bildet. Psoasabszesse können daher auf das Hüftgelenk übergreifen. *Punktionen des Gelenkes* sind wegen der Nachbarschaft der großen Leitungsbahnen von ventral oder dorsal schwer möglich. Man punktiert das Gelenk daher meist von lateral-vorn unterhalb der Spina iliaca ant. sup. am lateralen Sartoriusrand oder mehr von der Seite (s. Abb. 103).

Da das Hüftgelenk nicht palpabel ist, kann man sich am besten an der Trochanterspitze über die Stellung des Gelenkkopfs orientieren. Bei der Diagnose von Schenkelhalsbrüchen oder Luxationen sind auch die obigen Linien hilfreich.

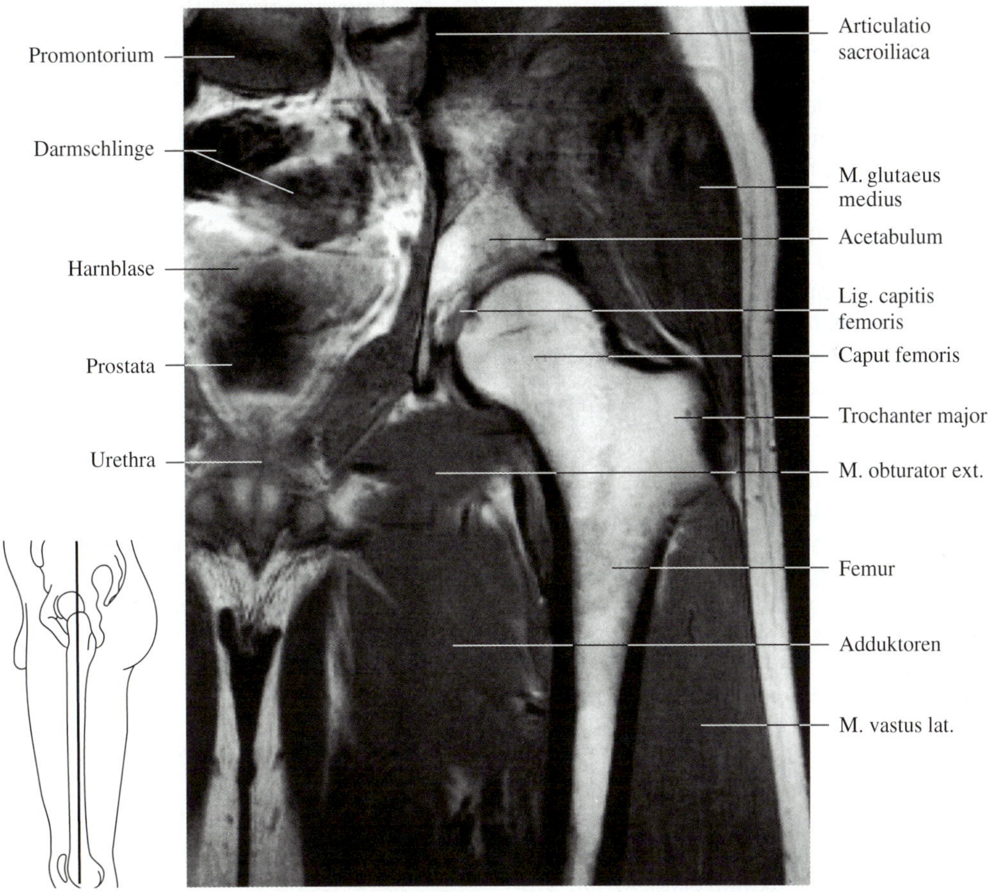

Abb. 102. Koronaler Schnitt durch das linke Hüftgelenk (MR-Aufnahme aus Heuck A, Luttke G, Rohen JW. MR-Atlas der Extremitäten. Stuttgart: Schattauer 1994).

II. Bein

1. Regio femoralis anterior (vordere Oberschenkelregion)

Die Regio femoralis ant. umfaßt die Vorderfläche des Oberschenkels bis handbreit oberhalb des Knies. Die drei Hauptgruppen der Oberschenkelmuskulatur (Beuger, Strekker, Adduktoren) bilden nicht wie die Beuger und Strecker am Arm streng isolierte, durch Septa intermuscularia abgegrenzte Muskellogen (Abb. 103–105).

Die Schenkelfaszie (Fascia lata) schließt alle Muskelgruppen einheitlich zusammen. Sie besitzt wenige Zentimeter distal vom Leistenband eine dünne, perforierte Stelle (Fascia cribrosa), hinter der sich der Hiatus saphenus befindet (Abb. 103). Durch den Hiatus gelangt die V. saphena magna in die V. femoralis. Die begleitenden Lymphgefäße münden in die tiefen inguinalen Lymphknoten ein. Die V. saphena magna ist die mächtigste epifasziale Hautvene des Beines, die am medialen Rand des Unterschenkels die venösen Geflechte des Fußrückens zu einem einheitlichen Stamm zusammenfaßt und am Oberschenkel meist noch einige akzessorische Hautvenen aufnimmt. In der Leistenbeuge münden auch die oberflächlichen Bauchwandvenen (V. epigastrica superf.) und die Venen des äußeren Genitales (Vv. pudendae ext.) in die V. saphena magna. Die zahlreichen Lymphknoten ordnen sich winkelförmig an, so daß ein vertikaler und ein horizontaler Trakt entstehen. Der vertikale Trakt enthält in der Hauptsache die regionären Lymphknoten des Beines, in den horizontalen Trakt strömt die Lymphe der vorderen Bauchwand, des Genitales, der Damm- und Analregion sowie bei der Frau auch die des Uterus (Tubenwinkelbereich), die die Inguinalregion über das Lig. teres uteri und den Leistenkanal erreicht. Die Unterscheidung einer horizontalen und einer vertikalen Lymphknotenreihe kann daher unter Umständen wertvolle diagnostische Hinweise liefern.

An der Vorderfläche des Oberschenkels durchbrechen die Hautäste des N. femoralis die Fascia lata (Rr. cutanei ant.). Die sensible Versorgung wird lateral durch den N. cutaneus femoris lat. und medial durch den R. cutaneus n. obturatorii vervollständigt (Abb. 98 u. 103).

Klinische Hinweise. Da die laterale Seite des Oberschenkels keine größeren Gefäß-Nerven-Straßen besitzt (vgl. Abb. 104), können hier **intramuskuläre Injektionen** in den M. vastus lat. gefahrlos vorgenommen werden.

N. obturatorius und R. femoralis des N. genitofemoralis ziehen an der Wand des kleinen Beckens (z. B. Regio ovarica) vorbei, so daß ausstrahlende Schmerzen an der medialen Seite des Oberschenkels diagnostische Hinweise auf Erkrankungen der Beckenorgane liefern können.

Trigonum femorale

Durch den schrägen Verlauf des M. sartorius wird unterhalb des Leistenbandes das trichterförmige *Trigonum femorale* abgegrenzt, dessen Boden der M. iliopsoas und M. pectineus und dessen mediale Begrenzung der M. adductor longus bildet. Es enthält die aus dem Becken kommenden Leitungsbahnen für das Bein. Die derbe Iliopsoasfaszie verbindet sich mit dem Leistenband durch den Arcus iliopectineus, wodurch die Lacuna vasorum und musculorum voneinander getrennt werden.

Klinische Hinweise. *Femoralhernien* bevorzugen die Lacuna vasorum. Sie können durch den Hiatus saphenus an die Oberfläche treten, wobei der halbmondförmige Faszienstreifen des Hiatus (Margo falciformis) zu einer Inkarzeration des Bruches Veranlassung geben kann. Senkungsab-

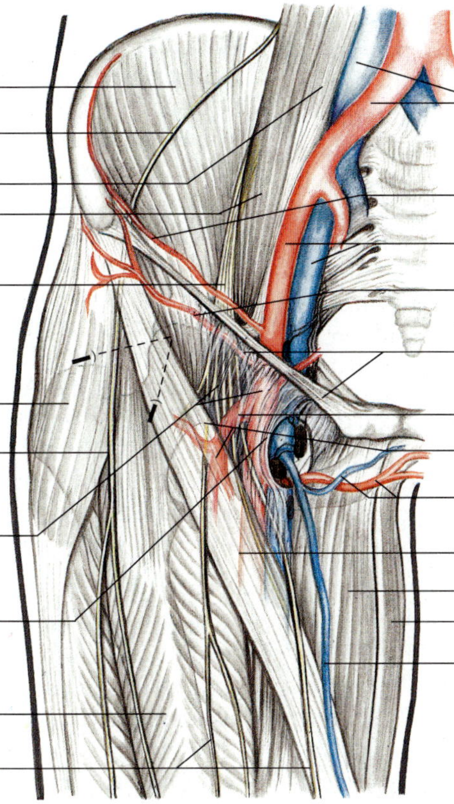

Abb. 103. Regio femoralis ant. Die Linien geben die Richtung der Nadelführung bei intraartikulären Injektionen an. Muskeln: 1 = M. iliacus; 2 = M. psoas minor; 3 = M. psoas major; 4 = M. sartorius; 5 = M. tensor fasciae latae; 6 = M. rectus femoris; 7 = M. adductor longus; 8 = M. gracilis.

1. Lacuna musculorum	
Abgrenzung:	Lig. inguinale Arcus iliopectineus Os ilium
Durchtretende Gebilde:	M. iliopsoas N. cutaneus femoris lat. (aus dem Plexus lumbalis) N. femoralis (aus dem Plexus lumbalis)
2. Lacuna vasorum	
Abgrenzung:	Lig. inguinale Arcus iliopectineus Lig. lacunare und Lig. pectinale Os pubis
Durchtretende Gebilde:	A. femoralis (lateral) V. femoralis (medial gelegen) R. femoralis n. genitofemoralis Lymphgefäße (Vasa lymphatica inguinalia prof.) Rosenmüller-Lymphknoten (»Lacuna lymphatica«)

szesse, die etwa von der Lendenwirbelsäule ausgehen, wandern unter der Psoasfaszie kaudalwärts. Sie können durch die Lacuna musculorum in das Trigonum femorale eintreten und schließlich ebenso durch den Hiatus saphenus an die Oberfläche dringen. Hernien oder Abszesse machen auf diese Weise aus dem pyramidenförmigen Bindegewebsraum des Trigonum femorale einen 3–4 cm langen Schenkelkanal (Canalis femoralis), der dann von der Lacuna vasorum (Anulus femoralis) bis zum Hiatus saphenus reicht. Normalerweise existiert kein abgrenzbarer Kanal dieser Art, da die Lacuna vasorum durch eine dünne, allerdings unvollständige Bindegewebsmembran (Septum femorale) gegen die Bauchhöhle abgeschlossen wird. Die Auflockerung des Beckenbindegewebes während der Gravidität schwächt die Resistenz dieser Membran, weshalb Femoralhernien bei Frauen 4mal so häufig vorkommen wie bei Männern.

Das ventrale Gefäßbündel des Beines betritt von einer eigenen Gefäßscheide umgeben die Regio femoralis durch die Lacuna vasorum. Wenige Zentimeter distal vom Leistenband zweigt die A. prof. femoris nach hinten ab, die sich rasch in die beiden Aa. circumflexae femoris lat. und med. aufteilt. Am Gefäßbündel können drei Strecken unterschieden werden: 1. vom Lig. inguinale zum medialen Sartoriusrand, 2. die Strecke unter dem Sartorius und 3. die Strecke im Adduktorenkanal, über den die Gefäße die Kniekehle erreichen. Die Aa. circumflexae anastomosieren mit den Schenkel- und Beckengefäßen; die Endäste der A. prof. femoris bilden die Aa. perforantes (I, II und III) für die dorsale Oberschenkelregion.

Die A. femoralis liegt distal vom Leistenband zunächst sehr oberflächlich (etwa in der Mitte zwischen Spina iliaca ant. sup. und Tuberculum pubicum).

Klinische Hinweise. Die A. femoralis kann distal vom Leistenband zu diagnostischen und therapeutischen Zwecken punktiert werden (Arteriographie, intraarterielle Infusion usw.). Durch Druck gegen den knöchernen Beckenrand kann sie auch an dieser Stelle abgeklemmt werden (Blutstillung in Notfallsituationen).

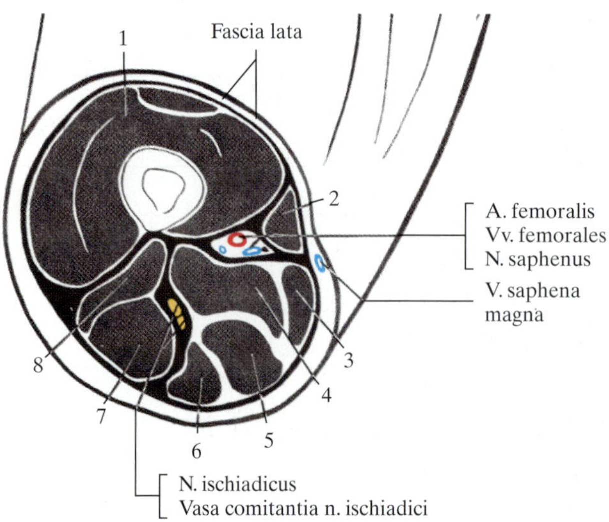

1 = M. quadriceps
2 = M. sartorius
3 = M. gracilis
4 = Mm. adductores
5 = M. semimembranosus
6 = M. semitendinosus
7 = M. biceps femoris (Caput longum)
8 = M. biceps femoris (Caput breve)

Abb. 104. Oberschenkelquerschnitt. Lokalisation der Gefäß-Nerven-Straßen (rechter Oberschenkel von unten).

Die V. femoralis schließt sich der Arterie medial an. Der N. femoralis liegt lateral von der A. femoralis (durch den Arcus iliopectineus von ihr getrennt) und projiziert sich etwa auf die Grenze des mittleren und lateralen Drittels der Distanz zwischen Spina iliaca ant. sup. und Tuberculum pubicum. Er wird von der Fascia iliaca und Fascia lata bedeckt und in die Rinne des M. iliopsoas eingelagert. Der N. cutaneus femoris lat. zieht soweit lateral durch die Lacuna musculorum, daß er – etwa bei starker Lordose der Lendenwirbelsäule – vom angespannten Leistenband eingeklemmt werden und ausstrahlende Schmerzen im Oberschenkelbereich verursachen kann.

Das Gefäßbündel strebt dann in Begleitung des N. saphenus von der Fossa iliopectinea – in der Rinne zwischen Adduktoren und Streckmuskeln gelegen und vom Sartorius bedeckt – abwärts zum Canalis adductorius. Die Verlaufsrichtung der Leitungsbahnen entspricht einer schrägen Linie (Keen-Linie), die von der Mitte des Leistenbandes zum inneren Femurkondylus gezogen wird. Der sensible N. saphenus durchbricht aber bald die vordere Wand des Adduktorenkanals (Lamina vastoadductoria) zusammen mit der A. descendens genicularis und gelangt, vom M. sartorius bedeckt, um den Femurkondylus herum an die mediale Seite des Unterschenkels. Im Adduktorenkanal gruppieren sich die Gefäße neu. Die Arterie bleibt vorn, der Lamina vastoadductoria dicht anliegend, die Vene verlagert sich zunehmend nach hinten. Diese Topographie wird auch in der Kniekehle beibehalten, wo die Vene dann oberflächlicher (hautnäher)

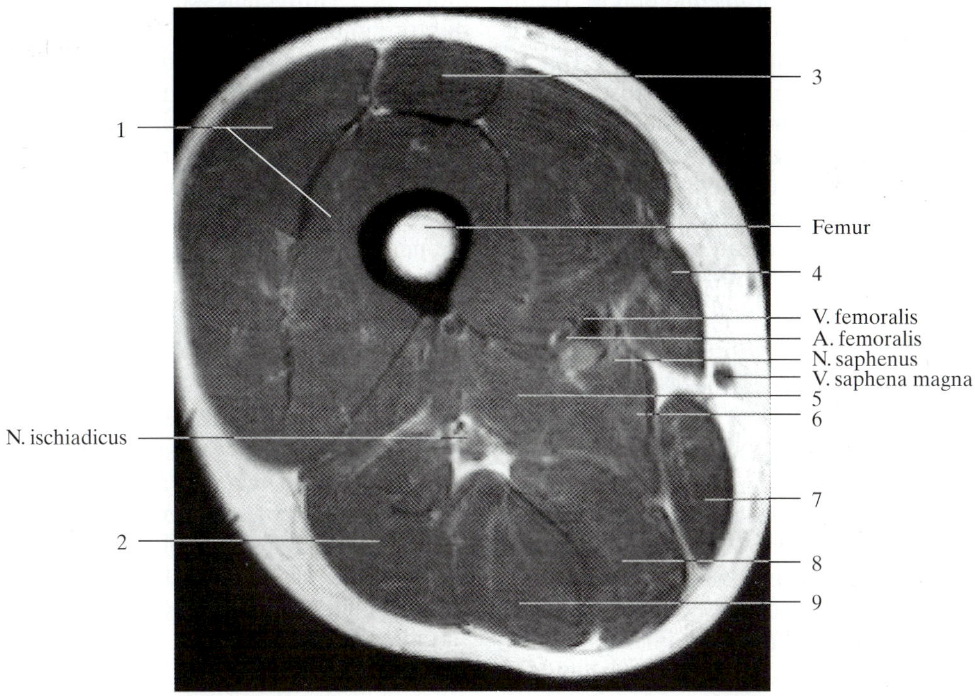

Abb. 105. Querschnitt durch den rechten Oberschenkel. Ansicht von unten (MR-Aufnahme, freundlicherweise zur Verfügung gestellt von Prof. Dr. A. Heuck, München. 1 = M. vastus lat.; 2 = M. biceps femoris; 3 = M. rectus femoris; 4 = M. sartorius; 5 = M. adductor magnus; 6 = M. adductor longus; 7 = M. gracilis; 8 = M. semimembranosus; 9 = M. semitendinosus.

lokalisiert ist. Als Faustregel kann man sich merken: Die A. femoralis versorgt hauptsächlich Unterschenkel und Fuß, die A. prof. femoris dagegen vornehmlich den Oberschenkel.

2. Kollateralkreislauf an Becken und Oberschenkel

A. femoralis und Aa. iliacae bilden insgesamt drei Anastomosensysteme aus: 1. am Beckenkamm, 2. am Hüftgelenk und 3. am Oberschenkelhals. Die A. prof. femoris, die in der Regel 3–6 cm distal vom Leistenband aus der A. femoralis entspringt und hinter ihr verläuft, entläßt zwei größere Äste, die A. circumflexa femoris lat. und med. Variationen der Astfolge und des Aufzweigungsmodus sind in dieser Region besonders häufig. Die A. circumflexa femoris lat. unterkreuzt die Äste des N. femoralis und den M. rectus femoris und teilt sich hier in einen aufsteigenden und einen absteigenden Ast. Der R. ascendens endet unter dem M. tensor fasciae latae und anastomosiert mit Ästen der A. glutealis sup. sowie der A. circumflexa femoris med., so daß ein vollständiger Gefäßkranz um den Schenkelhals herum ausgebildet ist. Die A. circumflexa femoris med. dringt medial zwischen M. iliopsoas und M. pectineus in die Tiefe und anastomosiert mit Ästen der A. obturatoria sowie der A. circumflexa femoris lat.

Klinische Hinweise. Die A. iliaca ext. kann gefahrlos unterbunden werden, da die beiden Aa. circumflexae iliaca superf. und prof. ausreichende Anastomosen nach dorsal mit der A. lumbalis oder iliolumbalis (aus der A. iliaca int.) eingehen. Auch die A. femoralis kann proximal vom Abgang der A. prof. femoris unterbunden werden, da die A. prof. femoris mit Ästen der A. iliaca int. (A. glutealis sup. und A. obturatoria) ausreichende kollaterale Verbindungen besitzt. Distal vom Abgang der A. prof. femoris darf die Femoralarterie nicht unterbunden werden, da hier ausreichende Anastomosen fehlen.

3. Regio obturatoria

Diese Region gehört eigentlich noch zur vorderen Schenkelregion. Die Adduktorengruppe schiebt sich keilförmig zwischen die am Oberschenkel gelegene Extensoren- und Flexorenmuskulatur ein und wird in eine eigene Faszienloge eingeschlossen. Die Leitungsbahnen (Vasa obturatoria und der N. obturatorius) erreichen diese Loge durch den Canalis obturatorius. Die A. obturatoria, ein Ast der A. iliaca int., teilt sich nach Verlassen des Kanals in einen R. ant. und post. Sie liegt hinter dem M. pectineus, der bei der Präparation durchtrennt werden muß, und versorgt über das Lig. capitis femoris den Hüftgelenkskopf sowie die Adduktorenmuskulatur. Der R. post. anastomosiert dorsal mit der A. glutealis inf., der R. ant. mit der A. circumflexa femoris med. Der N. obturatorius spaltet sich am Oberrand des M. adductor brevis in einen oberflächlichen und einen tiefen Ast (R. ant. und R. post.). Der Hautast (R. cutaneus) zieht zu einem kleinen Bezirk an der medialen Seite des Oberschenkels. Die übrigen Äste versorgen die Adduktorenmuskulatur, den M. gracilis sowie teilweise auch den M. pectineus.

Klinische Hinweise. *Herniae obturatoriae* sind relativ selten. Da sich der Bruchsack durch den engen Canalis obturatorius hindurchzwängen muß, kann der Nerv gegen den Schambeinast gepreßt werden. Es resultieren Schmerzen, die bis an die Innenseite des Oberschenkels ausstrahlen.

Corona mortis. Die A. obturatoria entspringt in der Regel aus der A. iliaca int. und gibt vor ihrem Eintritt in den Canalis obturatorius einen R. pubicus ab, der mit der A. epigastrica inf. anastomosiert. Die

A. obturatoria kann jedoch auch aus der A. epigastrica inf. entspringen und dann an der medialen Seite der Lacuna vasorum entlangziehen. Die operative Behandlung der Femoralhernien kann durch Gefäßanomalien dieser Art kompliziert werden, wobei in früheren Zeiten tödliche Blutungen beobachtet worden sind (sog. Corona mortis).

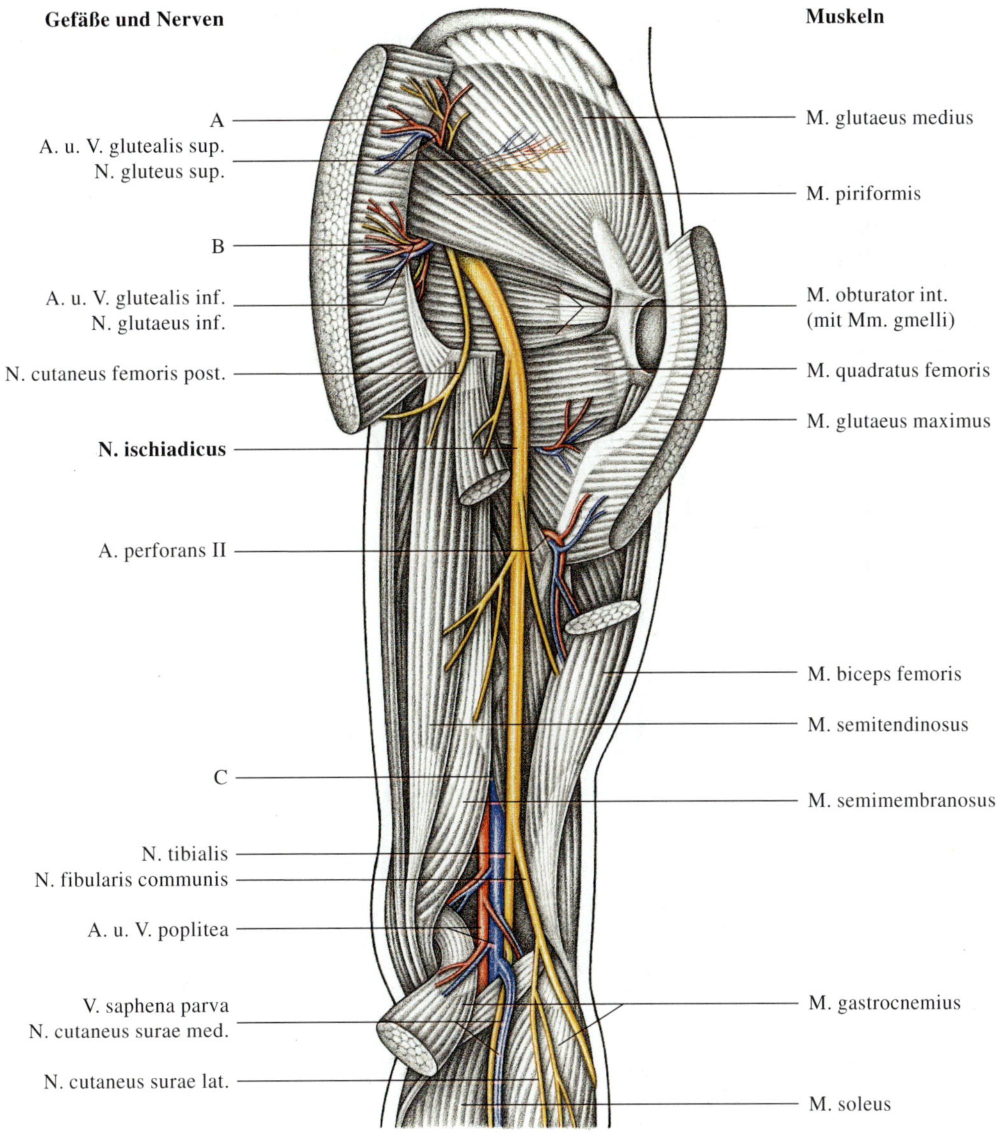

Abb. 106. Regio glutealis und Regio femoralis post. (mittlere Schicht). A = For. suprapiriforme; B = For. infrapiriforme; C = Canalis adductorius.

4. Regio femoralis posterior (hintere Oberschenkelregion)

Begrenzung

Sulcus glutaeus
M. gracilis
Tractus iliotibialis
Bis handbreit oberhalb des Knies

Die Dorsalseite des Oberschenkels besitzt kein einheitliches Gefäß-Nerven-Bündel. Die Gefäße kommen alle von ventral und durchbrechen als Äste der Vasa femoralia in regelmäßigen Abständen den Ansatz des M. adductor magnus dicht neben dem Femur (Aa. perforantes I, II und III). Die dorsalen Begleitgefäße des N. ischiadicus sind während der Stammesentwicklung weitgehend zurückgebildet worden und nur noch in den gelegentlichen Vasa comitantia n. ischiadici erhalten geblieben. Der N. ischiadicus, der zunächst dem langen Bizepskopf lateral eng angelagert ist, unterkreuzt dann den Muskel und folgt distalwärts der ischiokruralen Muskelgruppe. In der Kniekehle erscheint er daher in relativ oberflächlicher

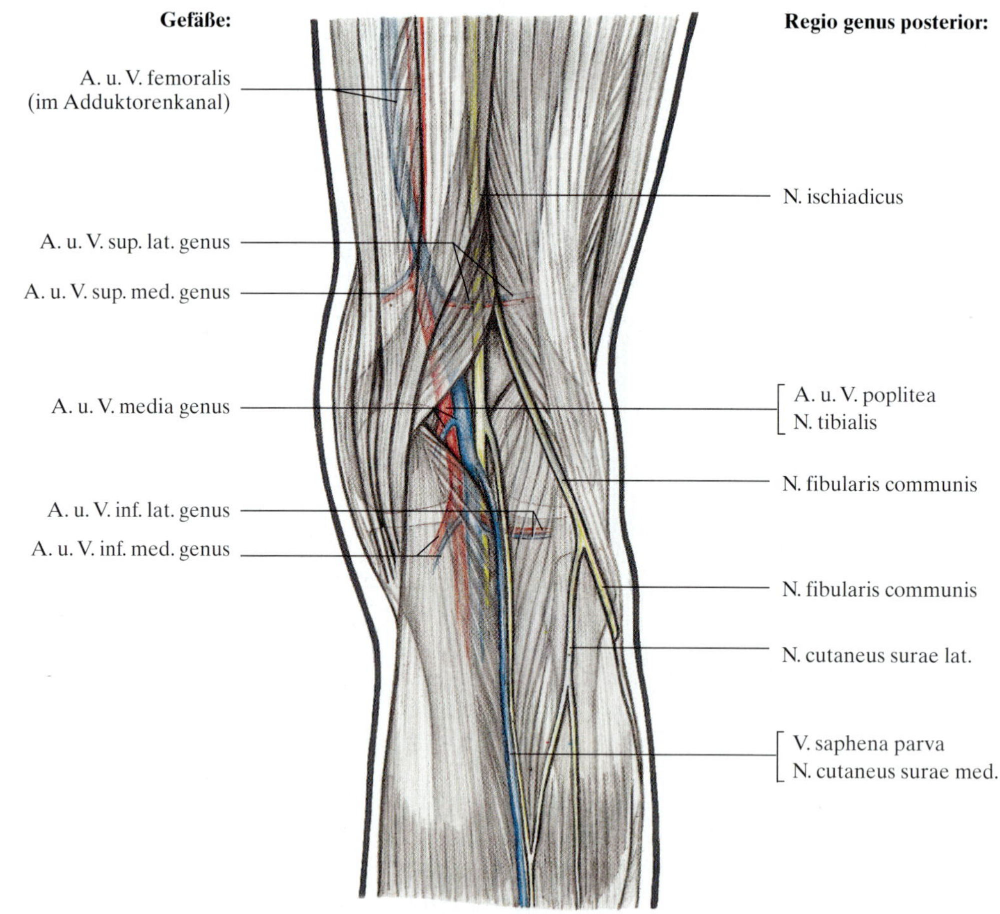

Abb. 107. Regio genus post.; rechtes Bein, Ansicht von dorsal; links = medial; rechts = lateral (modif. nach v. Lanz u. Wachsmuth).

Lage. Der N. ischiadicus ist häufig bei der Unterkreuzung des langen Bizepskopfs bereits in seine zwei Hauptportionen (N. tibialis und N. fibularis communis) geteilt, wovon die fibulare Portion den kurzen Bizepskopf, die tibiale Portion den langen Bizepskopf, die ischiokrurale Muskulatur und einen Teil des M. adductor magnus innerviert. Die sensible Versorgung der Haut übernimmt in der Hauptsache der N. cutaneus femoris post.

5. Regio genus posterior (Fossa poplitea)

Die Kniekehle ist rautenförmig gestaltet. Sie wird distal von den beiden Gastroknemiusköpfen, proximal an der lateralen Seite vom M. biceps femoris und an der medialen Seite vom M. semitendinosus und M. semimembranosus begrenzt (Abb. 107). Oberflächenwärts wird sie durch die derbe Fascia poplitea abgeschlossen. Vom Unterschenkel kommend durchsetzt die V. saphena parva distal in Begleitung des N. suralis, proximal in Begleitung des N. cutaneus surae med., einem Hautast des N. tibialis, die Unterschenkelfaszie und mündet in die V. poplitea ein. Gelegentlich ist eine V. femoropoplitea, eine Verbindung zwischen der V. saphena parva und magna, vorhanden. Lateral durchbricht der Hautnerv des N. fibularis (peronaeus) communis die Faszie, um zur lateralen Seite des Unterschenkels zu gelangen (N. cutaneus surae lat.). Unmittelbar unter der Fascia poplitea, etwa in der Mitte der Kniekehle, läuft der N. tibialis, lateral davon – in mehr schräger Richtung – der N. fibularis (peronaeus) communis, der sich dem M. biceps femoris anschließt und um den Hals der Fibula herum die Streckseite des Unterschenkels erreicht (Abb. 107).

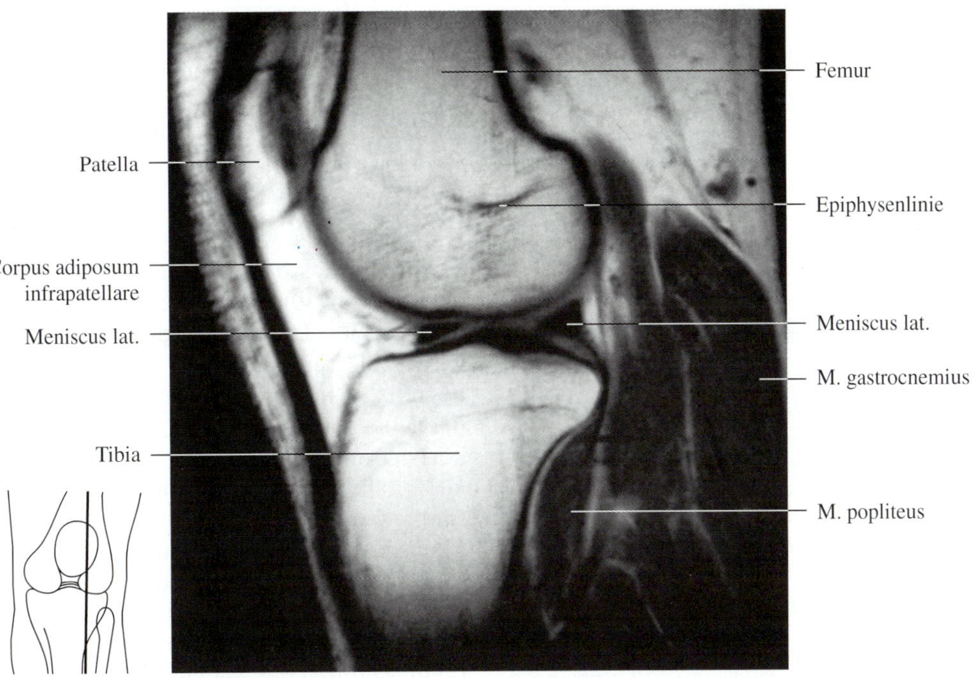

Abb. 108. Sagittaler Schnitt durch das linke Kniegelenk (von lateral) (MR-Aufnahme aus Heuck A, Luttke G, Rohen J W. MR-Atlas der Extremitäten. Stuttgart: Schattauer 1994).

Klinischer Hinweis. Der N. fibularis liegt hinter der Fibula so oberflächlich, daß er hier der Gefahr einer Druckschädigung besonders ausgesetzt ist (falsches Anlegen eines Gipsverbands oder einer Schiene z. B. beim bewußtlosen Patienten).

Die in einer festen Bindegewebshülle eingebetteten Gefäße der Fossa poplitea durchziehen die Kniekehle senkrecht von oben nach unten, vom Adduktorenkanal bis zum schrägen Sehnenbogen des M. soleus (Arcus tendineus m. solei), wobei die Vene oberflächlicher und etwas mehr lateral von der A. poplitea gelegen ist. In Streckstellung liegt die Arterie dem Knochen eng an. Der konstruktive Einbau des bindegewebigen Gefäßmantels in die Sehnenbögen des Adduktoren- und Soleuskanals bewirkt eine Fixation des Gefäßbündels bei den Flexionsbewegungen des Gelenks. Die A. poplitea versorgt die beiden Köpfe des M.gastrocnemius (Aa. surales) und das Kniegelenk (Aa. genus). Jeweils eine A. sup. (lat. und med.) genus umschlingt die Femurkondylen, jeweils eine A. inf. (lat. und med.) genus die Tibiakondylen. Diese Gefäße bilden das Rete articulare genus. Die unpaare A. media genus dringt von hinten in das Kniegelenk ein und versorgt vor allem die Kreuzbänder. Am Rete articulare genus beteiligen sich außerdem Äste der A. descendens genicularis (aus der A. femoralis) sowie rekurrente Äste der A. tibialis ant. und post. (A. recurrens tibialis ant., R. circumflexus fibulae). Ein funktionsfähiger Kollateralkreislauf für die A. poplitea entsteht jedoch dadurch nicht. Eine Unterbindung der A. poplitea wird daher als Kunstfehler betrachtet.

In der Kniekehle findet man von außen nach innen zuerst den N. tibialis, dann die V. poplitea und zuletzt, ganz in der Tiefe, die A. poplitea (Merkwort NeVA).

Um den Gefäßstrang gruppieren sich zahlreiche Lymphknoten (Nodi lymphatici poplitei), die ihre Lymphe zu den tiefen inguinalen Lymphknoten (Nodi lymphatici inguinales prof.) ableiten.

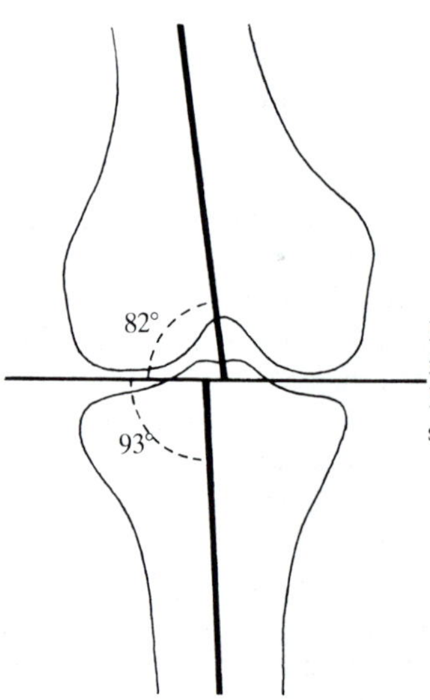

Abb. 109. Der Schenkelschaftkniewinkel beträgt beim Erwachsenen 82°, der Schienbeinkniewinkel 93°. Bei O-Beinen (Genu varum) sind die Winkel größer, bei X-Beinen (Genu valgum) kleiner (nach v. Lanz u. Wachsmuth).

6. Regio genus anterior und Kniegelenk

Die knöcherne Anatomie des Kniegelenks ist vorn gut tastbar. Der Gelenkspalt ist beiderseits der Quadrizepssehne deutlich zu fühlen. Die Tastbarkeit des Gelenkspalts wird beiderseits durch die Kollateralbänder begrenzt. Die Gelenkkapsel setzt überall an der Knochen-Knorpel-Grenze der Gelenkkörper an, so daß die Epiphysenlinien außerhalb des Gelenkraums lokalisiert sind. Der Gelenkraum wird durch die Menisci, die Kreuzbänder und die Patella in fünf Abteilungen untergliedert. In der Regel verschmilzt nach der Geburt die ausgedehnte Bursa suprapatellaris mit dem Kapselraum, wodurch der 6–7 cm über den Patellarand hinausragende Recessus sup. entsteht. Intraartikuläre Injektionen können in Höhe des oberen Patellarandes in diesen Recessus vorgenommen werden.

Klinische Hinweise. Bei Gelenkergüssen hebt sich die Patella von der Unterlage ab (sog. tanzende Patella), was bei extraartikulären und subkutanen Prozessen (z.B. Bursitis praepatellaris) nicht der Fall ist. Gelenkpunktionen werden entweder im Bereich des Rec. suprapatellaris oder von lateral in Höhe der Patella vorgenommen.

Die Leitungsbahnen vermeiden die Streckseite des Knies. In der Regio genus ant. finden sich daher nur Hautnerven und oberflächliche Gefäße (Endäste der Rr. cutanei ant., R. infrapatellaris des N. saphenus, arterielle Äste des Rete articulare genus und Rete patellae: A. descendens genicularis, A. recurrens tibialis ant. [aus der A. tibialis ant.] und R. circumflexus fibulae [aus der A. tibialis post.]).

Das **Kniegelenk** ist ein Drehscharniergelenk (Trochoginglymus) und besitzt den größten und kompliziertesten Innenraum von allen Gelenken des Körpers (Abb. 108). Bei leichter Beugung faßt der Gelenkraum die größte Flüssigkeitsmenge. Die beiden Kollateralbänder sind in Form und Verlauf etwas unterschiedlich. Das rundliche, laterale Band liegt weitgehend außerhalb der Kapsel und befestigt sich am Fibulaköpfchen. Das mediale Kollateralband ist abgeflacht und breitflächig in die Kapsel eingegliedert. Abriß der Seitenbänder verursacht das sog. Wackelknie. Der mediale, mehr halbmondförmige Meniskus ist breitflächiger mit der Gelenkkapsel verwachsen als der mehr kreisförmige, kleinere laterale Meniskus. Deshalb und vor allem wegen seiner näher beieinanderliegenden Befestigungspunkte an der Area intercondylaris ist der laterale Meniskus besser beweglich. Kommt es bei halbgebeugtem Knie zu einer über 42° nach lateral oder 10° nach medial hinausgehenden, zwangsweisen Rotation, dann wird der Meniskus eingeklemmt. Dabei wird der unbeweglichere mediale Meniskus weit häufiger (etwa 20mal) verletzt als der laterale (Skifahren, Fußball). Bei der Beugung erschlaffen die Kollateralbänder. Dann sichern die Kreuzbänder den Zusammenhalt des gebeugten Knies. Nach Abriß der Kreuzbänder ergibt sich das »Schubladenphänomen«.

Das Gelenk fällt normalerweise genau in die Traglinie des Körpers. Die Femurrollen bilden mit der Horizontalen einen Winkel von 82–86° (sog. Schenkelschaft-Knie-Winkel), die Tibiaachse mit der Horizontalen einen Winkel von 91–94° (sog. Schienbein-Knie-Winkel) (Abb. 109). Weicht die Gelenkmitte nach medial von der Traglinie ab, spricht man von einem Genu valgum (X-Bein), weicht sie nach lateral ab, von einem Genu varum (O-Bein). In beiden Fällen werden die Kondylen und Menisci einseitig überbelastet und frühzeitig geschädigt.

7. Regiones crurales (Unterschenkelregionen)

Die derbe Fascia cruris bildet mit den Septa intermuscularia cruris und der Membrana interossea scharf abgegrenzte, osteofibröse Logen oder Kompartimente, durch die die Topographie der Unterschenkelregionen weitgehend bestimmt wird (Abb. 110–112).

Regio cruralis ant. Hier finden sich medial die Extensoren (M. extensor digitorum longus und hallucis longus, M. tibialis ant.) und lateral die beiden Peronäusmuskeln. In der *Extensorenloge* zwischen Tibia, Septum intermusculare cruris ant. und Membrana interossea verlaufen A. und V. tibialis ant. zusammen mit dem N. fibularis prof. Die Gefäße stammen aus den Vasa poplitea und durchbrechen oberhalb des Soleussehnenbogens wenig unterhalb des Kniegelenks die Membrana interossea, während der Nerv von lateral in die Loge eintritt, indem er um den Fibulahals herumbiegt und das Septum intermusculare cruris ant. durchbohrt. Das Gefäß-Nerven-Bündel benützt den M. tibialis ant. als Leitmuskel. Zwischen M. tibialis ant. und M. extensor digitorum longus kann das Gefäß-Nerven-Bündel, das in der Nähe der Membrana interossea liegt, operativ erreicht werden (Abb. 110, Pfeil).

In der *Peronäusloge* (laterale Muskelloge) verläuft nur der N. fibularis superf. Die Gefäße stellen kleine, perforierende Äste aus der tiefen Flexorenloge dar (in der Regel Äste der Vasa fibularia). Der Nerv innerviert die beiden Mm. peronaei. Die sensiblen Endäste durchbrechen die Fascia cruris im unteren Drittel des Unterschenkels und ziehen auf der Faszie zum Fußrücken (N. cutaneus dors. med. und intermedius)(Abb. 117).

Regio cruralis post. Hier liegen einmal die tiefen Flexoren (M. tibialis post., M. flexor digitorum longus und M. flexor hallucis longus) direkt angrenzend an Tibia, Fibula und Membrana interossea, und zum andern darüber der M. triceps surae (M. soleus und M. gastrocnemius), der von den tiefen Flexoren durch das Septum intermusculare cruris post. getrennt ist (Abb. 113).

In der *tiefen* Schicht der *Flexorenloge* (hintere Muskelloge) liegt das Hauptgefäß-Nerven-Bündel (A., V. tibialis post. und N. tibialis) vom tiefen Blatt der Fascia cruris bedeckt und damit zwischen den oberflächlichen und tiefen Beugemuskeln des Unterschenkels. Die Leitungsbahnen kommen aus der Kniekehle, treten unter dem Arcus tendineus des M. soleus hindurch und verlassen distal den Unterschenkel, indem sie hinter dem medialen Knöchel in die Fußsohle übergehen. Leitmuskel ist der medial an der Tibia lokalisierte M. flexor digitorum longus (Abb. 113). Unter dem M. soleus spalten sich von der A. und V. tibialis post. die A. und V. fibularis ab, die sich rasch nach lateral wenden und dicht an der Fibula unter dem M. flexor hallucis longus abwärts ziehen. Dieses Gefäßbündel

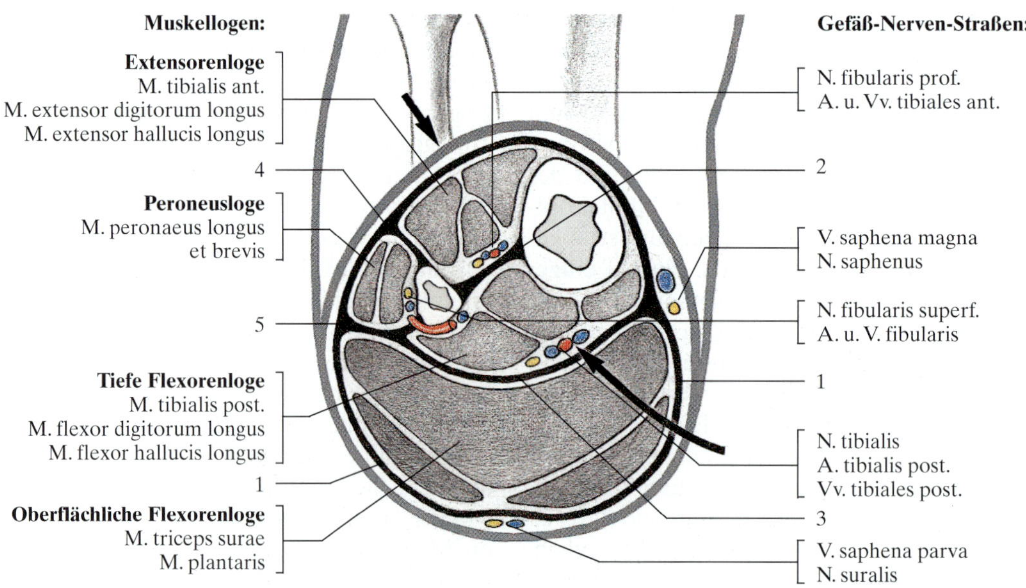

Abb. 110. Querschnitt durch den Unterschenkel, dicht unterhalb des Knies zur Darstellung der Lage der Gefäß-Nerven-Straßen am Bein. 1 = Fascia cruris; 2 = Membrana interossea; 3 = Fascia cruris (tiefes Blatt); 4 = Septum intermusculare cruris ant.; 5 = Septum intermusculare cruris post. Pfeile: Operative Zugangswege zu den Gefäß-Nerven-Straßen.

endet gewöhnlich in der Knöchelgegend und erreicht den Fuß nicht.

Im subkutanen Bindegewebe außerhalb der Fascia cruris findet man dorsal in der Rinne zwischen den beiden Gastroknemiusköpfen die V. saphena parva in Begleitung des N. suralis bzw. des N. cutaneus surae med. Weiter medial verläuft in der sog. Schienbeinrinne die V. saphena magna mit dem N. saphenus.

Klinischer Hinweis. Die osteofibrösen Logen lassen den Unterschenkel zum typischen Ort eines **Kompartmentsyndroms** werden. Eine nach einem Trauma oder postoperativ auftretenden Schwellung kann zu einer Druckerhöhung in dem betreffenden Kompartiment und nachfolgend zu einer Muskel- oder Nervenschädigung führen. Die Therapie besteht in einer Druckentlastung durch Spaltung der Faszie.

8. Regiones malleolares (Knöchelregionen)

Der laterale Knöchel steht etwa 1 cm tiefer als der mediale. Die Mitte der Verbindungslinie beider Knöchel liegt auf der Mittelachse des Beines, die bei Normalstellung gradlinig abwärts auf die Mitte des Fersenhöckers trifft. Diese Mittelachse knickt bei der Valgus- oder Varusstellung des Fußes in der Knöchelebene ab.

Klinische Hinweise. Tibia und Fibula sind distal nicht durch ein echtes Gelenk, sondern durch eine Syndesmose verbunden. Diese

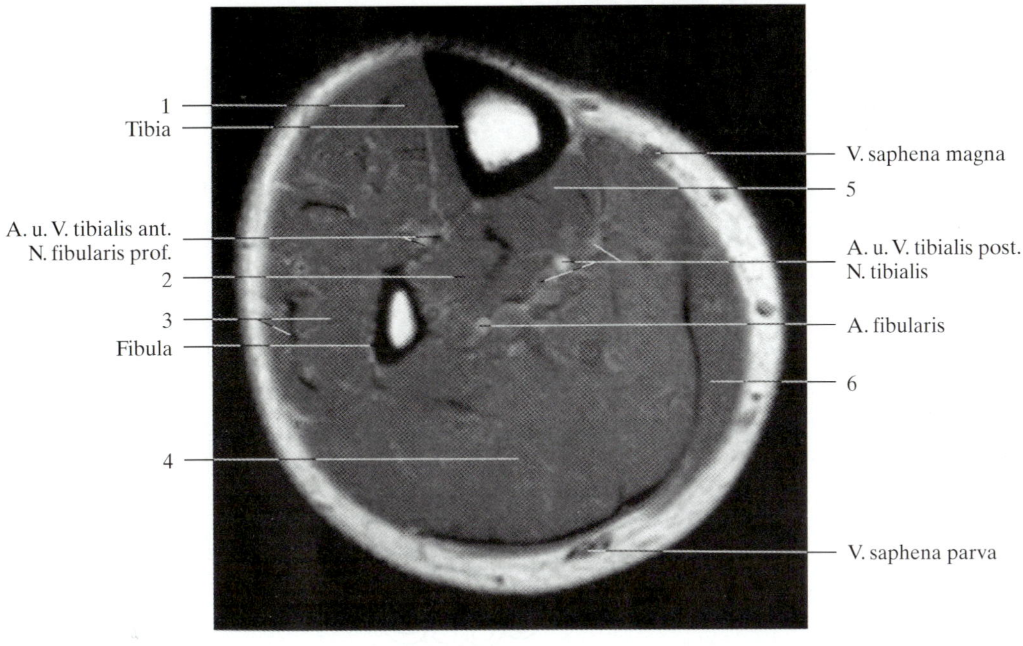

Abb. 111. Querschnitt durch den rechten Unterschenkel. Ansicht von unten (MR-Aufnahme, freundlicherweise zur Verfügung gestellt von Prof. Dr. A. Heuck, München). 1 = M. tibilais ant.; 2 = M. tibialis post.; 3 = M. peronaeus longus und brevis; 4 = M. soleus; 5 = M. flexor digitorum longus; 6 = Caput mediale des M. gastrocnemius.

Bandhaft und die straffen Kollateralbänder des oberen Sprunggelenks sind so fest, daß bei Gewalteinwirkung eher die Knöchel frakturieren als die Bänder zerreißen. Da das subkutane Bindegewebe der Knöchelhaut im Gegensatz zur Haut des Unterschenkels sehr locker ist, kommt es hier leicht zu ausgedehnten Knöchelödemen.

In der *Subkutanschicht* findet man vor dem medialen Malleolus die V. saphena magna mit den Endverzweigungen des N. saphenus sowie begleitende Lymphgefäßstämme, deren regionale Lymphknoten in der Inguinalregion liegen. Hinter dem lateralen Knöchel zieht die V. saphena parva in Begleitung des N. suralis und verschiedener Lymphgefäße, die zur Fossa poplitea gehen,

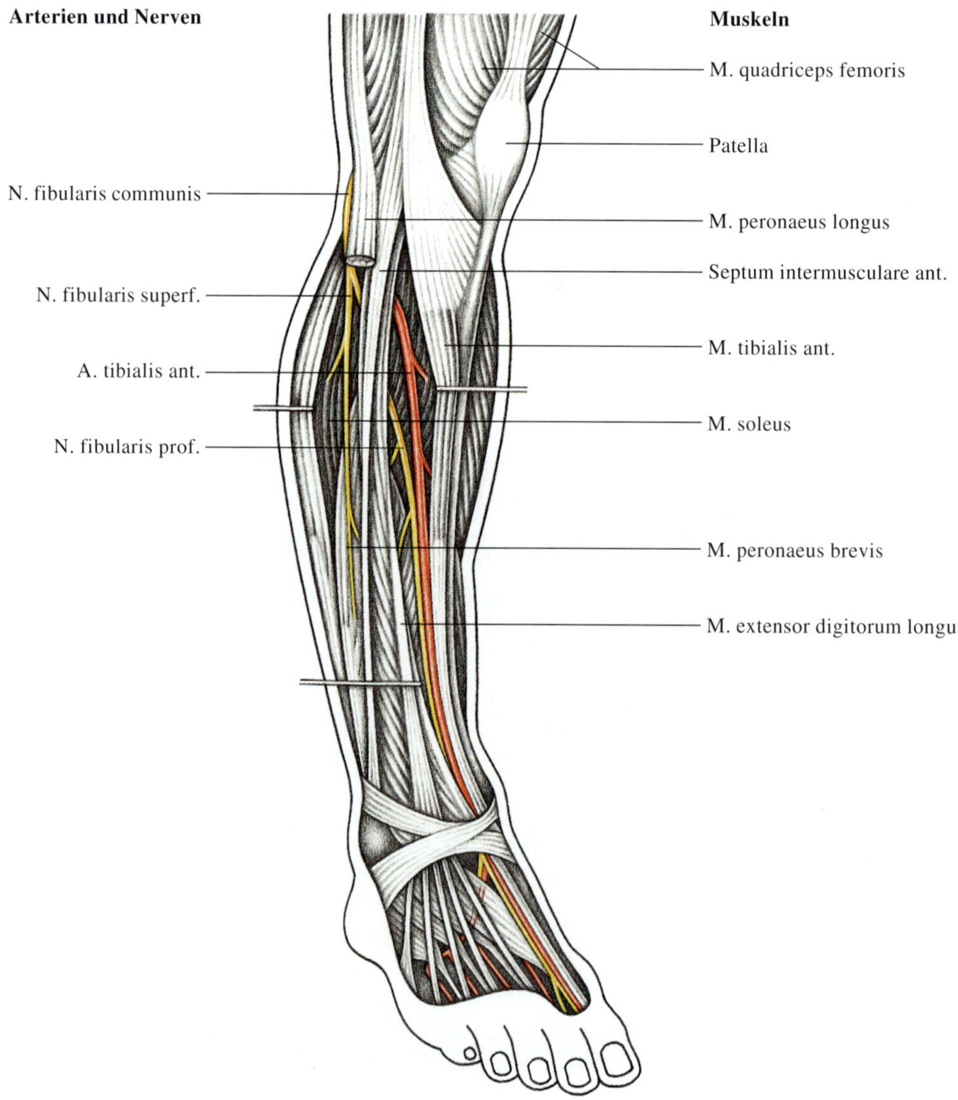

Abb. 112. Regio cruralis ant. (tiefe Schicht, rechter Unterschenkel, von vorne). Der M. peronaeus longus wurde entfernt und der M. soleus zur Seite gezogen, um den N. fibularis in der Peronäusloge zeigen zu können.

entlang. Unter der Faszie laufen die beiden Peroneussehnen in einer gemeinsamen Sehnenscheide, durch ein oberes und ein unteres Retinakulum gehalten, dicht am lateralen Knöchel vorbei. Hinter dem medialen Malleolus ziehen die Sehnen der tiefen Flexoren in getrennten Sehnenscheiden in der folgenden Reihenfolge von vorn nach hinten zum Fuß (Abb. 114): 1. M. tibialis post. (hat den M. flexor digitorum longus bereits am Unterschenkel unterkreuzt – Chiasma tendinum crurale), 2. M. flexor digitorum longus, 3. M. flexor hallucis longus. Die Sehnen werden durch das tiefe Blatt des

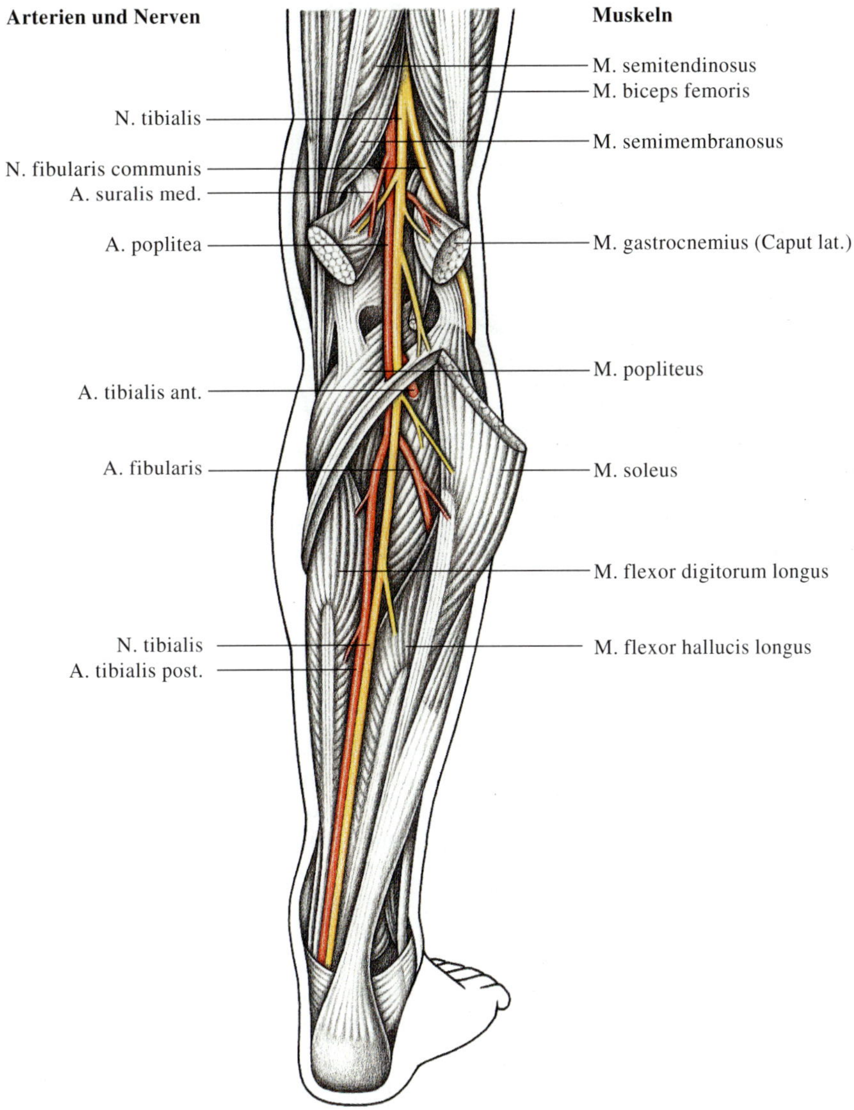

Abb. 113. Regio cruralis post. (tiefe Schicht) zusammen mit der tiefen Kniekehlenregion (Regio genus post.); rechtes Bein (von hinten).

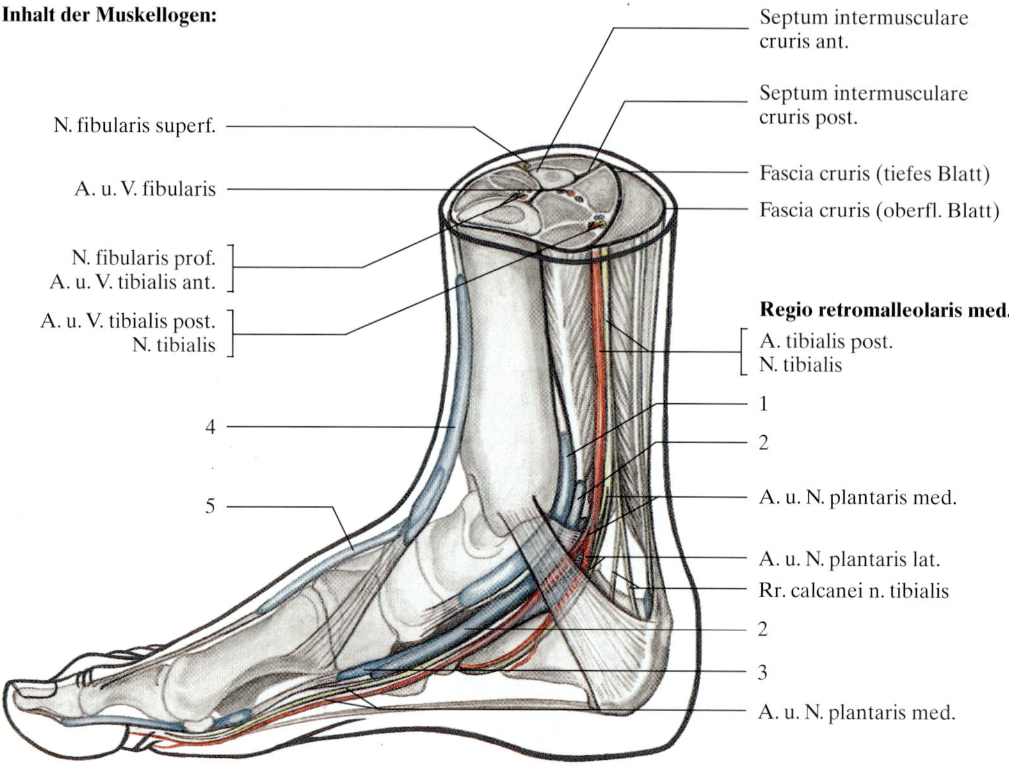

Abb. 114. Mediale Knöchelregion (Regio malleolaris med.) (modif. nach v. Lanz u. Wachsmuth). 1 = Sehnenscheide des M. tibialis post.; 2 = Sehnenscheide des M. flexor digitorum longus; 3 = Sehnenscheide des M. flexor hallucis longus; 4 = Sehnenscheide des M. tibialis ant.; 5 = Sehnenscheide des M. extensor hallucis longus.

Retinaculum flexorum an der Tibia fixiert. Die Sehnenscheiden kommunizieren häufig mit dem Gelenkraum der Sprunggelenke, so daß entzündliche Prozesse auf diese übergreifen können. Das Gefäß-Nerven-Bündel (A., V. tibialis post. und N. tibialis) folgt der Sehne des M. flexor digitorum longus. Die Arterie wird hinter dem Knöchel oberflächlich und tastbar, so daß hier der Puls zu fühlen ist. Nach Passage des Retinakulums verschwindet das Gefäß-Nerven-Bündel – häufig schon in die beiden plantaren Hauptstämme aufgeteilt – unter dem Ursprungswulst des M. abductor hallucis in der mittleren Faszienkammer der Fußsohle. Die Achillessehne entfernt sich in der Knöchelebene zunehmend von der Tibia und den tiefen Flexoren. Der Zwischenraum wird von einem lamellär gegliederten, gut vaskularisierten Fettkörper ausgefüllt, der gleitfähige Verschiebeschichten besitzt.

Die Extensorensehnen der vorderen Knöchelregion werden durch ein oberes queres und ein unteres Y-förmiges Retinaculum fixiert und durch getrennte Sehnenscheiden, die vor allem unter dem Retinaculum extensorum inf. cruris anzutreffen sind und in der Höhe der Chopart-Gelenklinie enden, gleitfähig gemacht. In der Subkutanschicht verlaufen die Hautäste des N. fibularis superf. (N. cutaneus dors. med. und intermed.) und des N. suralis (N. cutaneus dors. lat.). Das obere Sprunggelenk kann am besten von vorn zwischen dem medialen Knöchel und der Sehne des M. tibialis ant. punktiert werden.

III. Fuß

Tarsus, Metatarsus und Phalangen bilden am Fuß eine bewegungselastische Gliederkette, die durch eine doppelte Gewölbekonstruktion den statischen Erfordernissen des aufrechten Ganges optimal angepaßt ist. Der mediale Fußstrahl (Abb. 115) umfaßt die drei ersten Phalangen, die drei Ossa cuneiformia, das Os naviculare und den Talus; der laterale Fußstrahl mündet in den Calcaneus aus und umfaßt die 4. und 5. Phalange mit den zugehörigen Mittelfußknochen und dem Os cuboideum. Die Gewölbestruktur des Fußes ergibt sich dadurch, daß der mediale Fußstrahl mit dem Talus stockwerkartig auf den lateralen Fußstrahl mit dem Calcaneus, der dafür einen balkonartigen Höcker, das Sustentaculum tali, ausbildet, aufgesetzt ist. Die kritische Stelle dieser Übereinanderlagerung ist daher die Verbindung zwischen Talus und Calcaneus im Bereich des Su-

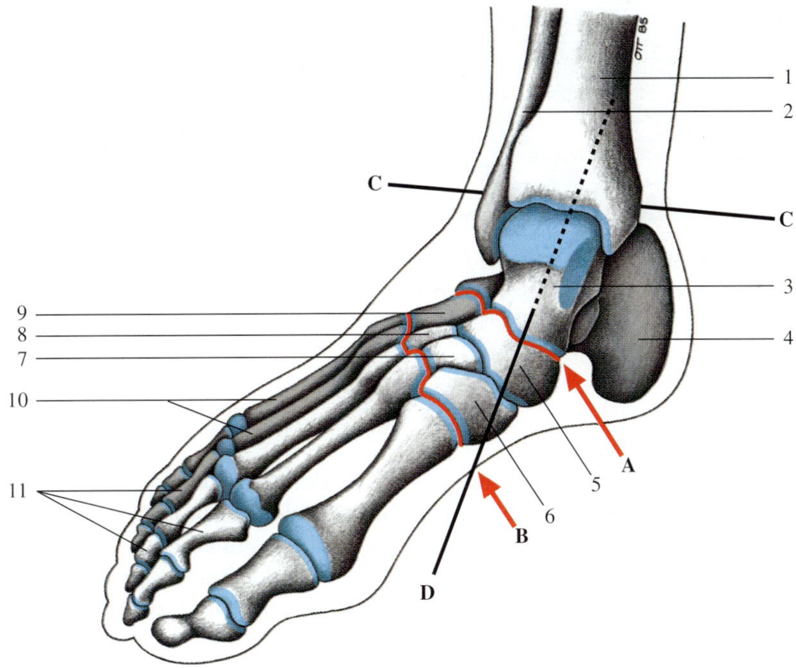

Abb. 115. Konstruktion der Fußgewölbe und Lage der Chopart- (A) und Lisfranc- (B) Gelenklinie (rot). Die Gewölbestruktur ergibt sich dadurch, daß der mediale Fußstrahl (hell), der die ersten drei Zehenstrahlen umfaßt und in den Talus ausläuft, über den lateralen Fußstrahl (dunkel), der aus dem 4. und 5. Zehenstrahl, dem Kuboid und Calcaneus besteht, gelegt ist. Die Lage der Achsen des oberen (C) und unteren (D) Sprunggelenks ist angegeben.

1 = Tibia
2 = Fibula
3 = Talus
4 = Calcaneus
5 = Os naviculare
6 = Os cuneiforme med.
7 = Os cuneiforme intermed.
8 = Os cuneiforme lat.
9 = Os cuboideum
10 = Ossa metatarsalia
11 = Phalangen

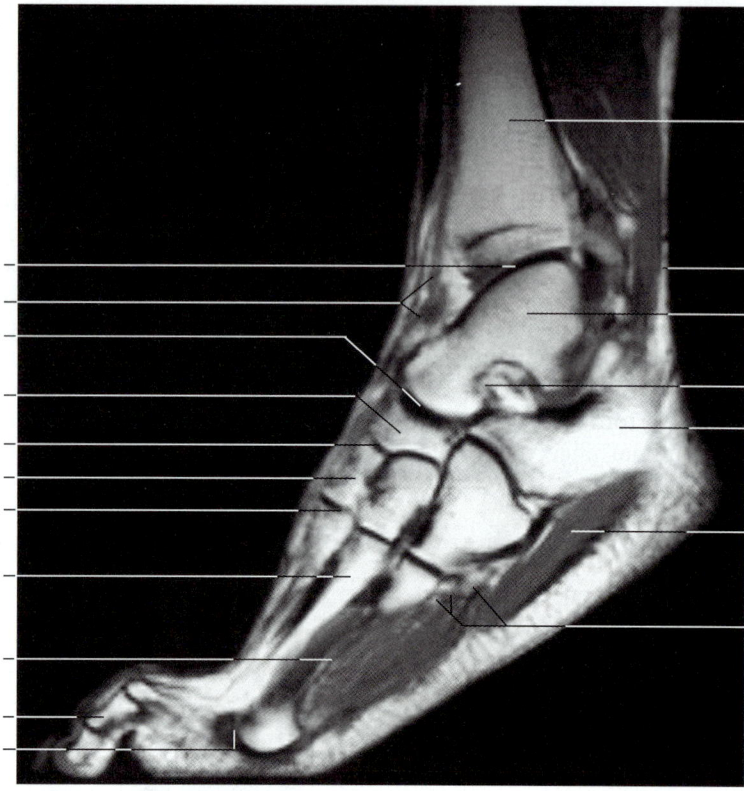

Abb. 116. Sagittalschnitt durch den rechten Fuß (MR-Aufnahme, freundlicherweise zur Verfügung gestellt von Prof. Dr. A. Heuck, München). Articulationes (Artt.): 1 = Art. talocruralis; 2 = Art. talocalcaneonavicularis; 3 = Art. cuneonavicularis; 4 = Art. tarsometatarsalis; 5 = Art. metatarsophalangealis I.

stentaculum tali, d. h. im unteren Sprunggelenk. Das *untere Sprunggelenk* besteht aus zwei Abteilungen, der Articulatio talocalcaneonavicularis vorn und der Articulatio subtalaris hinten. Zwischen beiden befindet sich der Sinus tarsi. Der Bandapparat des unteren Sprunggelenks, vor allem das Lig. calcaneonaviculare plantare (sog. Plattfußband) sowie das im Sinus tarsi gelegene Lig. talocalcaneare interosseum, hat daher u. a. die wichtige Aufgabe, das Längsgewölbe des Fußes zu stützen. Pathologische Veränderungen im Knochengefüge des unteren Sprunggelenkes führen daher oft zu einem Senkfuß.

In der Gelenkkombination des unteren Sprunggelenks sind Pronations- und Supinationsbewegungen um eine schräg von medial durch den Taluskopf und den Sinus tarsi nach lateral hinten zum Calcaneus verlaufende Achse möglich (Abb. 115). Die Senkung des medialen Fußrandes (Pronation) ist meist mit einer Abduktion und Dorsalflexion, die Hebung des medialen Fußrandes (Supination) mit einer Adduktion und Plantarflexion verknüpft. Infolgedessen wirken die Pronatoren (die vom N. fibularis innervierten Dorsalextensoren und Mm. peronaei) auf das Fußgewölbe abflachend, während die stärkeren Supinatoren, d. h. die vom

N. tibialis innervierten tiefen und oberflächlichen Beuger, auf die Gewölbekonstruktion stützend ein.

Klinische Hinweise. Bei einer *Fibularislähmung* fehlt daher die pronatorische Komponente beim Gehen. Der Fuß fällt bei jedem Schritt nach unten, der laterale Fußrand ist gesenkt, die Fußspitze schleift über den Boden. Das Bein wird beim Gehen zu stark gehoben und ausgeschwenkt (»Steppergang«). Durch das Übergewicht der Supinatoren bildet sich ein Spitzfuß (Pes equinovarus) aus. Bei der Fibularislähmung berührt die Fußspitze im Gehen zuerst den Boden, bei der Tibialislähmung umgekehrt die Ferse. Bei der *Fibularislähmung* treten außerdem Sensibilitätsstörungen an der lateralen Seite des Unterschenkels und am Fußrücken auf. Bei isoliertem Ausfall des N. fibularis (peronaeus) prof. sind nur die Dorsalextensoren ausgefallen. Die Sensibilität ist dann nur im Bereich des Spatium interosseum I gestört. Eine *Tibialislähmung*, die meist durch Verletzungen oder Luxationen im Bereich des Knies zustande kommt, bewirkt eine Lähmung aller Flexoren von Unterschenkel und Fuß. Die Zehen können nicht mehr gebeugt oder gespreizt werden. Der Fußspitzengang ist unmöglich. Der Fuß steht dorsalflektiert, da die Extensoren überwiegen. Es entwickelt sich ein »Hackenfuß« (Pes calcaneus). Die Sensibilität ist an der dorsolateralen Seite des Unterschenkels sowie an der ganzen Fußsohle ausgefallen.

Das Längs- und Quergewölbe des Fußes wird durch aktive und passive Mechanismen aufrechterhalten. An Bändern sind die den Bogen in der Längsrichtung durchquerenden Züge am wirkungsvollsten, also das Lig. calcaneonaviculare plantare, das Lig. plantare longum und die Plantaraponeurose. Zwischen diesen Bandzügen breiten sich die kurzen Fußmuskeln aus (M.flexor digitorum brevis, M. quadratus plantae und M. adductor hallucis), als deren wichtigste Aufgabe ebenfalls die Erhaltung der Gewölbekonstruktion angesehen werden kann. Die am medialen Fußrand entlanglaufenden Sehnen der tiefen Beuger unterstützen das Gewölbe ebenfalls sehr wirkungsvoll, vor allem die Sehne des M. flexor hallucis longus, die unter dem Sustentaculum tali hindurchzieht. Außerdem wirken auch der M. tibialis post., der M. flexor digitorum longus und der M. abductor hallucis auf die Erhaltung des Gewölbes ein.

Das Quergewölbe entsteht hauptsächlich im Mittelfußbereich und in der distalen Reihe der Fußwurzelknochen. Die drei Keilbeine sind so zusammengefügt, daß das 1. mit seiner Basis plantarwärts sieht. Die beiden anderen sind mit der Basis nach dorsal gerichtet und schließen sich dann breitflächig an das Würfelbein an. Diese Konstruktion kann durch den M. tibialis ant. von oben sowie durch die Sehne des M. peronaeus longus gestützt werden. Das Caput transversum des M. adductor hallucis verspannt das Quergewölbe in Höhe der Tarsometatarsalgelenke, die Amphiarthrosen darstellen.

Klinische Hinweise. Bricht das Längsgewölbe des Fußes zusammen, so resultiert ein Platt- oder Senkfuß (Pes planus), senkt sich das Quergewölbe, so entsteht ein Spreizfuß (Pes transversus, häufig mit Hallux valgus). Am normal belasteten Fuß wird der Druck auf Fersenhöcker, Großzehenballen und den lateralen Fußrand gleichmäßig verteilt. Beim Senkfuß wird je nach der Schwere des Falles auch der mediale Fußrand druckbelastet. Beim Plattspreizfuß werden vornehmlich Ferse und mittlerer Fußballen, beim Klumpfuß der laterale Fußrand belastet. Das funktionelle Zusammenspiel der Fußgelenke wird dabei in verschiedener Weise gestört.

Die vordere Abteilung des unteren Sprunggelenks bildet mit der Articulatio calcaneocuboidea die *Chopart-Gelenklinie* (Articulatio tarsi transversa) (Abb. 115). Der Gelenkspalt kann medial hinter der Tuberositas ossis navicularis aufgesucht werden. Das Lig. bifurcatum, das mit zwei kräftigen Teilbändern am vorderen Rand des Calcaneus zum Os cuboideum bzw. naviculare zieht, wird als das »Schlüsselband« des Chopart-Gelenkes bezeichnet, da erst nach Durchtrennung dieser straffen Bandzüge die Aufklappung des schmalen Gelenkspaltes möglich ist.

Die fünf Tarsometatarsalgelenke bilden zusammen die *Lisfranc-Gelenklinie* (Articulationes tarsometatarseae) (Abb. 115). Diese bogenförmige Gelenkreihe beginnt am lateralen Fußrand hinter der Tuberositas ossis metatarsalis V. In den Gelenkbogen springt der 2. Metatarsalknochen einige Millimeter nach proximal vor.

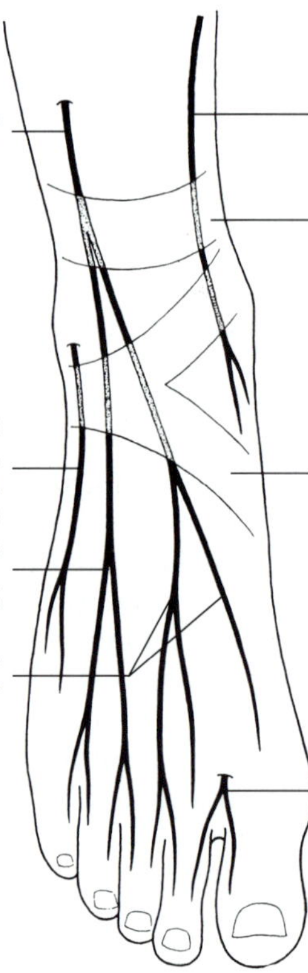

Abb. 117. Hautnerven des Fußrückens. * = kommen aus N. fibularis superf.

1. Dorsum pedis (Fußrücken)

Die Haut des Fußrückens ist fettarm, das subkutane Gewebe locker und entfaltungsfähig, wodurch sich relativ leicht ein Ödem ausbreiten kann, auch wenn der verursachende Prozeß in der Fußsohle lokalisiert ist. Das ausgedehnte Rete venosum dorsale pedis fließt zu den beiden Vv. saphenae ab. Innerhalb der Subkutis ziehen die Endäste des N. fibularis superf. zur Haut der Zehen (N. cutaneus dors. med. und intermedius). Das subkutane Geflecht der Hautnerven wird am lateralen Fußrand durch den N. suralis (N. cutaneus dors. lat.), am medialen Fußrand durch die Endäste des N. saphenus und an den einander zugekehrten Flächen der 1. und 2. Zehe durch die Hautäste des N. fibularis prof. ergänzt (Abb. 117).

Die beiden Blätter der dorsalen Fußrückenfaszie (Fascia dors. pedis) bilden eine flache Kammer, in der alle wesentlichen Gebilde des Fußrückens untergebracht sind. Das tiefe Blatt dieser Faszie schließt diesen Raum gegen das Spatium interosseum und die Tarsal- bzw. Metatarsalknochen ab. Innerhalb der Kammer verlaufen die Sehnen der am Unterschenkel untergebrachten Extensoren in ihren Sehnenscheiden zu den Dorsalaponeurosen der Zehen sowie der M. extensor digitorum und hallucis brevis. Die Leitungsbahnen (Vasa dors. pedis in Verlängerung der A. tibialis ant. sowie Endäste des N. fibularis prof.) stammen aus der Extensorenloge des Unterschenkels und liegen distal vom Retinaculum extensorum sup. zwischen den Sehnen des M. extensor digitorum longus und hallucis longus so oberflächlich, daß sie hier operativ gut erreichbar sind. Der N. fibularis prof. schlingt sich weiter distal um das Gefäßbündel herum, so daß er am Unterrand des Retinaculum extensorum inf. medial von den Gefäßen angetroffen wird. In Höhe der Tarsometatarsalgelenke zweigt die A. arcuata von der A. dors. pedis bogenförmig nach lateral ab. Der Gefäßbogen entläßt 4 bis 5 Aa. metatarsales dors., die sich an der Zehenwurzel jeweils in 2 Aa. digitales dors. aufspalten. Die unter dem M. extensor digitorum brevis gelegene A. tarsalis lat., ein Ast der A. dorsalis pedis, anastomosiert lateral gewöhnlich mit der A. arcuata, von der die Aa. metatarsales dors. ausgehen. Die A. dorsalis pedis liegt am Fußrücken sehr oberflächlich, so daß hier der Puls gefühlt werden kann. Ihr R. plantaris prof. perforiert den ersten Zwischenknochenraum (Spatium interosseum I) und mündet in den arteriellen Gefäßbogen der Fußsohle ein (Arcus plantaris). Zahlreiche kleinere, perforierende Arterien (Rr. perforantes), die von den Aa. metatarsales dorsales abzweigen, durchbrechen die tiefe Schicht der Fascia dors. pedis und stellen auf diese Weise Verbindungen zur Planta pedis her. Variationen der Gefäßverhältnisse sind im Bereich des Fußrückens sehr häufig.

2. Planta pedis (Fußsohle)

Der Bindegewebsapparat der Fußsohle bildet eine dreifach gekammerte Druckkonstruktion (Abb. 118). Die drei Kammern sind zugleich Muskellogen, die oberflächlich von der Plantaraponeurose abgeschlossen werden. In der medialen Loge finden sich die Muskeln für die große Zehe (M. abductor hallucis, M. flexor hallucis brevis), die Sehne des M. flexor hallucis longus und die medialen plantaren Leitungsbahnen (N., A., V. plantaris med.). In der Kleinzehenloge sind der M. abductor und M. opponens digiti minimi, sowie der M. flexor digiti minimi brevis und die lateralen plantaren Leitungsbahnen

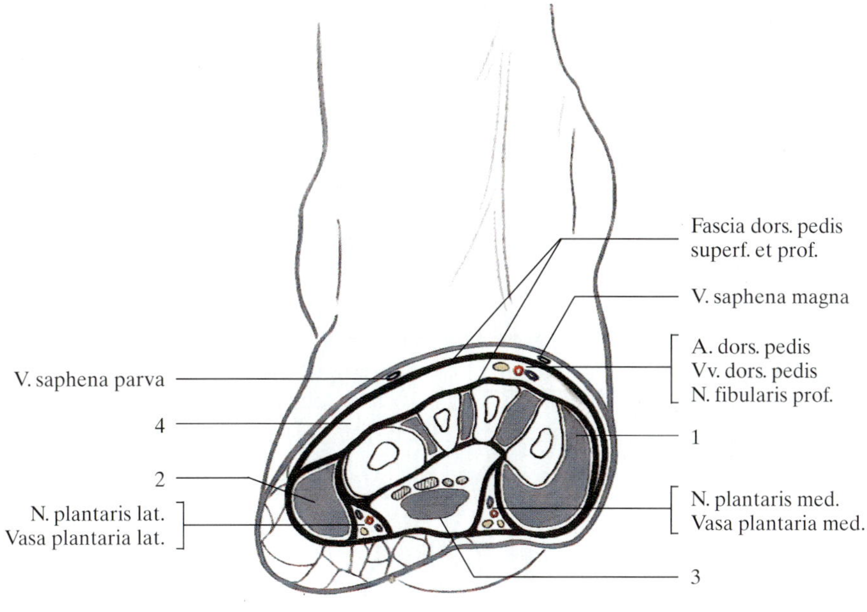

Abb. 118. Querschnitt im Bereich der Fußwurzel zur Darstellung der Muskellogen und Gefäß-Nerven-Straßen (modif. nach v. Lanz u. Wachsmuth). 1 = Thenarloge (Großzehenloge); 2 = Hypothenarloge (Kleinzehenloge); 3 = Mittelloge mit Beugersehnen; 4 = Extensorenloge.

(N. plantaris lat., Vasa plantaria lat.) gelegen. Die große Mittelloge füllt das Gewölbe des Fußskeletts nahezu vollständig aus. Die Muskeln liegen in drei Schichten übereinander. Direkt unter der Plantaraponeurose und mit ihr verwachsen, findet man zuerst den M. flexor digitorum brevis. Die Sehnen des Muskels spalten sich und heften sich an der Mittelphalanx der Zehen an. In der zweiten Schicht breitet sich der Sehnenfächer des M. flexor digitorum longus aus, der hinten vom M. quadratus plantae verspannt wird und sich an den Endphalangen anheftet. Er kreuzt sich unter dem Sustentaculum tali mit der Sehne des M. flexor hallucis longus. In der dritten und tiefsten Schicht verläuft schließlich der M. adductor hallucis mit seinem Caput transversum und Caput obliquum. Ihr Boden wird vom Lig. plantare longum gebildet, das den osteofibrösen Kanal für die lange Peronäussehne formt. Die mittlere Muskelloge kann als die direkte Fortsetzung des Canalis calcanearis med. angesehen werden. Die Leitungsbahnen treten in diese Loge von medial her ein, indem sie hinter dem medialen Knöchel unter dem M. abductor hallucis hindurch zur Fußsohle gelangen und sich bereits frühzeitig in zwei Gruppen spalten (A., N. und V. plantaris med. und lat.) (Abb. 119). Das mediale Gefäß-Nerven-Bündel folgt dem M. abductor hallucis bis zur 1.–3. Zehe, das

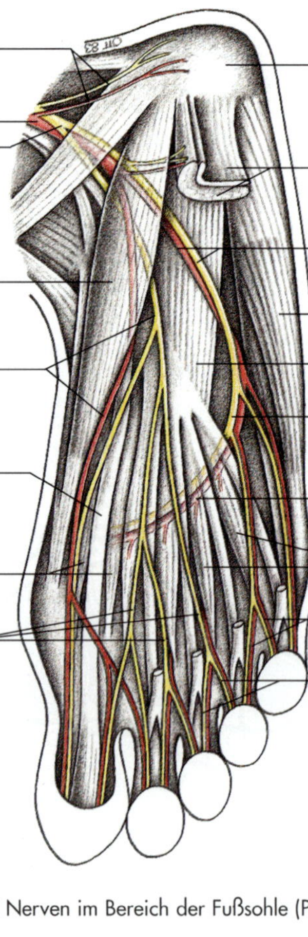

Abb. 119. Topographie der Arterien und Nerven im Bereich der Fußsohle (Planta pedis). Der M. flexor digitorum brevis wurde entfernt.

laterale unterkreuzt den M. flexor digitorum brevis, erreicht den lateralen Fußbereich und teilt sich dort in ein gerade nach vorne ziehendes oberflächliches Bündel und ein bogenförmig in die Tiefe abbiegendes Bündel auf (Abb. 119).

Der *N. plantaris lat.* entspricht dem N. ulnaris der Hand. Wie dort, teilt er sich in einen oberflächlichen und tiefen Ast. Der R. prof. innerviert alle Mm. interossei, den M. adductor hallucis, das Caput lat. des Flexor hallucis brevis, die Mm. lumbricales III und IV, den M. quadratus plantae und die Muskeln des Kleinzehenballens. Der R. sup. versorgt die Haut der 1½ lateralen Zehen (Nn. digitales plantares proprii).

Die lateralen Plantargefäße (A. und V. plantaris lat.) perforieren die Wand der lateralen Muskelloge etwa in Höhe der Tarsometatarsalgelenke und biegen dann bogenförmig in die mittlere Muskelloge ein. Hier anastomosiert der R. plantaris prof. der A. dors. pedis, die durch den ersten Zwischenknochenraum hindurchzieht, mit der A. plantaris lat. und bildet so den Arcus plantaris der Fußsohle, der dem tiefen Hohlhandbogen entspricht. Der schräge Kopf des Adductor hallucis überlagert den Gefäßbogen der Fußsohle, der vom R. prof. des N. plantaris lat. sowie 2 Vv. comitantes (Arcus venosus plantaris) begleitet wird. Ein oberflächlicher Gefäßbogen fehlt am Fuß.

Der *N. plantaris med.* verläuft im medialen Fußbereich. Er ist dem N. medianus der Hand vergleichbar und versorgt dementsprechend die Haut der 3½ medialen Zehen sowie die Muskeln des Großzehenballens (M. abductor hallucis, den medialen Kopf des M. flexor hallucis brevis), die Mm. lumbricales I und II sowie den M. flexor digitorum brevis. Der Nerv wird von den medialen Plantargefäßen (A. u. V. plantaris med.) begleitet, die hauptsächlich die ersten beiden Zehen versorgen.

Hals und Kopf

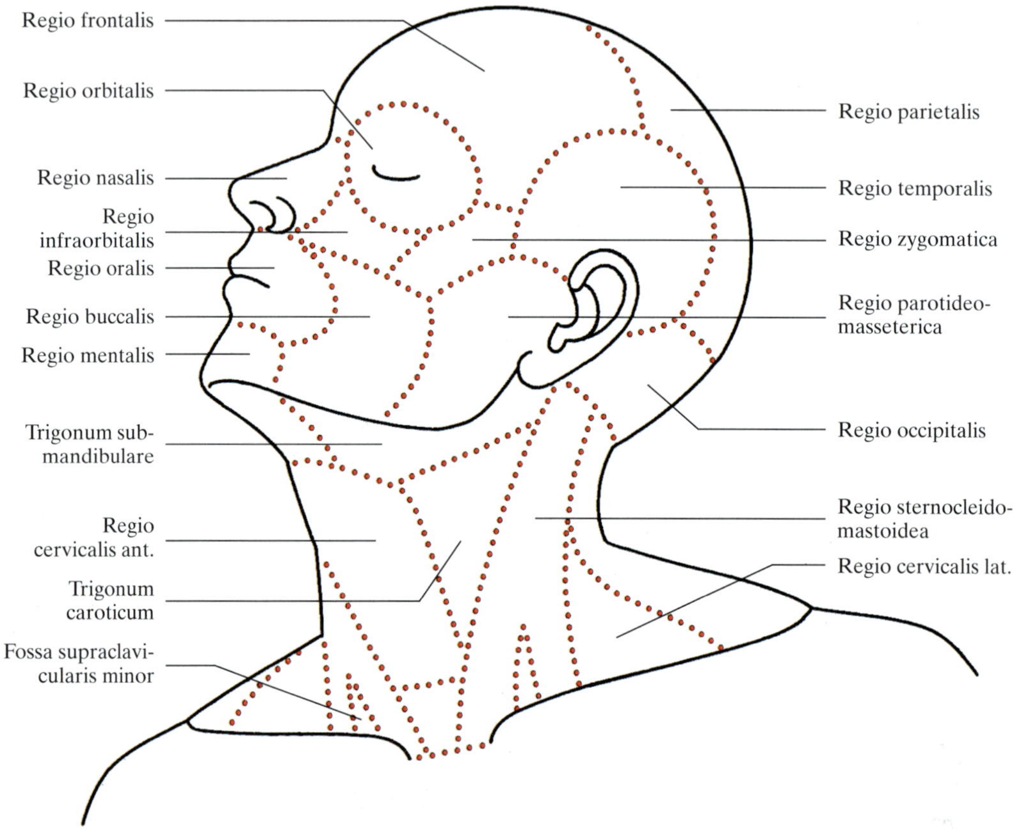
Regio frontalis
Regio orbitalis
Regio nasalis
Regio infraorbitalis
Regio oralis
Regio buccalis
Regio mentalis
Trigonum submandibulare
Regio cervicalis ant.
Trigonum caroticum
Fossa supraclavicularis minor
Regio parietalis
Regio temporalis
Regio zygomatica
Regio parotideomasseterica
Regio occipitalis
Regio sternocleidomastoidea
Regio cervicalis lat.

A. Muskeln und Leitungsbahnen von Hals und Kopf

I. Gliederung der Muskellogen und Lage der Gefäß-Nerven-Straßen

Die Muskulatur des Halses läßt sich in drei Gruppen gliedern: 1. die vom Kopf auf den Rumpf abwärts gewanderten Muskeln des Schultergürtels, die die oberflächlichste Schicht bilden (M. trapezius, M. sternocleidomastoideus); 2. die infrahyale Muskulatur, die funktionell den Halseingeweiden zuzuordnen ist (M. sternohyoideus, M. sternothyroideus, M. thyrohyoideus und M. omohyoideus) und 3. schließlich die tiefe und laterale Halsmuskulatur, die funktionell zur Wirbelsäule gehört. Diese 3. Muskelgruppe liegt entweder direkt auf der Halswirbelsäule (M. longus colli, M. longus capitis) oder entspringt von den Querfortsätzen der Halswirbel und zieht zu den Rippen bzw. zur Schulter (Mm. scaleni, M. levator scapulae) (Abb. 120 und 121).

M. scalenus ant. und medius befestigen sich an der 1. Rippe, der M. scalenus post. an der 2. Rippe. Im ganzen bilden die Mm. scaleni einen zeltartigen Trichter, der die obere Thoraxapertur nach oben abdichtet. Die prävertebralen Muskeln (M. longus colli und M. longus capitis) bedecken weitgehend die Vorderfläche der Wirbelsäule und sind von einer derben Faszie überzogen, die sich lateral auf den »Skalenustrichter« fortsetzt (tiefes Blatt der Halsfaszie oder Lamina prae-

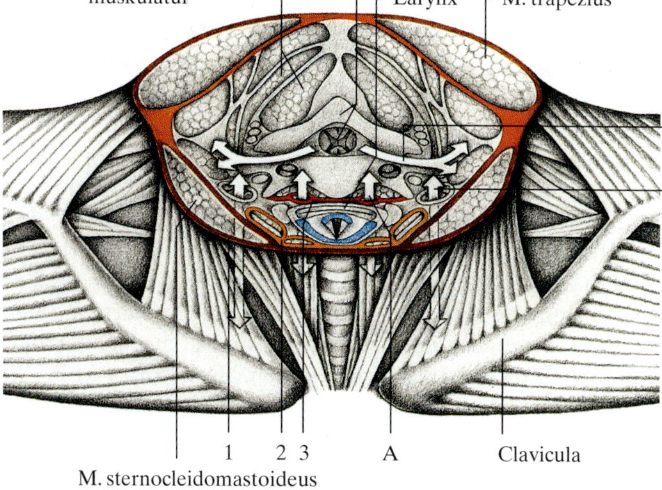

Abb. 120. Horizontalschnitt durch den Hals in Höhe des 6. Halswirbels. Darstellung der Gefäß-Nerven-Straßen (Pfeile) und Halsfaszien (rot). Halsfazien: 1 = Lamina superf.; 2 = Lamina praetrachealis; 3 = Lamina praevertebralis fasciae cervicalis.

A = Prävertebrale Nervenstraße in der tiefen Halsfaszie für Truncus sympatheticus des Halses
B = Gefäß-Nerven-Scheide des Halses mit A. carotis communis, V. jugularis int. und N. Vagus
C = Spinale Nervenstraße für zervikale Spinalnerven (Plexus cervicalis und brachialis)

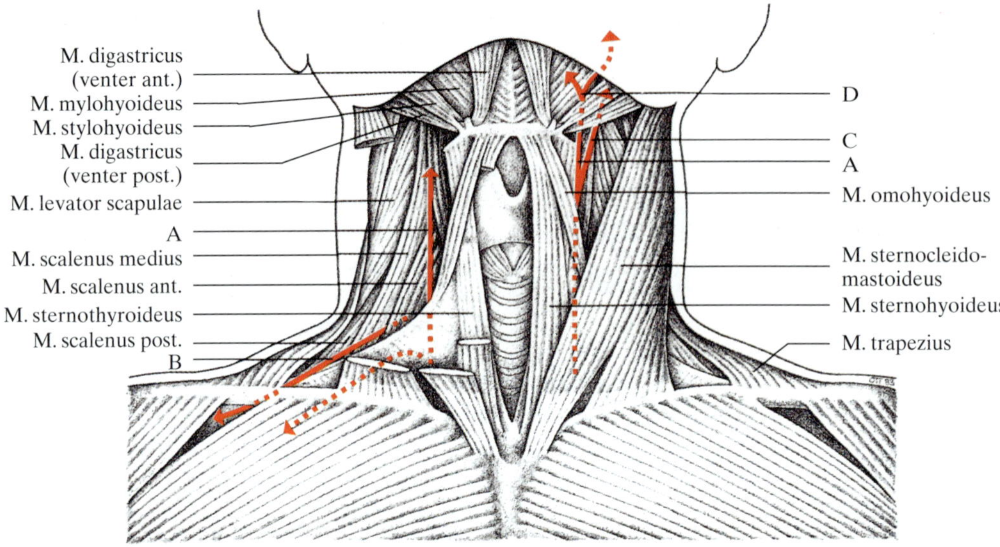

Abb. 121. Gliederung der Halsmuskulatur und Lage der Gefäß-Nerven-Straßen im Halsbereich. Rechts wurden der M. sternocleidomastoideus und M. sternohyoideus durchtrennt.
A = Gefäß-Nerven-Straße des Halses (eingescheidet von der Vagina carotica) für A. carotis communis (teilt sich in A. carotis ext. und int.), V. jugularis int. und N. vagus
B = Hintere Skalenuslücke, Gefäß-Nerven-Straße zur Achselhöhle und zum Arm für Plexus brachialis und A. subclavia
C = Gefäß-Nerven-Straße zum Kopf für A. carotis int. und V. jugularis int.
D = Gefäßstraße zum Mundboden und zur Gesichtsregion für Äste der A. carotis ext.

vertebralis fasciae cervicalis) und weiter die tiefen Nackenmuskeln überzieht. Dieses Faszienblatt dient dem Truncus sympatheticus bis zur oberen Thoraxapertur als Leitbahn (Abb. 120). Da der M. scalenus ant. von den Tubercula ant., der M. scalenus post. und der M. levator scapulae von den Tubercula post. der Querfortsätze der Halswirbel entspringt, bleibt zwischen beiden ein Spaltraum übrig, der nach medial über die Bodenrinne der Querfortsätze hinweg (Sulcus n. spinalis) und die Forr. intervertebralia mit dem Wirbelkanal eine Verbindung hat und sich nach unten zu den Skalenuslücken verbreitert und damit einen Zugang zur Achselhöhle gewinnt. Die Nerven können auf diesem Wege vom Wirbelkanal zwischen den Mm. scaleni hindurch in die seitlichen Halsregionen oder auch zum Arm ziehen (Abb. 120, Hinweis B in Abb. 121).

Die **infrahyalen Muskeln** liegen direkt auf den Halseingeweiden und befestigen sich am Zungenbein oder an den Kehlkopfknorpeln (Abb. 121). Der M. omohyoideus zieht bogenförmig weiter nach lateral und setzt am Oberrand der Scapula an. Die vier infrahyalen Muskeln werden ebenfalls von einer Faszie eingescheidet, die man als das mittlere Blatt der Halsfaszie bezeichnet (Lamina praetrachealis fasciae cervicalis). Diese überdeckt vorne den in der Medianebene untergebrachten Eingeweidestrang und verbreitert sich kaudalwärts zeltartig, so daß dadurch die obere Thoraxapertur ventrokranial abgeschlossen wird (Abb. 121). Dahinter, d. h. zwischen den Halseingeweiden, der infrahyalen Muskelplatte und der prävertebralen Halsmuskulatur bleibt ein geräumiger, mit lockerem Bindegewebe ausgefüllter Verschiebespalt bestehen, der als hauptsächliche Gefäß-Nerven-Straße zwischen Kopf, Thoraxraum und Arm dient (Abb 120, Hinweis A in Abb. 121). Hier verlaufen, von einer eigenen Bindegewebsscheide (Vagina carotica) umhüllt, die A. carotis communis, die V. jugularis int. und der N. vagus. Die Scheide ist fest mit der mittleren Halsfaszie verwachsen, so daß die infrahyale Muskulatur ein Kollabieren der Jugularvene verhindern kann.

Ventral wird die Loge der infrahyalen Muskulatur vom M. sternocleidomastoideus weitgehend überdeckt, der mit dem M. trapezius zusammen in einer eigenen oberflächlichen Faszienloge untergebracht ist (Lamina superf. fasciae cervicalis).

Der Eingeweidestrang liegt in der Medianebene und umfaßt vorne die Trachea, auf die sich die Schilddrüse auflagert, den Kehlkopf und das Zungenbein sowie hinten den Oesophagus, der sich kranial in den Pharynx öffnet.

Oberhalb des Zungenbeins beginnt der Mundboden, der hauptsächlich von einer queren Muskelplatte, dem M. mylohyoideus, gebildet wird und auf den sich unten der vordere Bauch des M. digastricus auflagert. Hinten schließen sich der M. stylohyoideus und der hintere Bauch des M. digastricus an. Das Halsbindegewebe, das die Leitungsbahnen führt, setzt sich kranial außen entweder in die Nische zwischen Mandibula und M. mylohyoideus fort (Zugang zum Mundboden) (Hinweis D in Abb. 121) oder folgt nach kranial-innen der Bindegewebsstraße, die neben Oesophagus und Pharynx aufwärts bis zur Schädelbasis verläuft (retropharyngealer Raum) (Hinweis C in Abb. 121).

Im **Bereich des Gesichtsschädels** (Splanchnocranium) können 2 Regionen unterschieden werden, eine oberflächliche und eine tiefe. Die oberflächliche Region enthält die äußeren Kaumuskeln (M. temporalis und M. masseter) sowie die mimische Muskulatur, die eine spezialisierte Hautmuskulatur darstellt. Die tiefe Region liegt hinter der Mandibula (retromandibulärer Raum) und setzt sich kaudalwärts in den para- und retropharyngealen Raum fort. In der tiefen Loge liegen die beiden Mm. pterygoidei und die vom Proc. styloideus entspringenden Muskeln (M. stylopharyngeus, M. styloglossus und M. stylohyoideus). Sie wird nach dorsal durch den hinteren Bauch des M. digastricus abgeschlossen. Der M. buccinator, der ja ein mimischer Muskel ist, überquert hinten den Unterkiefer und endet an der Raphe pterygomandibularis. Diese Raphe ist ein Sehnenstreifen, der vom Hamulus pterygoideus zum Unterkiefer verläuft und teilweise dem oberen Schlundschnürer (M. constrictor pharyngis sup.) als Ursprung dient (Abb. 122). Auf diese Weise kommt ein geschlossener Muskelring zustande, der vom M. orbicularis oris über die beiden Mm. buccinatorii nach hinten zum Pharynx reicht und das Vestibulum oris sowie den oberen Pharynx umschließt. Zwischen diesem Muskelring und dem aufsteigenden Kieferast (Ramus mandibulae) wird dadurch ein relativ großer Raum ausgespart, in dem auch die inneren Kaumuskeln (Mm. pterygoidei) untergebracht sind (Spatium pterygomandibulare). In dem zwischen den Muskeln gelegenen, lockeren Bindegewebe liegen die Gefäß-Nerven-Straßen, die von hier aus einerseits kranialwärts durch die Löcher der Schädelbasis den Schädelinnenraum, andererseits nach vorne über die Fossa pterygopalatina, Orbita, Nasenhöhle und das Mundhöhlendach, sowie nach lateral auch den oberflächlichen Gesichtsbereich erreichen können (Abb. 122).

Die oberflächliche Region wird auch vom Hals bzw. Mundboden aus, d.h. von außen zugänglich und enthält eine Gefäß-Nerven-Straße, die vor dem M. masseter an der Grenze zwischen der mimischen Muskulatur und Masseterloge um den R. mandibulae herum schräg aufwärts zu den Lippen, zur äußeren Nase und weiter bis zum medialen Lidwinkel hinzieht (Abb. 122).

Im **Bereich des Hirnschädels** (Neurocranium) fehlen größere Muskellogen weitgehend. Bei Tieren mit mächtig entwickeltem Kauapparat schieben sich die Kaumuskeln vielfach bis zur Mittellinie auf das Schädeldach vor. Beim Menschen reicht der M. temporalis nur bis zur Linea temporalis inf. Auf der Calvaria befindet sich lediglich die Schicht der mimischen Muskeln, deren gemeinsame Aponeurose, die *Galea aponeurotica* gegenüber dem Periost gut verschieblich, aber mit der Kopfhaut fest verwachsen ist. In die Galea strahlt von vorne der Venter frontalis, von hinten der Venter occipitalis des M. occipitofrontalis ein. Lateral schließen sich die zum M. temporoparietalis gehörigen Muskeln (M. auricularis ant., sup. und post.) an.

Der Schädelinnenraum beherbergt das Gehirn mit den zugehörigen Gefäßen und den intrakranialen Abschnitten der Hirn-

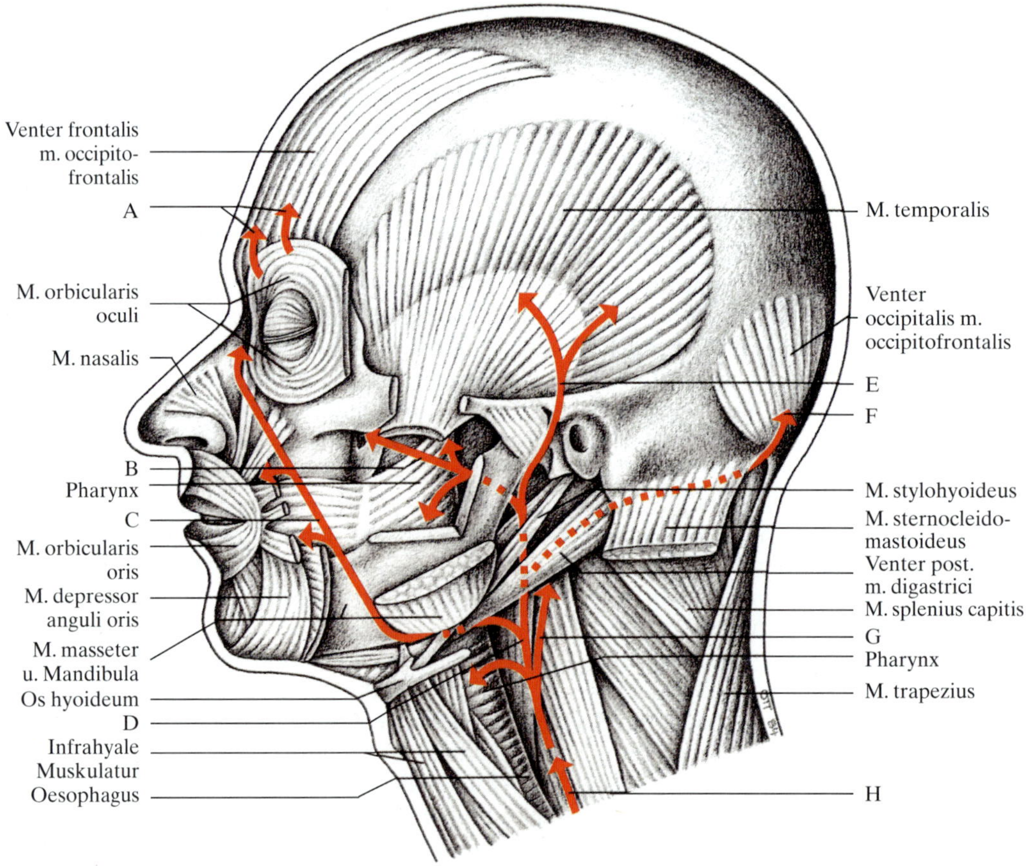

Abb. 122. Gliederung der Kopfmuskulatur und Lage der Gefäß-Nerven-Straßen im Kopf-Hals-Bereich.
A = Gefäß-Nerven-Straßen zur Stirnregion für A. und V. supratrochlearis, A. und V. supraorbitalis sowie den R. lat. und R. med. n. supraorbitalis
B = Maxillare Gefäßstraße zur Fossa pterygopalatina, Schädelbasis und tiefen Gesichtsregion für A. maxillaris und Plexus pterygoideus
C = Faziale Gefäßstraße zur oberflächlichen Gesichtsregion für A. und V. facialis
D = Gefäßstraße zum Mundboden und zu den Gesichtsregionen für Äste der A. carotis ext.
E = Temporale Gefäß-Nerven-Straße für A. und V. temporalis superf., N. auriculotemporalis
F = Okzipitale Gefäß-Nerven-Straße für A. und V. occipitalis, N. occipitalis major
G = Gefäß-Nerven-Straße zum Gehirn für A. carotis int., V. jugularis int. und N. vagus
H = Gefäß-Nerven-Straße des Halses für A. carotis communis, V. jugularis int. und N. vagus (liegen innerhalb der Vagina carotica)

nerven. Es wird von den Hirnhäuten umschlossen, die einen schützenden Flüssigkeitsmantel, der mit Liquor cerebrospinalis ext. gefüllt ist, bilden.

II. Schädelinnenraum und Hirnsitus

Das Gehirn hat sich aus einem schlauchförmigen, mehrfach gekrümmten Rohr (Neuralrohr) entwickelt, an dessen vorderem Ende zwei Aussackungen, die Endhirnbläschen, auftreten, aus denen die beiden Großhirnhemisphären hervorgehen. Die Entwicklung des Großhirns erreicht beim Menschen solche Ausmaße, daß die stark gefalteten Hemisphären die übrigen Hirnabschnitte so weitgehend überdecken, daß man bei der Eröffnung des Schädels von ihnen fast nichts mehr sieht. Der Sagittalschnitt zeigt aber, daß der unpaare zentrale Hirnteil, an dem die Großhirnhemisphären hängen, beträchtlichen Raum einnimmt. Er wird als Hirnstamm bezeichnet. Ihm lagert sich hinten das Kleinhirn an (Abb. 123 und 124). Die Großhirnhemisphären, die sich in vier Lappen gliedern lassen (Stirn-, Scheitel-, Hinterhaupts- und Schläfenlappen oder Lobus frontalis, parietalis, occipitalis und temporalis) gehen vom unpaaren Zwischenhirn aus, das sich hinten in das Mittelhirn mit der Vierhügelplatte (Lamina tecti) und den Hirnstielen (Pedunculi cerebri) fortsetzt. Am Zwischenhirn hängen unten die Hypophyse sowie die beiden Sehnerven mit der Sehnervenkreuzung (Chiasma opticum) und dorsal die Epiphyse. Zwischen Mittelhirn und Rückenmark befindet sich das

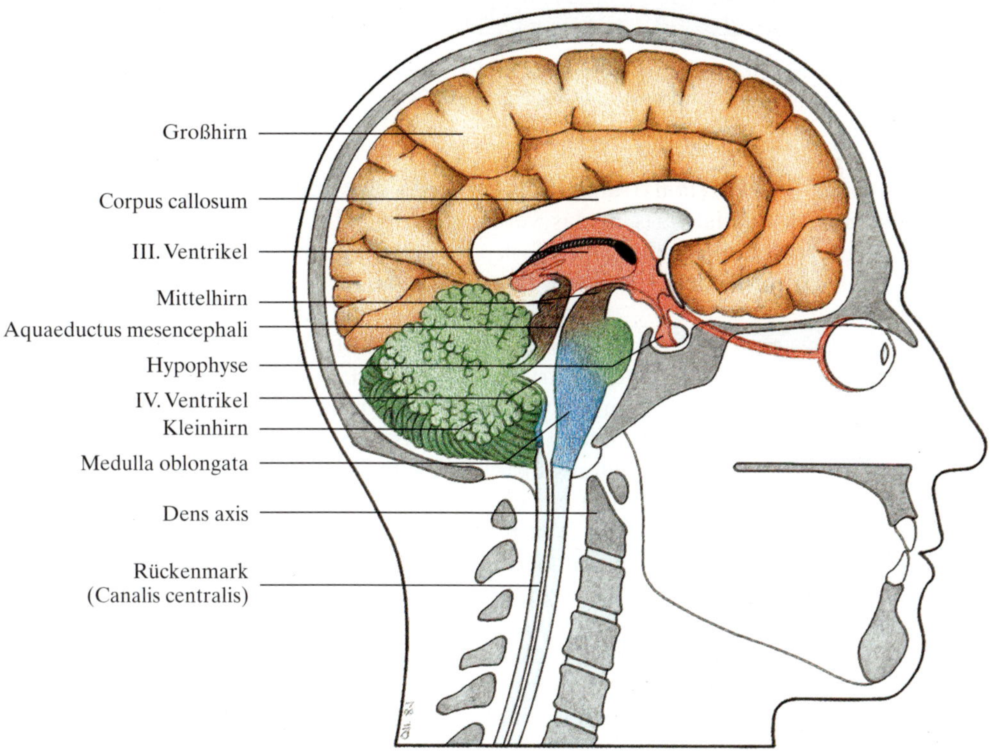

Abb. 123. Lage des Gehirns im Verhältnis zur Schädelbasis; schematisch dargestellt am Sagittalschnitt (vgl. Kernspintomogramm der Abb. 124).

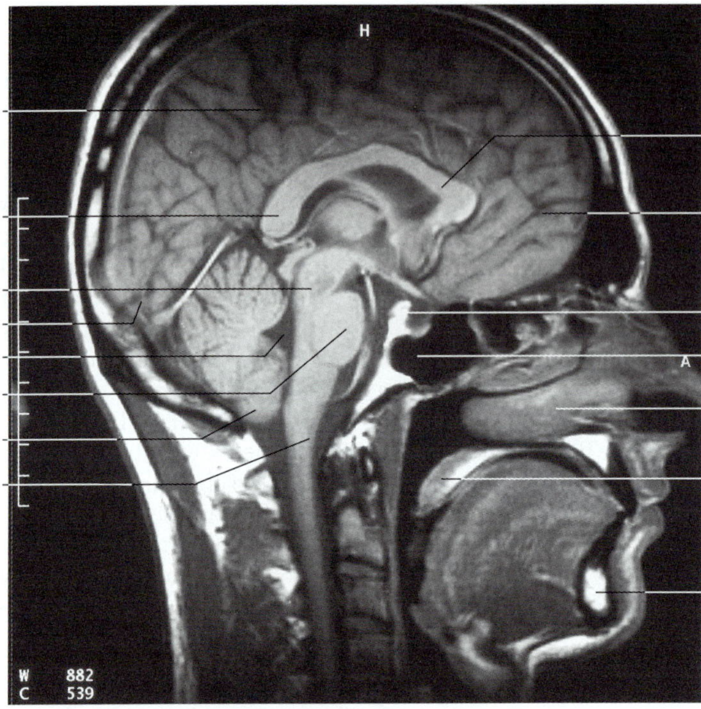

Abb. 124. MR-Aufnahme (Kernspintomogramm) des Kopfes eines gesunden Menschen. Mediansagittalschnitt. (Aufnahme Prof. W. Huk und Dr. H. Gademann, Neurochirurgische Klinik der Universität Erlangen.)

Rautenhirn mit Brücke (Pons) und Kleinhirn. Es setzt sich kaudalwärts in das verlängerte Mark (Medulla oblongata) fort. Vom Rautenhirn geht der Hauptteil der Hirnnerven aus.

Das *Ventrikelsystem* bildet im Großhirnbereich paarige Kammern (Seitenventrikel oder Ventriculi lat.), im Hirnstamm unpaare Räume, die sich in den Zentralkanal des Rückenmarks fortsetzen. Die Seitenventrikel zeigen eine geschwungene Form mit einem Vorder-, Hinter- und Unterhorn (Cornu frontale, occipitale und temporale) und einem verbindenden zentralen Abschnitt (Pars centralis oder Cella media). Sie stehen jederseits durch das For. interventriculare mit dem Zwischenhirnventrikel (III. Ventrikel, Ventriculus tertius) in Verbindung, der seinerseits nach rückwärts in den das Mittelhirn durchziehenden Aquaeductus mesencephali übergeht. Im Bereich des Rautenhirns vergrößert sich der Aquädukt wieder zu dem zeltartigen IV. Ventrikel (Ventriculus quartus), der durch die paarigen Aperturae lat. (Luschkae) und die unpaare Apertura mediana (Magendie) mit den das Gehirn umgebenden Liquorräumen in Verbindung steht (Abb. 125).

Der Hirnstamm lagert sich so auf die Schädelbasis auf, daß die Brücke auf dem Clivus, das Zwischenhirn (mit Hypophyse etc.) im Bereich der Sella turcica, der Stirnlappen in der vorderen Schädelgrube, der Temporallappen in der mittleren Schädelgrube und das Kleinhirn in der hinteren Schädelgrube zu liegen kommt. In dieser Lage wird das Gehirn durch seine Hirnhäute, vor allem durch das derbfaserige Membransystem der Dura mater gehalten (Abb. 126).

Man unterscheidet im Hirnbereich, ähnlich wie am Rückenmark auch, eine harte und weiche Hirnhaut (Pachy- und Leptomeninx). Die harte Hirnhaut *(Dura mater)* kleidet die Schädelinnenfläche vollständig aus. Sie übernimmt auch die Aufgaben des Periosts. Zwischen die Großhirnhemisphären schiebt sich ein sagittales Duraseptum ein, die *Falx cerebri*, die vorne an der Crista galli befestigt ist, sich dorsalwärts verbreitert und zwischen Großhirn und Kleinhirn in ein horizontales, zeltartiges Septum, das *Tentorium cerebelli* übergeht, welches vorne an den kleinen Keilbeinflügeln angeheftet ist (Abb. 167). Im Rückenmarkskanal, vom For. magnum an, ist die Dura selbständig und vom Periost getrennt, so daß hier ein Epiduralraum entsteht (Abb. 12).

Die weiche Hirnhaut *(Leptomeninx)* besteht aus zwei lockermaschigen Bindegewebsblättern, der *Arachnoidea* (außen) und der *Pia mater* (innen). Die Arachnoidea oder Spinnwebenhaut folgt der Dura, die Pia dagegen der Hirnoberfläche mit all ihren Furchen und Windungen. Auf diese Weise ist der Abstand der beiden Blätter regional sehr verschieden. Die Pia muß als die eigentliche Gefäßhaut des Gehirns angesehen werden. Sie dringt mit ihren Gefäßen in die Sulci ein, während die Arachnoidea die Furchen überspringt. Somit entstehen überall dort, wo sich größere Vertiefungen an der Hirnoberfläche bilden oder wo das Hirngewebe von der Schädel- bzw. Durainnenfläche zurückweicht, größere mit Liquor gefüllte Räume, die sog. *Zisternen (Cisternae subarachnoideae)*. Pia und Arachnoidea sind durch trabekuläre Bindegewebsstränge miteinander verbunden. Dieser flächenhaft ausgebreitete Maschenraum mit seinen zisternenartigen Erweiterungen wird *Subarachnoidalraum* (Spatium subarachnoideum) genannt. Der Subarachnoidalraum in seiner

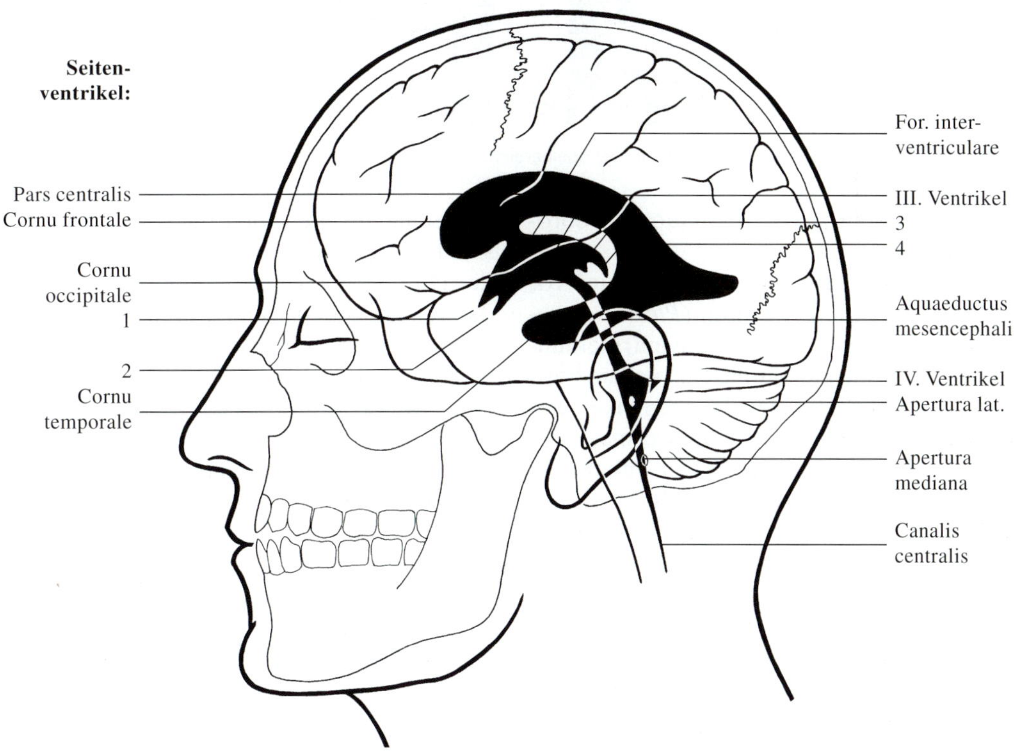

Abb. 125. Ventrikelsystem des Gehirns (von lateral). Recessus des III. Ventrikels: 1 = Rec. chiasmatis; 2 = Rec. infundibuli; 3 = Rec. pinealis; 4 = Rec. suprapinealis.

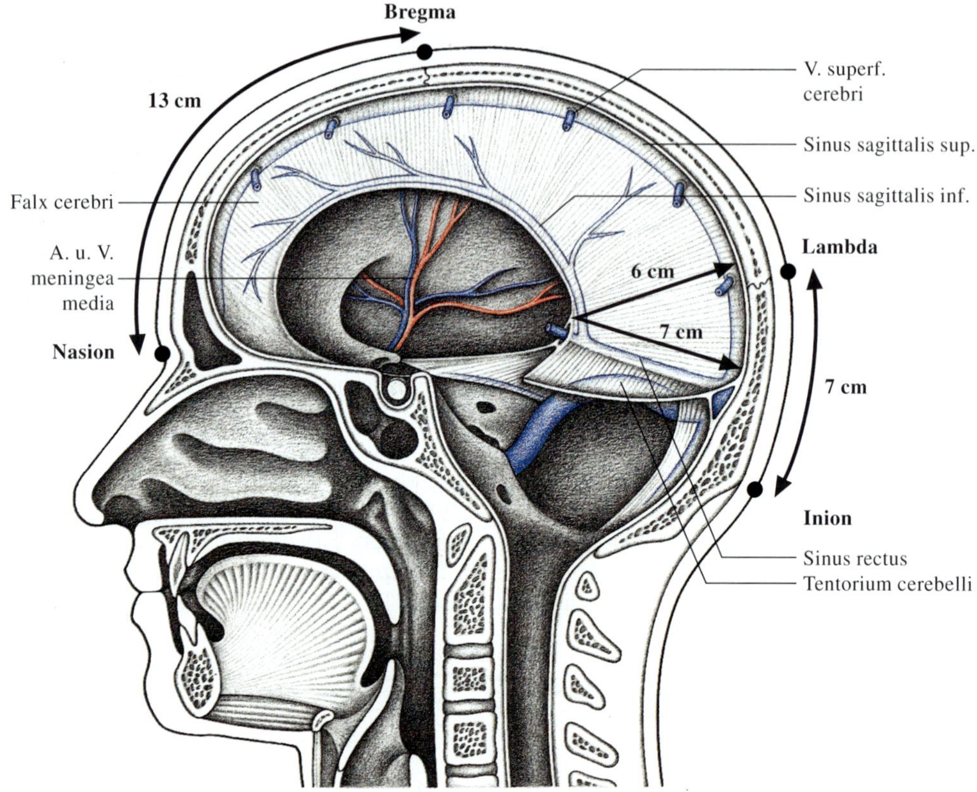

Abb. 126. Duraverhältnisse und Meßpunkte im Schädelbereich.

Gesamtheit enthält den Liquor cerebrospinalis ext.

Der Liquor cerebrospinalis int. wird vor allem in den Adergeflechten *(Plexus chorioidei)* gebildet, die in die Seitenventrikel hineinragen. Er strömt durch die beiden Forr. interventricularia in den III. Ventrikel und weiter durch den Aquaeductus mesencephali in den IV. Ventrikel. Der Inhalt des IV. Ventrikels entleert sich durch die beiden Aperturae lat. und die unpaare Apertura mediana in die *Cisterna cerebellomedullaris* und wird damit zum Liquor cerebrospinalis ext. Der äußere Hirnliquor fließt dann um das Kleinhirn und die Medulla oblongata herum, unter dem Tentoriumzelt hindurch bis in den das Großhirn umgebenden Subarachnoidalraum.

In die *Dura* sind spezielle Venensinus eingebaut, *Sinus durae matris* (vgl. a. S. 246), die der Schädelwand innen dicht anliegen und sich meist im Bereich der Anheftungsstellen der Dura am Knochen befinden. Sie nehmen das venöse Blut des Gehirns sowie auch den Liquor cerebrospinalis auf und leiten beides aus dem Schädelinnenraum nach außen ab. Der Liquor strömt andererseits auch über die Perineuralscheiden der Hirnnerven sowie über die den Subarachnoidalraum durchsetzenden Hirnvenen ab.

III. Leitungsbahnen von Kopf und Hals

1. Arterien für Hals und Schulter

Die Halsorgane werden hauptsächlich von Ästen der A. subclavia, der Gesichtsteil des

Kopfes (Mundhöhle, Nasenhöhle usw.) von Ästen der A. carotis ext., der Hirnteil des Kopfes schließlich (Auge, Gehirn, Augenhöhle, Innenohr) von Ästen der A. carotis int. und der A. vertebralis versorgt.

A. subclavia

Die Äste der A. subclavia (Abb.127) zur Hals- und Schulterregion entspringen fast alle bereits, *bevor* die Arterie durch die hintere Skalenuslücke hindurchgetreten ist:

1. Der 1. Ast der Arterie ist die *A. vertebralis,* die vom 6. Halswirbel an in dem von den Forr. transversaria der Halswirbelquerfortsätze gebildeten Kanal aufwärts bis zum hinteren Atlasbogen und von dort zum Forr. magnum zieht, um sich dann auf dem Clivus der Schädelbasis mit der Vertebralarterie der Gegenseite zur *A. basilaris* zu vereinigen. Diese versorgt das Kleinhirn, den Okzipital- und basalen Temporallappen des Großhirns sowie den Hirnstamm.

2. Die *A. thoracica int.* wendet sich steil nach medial und kaudal und verläuft neben dem Sternum abwärts bis zum Zwerchfell, wo sie sich in einen kaudalen und einen lateralen Ast teilt. Der laterale Ast folgt dem Rippenbogen und versorgt Zwerchfell und Zwischenrippenräume *(A. musculophrenica);* der kaudale Ast durchsetzt das Zwerchfell und zieht als *A. epigastrica sup.* zur vorderen Bauchwand (hinteres Blatt der Rektusscheide, s. Abb. 21).

3. Der *Truncus costocervicalis* entspringt dorsal und hinten aus der A. subclavia und

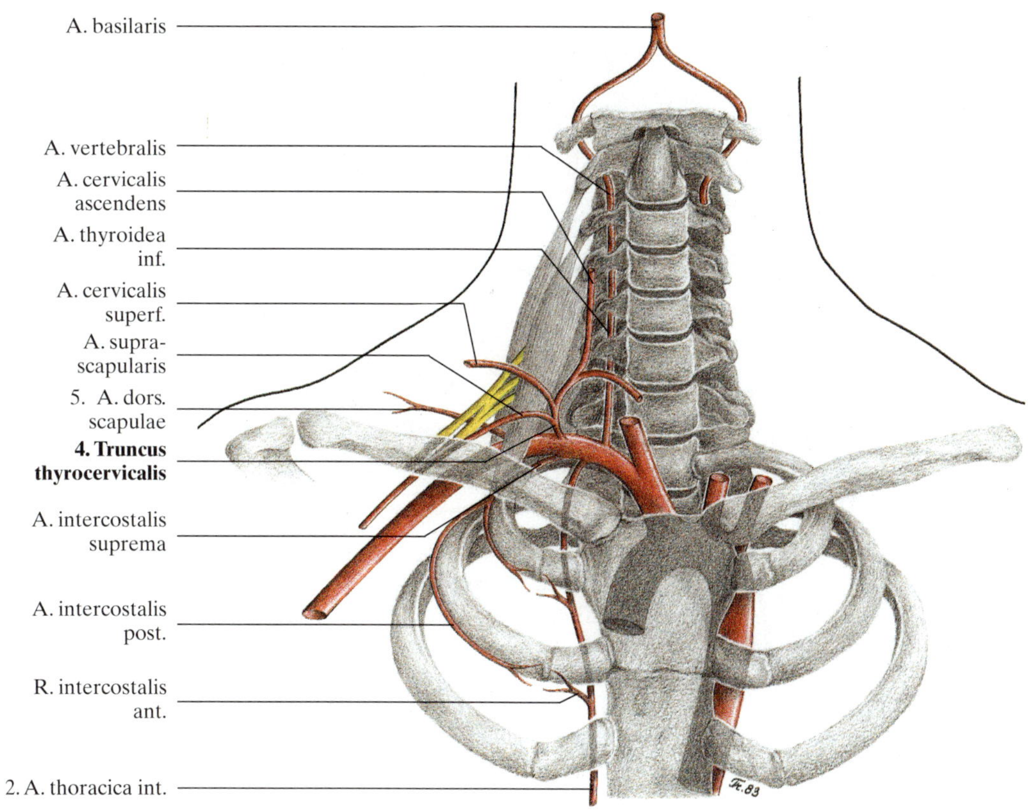

Abb. 127. Astfolge der A. subclavia, in der Ansicht von vorne (Zahlen entsprechen der Zusammenstellung im Text sowie der Tab. S. 188–190) (vgl. auch Abb. 128).

teilt sich rasch in zwei Äste auf. Die *A. cervicalis prof.* zieht steil nach hinten über die 1. Rippe hinweg zur tiefen Nackenmuskulatur; die *A. intercostalis suprema* wendet sich dagegen mehr nach vorne, um sich in zwei Ästchen aufzuspalten, die die Interkostalarterien der ersten beiden Interkostalräume repräsentieren.

4. Der *Truncus thyrocervicalis* ist der kräftigste Ast der A. subclavia, der sich rasch in 4 Äste aufspaltet (Abb. 127 u. 128):

Die *A. thyroidea inf.* tritt mehrfach geschlängelt – von hinten unten – an die Schilddrüse heran;

die *A. cervicalis ascendens* zieht auf dem M. scalenus ant. senkrecht nach oben;

die *A. suprascapularis* folgt der Clavicula nach hinten zur Schulterregion, wo sie über das Lig. transversum scapulae sup. hinwegzieht, um im M. infraspinatus mit der A. circumflexa scapulae zu anastomosieren;

die *A. transversa cervicis* verläuft zur dorsalen Schulterregion, wo sie sich meist in einen aufsteigenden (R. superf.) und einen absteigenden, unter den Mm. rhombodei zusammen mit dem N. dors. scapulae verlaufenden tiefen Ast (R. prof.) aufzweigt (Abb. 128). Wenn diese beiden Äste selbständig werden

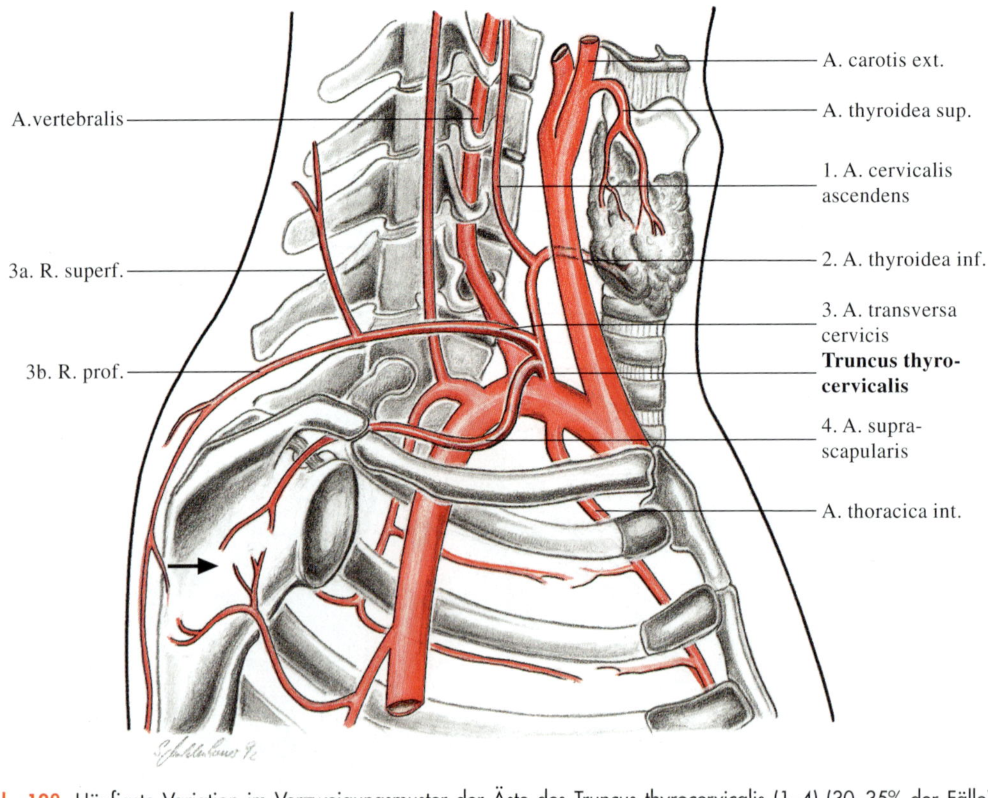

Abb. 128. Häufigste Variation im Verzweigungsmuster der Äste des Truncus thyrocervicalis (1–4) (30–35% der Fälle). Eine selbständige A. dors. scapulae (s. Abb. 127) fehlt, statt dessen bildet die A. transversa cervicis (3), die sonst als A. cervicalis superf. bezeichnet wird, einen R. superf. (3a) und einen R. prof. (3b) aus. Der R. prof. begleitet den N. dors scapulae im Schulterbereich. Die Nummern beziehen sich nicht auf die Tab. S. 188.
Pfeil: Anastomose zwischen der A. suprascapularis und der A. circumflexa scapulae (Ast der A. subscapularis) (Kollateralkreislauf der Schulter) (vgl. Abb. 63).

(wie in Abb. 127 dargestellt), nennt man den aufsteigenden, mehr oberflächlich aus dem Truncus thyrocervicalis entspringenden Ast *A. cervicalis superf.* und den absteigenden, dann aus der A. subclavia abgehenden und meist den Plexus brachialis durchbohrenden Ast.

5. *A. dors. scapulae.* Diese begleitet den N. dors. scapulae und verläuft, wie der Nerv auch, am lateralen Skapularand unter den Mm. rhomboidei.

2. Arterien des Kopfes

Die arterielle Versorgung des Kopfes stammt zum größten Teil aus der A. carotis communis, die sich am Hals in die A. carotis ext. und int. aufzweigt. Nur ein Teil des Gehirns wird von der A. vertebralis, einem Ast der A. subclavia versorgt.

Die *A. carotis int.* breitet sich vor allem im Inneren der Schädelhöhle aus, während die A. carotis ext. die Versorgung des Schädeldaches, der Gesichtsregionen und der oberen Abschnitte des Halses übernimmt.

Die *A. carotis communis* entspringt rechts aus dem Truncus brachiocephalicus, links direkt aus dem Aortenbogen (Abb. 4), weshalb sie rechts einige Zentimeter kürzer ist als links. Sie steigt neben der Trachea aufwärts und teilt sich in Höhe des Kehlkopfs in die A. carotis ext. und int. Während sich die A. carotis ext. schon am Hals in zahlreiche Äste aufspaltet, zieht die A. carotis int. unverzweigt bis zur Schädelbasis weiter, ehe sie dann in den Karotiskanal des Felsenbeins eintritt und zum Gehirn zieht.

A. carotis externa

Die A. carotis ext. (Abb. 129) zweigt sich in Höhe des Zungenbeins, am vorderen Rand des M. sternocleidomastoideus in kurzen Abständen in neun Äste auf. Ihrem Verlauf nach unterscheidet man vordere, hintere und mediale Äste. Zu den vorderen zählen die A. thyroidea sup., A. lingualis und A. facialis, zu den medialen die A. pharyngea ascendens und A. maxillaris, zu den hinteren schließlich die A. sternocleidomastoidea, A. occipitalis und A. auricularis post. Als Endäste werden die A. maxillaris für den Gesichtsschädel (insbesondere Kauapparat, Nasenhöhle, Gaumen, Zähne und Kiefer) und die A. temporalis superf. für die laterale Schädelwand angesehen.

6. Die *A. thyroidea sup.* ist ein kräftiger, etwas geschlängelt verlaufender Ast, der die vorderen oberen Anteile der Schilddrüse versorgt, aber auch Äste zum Zungenbein, zum M. cricothyroideus und nach Perforation der Membrana thyrohyoidea zum Inneren des Kehlkopfes *(A. laryngea sup.)* abgibt.

7. Die *A. sternocleidomastoidea* zieht nach hinten und versorgt den gleichnamigen Muskel.

8. Die *A. lingualis* zieht zur Zunge, wobei sie medial vom M. hyoglossus geschlängelt nach vorne verläuft. Sie gibt Äste zum Zungenbein, zur Mundbodenmuskulatur und zu den Zungendrüsen, vor allem zur Gl. sublingualis ab. Ihr Endast, die A. prof. linguae, erreicht die Zungenspitze.

9. Die *A. facialis,* die gelegentlich mit der A. lingualis zusammen aus einem gemeinsamen Stamm der A. carotis ext. entspringt (Truncus linguofacialis), ist die eigentliche Gesichtsarterie. Sie zieht in einer Rinne medial von der Gl. submandibularis aufwärts zum Unterkieferrand, den sie vor dem M. masseter überkreuzt; dann verläuft sie schräg aufwärts bis zum medialen Augenwinkel, wo sie mit ihrem Endast, der *A. angularis,* mit der A. ophthalmica anastomosiert (Anastomose zwischen A. carotis ext. und int.). Sie versorgt außer der mimischen Muskulatur und den Gesichtsregionen noch den weichen Gaumen, die Pharynxwand *(A. palatina ascendens),* die Tonsillarregion und die Mundbodenmuskulatur von außen *(A. submentalis).* Zu Ober- und Unterlippe zweigt jeweils eine *A. labialis* (sup. und inf.) ab, die mit der Gegenseite anastomosiert und dadurch einen Gefäßkranz ausbildet.

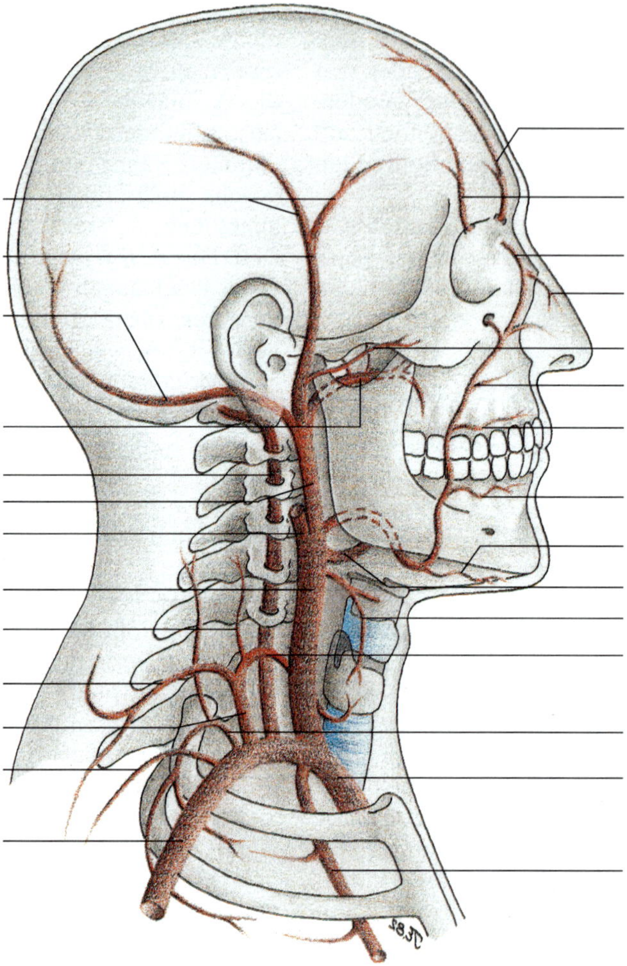

Abb. 129. Astfolge der A. carotis ext. und A. subclavia (schematisch); (Zahlen entsprechen der Zusammenstellung im Text sowie der Tab. S. 188–190).

Arterien für Hals und Kopf

A. subclavia	
1. *A. vertebralis*	Im Kanal der Halswirbelquerfortsätze zum Gehirn
2. *A. thoracica int.* A. pericardiacophrenica A. musculophrenica A. epigastrica sup.	Neben dem Sternum abwärts – für Zwerchfell, Brust- und Bauchwand, sowie zu Pleura und Perikard
3. *Truncus costocervicalis* A. cervicalis prof. A. intercostalis suprema	Für tiefe Nackenmuskulatur sowie den 1. und 2. Interkostalraum

Arterien für Hals und Kopf (Fortsetzung)

4. *Truncus thyrocervicalis* A. thyroidea inf. A. cervicalis ascendens A. transversa cervicis (evtl. nur als A. cervicalis superf.) A. suprascapularis	Zur Schilddrüse, zu den vorderen und seitlichen Halsregionen sowie zur dorsalen Schultermuskulatur
5. *A. dors. scapulae* (nur wenn A. transversa cervicis fehlt)	Durchbohrt den Plexus brachialis – zur dorsalen Schulterregion
A. carotis externa	
6. *A. thyroidea sup.* A. laryngea sup.	Zur Schilddrüse und zum Kehlkopf
7. *A. sternocleidomastoidea*	Zum M. sternocleidomastoideus
8. *A. lingualis* A. sublingualis A. prof. linguae	Zur Zunge, zur Gl. sublingualis und zum Mundboden (von oben)
9. *A. facialis* A. submentalis A. palatina ascendens A. labialis sup. et inf. A. angularis	Zur oberflächlichen Gesichtsregion, zur mimischen Muskulatur, Nase, zu den Lippen und Augenlidern (medial); von unten zum Mundboden, nach hinten zum Pharynx
10. *A. pharyngea ascendens* A. tympanica inf. A. meningea post.	Zum Pharynx, Äste zum Mittelohr und zur hinteren Schädelgrube
11. *A. occipitalis*	Nach rückwärts, zur Hinterhauptregion
12. *A. auricularis post.* A. stylomastoidea	Zur Ohrregion, zum Kiefergelenk und Mittelohr
13. *A. temporalis superf.*. R. frontalis R. parietalis A. transversa faciei A. temporalis media	Vor dem Ohr aufwärts zur Schläfenregion – Äste zum äußeren Gehörgang, zum M. temporalis und zur Gl. parotidea
14. **A. maxillaris**	Zur tiefen Gesichtsregion
Pars mandibularis 15. *A. auricularis prof.*	Zum Kiefergelenk, äußeren Gehörgang und Trommelfell
16. *A. tympanica ant.*	Durch Fissura petrotympanica zum Mittelohr
17. *A. alveolaris inf.* A. mentalis R. mylohyoideus	Im Canalis mandibulae zu den Unterkieferzähnen, zur Unterlippe und zum Mundboden
Pars pterygoidea 18. Aa. temporales prof. ant. et post.	Zum M. temporalis
19. *A. meningea media*	Zur Dura mater und Calvaria der mittleren Schädelgrube
20. a) *A. masseterica* b) *Rr. pterygoidei*	Zum M. masseter Zum M. pterygoideus lat. und med.
21. *A. buccalis*	Zur Wangenregion

Arterien für Hals und Kopf (Fortsetzung)

Pars pterygopalatina 22. *Aa. alveolares sup. post.*	Durch Knochenkanäle zu den Oberkieferzähnen
23. *A. infraorbitalis* Aa. alveolares sup. ant.	Am Orbitaboden zum For. infraorbitale zur Oberlippe, Nase und zum Unterlid. Äste zu den Frontzähnen
24. *A. sphenopalatina* Aa. nasales post. lat. et septi	Durch das For. sphenopalatinum zur Nasenhöhle
25. *A. palatina descendens* A. palatina major Aa. palatinae minores	Durch den Canalis pterygopalatinus abwärts zum harten und weichen Gaumen
26. *A. canalis pterygoidei*	Durch den Canalis pterygoideus zur Tube und zum Pharynx
A. carotis interna	
27. **A. ophthalmica** A. centralis retinae	Zum Auge, zur Orbita, Stirnhaut, Nasenhöhle, vorderen Dura mater und zu den Siebbeinzellen Im Sehnerven für Retina
28. *Aa. ciliares post. breves* et *longi*	Für Aderhaut, Ziliarkörper und Iris
29. *A. ethmoidalis post.*	Durch das For. ethmoidale post. zu den hinteren Siebbeinzellen und zur Nasenhöhle
30. *A. ethmoidalis ant.* R. meningeus ant. Aa. nasales ant. lat.	Durch das For. ethmoidale ant. zur Lamina cribrosa, zur vorderen Dura mater und zur Nasenhöhlenschleimhaut
31. *A. supraorbitalis*	Zur Stirnregion
32. *A. supratrochlearis* A. dors. nasi Aa. palpebrales med.	Zur Stirnregion, zum Nasenrücken und zur medialen Hälfte der Lider
33. *A. lacrimalis* Aa. palpebrales lat.	Zur Tränendrüse und zur lateralen Hälfte der Lider
34. *Aa. ciliares ant.*	Zum vorderen Augensegment
35. *A. cerebri ant.* A. communicans ant.	In der Fissura longitudinalis cerebralis zur medialen Großhirnhemisphäre
36. *A. cerebri media* A. choroidea	Im Sulcus lat. zu lateralen Teilen der Großhirnhemisphäre und zum Plexus choroideus
37. *A. communicans post.*	Verbindungsast zwischen A. cerebri post. und A. cerebri media
A. vertebralis	
38. *A. spinalis ant.*	Unpaarer vertebraler Ast zum Rückenmark (wird von beiden Aa. vertebrales gebildet)
39. *Aa. spinales post.*	Paarige dorsale Äste zum Rückenmark
40. *A. inf. post. cerebelli*	Von unten zum Kleinhirn
A. basilaris	
41. *A. labyrinthi*	Durch den Meatus acusticus int. zum Innenohr
42. *A. inf. ant. cerebelli*	Zu den unteren, lateralen Kleinhirnbezirken
43. *A. sup. cerebelli*	Zur Oberseite des Kleinhirns
44. *A. cerebri post.* Rr. choroidei post. lat. et med.	Zur Unterseite des Temporallappens, zum Okzipitallappen und zu den Plexus choroidei

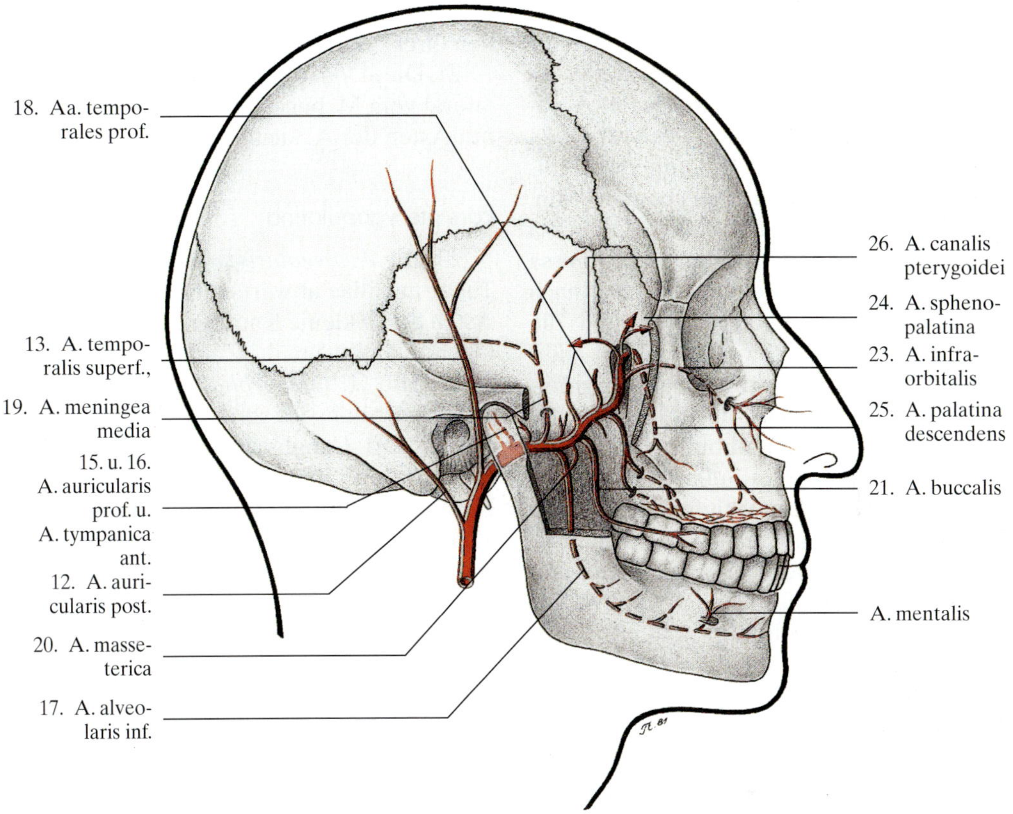

Abb. 130. Astfolge der A. maxillaris (Schemazeichnung). Die innen verlaufenden Gefäße wurden gestrichelt gezeichnet (Zahlen entsprechen dem Text und der Tab. S. 188–190).

10. Die *A. pharyngea ascendens* stellt eine kleine, dorsal zum Pharynx aufsteigende Arterie dar, die meist auch durch das For. jugulare einen Endast zur Dura mater der hinteren Schädelgrube abgibt *(A. meningea post.)*. Ein kleinerer Ast dringt ins Mittelohr ein und beteiligt sich an der Versorgung der Mittelohrschleimhaut *(A. tympanica inf.)*.

11. Die *A. occipitalis* zweigt nach dorsal zur Hinterhauptsregion ab, verläuft medial vom M. digastricus dicht am Schädelknochen bis zum Trapeziusursprung, wo sie dann oberflächlich wird.

12. Die *A. auricularis post.* ist nur ein kleiner, hinter der Ohrmuschel aufsteigender Ast für die mimische Muskulatur der Ohrregion, die Mittelohrschleimhaut, das Kiefergelenk und den Fazialiskanal *(A. stylomastoidea)*.

Endäste der A. carotis externa

Nachdem die A. carotis ext. medial vom hinteren Bauch des M. digastricus und M. stylohyoideus in die Fossa retromandibularis gelangt ist, teilt sie sich in Höhe des Collum mandibulae in ihre beiden Endäste, die A. maxillaris und die A. temporalis superf., auf.

13. Die *A. temporalis superf.* zieht dicht vor dem äußeren Gehörgang senkrecht nach oben bis zur Schläfengegend, wo sie sich in einen vorderen (R. frontalis) und in einen hinteren Endast (R. parietalis) aufzweigt. Auf ihrem Weg gibt sie zahlreiche kleinere Äste zum äußeren Gehörgang und zur Parotis, zur Wangenregion *(A. transversa faciei)* und zum M. temporalis *(A. temporalis media)* ab.

14. Die *A. maxillaris* (Abb. 130) ist das wichtigste Gefäß für die arterielle Versorgung des Gesichtsschädels. Sie zweigt in Höhe des Collum mandibulae aus der A. carotis ext. ab, zieht durch die Lücke zwischen Collum mandibulae und Lig. sphenomandibulare sowie zwischen den beiden Mm. pterygoidei (»Pterygoideusschlitz«) zur Fossa infratemporalis und weiter zur Fossa pterygopalatina, von wo ihre Endäste nach medial die Nasenhöhlen, nach unten die Mundhöhle und nach hinten die Tuba auditoria und den Pharynx erreichen. Die Astfolge der A. maxillaris wird in drei Abschnitte gegliedert: Die Pars mandibularis entsendet hauptsächlich Äste zum äußeren Ohr, zum Kiefergelenk, zum Unterkiefer und Mittelohr, die Pars pterygoidea zu den Kaumuskeln sowie zur mittleren Schädelgrube und die Pars pterygopalatina zum Oberkiefer, zur Mund- und Nasenhöhle.

Pars mandibularis

15. Die *A. auricularis prof.* zieht zum Kiefergelenk, zum äußeren Gehörgang und zum Trommelfell.

16. Die *A. tympanica ant.* verläuft zusammen mit der Chorda tympani durch die Schädelbasis zur Paukenhöhle.

17. Die *A. alveolaris inf.* tritt durch das For. mandibulae in den Unterkieferkanal ein und versorgt die Unterkieferzähne einschließlich Gingiva. Vor Eintritt in den Canalis mandibulae zweigt der *R. mylohyoideus* zur Mundbodenmuskulatur und innerhalb des Unterkieferkanals die *A. mentalis* durch das For. mentale zum Kinn ab.

Pars pterygoidea

18. Die *A. temporalis prof. post.* und *ant.* dringen von unten-innen in den M. temporalis ein.

19. Die *A. meningea media* erreicht durch das For. spinosum die mittlere Schädelgrube, wo sie Dura und Knochen ernährt.

20. Von den Kaumuskelästen erreicht die *A. masseterica* den M. masseter durch die Incisura mandibularis. Die *Rr. pterygoidei* ziehen direkt zum M. pterygoideus med. und lat.

21. Die *A. buccalis* verläuft schräg abwärts lateral vom M. buccinator nach vorne, wo sie mit Ästen der A. facialis anastomosiert.

Pars pterygopalatina

22. Die *A. alveolaris sup. post.* verläuft am Tuber maxillae abwärts und dringt mit ihren Ästen durch kleine Knochenkanälchen in den Oberkiefer ein, um die Zähne zu versorgen.

23. Die *A. infraorbitalis* zieht durch die Fissura orbitalis inf. in die Orbita, wo sie im Sulcus und Canalis infraorbitalis bis zum For. infraorbitale und von da zur Oberlippe, Nase und zum unteren Augenlid gelangt. Vom Infraorbitalkanal gehen Äste zu den Frontzähnen *(Aa. alveolares sup. ant.)* und zur Orbita (Rr. orbitales) ab.

24. Die *A. sphenopalatina* gelangt durch das For. sphenopalatinum zur Nasenschleimhaut *(Aa. nasales post. lat., Rr. septales post.).*

25. Die *A. palatina descendens* zieht im Canalis palatinus major abwärts und teilt sich in eine durch das For. palatinum majus nach vorne zum harten Gaumen verlaufende Arterie *(A. palatina major)* und eine oder mehrere kleine Arterien, die durch die Forr. palatina minora nach hinten zum weichen Gaumen ziehen *(Aa. palatinae minores).*

26. Die kleine *A. canalis pterygoidei* (A. Vidiani) erreicht durch den gleichnamigen Kanal die Tuba auditoria (auditiva) und den Pharynx.

A. carotis interna

Die A. carotis int. zieht, ohne Äste abzugeben, senkrecht am Hals aufwärts und erreicht durch den Canalis caroticus in der Felsenbeinspitze die Schädelhöhle. Hier bildet sie mit den Ästen der A. basilaris, die aus den beiden Aa. vertebrales entsteht, den Circulus arteriosus (Willisi). Sie versorgt mit der A. vertebralis zusammen Gehirn, Auge und Innenohr.

27. Die *A. ophthalmica* (Abb. 131) ist ein kräftiges Gefäß, das nicht nur Auge, sondern

auch die Schleimhaut der vorderen Nasenhöhle, der Siebbeinzellen und der Keilbeinhöhle versorgt, außerdem sich an der Versorgung der Haut der Stirn, der Nasenwurzel, der Augenlider und verschiedener Gebilde der Orbita beteiligt (Augenmuskeln, Tränendrüse etc.). Sie entspringt aus der A. carotis int. unmittelbar nach deren Durchtritt durch die Dura und tritt zusammen mit dem Sehnerven durch den Canalis opticus in die Orbita ein. Dann überkreuzt sie den Sehnerven in bogenförmigem Verlauf nach medial, wobei zahlreiche kleine Äste nach vorne zum Auge abgehen, nämlich die:

28. *Aa. ciliares post. breves et longae,* die am Sehnerven die Sklera durchbrechen und die Aderhaut speisen, sowie die *A. centralis retinae,* die in den Sehnerven eintritt und die Retina versorgt.

29. An der medialen Orbitawand gibt die A. ophthalmica zunächst die *A. ethmoidalis post.* ab, die durch das gleichnamige Foramen zu den hinteren Siebbeinzellen und zur Nasenhöhle zieht.

30. Weiter vorne zweigt die *A. ethmoidalis ant.* ab, die durch das For. ethmoidale ant. die Lamina cribrosa erreicht und durch diese zur vorderen Nasenhöhle zieht *(Rr. nasales ant. lat., Rr. septales ant.).*

Oberhalb der Lamina cribrosa geht der R. meningeus ant. zur Dura der vorderen Schädelgrube.

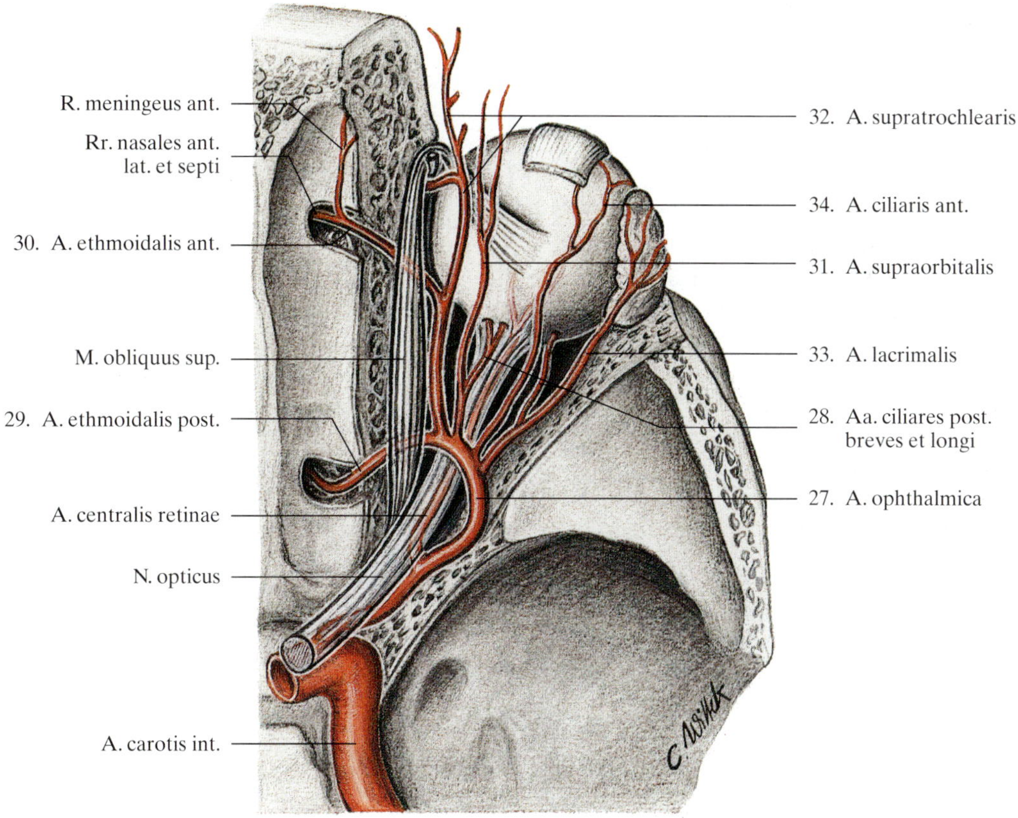

Abb. 131. Astfolge der A. ophthalmica. Die Orbita wurde von oben eröffnet (in Anlehnung an J. Tandler) (Zahlen entsprechen dem Text und der Tab. S. 188–190).

31. Die *A. supraorbitalis* ist einer der Endäste der A. ophthalmica. Sie biegt um den oberen Orbitarand herum und zieht durch das For. supraorbitale etwas lateral von der A. supratrochlearis zur Stirnregion.

32. Die *A. supratrochlearis* spaltet sich am medialen Lidwinkel in einen aufwärts zur Stirnregion medial neben der vorigen Arterie verlaufenden Ast (A. supratrochlearis), einen kleinen Ast zum Nasenrücken (A. dors. nasi) sowie in zwei Äste zu den Augenlidern (Aa. palpebrales med.) auf.

33. Die *A. lacrimalis* verläuft im lateralen und oberen Teil der Orbita zur Tränendrüse und zum lateralen Lidwinkel (Aa. palpebrales lat.) und anastomosiert häufig mit der A. meningea media.

34. Die *Aa. ciliares ant.* stellen kleine Arterien dar, die von den Augenmuskelarterien abgehen, die Sclera vorne im Limbusbereich durchbrechen und die vorderen Abschnitte des Auges (Ziliarkörper, Iris) mitversorgen.

35. Die *A. cerebri ant.* zieht in der Fissura interhemisphaerica über dem Balken bogenförmig nach oben und hinten und versorgt die medialen und oberen Abschnitte des Großhirns. Sie anastomosiert durch die A. communicans ant. mit der gleichnamigen Arterie der Gegenseite.

36. Die *A. cerebri media* wendet sich bogenförmig nach lateral zur Fissura lat. (Sylvii) und versorgt vor allem die seitlichen Abschnitte der Großhirnhemisphäre. Ein kleinerer Ast zieht nach rückwärts zur Hippokampusformation und zum Plexus choro-

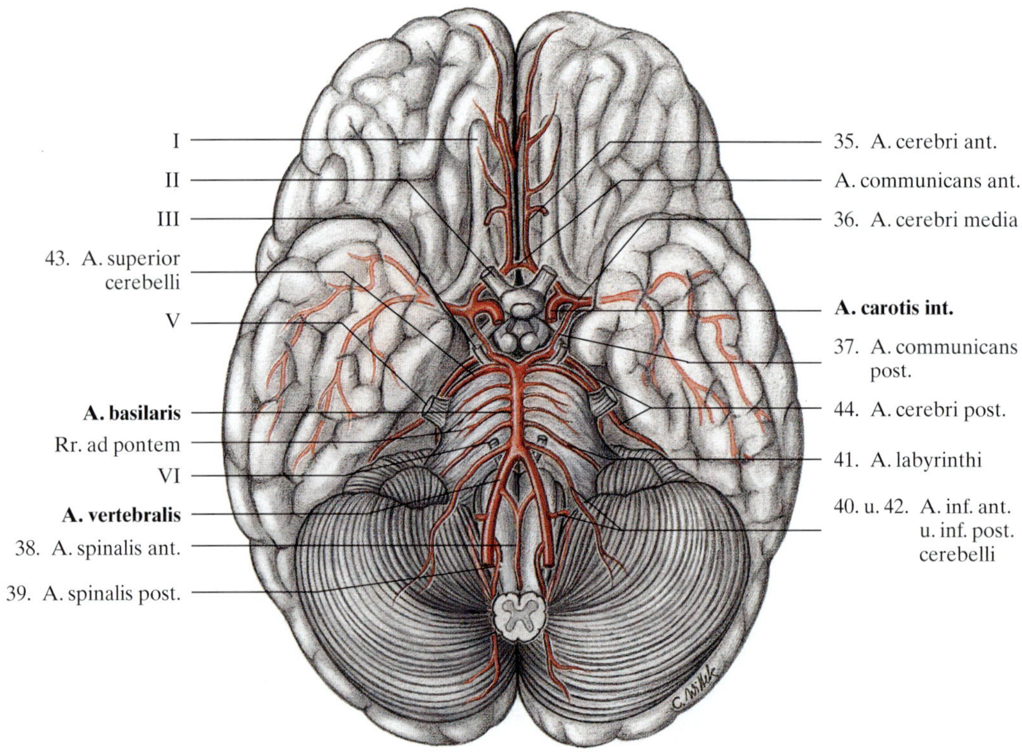

Abb. 132. Arterien des Gehirns, Ansicht von basal. I–VI = Hirnnerven (Zahlen entsprechen dem Text und der Tab. S. 188–190).

ideus des Seitenventrikels (A. choroidea ant.).

37. Die *A. communicans post.* verbindet die A. cerebri post., aus der A. vertebralis, mit der A. cerebri media, einem Ast der A. carotis int. Dadurch wird der Circulus arteriosus cerebri geschlossen (Abb. 132).

A. vertebralis

38. und 39. Die *Aa. spinales.* Die A. vertebralis, die von der A. subclavia abgeht, zieht in den Forr. transversaria der Halswirbelsäule aufwärts, gelangt dann über den Atlasbogen zur Membrana atlantooccipitalis post., die sie durchbohrt, zum For. magnum, wo sie ventral die unpaare A. spinalis ant. und dorsal die paarigen Aa. spinales post zum Rückenmark abgibt.

40. Die *A. inf. post. cerebelli* tritt von unten an das Kleinhirn heran, das sie zusammen mit den aus der A. basilaris entspringenden Kleinhirnarterien versorgt.

A. basilaris

Auf dem Clivus der Schädelbasis vereinigen sich beide Aa. vertebrales zur A. basilaris, die die basalen Abschnitte des Schläfen- und Okzipitallappens, das Kleinhirn, den Hirnstamm und das Innenohr versorgt. Mehrere Äste dringen von unten in die Brücke ein (Rr. ad pontem).

41. Die *A. labyrinthi* gelangt zusammen mit dem VIII. Hirnnerven durch den Meatus acusticus int. zum Innenohr.

42. Die *A. inf. ant. cerebelli* wendet sich zu den unteren und lateralen Abschnitten der Kleinhirnhemisphären.

43. Die *A. sup. cerebelli* entspringt am Vorderrand der Brücke und zieht hauptsächlich zur Oberseite des Kleinhirns.

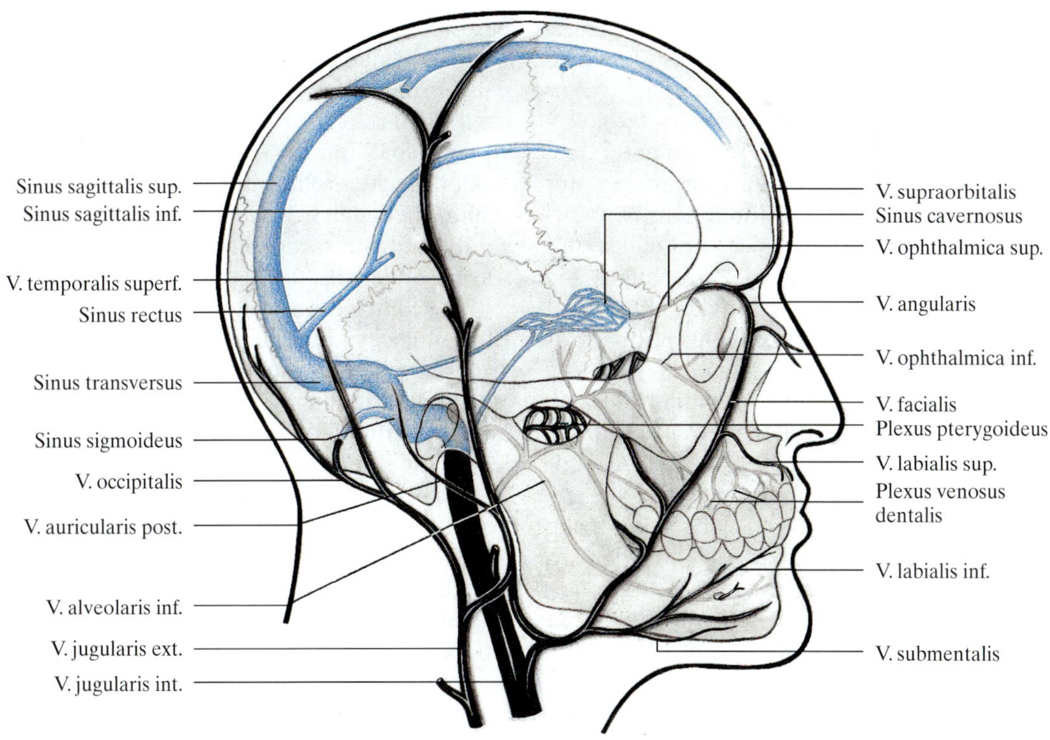

Abb. 133. Venen des Kopfes (halbschematische Darstellung). Hellblau = Sinus durae matris; schwarz = Venen.

44. Die *A. cerebri post.* entsteht durch Aufgabelung der A. basilaris. Sie wendet sich vor dem N. oculomotorius bogenförmig nach hinten, wo sie an der Unterseite des Temporallappens auf dem Tentorium nach rückwärts verläuft. Sie versorgt den Okzipitallappen und basale Anteile des Temporallappens und gibt auch Zweige zum Stammhirn und zu den Plexus choroidei ab *(Rr. choroidei post. lat. et med.).*

Die A. communicans post. stellt die Verbindung zur A. cerebri media her.

3. Venen des Kopfes und Sinus durae matris

Die **Kopfvenen** (Abb. 133) zeigen große individuelle Variationen, so daß hier nur ein allgemeiner Überblick gegeben werden kann. Der Abfluß des venösen Bluts von Kopf und Hals erfolgt durch die Vv. jugulares. Die mächtigste von ihnen ist die *V. jugularis int.* Sie beginnt an der Schädelbasis als Fortsetzung des Sinus sigmoideus unterhalb vom For. jugulare mit einer kleinen Anschwellung *(Bulbus venae jugularis int.),* verläuft neben den Halseingeweiden unter dem M. sternocleidomastoideus zusammen mit der A. carotis communis und dem N. vagus abwärts und vereinigt sich schließlich mit der V. subclavia zur V. brachiocephalica. Sie führt nicht nur das Gehirnvenenblut, sondern auch den Liquor des Gehirns ab. Oberflächlicher liegt die *V. jugularis ext.,* die hauptsächlich das Blut von der lateralen Schädelwandung und den Gesichtsregionen sammelt und oberhalb des M. sternocleidomastoideus verläuft.

In Begleitung der A. facialis verläuft die *V. facialis* vom medialen Augenwinkel, wo sie durch die *V. angularis* mit der V. ophthalmica sup. anastomosiert, abwärts bis zum Unterkieferrand und weiter zum Hals. Sie bekommt verschiedene Zuflüsse aus dem Gesichtsbereich und mündet in Höhe der Karotisteilungsstelle in die V. jugularis int. ein.

Die *V. temporalis superf.* zieht in Begleitung der gleichnamigen Arterie vor dem Ohr abwärts und setzt sich in der Parotisloge in die *V. retromandibularis* fort, die das venöse Blut aus dem Maxillarisgebiet sammelt (Plexus pterygoideus) und in die V. jugularis int. einmündet. Die V. retromandibularis anastomosiert meist auch mit der V. jugularis ext.

Das Blut aus der Hinterhauptsregion fließt durch die *V. occipitalis* ab, die die A. occipitalis begleitet. Diese steht meist mit der V. jugularis ext. in Verbindung. Die hinter dem Ohr gelegene *V. auricularis post.* sammelt das Blut aus der hinteren Scheitel- und Okzipitalregion und führt es zur V. jugularis ext.

Im Bereich der tiefen Kaumuskeln (Mm. pterygoidei med. und lat.) befindet sich ein ausgedehnter Venenplexus *(Plexus pterygoideus),* der in der Hauptsache nach hinten zur V. retromandibularis, in geringerem Maße aber auch nach vorne zur V. facialis drainiert wird. Er steht durch die untere Orbitafissur mit den Venen der Augenhöhle *(V. ophthalmica inf.),* nach vorne mit der V. facialis und nach oben durch die Löcher der Schädelbasis mit dem Sinus cavernosus in Verbindung. In der Nachbarschaft der größeren Venenstämme befinden sich in der Regel die Lymphgefäße mit ihren regionalen Lymphknoten, was besonders für die V. jugularis int. gilt.

Die **Sinus durae matris** oder venösen Blutleiter des Gehirns liegen an der Innenseite des Schädels, stellen aber keine echten Venen dar, da ihnen eine eigene muskulöse und adventitielle Wandung fehlt. Sie sind fest in die Dura mater eingebaut und treten meist dort auf, wo sich die Dura am Knochen befestigt oder in ihre Duplikaturen übergeht. So liegt z. B. der Sinus sagittalis sup. am Ansatz, der Sinus sagittalis inf. am Unterrand der Falx cerebri, der Sinus petrosus sup. am Ansatz des Tentoriums an der Felsenbeinpyramide, der Sinus transversus am hinteren Ansatz des Tentoriums und der Sinus occipitalis in der Wurzel der Falx cerebelli (Abb. 126).

An der Außenfläche des Großhirns ziehen in der Regel 10–15 klappenlose, dünnwandige *Vv. sup. cerebri* (ascendentes) zur Mantelkante und münden in den Sinus sagittalis sup. ein (sog. Brückenvenen). In der Fissura lat. (Sylvii) verläuft die *V. media cerebri,* die in den Sinus sphenoparietalis übergeht. Vom Temporallappen fließt das venöse Blut durch die Vv. inf. cerebri zum Sinus transversus ab. Diese äußeren Hirnvenen werden durch die aus den Stammganglien kommenden inneren Hirnvenen ergänzt. Die im Dach des III. Ventrikels gelegenen beiden Vv. int. cerebri sammeln das venöse Blut aus dem Corpus striatum, Thalamus und Plexus choroideus *(V. septi pellucidi, V. thalamostriata, V. choroidea)* und vereinigen sich dann unter dem Balken zur *V. magna cerebri* (Galeni), die die von der basalen Hirnregion kommende *V. basalis* (Rosenthali) aufnimmt und dann in den *Sinus rectus* einmündet.

Der Sinus rectus stellt die Fortsetzung des Sinus sagittalis inf. dar und liegt im Tentorium cerebelli. Er vereinigt sich hinten mit dem Sinus sagittalis sup. zum *Confluens sinuum,* von wo aus das Blut dann beiderseits im Sinus transversus zum Sinus sigmoideus und weiter durch das For. jugulare zur V. jugularis int. fließt. Das rückwärtige Sinussystem steht durch die *Sinus petrosi* (sup. et. inf.) mit dem um die Sella turcica herum gruppierten *Sinus cavernosus* in Verbindung. Dieser nimmt nicht nur das Blut aus den Sei-

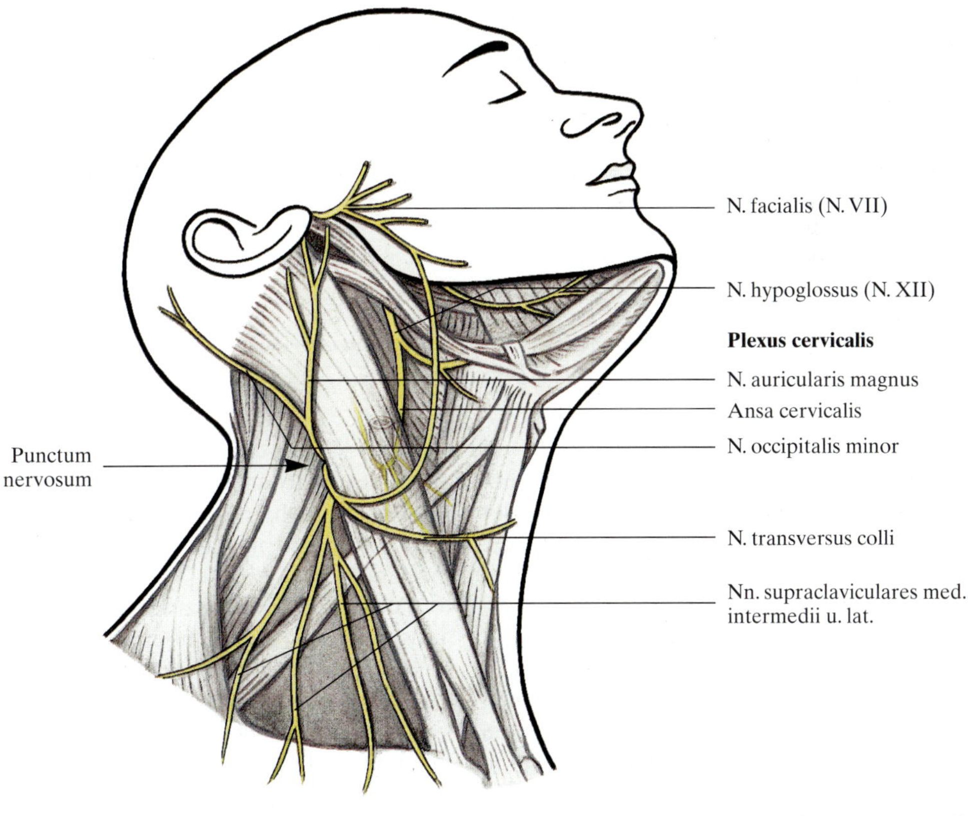

Abb. 134. Lage des Punctum nervosum (Erb-Punkt) und Lage der Hautäste des Plexus cervicalis (modif. nach Benninghoff). Das oberflächlich liegende Platysma wurde nicht dargestellt.

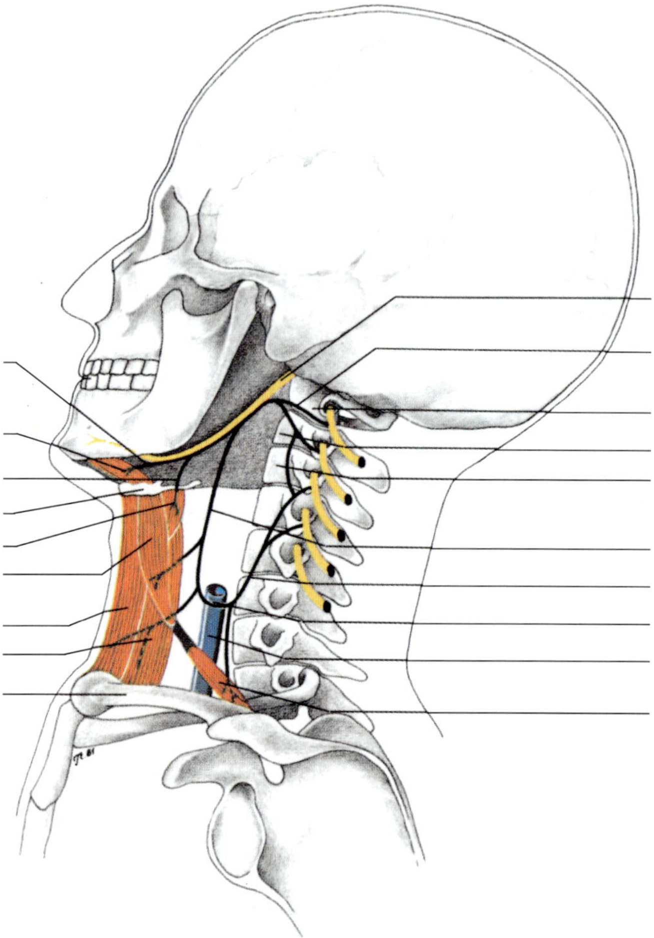

Abb. 135. Ansa cervicalis und ihre Verbindungen mit dem N. hypoglossus und Plexus cervicalis.

tenteilen des Gehirns über die Sinus sphenoparietales, sondern auch die Venen aus der Orbita *(V. ophthalmica sup.)* auf. Durch die Löcher der Schädelbasis steht der Sinus cavernosus mit den Venen des retromandibulären Bereiches in Verbindung.

Die Sinus durae matris stehen außerdem auch durch die *Vv. emissariae* mit den Venen der Kopfhaut in Verbindung. Diese ziehen durch kleine Knochenkanäle der Calvaria, stellen also direkte Anastomosen zwischen den Kopfvenen und Sinus durae matris dar. Konstant vorhanden sind die Emissariae frontales, parietales, occipitales und mastoideae (Abb. 166). Zusätzlich existieren noch kleinere Emissarvenen, die aber variabel sind.

Außerdem können auch venöse Anastomosen zwischen den äußeren Schädelvenen und den Sinus durae matris durch die *Vv. diploicae* zustande kommen. Die Diploe des Schädeldaches bildet in verschiedenen Bereichen größere Venenstämme aus, die ihr Blut entweder nach außen zu den Kopfvenen oder nach innen zu den Sinus drainieren (vgl. Abb. 165).

4. Nerven für Hals und Kopf

Die Haut des Halses sowie ein Teil der Halsmuskulatur werden vom **Plexus cervicalis** innerviert, dessen Äste z. T. auch auf den Kopf und die Schulter übergreifen (Abb. 134). Die Halsorgane (Larynx, Oesophagus, Pharynx) werden dagegen vom IX. und X. Hirnnerven, Zunge und Mundbodenmuskulatur vom V. und XII. Hirnnerven versorgt. Der Plexus cervicalis, der sich aus den ventralen Ästen der oberen zervikalen Spinalnervenäste (C_1–C_4) bildet, ist zwischen der tiefen Halsmuskulatur und dem M. sternocleidomastoideus lokalisiert.

Die **Hautäste** treten an einem eng umschriebenen Punkt am Hinterrand des M. sternocleidomastoideus etwa in seiner Mitte an die Oberfläche (Erb-Punkt, Punctum nervosum) und strahlen von dort radiär nach allen Seiten zum Hals aus.

1. Der *N. occipitalis minor* (C_2–C_3) verläuft am Hinterrand des M. sternocleidomastoideus aufwärts bis zur Haut der Hinterhauptsregion.

2. Der *N. auricularis magnus* (C_3) zieht auf dem M. sternocleidomastoideus aufwärts und verteilt sich vor und hinter dem Ohr.

3. Der *N. transversus colli* (C_3) zieht nach vorne, überkreuzt den M. sternocleidomastoideus und verteilt sich im vorderen Halsbereich. Er anastomosiert mit dem R. colli des N. facialis, was früher als Ansa cervicalis superf. bezeichnet worden ist.

4. Die *Nn. supraclaviculares med., intermedii* und *lat.* (C_4) strahlen fächerförmig nach kaudal aus und verlaufen, vom oberflächlichen Blatt der Halsfaszie und dem Platysma bedeckt, zur Clavicula und zur Schulter. Sie innervieren die Haut der seitlichen Hals- und Schulterregionen

Hirnabschnitte	Zugehörige Nerven		Funktion
Rückenmark (Medulla spinalis)	30 Spinalnervenpaare und einige rudimentäre Schwanznerven	(C_1–C_8, Th_1–Th_{12}, L_1–L_5, S_1–S_5) (Co_{1-4})	Innervation von Rumpf und Extremitäten
Rautenhirn (Rhombencephalon)	Rein sensorisch	N. VIII (N. vestibulocochlearis)	Gehör- und Gleichgewichtsapparat
	Gemischte Pharyngealbogennerven	1. N. V. (N. trigeminus, Radix sensoria N. V_3 (Radix motoria) 2. N. VII (N. facialis) 3. N. IX (N. glossopharyngeus) 4. N. X (N. vagus)	Sensibilität des Kopfes Kaumuskulatur Mimische Muskulatur Geschmacksapparat Schlund, Brust- und Baucheingeweide
	Rein motorische Hirnnerven	N. XI (N. accessorius)	M. trapezius, M. sternocleidomastoideus
		N. XII (N. hypoglossus)	Zungenmuskulatur
		N. VI (N. abducens)	Augenmuskulatur
Mittelhirn (Mesencephalon		N. III (N. oculomotorius) N. IV (N. trochlearis)	Augenmuskulatur
Zwischenhirn (Diencephalon)	Sensorische Hirnteile	N. II (N. opticus)	Sehapparat
Endhirn (Telencephalon)		N. I (Fila olfactoria)	Riechapparat

sowie die infraklavikulären Hautbezirke (Abb. 134).

Die **motorischen Äste** des Plexus cervicalis versorgen die tiefe Halsmuskulatur (M. longus colli, M. longus capitis, M. rectus capitis ant. und lat.), die Skalenusmuskeln, die infrahyale Muskulatur (durch die Ansa cervicalis) und das Zwerchfell (durch den N. phrenicus).

5. Die *Ansa cervicalis* (Abb. 135) bildet sich aus Ästen von C_1 und C_2, die ein Stück weit mit dem N. hypoglossus verlaufen und diesen als Radix sup. wieder verlassen, sowie aus Ästen von C_2 und C_3, die aus dem Plexus cervicalis kommen, um sich als Radix inf. bogenförmig mit dem vorigen zur Ansa cervicalis zu vereinigen. Von dieser gewöhnlich ventral auf der V. jugularis int. gelegenen Nervenschlinge zweigen fächerförmig Muskeläste zu den infrahyalen Muskeln ab. Nur der M. geniohyoideus und M. thyrohyoideus erhalten motorische Äste, die nicht von der Ansa, sondern vom N. hypoglossus abzweigen. Aber auch deren Fasern stammen aus dem Plexus cervicalis (C_1–C_2) und nicht aus dem Hypoglossuskern der Medulla oblongata.

6. Der *N. phrenicus* (C_3–C_5) verläuft auf dem M. scalenus ant. abwärts zur oberen Thoraxapertur, zieht dann vor der Lungenwurzel vorbei zum Zwerchfell. Der rechte N. phrenicus erreicht das Diaphragma ventral des For. v. cavae inf., der linke biegt um die Herzspitze herum. Sensible Äste gehen zum Perikard, zur angrenzenden Pleura und zum Peritoneum des Oberbauches.

5. Übersicht über die Hirnnerven

Die Hirnnerven entsprechen in verschiedener Hinsicht den Spinalnerven des Rückenmarks. Die Spinalnerven innervieren den Rumpf und die Extremitäten, die Hirnnerven den Kopf. Da jedoch im Kopfbereich eine Segmentgliederung fehlt, treten bei den Hirnnerven andere strukturbestimmende Faktoren in Erscheinung, vor allem sind es zwei wesentliche Charakteristika, die wir als Individualisation und Spezialisation bezeichnet haben. *Individualisation* bedeutet, daß sich die zusammenhängenden Kernsäulen des Rückenmarks, aus denen die Fila radicularia der Spinalnerven hervorgehen, im Bereich der Medulla oblongata in einzelne (individuelle) Kerngruppen aufgliedern. Die Hirnnerven enthalten nicht, wie die Rückenmarksnerven, alle nervösen Faserarten (Somatomotorik und Somatosensibilität, Viszeromotorik und Viszerosensibilität) in annähernd gleicher Zusammensetzung, sondern jeweils nur Fasern aus den einzelnen Kernen mit spezieller Funktion. Es kommt nicht immer zur Bildung eines gemischten Nerven. Vordere und hintere Wurzeln bleiben meist getrennt, d. h. sie haben sich »individualisiert« .

Unter *Spezialisation* verstehen wir die Tatsache, daß jeder Hirnnerv eine oder mehrere Spezialfunktionen übernimmt, z.B. der XII. Hirnnerv (N. hypoglossus) nur noch somatomotorische Aufgaben für die Zungenmuskulatur. Seine ursprünglich vorhandene hintere (sensible) Wurzel einschließlich des zugehörigen Ganglions hat sich bereits embryonal zurückgebildet. Der V. Hirnnerv (N. trigeminus) spezialisiert sich auf die Sensibilität, d. h. er übernimmt hauptsächlich die sensiblen Funktionen für nahezu den gesamten Kopfbereich. Diese Spezialisation erfolgt nun immer im Rahmen des Gesamtbauplanes des Kopfs. Wenn also ein Hirnnerv bevorzugt die sensible Innervation übernimmt, so rudimentieren die entsprechenden Funktionen bei den anderen Hirnnerven.

Auf diese Weise ergibt sich aus der Funktionsmorphologie die charakteristische Topographie der Hirnnervenaustrittsstellen (Abb. 136). Medial treten diejenigen Hirnnerven aus, die sich auf die somatomotorischen Funktionen spezialisiert haben, d. h. die Augenmuskelnerven (N. III, N. IV, N. VI) und der N. hypoglossus (N. XII). Sie entsprechen den vorderen Wurzeln der Spinalnerven. Eine Ausnahme macht der N. trochlearis (N. IV), der als einziger Nerv den Hirn-

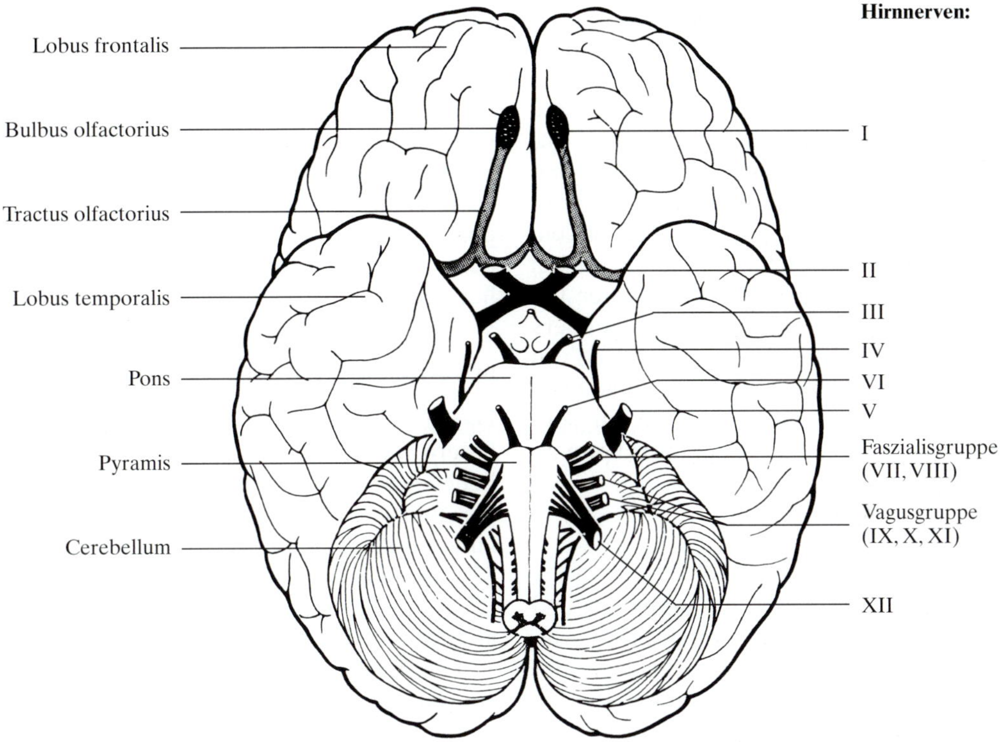

Abb. 136. Gehirn mit Hirnnervenaustrittsstellen in der Ansicht von unten. N. I und N. II stellen keine Hirnnerven im engeren Sinne dar.

stamm an der dorsalen Seite, d.h. hinter der Vierhügelplatte des Mittelhirns verläßt, obwohl sein Ursprungskern durchaus dem allgemeinen Schema der medialen Reihe der Hirnnerven folgt. Lateral tritt in erster Linie der N. trigeminus (N. V) aus, der sich auf die Somatosensibilität spezialisiert hat und dessen sensible Kerne sich durch den ganzen Hirnstamm hindurchziehen. Er entspricht damit den sensiblen Wurzeln der Spinalnerven des Rückenmarks. Hinzu kommt aber noch schließlich eine 3. Gruppe von Hirnnerven, die die Innervation des dem Kopfbereich angeschlossenen »Kiemenapparates« (Schlundtaschen und Pharyngealbögen) übernimmt. Da der Kiemenapparat im Laufe der Stammesgeschichte einen vollständigen Funktionswandel durchgemacht hat, ändert sich auch der Charakter der zugehörigen Kiemenbogennerven. Das ursprünglich vegetativ versorgte Gebiet des Schlunddarmes wird in den Willkürbereich des Kopfes eingegliedert. So werden z.B. aus der glatten Schlund- und Kehlkopfmuskulatur quergestreifte, individualisierte Willkürmuskeln, die u.a. eine wichtige Voraussetzung für die Entwicklung der Sprache darstellen. Ein anderer Teil des »Kiemenbogenapparates« wird in das Schalleitungssystem eingebaut. Die vier Pharyngealbogennerven (N. V, N. VII, N. IX, N. X) gehören herkunftsgemäß zur intermediären Gruppe der am Boden der Rautengrube gelegenen Kernareale, die der Seitensäule des RM entsprechen, in der dort die vegetativen Ursprungskerne lokalisiert sind. Sie übernehmen aber durch den charakteristischen Funktionswechsel weniger vegetative Aufgaben als vielmehr solche der Somatosensibilität und Somatomotorik, treten aber ihrer Herkunft wegen noch lateral aus dem Hirnstamm aus.

Sind die Pharyngealbogennerven und diejenigen des Mittelhirns und Rautenhirns noch in etwa mit Spinalnerven vergleichbar, so kann der aus dem Zwischenhirn entspringende Sehnerv (N. II) nicht mehr als ein Hirnnerv im eigentlichen Sinne angesehen werden. Da das Auge ein vorgestülpter Teil des Zwischenhirns ist, bildet der Sehnerv eigentlich eine Hirnbahn. Die zum Endhirn gehörenden Riechnerven (Fila olfactoria) stellen ebenfalls keine Hirnnerven dar, sondern müssen als Teil des Großhirns betrachtet werden.

Fila olfactoria (Riechfäden) (N. I)

Die Riechnerven gehören anatomisch und funktionell zum Riechapparat des Endhirns. Sie kommen von der Regio olfactoria der Nasenschleimhaut und ziehen durch die Lamina cribrosa des Siebbeins zum Bulbus olfactorius.

N. opticus (Sehnerv) (N. II)

Der Sehnerv leitet die Erregungen der Netzhaut zum Gehirn weiter. Beide Sehnerven vereinigen sich in der Sehnervenkreuzung *(Chiasma opticum)*, die vor dem Türkensattel in einer kleinen Mulde des Keilbeinkörpers gelegen ist. Nach rückwärts gehen aus dem Chiasma die beiden Tractus nervi optici hervor.

N. oculomotorius (N. III)

Der III. Hirnnerv enthält parasympathische Fasern für die inneren Augenmuskeln, »geliehene« sensible Fasern aus dem N. trigeminus und somatomotorische Fasern für alle äußeren Augenmuskeln, ausgenommen den M. obliquus sup., der vom N. trochlearis (IV), und den M. rectus bulbi lat., der vom N. abducens (VI) versorgt wird (Abb. 137).

Der N. oculomotorius tritt *vor* der Brücke ventral aus dem Hirnstamm aus und erreicht durch die Fissura orbitalis sup. die Augenhöhle. Hier spaltet er sich in einen oberen

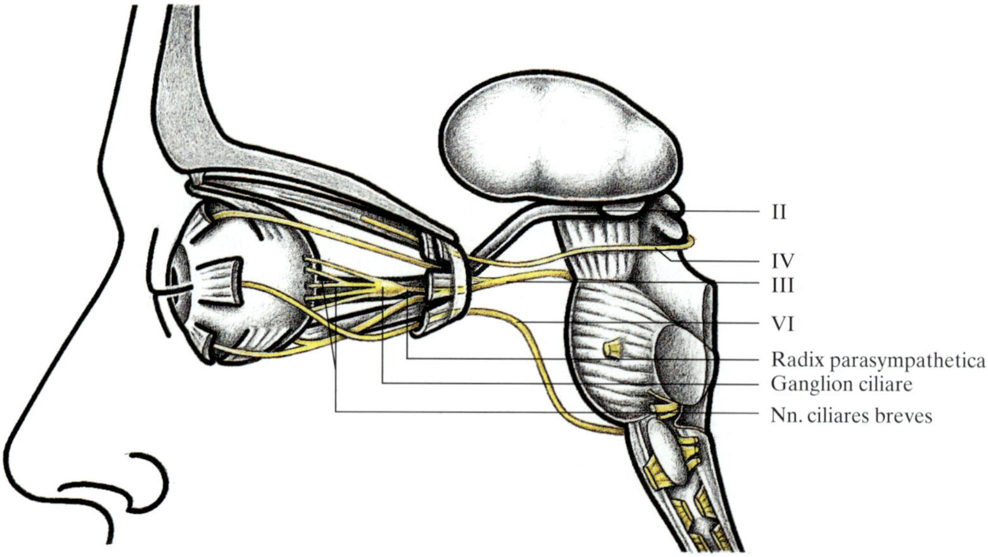

Abb. 137. Augenmuskelnerven mit Hirnstamm. Orbita von lateral eröffnet (modif. nach Clara). II = N. opticus; III = N. oculomotorius; IV = N. trochlearis; VI = N. abducens.

und unteren Ast auf (R. sup. und inf.). Die parasympathischen Fasern bilden die Radix oculomotoria zum Ggl. ciliare, das dem Sehnerven lateral anliegt. Aus dem Ganglion gehen 12–20 Nerven hervor *(Nn. ciliares breves)*, die die Sclera in der Nähe des Sehnervenkopfes durchbohren und in die Aderhaut eintreten.

N. trochlearis (N. IV)

Der IV. Hirnnerv enthält somatomotorische Fasern für die Innervation des M. obliquus bulbi superior. Er tritt aber nicht ventral aus dem Hirnstamm aus, sondern dorsal, wendet sich um die Hirnschenkel herum und gelangt durch die obere Orbitafissur in die Augenhöhle (Abb. 137).

N. trigeminus (N. V)

Der V. Hirnnerv ist der wichtigste sensible Nerv des Kopfes *(Radix sensoria)*. Er gibt auch sensible Fasern an die drei Augenmuskelnerven für die Muskelspindeln der äußeren Augenmuskulatur ab. Außerdem führt er somatomotorische Fasern für Kaumuskeln und Mundbodenmuskulatur *(Radix motoria)*. Der Nerv tritt seitlich aus der Brücke aus und lagert sich mit seinem halbmondförmigen Ganglion (*Ggl. trigeminale* oder Ggl. Gasseri) auf die Vorderfläche der Felsenbeinpyramide. Das Ganglion gehört zur sensiblen Portion, ist also den Spinalganglien im Rückenmarksbereich vergleichbar. Die motorischen Fasern laufen an der Unterseite des Ganglions vorbei.

Vom Ganglion gehen drei große Nervenstämme aus (Trigeminus = »Drilling«): der obere *(N. ophthalmicus)* zur Augenhöhle, der mittlere *(N. maxillaris)* zum Oberkiefer und zur Nasenhöhle, der untere *(N. mandibularis)* zum Unterkiefer und zur Mundhöhle. Jeder dieser Hauptäste hat seinerseits wieder drei Unteräste, die entweder nach außen zur Haut *(Rr. externi)*, nach innen zur Schleimhaut *(Rr. interni)* oder zu den Erfolgsorganen selbst *(Rr. intermedii)* entsandt werden. Man könnte also schematisch die Nervenäste in 3mal drei Gruppen gliedern (Abb. 138). Jeder Hauptast sendet außerdem einen sensiblen Ast rückläufig zur Dura mater, ähnlich wie der Spinalnerv einen R. meningeus zu den Rückenmarkshäuten abgibt. Zu jedem der drei Hauptäste gehört weiterhin ein vegetatives Ganglion, in dem meist parasympathische Fasern umgeschaltet werden. So ergibt sich das folgende Schema:

N. trigeminus (N. V)

	R. externus (nach außen)	R. intermedius	R. internus (nach innen)	R. spinalis	Zugehörige Ganglien	Austritt aus der Schädelbasis
V_1 N. ophthalmicus	N. frontalis (Stirnhaut, Nase)	N. nasociliaris (Auge, Nasenschleimhaut)	N. lacrimalis (Tränendrüse, Conjunctiva)	R. tentorii (Dura, Tentorium)	Ggl. ciliare	Fissura orbitalis sup.
V_2 N. maxillaris	N. zygomaticus (Gesichtshaut)	N. infraorbitalis (Oberkieferzähne etc.)	Nn. pterygopalatini (Nase, Gaumen)	R. meningeus medius (Dura)	Ggl. pterygopalatinum	For. rotundum
V_3 N. mandiburalis	N. auriculotemporalis (Schläfenhaut)	N. alveolaris inf. (Unterkieferzähne etc.)	N. lingualis (Zunge)	R. meningeus (Dura)	Ggl. oticum, Ggl. submandibulare	For. ovale

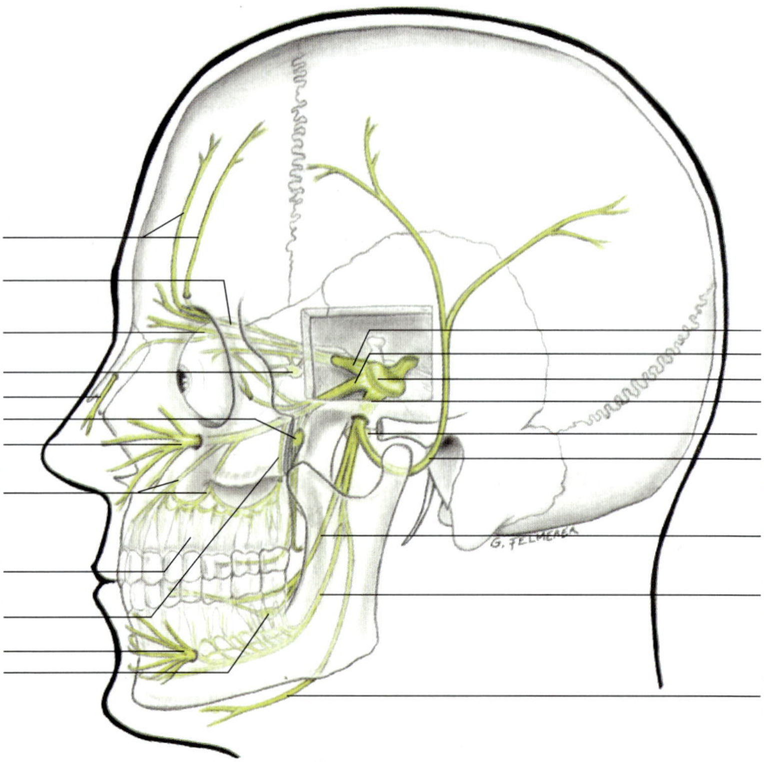

Abb. 138. Übersicht über die Lage des N. trigeminus und seiner Hauptäste (modif. nach Benninghoff). Ggl. trigeminale (4). Parasympathische Ganglien; 1 = Ggl. ciliare; 2 = Ggl. pterygopalatinum; 3 = Ggl. submandibulare; 5 = Ggl. oticum.

N. ophthalmicus (N. V_1)

Der N. ophthalmicus versorgt vor allem das Auge und die Stirnregion mit sensiblen Fasern. Er erreicht die Augenhöhle durch die Fissura orbitalis sup. und spaltet sich rasch in drei Äste auf (Abb. 138 u. 139):

1. Der *R. tentorii* ist ein rückläufiger sensibler Ast zur Dura mater der hinteren Schädelgrube und zum Tentorium cerebelli.

2. Der *N. frontalis* verläuft am Dach der Orbita entlang und erreicht die Haut der Stirnregion, des oberen Augenlids und der Nasenwurzel. Er hat zwei Äste: den N. supraorbitalis und N. supratrochlearis. Der *N. supraorbitalis* spaltet sich in einen R. med. und lat. auf. Der R. med. zieht durch die Incisura frontalis, der R. lat. durch das For. bzw. die Incisura supraorbitalis zur Haut der Stirnregion und des Oberlids. Kleine Ästchen gehen zur Schleimhaut der Conjunctiva und zur Stirnhöhle. Der *N. supratrochlearis* endet in der Haut des medialen Augenwinkels.

3. Der *N. lacrimalis* verläuft zur Tränendrüse, zur Haut und Schleimhaut des Oberlids.

4. Der *N. nasociliaris* überkreuzt den Sehnerven und erreicht ganz medial die Orbitawand. Durch kleine Kanälchen (For. ethmoidale post. und ant.) gelangen der *N. ethmoidalis post.* zur Schleimhaut der hinteren Siebbeinzellen und zur Keilbeinhöhle, und der *N. ethmoidalis ant.* in die Schädelhöhle und von dort durch die Lamina cribrosa in die vorderen Abschnitte der Nasenhöhle (Rr. nasales med. und lat.). Der Endast des N. ethmoidalis ant. zieht als *R. nasalis*

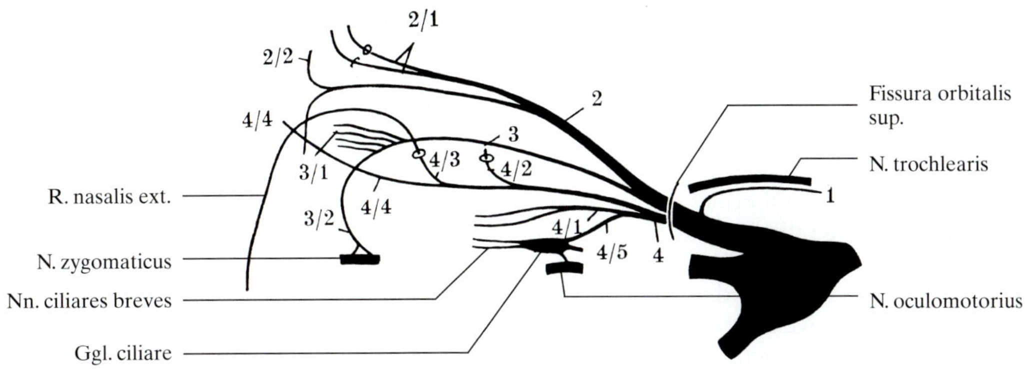

Abb. 139. Astfolge des N. ophthalmicus (N. V_1) (in Anlehnung an eine Abb. von M. Clara).

1 = R. tentorii
2 = N. frontalis
2/1 = N. supraorbitalis
2/2 = N. supratrochlearis

3 = N. lacrimalis
3/1 = Rr. palpebrales et secretorii
3/2 = R. communicans cum nervo zygomatico

4 = N. nasociliaris
4/1 = Nn. ciliares longi
4/2 = N. ethmoidalis post.
4/3 = N. ethmoidalis ant.
4/4 = N. infratrochlearis
4/5 = R. communicans cum ganglio ciliari

ext. zur Nasenspitze. Der *N. infratrochlearis,* ein Endast des N. nasociliaris, geht zum medialen Augenwinkel. Er zieht *unter* der Trochlea des M. obliquus sup. hindurch zur Haut. Die *Nn. ciliares breves et longi* durchsetzen in der Umgebung des Sehnervenkopfs die Sclera und versorgen das Innere des Auges.

N. maxillaris (N. V_2)

Der N. maxillaris tritt durch das For. rotundum in die Fossa pterygopalatina ein, in der das Ggl. pterygopalatinum liegt. Er verläuft mit seinem Hauptstamm geradlinig durch die Fissura orbitalis inf. am Boden der Augenhöhle als N. infraorbitalis bis zum For. infraorbitale, wo sich der Nerv fächerförmig zur Haut hin aufsplittert. Andere Äste erreichen über den Canalis pterygopalatinus das Mundhöhlendach (Gaumen) sowie durch das For. sphenopalatinum die Nasenhöhle (Abb. 140).

1. Der *R. meningeus (medius)* ist ein rückläufiger sensibler Ast zur Dura der mittleren und vorderen Schädelgrube.

2. Bei den *Rr. pterygopalatini* handelt es sich um mehrere sensible Äste, die senkrecht abwärts zum Ggl. pterygopalatinum verlaufen.

3. Die *Nn. nasales post. sup. lat.* ziehen durch das For. sphenopalatinum zur Schleimhaut der oberen und mittleren Nasenmuschel sowie zu den hinteren Siebbeinzellen. Der *N. nasopalatinus (Scarpae)* spaltet sich von den vorigen ab, zieht am Nasenseptum schräg abwärts bis zum Canalis incisivus und erreicht auf diesem Wege den vorderen Bereich der Gaumenschleimhaut (Gingiva) und die Wurzeln der oberen Schneidezähne.

4. Der *N. palatinus major* und die *Nn. palatini minores* verlaufen vom Ggl. pterygopalatinum abwärts durch das For. palatinum majus zum harten Gaumen bzw. durch die Forr. palatina minora zum weichen Gaumen.

5. Die *Rr. nasales post. inf.* ziehen zur lateralen Nasenhöhlenwand.

6. Der *N. zygomaticus* zieht durch die Fissura orbitalis inf. zur Augenhöhle. An der lateralen Wand der Orbita tritt der Nerv in das Jochbein ein (For. zygomaticoorbitale) und

teilt sich innerhalb des Knochens in seine beiden Endäste, den *N. zygomaticofacialis* zur Haut über dem Jochbogen und den *N. zygomaticotemporalis* zur Haut der Schläfenregion, auf.

7. Die *Rr. alveolares sup. post.* versorgen die Mahlzähne des Oberkiefers. Sie liegen am Tuber maxillae direkt dem Knochen an und treten dann durch kleine Öffnungen (Forr. alveolaria post.) in den Knochen ein. Durch eine intensive Verflechtung mit den Rr. alveolares ant. et medii entsteht der *Plexus dentalis sup.*

8. Der *N. infraorbitalis* erreicht durch die Fissura orbitalis den Canalis infraorbitalis am Boden der Augenhöhle. Noch im Kanal zweigen die *Rr. alveolares sup. med.* und *ant.* ab und erreichen in kleinen Knochenkanälchen den Plexus dentalis der Front-, Eck- und Backenzähne. Endäste des N. infraorbitalis ziehen zum Unterlid, zur Oberlippe und zum Nasenflügel.

N. mandibularis (N. V_3)

Der 3. Ast des Trigeminus geht als Ganzes durch das For. ovale der Schädelbasis und spaltet sich anschließend in der Fossa infratemporalis in drei Hauptäste für die Versorgung von Unterkieferregion und Mundboden auf. Als einziger Trigeminusast führt er auch motorische Fasern (Radix motoria) für die Innervation der Kau- und Mundbodenmuskulatur (Abb. 141).

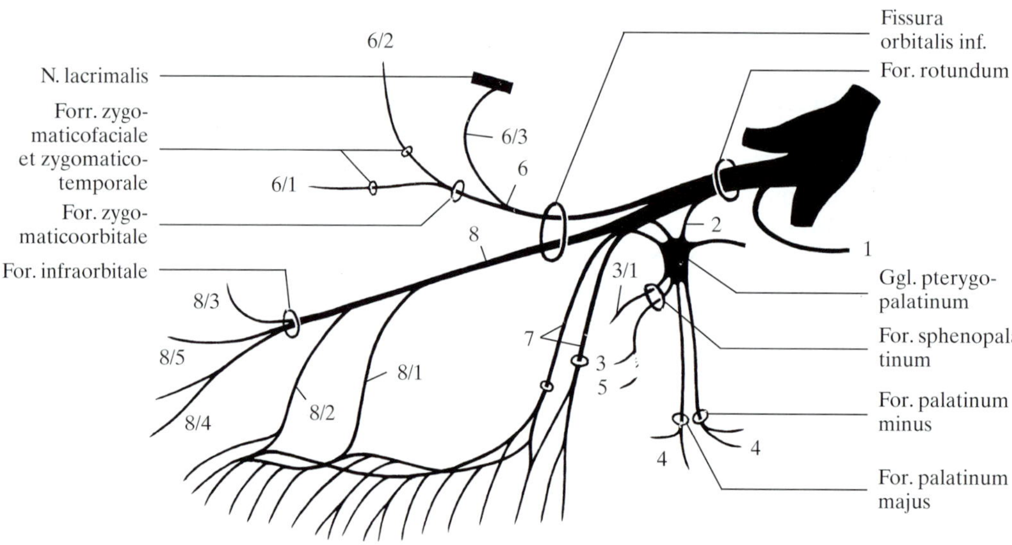

Abb. 140. Astfolge des N. maxillaris (N. V_2) (in Anlehnung an eine Abb. von M. Clara).

1 = R. meningeus (medius)
2 = Nn. pterygopalatini
3 = Rr. nasales post. sup. lat.
  3/1 = N. nasopalatinus
4 = N. palatinus major, Nn. palatini minores
5 = Rr. nasales post. inf. (lat.)
6 = N. zygomaticus
  6/1 = R. zygomaticofacialis
  6/2 = R. zygomaticotemporalis
  6/3 = R. communicans cum nervo lacrimali
7 = Rr. alveolares sup. post.
8 = N. infraorbitalis
  8/1 = R. alveolaris sup. medius
  8/2 = Rr. alveolares sup. ant.
  8/3 = Rr. palpebrales inf.
  8/4 = Rr. labiales sup.
  8/5 = Rr. nasales ext.

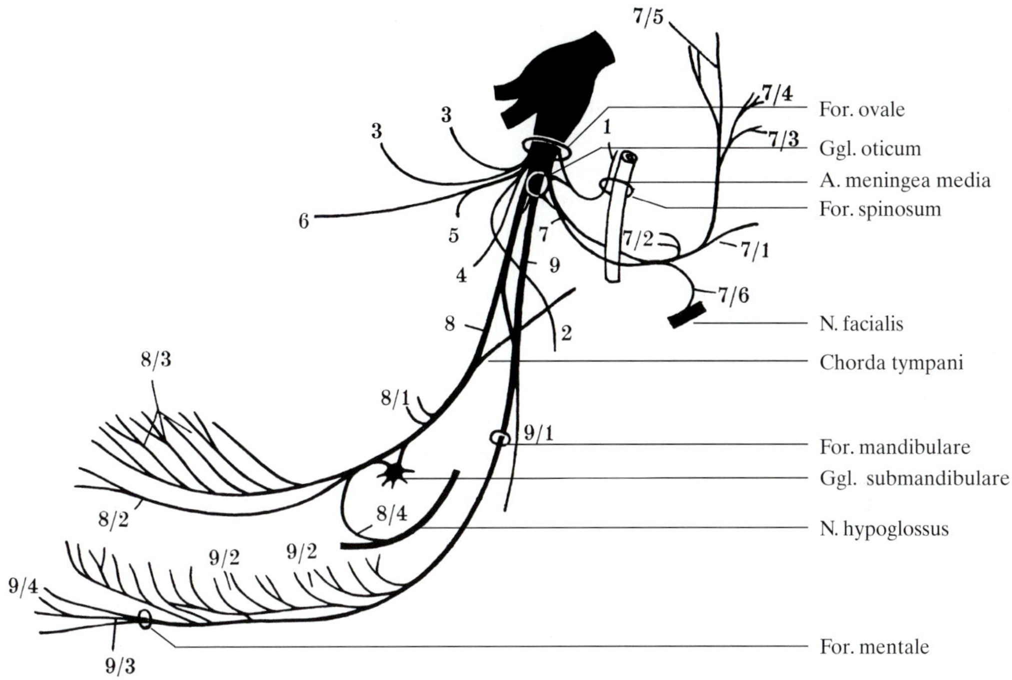

Abb. 141. Astfolge des N. mandibularis (n. V_3) (in Anlehnung an eine Abb. von M. Clara).

1 = R. meningeus
2 = N. massetericus
3 = Nn. temporales prof.
4 = N. pterygoideus med.
5 = N. pterygoideus lat.
6 = N. buccalis
7 = N. auriculotemporalis
  7/1 = N. meatus acustici ext.
  7/2 = Nn. articulares (für Kiefergelenk)
  7/3 = Nn. auriculares ant.
  7/4 = Rr. parotidei
  7/5 = Rr. temporales superf.
  7/6 = Rr. communicantes cum nervo faciale
8 = N. lingualis
  8/1 = Rr. isthmi faucium
  8/2 = N. sublingualis
  8/3 = Rr. linguales
  8/4 = Rr. communicantes cum nervo hypoglosso
9 = N. alveolaris inf.
  9/1 = N. mylohyoideus
  9/2 = Rr. dentales et gingivales inf. – Plexus dentalis inf.
  9/3 = N. mentalis
  9/4 = Rr. labiales inf.

1. Der *R. meningeus* zieht rückläufig durch das For. spinosum zusammen mit der A. meningea media in die Schädelhöhle hinein. Er versorgt sensibel die Dura der mittleren Schädelgrube.

2. Der *N. massetericus* erreicht durch die Incisura mandibulae von medial den M. masseter.

3. Die *Nn. temporales prof.* dringen von unten in den M. temporalis ein.

4. Der *N. pterygoideus med.* innerviert den M. pterygoideus med., M. tensor veli palatini und M. tensor tympani.

5. Der *N. pterygoideus lat.,* ein häufig zusammen mit dem N. buccalis abgehender Ast, zieht zum gleichnamigen Kaumuskel.

6. Der *N. buccalis* ist der einzige sensible Ast aus der motorischen Portion des Trigeminus. Er zieht bogenförmig auf dem M. buccinator abwärts zur Schleimhaut der

Wange und zur Gingiva in der Umgebung des 1. Molaren.

7. Der *N. auriculotemporalis* bildet meist eine Schlinge um die A. meningea media und zieht dann senkrecht vor dem Kiefergelenk und dem äußeren Gehörgang nach oben zur Haut der Schläfenregion. Kleinere sensible Äste gehen zur Haut des äußeren Gehörgangs, zum Trommelfell, zum Kiefergelenk, zur Ohrmuschel und zur Parotis.

8. Der *N. lingualis* ist ein großer sensibler Ast für die Versorgung der Schleimhaut des Mundbodens und der vorderen zwei Drittel der Zunge. Die *Chorda tympani* geht von hinten bogenförmig in den N. lingualis über. Sie stellt eine Verbindung der parasympathischen Fazialisanteile (N. intermedius) mit dem Trigeminus dar.

9. Der *N. alveolaris inf.* tritt in den Canalis mandibulae ein und versorgt die Zähne des Unterkiefers *(Plexus dentalis inf.)* sowie die Mundbodenmuskulatur. Vor Eintritt in den Kanal geht der *N. mylohyoideus* ab, der bogenförmig im Sulcus mylohyoideus und weiter unterhalb des Mundbodens nach vorne zieht, um den M. mylohyoideus und den vorderen Bauch des M. digastricus zu innervieren.

Der *N. mentalis* zieht durch das For. mentale zur Haut der Kinnregion sowie zur Unterlippe.

N. abducens (N. VI)

Der VI. Hirnnerv ist ein motorischer Nerv. Er tritt am kaudalen Rand der Brücke ventral aus dem Hirnstamm aus, zieht durch den Sinus cavernosus hindurch zur oberen Orbitafissur und erreicht den M. rectus lat. von medial. Er versorgt nur diesen Augenmuskel.

N. facialis (N. VII)

Der VII. Hirnnerv gehört entwicklungsgeschichtlich zum 2. Kiemenbogensegment (Hyoidbogen). Er versorgt in der Hauptsache die mimische Muskulatur des Gesichts und des Halses, enthält aber auch Geschmacksfasern und parasympathische Faserbündel, die sich jedoch in der Regel neben dem Fazialis als gesonderter Nerv vorfinden *(N. intermedius)*. Der Nerv tritt seitlich zusammen mit dem N. VIII aus dem Hirnstamm aus und erreicht durch den Meatus acusticus int. den Fazialiskanal des Felsenbeins, den er durch das For. stylomastoideum wieder verläßt. Innerhalb der Parotis bildet er den *Plexus parotideus* und strahlt dann fächerförmig in die mimische Muskulatur aus (Abb. 142). Die parasympathischen Anteile des N. intermedius versorgen die Gaumen-, Nasen- und Mundbodendrüsen sowie auch die Tränendrüse. Die Geschmacksfasern kommen aus den vorderen zwei Dritteln der Zunge und verlaufen über die *Chorda tympani* zu den Geschmackskernen der Medulla oblongata. Die zugehörigen Ganglienzellen liegen im Ggl. geniculi.

1. Der *N. auricularis post.* geht kurz nach dem Austritt des N. facialis aus dem For. stylomastoideum nach hinten zu den mimischen Muskeln des äußeren Ohrs (M. auricularis ant., post. und sup.) und zu denen des Hinterhaupts (Venter occipitalis des M. occipitofrontalis).

2. Ein *R. stylohyoideus* und *R. digastricus* ziehen als motorische Äste zu den gleichnamigen Muskeln des 2. Kiemenbogens (M. stylohyoideus und Venter post. m. digastrici).

3. Der *Plexus parotideus* liegt innerhalb der Ohrspeicheldrüse, meist zwischen der oberflächlichen und tiefen Schicht dieser Drüse. Aus dem Plexus gehen zwei Astgruppen hervor: die obere *(Pars temporofacialis)* versorgt Stirn-, Augen- und Wangenmuskulatur, die untere *(Pars cervicofacialis)* den Unterkieferbereich sowie die Lippen- und Halsabschnitte der mimischen Muskulatur.

4. Die *Rr. temporales* strahlen radiär zur Stirnregion aus und innervieren den Venter frontalis des M. occipitofrontalis, den M. orbicularis oculi und die vorderen Muskeln der Ohrmuschel.

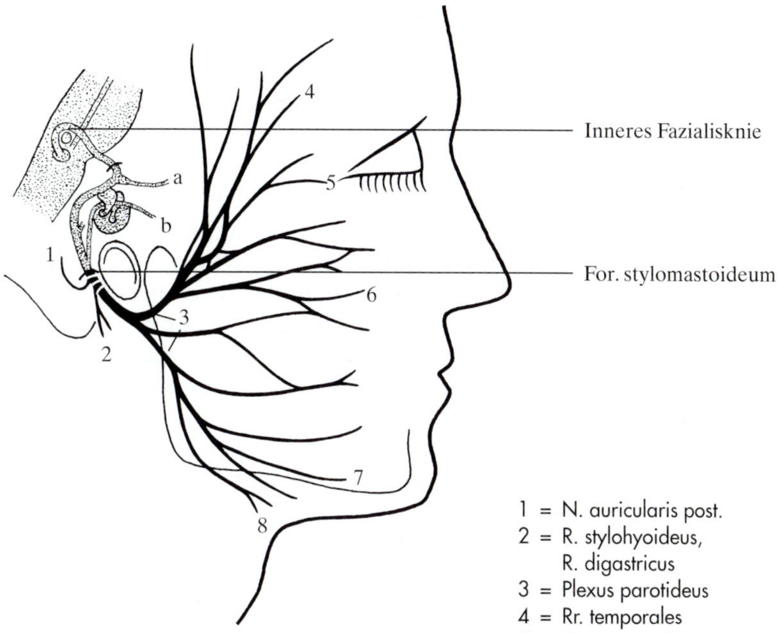

1 = N. auricularis post.
2 = R. stylohyoideus, R. digastricus
3 = Plexus parotideus
4 = Rr. temporales
5 = Rr. zygomatici
6 = Rr. buccales
7 = R. marginalis mandibularis
8 = R. colli

Abb. 142. Astfolge des N. facialis. a = N. petrosus major; b = Chorda tympani. Das innere Fazialisknie biegt um den Abduzenskern herum.

5. Die *Rr. zygomatici* versorgen die mimische Muskulatur in der Umgebung der Lid- und Mundspalte sowie die der Nase.

6. Die *Rr. buccales* sind motorische Äste für den M. buccinator und M. orbicularis oris.

7. Der *R. marginalis mandibulae* verläuft parallel zum Unterkiefer und versorgt die mimische Muskulatur unterhalb der Mundspalte.

8. Der *R. colli* zieht abwärts zum Hals (Innervation des Platysmas). Dieser Ast anastomosiert mit dem N. transversus colli aus dem Plexus cervicalis.

N. intermedius

Es handelt sich um den nichtmotorischen Anteil des N. facialis, der die parasympathischen und gustatorischen Funktionen übernimmt.

a) Der *N. petrosus major* tritt an der Vorderfläche der Felsenbeinpyramide aus dem Fazialiskanal aus und zieht zusammen mit den sympathischen Fasern des Plexus caroticus *(N. petrosus prof.)* im Canalis pterygoideus *(N. canalis pterygoidei)* zum Ggl. pterygopalatinum. Dies ist der Weg der parasympathischen Innervation für die Tränen-, Nasen- und Gaumendrüsen.

b) Die *Chorda tympani* stellt eine Verbindung zwischen dem N. lingualis und N. facialis dar. Sie verläßt kurz vor dem Durchtritt des N. facialis aus dem For. stylomastoideum den Fazialis, zieht rückläufig durch das Mittelohr zwischen Hammer und Amboß hindurch und durch eine feine Spalte in der Schädelbasis bogenförmig zum N. lingualis. Ihre Geschmacksfasern stammen aus den vorderen zwei Dritteln der Zunge, die parasympathischen Fasern verlassen den N. lingualis wieder und treten in das Ggl. submandibulare ein, in dem sie umgeschaltet werden (sekretorische Innervation der Gl. submandibularis und Gl. sublingualis).

N. vestibulocochlearis (N. VIII)

Der VIII. Hirnnerv ist ein reiner Sinnesnerv. Er leitet die Afferenzen für Gleichgewicht und Gehör. Zusammen mit dem N. facialis tritt er in den Meatus acusticus int. ein, um innerhalb des Felsenbeins Verbindung mit den Sinnesendstellen des häutigen Labyrinths zu bekommen.

Vagusgruppe

Unter der Vagusgruppe versteht man den IX., X. und XI. Hirnnerven (N. glossopharyngeus, N. vagus und N. accessorius). Vagus und Glossopharyngeus sind gemischt und gehören zum Pharyngealapparat. Beide Nerven besitzen Ganglien, die den Spinalganglien der Rückenmarksnerven vergleichbar sind (*Ggl. superius* und *inferius* n. IX et X) sowie auch Geschmacksfasern und parasympathische Anteile. Besonders beim N. vagus ist der parasympathische Anteil sehr groß geworden. Der größte Teil der Eingeweide wird vom Vagus mit parasympathischen Fasern versorgt. Der N. accessorius ist dagegen rein somatomotorisch und kann als ein verselbständigter Vagusteil betrachtet werden.

N. glossopharyngeus (N. IX)

Der N. glossopharyngeus ist der 3. »Kiemenbogennerv«. Es handelt sich um einen gemischten Nerven mit motorischen, sensiblen, parasympathischen und gustatorischen Fasern. Der N. glossopharyngeus verläßt die Schädelbasis durch das For. jugulare, um zu seinen Innervationsgebieten (hinterer Teil der Mundhöhle, hinteres Drittel der Zunge, Pharynx, Isthmus faucium, M. stylopharyngeus) zu gelangen (Abb. 143).

1. Der *N. tympanicus* ist ein gemischter Nerv mit sensorischen Fasern für die Schleimhaut der Paukenhöhle und Tuba auditoria. Er enthält auch parasympathische (sekretorische) Fasern für die Gl. parotidea. Der N. tympanicus zweigt vom *Ggl. inf.* n. IX ab, dringt durch den *Canaliculus tympanicus* in die Paukenhöhle ein und bildet hier zusammen mit sympathischen Fasern aus dem Geflecht der A. carotis int. den *Plexus tympanicus,* aus dem der *N. petrosus minor* hervorgeht. Dieser verläuft durch die Fissura sphenopetrosa zum *Ggl. oticum* (sog. Jacobson-Anastomose). Im Ganglion oticum werden die sekretorischen Fasern für die Parotis umgeschaltet.

2. Kleinere Äste gehen zur Schleimhaut der Tonsillenregion, zum oberen Pharynx und zum M. stylopharyngeus.

3. Die Rr. linguales verlaufen zum hinteren Drittel der Zunge. Diese Äste versorgen hauptsächlich die Geschmacksregion der Zunge (Papillae vallatae und foliatae).

4. Der *R. sinus carotici (Karotissinusnerv)* ist ein Ast zum Glomus caroticum an der Astgabel der A. carotis communis. Er enthält afferente Fasern zur Blutdruck- und Atmungsregulation.

N. vagus (N. X)

Der N. vagus (Abb. 144) ist der größte unter den Hirnnerven und ebenfalls gemischt. Er ist der 4. »Kiemenbogennerv«, der auch die nachfolgenden Pharyngealbogensegmente versorgt. Er tritt im Anschluß an den Glossopharyngeus mit mehreren Wurzelfäden hinter der Olive aus dem Hirnstamm aus und verläßt den Schädel ebenfalls durch das For. jugulare. Seine beiden Ganglien (*Ggl. sup.* und *inf.*) liegen direkt unter der Schädelbasis. Am Hals verläuft der Nerv zusammen mit der V. jugularis int. und der A. carotis int. (später A. carotis communis) kaudalwärts. Er überkreuzt vorne die A. subclavia und den Aortenbogen und biegt dann steil nach hinten, hinter der Lungenwurzel entlang, zum Oesophagus ab. Der rechte Vagus

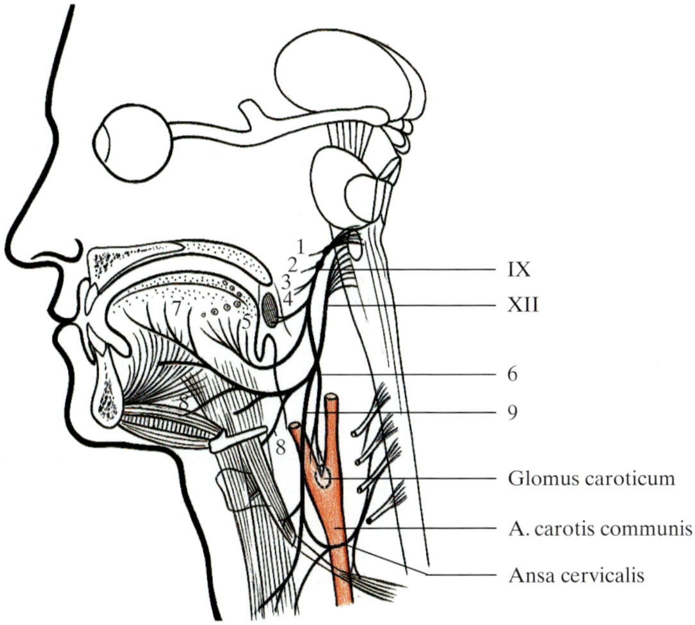

Abb. 143. Astfolge des N. glossopharyngeus (N. IX) und N. hypoglossus (N. XII).

N. glossopharyngeus
1 = N. tympanicus
2 = R. m. stylopharyngei
3 = Rr. pharyngei
4 = Rr. tonsillares
5 = Rr. linguales
6 = R. sinus carotici

N. hypoglossus
7 = Rr. linguales
8 = R. geniohyoideus, R. thyrohyoideus
9 = Radix sup. ansae cervicalis

begibt sich dann mehr an die Hinterseite des Oesophagus, der linke an dessen Vorderfläche. Beide zusammen bilden den *Plexus oesophageus,* aus dem ventral der *Truncus vagalis ant.* hervorgeht, der anschließend auf den Magen *(Plexus gastricus)* übergeht. Das etwas stärkere dorsale Geflecht des Plexus oesophageus bildet den *Truncus vagalis post.,* dessen Fasern im Plexus solaris, d. h. im Bereich des Truncus coeliacus (Ggl. coeliacum) enden.

Der Vagus führt somatomotorische Fasern für Kehlkopf-, Pharynx- und Ösophagusmuskulatur, sensible und gustatorische Fasern aus der Schleimhaut der hinteren Mundhöhle, des Pharynx, des Ösophagus und Larynx sowie parasympathische und viszerosensible Fasern für die Brust- und Bauchorgane (Herz, Lunge, Leber, Milz, Pankreas und Magen-Darm-Kanal bis zur Flexura coli sin.). Er repräsentiert damit den Hauptteil des parasympathischen, kranial-autonomen Nervensystems.

1. Der *R. meningeus* ist ein sensibler Ast, der rückläufig durch das For. jugulare zur Dura der hinteren Schädelgrube zieht.

2. Der *R. auricularis* verläuft als kleiner, sensibler Ast durch den Canaliculus mastoideus zum äußeren Gehörgang und zur Innenfläche der Ohrmuschel (einziger Hautast des N. vagus).

3. Die *Rr. pharyngeales* ziehen zum mittleren und unteren Pharynx; zusammen mit

Ästen des N. glossopharyngeus bilden sie den Plexus pharyngeus.

4. Der *N. laryngealis sup.* zweigt vom Ggl. inf. ab und hat 2 Äste. Der *R. int.* ist ein rein sensibler Ast, der durch ein Loch in der Membrana thyrohyoidea das Innere des Kehlkopfs betritt. Er versorgt die Kehlkopfschleimhaut vornehmlich im oberen Bereich, etwa bis zur Stimmritze. Der *R. ext.* ist der motorische Ast für den M. cricothyroideus.

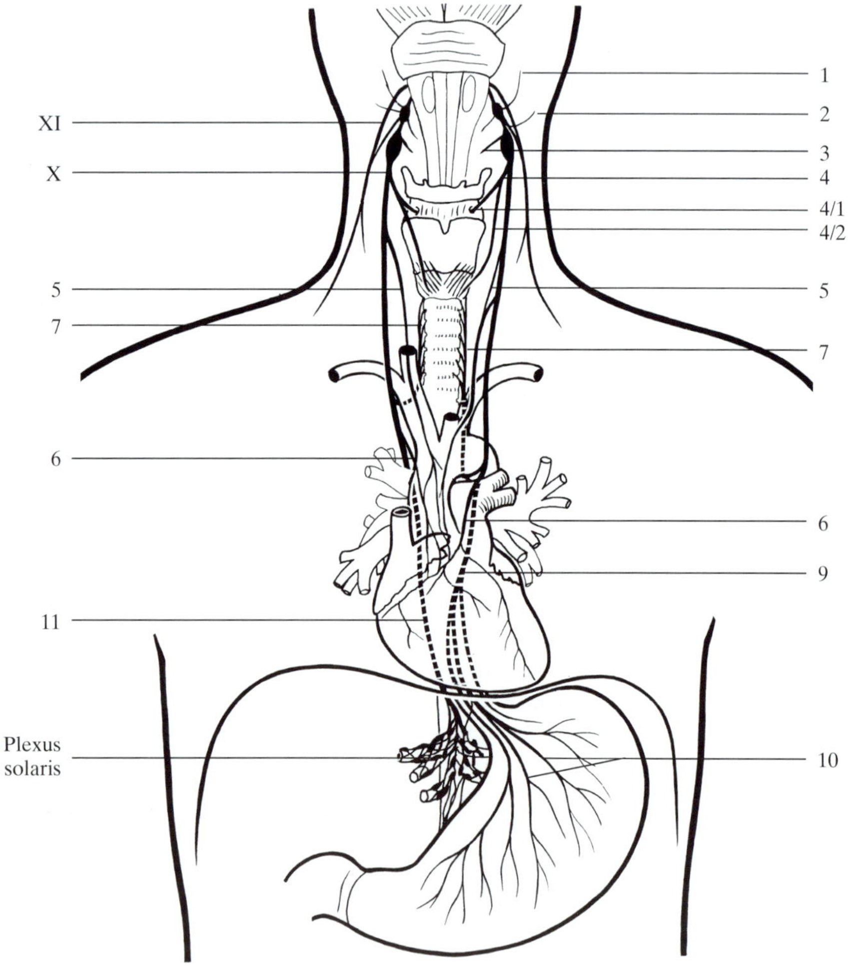

Abb. 144. Astfolge des N. vagus (N. X) und N. accessorius (N. XI) (modif. nach Benninghoff).

N. vagus
1 = R. meningeus
2 = R. auricularis
3 = Rr. pharyngei
4 = N. laryngealis sup.
  4/1 = R. int.
  4/2 = R. ext.
5 = Rr. cardiaci cervicales sup.
6 = Rr. cardiaci cervicales inf.
7 = N. laryngealis recurrens
8 = Rr. bronchiales (nicht dargestellt)
9 = Truncus vagalis ant.
10 = Rr. gastrici ant.
11 = Truncus vagalis post.

5. Die *Rr. cardiaci cervicales sup.* und *inf.* ziehen zu den vegetativen Herzgeflechten, die *Rr. bronchiales* zur Lunge.

6. Der *N. laryngealis recurrens* biegt rechts um die A. subclavia, links um den Aortenbogen herum und zieht in der Rinne zwischen Ösophagus und Trachea aufwärts zum Kehlkopf. *Rr. tracheales* versorgen die Luftröhre, *Rr. oesophagei* die Speiseröhre. – Der *N. laryngealis inf.* stellt den Endast für die motorische und sensible Innervation des Kehlkopfs dar und innerviert alle *inneren* Kehlkopfmuskeln.

N. accessorius (N. XI)

Der XI. Hirnnerv hat sich erst in der Stammesgeschichte vom Vagus abgespalten. Er zeigt noch weitgehend den Charakter eines Rückenmarksnerven, der allerdings seinen sensiblen Anteil ganz verloren hat. Der Akzessorius ist also ein rein somatomotorischer Nerv und innerviert die aus den Kopfsegmenten stammenden beiden Halsmuskeln (M. trapezius, M. sternocleidomastoideus). Seine Wurzelfäden reichen bis zum 7. Zervikalsegment am Rückenmark nach unten. Sie vereinigen sich zu einem Stamm (Radix spinalis), der neben dem Halsmark aufsteigt, durch das For. magnum in die Schädelhöhle gelangt, sich mit der Radix cranialis vereinigt und dann zusammen mit dem Vagus wieder durch das For. jugulare nach außen zieht.

Man unterscheidet einen R. int. und ext. Der *R. int.* (Accessorius vagi) entspricht der Radix cranialis und vereinigt sich proximal vom Ggl. sup. n. vagi mit dem N. vagus und führt diesem die somatomotorischen Fasern für die Kehlkopfmuskulatur zu. Der R. ext. (Accessorius spinalis) entspricht der Radix spinalis und zieht vor dem Querfortsatz des Atlas nach abwärts zum M. sternocleidomastoideus, den er etwa in der Mitte durchbohrt, um weiter durch das laterale Halsdreieck zum M. trapezius zu gelangen. An der Innervation der beiden genannten Muskeln beteiligen sich aber auch noch Äste des Plexus cervicalis, die vor allem afferente Fasern führen.

N. hypoglossus (N. XII)

Der XII. Hirnnerv ist ein rein motorischer Nerv für die Innervation der Binnenmuskulatur der Zunge und der drei von den benachbarten Skeletteilen in die Zunge einstrahlenden Muskeln (M. genio-, hyo- und styloglossus). Er ist entwicklungsgeschichtlich aus drei Spinalnerven entstanden, die ihre hintere Wurzel und ihre Spinalganglien verloren haben. Der Hypoglossus tritt mit mehreren Wurzelfäden zwischen Olive und Pyramide ventral aus der Medulla aus und verläßt die Schädelbasis durch den Canalis hypoglossi. Er überkreuzt bogenförmig die Astfolge der A. carotis ext. bis zum Zungenbein *(Arcus hypoglossi)* und dringt dann – auf dem M. hyoglossus gelegen – schräg von hinten-unten in die Zungenmuskulatur ein. Dem Hypoglossus schließen sich auch zervikale Fasern aus C_1 bis C_3 an, die den Hirnnerven nur als Leitbahn benutzen, ihn aber an verschiedenen Stellen wieder verlassen. Der kräftigste dieser Zweige ist die *Radix sup.*, die sich mit der *Radix inf.* aus den unteren Zervikalsegmenten (C_2, C_3) zur *Ansa cervicalis* vereinigt. Von der Ansa aus werden alle infrahyalen Muskeln mit Ausnahme des M. thyrohyoideus und M. geniohyoideus innerviert.

Sympathische Innervation des Kopfes

Da die Zuflüsse zum Grenzstrang auf die Rückenmarkssegmente C_8–L_3 beschränkt sind, muß die sympathische Versorgung für die Kopf- und Beckenorgane über den Hals- bzw. Beckenteil des Grenzstranges divergierend nach kranial bzw. kaudal verlaufen. Die sympathischen Nervenfasern erreichen über den Halsgrenzstrang aufsteigend das Ggl. cervicale sup., und gehen dann auf die großen Kopfgefäße über, vor allem auf die A. carotis int. (Plexus caroticus int.), die A. carotis ext. (Plexus caroticus ext.) und die V.

jugularis int. (Nervus und Plexus jugularis). Mit diesen Gefäßen bzw. mit deren Ästen erreichen die vegetativen Nerven ihre Erfolgsorgane im Kopfbereich (Drüsen, glatte Muskeln, Schleimhäute usw.). Die Fasergeflechte zu den Halsorganen stammen mehr aus dem Ggl. cervicale medium und inferius. N. und Plexus jugularis stellen die Verbindungen zum Ggl. inf. des IX. sowie zum Ggl. sup. des X. Hirnnerven her (Abb. 145).

Die *sympathische Versorgung für die Körperwandung und die Extremitäten* läuft über die Spinalnerven, und zwar mittels der Rr. communicantes grisei. Diese Verbindungsäste zwischen Grenzstrang und Spinalnerven sind im Gegensatz zu den Rr. communicantes albi in allen Segmenten vorhanden.

Parasympathische Innervation des Kopfes

Die Ursprungszellen für das kranial-autonome System sind in besonderen Kernen lokalisiert, die sich als dorsale, viszeromotorische Kernreihe dicht neben den somatomotorischen Kerngruppen der Hirnnervenkerne am Boden der Rautengrube bis ins Mittelhirn hinziehen. Ihre Neuriten schließen sich dem III., VII., IX. und X. Hirnnerven an (Abb. 146). Allen genannten Hirnnerven sind in der Peripherie parasympathische Ganglien angelagert.

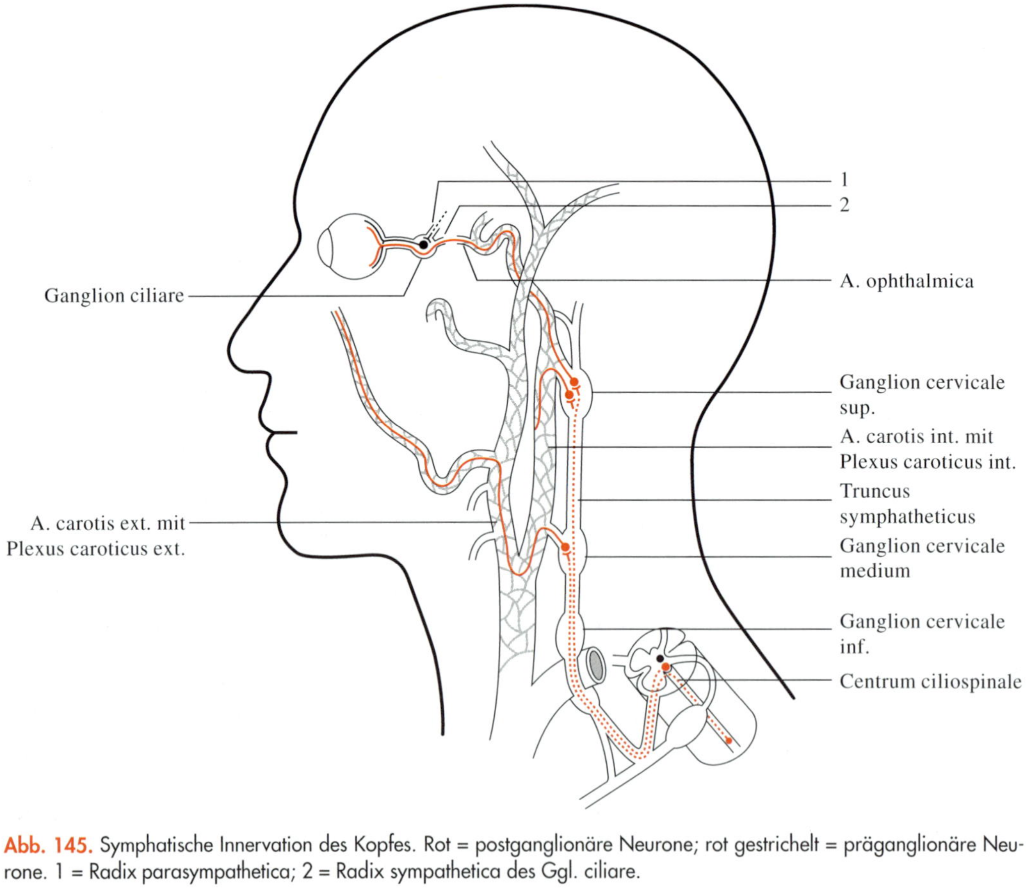

Abb. 145. Symphatische Innervation des Kopfes. Rot = postganglionäre Neurone; rot gestrichelt = präganglionäre Neurone. 1 = Radix parasympathetica; 2 = Radix sympathetica des Ggl. ciliare.

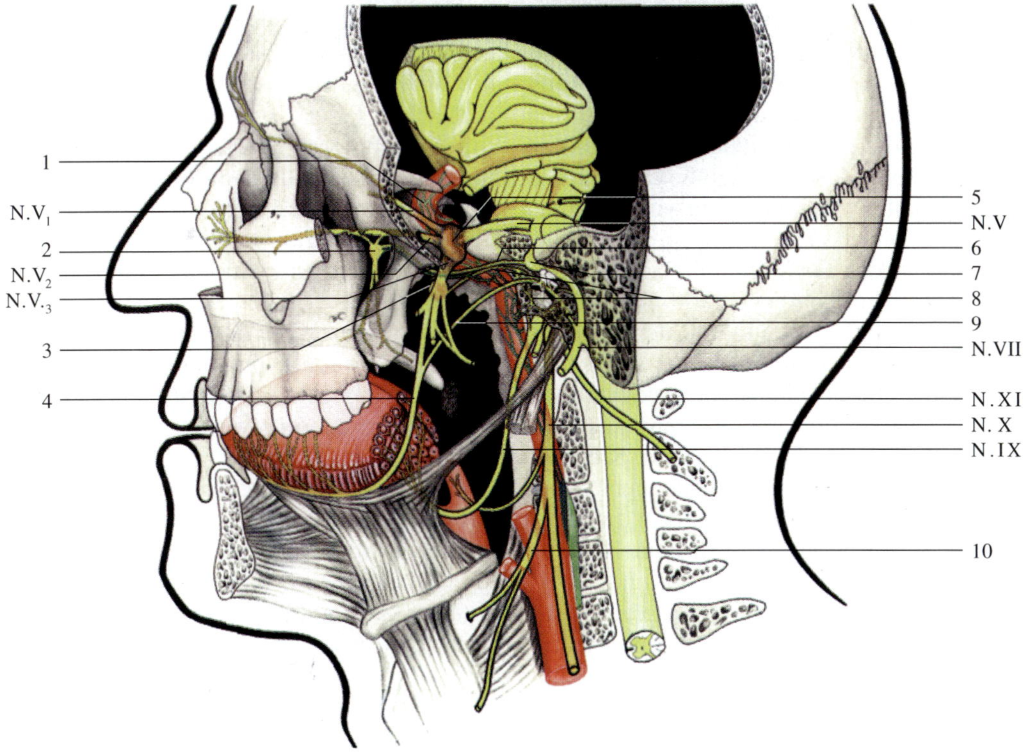

Abb. 146. Lage und Verlauf der Hirnnerven, die parasympathische Anteile enthalten.

1 = A. carotis int. mit Plexus caroticus int.
2 = Ggl. pterygopalatinum
3 = Ggl. oticum
4 = N. lingualis
5 = Ggl. trigeminale (Gasseri)
6 = N. petrosus major
7 = Ggl. geniculi
8 = Plexus tympanicus
9 = Chorda tympani
10 = N. laryngealis sup.

Parasympathische Fasern des N. oculomotorius (N. III)

Die parasympathischen Fasern des III. Hirnnerven entspringen im Nucleus accessorius autonomicus (Westphal-Edinger-Kern), der median zwischen den motorischen Ursprungskernen des N. oculomotorius, ventral vom Aquaeductus cerebri, im Mittelhirn gelegen ist. Die Fasern verlaufen mit dem N. oculomotorius bis zum Ggl. ciliare der Orbita und von dort mit den Nn. ciliares breves ins Auge (parasympathische Innervation des M. ciliaris und M. sphincter pupillae). Reizung der Ziliarnerven bewirkt eine Ziliarmuskelkontraktion (Akkommodation) und Pupillenverengerung (Miosis); Lähmung führt zur Akkommodationsunfähigkeit und paralytischen Mydriasis (Ophthalmoplegia int.).

Parasympathischer Anteil des N. facialis (N. VII)

Dieser wird vielfach auch als ein eigener Nerv beschrieben (N. intermedius). Die Ursprungszellen liegen in der Brücke im viszeromotorischen Fazialiskern (Nucleus salivatorius sup.). Die Neuriten dieser Zellen begleiten den N. facialis entweder bis zum Ggl. geniculi oder bis kurz vor dem Austritt des N. facialis aus dem For. stylomastoideum. Die erste Fasergruppe verläßt den Fazialis als N. petrosus major (*keine* Umschaltung im Ggl. geniculi), zieht durch den Canalis pterygoideus zum Ggl. pterygopalatinum (hier Umschaltung auf das postganglionäre Neuron). Vom Ggl. pterygopalatinum aus können 4 Regionen erreicht werden:

1. Über die periarteriellen Geflechte der Zerebral- und Meningealgefäße erhalten die intrakraniellen Gefäße parasympathische, vasodilatatorische Fasern.

2. Durch das For. sphenopalatinum hindurch erreichen parasympathische Fasern die Drüsen und Schleimhäute der hinteren Abschnitte der Nasenhöhle.

3. Durch den Canalis pterygopalatinus und die Forr. palatina major et minora gelangen parasympathische Fasern zur Schleimhaut des harten und weichen Gaumens.

4. Mit dem N. zygomaticus (N. V_2) verlaufen parasympathische Fasern zum N. lacrimalis (sog. Tränenanastomose) und erreichen auf diese Weise die Tränendrüse (sekretorische Innervation). Diese Fasern sind vor allem für die profuse Sekretion beim Weinen verantwortlich.

Die zweite Fasergruppe des N. intermedius verläßt den N. facialis kurz vor dessen Austritt aus dem For. stylomastoideum als *Chorda tympani.* Diese vereinigt sich mit dem N. lingualis (N. V_3), der dann die parasympathischen sekretorischen und vasodilatatorischen Fasern bis zum Ggl. submandibulare mitnimmt. Hier erfolgt die Umschaltung (sekretorische Innervation der Gl. submandibularis und sublingualis). Einige Fasern treten vom Ggl. auch wieder rückläufig in den N. lingualis ein und ziehen mit diesem zur Zunge (sekretorische Innervation der Zungenspitzendrüsen, parasympathische Innervation der vorderen zwei Drittel der Zunge).

Parasympathische Fasern des N. glossopharyngeus (N. IX) und N. vagus (N. X)

Die Ursprungszellen liegen im dorsalen, viszeromotorischen Kern des N. IX, im *Nucleus salivatorius inf.* Ihre Fasern verlassen den Hirnnerven als *N. tympanicus,* der unter der Mittelohrschleimhaut den Plexus tympanicus bildet, aus dem dann der N. petrosus minor hervorgeht. Dieser bringt die parasympathischen Fasern zum *Ggl. oticum* (Jacobson-Anastomose). Hier erfolgt die Umschaltung der Fasern, die dann über den N. auriculotemporalis und den Plexus parotideus des N. facialis die Gl. parotidea erreichen (sekretorische Innervation der Ohrspeicheldrüse).

Eine weitere Gruppe von parasympathischen Fasern zieht mit dem N. glossopharyngeus zum hinteren Drittel der Zunge (sekretorische Innervation der hinteren Zungendrüsen).

Die parasympathischen Fasern des N. vagus (N. X) kommen aus dem dorsalen, viszeromotorischen Vaguskern (Nucleus dors. n. vagi). Die Fasern zur Dämpfung der Herzaktion (kardioinhibitorische Fasern) stammen auch aus dem Nucleus ambiguus. Sie ziehen im N. vagus abwärts bis zum Ösophagus und Magen und enden im Plexus solaris oder im ventralen Magengeflecht (Plexus gastricus ventr.). Im Hals- und Brustteil des Vagus zweigen Äste zu den Halsorganen, zum Herzen und zur Lunge ab. Das Versorgungsgebiet des parasympathischen Vagusanteils reicht kaudal etwa bis zum sog. Cannon-Böhm-Punkt am Colon transversum. Das distal anschließende Kolon wird vom sakral-autonomen Anteil des Parasympathikus, dessen Ursprungszellen in den sakralen Rückenmarkssegmenten gelegen sind, versorgt.

Reizung des Vagus führt zu einer Kontraktion der Bronchiolen sowie einer Dämpfung der Herzaktivität. Die Durchblutung der Koronararterien nimmt ab. Im Bereich des Magen-Darm-Kanals bewirkt Vagusreizung eine Förderung der Peristaltik, Sekretion der Verdauungsdrüsen und Durchblutungssteigerung (Vasodilatation). Eine Durchschneidung des Vagus (Vagotomie) setzt den Muskeltonus im gesamten Magen-Darm-Trakt sowie in den extrahepatischen Gallenwegen herab.

Autonome Innervation der Kopfdrüsen

Innervation der Tränendrüse

Parasympathische Innervation

Nucleus salivatorius sup. (oberer Speichelkern der Medulla oblongata) – N. intermedius (parasympathischer Anteil des N. facialis) – N. petrosus major (Abgang am äußeren Fazialisknie durch Hiatus canalis n. facialis und im Sulcus n. petrosi majoris auf der Felsenbeinpyramidenvorderfläche durch das For. lacerum und den Canalis pterygoideus) zum Ggl. pterygopalatinum (in der Fossa pterygopalatina) – Umschaltung – N. zygomaticus – Fissura orbitalis inf. – Anastomose mit dem N. lacrimalis – Tränendrüse.

Sympathische Innervation

Centrum ciliospinale in der Seitensäule des Rückenmarks (C_8–Th_1) – Truncus sympatheticus des Halses – Ggl. cervicale sup. (Umschaltung) – Plexus caroticus int. – N. petrosus prof. – N. canalis pterygoidei (durch den Canalis pterygoideus) – Ggl. pterygopalatinum (hier keine Umschaltung) – N. zygomaticus – Verbindung mit N. lacrimalis – Tränendrüse.

Innervation der Nasen- und Gaumendrüsen

Parasympathische Innervation

Nucleus salivatorius sup. (oberer Speichelkern der Medulla oblongata) – N. intermedius (parasympathischer Anteil des N. facialis) – N. petrosus major (Abgang am äußeren Fazialisknie – durch bzw. im Hiatus und Sulcus n. petrosi majoris – durch das For. lacerum und den Canalis pterygoideus) – Ggl. pterygopalatinum (Umschaltung der prä- auf die postganglionären Neuronen) – a) mit den Nn. nasales posteriores sup. lat. durch das For. sphenopalatinum zu den Drüsen der Nasenschleimhaut – b) mit den Nn. palatini durch die gleichnamigen Kanälchen zu den Drüsen der Gaumenschleimhaut.

Sympathische Innervation

Nucleus intermediolateralis des Rückenmarks (Centrum ciliospinale, C_8–Th_2) – Halsgrenzstrang – Ggl. cervicale sup. (Umschaltung) Plexus caroticus int. – N. petrosus profundus – N. canalis pterygoidei (im Canalis pterygoideus) – Ggl. pterygopalatinum (hier keine Umschaltung) – mit den Nn. nasales und Nn. palatini zu den Nasen- und Gaumendrüsen.

Innervation der Glandula parotidea

Parasympathische Innervation

Nucleus salivatorius inf. (unterer Speichelkern der Medulla oblongata) – N. glossopharyngeus – N. tympanicus (Abgang am Ggl. inf. des N. IX, das in der Fossula petrosa gelegen ist – durch den Canaliculus tympanicus zur Paukenhöhle) – Plexus tympanicus – als N. petrosus minor auf der Vorderwand der Felsenbeinpyramide (Sulcus n. petrosi minoris) durch das For. lacerum – zum Ggl. oticum (Umschaltung) – N. auriculotemporalis und N. facialis – Gl. parotidea.

Sympathische Innervation

Nucleus intermediolateralis des Rückenmarks (C_8–Th_2) – Truncus sympatheticus des Halses – Ggl. cervicale sup. (Umschaltung) – Plexus caroticus ext. – über die periadventitiellen Geflechte der A. temporalis superf. und A. meningea media mit N. auriculotemporalis – zur Parotis.

Innervation der Unterzungendrüsen

Parasympathische Innervation

Nucleus salivatorius sup. (oberer Speichelkern der Medulla oblongata) – N. intermedius (parasympathischer Anteil des N. facialis) – Chorda tympani der Paukenhöhle – N. lingualis – Ggl. submandibulare (Umschaltung) – Unterzungen- und Zungendrüsen.

Sympathische Innervation

Nucleus intermediolateralis des Rückenmarks (C_8–Th_2) – Truncus sympatheticus des Halses – Ggl. cervicale sup. (Umschaltung) – Plexus caroticus ext. – mit den periadventitiellen sympathischen Geflechten der A. facialis und A. lingualis zu den Unterzungendrüsen.

B. Topographische Anatomie des Halses

I. Allgemeine Gliederung

Der Hals ist die Brücke zwischen Kopf und Rumpf, demzufolge eine wichtige Durchgangsstraße für Gefäße und Nerven. Die großen Leitungsbahnen (A. carotis communis, V. jugularis int. und N. vagus) verlaufen gebündelt in der Rinne zwischen dem Eingeweidestrang und der Wirbelsäule (sog. Gefäß-Nerven-Strang des Halses). Sie sind von einer abgrenzbaren Bindegewebsscheide (Vagina carotica) umgeben. Diese steht mit den Halsfaszien konstruktiv derart in Verbindung, daß der Gefäß-Nerven-Strang bei den Halsbewegungen weitgehend fixiert wird. Die Bindegewebsscheide kann durch den M. omohyoideus aktiv verspannt werden, wodurch das Venenlumen offengehalten und der Rückfluß des Gehirnvenenblutes gesichert wird. Eine Venenverletzung birgt daher die Gefahr einer Luftaspiration in sich. Umgekehrt ist der Eingeweidestrang gegenüber der Muskelhülle durch lockeres Bindegewebe gut verschieblich (etwa 4 cm), was besonders beim Schluckakt in Erscheinung tritt. Das lockere Bindegewebe fördert die Ausbreitung von Entzündungen, die sich kaudal bis ins Mediastinum fortsetzen können.

Im vorderen Halsbereich ist die Subkutis fettarm und durch die Hautmuskelplatte des Platysmas in zwei Schichten unterteilt. Nur in der Medianlinie fehlt diese Gliederung. Das Platysma ermöglicht eine »Nachspannung« der Körperfaszie bei den Kopfbewegungen, wodurch die Mimik ihr freies Spiel bekommt. Die genannten Besonderheiten der Haut des Halses erklären die klinische Beobachtung, daß sich subkutane Prozesse gern diffus ausbreiten, während subfasziale mehr regional begrenzt bleiben.

Die oberflächlichen Halsvenen liegen in der Regel epifaszial, zum Teil sogar auf der Platysmaplatte. Sie sind ebenso wie die tieferen Halsvenen konstruktiv so in das Faszien- und Muskelsystem des Halses eingebaut, daß sie bei den Bewegungen mitgeführt und offen gehalten werden können.

Während die Nackenmuskulatur relativ kompakt erscheint, bildet die Halsmuskulatur mit platten, schichtweise angeordneten Muskeln eine schalenartige Hülle um den Eingeweidestrang und die Leitungsbahnen. Die Anordnung der Muskeln ist auch die Grundlage für die Gliederung in Regionen (Abb. 147). Die Muskeln werden von den drei Blättern der *Halsfaszie* in ihrer Lage gehalten (Abb. 148). Das oberflächliche Blatt der Halsfaszie entspricht der allgemeinen Körperfaszie; das mittlere Blatt schließt die infrahyale und das tiefe Blatt die prävertebrale Muskulatur ein. Das tiefe Blatt der Halsfaszie enthält den Halsgrenzstrang und geht mit dem Plexus brachialis auf die tiefe Achselhöhlenfaszie (Fascia axillaris prof.) über.

Klinische Hinweise. Der Einbau der Halsvenen in das Muskel- und Fasziensystem des Halses verhindert ein Kollabieren dieser Venen und sichert damit den Blutrückfluß aus dem Gehirn. In Notfallsituationen (Schock, Kreislaufstillstand) können die Venen hier punktiert oder katheterisiert werden (Jugulariskatheter, Subklaviakatheter, Subklaviapunktion) (vgl. Abb. 158). Umgekehrt kann eine Kompression des Halses zu Einflußstauungen und intrakraniellen Drucksteigerungen führen.

Wirbelsäulenprozesse (z. B. bei tuberkulösen Knochenprozessen) können den in der tiefen Halsfaszie gelegenen Halsgrenzstrang schädigen. Senkungsabszesse der Halswirbelsäule folgen den Faszien und dringen entweder in das hintere Me-

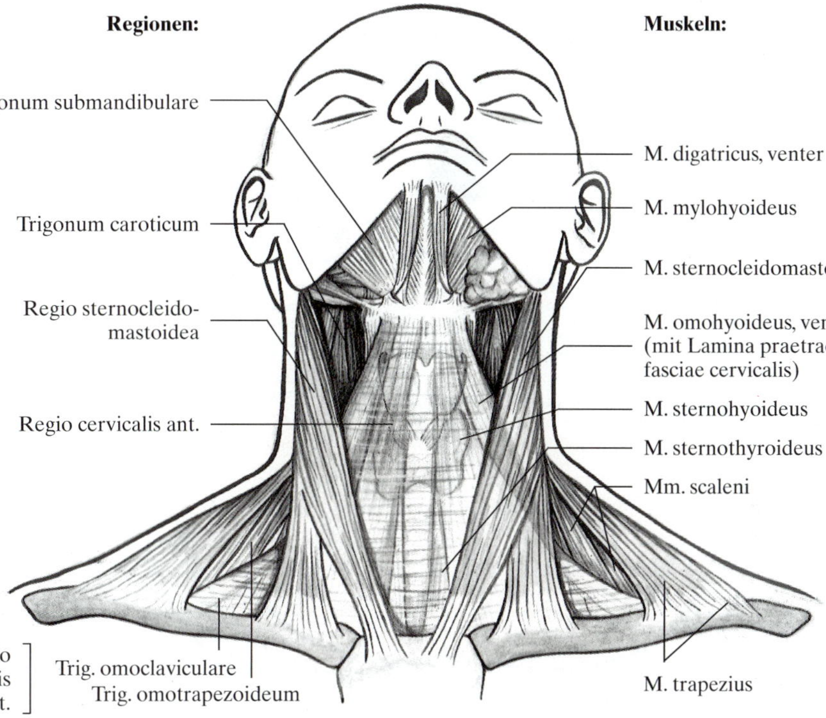

Abb. 147. Übersicht über die Muskeln und die regionale Gliederung des Halses.

diastinum oder in die Regio axillaris und damit auch bis in den Arm vor.

Der Eingeweidestrang entfernt sich kaudalwärts mehr und mehr von der Hautoberfläche. Unterhalb des Ringknorpels (Höhe der Tracheotomia sup.) ist die Trachea nur 1,5–2 cm, oberhalb des Sternums (Tracheotomia inf.) dagegen 4–5 cm von der Hautoberfläche entfernt (Abb. 149). Dadurch löst sich die mittlere Halsfaszie von der oberflächlichen zunehmend ab. Es entsteht das Spatium suprasternale. Das unter den beiden Blättern der Halsfaszie gelegene lockere Bindegewebe setzt sich in das mittlere Mediastinum fort (Spatium praeviscerale). Der Eingeweidestrang gleitet vor der Wirbelsäule in einem lockeren Verschiebespalt (Spatium retroviscerale), der mit dem Spatium para- und retropharyngeum in Verbindung steht und in das hintere Mediastinum übergeht.

Klinische Hinweise. Mundhöhle und Pharynx sind normalerweise rechtwinklig gegeneinander abgeknickt. Bei der **endotrachealen Intubation** (Abb. 149 und 150) muß diese Krümmung durch maximale Dorsalflexion des Halses ausgeglichen werden. Die Entfernung zwischen den Schneidezähnen und der Bifurcatio tracheae beträgt etwa 25 cm, variiert jedoch individuell stark. Der Bindegewebsraum unter der mittleren Halsfaszie ist ein Ausbreitungsweg für absteigende Phlegmonen, retrosternale Strumen oder Kehlkopftumoren, die weit in das Mediastinum vordringen können.

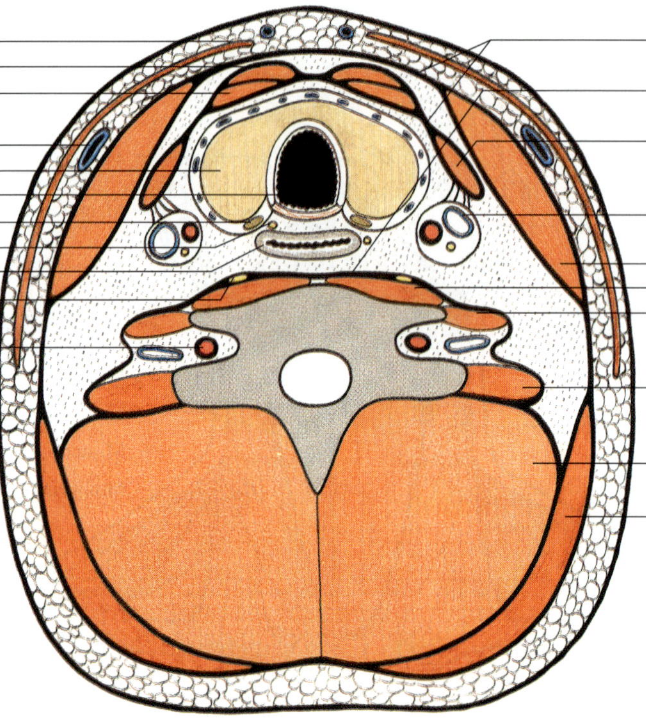

Abb. 148. Halsquerschnitt in Höhe der Schildrüse. Darstellung der Halsfaszien und Halseingeweide. Man beachte besonders die Lage des Gefäß-Nerven-Stranges des Halses. A. v. = A. vertebralis; Ep = Epithelkörperchen; Gl. th. = Gl. thyroidea; N. l. = N. laryngealis recurrens; Oes. = Oesophagus; T = Trachea; Tr. sy. = Truncus sympatheticus; V. j. ext. = V. jugularis ext. **Muskeln:** 1 = Platysma; 2 = M. sternohyoideus; 3 = M. sternothyroideus; 4 = M. omohyoideus; 5 = M. sternocleidomastoideus; 6 = M. longus colli; 7 = M. scalenus ant.; 8 = M. scalenus med. und post.; 9 = M. erector spinae; 10 = M. trapezius.

Halsfaszien

1. Oberflächliches Blatt: Lamina superf. fasciae cervicalis	Fortsetzung der Körperfaszie; bildet Logen für M. sternocleidomastoideus und trapezius; überspannt das Trigonum colli lat.; setzt sich dorsal in die Fascia nuchae fort.
2. Mittleres Blatt: Lamina praetrachealis fasciae cervicalis	Umschließt die infrahyalen Muskeln (M. sternohyoideus, M. sternothyroideus, M. thyrohydoideus und M. omohyoideus), endet am lateralen Rand des M. omohyoideus; bildet dadurch ein dreiseitiges Zelt zwischen Clavicula und Zungenbein als Abschluß der oberen Thoraxapertur. Da die Zwischensehne des M. omohyoideus mit der Bindegewebsscheide des Gefäß-Nerven-Bündels und der Adventitia der V. jugularis int. verwachsen ist, kann der Muskel das Venenvolumen offenhalten. Er spannt die mittlere Halsfaszie.
3. Tiefes Blatt: Lamina praevertebralis fasciae cervicalis	Überzieht die tiefe Halsmuskulatur (M. longus colli, M. longus capitis) und die seitlichen Halsmuskeln (Mm. scaleni).

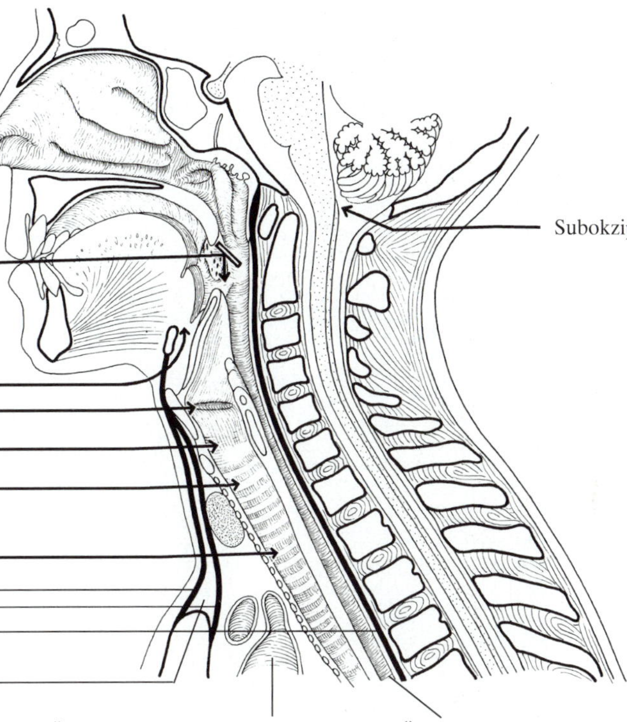

Abb. 149. Topographische Gliederung der Halsorgane und Faszien im medianen Durchschnitt. Fascia cervicalis: 1 = Lamina superf.; 2 = Lamina praetrachealis; 3 = Lamina praevertebralis.

Operative Zugangswege zum Eingeweidestrang des Halses

1. Tracheotomia sup.:	Mediane Durchtrennung des 2. bis 4. Trachealknorpels, oberhalb des Isthmus der Schilddrüse
2. Tracheotomia inf.:	Mediane Durchtrennung des 6. bis 7. Trachealknorpels unterhalb des Isthmus der Schildrüse. Topographisch wichtig sind der größere Hautabstand der Trachea sowie die Lage des Arcus venosus juguli. Die untere Tracheotomie kommt vorwiegend bei Säuglingen und Kleinstkindern zur Anwendung.
3. Coniotomia:	Quere Durchtrennung des Lig. cricothyroideum med. (früher: Lig. conicum) zwischen Ring- und Schildknorpel. – Zugang zum Cavum infraglotticum (Cavum laryngis).. – Bei Erstickungsanfällen kann das Durchstechen des Ligaments ein lebensrettender Eingriff sein.
4. Laryngotomia mediana:	Spaltung des Schildknorpels (Thyreotomie) oder Ringknorpels bis zum oberen Trachealring (Laryngotomie). – Zugang zum Ventriculus und Cavum laryngis.
5. Pharyngotomia subhyoidea:	Mediane Durchtrennung der Membrana thyrohyoidea – Zugang zum Recessus piriformis und Vestibulum laryngis.

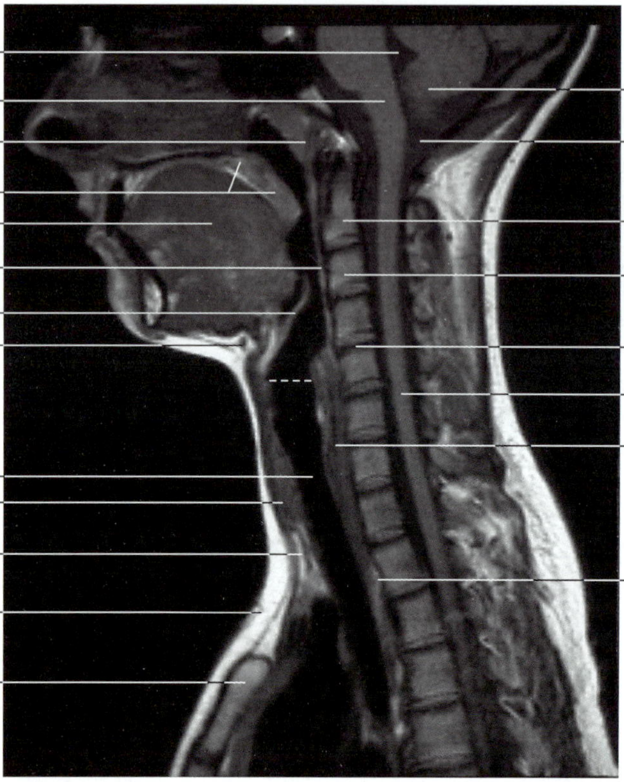

Abb. 150. Sagittalschnitt durch Kopf und Hals eines gesunden Menschen (MR-Aufnahme von Prof. Dr. A. Heuck, München). Punktierte Linie = Plica vocalis; HWK = Halswirbelkörper.

II. Regio cervicalis anterior

1. Trigonum submandibulare

Begrenzung

Venter ant. und post. des M. digastricus Mandibularand

Die Region stellt ein dreiseitiges Feld dar, dessen Boden vom M. mylohyoideus gebildet wird (Abb. 151). Der M. mylohyoideus füllt das Dreieck nicht ganz aus, so daß hinten eine Lücke als Verbindung zur Mundhöhle bestehen bleibt. Die Lücke wird medial durch den M. hyoglossus, der in die Zunge einstrahlt, begrenzt. Die Lücke wird vom Ausführungsgang der Gl. submandibularis benützt, um zur Mundhöhle zu gelangen. Der Ausführungsgang ist auf seinem ganzen Weg von Drüsengewebe umgeben, das teilweise der Gl. submandibularis, teilweise der Gl. sublingualis zuzurechnen ist. Die Ausführungsgangstraße liegt also zwischen M. hyoglossus und M. mylohyoideus. Sie wird außerdem vom N. hypoglossus und von der V. lingualis als Weg benützt. Ebenfalls lateral vom M. hyoglossus verläuft bogenförmig, etwas weiter kranial, der N. lingualis (N. V_3), der in Höhe der erwähnten Muskellücke das Ggl. submandibulare bildet. Medial vom M. hyoglossus, dicht oberhalb des Zungenbeins, betritt die A. lingualis die Mundbodenregion. Sie kann hier unterbunden werden (Trigonum linguale), wobei der M. hyoglossus stumpf gespalten werden muß. Die anatomischen Verhältnisse dieser Region erklären, warum Infektionen von der Mundhöhle leicht um den Hinterrand des M. mylohyoideus herum in das Halsbindegewebe vordringen können.

Die trichterförmige Region wird fast ganz von der Gl. submandibularis ausgefüllt. Die Drüse ist außen von einer derben Kapsel umgeben. Sie enthält zahlreiche Lymphknötchen (Nodd. lymph. submandibulares) und einen Kanal für die A. facialis. Die stark geschlängelte Gesichtsarterie gibt hier außer kleinen Ästen zur Drüse auch die A. submentalis ab, die – vom N. mylohyoideus (N. V_3) begleitet – dicht am Unterkiefer entlang nach vorn zieht und das Diaphragma oris von unten versorgt. Die aus der A. lingualis stammende A. sublingualis versorgt das Diaphragma oris demgegenüber von oben. Zwischen beiden Gefäßgebieten bestehen reiche Anastomosen, so daß jede dieser Arterien unterbunden werden kann.

2. Trigonum caroticum

Begrenzung

M. sternocleidomastoideus
M. omohyoideus (venter sup.)
M. digastricus (venter post.) und
M. stylohyoideus

Das Dreieck enthält die Teilungsstelle der A. carotis communis (etwa in Höhe von C_4) (Abb. 151). Die A. carotis ext. lagert sich in der Regel (50%) ventromedial vor die A. carotis int., die deshalb meist etwas hinter der A. carotis ext. versteckt ist. Die Lagevariabilität der Karotiden ist jedoch relativ groß. Während die A. carotis int., ohne irgendwelche Äste abzugeben, schräg aufwärts zum Karotiskanal des Felsenbeins zieht, zweigen

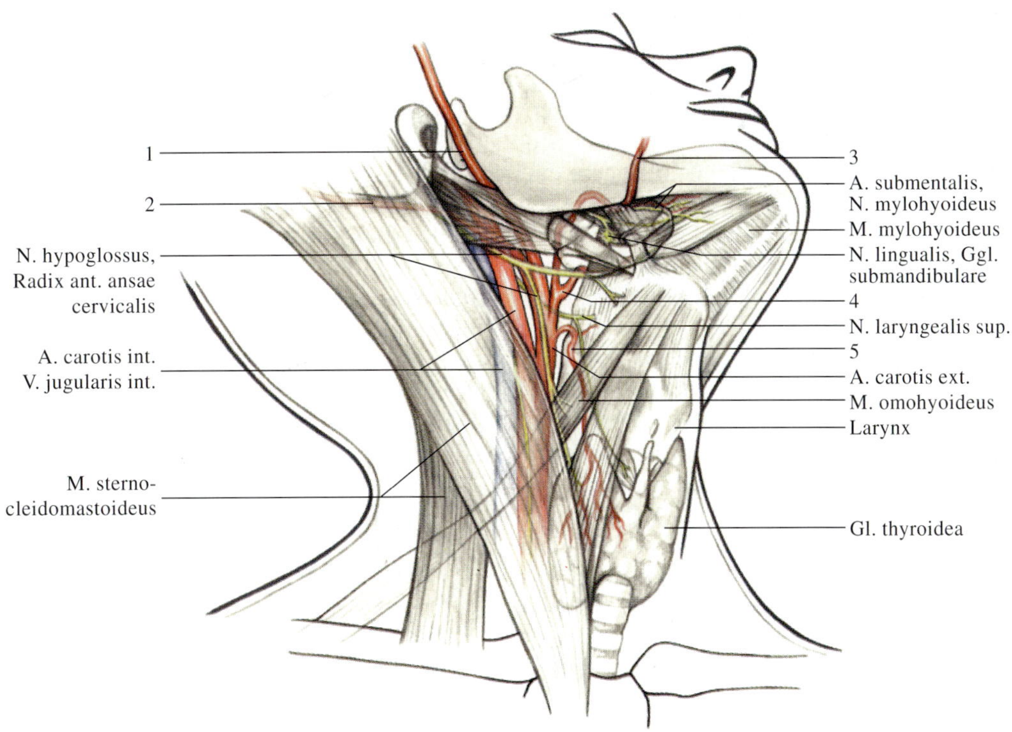

Abb. 151. Topographie des Trigonum caroticum. **Äste der A. carotis ext.:** 1 = Endast der A. carotis ext. (geht in A. temporalis superf. und A. maxillaris über); 2 = A. occipitalis; 3 = A. facialis; 4 = A. lingualis; 5 = A. thyroidea sup.

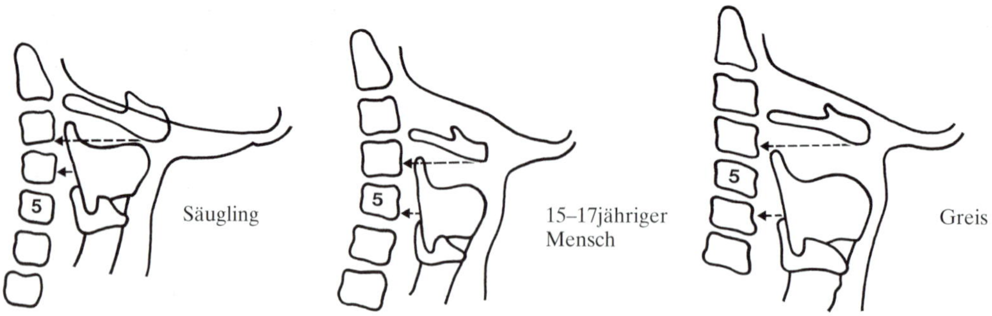

Abb. 152. Lage der Halseingeweide in verschiedenen Lebensaltern. Der physiologische Descensus des Kehlkopfs im Alter wird deutlich (nach v. Lanz u. Wachsmuth). 5 = 5. Halswirbelkörper.

von der A. carotis ext. sofort zahlreiche Äste ab (A. thyroidea sup., A. lingualis, A. facialis, A. sternocleidomastoidea, A. occipitalis, A. auricularis post. und A. pharyngea ascendens). Der Hauptstamm der A. carotis ext. behält einen engen Kontakt zur Pharynxwand, unterkreuzt den M. digastricus und M. stylohyoideus und spaltet sich kranial von ihm in die A. temporalis superf. und A. maxillaris auf (Abb. 151).

Indem sich die von dorsolateral kommende V. jugularis int. und der N. vagus im Karotisdreieck an die Karotiden anlagern, entsteht der Gefäß-Nerven-Strang des Halses. Der Vagus schiebt sich dann zwischen Arterie und Vene kaudalwärts allmählich nach vorn und liegt dann weiter unten zwischen V. jugularis int. und A. carotis communis, um schließlich rechts die A. subclavia und links den Aortenbogen vorne zu überkreuzen. Der Arterienfächer der A. carotis ext. wird an seiner lateralen Seite vom bogenförmig verlaufenden N. hypoglossus überkreuzt und an seiner medialen Seite vom N. laryngealis sup., der bereits unter der Schädelbasis vom N. vagus bzw. vom Ggl. inf. abgezweigt ist, unterkreuzt. Der N. hypoglossus verschwindet am hinteren Zungenbeinhorn unter der Digastrikusschlinge. Auf der Höhe des Nervenbogens, auf dem die kleine A. sternocleidomastoidea reitet, zweigt die Radix sup. ansae cervicalis ab. Dieser Ast enthält keine Fasern aus dem Hypoglossuskern der Medulla oblongata, sondern lediglich die motorischen Fasern der oberen Zervikalnerven (C_1–C_3), die für die Innervation der infrahyalen Muskulatur bestimmt sind. Der N. laryngealis sup. durchbohrt mit seinem R. int. die Membrana thyrohyoidea (sensible Innervation der Kehlkopfschleimhaut oberhalb der Stimmritze) und erreicht mit seinem R. ext. den M. cricothyroideus, den er motorisch versorgt. In der oberen Ecke des Karotisdreiecks erscheint – eben noch sichtbar – der N. accessorius auf seinem Wege zum M. sternocleidomastoideus.

Von besonderer Bedeutung ist das linsengroße **Glomus caroticum** (Karotisdrüse oder Paraganglion caroticum), das sich an der medialen Seite der Karotidengabelung findet und seine vegetative Versorgung von kleinen Ästen des Vagus und des Halsgrenzstranges, seine sensorische Innervation jedoch von einem Ast des N. glossopharyngeus erhält (Karotissinusnerv, R. sinus carotici).

Klinische Hinweise. Die im *Karotissinusnerven* verlaufenden sensorischen Fasern übermitteln Informationen über den Sauerstoffgehalt des Blutes, was für die Regulation der Atmung wichtig ist. Außerdem liegen in der etwas ausgebuchteten Wand an der Teilungsstelle der Karotis die Blutdrucksensoren des Karotissinus. Diese Sensoren des Karotissinusnerven gehören zum afferenten Schenkel des Barorefiexes, der ein Aufschaukeln des Blutdrucks verhindert. Ein Schlag in Höhe des Karotisdreiecks kann daher eine plötzliche Blutdrucksenkung mit Bewußtlosigkeit zur Folge haben.

3. Mediales Halsdreieck

Begrenzung

Zungenbein Mediale Ränder beider Mm. sternocleidomastoidei

Die Halseingeweide (Kehlkopf, Schilddrüse, Zungenbein) können in dieser Region getastet werden und sind reliefbestimmend für den Hals. Die Incisura thyroidea sup. springt beim Mann besonders deutlich nach vorne vor (Prominentia laryngea, Pomum Adami). Der Kehlkopf senkt sich im Laufe des Lebens um nahezu 1½ Wirbelhöhen (Descensus laryngis) und steht normalerweise beim Mann um ½ Wirbelhöhe tiefer als bei der Frau. Im Durchschnitt projiziert sich die Mitte des Schildknorpels auf den 5. Halswirbelkörper (Abb. 152). Die hohe Lage des Säuglingskehlkopfes führt zu einem Epiglottishochstand, der das gleichzeitige Schlucken und Atmen ermöglicht. Bei der Intubationsnarkose beim Kind muß die kranialere Lage des Kehlkopfs berücksichtigt werden.

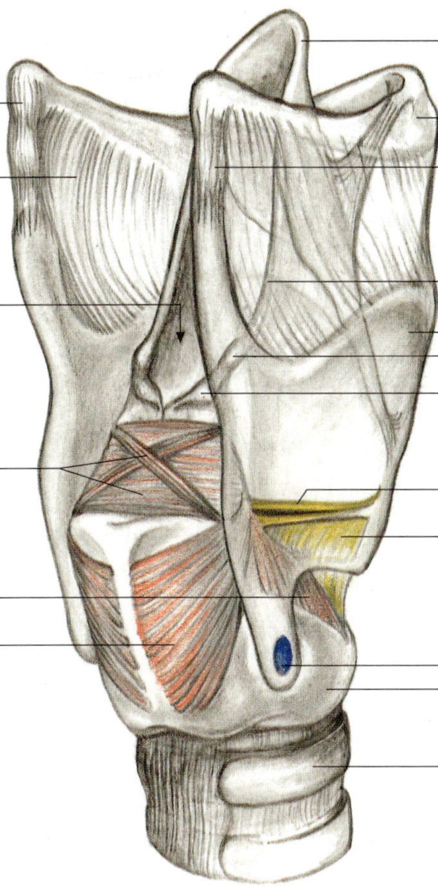

Abb. 153. Kehlkopfskelett und innere Kehlkopfmuskeln (schräg von hinten). Rechte Schildknorpelhälfte und die Membrana thyrohyoidea sind durchsichtig gezeichnet.

Kehlkopf. Der Kehlkopf wird durch die Muskelschlingen der oberen und unteren Zungenbeinmuskulatur, die Membrana thyrohyoidea und durch die elastische Spannung von Trachea und Pharynx in seiner Lage beweglich fixiert (Bewegungsspielraum am Hals etwa 4–5 cm). Die hinten offene Schildknorpelspange überdeckt nicht nur die Ringknorpelplatte und die in Muskulatur eingebetteten Aryknorpel, sondern teilweise auch den unteren Pharynxabschnitt (Pars laryngea pharyngis) (Abb. 153). So entsteht der Rec. piriformis, eine rinnenartige Tasche des Pharynx lateral neben dem Kehlkopfeingang, die zum Ösophagusmund führt und eine schräge Schleimhautfalte (Plica n. laryngei) enthält, die vom inneren Ast des N. laryngealis sup. und von seinen Begleitgefäßen hervorgerufen wird. Steckengebliebene Fremdkörper lösen starke Hustenanfälle aus. Der Oesophagus beginnt in Höhe der Ringknorpelplatte (Lamina cartilaginis cricoideae), wo die Schleimhaut einen auffallend mächtigen submukösen Venenplexus besitzt. Der Ösophagusmund zeigt am Lebenden eine eigene, selbständige Motorik. Hier liegt die obere Ösophagusenge. Hier liegt auch die kraniale Fixation des elastisch-gespannten Ösophagusschlauchs, dessen kaudale Befestigung am Zwerchfelldurchtritt lokalisiert ist.

Klinische Hinweise. Das submuköse Venengeflecht der Kehlkopfschleimhaut kann bei Entzündungen, allergischen Reaktionen oder Verletzungen plötzlich stark anschwellen und damit das Bild eines sog. **Glottisödems** hervorrufen. Dieses hat aber mit der Glottis eigentlich nichts zu tun, da es ja nicht von den Stimmbändern ausgeht, sondern von der Kehlkopfschleimhaut im Bereich der Taschenfalten, der Epiglottis oder aryepiglottischen Falten. Ein »Glottisödem« kann, wenn der Atemweg akut blockiert wird, lebensbedrohlich sein und eine Tracheotomie erforderlich machen. Auch nach langdauernden Intubationen, z. B. in der Narkose, kann es zu »Glottisödemen« kommen.

Der schräg gestellte **Kehlkopfeingang** (Aditus laryngis) wird von der Epiglottis, den beiden Plicae aryepiglotticae und den Spitzen der Aryknorpel, die zwischen sich die Incisura intercartilaginea frei lassen, begrenzt. In die aryepiglottischen Falten sind beiderseits zwei kleine, elastische Knorpelchen eingelagert, die entsprechende Schleimhautvorwölbungen aufwerfen (Tuberculum cuneiforme [Wrisbergi] lateral, Tuberculum corniculatum [Santorini] medial). Die Schleimhautverhältnisse des Aditus können im Kehlkopfspiegel sichtbar gemacht werden (Laryngoskopie). Dabei wird das Bild in der Dimension vorn-hinten vertauscht, rechts-links dagegen nicht. Im Kehlkopfspiegelbild erscheinen die Stimmbänder (Plicae vocales) wegen des Plattenepithelüberzugs weißlich-grau und die mehr lateral lokalisierten Taschenfalten (Plicae vestibulares) rötlich. Am Ansatz der Epiglottis wölbt sich eine kleine Schleimhautfalte vor, die ebenfalls im Kehlkopfspiegelbild erkennbar ist und vom Petiolus der Epiglottis hervorgerufen wird.

Durch die Taschen- und Stimmfalten wird das Cavum laryngis in drei **Etagen** gegliedert (Abb. 154). Die obere Etage (Vestibulum laryngis) reicht vom Aditus laryngis bis zu den Taschenfalten, die mittlere (Ventriculus laryngis) von der Taschenfalte zum Stimmband, an das sich kaudalwärts die untere Etage (Cavitas infraglotticum) anschließt. Der Ventrikel besitzt nicht selten Schleimhautaussackungen (Recessus laryngis oder Morgagni-Taschen).

Durch die breite Basis der Aryknorpel wird die Stimmritze (Rima glottidis) in zwei Teile untergliedert: die Pars intermembranacea zwischen den Stimmbändern (vorn) und die Pars intercartilaginea zwischen den Aryknorpeln (hinten). Die Stimmritze, deren Projektion außen etwa 6–9 mm unter der Incisura thyroidea sup. liegt, bildet eine grobe Grenze für die Versorgungsgebiete der sensiblen Nerven, der Blut- und Lymphgefäße. Sie ist beim Erwachsenen die engste Stelle des Atemweges; beim Kleinstkind liegt diese dagegen etwas tiefer – in Höhe des meist leicht gekanteten Ringknorpels, was bei der Intubationsnarkose zu beachten ist. Auch muß hierbei der wesentlich höhere Stand des kindlichen Kehlkopfs berücksichtigt werden. Der Kehlkopfeingang projiziert sich beim Kind auf den 3., beim Erwachsenen auf den 4. und 5. Halswirbelkörper (Abb. 157).

Schilddrüse (Gl. thyroidea). Die H-förmige Schilddrüse liegt nicht auf dem Schildknorpel, sondern weiter kaudal. Der Isthmus, der gelegentlich fehlt, liegt vor dem 3. und 4. Trachealknorpel, die beiden Seitenlappen lagern sich dem Kehlkopf, Oesophagus und Pharynx lateral an. Sie reichen bis zum 5. und 6. Trachealring abwärts. Die Drüse, die am Hals normalerweise nicht konturbildend ist, wird von den infrahyalen Muskeln (M. sternohyoideus und M. sternothyroideus) und dem mittleren Blatt der Halsfaszie bedeckt. Diese Muskeln bilden eine Gurtung für den Drüsenkörper.

Klinische Hinweise. Die infrahyalen Muskeln können sich beim Kropf zu hauchdünnen Bändern verschmälern. Die Schilddrüse kann bei raumfordernden Prozessen, besonders wenn die Halsmuskulatur kräftig entwickelt ist, in das vordere (retrosternale Struma) oder hintere Mediastinum (intrathorakale Struma) vorwachsen. Vom Isthmus geht häufig ein Lobus pyramidalis ab, der sich kranial in den Ductus oder Tractus thyroglossus fortsetzt, ein Relikt aus der Embryonalzeit. Durch ihre topographische Lage kann die Schilddrüse die Trachea bei kropfiger Entartung verlagern, einengen (Säbelscheidentrachea) oder schädigen (Tracheomalazie).

Die Schilddrüse wird von zwei Kapseln, zwischen denen sich der mächtige Venenplexus und die zuführenden Arterien ausbreiten, eingehüllt. Die Organkapsel (Capsula int.) ist zart, die äußere Kapsel (Capsula fibrosa oder ext.) derb. Die fibröse Kapsel verdichtet sich vor allem hinten und wird durch das perivaskuläre Bindegewebe der vier Gefäßstiele verstärkt. Sie schließt dorsal die Epithel-

Innervation und Gefäße des Kehlkopfs

Motorische Innervation
1. R. ext. des N. laryngealis sup. aus dem N. vagus (versorgt nur den M. cricothyroideus).
2. N. laryngealis inf. aus dem N. laryngealis recurrens. Der N. laryngealis recurrens biegt – vom Vagus abzweigend – rechts um die A. subclavia, links um den Aortenbogen herum und zieht dann im Sulcus oesophageotrachealis aufwärts. Er versorgt alle inneren Kehlkopfmuskeln und wird dadurch zum »motorischen Stimmbandnerv«.

Sensible Innervation
1. R. int. des N. laryngealis sup. – perforiert die Membrana thyrohyoidea – versorgt die Schleimhaut der oberen Abschnitte – absteigend etwa bis zur Stimmritze.
2. N. laryngealis inf. – versorgt die Schleimhaut der unteren Abschnitte – aufsteigend etwa bis zur Stimmritze.

Beide Innervationsfelder überschneiden sich weitgehend.

Gefäßversorgung
1. Vasa laryngea sup. (aus den Vasa thyroidea sup.) – für obere Hälfte des Kehlkopfs.
2. Vasa laryngea inf. (aus den Vasa thyroidea inf.) – für untere Hälfte des Kehlkopfs.

Lymphgefäße
1. Regionäre Lymphknoten der oberen Larynxhälfte = obere und mittlere Gruppe der Nodi lymphatici cervicales prof.
2. Regionäre Lymphknoten der unteren Larynxhälfte = Nodi lymphatici para- und retrotracheales sowie parapharyngei.

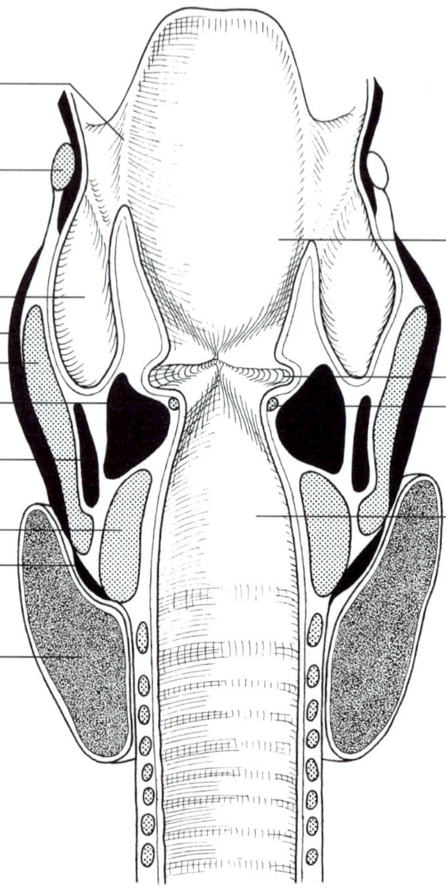

Abb. 154. Etagengliederung des Kehlkopfs im Frontalschnitt. 1 = Plica aryepiglottica; 2 = Recessus piriformis; 3 = Lig. vocale; 4 = Gl. thyroidea.

körperchen ein und fixiert die Schilddrüse an der Trachea. Innerhalb der Capsula fibrosa liegen die Epithelkörperchen, während der N. laryngealis recurrens außerhalb der Kapsel verläuft. Dorsal lagert sich der Gefäß-Nerven-Strang des Halses dicht an das Drüsengewebe an. Dorsal verläuft auch der Halsgrenzstrang, der allerdings innerhalb der tiefen Halsfaszie gut geschützt ist.

Klinische Hinweise. Durch ihre Fixation an der Trachea wird die Schilddrüse beim Schlucken mitbewegt, was die Differentialdiagnose zwischen Schilddrüsen- und anderen Halstumoren erleichtert (sog. Schluckphänomen). Die topographische Nachbarschaft des N. laryngealis recurrens zur Schilddrüse bringt eine Verletzungsgefahr bei operativen Eingriffen mit sich (z.B. Strumektomie oder Entfernung von Epithelkörperchenadenomen). Maligne Schilddrüsenvergrößerungen oder Strumen können auch zu Schädigungen des Halssympathikus (Horner-Syndrom) oder Rekurrensparesen (Stimmbandlähmungen) führen. Verlagerungen der Halsgefäße und des Ösophagus

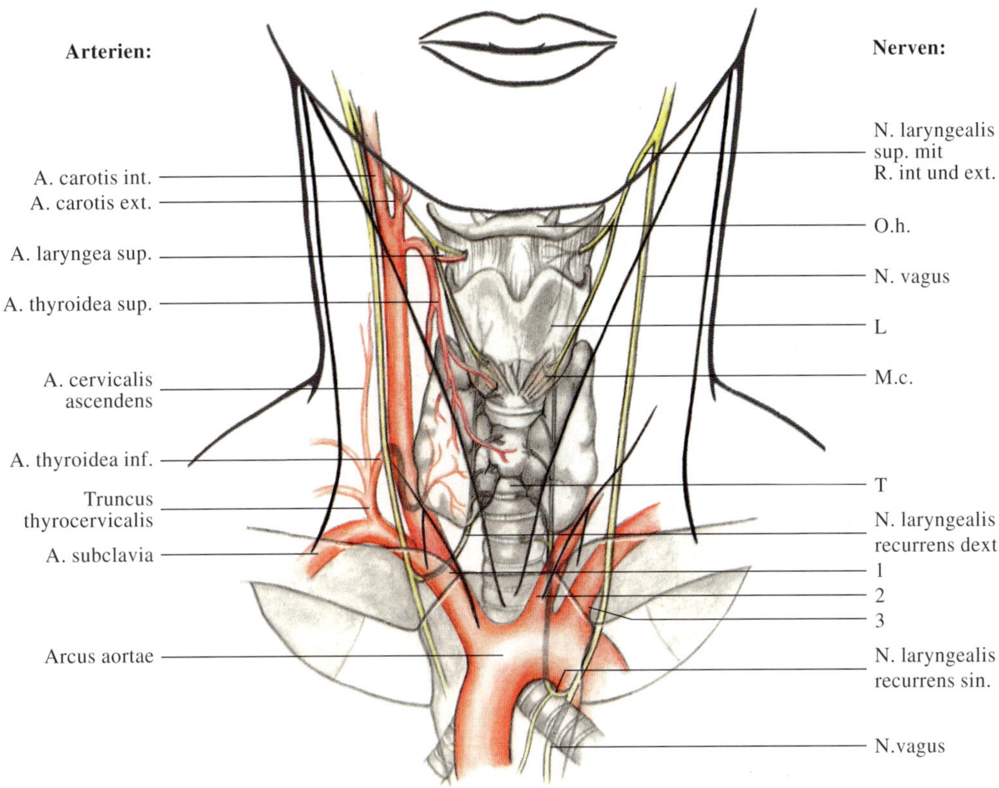

Abb. 155. Topographie des Halses (von vorne). Innervation des Kehlkopfs und Gefäßversorgung der Schilddrüse. O. h. = Os hyoideum; L = Larynx; M. c. = M. cricothyroideus; T = Trachea. **Äste der Aorta:** 1 = Truncus brachiocephalicus; 2 = A. carotis communis; 3 = A. subclavia sin.

sowie Einengungen der Trachea sind dabei nicht selten zu beobachten. Insbesondere bei retrosternalen Strumen kommt es auch zu venösen Einflußstauungen.

Nebenschilddrüsen (Gll. thyroideae accessoriae) kommen in der Mitte des Halses vor und sind häufig entwicklungsgeschichtliche Reste des Ductus thyroglossus. Sie zeigen histologisch einen rudimentären Schilddrüsenbau. Die funktionslosen Gewebsinseln können Ausgangspunkt für Tumoren, Strumen oder Zysten werden.

Gefäßversorgung der Schilddrüse. Die Schilddrüse gehört zu den bestvaskularisierten Organen. Es existieren vier (selten auch fünf) Arterien, die reichlich untereinander und auch mit Arterien der Nachbarorgane (Oesophagus, Larynx) anastomosieren, so daß eine Unterbindung der Schilddrüsengefäße komplikationslos vertragen wird. Das Versorgungsgebiet der oberen Schilddrüsenarterie liegt hauptsächlich vorn-oben und lateral, das der unteren Arterie dagegen hinten-unten und medial. Die A. thyroidea inf. ist meist größer und mehrfach geschlängelt (die Bogenbildungen variieren individuell sehr). Sie kommt vom Truncus thyrocervicalis und verläuft zwischen A. vertebralis und A. carotis communis hindurch (in Höhe von C_6) nach medial, wobei sie gelegentlich auch schlingenartig vom Grenzstrang umfaßt wird (Ansa thyroidea). In ihrer Nähe findet sich das unscheinbare Ggl.

cervicale med. sowie der N. laryngealis recurrens (Abb. 155). Von den **Schilddrüsenvenen** (V. thyroidea sup., media und inf.) begleitet nur die V. thyroidea sup. die gleichnamige Arterie. Am unteren Schilddrüsenpol entsteht ein Venenplexus (Plexus thyroideus impar), aus dem die unpaare V. thyroidea inf. hervorgeht, die zur linken V. brachiocephalica abfließt. Die V. thyroidea media ist oft nur einseitig vorhanden. Sie mündet in die V. jugularis int.

Epithelkörperchen (Beischilddrüsen, Gll. parathyroideae). An der Hinterfläche der vier Schilddrüsenpole liegt je ein etwa weizenkorngroßes, etwas gelblich gefärbtes Epithelkörperchen (3 × 6 × 2 mm). Die Entwicklungsgeschichte (Abschnürung aus der 3. und 4. Pharyngealtasche) erklärt die große topographische Variabilität dieser Organe. Verlagerte Epithelkörperchen können überall im Halsbindegewebe in der Umgebung von Schilddrüse und Trachea angetroffen werden. Im allgemeinen ist die Lagevariabilität des unteren Paares größer. Bei Strumen wird eine größere Streuung der Epithelkörperchenlokalisation beobachtet. Als Regel gilt, daß die oberen Epithelkörperchen in Höhe des Ringknorpels am Übergang des Pharynx in den Ösophagus, die unteren an der Eintrittsstelle der unteren Schilddrüsenarterie zu finden sind. Das wichtige inkretorische Organ ist topographisch zwischen die innere und äußere Schilddrüsenkapsel eingeschlossen.

Klinische Hinweise. Bei der Strumektomie müssen die Epithelkörperchen sorgfältig geschont werden. Ihre Entfernung führt zur Tetanie. Die Größe der Epithelkörperchen variiert. Bei Epithelkörperchenadenomen findet man häufig, daß die übrigen Drüsen kleiner sind als normal (etwa reiskorngroß).

Der **Ösophagus** beginnt in Höhe des Ringknorpels und folgt kaudal der Trachea, der er eng anliegt. Im Halsbereich ist sein Lumen meist spaltförmig. Bei der Ansicht von vorn überragt er die Luftröhre an der linken Seite ein wenig, so daß er hier operativ von ventral erreichbar ist. In der ösophageotrachealen Rinne verläuft der N. laryngealis recurrens nach kranial.

Gefäße der Schilddrüse

Arterien

1. *A. thyroidea sup.* – in der Regel aus der A. carotis ext. – in 1/5 der Fälle auch aus der A. carotis communis, seltener aus der A. lingualis oder facialis – verläuft bogenförmig zusammen mit dem N. laryngealis sup. zum oberen Schilddrüsenpol.
2. *A. thyroidea inf.* – aus dem Truncus thyrocervicalis, seltener auch direkt aus der A. subclavia – verläuft schleifenförmig geschlängellt von hinten zum unteren Pol der Schilddrüse, meist in der Nachbarschaft des N. laryngealis recurrens. Die Länge der hinteren Gefäßschleife variiert individuell.
3. *A. thyroidea ima,* unpaare, fünfte Schilddrüsenarterie aus dem Aortenbogen bzw. Truncus brachiocephalicus – ist nur in 8–10% vorhanden – versorgt den Isthmus und Lobus pyramidalis.

Venen

1. *V. thyroidea sup.* – verläuft parallel mit der gleichnamigen Arterie – Abfluß zur V. facialis oder V. jugularis int.
2. *V. thyroidea media* – verläuft seitlich zur V. jugularis int.
3. *V. thyroidea inf.* (unpaare Schilddrüsenvene) – geht aus dem Plexus thyroideus impar hervor, liegt direkt vor der Trachea und fließt in die V. brachiocephalica sin. ab.

Lymphgefäße

Die oberen Teile der Drüse sowie der Isthmus haben ihre regionären Lymphknoten in den Nodi lymphatici praelaryngei und Nodi lymphatici cervicales prof. (mittlere Gruppe).
Die unteren Teile der Drüse haben ihre regionären Lymphknoten in den Nodi lymphatici prae- und paratracheales sowie Nodi lymphatici cervicales prof. (untere Gruppe).

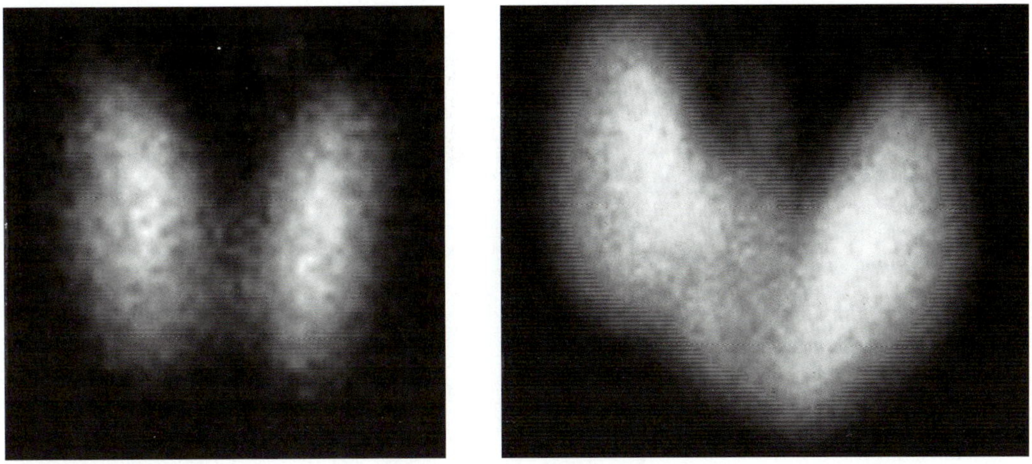

a) b)

Abb. 156. Szintigramme der menschlichen Schilddrüse.
a) Normal große Schilddrüse mit normalem Speicherverhalten.
b) Struma eines Patienten mit Basedow-Krankheit mit gesteigerter Speicherung des Radionuklids (^{99m}Tc) als Zeichen erhöhter Jodgier (Jodavidität).
(Aufnahmen freundlichweise zur Verfügung gestellt von PD Dr. Feistel, Nuklearmedizinische Klinik der Universität Erlangen-Nürnberg.)

III. Regio cervicalis lateralis (laterales Halsdreieck)

Begrenzung

M. sternocleidomastoideus
M. trapezius
Clavicula

Am Lebenden fällt die Haut im Bereich des lateralen Halsdreiecks etwas ein (Fossa supraclavicularis major). In der Tiefe kann hier über der Clavicula der Puls der A. subclavia gefühlt werden. Der M. omohyoideus (venter inf.) teilt die Region in ein größeres Trigonum omotrapezoideum und ein kleineres Trigonum omoclaviculare, das im Gegensatz zum ersteren von der mittleren Halsfaszie überspannt wird. Das laterale Halsdreieck ist tief und wird von einem ausgedehnten Fettkörper ausgefüllt, in dem die wichtigsten Gefäße für den Hals, der N. accessorius und Äste des Plexus cervicalis und brachialis eingebettet sind. Nach Ausräumung des Fettkörpers wird der tiefere Teil der Region sichtbar, dessen Boden von den drei Mm. scaleni, vom M. levator scapulae und vom M. splenius cervicis gebildet wird. Durch die Skalenuslücken eröffnet sich der Zugang zur Achselhöhle und zum Arm.

Oberflächliche Schicht. Das laterale Halsdreieck wird von dem relativ derben, oberflächlichen Blatt der Halsfaszie überspannt, auf der die Hautvenen (V. jugularis ext.) und das Platysma liegen. Die Faszie wird in wechselnder Höhe von den Hautästen des Plexus cervicalis (C_1–C_4) durchbohrt. Diese Äste bilden vier Hauptstämme, die vom sog. Erb-Punkt ausstrahlen (Punctum nervosum, Abb. 157). Dieser Punkt liegt etwa in der Mitte des Hinterrandes des M. sternocleidomastoideus. Die enge topographische Nachbarschaft der sensiblen Nervenstämmchen an dieser Stelle ist zufällig, ermöglicht aber eine ausgedehnte Lokalanästhesie der Haut bis zu den Schultern (Abb. 157). Wegen der oberflächlichen Lage der Nerven braucht das Anästhetikum nicht sehr tief injiziert zu werden (etwa ½ cm). Bei zu tiefer

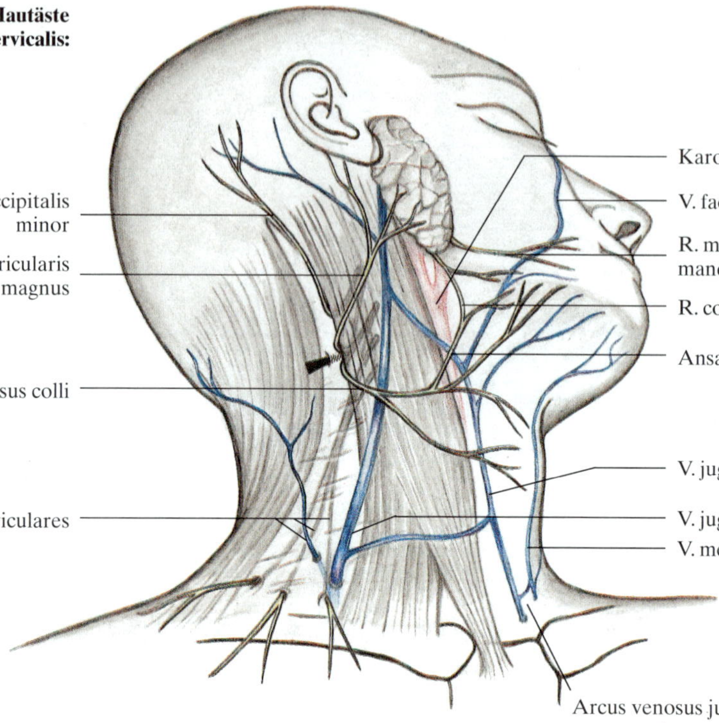

Abb. 157. Hautäste des Plexus cervicalis im lateralen Halsdreieck. Der Pfeil deutet die Lage der Injektionsnadel bei einer Plexusanästhesie am Erb-Punkt an (nach v. Lanz u. Wachsmuth).

Nadelführung kann der N. phrenicus, der Sympathikus oder auch der unter dem M. sternocleidomastoideus verborgene Gefäß-Nerven-Strang des Halses erreicht und gegebenenfalls geschädigt werden. Die Nn. supraclaviculares, die meist in drei Gruppen auftreten (med., intermedii und lat.) und die Faszie erst kaudal vom Erb-Punkt durchbohren, erreichen die Haut der oberen Brustregion und der Schulter. Bei Prozessen der oberen Halswirbelsäule (C_1–C_4) können daher ausstrahlende Schmerzen bis in die Schulter auftreten. Der N. transversus colli geht eine Anastomose mit dem N. facialis ein, die früher als Ansa cervicalis superf. bezeichnet wurde (Innervation des Platysmas).

Tiefe Schicht. Der relativ tief gelegene Boden des lateralen Halsdreiecks (Abb. 158) wird von der tiefen Halsfaszie überzogen, die sich auf die seitlichen und dorsalen Halsmuskeln (Mm. scaleni, M. levator scapulae usw.) fortsetzt. In dieser Faszie sind die Muskeläste des Plexus cervicalis und Plexus brachialis eingeschlossen (Rr. musculares, N. thoracicus longus, N. dors. scapulae, N. suprascapularis). Der N. accessorius, der etwas oberflächlicher im Fettgewebe verläuft, wird fast immer auf dem M. levator scapulae gefunden, der daher als sein »Leitmuskel« gilt. Der Nerv innerviert den M. sternocleidomastoideus und M. trapezius, wobei er häufig noch zusätzliche Äste aus dem Plexus cervicalis (C_2–C_3) erhält. Bei einer Biopsie der am Hinterrand des M. sternocleidomastoideus gelegenen zervikalen Lymphknoten kann der Nerv geschädigt werden.

Der wichtigste Muskelast des Plexus cervicalis ist der **N. phrenicus.** In der Regel ent-

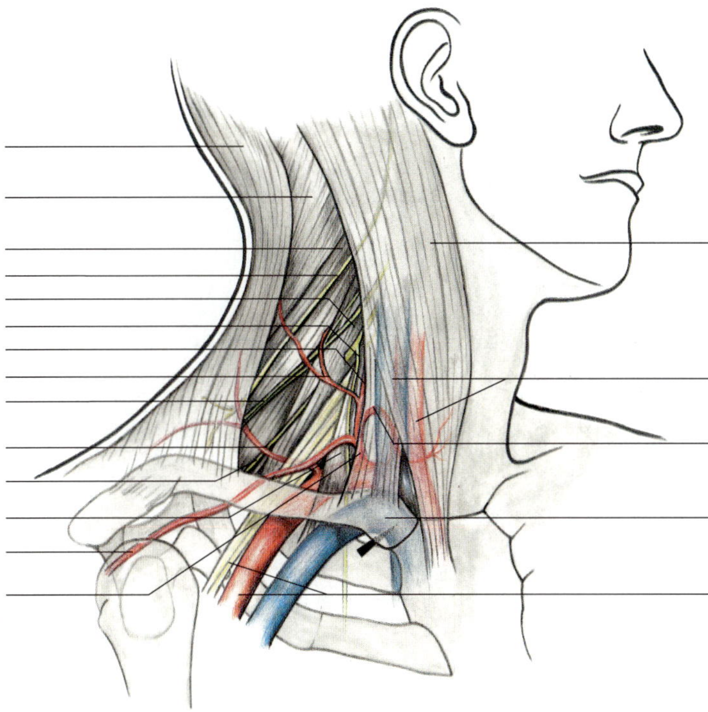

Abb. 158. Topographie der tiefen Schicht des lateralen Halsdreiecks und der Skalenuslücken. Der Pfeil gibt die Lage der Injektionsnadel bei intravenösen Injektionen in die V. subclavia an. **Äste des Truncus thyrocervicalis:** 1 = A. thyroidea inf.; 2 = A. cervicalis ascendens; 3 = A. transversa cervicis, a = R. superf., b = R. prof. I = M. trapezius; II = M. splenius capitis; III = M. levator scapulae; IV = M. scalenus medius; V = M. scalenus ant.; VI = M. sternocleidomastoideus.

Gefäß-Nerven-Scheide des Halses (Vagina carotica)	
Lokalisation:	Zwischen Eingeweidestrang des Halses, mittlerem und tiefem Blatt der Halsfaszie.
Inhalt:	A. carotis communis (spaltet sich in Höhe des Kehlkopfes in die A. carotis ext. und int.). V. jugularis int. N. vagus (liegt dorsal, gelangt aber distalwärts mehr und mehr vor die Arterie).
Hintere Skalenuslücke	
Lokalisation:	Zwischen M. scalenus ant. und M. scalenus medius und 1. Rippe.
Inhalt:	A. subclavia (kaudal). Plexus brachialis (kranial).
Vordere Skalenuslücke	
Lokalisation:	Zwischen M. sternocleidomastoideus und M. scalenus ant. und 1. Rippe.
Inhalt:	V. subclavia

springt er aus C_4 und C_5 und läuft ventral auf dem M. scalenus ant. (»Leitmuskel«) neben der A. cervicalis ascendens abwärts, um hinter der V. subclavia die obere Thoraxapertur und das vordere Mediastinum zu erreichen. Er führt motorische Fasern für das Zwerch-

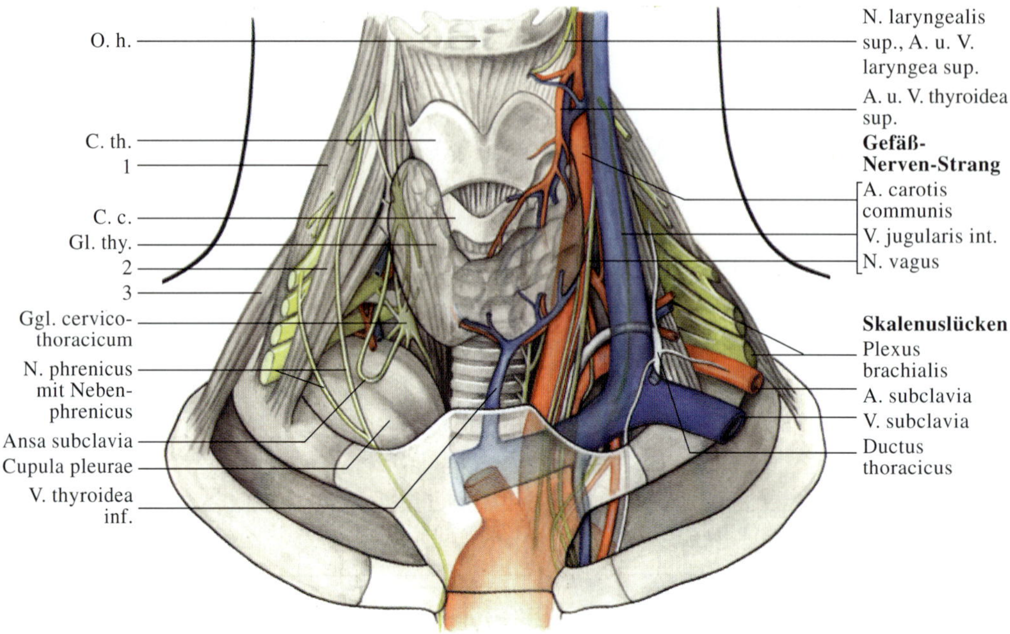

Abb. 159. Topographie der oberen Thoraxapertur, Skalenuslücken und Pleurakuppel (modif. nach Pernkopf). C. c. = Cartilago cricoidea; C. th. = Cartilago thyroidea; Gl. thy. = Glandula thyroidea; O. h. = Os hyoideum. **Muskeln:** 1 = M. scalenus medius; 2 = M. scalenus ant.; 3 = M. scalenus post.

fell und sensible für Peritoneum, Pleura mediastinalis und diaphragmatica sowie das angrenzende Perikard. Eine Phrenikotomie oder Phrenikusexhairese kann in Fällen, in denen ein Nebenphrenikus (N. phrenicus accessorius) vorliegt (etwa 20%), ohne Erfolg sein. Man unterscheidet einen medialen und einen lateralen Nebenphrenikus. Der mediale stammt meist aus Ästen der Ansa cervicalis (aus C_3 oder C_2) und zieht an der medialen Seite des Hauptphrenikus abwärts; der laterale Nebenphrenikus spaltet sich dagegen von tieferen Segmenten ab (C_5–C_8) und benützt meist den N. subclavius als Weg zum Hauptstamm des Phrenikus.

Skalenuslücken. Die drei Mm. scaleni, die von den Querfortsätzen der Halswirbel entspringen, bilden eine Muskelpyramide, in die die Pleurakuppel vorgewölbt ist (Abb. 159). M. scalenus ant. und med. setzen an der 1. Rippe, der M. scalenus post. an der 2. Rippe an. *Vor* dem M. scalenus ant. befindet sich die »vordere«, *hinter* dem M. scalenus ant. die »hintere« Skalenuslücke. Durch die vordere tritt die V. subclavia, durch die hintere die A. subclavia und der Plexus brachialis in die Achselhöhle ein (Abb. 159). Die A. subclavia gelangt damit zwischen Clavicula und 1. Rippe, gegen die sie durch Abwärtsziehen des Armes abgeklemmt werden kann, zum Arm. Die V. subclavia ist in der Höhe der 1. Rippe durch den M. subclavius, die Fascia clavipectoralis und die Ligamente der Pleurakuppel konstruktiv so verspannt, daß ihr Lumen bei den Arm- und Halsbewegungen nicht eingeengt und der Blutrückfluß aus Arm und Kopf nicht behindert wird.

Klinischer Hinweis. Die enge Fixation der rechten V. subclavia an der 1. Rippe beim

Übergang in die V. brachiocephalica dext. ermöglicht in Notfallsituationen, in denen die übrigen Körpervenen kollabiert sind, eine intravenöse Injektion an dieser Stelle (Subclaviapunktion, Subclaviakatheter) (Pfeil in Abb. 158).

Die *A. subclavia* gibt vor ihrem Durchtritt durch die hintere Skalenuslücke ihre wichtigsten Äste zum Hals ab, den Truncus thyrocervicalis mit vier Ästen, die A. vertebralis, die A. thoracica int. und den Truncus costocervicalis mit zwei Ästen. Innerhalb der Skalenuslücke gibt sie keine Äste ab. Die *A. dors. scapulae* entspringt direkt aus der A. subclavia. Sie durchbohrt den Plexus brachialis und verläuft dann am medialen Rand des Schulterblattes entlang unter den Mm. rhomboidei, die sie – neben dem N. dors. scapulae verlaufend – auch versorgt. Die *A. transversa cervicis* entspringt dagegen immer aus dem Truncus thyrocervicalis. Sie teilt sich meist in einen R. superf. (für den Hals) und einen R. prof. (für die Schulterregion), der mit dem N. dors. scapulae zusammen zu den Mm. rhomboidei zieht. Die A. suprascapularis, die vom gleichnamigen Nerven begleitet wird, zieht über das Lig. transversum scapulae sup. zur Schulter, während der Nerv unter dem Band hindurchläuft. Die Arterie anastomosiert mit Ästen der A. subscapularis (sog. Kollateralkreislauf der Schulter, s. S. 94, Abb. 63).

Klinische Hinweise. Die topographischen Verhältnisse dieser Region können durch Skelettanomalien kompliziert werden. **Halsrippen** werden in 1%, und zwar meist doppelseitig, beobachtet. Sie stellen überzählige Rippen oder Rippenstummel am 7. Halswirbel dar, die knorpelig oder bandartig mit der 1. Rippe verbunden sind. Je nach Länge können derartige Halsrippen Anomalien in der Segmentgliederung des Plexus brachialis, der topographischen Lage der A. subclavia bzw. ihrer Äste nach sich ziehen. Nur ein kleiner Prozentsatz von Halsrippenträgern (etwa 10%) zeigt klinische Symptome, vor allem Durchblutungsstörungen des Armes durch Kompression der benachbarten A. subclavia und Parästhesien oder Neuralgien durch Druck auf den Plexus brachialis, besonders bei extremen Armbewegungen oder bei Belastungen.

IV. Regio sternocleidomastoidea

Diese Region entspricht praktisch der Ausdehnung des gleichnamigen Muskels. Der M. sternocleidomastoideus verläuft so schräg, daß er den größten Teil des Gefäß-Nerven-Stranges am Hals überdeckt. Innerhalb dieses Gefäßbündels liegt die V. jugularis int. lateral und wird unten mehr und mehr oberflächlich, während sich die mehr medial-hinten gelegene A. carotis communis kaudalwärts zunehmend in die Tiefe verlagert. Die A. carotis communis ist in dem Winkel zwischen Wirbelsäule und Halseingeweiden lokalisiert. Der in der Gefäß-Nerven-Scheide zunächst mehr in der Tiefe gelegene N. vagus verschwindet hinter der V. jugularis int., betritt aber dann weiter kaudal vor der Arterie das mittlere Mediastinum, wo er sich dann steil nach dorsal hinter der Lungenwurzel zum hinteren Mediastinum wendet. Im kaudalen Bereich dieser Region, im sog. **Trigonum scalenovertebrale,** das vom M. scalenus ant., M. longus colli und der A. subclavia begrenzt wird, findet man in der Tiefe die *A. vertebralis.* Die Spitze des Dreiecks liegt am Tuberculum caroticum des 6. Halswirbels, wo die A. vertebralis in den osteofibrösen Kanal der Halswirbelsäule eintritt.

Vor der V. jugularis int., die dicht von Lymphknoten und Lymphgefäßen umgeben ist, liegt in wechselnder Höhe die *Ansa cervicalis,* eine Nervenanastomose zwischen einem Hypoglossusast (Radix sup. ansae cervicalis) und einem Ast des Plexus cervicalis (Radix inf. ansae cervicalis). In dieser Ner-

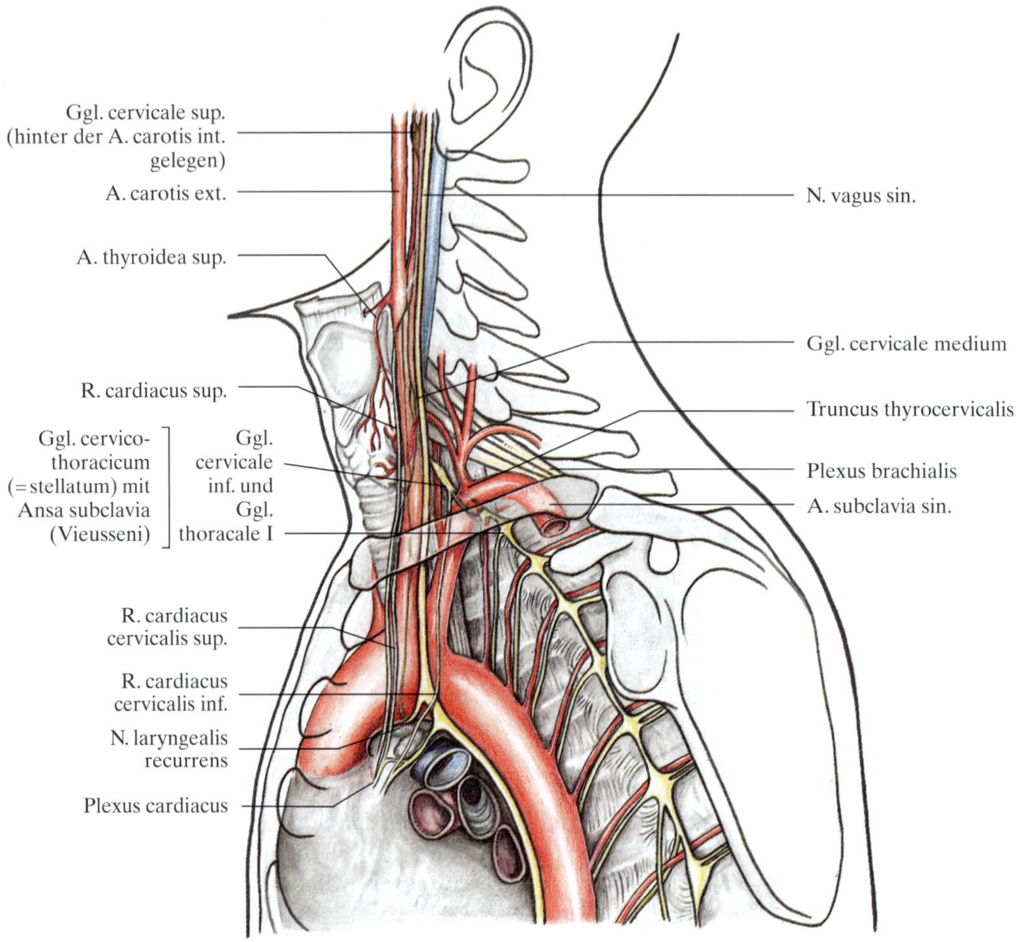

Abb. 160. Darstellung der Beziehungen des Gefäß-Nerven-Strangs zum Mediastinum. Man beachte die Lage des Ggl. cervicothoracicum (stellatum) und den Verlauf des N. laryngealis recurrens.

venschlinge vereinigen sich motorische Zervikalisfasern der oberen (C_1 und C_2) und unteren Halssegmente (C_3–C_5), die den N. hypoglossus nur als Leitbahn benützen. Von der Ansa gehen mehrere Äste zur Versorgung der infrahyalen Muskeln ab. Lage und Form der Ansa variieren stark.

In der Tiefe, unmittelbar vor den tiefen Halsmuskeln, meist in die tiefe Halsfaszie eingeschlossen, befindet sich der **Halsgrenzstrang** (Abb. 160). Obwohl am Hals acht Spinalnervenpaare vorhanden sind, existieren nur drei Grenzstrangganglien; das oberste (Ggl. cervicale sup.) liegt in Höhe von C_2 und C_3, das mittlere (Ggl. cervicale med.) am häufigsten bei C_6, das untere (Ggl. cervicale inf.), das meist mit dem obersten Brustganglion zum Ggl. cervicothoracicum (früher Ggl. stellatum) verschmolzen ist, auf dem 1. Rippenköpfchen. Die verbindenden Rr. interganglionares umgeben die Arterien, die den Grenzstrang kreuzen, mit ringförmigen

Geflechten (Ansae). Unterhalb des Ggl. cervicale med. (C_6) entsteht gelegentlich eine Nervenschlinge (Ansa thyroidea) um die A. thyroidea inf. herum und weiter kaudal eine häufiger anzutreffende Ansa subclavia (Vieusseni), die die A. subclavia umgibt. Da vom *Ggl. cervicothoracicum (stellatum)* die sympathische Innervation für Arm, Herz, Lunge und die unteren Halseingeweide ausgeht, hat dieses Ganglion erhöhtes praktisches Interesse (z. B. Ausschaltung bei Kausalgien des Armes, peripheren Durchblutungsstörungen, Sudeck-Syndrom u. a.). Es liegt in einer Tiefe von etwa 3–4 cm zwischen der A. vertebralis und A. thyroidea inf. vor dem 1. Rippenköpfchen, dorsal von der Pleurakuppel.

Der Halsgrenzstrang führt die sympathischen Fasern für Kopf, Hals, Arm und Brustorgane, deren Ursprungszellen in der Seitensäule der oberen Rückenmarksegmente (C_8–Th_3) liegen. Zuflüsse aus dem Halsmark (Rr. communicantes albi) existieren nicht. Eine Unterbrechung des Halsgrenzstranges bedeutet also praktisch eine Unterbrechung der sympathischen Innervation des Kopfs (z. B. beim Horner-Komplex). Im Ggl. cervicale sup. werden die präganglionären Fasern für den Kopf, im Ggl. cervicale med. für die Halsorgane, im Ggl. cervicale inf. diejenigen für Arm, Herz und Lungen umgeschaltet. Im Plexus vertebralis, der die A. vertebralis umgibt, verlaufen die Fasern für die Halswirbelsäule, Hirnhäute und Hirngefäße. Jedes der drei Ganglien gibt einen R. cardiacus zu den Herzgeflechten ab (R. cardiacus sup., med. und inf.). Diese vereinigen sich mit den gleichnamigen Ästen des Vagus an der Herzbasis und bilden den Plexus cardiacus superf. und prof.

V. Lymphabflüsse aus Kopf und Hals

Die Zahl der Lymphknoten am Kopf und Hals ist besonders groß. Ein Drittel aller Lymphknoten des Körpers soll hier lokalisiert sein. Die regionären *Lymphknoten der Kopfschwarte* und des Schädels liegen am Kieferwinkel um den Gehörgang und den Ansatz des M. sternocleidomastoideus. Die zugehörigen Regionen sind sektorenartig gegliedert (Abb. 161). Die Lymphe von der Stirn- und Schläfenregion sammelt sich in den Knoten vor dem Ohr (Nodi lymphatici praeauriculares und parotidei superf.), diejenige von der Scheitelregion und vom Hinterhaupt *hinter* dem Ohr (Nodi lymphatici occipitales und Nodi lymphatici retroauriculares). Aus den tiefen Bereichen der Schläfenregion fließt die Lymphe hauptsächlich in die tiefen Parotisknoten ab (Nodi lymphatici parotidei prof.). Da die Parotisfaszie sehr derb ist, setzt eine entzündliche Vergrößerung der Parotislymphknoten die Drüsenloge unter Spannung und ruft dadurch heftige Schmerzen hervor.

Am *Hals* gruppieren sich die regionären Lymphknoten vor allem um die V. jugularis int. herum (Nodi cervicales prof.), wobei drei Gruppen unterschieden werden (Nodi lymphatici cervicales prof. sup., med. und inf.). Diese bilden eine mediale und eine laterale Kette, die größtenteils vom M. sternocleidomastoideus überdeckt werden. Im Bereich des Trigonum caroticum häufen sich die Lymphknoten an und bilden einen Komplex, der auch als *Nodus lymphaticus jugulodigastricus* bezeichnet wird und am Vorderrand des Muskels zu tasten ist. Die obere Gruppe der tiefen Halslymphknoten nimmt die Lymphe aus dem oberen Pharynx, der hinteren Nasenhöhle, den Tonsillen und dem Zungengrund auf. Die vorgeschalteten Lymphknotengruppen sind die Nodi lymphatici para- und retropharyngei, Nodi lymphatici submandibulares und parotidei prof.

Die Lymphe des Mundbodens, der Zunge, der Lippen und des Unterkiefers sammelt sich in den Nodi lymphatici submentales bzw. submandibulares und fließt ebenfalls in die tiefen zervikalen Lymphknoten ab. Die Lymphgefäße der Zunge anastomosieren mit denen der Gegenseite durch das

Septum linguae hindurch. Zungenspitzen- und Lippenkarzinome metastasieren zuerst in die Nodi lymphatici submentales, diejenigen des Zungenkörpers und der Zungenränder jedoch zu den submandibulären Knoten, von wo aus sich der Weg zu den tiefen zervikalen Lymphknotengruppen eröffnet.

Die laterale Kette der tiefen Halslymphknoten konzentriert sich im unteren Bereich des lateralen Halsdreiecks in Höhe der Fossa supraclavicularis major ebenfalls zu einem eigenen Komplex, der als **Nodus lymphaticus jugulo-omohyoideus** bezeichnet wird. Diese Knotengruppe kann bei entzündlichen Schwellungen vor allem am *hinteren* Rand des M. sternocleidomastoideus getastet werden. Die etwas oberflächlicher gelegene Gruppe erhält außer Zuflüssen von den oberen, vorhin geschilderten Lymphgefäßen noch einen Zustrom von den oberflächlichen zervikalen Lymphgefäßen des lateralen Halsdreiecks, des Nackens und des Hinterhauptes (Nodi lymphatici cervicales superf.). Sie begleiten den N. accessorius und die tiefen Halsvenen (Vv. transversae cervicis, V. cervicalis prof.). Sie stehen auch mit den Lymphgefäßen der Achselhöhle in Verbindung (Nodi lymphatici axillares prof.). Die Lymphe der Halseingeweide (Larynx, Schilddrüse, Trachea, oberer Oesophagus)

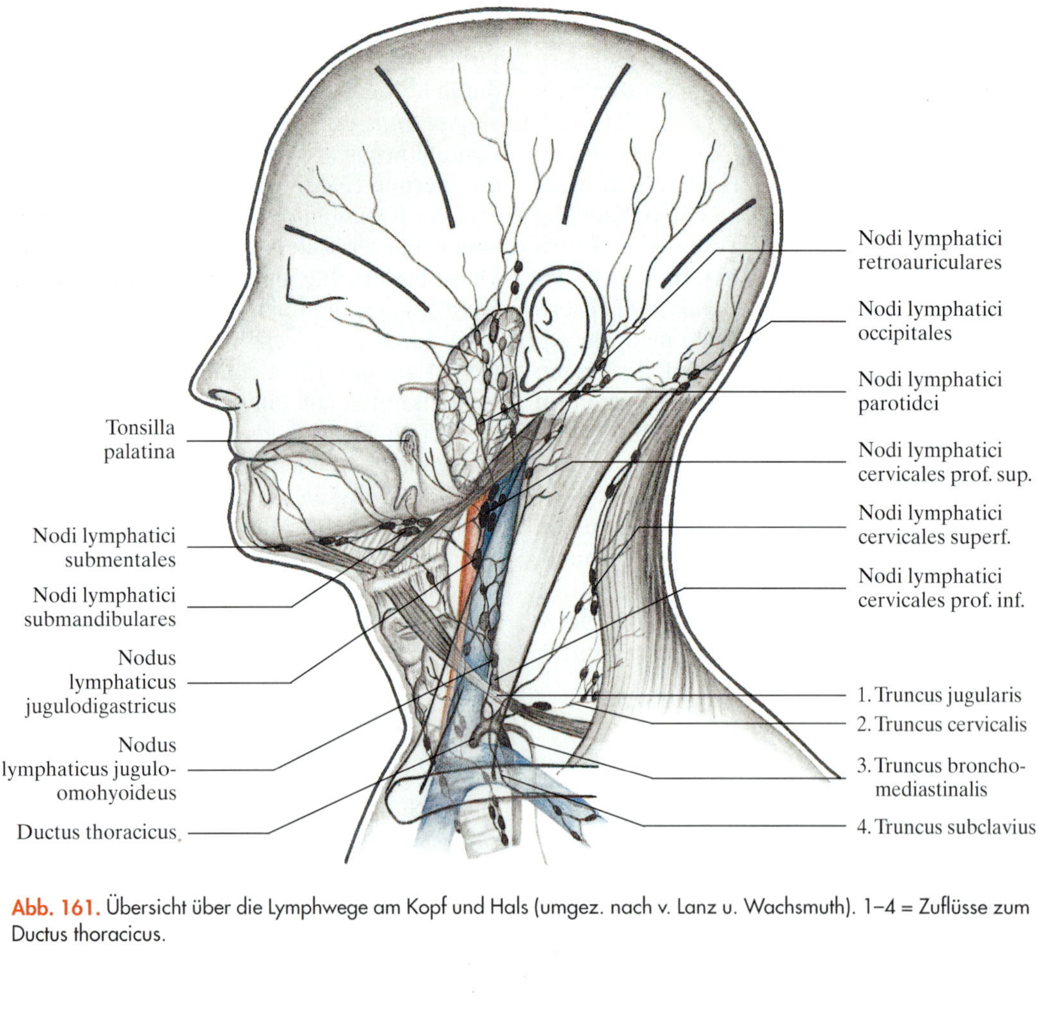

Abb. 161. Übersicht über die Lymphwege am Kopf und Hals (umgez. nach v. Lanz u. Wachsmuth). 1–4 = Zuflüsse zum Ductus thoracicus.

strömt hauptsächlich in die mediale Lymphknotengruppe neben der Jugularvene. Die mediale und die laterale Kette der zervikalen Lymphknoten bilden kaudal einen gemeinsamen Lymphgefäßstrang (Truncus jugularis), der den Truncus subclavius (vom Arm) und den Truncus cervicalis (aus dem lateralen Halsdreieck und dem Nackengebiet) aufnimmt und auf der rechten Seite in den rechten Venenwinkel, der durch den Zusammenfluß von V. jugularis int. und V. subclavia entsteht, einmündet. Links vereinigt sich der Truncus jugularis zunächst mit dem Ductus thoracicus. Der Venenwinkel nimmt außerdem noch den Truncus bronchomediastinalis auf, der die Lymphe der oberen Thoraxwandung, der Lungen und des Herzens ableitet. Es besteht also nicht nur am Kopf, sondern auch am Hals eine sektorenartige Gruppierung der regionären Lymphknoten.

Klinische Hinweise. Entzündliche oder tumoröse Prozesse der mehr vorn gelegenen Regionen (Lippen, Zungenspitze, Frontzähne) werden bevorzugt in die kaudalen Lymphknotengruppen, Prozesse der hinteren Nasenhöhlen-, Rachen- oder Zungenregionen zu den kranialen zervikalen Lymphknoten weitergeleitet. Die am Kieferwinkel gelegenen tiefen Halslymphknoten sind bei Mandel- oder Rachenentzündungen frühzeitig geschwollen.

Die *regionären Lymphknoten der Zähne* sind in der Hauptsache die Nodd. lymph. submandibulares und cervicales prof. Die Verteilung ordnet sich aber gut in das eben gegebene Sektorenschema. Die Lymphgefäße der Oberkieferzähne folgen den Venen des Infraorbitalkanals und erreichen entweder mit der V. facialis oder über das Spatium peripharyngeum die submandibuläre Gruppe. Die Gingivalymphe der oralen Seite des Oberkiefers und des harten Gaumens erreicht meist über das Spatium peripharyngeum direkt die Nodi lymphatici cervicales prof., während die Gingivalymphe der Wangenseite zuerst in die submandibulären Lymphknoten abfließt.

Die regionären Lymphknoten der Unterkieferzähne und der Gingiva stellen die submandibulären bzw. submentalen Knoten dar.

C. Topographische Anatomie des Kopfes

I. Schädeldach

Topographisch läßt sich der Kopf in einen Gehirn- und einen Gesichtsteil (Neuro- und Splanchnocranium), deren Grenze an der Schädelbasis zu suchen ist, gliedern. Am Neurocranium werden wiederum die Regionen des Schädeldachs und der Schädelbasis unterschieden.

1. Schichtengliederung von Schädeldach und Hirnhäuten

Die Galea stellt die flächenhafte Sehne der mimischen Kopfmuskeln dar (M. occipitofrontalis und M. temporoparietalis). Sie sind mit der Kutis und Subkutis des Kopfes fest verwachsen, gegen das Pericranium jedoch gut verschieblich.

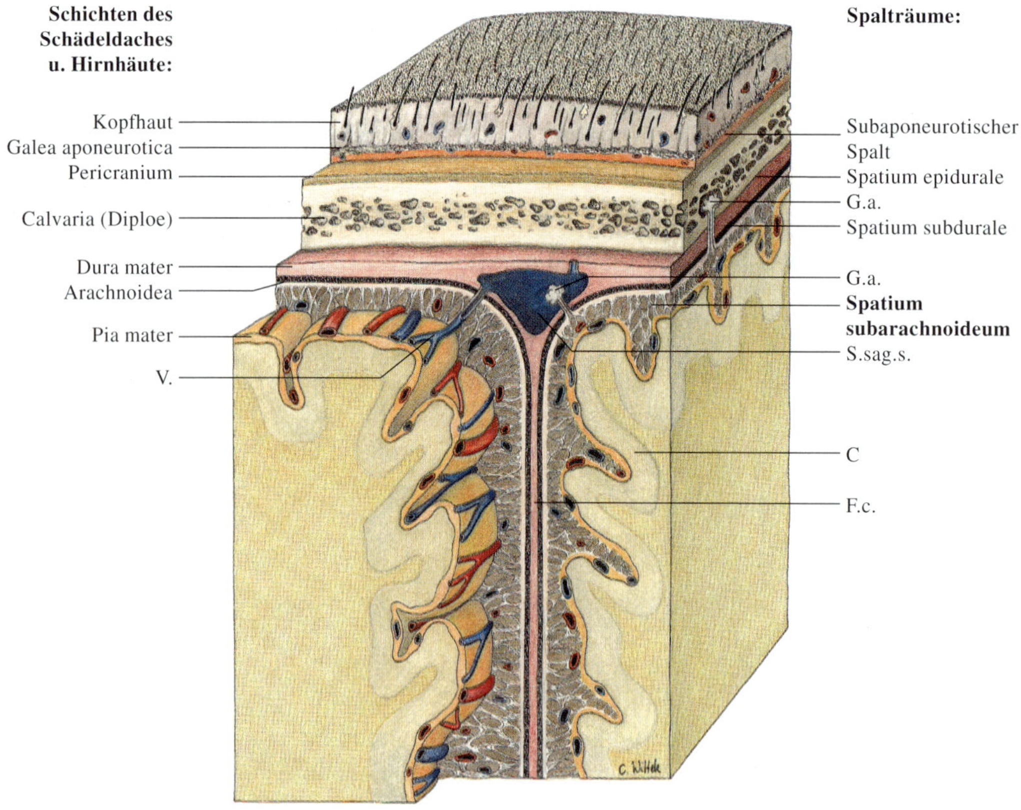

Abb. 162. Schichtengliederung des Schädeldachs und der Hirnhäute (nach G. Schumacher). C = Hirnrinde (Cortex); F. c. = Falx cerebri; G. a. = Granulationes arachnoideae (Pacchioni-Granulationen); S. sag. s. = Sinus sagittalis sup.; V. = Brückenvene.

Klinische Hinweise. Hämatome breiten sich innerhalb der Kopfschwarte nur schwer, im lockeren Bindegewebe unterhalb der Galea aponeurotica jedoch leicht aus. Subaponeurotische Blutungen machen erst an den Fixationsstellen der Kopfschwarte halt (Linea nuchae suprema, Linea temporalis sup. und Margo supraorbitalis). Sie können sehr groß werden (Geburtsgeschwulst) und stehen unter der Spannung der mimischen Kopfmuskeln. Subaponeurotische Prozesse zeigen daher eine Tendenz, in das Schädelinnere vorzudringen. Subperiostale Blutungen (z. B. die Kephalhämatome der Säuglinge) bleiben dagegen klein und regional begrenzt, da das Periost an den Schädelnähten angewachsen ist.

Die Kopfschwarte ist stark vaskularisiert und reich innerviert (Abb. 163). Daraus erklärt sich die starke Blutungsneigung bei Kopfverletzungen, andererseits aber auch die gute Heilungstendenz der Kopfhaut. Die **Leitungsbahnen** verlaufen hauptsächlich zwischen Kutis und Galea aponeurotica und sind konstruktiv so in das Bindegewebe eingefügt, daß sich die Gefäße bei Verletzungen nur schwer kontrahieren und dadurch schließen können. Die Venen, die keine Klappen besitzen, haben durch die Emissarien mit den Blutleitern des Gehirns (Sinus durae matris) sowie mit den Diploevenen des Knochens Verbindung (Abb. 165). Alle Gefäße anastomosieren reichlich untereinander. Das Versorgungssystem der A. carotis int. anastomosiert im Bereich des Augenwinkels (A. angularis) und des Scheitels

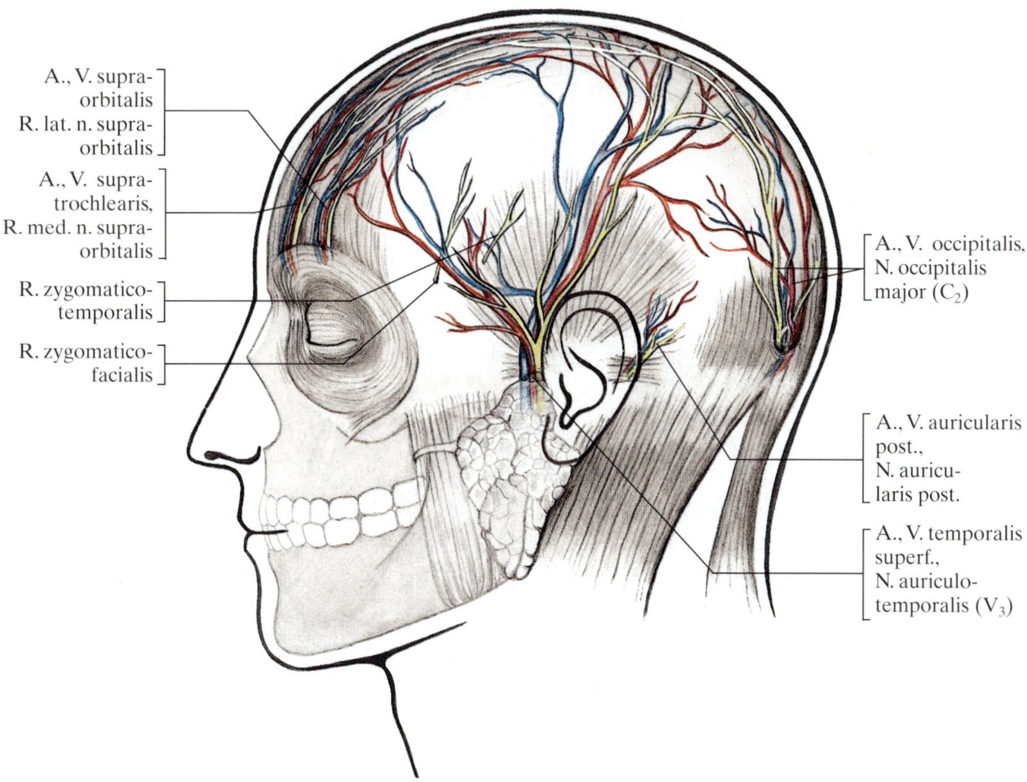

Abb. 163. Leitungsbahnen der Kopfschwarte. Topographie der Regio frontalis, parietalis und occipitalis.

mit dem der A. carotis ext., da die frontalen Gefäße aus der A. carotis int. (via A. ophthalmica), die parietalen und okzipitalen Arterien jedoch aus der A. carotis ext. stammen.

Die Leitungsbahnen gelangen 1. über den oberen Orbitarand in die Regio frontalis, 2. aus der Tiefe der Fossa infratemporalis unmittelbar vor dem äußeren Gehörgang bzw. auch hinter ihm zur Schläfenregion und 3. durch den sehnigen Ansatz des M. trapezius hindurch in die Regio occipitalis (Abb. 163).

Das knöcherne Schädeldach **(Calvaria)** besteht aus drei Schichten, einer Lamina int. (oder vitrea), einer Lamina ext. und einer aus Spongiosa bestehenden Diploe, die blutbildendes Knochenmark und ein ausgeprägtes Venennetz (Diploevenen) beherbergt (Abb. 162 und 164).

Die Calvaria wird durch die Sutura coronalis, sagittalis und lambdoidea untergliedert. Beim Neugeborenen erscheinen diese Nähte an den Kreuzungsstellen noch verbreitert und bilden so vorn die Stirnfontanelle (Fonticulus ant.), hinten die Hinterhauptsfontanelle (Fonticulus post.) und lateral die vordere bzw. hintere Seitenfontanelle (Fonticulus sphenoidalis und Fonticulus mastoideus).

Klinische Hinweise. Der kindliche Schädelknochen hat noch keine so ausgeprägte Schichtung, weshalb Brüche mehr glattrandig sind (»wie bei einer Eierschale«). Beim Erwachsenen ist die Lamina int. dünner als die Lamina ext. Bei einer umschriebenen Gewalteinwirkung von außen splittert die innere Kompakta stärker als die äußere, und zwar nicht deswegen, weil diese spröder (»vitrea«) ist als die äußere, sondern weil die Lamina int. dabei mehr Dehnungskräften ausgesetzt ist als die Lamina ext. (Biegungsbruch). Umgekehrt ist die Lamina ext. bei Gewalteinwirkungen, die zu einer Kompression des Schädels im ganzen führen, stärker betroffen (Berstungsbruch).

Die Diploe fehlt an den Ansatzstellen der Nacken- und Kaumuskeln. Man unterscheidet beiderseits vier größere **Diploevenen,** die entweder nach außen oder nach innen drainiert werden (Abb. 164). Als Faustregel

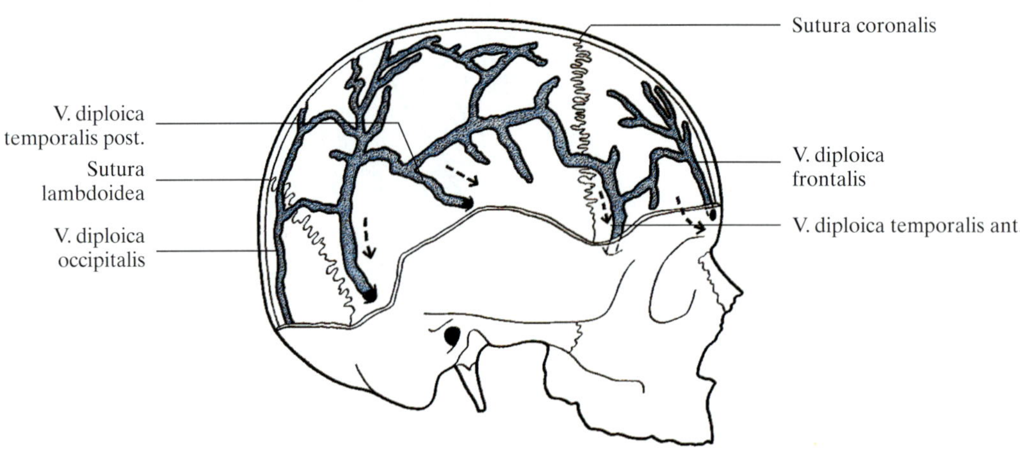

Abb. 164. Anordung der Diploevenen des Schädeldachs. Die Lamina ext. des Knochens wurde bis zur Doppellinie entfernt.

kann gelten, daß die frontalen Diploevenen nach außen zu den frontalen Venen der Kopfschwarte, die übrigen jedoch nach innen zu den Sinus durae matris bzw. den Emissarvenen abfließen.

Klinische Hinweise. Da die **Diploevenen** Verbindungen zwischen äußeren und inneren Schädelvenen darstellen, können sie auch zu Infektionspforten für das Schädelinnere werden. Am Röntgenbild können die Diploevenen, besonders im Parietalbereich, manchmal so stark hervortreten, daß Verwechslungen mit pathologischen und osteolytischen Prozessen vorkommen können.

2. Anastomosen zwischen äußeren Schädelvenen und Sinus durae matris

Das venöse Blut der Kopfschwarte wird im wesentlichen durch drei größere Venen zur V. jugularis int. zum Hals hin drainiert. Dadurch entstehen drei Abflußgebiete, nämlich die Stirn-, Scheitel- und Okzipitalregion (Abb. 166). Im Stirnbereich verlaufen die Vv. supraorbitales, die ihr Blut hauptsächlich zur V. ophthalmica und weiter zum Sinus cavernosus ableiten. Sie haben im Augenwinkel aber auch Verbindungen über die V. angularis mit der V. facialis. Das venöse Blut der Scheitel- und Schläfenregion fließt über

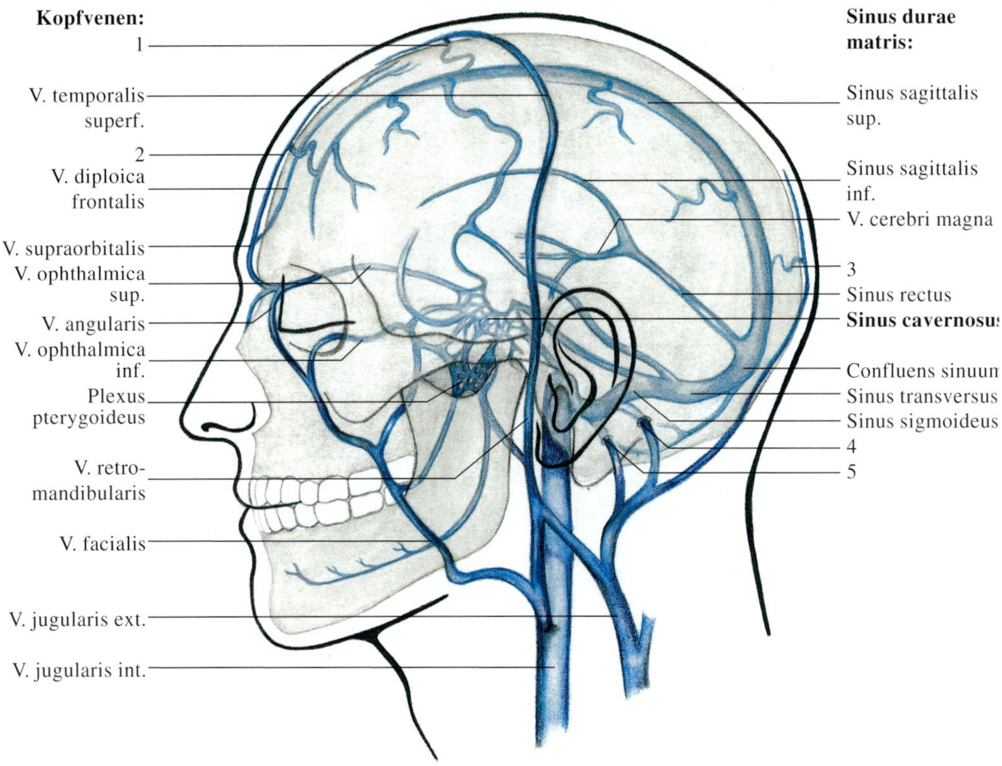

Abb. 165. Äußere und innere Schädelvenen. Sinus durae matris und anastomotische Verbindungen zwischen diesen Venengebieten (nach Clara). 1 = V. emissaria frontalis; 2 = V. emissaria parietalis; 3 = V. emissaria occipitalis; 4 = V. emissaria mastoidea; 5 = V. emissaria condylaris.

die vor dem Ohr verlaufenden V. temporalis superf. direkt zur V. jugularis int. oder indirekt über die V. jugularis ext. zur großen Halsvene hin ab. Die okzipitalen und retroaurikulären Venen werden meist zur V. jugularis ext. drainiert (Abb. 165). Das große venöse Sammelgefäß der Gesichtsregion ist die V. facialis, die aber auch Zuflüsse aus dem die tiefen Kaumuskeln umgebenden Plexus venosus pterygoideus erhält (Abb. 166).

Die Venen der Kopfschwarte stehen über die Emissarvenen, von denen vier konstant, zahlreiche andere variabel vorkommen, in direkter Verbindung mit den Sinus durae matris (Abb. 165). Die V. emissaria parietalis ist eine Anastomose zwischen der V. temporalis superf. und dem Sinus sagittalis sup.; die V. emissaria occipitalis zwischen V. occipitalis und Sinus occipitalis; die Vv. emissaria mastoidea und condylaris sind Verbindungen zwischen der V. auricularis post. bzw. occipitalis und dem Sinus sigmoideus. Unmittelbare Verbindungen von äußeren und inneren Schädelvenen bestehen auch am Augenwinkel (V. angularis als Fortsetzung der V. facialis via V. ophthalmica sup. zum Sinus cavernosus), am For. jugulare (Übergang des Sinus sigmoideus in den Bulbus sup. der V. jugularis int.) sowie im Bereich der Schädelbasis (Verbindungen des Sinus cavernosus über die Plexus venosi foraminis ovalis, foraminis laceri und den Plexus caroticus int. zum Plexus pterygoideus). Indirekte venöse Anastomosen zwischen den inneren und äußeren Schädelvenen bilden außer den schon genannten Diploevenen auch die sub-

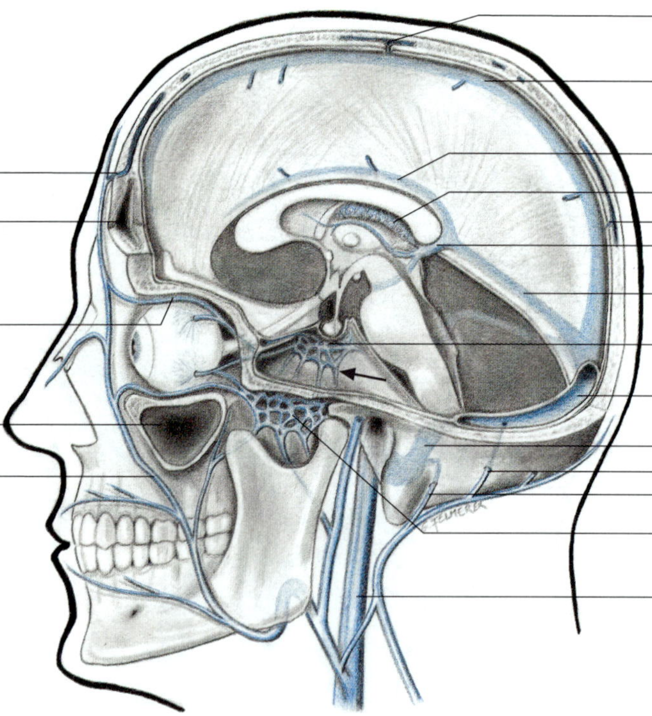

Abb. 166. Lage des Sinus cavernosus im Bereich der Schädelbasis in der Hypophysenregion. Man beachte die Verbindung des Sinus cavernosus mit den Vv. ophthalmicae und dem Plexus pterygoideus. 1–5 = Vv. emissariae (siehe Hinweise in Abb. 165. Pfeil = Venöse Verbindungen durch die Löcher der Schädelbasis zwischen Sinus cavernosus und Plexus pterygoideus.

mukösen Venengeflechte der Cellulae mastoideae und der Sinus paranasales (Stirnhöhle, Keilbeinhöhle, Siebbeinzellen), die oft nur durch eine dünne Knochenlamelle vom Schädelinnenraum getrennt sind.

Klinischer Hinweis. Die Venenverbindungen zwischen inneren und äußeren Schädelvenen können zu Infektionspforten für die in der Schädelhöhle untergebrachten Organe werden, was besonders bei Gesichtsfurunkeln gefährlich werden kann.

3. Meningeale Gefäße

An der Innenseite der knöchernen Schädelkalotte (Calvaria) fehlt ein Periost im eigentlichen Sinne. Die Dura übernimmt periostale und meningeale Funktionen und besteht strenggenommen aus zwei Blättern. Nur an einigen Stellen spaltet sich die Dura, so daß Taschen entstehen (Cavum hypophyseos, Cavitas trigeminalis, Saccus endolymphaticus). Im Rückenmarkskanal sind Dura und Periost getrennt, wodurch ein geräumiges Spatium epidurale entsteht (Abb. 12). Beide Blätter vereinigen sich in Höhe des For. magnum. Am Kopf ist das Spatium epidurale nur ein schmaler Spaltraum, in den die Meningeagefäße, teilweise in tiefen Knochenrinnen, eingebettet sind.

Die **A. meningea media,** die von zwei Venen begleitet wird, ist das wichtigste Gefäß dieser Gruppe und tritt durch das For. spinosum in den Schädelinnenraum ein. Wird das Trigeminusganglion operativ von temporal angegangen, stößt man zuerst auf die A. meningea media. Das Gefäß hat in der Regel zwei Hauptäste (R. frontalis und parietalis). Der vordere Ast anastomosiert häufig mit der A. lacrimalis (durch die Fissura orbitalis sup. hindurch), wodurch eine klinisch wichtige Anastomose zwischen A. carotis ext. und int. entsteht. Denkt man sich die Ohrmuschel einmal um sich selbst nach oben verlagert, so projiziert sich der vordere frontale Ast der A. meningea media vor, der hintere, parietale Ast hinter das gedachte Ohr. Der *R. meningeus ant.* versorgt Dura und Calvaria im Frontalbereich, die *A. meningea post.* im Okzipitalbereich. Alle Meningeagefäße anastomosieren untereinander.

Klinische Hinweise. Bei Schädelfrakturen oder Kontusionen können die Meningeagefäße, die zwischen Schädelknochen und Dura verlaufen, verletzt werden, so daß **extra-** oder **epidurale Hämatome** entstehen. Diese können, da der Schädelinnenraum nicht erweiterungsfähig ist, lebensgefährliche Hirndrucksymptome hervorrufen.

Meningeale Gefäße (Abb. 174 und 179)

Vordere Schädelgrube *R. meningeus ant.* – Abgang auf der Lamina cribrosa – Ast der A. ethmoidalis ant. aus der A. ophthalmica (A. carotis int.)
Mittlere Schädelgrube *A. meningea media* – Eintritt durch das For. spinosum – Ast der A. maxillaris (A. carotis ext.). *A. meningea accessoria* – Ast der A. meningea media für das Ggl. trigeminale (Gasseri).
Hintere Schädelgrube *A. meningea post.* – Eintritt meist durch das For. jugulare – Ast der A. pharyngea ascendens (A. carotis ext.). *Rr. meningei* der A. vertebralis – Eintritt durch das For. magnum. *Rr. meningei* der A. occipitalis – Eintritt meist durch das Emissarium mastoideum.

Innervation der Hirnhäute. Sympathische Geflechte für die Hirnhäute kommen aus den periarteriellen Geflechten der A. carotis int., der A. vertebralis bzw. basilaris. Parasympathische Fasern mischen sich diesen Geflechten aus dem N. petrosus major, dem N. IX und N. X bei. Die sensiblen Nerven stammen aus den drei Trigeminusästen (R. tentorii und Rr. meningei). Im subtentoriellen Raum (hintere Schädelgrube) beteiligen sich sensible Äste des Vagus an der Innervation der Dura mater encephali.

4. Duraverhältnisse und Sinus durae matris

Die **Dura mater** stellt ein bindegewebiges Verspannungssystem des Schädels und eine Aufhängevorrichtung für das Gehirn dar. Sie kleidet den Schädelinnenraum vollständig aus und bildet innen Septen bzw. Duplikaturen. Bei Erwachsenen haftet die Dura nur wenig am Knochen, ausgenommen Schädelbasis und Knochennähte. Bei Kindern ist der Zusammenhalt wesentlich größer. Etwa vom 10. Lebensjahr an wird die Dura abziehbar. An den großen Löchern der Schädelbasis, an der Felsenbeinpyramidenkante und der Crista galli ist die Haftung meist besonders stark.

Klinischer Hinweis. Bei frontalen Einbrüchen des Schädeldachs, z. B. als Unfallfolge oder bei einem Sprung aus größerer Höhe ins Wasser, kann die Crista galli mitsamt der Falx cerebri und der Lamina cribrosa abreißen. Es entsteht eine freie Kommunikation zwischen Nasen- und Schädelhöhle (Liquorfistel!).

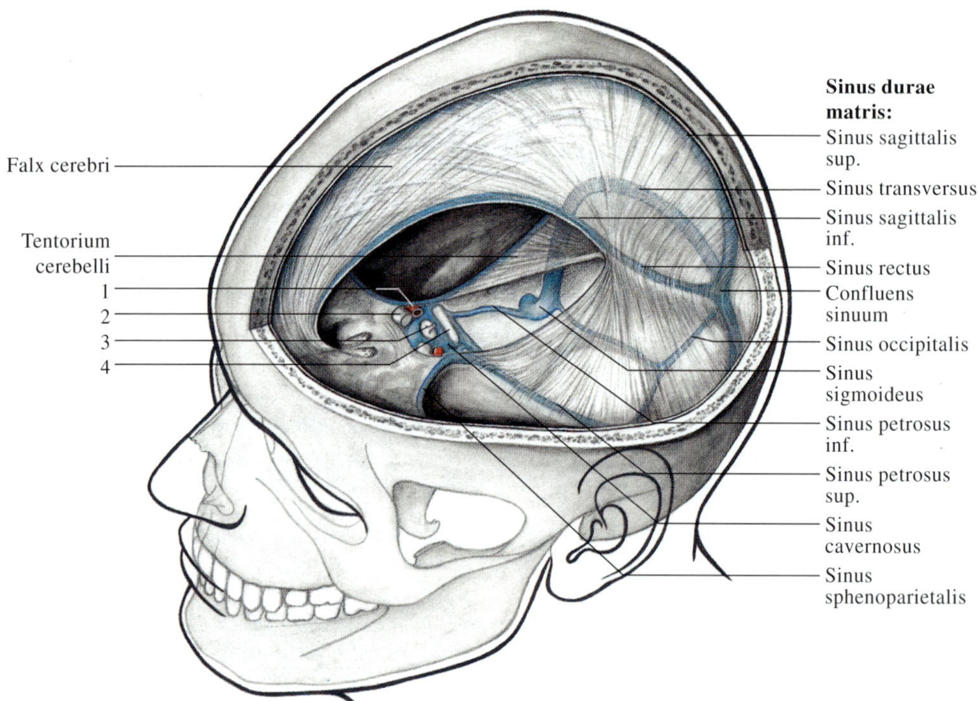

Abb. 167. Duraduplikaturen und Sinus durae matris. Topographie des Sinus cavernosus (modif. nach Braus). Man beachte die enge topographische Nachbarschaft von N. opticus und A. carotis int. zum Sinus cavernosus. 1 = A. carotis int.; 2 = N. opticus (Chiasma opticum wurde entfernt); 3 = Infundibulum (Übergang in die Hypophyse); 4 = Dorsum sellae.

An der Schädelbasis setzt sich die Dura mater in die bindegewebigen Hirnnervenscheiden fort. Hier endet der virtuelle subdurale Spalt zwischen Dura und Arachnoidea, da die duralen Bindegewebssysteme sich in die Hirnnervenscheiden fortsetzen.

Die **Falx cerebri** schiebt sich in die Fissura longitudinalis cerebri und trennt so beide Großhirnhemisphären. Sie reicht von der Crista galli bis zum Tentorium cerebelli. Da sie vorn nur 2 cm, hinten 4 cm hoch ist, vergrößert sich der Abstand vom Corpus callosum nach vorn zu beträchtlich, so daß die medialen Abschnitte des Stirnhirns nicht voneinander getrennt sind (wichtig bei Massenverschiebungen der Hemisphären infolge von raumbeengenden Prozessen). Die Falx zeigt vorn in der Regel Dehiszenzen und wird hinten dicker. Am Oberrand liegt der Sinus sagittalis sup., am Unterrand der Sinus sagittalis inf. Die Falx biegt dorsal senkrecht um und geht ohne Unterbrechung in das **Tentorium cerebelli** über, das etwa 45° zur Horizontalen geneigt steht und einen spitzbogenartigen Schlitz, das For. tentorii, für den Durchtritt des Hirnstamms freiläßt (Abb. 167). Das Tentorium setzt am Sulcus transversus, an der Protuberantia occipitalis int. und der Pyramidenkante an. Die vorderen Schenkel gehen über die Pyramidenspitze hinaus zum Dorsum sellae (Proc. clinoideus post.) und zu den kleinen Keilbeinflügeln (Proc. clinoidei ant.). Die vorderen Tentoriumschenkel bilden das Dach des Sinus cavernosus. Für den N. trigeminus bleibt eine Lücke frei (Porus trigemini). Der Tentoriumschlitz liegt etwa ½ cm vom Mittelhirn entfernt. Dieser Spalt, in den die medialen Teile des Temporallappens (Hippokampusformation) hineinragen, wird von der Cisterna ambiens ausgefüllt. Das zweiblättrige Tentorium grenzt den infratentoriellen Raum (für Kleinhirn, Pons und Medulla oblongata) von der übrigen Schädelhöhle mit dem Großhirn ab. Das mediane Duraseptum des infratentoriellen Raumes, die *Falx cerebelli,* die entlang der Crista occipitalis int. verläuft und die Kleinhirnhemisphären im Bereich des Wurms unvollständig trennt, ist variabel.

Sinus durae matris. Im freien Rand und am knöchernen Ansatz der Durasepten liegen die venösen Blutleiter des Gehirns (Sinus). Die klappenlosen Sinus sind keine Venen im echten Sinne, da ihnen eine eigene muskulöse Wandung fehlt. Sie sind daher starr zwischen den Durablättern ausgespannt (Klaffen der Sinus bei Verletzungen, Emboliegefahr!). Die Sinus nehmen die äußeren und inneren Hirnvenen sowie das venöse Blut der Orbita auf und stehen über die Emissar- und Diploevenen mit den äußeren Schädelvenen in Verbindung. Bei Neugeborenen anastomosiert der Sinus sagittalis sup. noch mit den Nasenvenen durch das For. caecum, das postnatal obliteriert. In den Sinus sagittalis sup. und dessen seitliche Aussackungen (Lacunae laterales) ragen knötchenartige Arachnoideazapfen vor, deren Bedeutung für den Liquorabfluß umstritten ist [Granulationes arachnoideales (Pacchioni)].

Der Abfluß des Hirnvenenbluts erfolgt in der Hauptsache über den Sinus sigmoideus in den Bulbus sup. der V. jugularis int. Der Sinus sigmoideus setzt sich nicht gradlinig in die V. jugularis int. fort, sondern mündet nach einer kurzen, lateral gelegenen Lumeneinengung (»Bulbusschwelle«) spiralig exzentrisch in den Bulbus ein. Strömungsdynamisch funktioniert die Bulbusschwelle wahrscheinlich als Einspritzdüse und die bulbusartige Erweiterung als »Strudelkopf«, wodurch eine Wirbelströmung hervorgerufen wird, die den Abstrom des Hirnvenenblutes (etwa 350 ml/min) beeinflußt.

Sinus cavernosus. Der Sinus cavernosus unterscheidet sich durch seine plexusartige Struktur und seine ausgedehnten Verbindungen mit den anderen Venensystemen wesentlich von den übrigen Hirnsinus (Abb. 168). Er liegt beidseits lateral am Keilbeinkörper und wird vorn und hinten durch je einen *Sinus intercavernosus* zu einem Geflecht verbunden. Venöse Anastomosen existieren vor allem durch die Löcher der

Schädelbasis zum Plexus pterygoideus mittels des Plexus venosus foraminis ovalis und canalis carotici zum Spatium parapharyngeale, nach rückwärts über den Plexus basilaris zu den Wirbelkörpergeflechten sowie über den Sinus petrosus sup. zum Sinus transversus bzw. über den Sinus petrosus inf. zur V. jugularis int. Von vorne mündet die V. ophthalmica durch die Fissura orbitalis sup. in den Sinus cavernosus ein (Fortleitung von Infektionen aus Orbita und oberer Gesichtshälfte, evtl. mit nachfolgender Sinusthrombose!). Von lateral mündet der Sinus sphenoparietalis ein. Die A. carotis int. verläßt den Karotiskanal an der Felsenbeinspitze und betritt den Sinus von basal und lateral. Sie liegt vertikal aufsteigend zunächst dem Trigeminusganglion dicht an (»Ganglionabschnitt«) und macht dann innerhalb des Sinus eine S-förmige Schleife, deren erste,

Verlauf der Sinus durae matris

Sinus sagittalis sup. Liegt am Ansatz der Falx cerebri am Schädeldach – verläuft vom For. caecum bzw. der Crista galli bis zum Confluens sinuum – nimmt vor allem die kortikalen Hirnnerven, teilweise über die Lacunae lat. auf.
Sinus transversus Liegt am Ansatz des Tentoriums am Schädelknochen, etwa in Höhe der Linea nuchae sup. und der Protuberantia occipitalis ext. Bevorzugter Abfluß des Blutes über den rechten Sinus transversus, da die rechtsseitigen Venenwege kürzer sind (V. cava sup. liegt rechts!).
Sinus sigmoideus Ist die Fortsetzung des Sinus transversus. Er geht durch das For. jugulare in den Bulbus sup. der V. jugularis int. über. Die unterschiedliche S-förmige Eingrabung in den Warzenfortsatz schafft wichtige topographische Beziehungen zum Antrum mastoideum und zu den Cellulae mastoideae (Abb. 182).
Sinus petrosus sup. An der oberen Pyramidenkante gelegen; verbindet den Sinus cavernosus mit dem Sinus transversus.
Sinus petrosus inf. An der unteren Pyramidenkante gelegen; verbindet den Sinus cavernosus mit dem Bulbus sup. der V. jugularis int.
Sinus sagittalis inf. Am unteren Rand der Falx cerebri gelegen; Übergang in den Sinus rectus an der Spitze des Tentoriumschlitzes.
Sinus rectus Fortsetzung des Sinus sagittalis inf.; am Übergang der Falx cerebri in das Tentorium; mündet in das Confluens sinuum und nimmt vor allem das *innere* Hirnvenenblut durch die V. cerebri magna (Galeni), die unter dem Balken hervortritt, auf (Abb. 167 und 169).
Sinus occipitalis Paariger oder unpaariger kleiner Sinus am Ansatz der Falx cerebelli; verbindet das Confluens sinuum mit dem Sinus marginalis des For. magnum; kann bei Fehlen eines Sinus transversus bzw. sigmoideus zum Hauptabflußweg in den Bulbus der Jugularvene werden (Varietät).
Plexus basilaris Am Clivus gelegen; verbindet den Sinus cavernosus mit dem Sinus marginalis und den Wirbelkörpergeflechten am For. magnum.
Sinus marginalis Ringförmig um das Hinterhauptsloch herum gelegen; Verbindungen mit dem Sinus occipitalis, Plexus basilaris und Plexus venosus vertebralis int.
Sinus sphenoparietalis Am kleinen Keilbeinflügel gelegen; mündet in den Sinus cavernosus ein, stellt den Hauptabflußweg der in der Sylvi-Furche gelegenen Hirnvenen (V. cerebri media, V. sphenoparietalis) dar.

nach kranial konvexe Krümmung am Keilbeinkörper (»Kavernosusabschnitt«) und deren zweite, nach kaudal konvexe Krümmung unterhalb des Chiasma opticum, direkt an dem Proc. clinoideus ant. (»Karotisknie«) gelegen ist. Anschließend durchbohrt die A. carotis int. die Dura mater, gibt an der Unterseite des Sehnerven die A. ophthalmica ab und wendet sich dann nach rückwärts, wo sie in den Subarachnoidalraum eintritt. Im Zisternenabschnitt zweigt sie sich in ihre Gehirnäste (A. cerebri med. und ant.) auf. Die Karotis ist von einem dichten sympathischen Nervengeflecht (Fortsetzung des Halsgrenzstrangs) und einem speziellen Venengeflecht umgeben.

Im Dach des Sinus cavernosus liegt der N. oculomotorius, der so dicht an der lateralen Kante des Dorsum sellae (»Klivuskante«) vorbeiläuft, daß er hier leicht abgeklemmt und geschädigt werden kann. Der N. trochlearis zieht lateral vom Okulomotorius, diesem eng benachbart, unter dem lateralen Duraschenkel des Tentoriums versteckt (Plica petroclinoidea ant.), zur Fissura orbitalis sup. und Orbita, während der N. abducens mehr mitten durch den Sinus hindurchtritt. Der N. abducens durchbohrt die Dura bereits am Clivus, überkreuzt dann die Pyramidenspitze, zieht unterhalb des Sinus petrosus sup., der A. carotis int. lateral eng anliegend, mit dem N. ophthalmicus zusammen zur Fissura orbitalis superior. Von den Trigeminusästen hat nur der N. ophthalmicus topographische Beziehungen zum Sinus cavernosus.

Klinischer Hinweis. Der intrakavernöse Verlauf des VI. Hirnnerven erklärt seinen bevorzugten Befall bei basalen Meningitiden oder pathologischen Prozessen im Sinus cavernosus. Der frühzeitige Durchtritt des Nerven durch die Dura sowie die Abknickung am Clivus erklären das Auftreten einer Abduzensparese bei frontalen Schädelkontusionen.

5. Leptomeninx und Zisternen

Pia mater und Arachnoidea bilden eine organische Einheit (Leptomeninx). Das dünne Häutchen der Arachnoidea liegt der Dura überall eng an. Da aber die Pia der Hirnoberfläche mit allen Furchen und Windungen

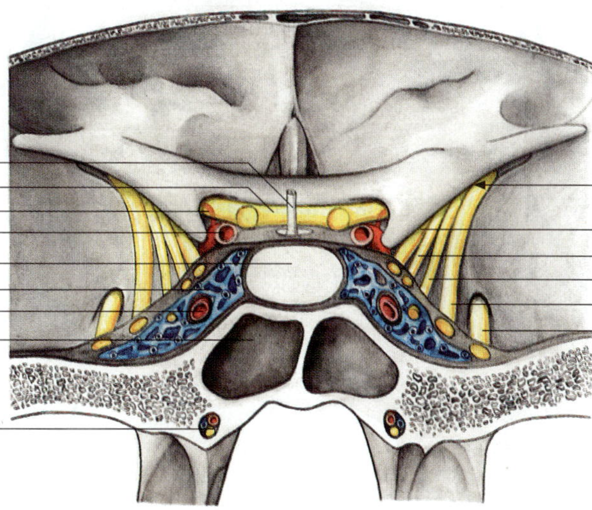

Abb. 168. Topographie des Sinus cavernosus, dargestellt am Frontalschnitt durch die Schädelbasis (Ansicht von hinten). N. III = N. oculomotorius; N. IV = N. trochlearis; N. V_1 = N. ophthalmicus; N. V_2 = N. maxillaris; N. VI = N. abducens.

folgt, vergrößert sich das liquorhaltige Spatium subarachnoideum stellenweise beträchtlich. Diese Erweiterungen heißen Zisternen. Geringe Volumenschwankungen des Gehirns können von diesen Liquorräumen ausgeglichen werden. Der im Subarachnoidealraum sich befindliche Liquor polstert das Gehirn mit einem Flüssigkeitsmantel und verwandelt dadurch den auf der Schädelbasis lastenden Druck in hydrostatischen Druck, wodurch die basal gelegenen Gefäße durch das Gehirngewicht nicht komprimiert werden. Der Liquor fließt über die Lymphscheiden der Hirnnerven und die im Subarachnoidalraum verlaufenden kortikalen Hirnvenen ab. Möglicherweise spielen auch die Granulationes arachnoideae (Pacchioni-Granulationen) für den Liquorabfluß eine Rolle. Basal ist der Subarachnoidalraum tiefer als kranial, so daß der Abstand des Gehirns von der Schädelbasis größer ist als der von der Kalotte. Die Durataschen (Hypophyse, Cavitas trigeminalis) werden von entsprechenden Aussackungen des Subarachnoidalraums (Cisterna hypophyseos, Cisterna trigemini) erfüllt. Alle extrazerebralen Liquorräume bilden eine anatomische und funktionelle Einheit.

Klinischer Hinweis. Die **Cisterna cerebellomedullaris** (auch Cisterna magna oder Cisterna occipitalis genannt), kann vom Nacken aus punktiert werden *(Subokzipitalpunktion)*. Dabei wird zwischen dem Hinterhauptsbein und dem hinteren Atlasbogen durch die Membrana atlanto-occipitalis post. hindurch eingestochen (Abb. 149). Lagevariationen der A. inf. post. cerebelli, die gelegentlich durch eine ungewöhnlich starke Schlängelung oder einen atypischen Ursprung des Gefäßes zustande kommen, können bei der im all-

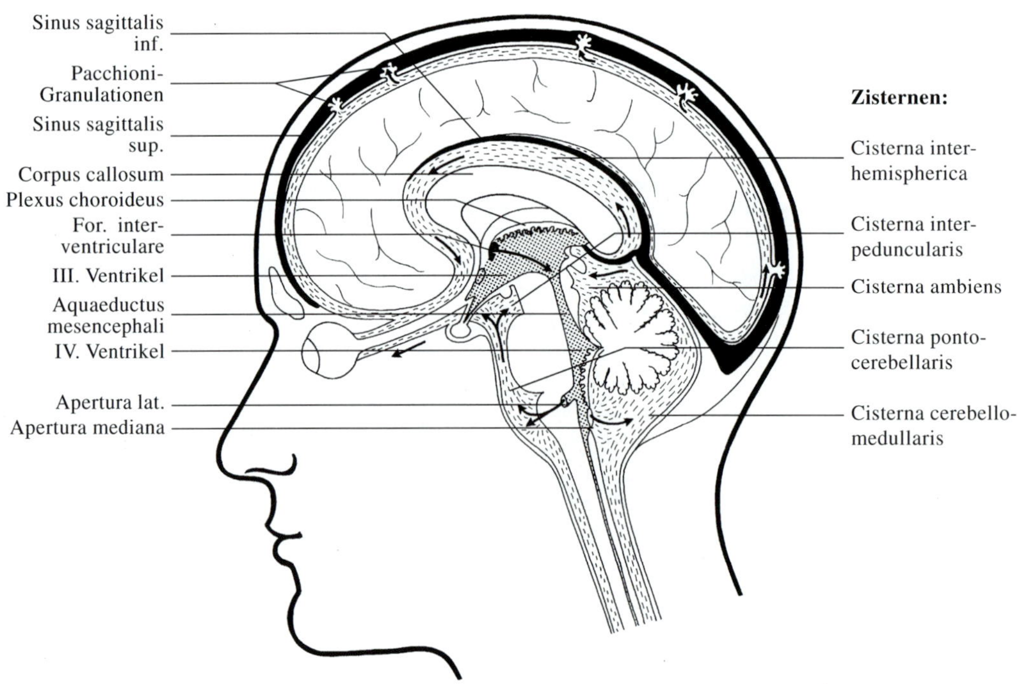

Abb. 169. Darstellung der Zisternen- und Ventrikeltopographie am Medianschnitt.

Übersicht über die wichtigsten Zisternen

Cisterna basalis Zwischen Hirn- und Schädelbasis, vom For. magnum bis zum Dorsum sellae; durchschnittlich 1/2 cm tief. Morphologisch werden mehrere Unterabteilungen unterschieden (*Cisterna pontis,* med. und lat.) – enthält den N. abducens, die Aa. vertebrales, A. basilaris und die baslen Hirnnerven. Übergang nach lateral in die Kleinhirnbrückenwinkelzisterne, welche die hinteren Hirnnerven (Nn. V, VII, VIII, IX, X, XII), die Vasa labyrinthi und die Radix myelencephalica N. XI beherbergt.
Cisterna interpeduncularis Zwischen Dorsum sellae und den beiden Hirnschenkeln gelegen – enthält die Nn. oculomotorii und die A. basilaris mit ihren Ästen – Eintrittsbereich der zentralen Hirngefäße, die die Stammganglien und die Capsula int. versorgen.
Cisterna ambiens Fortsetzung der basalen Zisterne um die Hirnschenkel, entlang des Tentoriumschlitzes – enthält den N. trochlearis, die A. cerebelli sup., A. cerebri post. und V. basalis (Rosenthali). Über dem Mittelhirndach vereinigen sich beide Cisternae ambientes und gehen vorn in die *Cisterna corporis callosi* und hinten in die *Cisterna venae cerebri magnae* (Galeni) über.
Cisterna chiasmatis Relativ ausgedehnte Zisterne zwischen Chiasma opticum und Diaphragma sellae – enthält das Chiasma opticum, die intrakranialen Abschnitte der Sehnerven, das Infundibulum, die A. carotis int. mit den Anfangsabschnitten der A. cerebri med. und ant.; Fortsetzung nach lateral in die *Cisterna cerebri lat.* und die *Cisterna insulae,* nach vorn in die *Cisterna corporis callosi* und *Cisterna laminae terminalis,* wo sich die *A. cerebri ant.* befindet.
Cisterna cerebellomedullaris (Cisterna magna, Cisterna occipitalis magna) Größte Zisterne, zwischen Medulla oblongata, Kleinhirn und Hinterhauptsbein gelegen (Durchmesser etwa 2,7 cm, Tiefe 1,5–2 cm) – enthält die Wurzelbündel des IX., X. und XI. Hirnnerven sowie die A. cerebelli inf. post. – durch die Apertura mediana (Magendi) sowie die Aperturae laterales (Luschkae) strömt Liquor cerebrospinalis int. in die Cisterna cerebellomedullaris und weiter in den das Gehirn umgebenden Subarachnoidalraum ein.

gemeinen ungefährlichen Punktion Zwischenfälle verursachen.

Die *Cisterna interpeduncularis* und *ambiens* bilden um die Hirnschenkel und das Mittelhirn herum eine ringartige Flüssigkeitshülle. Hier entsteht eine isthmusartige Einengung des Subarachnoidalraumes in Höhe des Tentoriumschlitzes, wodurch bei Hirndruckerscheinungen die lebenswichtigen Zentren des Mittelhirns unter Umständen stranguliert werden.

6. Pia mater und Hirngefäße

Die Pia mater folgt den Windungen und Furchen des Gehirns, während die Arachnoidea diese überzieht. Die Pia ist mit der von den Astrozyten gebildeten Membrana limitans gliae fest verwachsen und stellt die eigentliche Gefäßhaut des Gehirns dar. Von hier dringen die Gefäße in die Hirnsubstanz ein. Die größeren Stämme liegen im Subarachnoidalraum und werden von Liquor umspült.

Die Gefäßversorgung des Gehirns (Abb. 170 und 171) stammt aus zwei Quellen: Die Hirnabschnitte des infratentoriellen Raumes sowie die basalen Abschnitte des Temporallappens und der Okzipitallappen werden von der A. basilaris, dem gemeinsamen Stück der Aa. vertebrales, die Hirnteile des übrigen Hemisphärenraumes von der A. carotis int. versorgt. Beide anastomosieren im Circulus arteriosus cerebri (Willisi) miteinander. Man hat oberflächliche (kortikale) und zentrale, basalwärts eindringende Äste zu unterscheiden (Abb. 170). Zwischen ihnen bleibt eine »gefäßarme Zone« bestehen, die im Markgebiet der Rinde lokalisiert ist. Dieser Zone entspricht eine »venöse Wasserscheide«, da die kortikalen Venen kalot-

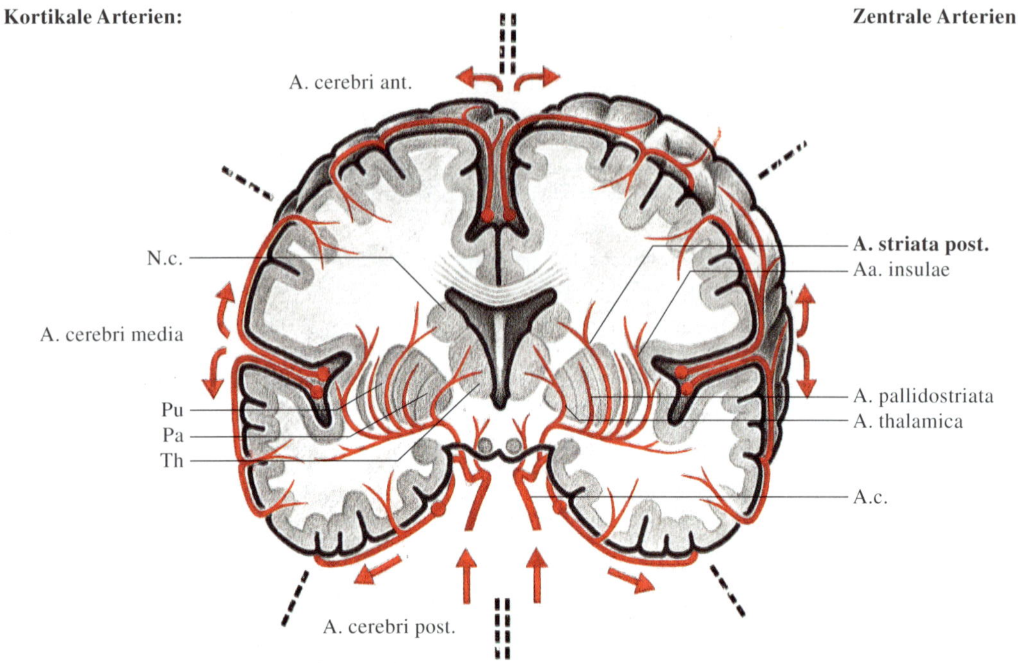

Abb. 170. Arterielle Versorgung des Gehirns. Rechts sind die zentralen, links die kortikalen Arterien und ihre hauptsächlichsten Versorgungsgebiete dargestellt. Die zentralen Arterien (Äste der A. carotis int. [A. c.]) versorgen die Stammganglien und die Capsula int. Die A. striata post. wird auch als Arterie der Hirnhaemorrhagie bezeichnet. N. c. = Nucleus caudatus; Pa = Pallidum; Pu = Putamen; Th = Thalamus.

tenwärts, die zentralen dagegen basalwärts abfließen. Auch diese liegt im Markgebiet. Die Grenze zwischen dem Versorgungsgebiet von A. carotis int. und A. vertebralis kann etwa durch eine schräge Ebene von der Fissura parietooccipitalis bis zu den Corpora mamillaria markiert werden.

Hirnarterien. Die **A. carotis int.** betritt durch den Canalis caroticus in der Felsenbeinpyramide zunächst den Sinus cavernosus, tritt in den Subarachnoidalraum ein (Abb. 179) und lagert sich dann dem Chiasma opticum an, wo sie die A. ophthalmica abgibt (Abb. 168). Im Zisternenabschnitt zweigen die obere Hypophysenarterie, die A. communicans post. und die A. choroidea ant. (zum Unterhorn des Seitenventrikels) ab. Etwa 1,5–2 cm lateral von der Sella teilt sie sich dann in ihre beiden Hauptäste, die A. cerebri ant. und med., auf (»Karotisgabel«). Die A. cerebri media zieht über den Proc. clinoideus ant. hinweg in den Sulcus lat. (Sylvii). Die A. ce-

Kollateralkreisläufe nach Verschluß einer A. carotis int.

1. via A. carotis ext. → A. facialis → A. angularis → A. ophthalmica → A. carotis int.
2. via A. carotis ext. → A. temporalis superf. → A. supraorbitalis → A. ophthalmica → A. carotis int.
3. via A. carotis ext. → A. maxillaris → A. meningea media → Anastomose zur A. lacrimalis → A. ophthalmica → A. carotis int.
4. via A. carotis ext. → A. maxillaris → A. sphenopalatina → Gefäßnetz der Nasenschleimhaut (Aa. nasales ant. u. post.) → A. ethmoidalis ant. und post. → A. ophthalmica → A. carotis int.

Der Kollateralkreislauf bei Verschluß der A. vertebralis geht über die A. carotis ext. via A. occipitalis zu den Muskelästen der A. vertebralis in der Nackenregion.

rebri ant. wendet sich dagegen nach medial und zieht dicht über dem Balken in der Fissura longitudinalis cerebri nach hinten, um die einander zugekehrten Flächen der Großhirnhemisphären bis zur Fissura parietooccipitalis zu versorgen. Zwei Drittel des Frontallappens, einschließlich einer daumenbreiten Fläche an der Außenseite der Rinde, das Corpus callosum, die Columnae fornicis, die vorderen Abschnitte des Nucleus caudatus und der Capsula int. (durch die A. striata ant. oder Heubner-Arterie) werden von ihr mit Blut versorgt. Unmittelbar vor der Lamina terminalis anastomosieren beide Aa. cerebri ant. durch die A. communicans ant.

Die **A. cerebri media** tritt als direkte Fortsetzung der A. carotis int. in den Sulcus lat. ein (»Inselabschnitt«). Sie ist hier stark geschlängelt und spaltet sich meist in zwei Hauptstämme. Zu den angrenzenden Flächen des Frontal-, Parietal- und Temporalhirns gehen reihenweise größere kortikale Äste ab, die als funktionelle Endarterien betrachtet werden müssen. Diesen Gefäßen sind drei hintereinanderliegende, »zungenförmige Irrigationsgebiete« zuzuordnen (in Abb. 171 als Farbflächen angedeutet). Die A. cerebri media versorgt u. a. die motorischen Rindenfelder sowie die Sprach- und Hörzentren. Von der A. cerebri media dringen außerdem nach ihrem Abgang aus der Karotis 10–20 kleinere zentrale Äste durch die Substantia perforata ant. senkrecht von unten in die Stammganglien ein und übernehmen die arterielle Versorgung von Nucleus caudatus, Putamen, Pallidum, Claustrum, Thalamus und Capsula int.

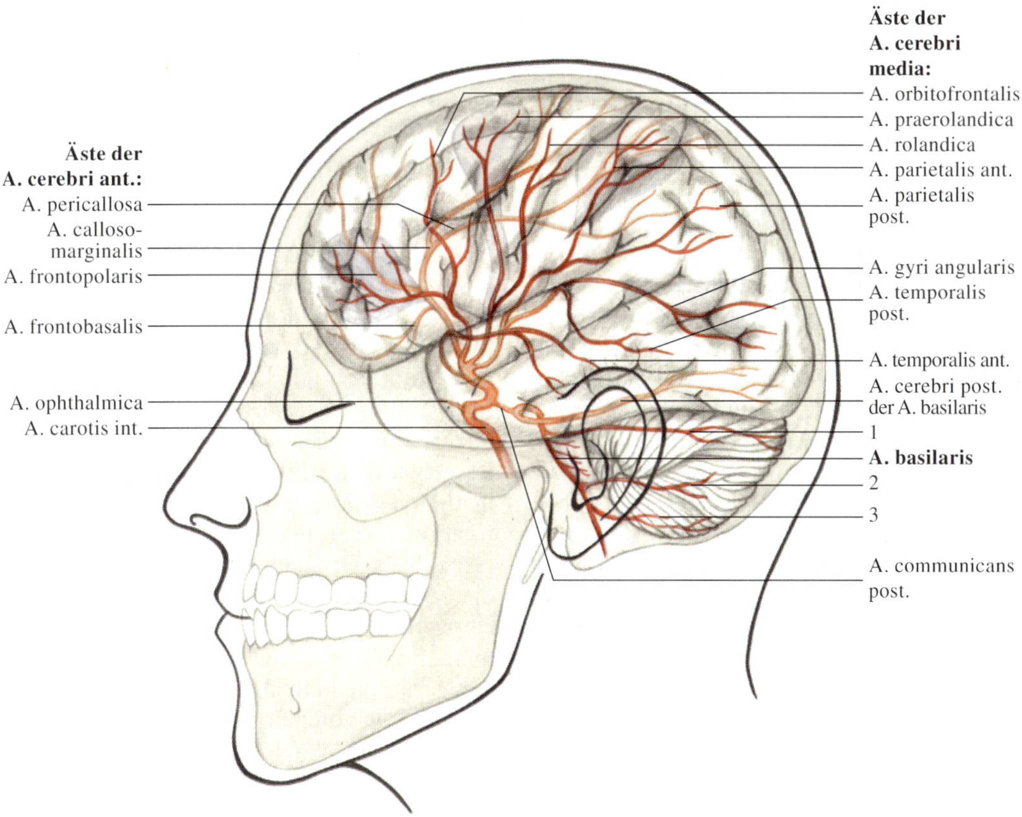

Abb. 171. Übersicht über den Verlauf der Hirnarterien. **Äste der A. basilaris:** 1 = A. superior cerebelli; 2 = A. inferior anterior cerebelli; 3 = Aa. inferior posterior cerebelli.

Klinischer Hinweis. Die an der Außenseite des Putamens zur inneren Kapsel ziehende A. striata post. (»Arterie der Hirnhämorrhagie« nach Charcot) neigt besonders zu arteriosklerotischen Rupturen und Blutungen, die wegen der benachbarten Pyramidenbahn eine Halbseitenlähmung bewirken können (Hemiplegie).

Nicht nur durch eine Blutung, sondern auch durch Spasmen, Thrombosen oder Embolien der Hirngefäße kann es zu einem Hirnschlag **(Apoplexie)** mit Halbseitenlähmung oder nervösen Ausfällen kommen. Durchblutungsstörungen im Bereich der Hirngefäße können zu »transitorischen, ischämischen Attacken« (TIA) mit motorischen und Sensibilitätsstörungen, Schwindel, Sprach- und Schluckstörungen führen. Intrakranielle Blutungen können einen akuten Apoplex auslösen, der sich nach Resorption der Blutung wieder zurückbildet. Kommt es aber zu Nekrosen von Hirngewebe (Hirninfarkt), sind die Funktionsausfälle nicht mehr reversibel.

Die **A. cerebri post.,** die aus der A. basilaris hervorgeht, versorgt den ganzen Okzipitallappen, die basalen und lateralen Flächen des Temporallappens, das Splenium corporis callosi, die Lamina tecti, den Plexus choroideus des oberen Abschnittes der Seitenventrikel, den III. Ventrikel und die Zirbeldrüse. Sie steht durch die A. communicans post. mit der A. carotis int. in Verbindung. Zentrale Äste sind kaum vorhanden. Zwischen der A. cerebri post. und cerebelli sup. tritt der N. oculomotorius hindurch. Die A. cerebri post. folgt dem freien Tentoriumrand, bleibt aber oberhalb des Tentoriums und erreicht dorsal den Okzipitallappen. Sehrinde, Hippokampusformation und das Tegmentum des Mittelhirns sind ihre wichtigsten Versorgungsbezirke.

Die **A. vertebralis** steigt in den Querfortsätzen der Halswirbelsäule (Forr. transversaria) auf, biegt dann an der Schädelbasis scharf nach hinten und medial um, liegt hier auf dem hinteren Atlasbogen (Sulcus a. vertebralis) und durchbohrt dann die Membrana atlantooccipitalis post. und die Dura (Abb. 17).

Klinischer Hinweis. Im Sulcus a. vertebralis kann die A. vertebralis von dorsal für angiographische Darstellungen perkutan punktiert werden. Dabei muß die Nadel hinter der Mastoidspitze horizontal etwa 4½ cm in die Tiefe gestochen werden. Bei der operativen Freilegung der hinteren Schädelgrube wird die Arterie auf dem Atlasbogen sichtbar.

Beide Aa. vertebrales vereinigen sich etwa auf der Mitte des Clivus innerhalb der basalen Zisterne zur *A. basilaris* (Abb. 127). Von ihr zweigen die Brückenästchen, zwei der drei Kleinhirnarterien und die A. labyrinthi ab. Von den Aa. vertebrales gehen auch die vorderen und hinteren Aa. spinales für den Wirbelkanal ab. Die obere Kleinhirnarterie (A. sup. cerebelli) verläuft am Vorderrand der Brücke um die Pedunculi cerebri herum, unter dem Tentorium entlang, zur Vorder- und Oberseite des Kleinhirns. Die A. inf. ant. cerebelli entspringt am Hinterrand der Brücke aus der A. basilaris und zieht zur Unterfläche des Kleinhirns. Die A. inf. post. cerebelli entspringt aus der A. vertebralis und versorgt die hinteren Abschnitte der Kleinhirnunterfläche. Die untere Kleinhirnarterie (A. inf. post. cerebelli) ist oft stark geschlängelt und kann medial in den Bereich der Kleinhirntonsillen und Cisterna cerebellomedullaris gelangen (Abb. 169). Endäste der Basilararterie sind die beiden Aa. cerebri post.

Hirnvenen. Die Hirnvenen laufen im allgemeinen nicht mit den Hirnarterien parallel. Sie variieren individuell stark, was bei der Beurteilung von Phlebogrammen zu berücksichtigen ist. Wie bei den Arterien unterscheidet man zwei Systeme: 1. die äußeren, kortikalen Hirnvenen, die in die Furchen der Hirnoberfläche eingebettet sind und in die Sinus durae matris einmünden (Vv. sup.,

Oberflächliche Hirnvenen

Äußere Hirnvenen
Vv. sup. cerebri (in den Sulci der Hirnoberfläche – Abfluß zum Sinus sagittalis sup.)
V. ant. cerebri [oberhalb des Balkens, in der Fissura longitudinalis cerebri – Abfluß zur V. basalis (Rosenthali)].
V. media superf. und prof. cerebri [im Sulcus lat. (Sylvii) – Abfluß zum Sinus cavernosus].
V. sphenoparietalis [im Sulcus lat. (Sylvii) – Abfluß zum Sinus sphenoparietalis und Sinus cavernosus].
Vv. inf. cerebri (an der lateralen und hinteren Rindenfläche – Abfluß jeweils zum benachbarten Sinus transversus).
V. basalis (Rosenthali), [basal, um die Hirnschenkel herum gelegen – Abfluß in die V. magna cerebri (Galeni)].

Innere Hirnvenen
Sammeln sich im Dach des III. Ventrikels zu den paarigen *Vv. int. cerebri* – Abfluß durch V. magna cerebri (Galeni) zum Sinus rectus.
V. septi pellucidi (an den lateralen Flächen des Septum pellucidum – Abfluß in die Vv. int. cerebri).
V. thalamostriata (im Sulcus terminalis zwischen Nucl. caudatus und Thalamus – Abfluß durch die Vv. int. cerebri).
V. choroidea (Sammelgefäß aus den Plexus chorodei der Seitenventrikel – Abfluß durch die Vv. int. cerebri).

med. und inf. cerebri, Vv. occipitales und Vv. temporales ext.), und 2. die inneren, basalen, aus den Stammganglien und den Plexus choroidei stammenden Venen, die sich in der V. magna cerebri (Galeni) zwischen Epiphyse und Splenium corporis callosi sammeln und über den Sinus rectus in das Confluens sinuum abfließen. Zwischen beiden Stromgebieten ergibt sich eine Art »venöser Wasserscheide« im Markmantel des Gehirns. Im Sulcus centralis verläuft eine größere aszendente Vene zum Sinus sagittalis sup., die V. rolandica. Die oberflächlichen aszendenten Venen stehen häufig durch Anastomosen miteinander in Verbindung, so z. B. die V. rolandica mit der V. media cerebri in der Sylvius-Furche (vertikale Trolard-Anastomose) oder die Venen der Sylvius-Furche (V. media cerebri, V. sphenoparietalis) mit den hinteren aszendenten Venen, die zum Sinus transversus abfließen (horizontale Labbé-Anastomose, Abb. 172). Demgegenüber sind die

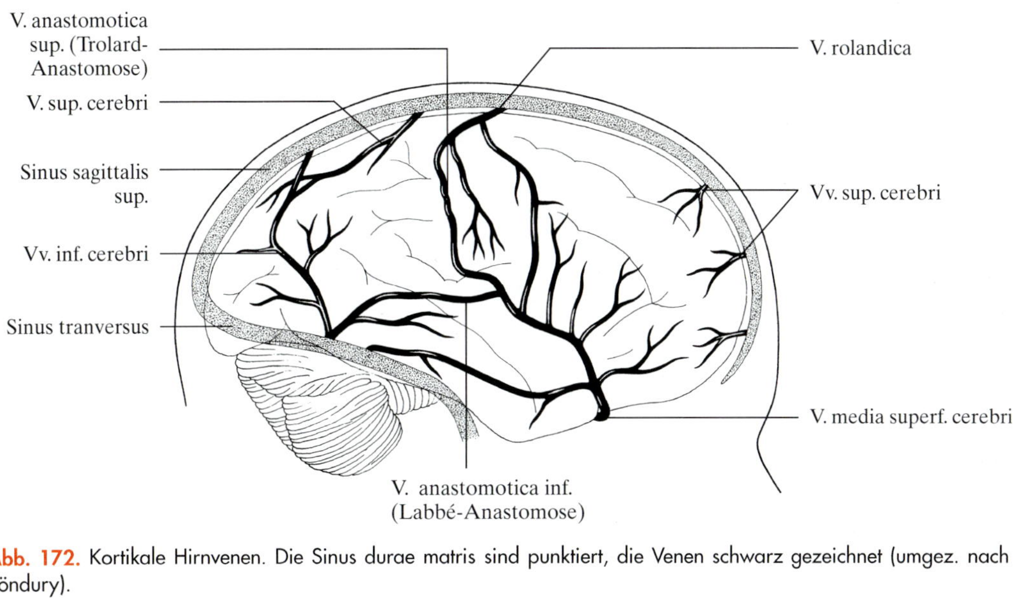

Abb. 172. Kortikale Hirnvenen. Die Sinus durae matris sind punktiert, die Venen schwarz gezeichnet (umgez. nach Töndury).

inneren Hirnvenen in Form und Lage relativ konstant. Von der basalen Fläche des Gehirns wird das venöse Blut über die V. basalis (Rosenthali), die von vorn die V. ant. cerebri aufnimmt, abgeleitet. Dieses Gefäß hat Verbindungen mit der V. media cerebri und einigen basal ausmündenden, inneren Hirnvenen (V. interpeduncularis, V. temporalis int.) und bildet durch kontralaterale Anastomosen um die Chiasmaregion herum basal eine Art Circulus venosus. Die V. basalis umschlingt die Hirnschenkel und mündet schließlich in die Galen-Vene (V. magna cerebri) ein. Die Venen des Kleinhirns fließen zum Sinus transversus, Sinus petrosus sup. und inf. oder zum Sinus sigmoideus ab.

Klinische Hinweise. Die in die parietalen Sinus (Sinus sagittalis sup., Sinus transversus) einmündenden kortikalen Hirnvenen werden auch als **Brückenvenen** bezeichnet (Abb. 162). Bei Schädel-Hirn-Traumen können sie an ihrer Fixationsstelle, d. h. bei der Einmündung in den Sinus einreißen und dann venöse, subakute Blutungen in den Subduralraum hervorrufen (Subduralhämatome).

II. Gehirn

1. Lageverhältnisse des Gehirns

Großhirn, Zwischen- und Mittelhirn sind im supratentoriellen Raum, Kleinhirn und Rautenhirn im infratentoriellen Raum untergebracht. Die Grenze fällt etwa mit der Protuberantia occipitalis ext. bzw. der Linea nuchalis sup. zusammen (Abb. 174). Die obere Mantelkante der Großhirnhemisphären liegt etwa 1–1,5 cm paramedian. Der Sulcus centralis, der meist zu weit vorn angenommen wird, schneidet die Mantelkante hinter der Kranznaht an einem Punkt, der etwa 15,5 cm von der Protuberantia occipitalis ext. und 19,5 cm von der Nasenwurzel ent-

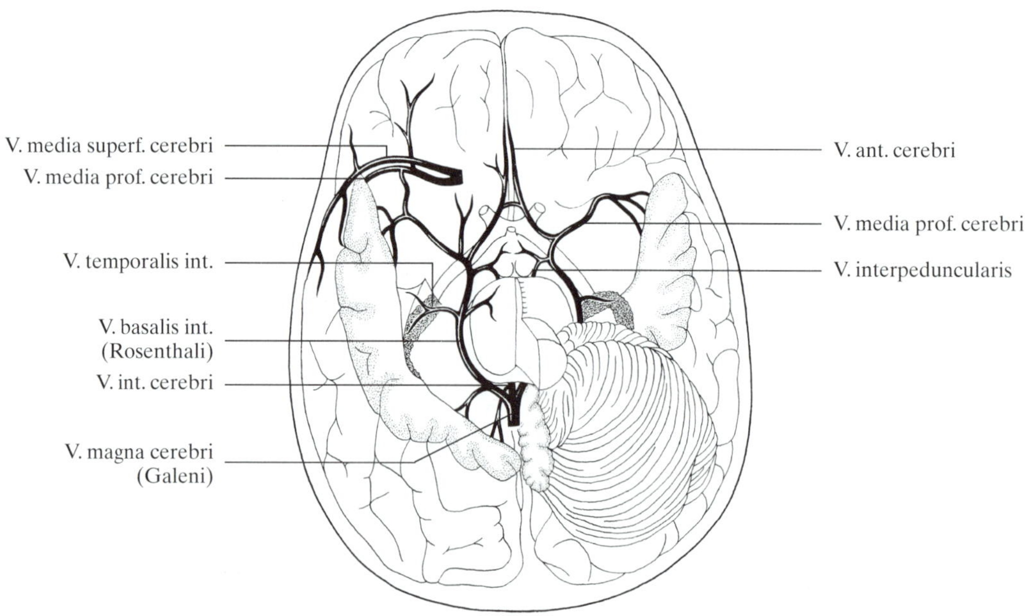

Abb. 173. Basale Hirnvenen. Der vordere Teil des Temporallappens, die rechte Kleinhirnhälfte und Teile des Hirnstamms wurden entfernt, um die basal liegenden Venen sichtbar zu machen (umgez. nach Ferner u. Kautzky).

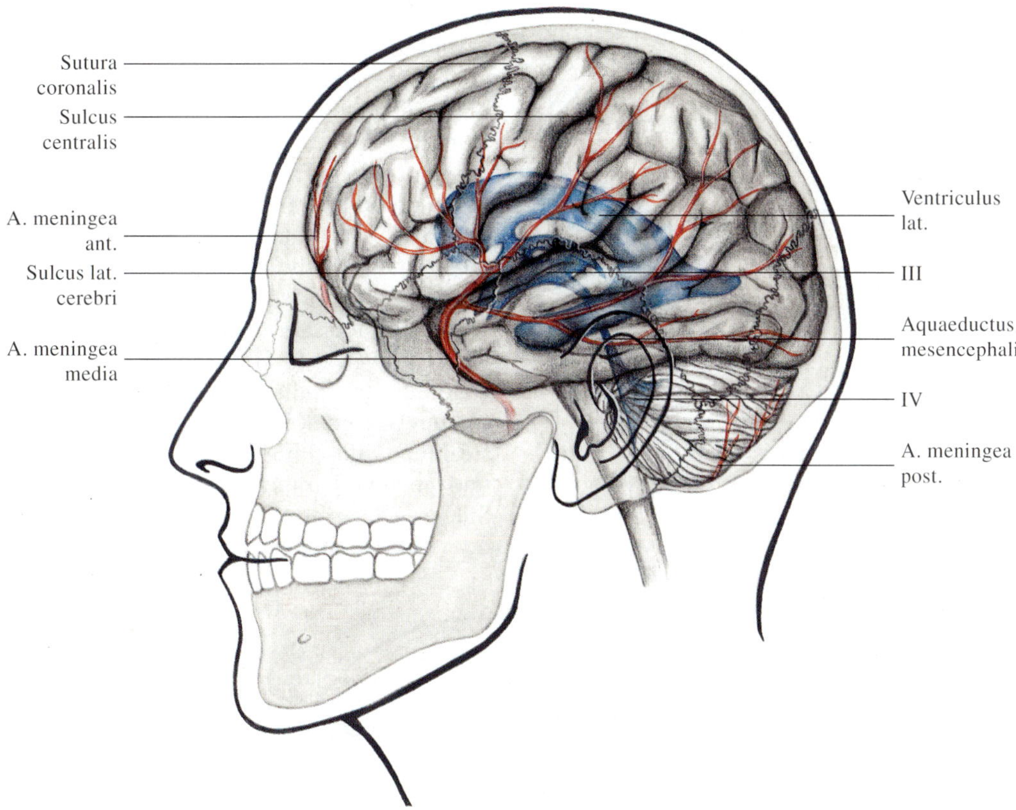

Abb. 174. Topographie der Hirnventrikel und der Meningealarterien (Seitenansicht, das Gehirn wurde durchsichtig gezeichnet). III = dritter Ventrikel; IV = vierter Ventrikel.

fernt ist (Abb. 174). Der Abstand des Gehirns von der Schädelbasis ist größer als von der Kalotte, da die Liquorräume basal eine größere Tiefe haben.

Der Frontallappen lagert in der vorderen Schädelgrube, wodurch er topographische Beziehungen zur Nasenhöhle (Lamina cribrosa), den Siebbeinzellen, der Orbita und dem Sinus frontalis gewinnt (Fortleitung von Infektionen!). Der Temporallappen liegt auf dem Tentorium und in der mittleren Schädelgrube. Da das Dach des Mittelohres (Tegmen tympani) an die Vorderfläche der Felsenbeinpyramide angrenzt, können Mittelohreiterungen auf den Temporallappen übergreifen. Der mediale Teil des Temporallappens (Uncus, Hippokampusformation) liegt dem Tentoriumschlitz und dem Sinus cavernosus eng an.

Das *Kleinhirn* befindet sich ganz unterhalb des Tentoriums. Topographisch unterscheidet man eine Facies sup., inf. und petrosa. Die letztgenannte Fläche berührt die Hinterfläche der Felsenbeinpyramide, wo die Cellulae mastoideae angrenzen. Das Kleinhirn überlagert den IV. Ventrikel, der daher operativ von dorsal erreicht werden kann. Es füllt den infratentoriellen Raum nicht ganz aus, so daß die relativ große Cisterna cerebellomedullaris entsteht.

Klinische Hinweise. Bei intrakraniellen raumfordernden Prozessen, z. B. bei Kleinhirnbrückenwinkeltumoren, kann das Kleinhirn, vor allem mit den medialen Abschnitten (Tonsillen), in das For. (occipitale) magnum eingeklemmt werden und Druckerscheinungen im Bereich der Medulla oblongata hervorrufen (Gefahr der Atemlähmung). Die Nachbarschaft der Felsenbeinpyramide und der Warzenfortsatzzellen zum Sinus sigmoideus und Kleinhirn hat klinische Bedeutung. Eine Mittelohrentzündung bzw. Mastoiditis kann zu einer Sinusthrombose oder auch zum Kleinhirnabszeß führen.

2. Hirnventrikel

Die Seitenventrikel des Großhirns (Ventriculi lat.) sind U-förmig gekrümmt, wobei der temporale Schenkel nach lateral auslädt (Neigungsebene etwa 60°). Man unterscheidet anatomisch ein Cornu frontale, occipitale und temporale, die jeweils mit dem etwas abgeplatteten Zentralteil (Pars centralis oder Cella media) zusammenhängen. Cornu frontale und occipitale enthalten keinen Plexus choroideus. Die Grenze zwischen Nucleus caudatus und Thalamus stellt eine Rinne dar (Sulcus terminalis), in der die V. thalamostriata und die Stria terminalis liegen. Das Hinterhorn ist besonders variabel, das Unterhorn meist grazil ausgebildet. Vor dem Unterhorn liegt in Fortsetzung des Nucleus caudatus innerhalb der weißen Substanz das Corpus amygdaloideum. Die Gratiolet-Sehstrahlung umschlingt vorn das Unterhorn und gelangt parallel zum Hinterhorn zum Sulcus calcarinus. Ventrikelerweiterungen oder Tumoren in diesem Bereich können da-

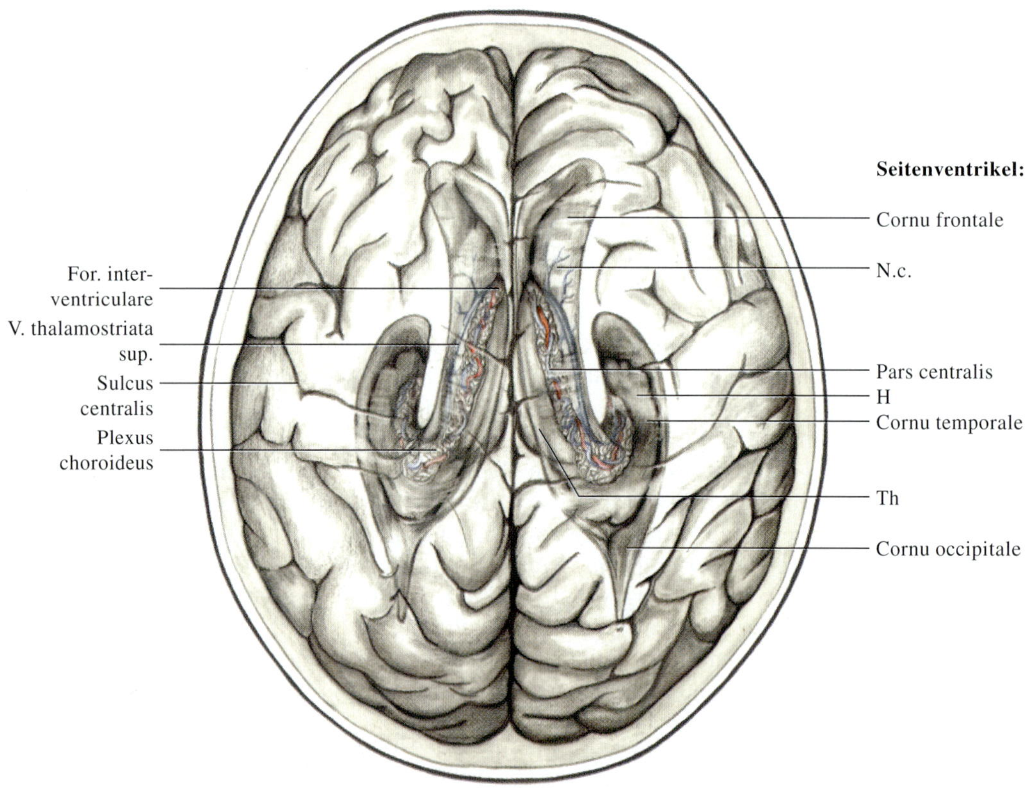

Abb. 175. Topographie der Seitenventrikel mit Plexus choroideus (Ansicht von oben, Schädeldecke und Gehirn sind durchsichtig gezeichnet). **Kerne am Boden der Seitenventrikel:** H = Hippokampusformation; N.c. = Nucleus caudatus; Th = Thalamus.

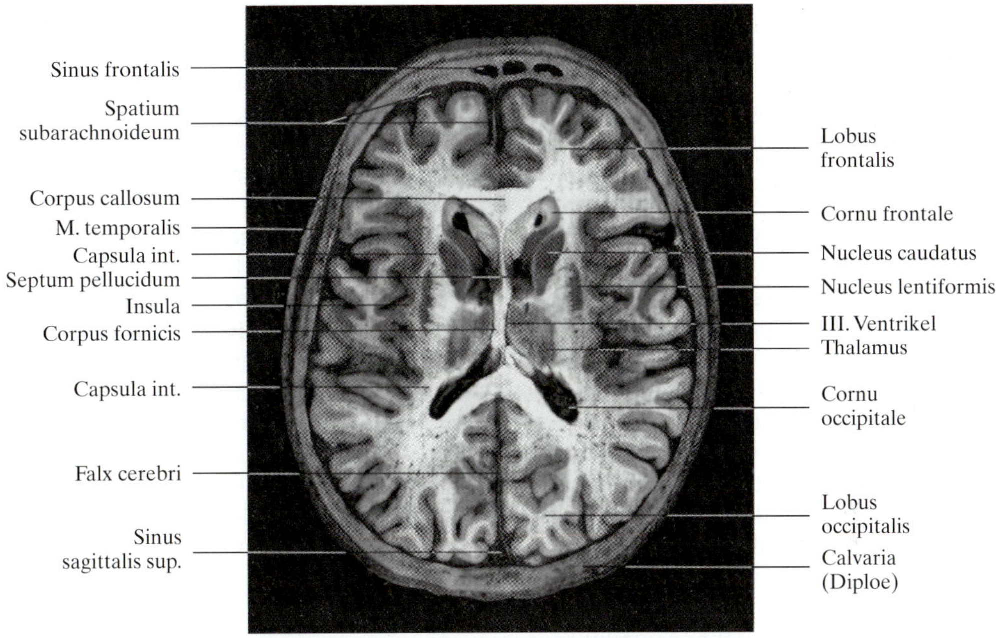

Abb. 176. Horizontalschnitt durch den Kopf unmittelbar über dem Dach des III. Ventrikels.

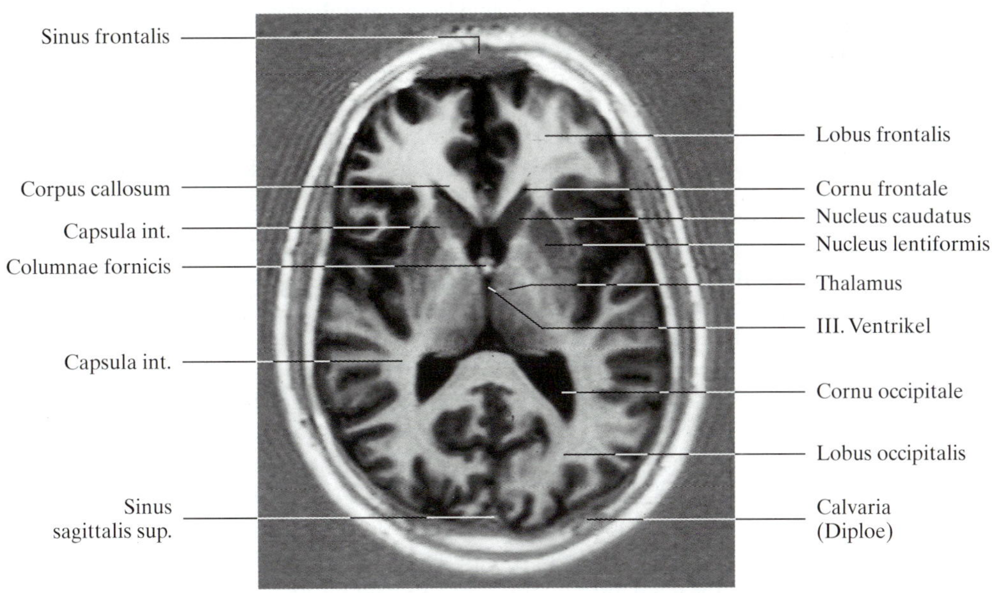

Abb. 177. Horizontalschnitt durch den Kopf (MR-Aufnahme, entsprechend dem in Abb. 176 abgebildeten Schnitt, freundlicherweise zur Verfügung gestellt von Prof. Dr. A. Heuck, München).

her Sehstörungen zur Folge haben. Das Vorderhorn überragt die Sutura coronalis um mehrere Zentimeter. Es liegt etwa 2½–3 cm lateral von der Medianebene. In der Seitenansicht projiziert sich die Pars centralis (Cella media) etwa auf die Sutura squamosa des Schläfenbeins.

Der Liquor strömt von den Seitenventrikeln durch das For. interventriculare (Monroi) in den spaltförmigen *III. Ventrikel* ein, der von Thalamus, Hypothalamus und Lamina terminalis begrenzt wird. Am Boden sind das Chiasma opticum, Infundibulum und Tuber cinereum zu finden. Dorsal liegen Epiphyse und Mittelhirn. Das Dach wird von der Tela choroidea, in der die inneren Hirnvenen verlaufen, gebildet. Darüber befinden sich der Fornix und der Balken.

III. und IV. Ventrikel stehen durch den dünnen Aquaeductus mesencephali miteinander in Verbindung. Der Aquädukt erscheint in der Seitenansicht leicht gekrümmt. Dorsal liegt die Lamina tecti, ventral liegen Tegmentum und die Crura cerebri des Mittelhirns.

Klinische Hinweise. Einengung des Aquädukts, etwa durch Mittelhirn- oder Hypophysentumoren, führt zur Entwicklung eines Hydrocephalus int. und zur Abklemmung der V. magna cerebri. Eine Vergrößerung der Seitenventrikel beobachtet man im höheren Alter.

Der zeltartig geformte *IV. Ventrikel* wird ganz vom Kleinhirn überdeckt. Er besitzt zwei tubenförmige, seitliche Aussackungen zwischen den Flocculi und den hinteren Hirnnervenwurzeln (Recc. lat.), die perforiert sind [Aperturae lat. (Luschkae)]. Durch sie strömt der Liquor cerebrospinalis int. in die Cisterna basalis ein. Die an der Hinterwand des IV. Ventrikels ausgebildeten Plexus choroidei ragen in die Rec. lat. hinein und wölben sich teilweise bis nach außen vor (sog. Bochdalek-Blumenkörbchen). Median öffnet sich der IV. Ventrikel durch die Apertura mediana (Magendi) in die Cisterna cerebellomedullaris. Das Dach des IV. Ventrikels wird von den drei Kleinhirnstielen, dem Velum medullare sup. und inf. gebildet. Die Rautengrube mit ihren zahlreichen, lebenswichtigen, vegetativen Zentren liefert den Boden des Ventrikels.

Innerhalb der Schädelhöhle ist das Gehirn nur wenig beweglich. Grundsätzlich bestehen nur zwei *Verschiebemöglichkeiten:* laterale und axiale. Im Hemisphärenraum oberhalb des Tentoriums sind die Stammganglien, der Gyrus cinguli und der Balken etwas nach lateral verschieblich, da die Falx cerebri vorne schmal ist und die Hemisphären nur unvollkommen trennt.

Klinische Hinweise. Axialverschiebungen erfolgen im Tentoriumschlitz meist von rostral nach kaudal, wobei Mittelhirn und Hippokampus nach kaudal gedrängt werden. Bei raumfordernden Prozessen werden die Hirnteile durch den Tentoriumschlitz wie durch eine zu enge Tür nach kaudal und lateral verdrängt, was Liquorstauung, Zisternenprolaps, Venenstauung, Hydrozephalus oder Druckschädigungen der benachbarten Leitungsbahnen zur Folge haben kann. Ähnliches kann auch durch eine unglückliche Subokzipitalpunktion ausgelöst werden. Die am Augenhintergrund erkennbare Stauungspapille ist ein frühzeitiges Hirndruckzeichen.

III. Schädelbasis

Die knöcherne Schädelbasis stellt eine Rahmenkonstruktion dar. Die festen Abschnitte liegen in der Mitte (Regio mediana) und rahmenartig um die drei Schädelgruben herum (Regiones lat.) (Abb. 178). Zur mittleren Region gehören die Lamina cribrosa, der Keilbeinkörper mit dem Türkensattel für die Hypophyse, der Clivus und das For. magnum. Die drei Schädelgruben sind stufenweise gegeneinander versetzt, so daß die Fossa cranii ant. höher liegt als die Fossa cranii media und post.

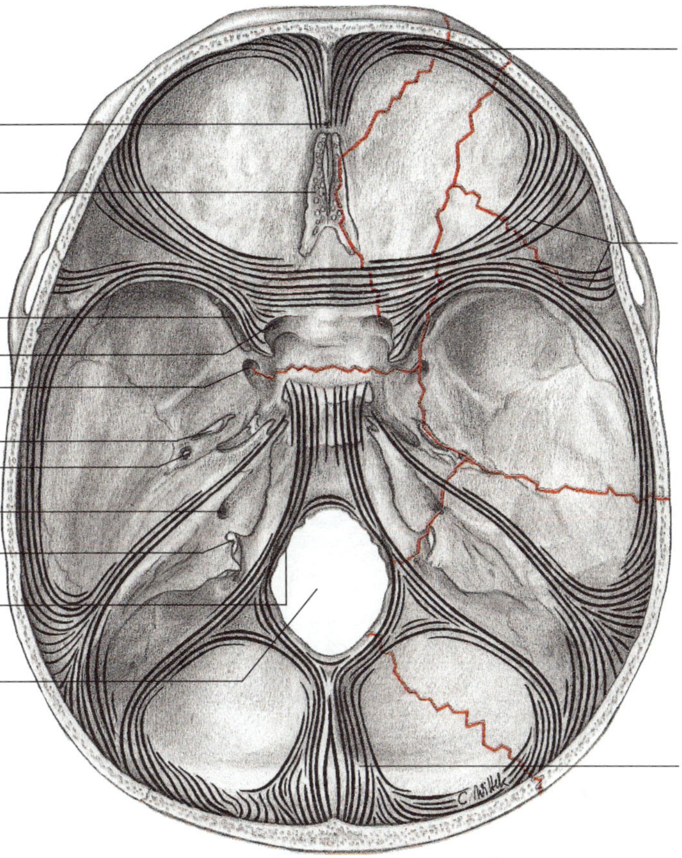

Abb. 178. Die häufigsten Bruchlinien der Schädelbasis (rote Linien) und die sog. Spaltlinien (schwarz) sind dargestellt. Die schwarzen Linien zeigen die Stellen größter Festigkeit an und umrahmen die 3 Schädelgruben. Diese Rahmenstrukturen stehen mit den Kaupfeilern des Gesichtsskelettes in Verbindung.

Klinische Hinweise. Die Rahmenkonstruktion der Schädelgruben erklärt die Lokalisation der häufigsten **Frakturlinien** (Abb. 178). *Längsbrüche* verlaufen meist durch die Lamina cribrosa, das dünne Dach der Orbita oder den Canalis opticus. Sie können auch die großen Foramina der mittleren Schädelgrube (For. rotundum, ovale, spinosum) in einer langen Bruchlinie vereinen oder zu einem Abriß der Felsenbeinspitze führen. *Querbrüche* bevorzugen das For. lacerum und die Sella turcica. Sie können den Sinus cavernosus mit den hier gelegenen Gebilden (A. carotis int., N. III, IV, VI) zerreißen. Je nach der Lokalisation dieser Brüche kommt es zu Blutungen in die Nasenhöhle, Liquorabfluß in Nase oder Ohr, einem Monokel- oder Brillenhämatom sowie zu entsprechenden Hirnnervenschädigungen.

1. Klinisch wichtige Regionen der Schädelbasis

Hypophysenregion. Die Hypophyse (etwa 12 × 8 mm groß) liegt in der Sella turcica. Man unterscheidet im allgemeinen zwei Sel-

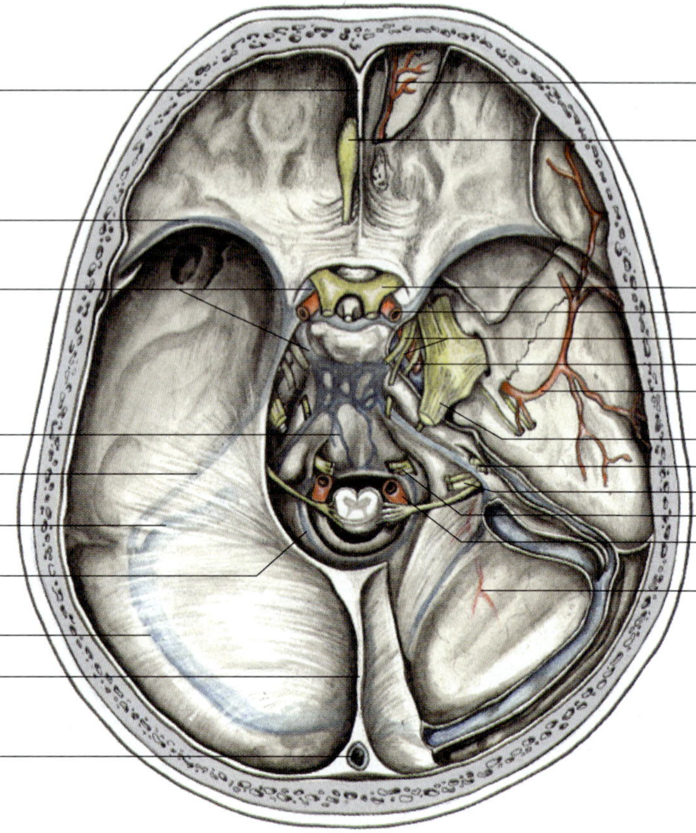

Abb. 179. Topographie der Leitungsbahnen und Blutleiter des Gehirns an der Schädelbasis. Rechts ist das Tentorium an der Pyramidenkante und Falx cerebri abgeschnitten (aus Töndury). I–XII = Hirnnerven.

latypen: eine offene, flache und eine geschlossene, eingeengte Form. Oben wird die Sella gegen den Schädelraum vom duralen Diaphragma sellae, das der Hypophysenstiel durchbohrt, abgegrenzt. An die unnachgiebige, osteofibröse Hypophysenloge schließt sich seitlich der Sinus cavernosus, vorn und hinten der Sinus intercavernosus an. Vor dem Hypophysenstiel (Infundibulum) unmittelbar auf dem Diaphragma liegt das Chiasma opticum. Die Sella ist von den Arterien des Circulus arteriosus cerebri (Willisi) umgeben, welche auch ernährende Äste zur Hypophyse abgeben. Die A. carotis int.

Fossa cranii anterior

Wird hinten durch die kleinen Keilbeinflügel und die Proc. clinoidei ant. begrenzt. Verbindungen durch die Lamina cribrosa zur Nasenhöhle. Hauptteil des Orbitadachs. Auf der vorderen Schädelgrube ruht der Lobus frontalis des Großhirns	
1. For. caecum	Durazapfen der Falx cerebri; beim Kind Emissarvenen als Verbindungen zwischen Sinus sagittalis sup. und Nasenvenen
2. Lamina cribrosa	Nn. olfactorii, A., V. und N. ethmoidalis ant., N. terminalis

Fossa cranii media

Zwischen kleinem Keilbeinflügel und Pyramidenkante. In ihr lagert der Lobus temporalis des Großhirns. Unmittelbar vor der Felsenbeinpyramide projiziert sich die Fossa mandibularis. Bei Unfällen (Sturz aufs Kinn) kann das Kieferköpfchen in die mittlere Schädelgrube durchbrechen. Topographische Beziehungen zum Sinus cavernosus, zum Innenohr und zur Paukenhöhle. (Das Tegmen tympani liegt an der Vorderfläche der Felsenbeinpyramide!)	
1. Canalis opticus (Weg zur Orbita)	N. opticus A. ophthalmica
2. Fissura orbitalis sup. (zwischen Ala major und minor = Weg zur Orbita	N. oculomotorius (N. III) N. abducens (N. VI) N. trochlearis (N. IV) V. ophthalmica sup. N. ophthalmicus (N. V_1)
3. For. rotundum (Weg zur Fossa pterygopalatina)	N. maxillaris (N. V_2)
4. For. ovale (Weg zur Fossa infratemporalis)	N. mandibularis (N. V_3) Plexus venosus foraminis ovalis A. meningea accessoria [für das Ggl. trigeminale (Gasseri)]
5. For. spinosum (Weg zur Fossa infratemporalis)	A. meningea media R. meningeus (recurrens) des N. mandibularis (N. V_3)
6. Canalis caroticus	A. carotis int. (mit begleitendem Venenplexus)
7. For. lacerum (verschlossen durch die Fibrocartilago basalis)	N. petrosus major (führt die parasympathischen Fasern des N. intermedius durch den Canalis pterygoideus zum Ggl. pterygopalatinum) N. petrosus minor [führt die parasympathischen Fasern des N. glossopharyngeus zum Ggl. oticum (Jacobson-Anastomose)]

Fossa cranii posterior

Nimmt Kleinhirn, Pons und Medulla oblongata auf und wird durch das Tentorium kranial abgeschlossen.	
1. Porus et Meatus acusticus int.	N. facialis (N. VII) N. intermedius N. vestibulocochlearis (N. VIII) A. und V. labyrinthi
2. Apertura ext. aquaeductus vestibuli	Aquaeductus vestibuli (Endolymphgang des Innenohrlabyrinths)
3. For. jugulare medialer Teil (Pars nervosa) für	N. glossopharyngeus (N. IX) N. vagus (N. X) N. accessorius (N. XI)
Pars venosa für	V. jugularis int. A. meningea post. der A. pharyngea ascendens
4. Canalis hypoglossi	N. hypoglossus (N. XII)
5. Canalis condylaris	V. emissaria condylaris (Verbindung zur V. occipitalis)
6. For. mastoideum	V. emissaria mastoidea (Verbindung zur V. auricularis post.)
7. For. magnum	Medulla oblongata N. accessorius (N. XI) (aufsteigender Teil, Radix spinalis) N. cervicalis I Aa. vertebrales (aufsteigend) Aa. spinales ant. und post. (absteigend) Plexus venosus vertebralis int. Sinus marginalis (randständig am Hinterhauptsloch gelegen)

ist zwar eng benachbart, berührt aber die Hypophysenloge nirgends.

Klinischer Hinweis. Hypophysentumoren können durch Druck auf die gekreuzten Optikusfasern in der Mitte des Chiasmas eine bilaterale Hemianopsie hervorrufen. Kompressionen des Chiasmas von der Seite, etwa durch Karotisaneurysmen, bewirken hauptsächlich Läsionen der ungekreuzten Optikusfasern (binasale Hemianopsien).

Ganglion trigeminale. Das halbmondförmige Trigeminusganglion liegt in der Impressio trigemini auf der Vorderfläche der Felsenbeinpyramide in einer kleinen Duratasche (Cavitas trigeminalis). Der N. trigeminus durchsetzt den Tentoriumansatz (Porus trigemini, der etwa 2 × 4 mm groß ist), unterkreuzt den Sinus petrosus sup. und überkreuzt den N. petrosus major. An das Ganglion grenzt medial der Sinus cavernosus (Übergreifen von Entzündungen!) und lateral die A. meningea media an. Die Dura umschließt den Anfangsteil der drei Trigeminusäste mit zipfelförmigen Fortsätzen. Der Subarachnoidalraum erweitert sich im Bereich der Cavitas trigeminalis, so daß das Ganglion von Liquor umspült wird (sog. Trigeminuszisterne). Der Liquor fließt über die Lymphscheiden der Nerven nach peripher ab.

Kleinhirnbrückenwinkel. Die Region zwischen Kleinhirn, Pons, Pyramide und den Brückenarmen, die von der Cisterna pontocerebellaris (Kleinhirnbrückenwinkelzisterne) ausgefüllt wird, hat durch das Auftreten operabler Geschwülste (z. B. Akustikusneurinome) eine besondere klinische Bedeutung erlangt. In dieser Region finden sich die intrakranialen Abschnitte der Hirnnerven VII–XII, vor allem die der Vagusgruppe (N. IX, X, XI), die A. vertebralis und die V. petrosa.

N. accessorius mit seiner lang aufsteigenden Radix spinalis, N. glossopharyngeus und N. vagus treten zwischen Olive und Hinterstrang aus der Medulla oblongata aus, durchqueren die Kleinhirnbrückenwinkelzisterne und gelangen durch das For. jugulare nach außen. Der *N. hypoglossus* verläßt die Medulla weiter medial zwischen Pyramide und Olive, ebenfalls mit zahlreichen Wurzelfäden. Sein Austritt aus dem Canalis hypoglossi liegt weiter basal, also etwas versteckter. Zwischen diesen Nervenbündeln des Kleinhirnbrückenwinkels verläuft gewöhnlich ein Ast der A. vertebralis hindurch sowie die V. petrosa, deren Wurzel im Gebiet der Medulla liegt und die nach lateral in den Sinus petrosus sup. abfließt. Weiter rostral ziehen die Nerven der Fazialisgruppe zum Porus acusticus int. Die Vasa labyrinthi begleiten das Nervenbündel. Der die seitlichen Brückenarme durchsetzende N. trigeminus zieht in sagittaler Richtung nach vorn und kann im weiteren Sinne auch noch zur Region des Kleinhirnbrückenwinkels gezählt werden.

Clivus und For. magnum. Am Clivus liegen plexusartige Venengeflechte, die einerseits mit dem Sinus cavernosus, andererseits mit dem Sinus marginalis, der das For. magnum umgibt, zusammenhängen. Kaudalwärts existieren Anastomosen mit den Wirbelvenengeflechten.

An der Seitenfläche des Clivus tritt der **N. abducens** (N. VI), relativ weit medial, durch die Dura hindurch, um dann an der Felsenbeinspitze vorbei mitten durch den Sinus cavernosus, wo er lateral von der A. carotis int. liegt, zur Fissura orbitalis sup. zu verlaufen (Abb. 168). Er hat von allen Hirnnerven den längsten extraduralen Verlauf.

Auf dem Clivus liegt die **A. basilaris,** die sich durch den Zusammenfluß der beiden Aa. vertebrales bildet. Die Vertebralarterien geben zum Rückenmark die paarigen Aa. spinales post. und die unpaare A. spinalis ant. ab. Zwischen den dorsalen und ventralen Wurzelfäden zieht das Lig. denticulatum durch das For. magnum nach oben bis zum For. jugulare (kranialste Zacke des Ligaments). Die lang aufsteigende Radix spinalis des N. accessorius liegt dem Lig. denticulatum dorsal eng an (Abb. 179). In enger Nachbarschaft zum For. magnum befinden sich die Tonsillen und Flocculi des Kleinhirns, das im infratentoriellen Raum untergebracht ist.

Klinische Hinweise. Die Kleinhirntonsillen, die Hinterstränge der Medulla oblongata und die Radix spinalis des N. accessorius können bei Druckerhöhungen im Schädelinnenraum (z. B. bei Tumoren oder bei Volumenänderungen im Liquorsystem) in das For. magnum gedrückt und dadurch geschädigt werden.

Schädigungen des **N. abducens** können wegen seines Verlaufs innerhalb des Sinus cavernosus bei basalen Meningitiden auftreten. Der Nerv wird im Bereich der Felsenbeinspitze bindegewebig fixiert, so daß er bei Schädelbasisfrakturen hier leicht verletzt werden kann.

IV. Statoakustisches Organ

1. Innenohr (Labyrinth)

Der Baustil des Gehör- und Gleichgewichtsorgans weicht wesentlich von dem des Sehorgans ab. Während das Sehorgan aus konzentrisch *ineinander* geschichteten Schalen aufgebaut ist, sind die rezeptorischen und akzessorischen Einrichtungen des statoakustischen Organs *hintereinander* geschaltet. So ergibt sich die Gliederung in ein äußeres, mittleres und inneres Ohr (Abb. 180 und 181).

Die Rezeptoren für das Gehörorgan liegen im Corti-Organ der Schnecke *(Cochlea)*, die im Felsenbein eingeschlossen ist. Die der akustischen Perzeption zugrundeliegenden Luftschwingungen, die vom äußeren Ohr aufgenommen werden, können jedoch nicht unmittelbar die Sinneszellen der Schnecke erregen, sondern müssen

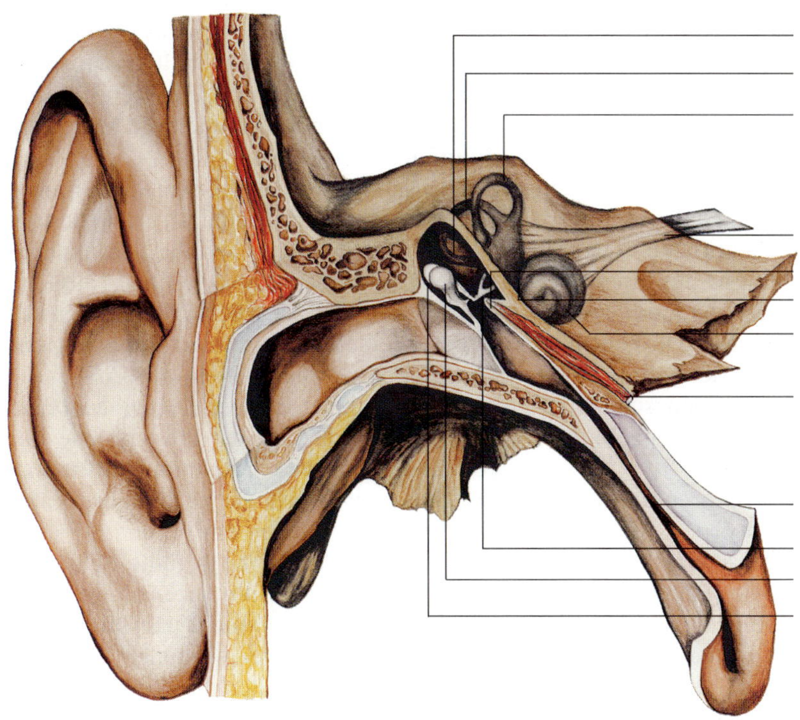

Abb. 180. Lageverhältnisse des äußeren und mittleren Ohrs im Verhältnis zum Innenohr (nach Braus).

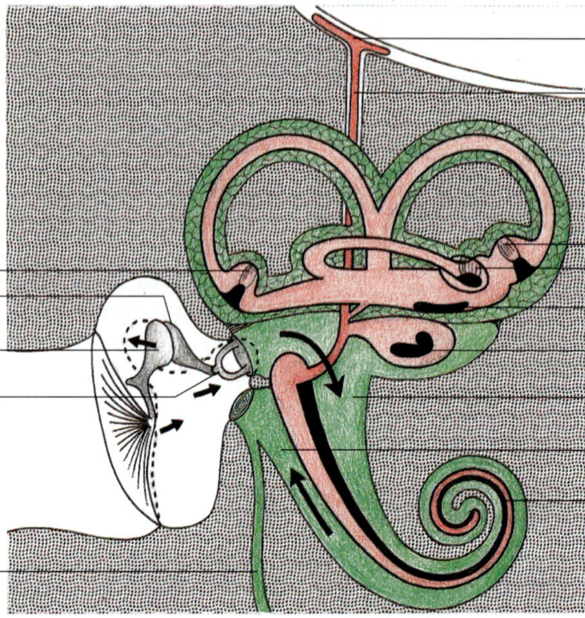

Abb. 181. Aufbau von Mittelohr und Labyrinthorgan. Bewegungen der Gehörknöchelchen bei der Schallwellenübertragung punktiert. Grün = Perilymphräume; rot = Endolymphräume; schwarz = Lokalisation der Sinneszellen.

zuerst umgeformt und adaptiert werden. Diese Aufgabe übernimmt das Mittelohr. Äußeres Ohr, Mittel- und Innenohr sind, wie gesagt, *hintereinander* geschaltet (Abb. 180). Das äußere Ohr dient als Schallempfänger, das Mittelohr transformiert die vom Trommelfell aufgenommenen Schallwellen mittels der Gehörknöchelchenbrücke in feinste Bewegungen der Perilymphe des Innenohrs, die ihrerseits dann wieder die Endolymphe der Schnecke in Schwingungen versetzen und damit die Rezeptoren der Schnecke erregen. Die Erregungen werden schließlich über den Hörnerven (N. VIII) dem Rauten- und Endhirn zugeleitet.

Labyrinthorgan. Die Rezeptoren für die statische Orientierung des Körpers im Schwerefeld der Erde sind im Labyrinthorgan lokalisiert, das im Felsenbein (Pars petrosa ossis temporalis) untergebracht ist (Abb. 181 und 182). Das Labyrinth stellt ein kompliziertes Schlauchsystem dar, das mit Flüssigkeit (Endolymphe) gefüllt ist und sich in zwei Abschnitte gliedert:

1. Die drei *Bogengänge* (*Ductus semicirculares ant., post.* und *lat.*) – halbkreisförmige Kanäle, die in den drei Hauptebenen des Raums liegen und annähernd senkrecht aufeinander stehen.
2. Das *Vestibulum,* das aus zwei sackförmigen Gebilden (Utriculus und Sacculus) besteht und von dem ein spiralig gewundener Gang, die Schnecke *(Cochlea),* ausgeht. Die Schnecke beherbergt die Rezeptoren für den Gehörapparat und soll daher erst später besprochen werden (s. S. 268).

Vom Vestibulum geht der *Ductus endolymphaticus* aus, der an der Hinterfläche der Felsenbeinpyramide mit einem kleinen *Saccus endolymphaticus* endet und druckausgleichende Funktionen hat.

Das mit Endolymphe gefüllte Schlauchsystem *(häutiges Labyrinth)* liegt dem *knöchernen Labyrinth* nicht unmittelbar an, sondern ist durch einen schmalen, ebenfalls mit Flüssigkeit gefüllten Spalt (Perilymphraum) vom Knochen, der damit ein vergröbertes Nachbild des häutigen Labyrinths

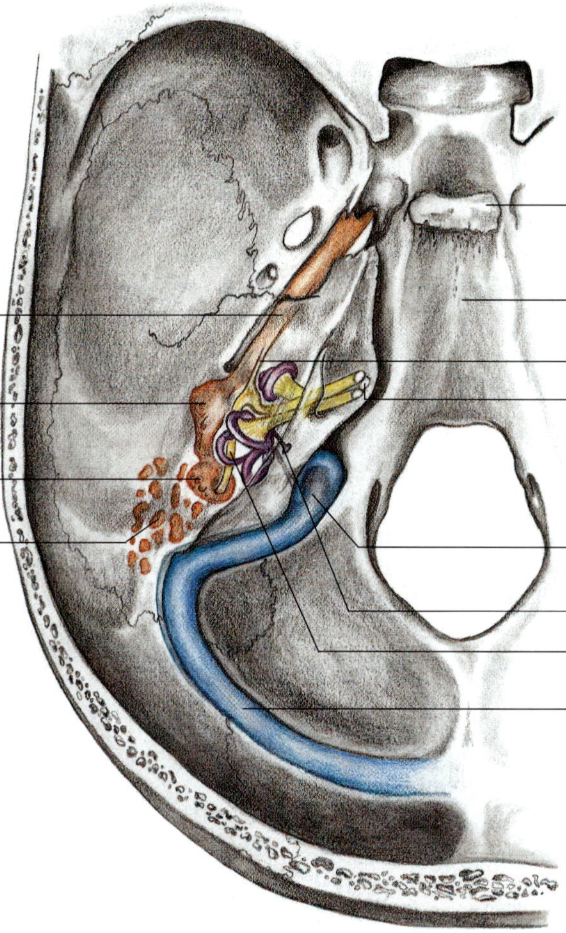

Abb. 182. Lage des häutigen Labyrinths (violett) und der schleimhautausgekleideten Räume des Felsenbeins (braun) im Verhältnis zum N. facialis und Sinus sigmoideus (mod. nach Ferner und Kautzky).

bildet, getrennt. Der vordere Bogengang *(Ductus semicircularis ant.)* steht senkrecht zur Achse der Felsenbeinpyramide, der hintere *(Ductus semicircularis post.)* in etwa parallel. Der vordere Bogengang buchtet die Vorderfläche der Felsenbeinpyramide etwas vor *(Eminentia arcuata)*, während sich der laterale Bogengang gegen den Mittelohrraum vorwölbt *(Prominentia canalis semicircularis lat.)* und deshalb auch vom Mittelohr aus operativ erreicht werden kann. Vorderer und hinterer Bogengang entspringen einem gemeinsamen *Crus commune*. Da die Längsachse des Felsenbeins nicht rein transversal orientiert, sondern sowohl in der Horizontalen als auch in der Vertikalen um etwa 45 Grad geneigt ist, liegen auch die Ebenen der drei Bogengänge nicht exakt in den drei Ebenen des Raums. So kommt es, daß z. B. der vordere Bogengang der rechten Seite in derselben Raumebene liegt wie der hintere Bogengang der linken Seite. Jeweils am Ende eines Bogenganges findet sich eine ampulläre Erweiterung, in denen das Rezeptororgan untergebracht ist. Dieses besteht aus einer leistenartigen Epithelverdickung *(Crista ampullaris)*, auf der ein schwingungsfähiger Pinsel *(Cupula)* sitzt. Bewegt sich der Kopf in einer der drei Ebenen des Raums, gerät die Endolymphe des entsprechenden Bogengangs in Bewegung, und zwar bewegt sie sich wegen ihrer Trägheit in der entgegengesetzten Richtung. Infolgedessen schwingt die Cupula ebenfalls in der Gegenrichtung, was dann den adäquaten Reiz für die Rezeptoren darstellt.

Im Vestibulum sind aber noch zwei weitere Rezeptorfelder *(Maculae staticae)* lokalisiert. Jeweils im Utriculus und Sacculus findet sich eine Epithelverdickung, auf der eine Statolithenmembran ruht. Dabei handelt es sich um eine gallertartige Schicht, die zahlreiche kleine Kalkkristalle enthält und die auf die Rezeptoren einen Druck oder Zug ausüben kann (*Macula utriculi* und *Macula sacculi*) (Abb. 181). Während die Ampullen der Bogengänge bei den Bewegungen des Kopfs die Drehwinkelbeschleunigungen registrieren, nehmen die Maculae staticae die Linear- bzw. Progressivbeschleunigungen in den jeweiligen Ebenen des Raums wahr.

Äußeres, mittleres und inneres Ohr sind nicht in der Achse der Felsenbeinpyramide, sondern fast genau transversal orientiert (Abb. 182). Da die Pyramidenachse mit der Transversalen einen Winkel von 45 Grad bildet, projiziert sich das Mittelohr in der Hauptsache auf die vordere Pyramidenfläche und das äußere Ohr auf die mittlere Schädelgrube. Das häutige Labyrinth steht topographisch mit der hinteren Schädelgrube durch den Meatus acusticus int. und den Ductus endolymphaticus sowie mit dem Mittelohrraum durch das ovale (Fenestra vestibuli) und runde Fenster (Fenestra cochleae) in Verbindung. Infektionen breiten sich bevorzugt über diese Kanäle – meist über die Perilymphräume – aus, da der Knochen sehr hart ist und infektiösen Prozessen einen größeren Widerstand entgegensetzt. Der Ductus endolymphaticus geht vom Vestibulum aus und gelangt durch den schmalen Aquaeductus vestibuli an die Hinterfläche der Felsenbeinpyramide (Apertura ext. aquaeductus vestibuli). Hier verbreitert sich der Ductus zum Saccus endolymphaticus, der zwischen zwei Durablättern ausgespannt ist.

Der **N. facialis** tritt oberhalb der Crista transversa in den Fundus meatus acustici int. ein, läuft etwa senkrecht zur Pyramidenachse am Vestibulum, zwischen Schnecke und Bogengangsystem vorbei nach vorn. Hier bildet er das äußere Fazialisknie mit dem Ganglion geniculi. Von da biegt der Nerv scharf nach hinten um und zieht zwischen lateralem Bogengang und ovalem Fenster (Fenestra vestibuli) bogenförmig am Boden des Antrum mastoideum vorbei und verläßt durch das For. stylomastoideum das Schläfenbein.

Die **Schnecke** ist 2½mal um die knöcherne Schneckenachse (Modiolus) gewunden. Die Schneckenspitze ist nach vorn-außen und lateral gerichtet. Die Basalwindung wölbt die mediale Paukenhöhlenwandung vor (Promontorium). Von unten kommt die A. carotis int. in enge Nachbarschaft zur Schnecke, die hier nur durch eine dünne Knochenlamelle vom Karotiskanal getrennt ist. Der Bulbus v. jugularis int. wölbt sich von unten gegen das Vestibulum des Labyrinths vor. In den trichterförmigen, durch die Crista transversa halbierten *Fundus meatus acustici int.* gelangen die A. und V. labyrinthi, der N. facialis, N. vestibulocochlearis und N. intermedius ins Innenohr. Die A. labyrinthi stammt aus der A. basilaris oder A. inf. ant. cerebelli, die V. labyrinthi fließt in den Sinus petrosus inf. ab. Das Gefäß-Nerven-Bündel des inneren Gehörgangs ist von einem taschenförmigen Durazapfen und einer liquorhaltigen Arachnoideahülle, die bis auf den Boden des Meatus reicht, umgeben.

Die *Vasa auris int.* (A. und V. labyrinthi) versorgen nur das häutige Labyrinth. Das knöcherne Labyrinth erhält seine Gefäße von Ästen der A. meningea media, A. carotis int. und A. pharyngea ascendens.

2. Mittelohr (Cavitas tympanica)

Die vom äußeren Ohr aufgenommenen Schallwellen versetzen das am Ende des äußeren Gehörgangs (Meatus acusticus ext.) gelegene *Trommelfell (Membrana tympanica)* in Schwingungen (Abb. 183). Diese Schwingungen werden mittels der Gehörknöchelchenbrücke durch den schmalen Raum des Mittelohrs hindurch zum Innenohr weitergeleitet. Das Trommelfell stellt eine äußerst dünne, gespannte Membran dar, die etwas schräg gestellt und in der Mitte trichterförmig eingezogen ist. Diese Einziehung *(Umbo)* oder Trommelfellnabel kommt durch den Ansatz des Hammergriffs zustande. Die Spannung des Trommelfells wird durch die Einfalzung in den knöchernen Anulus tympanicus aufrechterhalten *(Pars tensa)*. Da dieser Ring aber an einer Stelle oben offen bleibt, entsteht ein schmaler, spannungsfreier Bezirk, die *Pars flaccida*.

Die Trommelfellschwingungen werden über den Hammergriff auf die **Gehörknöchelchenbrücke** übertragen. Diese setzt sich aus drei Knochen zusammen, die durch zwei Gelenke miteinander verbunden sind:

1. Hammer *(Malleus)*,
2. Amboß *(Incus)* und
3. Steigbügel *(Stapes)*.

Der Hammer hat die Form einer Keule und artikuliert mit dem Körper des Amboß. Dieser wiederum steht mit seinem langen Schenkel *(Crus longum)* mit dem Steigbügelköpfchen in gelenkiger Verbindung. Die Steigbügelplatte ist in eine kleine Öffnung an der medialen Mittelohrwand eingelassen *(Fenestra vestibuli)* und dort durch ein Ringband *(Lig. anulare stapedis)* fixiert.

Die Gehörknöchelchenkette wird durch zahlreiche kleine Bänder an den Wänden des oberen Mittelohrraumes (Rec. epitympanicus) befestigt und gewissermaßen dadurch in der Schwebe gehalten. Die eigenartige Form der Gehörknöchelchen läßt sich nur funktionell erklären. Die Massenverteilung der Knochensubstanz um die jeweiligen Schwerpunkte herum mit Gewicht und Gegengewicht ist so, daß die Gelenkkette der Gehörknöchelchen nahezu schwerelos

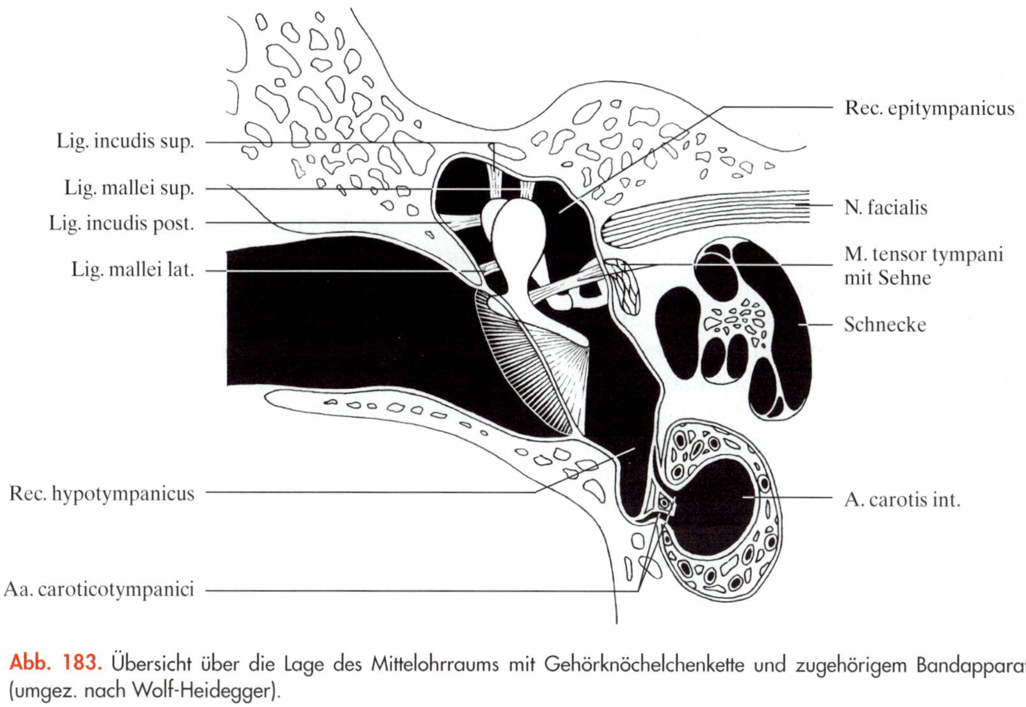

Abb. 183. Übersicht über die Lage des Mittelohrraums mit Gehörknöchelchenkette und zugehörigem Bandapparat (umgez. nach Wolf-Heidegger).

schwingen kann und äußerst fein beweglich ist. Diese Beweglichkeit und damit die Schallwellenübertragung kann außerdem durch zwei Muskeln noch aktiv beeinflußt werden, und zwar durch den M. tensor tympani und den M. stapedius. Der *M. stapedius,* der vom N. facialis (N. VII) innerviert wird, ist der kleinste quergestreifte Muskel des Körpers. Er liegt in der hinteren Paukenhöhlenwandung unterhalb des Fazialiskanals im Knochen und setzt mit seiner kurzen Sehne am Stapeskopf an. Dadurch kann er die Stapesplatte im ovalen Fenster (Fenestra vestibuli) kippen, so daß das vordere Ende der Platte etwas aus dem Knochenfenster herausgehebelt wird. Die Schwingungsübertragung der Steigbügelplatte auf das Innenohr wird auf diese Weise gedämpft. Der größere *M. tensor tympani,* der von einem Ast des N. trigeminus (N. mandibularis) innerviert wird, verläuft parallel mit der Ohrtrompete im vorderen Teil des Canalis musculotubarius und zieht mit seiner an der medialen Paukenhöhlenwand senkrecht umbiegenden Sehne um den Proc. cochleariformis herum, quer durch das Mittelohr zum Hammergriff. Er kann den Hammergriff und damit den Trommelfellnabel einwärts ziehen, wodurch sich Trichterform und Spannung des Trommelfells verstärken. Dadurch wird auch der Steigbügel ein wenig mehr in das ovale Fenster hineingepreßt. Normalerweise können die beiden Muskeln für optimale Spannungsverhältnisse in der Schalleitungskette sorgen und durch gegenregulatorische Tonussteigerungen plötzliche Änderungen der Schallintensität dämpfen. Sie übernehmen dadurch eine wichtige Schutzfunktion für das Innenohr.

Damit das Schalleitungssystem in idealer Weise schwingen kann, muß der Mittelohrraum nicht nur luftgefüllt sein, sondern auch der Außenwelt angepaßte Druckverhältnisse aufweisen. Luft in den Binnenräumen des Körpers wird in der Regel durch die Schleimhäute rasch resorbiert. Das Mittelohr muß daher regelmäßig belüftet werden. Dies geschieht durch die Ohrtrompete (*Tuba auditoria* oder Eustachi-Röhre). Durch diese Verbindung kann jederzeit ein druckausgleichender Luftaustausch zwischen Pharynx und Mittelohrraum stattfinden.

Die **Tuba auditoria** besteht aus einem knöchernen und einem knorpelig-membranösen Teil. Sie beginnt vorn am Boden der Paukenhöhle(*Hypotympanon* oder Paukenkeller) mit dem Ostium tympanicum tubae auditoriae und verläuft dann schräg nach vorne-unten bis zum Epipharynx (*Ostium pharyngeum* tubae auditoriae). Die seitliche untere Wand der knorpeligen Tube ist membranös verschlossen. Da die Fasern des M. tensor veli palatini an der Abschlußmembran befestigt sind, kann dieser Muskel die Membran vom Tubenknorpel abheben und so das Tubenlumen erweitern. In geringem Maße ist auch der M. levator veli palatini dazu befähigt. Die Tubenöffnung erfolgt meist unwillkürlich beim Schluckakt, so daß ein regelmäßiger Druckausgleich in der Paukenhöhle vonstatten geht.

Der **Mittelohrraum,** der vorn durch die Tuba auditoria mit der Pars nasalis pharyngis, hinten durch das Antrum mastoideum mit den Cellulae mastoideae in Verbindung steht, wird von einer modifizierten Pharynxschleimhaut ausgekleidet, die auch die Gehörknöchelchenkette überzieht (Abb. 183). Die engste Stelle liegt zwischen Umbo und Promontorium (etwa 1,5 mm Durchmesser). Ober- und unterhalb der Gehörknöchelchenbrücke erweitert sich der Mittelohrraum etwas (Rec. epi- und hypotympanicus). Im Mittelohrraum können sechs Wände unterschieden werden:

Die **obere Wand** (Paries tegmentalis) des Mittelohrs grenzt an die vordere Pyramidenfläche (Tegmen tympani) und damit an die mittlere Schädelgrube. Das Tegmen kann stellenweise dünn sein oder fehlen, so daß sich Dura und Mittelohrschleimhaut berühren. Über dem Tegmen tympani liegt der Temporallappen des Gehirns.

Die **untere Wand** (Paries jugularis) liegt tiefer als der Abgang der Tube, weshalb Eiteransammlungen keinen Abfluß haben.

Bemerkenswert ist die Nachbarschaft zum Bulbus superior der V. jugularis int., von dem das Mittelohr nur durch eine dünne Knochenwand getrennt ist. Kleine anastomosierende Venen können Infektionen an dieser Stelle fortleiten.

Die **vordere Wand** (Paries caroticus) ist gegen die Spitze der Felsenbeinpyramide gerichtet. Sie öffnet sich vorn in den knöchernen Canalis musculotubarius, der aus zwei Halbkanälen besteht. Im oberen Halbkanal ist der M. tensor tympani untergebracht. Der untere, schleimhautausgekleidete Halbkanal stellt den knöchernen Abschnitt der Tuba auditoria dar. Der knorpelige Abschnitt endet im oberen Pharynx (Pars nasalis pharyngis) und hat enge topographische Beziehungen zur A. meningea media, zum N. mandibularis (N. V_3), zum M. tensor und levator veli palatini. Die Tube belüftet das Mittelohr. Ihre membranöse Wand kann durch den M. tensor veli palatini gespannt werden (Öffnung der Tube beim Schlucken). Vom Nasen-Rachen-Raum aufsteigende Infektionen erreichen das Mittelohr meist über die Tube.

Die A. carotis int. biegt nach ihrem Eintritt in die Felsenbeinpyramide rechtwinklig nach vorne und medial um. Dieses Karotisknie wölbt die Vorderwand des Mittelohrs unterhalb des Canalis musculotubarius etwas vor. Von dieser Stelle aus dringen mehrere arterielle Ästchen durch den Knochen zur Mittelohrschleimhaut vor (Rr. caroticotympanici); kleine sympathische Nervchen zum Plexus tympanicus begleiten diese Gefäße.

Die **hintere Wand** (Paries mastoideus) grenzt an den Warzenfortsatz, der vom Mittelohr aus in den ersten Lebensjahren pneumatisiert wird. Die durch diesen Prozeß entstehenden Cellulae mastoideae können über den Rec. epitympanicus und das Antrum mastoideum erreicht werden. Der Aditus ad antrum liegt an der hinteren oberen Wand der Paukenhöhle. Der Boden des Aditus ist etwas höher als der des Antrums und isthmusartig eingeengt. Medial ist die knöcherne Vorwölbung des lateralen Bogengangs, oben das Tegmen tympani und am Boden der N. facialis zu finden. Der Aditus projiziert sich außen etwa auf die Spina supra meatum. Das Antrum variiert sehr in Größe und Ausdehnung.

Die **mediale Wand** (Paries labyrinthicus, Abb. 184) grenzt an das Innenohr, mit dem es durch das ovale Fenster (Fenestra vestibuli, Durchmesser etwa 3–3,5 mm) in Verbindung steht. Der laterale Bogengang bildet die Prominentia canalis semicircularis lat., die Basalwindung der Schnecke das Promontorium. Unter der Schleimhaut des Promontoriums findet sich ein reiches Nervengeflecht, der Plexus tympanicus, der parasympathische Fasern aus dem N. glossopharyngeus (N. tympanicus) und sympathische aus dem Plexus caroticus int. enthält und sich über den N. petrosus minor auf der Vorderfläche der Felsenbeinpyramide in das Ggl. oticum fortsetzt (Jacobson-Anastomose zur Innervation der Parotis). Das runde Fenster (Fenestra cochleae) mit seiner Verschlußmembran (Membrana tympanica secundaria) liegt in einer kleinen Nische hinter dem Promontorium versteckt. Der N. facialis läuft bogenförmig zwischen Steigbügelplatte und lateralem Bogengang hindurch. Er kommt am Boden des Antrum mastoideum in unmittelbare Nachbarschaft zur Schleimhaut, weshalb Mittelohreiterungen eine totale Fazialislähmung zur Folge haben können. Im absteigenden Teil des Kanals entläßt der Fazialis den R. stapedius zum gleichnamigen Muskel, der durch den Proc. pyramidalis in den Mittelohrraum eintritt und sich am Steigbügelköpfchen befestigt. Kurz vor dem Austritt des N. facialis aus dem For. stylomastoideum zweigt rückläufig die Chorda tympani ab. Sie läuft zwischen Hammer und Amboß bogenförmig über dem Trommelfell durch die vordere und hintere Hammerfalte in Höhe der Prussak-Tasche (Rec. membranae tympanicae) nach vorn, verläßt durch eine Spalte in der Schädelbasis das Mittelohr und vereinigt sich dann mit dem N. lingualis. Sie enthält einerseits para-

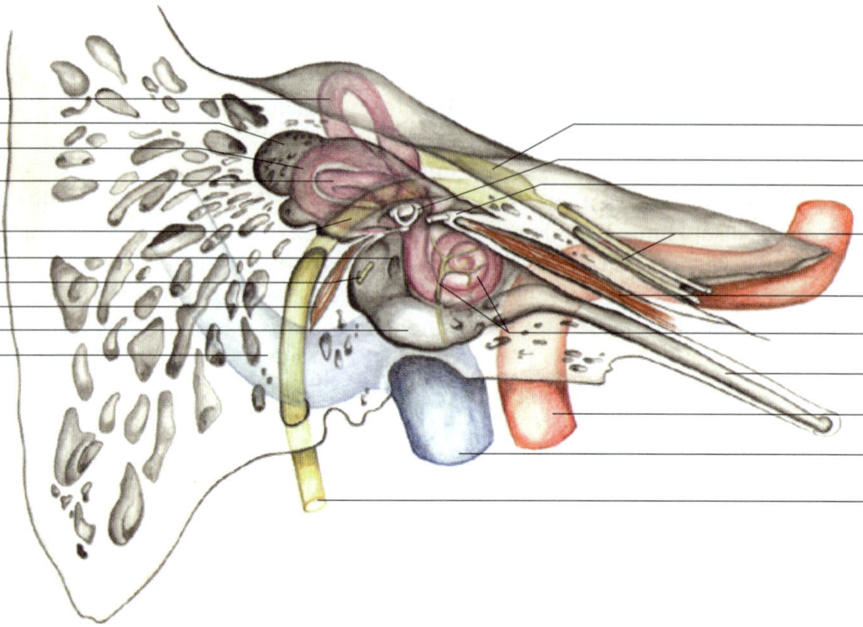

Abb. 184. Mediale Wand der Paukenhöhle. Die laterale Wand wurde entfernt. Die weiter innen gelegenen Organe wurden durchscheinend gezeichnet (Labyrinth = violett; Nerven = gelb; Venen = blau; Arterien = rot). **Bogengänge:** A = Ductus semicircularis sup.; B = Ductus semicircularis post.; C = Ductus semicircularis lat.

1 = Antrum mastoideum
2 = Prominentia canalis facialis mit N. facialis
3 = Fenestra cochleae
4 = Chorda tympani
5 = M. stapedius
6 = Recessus hypotympanicus, Bulbus v. jugularis int.
7 = Sinus sigmoideus
8 = Stapes
9 = Proc. cochleariformis mit Sehne des M. tensor tympani
10 = Cochlea (Promontorium), Plexus tympanicus

sympathische, sekretorische Fasern für die Unterzungendrüsen (Umschaltung im Ggl. submandibulare) und andererseits Geschmacksfasern aus den vorderen zwei Dritteln der Zunge (die zugehörigen Ganglienzellen befinden sich im Ggl. geniculi).

Oberhalb des Promontoriums existiert eine kleine, löffelartige Knochenleiste (Proc. cochleariformis), um die die Sehne des M. tensor tympani herum an den Hammergriff (Manubrium mallei) zieht.

Klinischer Hinweis. Da der N. facialis den M. stapedius, der N. trigeminus mit einem Ast des N. mandibularis jedoch den M. tensor tympani innerviert, ergibt sich bei der Fazialislähmung eine Hyperakusis

Gefäße und Nerven der Paukenhöhle

1. A. tympanica ant.	aus der A. maxillaris – durch die Fissura petrotympanica zum Mittelohr
2. A. stylomastoidea	aus der A. auricularis post. – durch den Fazialiskanal zum Mittelohr
3. A. tympanica inf.	aus der A. pharyngea ascendens – durch den Canaliculus tympanicus zum Mittelohr
4. A. tympanica sup.	aus der A. meningea media – durch den Sulcus n. petrosi minoris zum Mittelohr
5. Rr. caroticotympanici	durch gleichnamige Kanälchen (Canaliculi caroticotympanici) aus der A. carotis int. zum Mittelohr (Abb. 183)

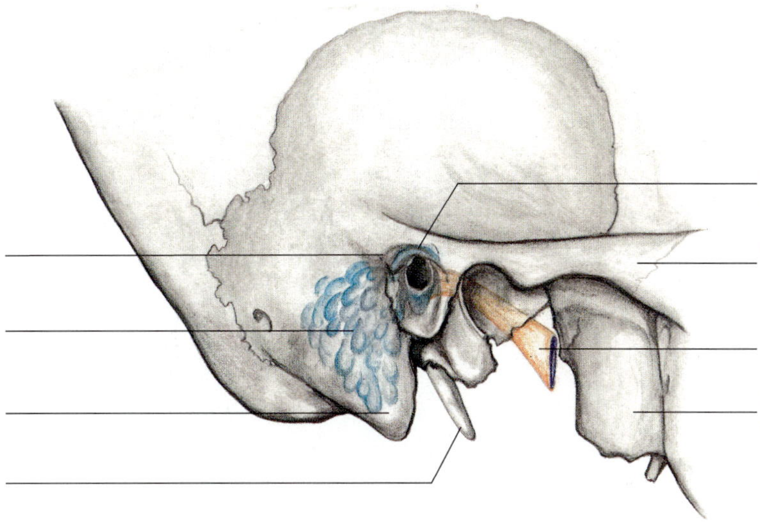

Abb. 185. Pneumatisierte Räume im Schläfenbein in der Ansicht von lateral (nach Pernkopf und Ferner).

(Ausfall der Dämpfung durch den M. stapedius), bei Ausfall des motorischen Trigeminusanteils jedoch eine Hypakusis (Ausfall des Trommelfellspanners).

Die **laterale Wand** des Mittelohrs (Paries membranaceus) wird in der Hauptsache vom Trommelfell gebildet (Abb. 186). Das bei Feten noch nahezu horizontal stehende *Trommelfell* (Membrana tympanica) stellt sich postnatal steiler (Winkel bei Neugeborenen 30–35 Grad) und bekommt bei Erwachsenen schließlich eine Neigung von 45 Grad. Der Hammergriff ist normalerweise leicht nach vorne geneigt, so daß die Längsachse des Trommelfells (Abb. 186) mit der Horizontalen einen Winkel von 60–65 Grad bildet. Das Trommelfell (Durchmesser etwa 10 mm) ist in der Mitte durch den Hammergriff eingezogen (Umbo) und in den knöchernen Anulus tympanicus eingespannt (Pars tensa). Da dieser Ring oben offen ist (Incisura tympanica, Abb. 185), bleibt die oberhalb des Hammergriffs gelegene Fläche locker (Pars flaccida oder Shrapnell-Membran, Abb. 186). Hinter der Shrapnell-Membran liegt der Rec. epitympanicus. Die Chorda tympani zieht am unteren Rand dieser Membran, nahe am Trommelfell entlang, in den beiden Hammerfalten (Striae membranae tympanicae ant. und post.) nach vorn.

Klinischer Hinweis. Bei Druckerhöhungen im Mittelohr kann sich die Shrapnell-Membran vorwölben (Prussak-Tasche) und perforieren. Umgekehrt können hier auch proliferative Prozesse (Cholesteatom u. a.) vom Gehörgang in die Paukenhöhle vordringen.

3. Äußeres Ohr

Der etwa 36 mm lange äußere Gehörgang besteht aus einem kürzeren, knorpeligen und einem längeren, knöchernen Abschnitt. Der knöcherne Teil bildet sich erst nach der Geburt, indem der Anulus tympanicus flächenhaft auswächst. Dadurch wird das anfangs horizontal stehende Trommelfell in die Tiefe verlagert und steiler gestellt. Die obere Gehörgangswand wird kürzer als die untere. Beim Erwachsenen zeigt der Gehörgang einen leicht gewundenen, zuerst nach

Membrana tympanica:

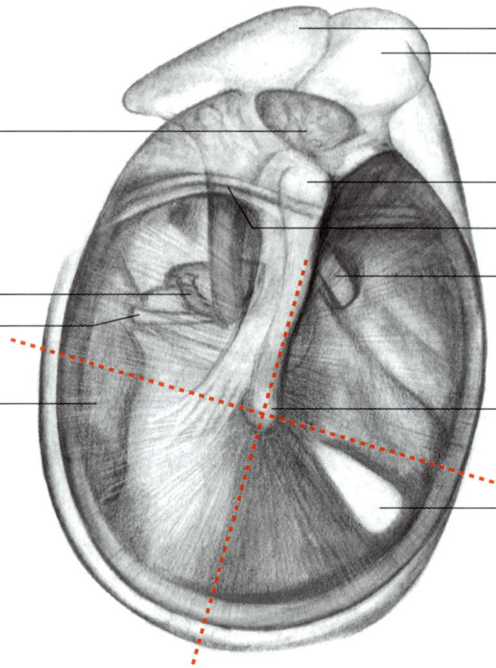

Abb. 186. Rechtes Trommelfell (durchscheinend gezeichnet) und die dahinterliegenden Gebilde des Mittelohrs (Gehörknöchelchen usw.) (Ansicht von lateral). 1 = Stapes (Steigbügel) mit Stapesplatte im ovalen Fenster (Fenestra vestibularis); 2 = M. stapedius; 3 = Incus (Amboß); 4 = Caput mallei (Hammerkopf); 5 = Malleus (Hammer).

vorn und dann nach hinten gerichteten Verlauf, hauptsächlich in der Horizontalebene. Durch Zug der Ohrmuschel nach außen-oben können diese Knickungen ausgeglichen werden, wodurch die Beobachtung des Trommelfells möglich wird. Am Übergang der Pars ossea in die Pars cartilaginea ist der Gehörgang leicht verengt. Kiefergelenk und Parotis befinden sich vor dem äußeren Gehörgang, der Warzenfortsatz mit den Ursprüngen der zugehörigen Muskeln dahinter (Abb. 185). Die Leitungsbahnen für Trommelfell und Gehörgang dringen in der Hauptsache von der Fossa retromandibularis aus ein (A. auricularis prof. aus der A. maxillaris, Rr. auriculares ant. aus der A. temporalis superf., N. auriculotemporalis aus dem N. mandibularis und R. auricularis n. vagi). Die Tatsache, daß auch ein Kiemenbogennerv (N. vagus) an der sensiblen Versorgung des Gehörgangs beteiligt ist, erklärt sich aus der Entwicklungsgeschichte (1. Pharyngealfurche) und macht die gelegentlich bei Eingriffen oder Ohrspülungen auftretende vagotone Reaktion verständlich.

Regionale Lymphknoten für Gehörgang und Ohrmuschel liegen entweder vor (Nodi lymphatici parotidei oder Nodi lymphatici cervicales prof. sup.) oder hinter dem äußeren Ohr (Nodi lymphatici retroauriculares).

V. Sehorgan und Orbita

1. Gliederung des Auges und Lage des Bulbus oculi in der Orbita

Das Auge *(Bulbus oculi)* entwickelt sich aus einem vorgeschobenen Teil des Zwischenhirns. Es hat eine nahezu kugelförmige Gestalt und besteht aus drei Schichten (*Tu-*

nica fibrosa, Tunica vasculosa und Tunica interna bulbi) sowie einem Kern (Linse und Glaskörper). Darüber hinaus weist der Augapfel eine polare Gliederung zwischen vorne und hinten auf, in dem im vorderen Bulbusbereich vor allem die Hilfsapparate, im hinteren die rezeptorischen Anteile mit Netzhaut und Sehnerven lokalisiert sind.

Die lichtempfindliche Schicht stellt die Netzhaut oder *Retina* dar, die die Photorezeptoren enthält und bis zur *Ora serrata* reicht. Sie wird außen vom Pigmentepithel, einer einschichtigen Lage stark pigmentierter Zellen, bedeckt. Beide zusammen bilden die innere Augenhaut *(Tunica int. bulbi),* die sich als eine dünne Lamelle aus zwei Zellschichten bis zur Pupille hin fortsetzt, also auch Iris und Ziliarkörper hinten (innen) bedeckt.

Die mittlere Augenhaut *(Tunica vasculosa bulbi)* enthält die Gefäße des Auges und gliedert sich in die Aderhaut *(Choroidea),* den etwas vorspringenden *Ziliarkörper (Corpus ciliare)* sowie die im vorderen Bereich des Auges gelegene *Iris* oder Regenbogenhaut. Der Ziliarkörper hält die Linse durch den Faserapparat der »Zonula« in ihrer Lage fest und produziert außerdem das Kammerwasser, das den vorderen Abschnitt des Auges erfüllt.

Die *äußere Augenhaut (Tunica fibrosa bulbi)* bildet eine feste Bindegewebskapsel (Lederhaut oder *Sclera*), an der die Augenmuskeln angreifen. Sie wird vorne transparent und ermöglicht damit den Einfall der Lichtstrahlen ins Auge (Hornhaut oder *Cornea*).

Am *Bewegungsapparat* des Auges lassen sich aktive und passive Einrichtungen unterscheiden. Zu den passiven zählen Sklera, orbitaler Fettkörper, Faszien- und Bandapparat, zu den aktiven die äußeren Augenmuskeln.

Der orbitale Fettkörper *(Corpus adiposum orbitae)* dient als »Gelenkpfanne«, die knöcherne Orbita als Widerlager, der Bulbus als Gelenkkopf. Der Augapfel gleitet auf seiner Unterlage wie in einem Kugelgelenk.

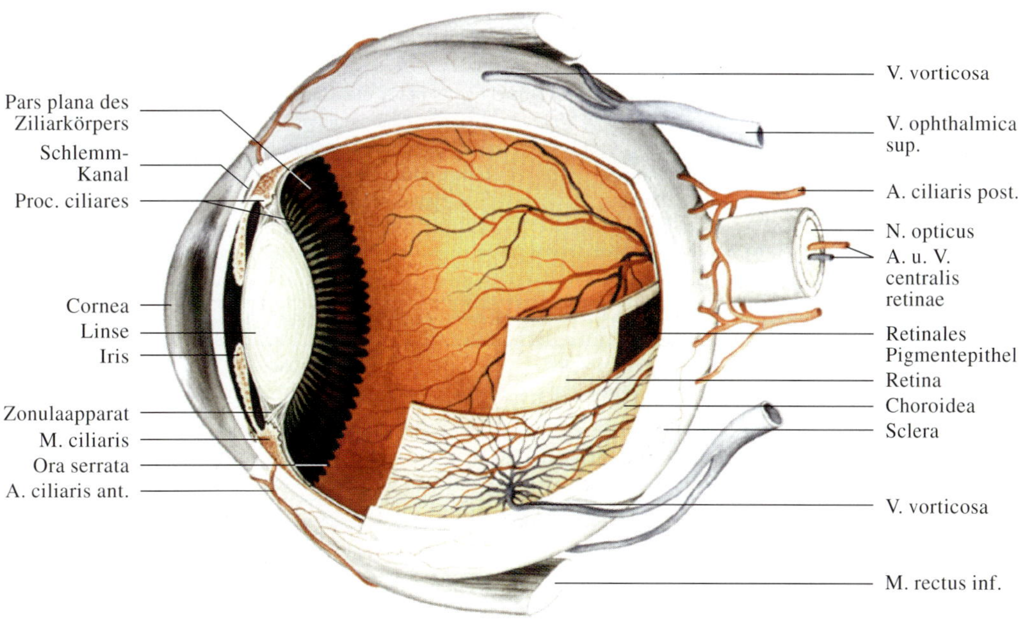

Abb. 187. Struktureller Aufbau des Auges. Darstellung der Schichtengliederung und Gefäßversorgung.

2. Orbita

Knöcherne Augenhöhle (Orbita)

Die knöcherne Grundlage für die Halterung und Lagerung des Auges bildet die Augenhöhle *(Orbita)*, die ein Mosaik verschiedenartiger Knochen darstellt. Die Orbita hat die Form einer vierseitigen Pyramide, deren Spitze nach hinten und medial zeigt. Das Dach wird in der Hauptsache vom Stirnbein (Os frontale), die mediale Wand vom Siebbein (Os ethmoidale) und der Boden vom Oberkiefer (Maxilla), die laterale Wand vom

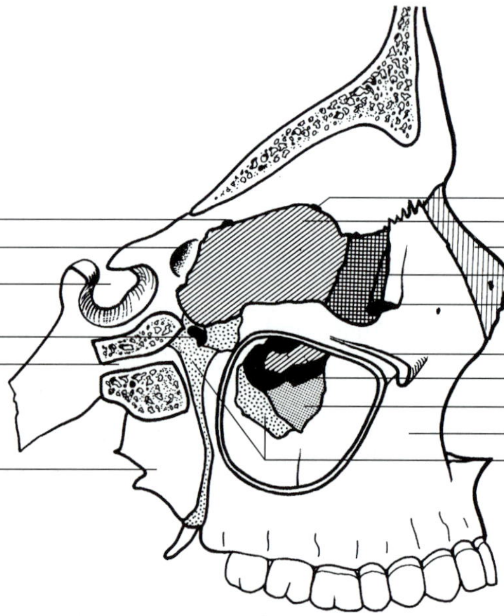

Abb. 188. Aufbau der knöchernen Augenhöhle in der Ansicht von lateral. Der Sinus maxillaris wurde eröffnet.
Kanäle und Foramina:
1 = For. ethmoidale post. (A. u. V. ethmoidalis post.)
2 = Canalis opticus (N. opticus, A. ophthalmica)
3 = For. sphenopalatinum (A. sphenopalatina)
4 = For. ethmoidale ant. (A. und V. ethmoidalis ant.)
5 = Canalis nasolacrimalis (Ductus nasolacrimalis)
6 = Canalis infraorbitalis (A., V. und N. infraorbitalis)
7 = Hiatus maxillaris

Aufbau der Orbita

	Knochen	Zugehörige Löcher und Kanäle
Dach	1. Pars orbitalis ossis frontalis 2. Ala minor ossis sphenoidalis	Canalis opticus
Boden	1. Facies orbitalis maxillae 2. Proc. orbitalis ossis palatini 3. Os zygomaticum (Facies orbitalis)	Sulcus und Canalis infraorbitalis
Mediale Wand	1. Lamina orbitalis ossis ethmoidalis 2. Os lacrimale 3. Proc. frontalis maxillae	For. ethmoidale ant. und post. Canalis nasolacrimalis
Laterale Wand	1. Ala major ossis sphenoidalis 2. Os zygomaticum (Facies orbitalis)	For. zygomaticoorbitale

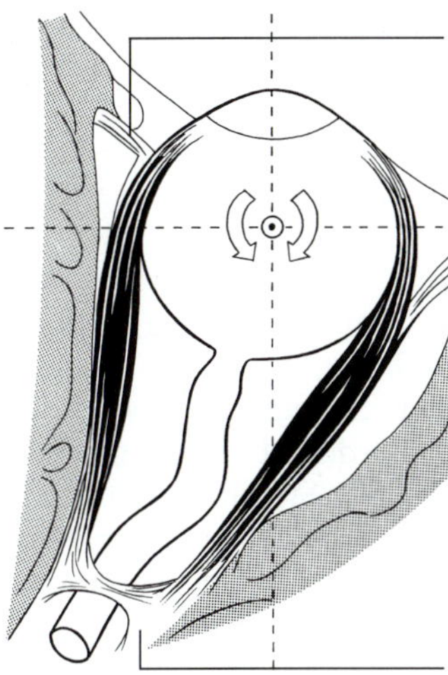

Abb. 189.
a) Horizontalmotoren (Mm. rectus med. et lat.) des Auges.
U.: Anulus tendineus communis
A.: Limbus corneae
Fkt.: M. rectus med. – Adduktion
M. rectus lat. – Abduktion
Inn.: M. rectus med. – N. III
M. rectus lat. – N. VI

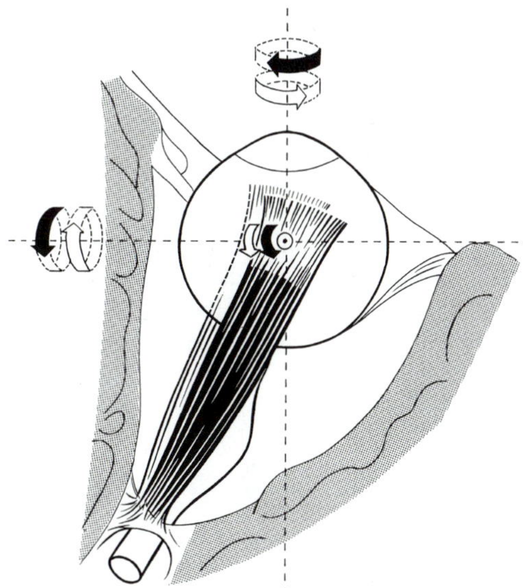

▶
Abb. 189.
b) Vertikalmotoren (Mm. rectus sup. et inf.) des Auges.
U.: Anulus tendineus communis
A.: Limbus corneae
Fkt.: M. rectus sup. (schwarze Pfeile) – Adduktion, Hebung, Innenrotation
M. rectus inf. (weiße Pfeile) – Adduktion, Senkung, Außenrotation
Inn.: N. III

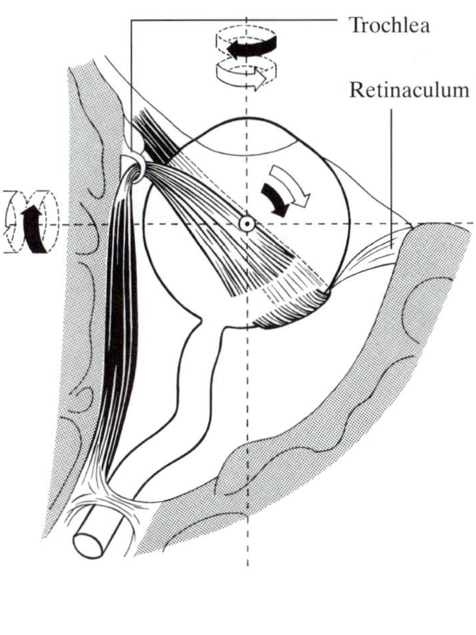

Abb. 189.
c) Rotatoren (Mm. obliquus sup. et inf.) des Auges.
M. obliquus sup. (schwarze Pfeile)
U.: Anulus tendineus communis
A.: Hinterer, äußerer Quadrant der Sklera
Fkt.: Abduktion, Senkung, Innenrotation
Inn.: N. IV
M. obliquus inf. (weiße Pfeile)
U.: Mediale Orbitawand
A.: Hinterer, äußerer Quadrant der Sklera (gegenüber vom M. obliquus sup.)
Fkt.: Abduktion, Hebung, Außenrotation
Inn.: N. III

Jochbein (Os zygomaticum) gebildet (Abb. 188). Verschiedene kleinere Schädelknochen ergänzen das Grundgerüst. Die abgrenzenden Knochenplatten sind teilweise sehr dünn. Oben grenzt die Orbita an die vordere Schädelgrube, unten an den Sinus maxillaris und medial an die Siebbeinzellen (Cellulae ethmoidales) an. Der Tränen-Nasen-Kanal (Canalis nasolacrimalis) mündet unter der unteren Muschel in die Nasenhöhle (Meatus nasi inf.). Hinten-oben bleibt zwischen dem großen und kleinen Keilbeinflügel ein schräger Spalt (Fissura orbitalis sup.), der eine Verbindung zur Schädelhöhle darstellt, hinten-unten existiert ein ähnlicher Spalt zwischen dem großen Keilbeinflügel und Oberkiefer, der eine Verbindung zur Fossa pterygopalatina herstellt (Fissura orbitalis inf.).

Die Orbita enthält alle Weichteile des Sehapparates und dient der Muskulatur zur Grundlage für die Augenbewegungen. Sie wird vom Periost (Periorbita) ausgekleidet. Die Augenmuskeln entspringen von den orbitalen Skeletteilen und befestigen sich an der Sklera des Augapfels.

Augenmuskulatur

Die Augenmuskeln entspringen in der Tiefe der Orbita vom Zinn-Sehnenring *(Anulus tendineus communis),* der den Canalis opticus mit dem Sehnerven sowie den medialen Bereich der Fissura orbitalis sup. umfaßt (Abb. 189). Sie formieren sich in der Orbita zu einem langgestreckten Muskelkegel, der den orbitalen Fettkörper einschließt. Verlauf und Anordnung der Augenmuskeln sind aus der Abb. 189 a–c ersichtlich.

Funktionell lassen sich drei Muskelgruppen unterscheiden: Horizontalmotoren (M. rectus med. und lat.), Vertikalmotoren (M. rectus sup. und inf.) und Rotatoren (M. obliquus sup. und inf.). Der Bulbus dreht sich wie in einem Kugelgelenk um drei

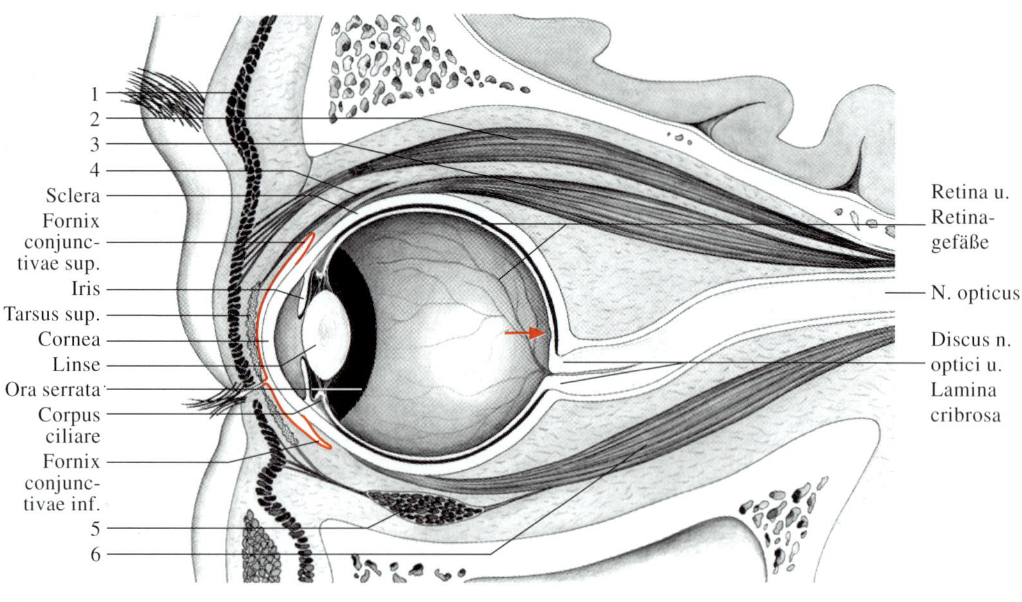

Abb. 190. Längsschnitt durch die Orbita mit Auge, Sehnerv und Lidapparat. Conjunctiva = rot; roter Pfeil = Lage der Fovea centralis. **Augenmuskeln:** 1 = M. orbicularis oculi; 2 = M. levator palpebrae sup.; 3 = M. rectus sup.; 4 = M. tarsalis sup.; 5 = M. obliquus inf.; 6 = M. rectus inf.

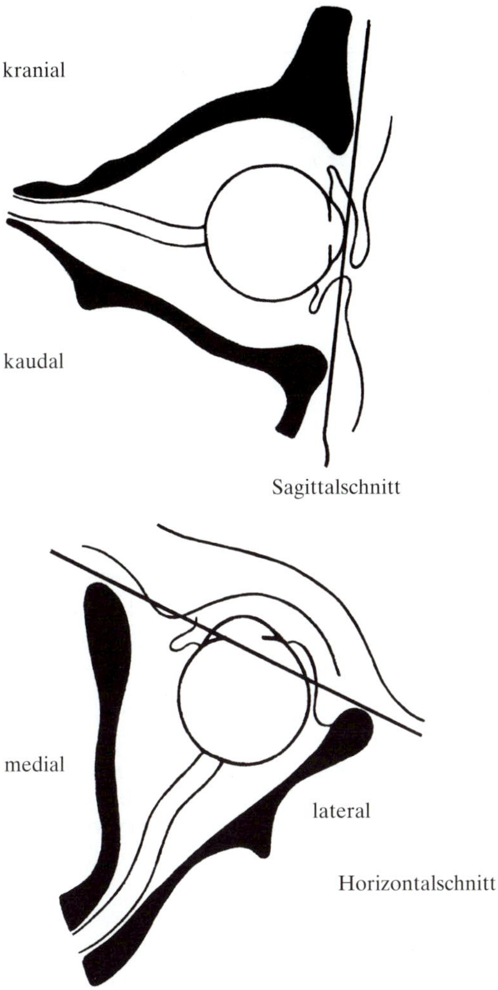

Abb. 191. Lage des Bulbus oculi in der Orbita. Man beachte vor allem das Verhältnis zur Eingangsebene der Augenhöhle (dicke, ausgezogene Linie) (nach Hafferl).

Achsen, deren Schnittpunkt 13,5 mm hinter der Korneamitte liegt. Die *Horizontalmotoren* ab- und adduzieren das Auge ohne weitere Nebenwirkungen (Abb. 189 a). Die *Vertikalmotoren* treten von medial schräg an den Bulbus heran und erhalten dadurch noch zusätzliche Wirkungskomponenten (Abb. 189 b). Der M. rectus sup. hat noch eine innenrotatorische und adduzierende, der M. rectus inf. eine außenrotatorische und ebenfalls eine adduzierende Komponente. Beide Muskeln sind also im Hinblick auf die Adduktion Synergisten, im übrigen Antagonisten. Die beiden *Rotatoren (Mm. obliqui)* arbeiten im Hinblick auf die Abduktion zusammen, sind aber sonst Antagonisten. Dabei ist der M. obliquus sup. ein Senker und Innenrotator, der M. obliquus inf. ein Heber und Außenrotator (Abb. 189 c).

Der menschliche Bulbus oculi hat eine nahezu vollkommene Kugelgestalt (Durchmesser sagittal 24,0, transversal 23,4 mm). Er ist nicht genau in der Mitte der knöchernen Orbita, sondern etwas exzentrisch im äußeren, oberen Abschnitt der Augenhöhle untergebracht. Auf diese Weise ist der Abstand des Bulbus oculi vom oberen und lateralen Orbitarand geringer als vom medial-unteren (Abb. 191). Eine Vertikale durch die knöchernen Orbitaränder trifft den Hornhautscheitel, eine entsprechende Horizontale schneidet jedoch die vordere Bulbushälfte lateral hinter dem Limbus (Abb. 191). Man sieht, daß Sklera und Limbus corneae von lateral besonders gut zugänglich sind.

Der Bulbus besitzt auf seinem Fettkörper (Corpus adiposum orbitae) eine ausgedehnte Bewegungsfähigkeit, die jedoch bestimmte mechanische Voraussetzungen hat. Erstens bildet der Faszienapparat der Augenmuskeln zusammen mit den Fettkörpermembranen eine endothelausgekleidete Gleitfläche hinter dem Bulbus, die Tenon-Kapsel (Vagina bulbi, Abb. 192). Zweitens wird das Übergewicht der vier retrahierenden, geraden Augenmuskeln gegenüber den zwei protrahierenden Mm. obliqui durch die medialen und lateralen Retinacula, die von den Faszien der seitlichen Recti zur Orbitawand abzweigen und dort fixiert sind, ausgeglichen (Abb. 192). Drittens sorgt die Lidmuskulatur, vor allem der palpebrale und lakrimale Teil des M. orbicularis oculi mit seinen Lidbändern, für einen dauernden Kontakt des Lidapparates am Auge, wodurch der Bulbus an der rückwärtigen Gleitfläche des orbitalen Fettkörpers

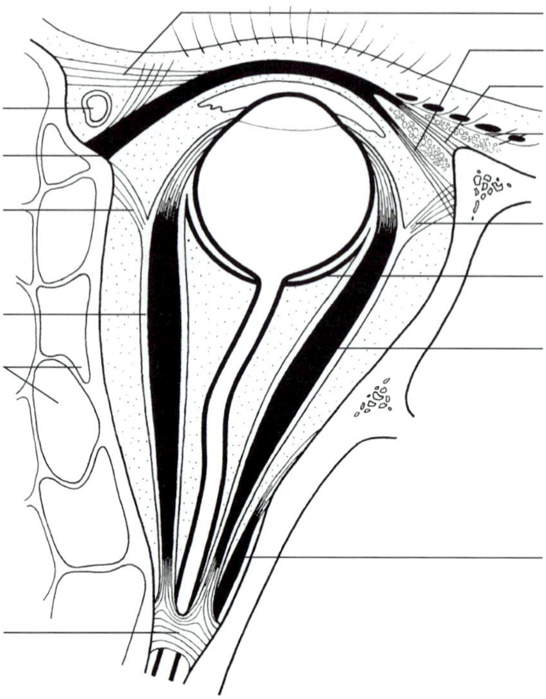

Abb. 192. Faszienapparat der Orbita und dessen Beziehungen zum Lidapparat. Die Pars lacrimalis des M. orbicularis oculi (Horner-Muskel) überspannt den Bulbus nach Art einer elastischen Gurtung. Sie ist lateral durch drei Lidbänder fixiert. Die Augenmuskelfaszien gehen medial und lateral jeweils in ein Retinaculum über. Die Tenonsche Kapsel (Vagina bulbi) grenzt den Fettkörper gegen den Augapfel ab.

fixiert wird (Abb. 192). Die Lidmuskulatur bildet damit funktionell eine Art Gurtung für Auge und Orbitainhalt. Bei Lidschluß wird der Bulbus etwas nach innen, bei Lidöffnung geringgradig nach außen verlagert.

Klinischer Hinweis. Der Exophthalmus beim Basedow-Syndrom beruht hauptsächlich auf einem vermehrten Flüssigkeitsgehalt des orbitalen Bindegewebes und einer Zunahme des Orbitavolumens. Ein Exophthalmus kann aber auch mechanisch bedingt sein, etwa durch eine Bulbusverlagerung nach Gesichtsschädelfrakturen mit Einbrüchen in die Orbita.

Sehnerv (N. opticus). Eine wichtige Voraussetzung für die Bewegungsfreiheit des Auges in der Orbita ist auch die etwas überschüssige Länge des Sehnerven, der in der Orbita leicht geschlängelt verläuft. Die Beweglichkeit des Sehnerven wird durch seine Dura-, Arachnoidea- und Piascheide mit dem intervaginalen, liquorgefüllten Spaltraum erhöht. Der Intervaginalspalt kommuniziert mit dem Subarachnoidalraum und endet am Bulbus in Höhe der Lamina cribrosa blind. Wohin der Liquor letztlich abfließt, ist unklar.

Klinischer Hinweis. Bei erhöhtem Hirndruck z.B. durch Tumoren wird die Sehnervenpapille in den Bulbus vorgewölbt

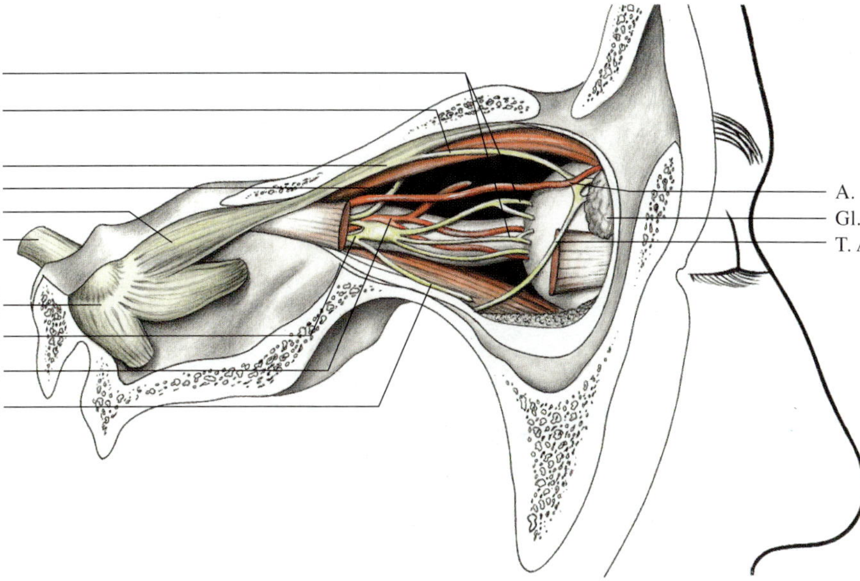

Abb. 193. Etagengliederung der Orbita in der Ansicht von lateral. Die seitliche Orbitawand und das orbitale Fettgewebe wurden entfernt, der M. rectus bulbi lat. durchschnitten (nach Hafferl). A. l. = A. lacrimalis; Gl. l. = Gl. lacrimalis; N. V = N. trigeminus; R. p. = Radix parasympathetica des N. oculomotorius; T. A. = Tränenanastomose.

(Stauungspapille), was ophthalmoskopisch zu erkennen ist.

Am Sehnerven lassen sich eine Pars intraorbitalis, intracanalicularis und intracranialis unterscheiden. Der intraorbitale Abschnitt liegt in der Achse der Orbitapyramide, in der Mitte des Muskelkegels und reicht vom Bulbus bis zum Canalis opticus. Er ist durchschnittlich 25–30 mm lang und frei beweglich. Der intrakanalikuläre Abschnitt ist zusammen mit der A. ophthalmica fest in den knöchernen Kanal des kleinen Keilbeinflügels eingefügt. Der Kanal ist 5–7 mm lang. Die enge Nachbarschaft zum Sinus sphenoidalis, in den der Optikuskanal bei starker Pneumatisation des Sinus vorgebuchtet sein kann, ist klinisch von Bedeutung. Der intrakraniale Abschnitt reicht bis zum Chiasma opticum in der Hypophysenregion und wird hier nur noch von der Pia mater bedeckt (Abb. 168).

Etagengliederung der Orbita. Die charakteristische Anordnung der Augenmuskulatur bewirkt zusammen mit dem Fettkörper und Lidapparat innerhalb der Orbita eine Etagengliederung der Bindegewebsräume. Topographisch können drei solcher Räume unterschieden werden.

Die **obere Etage** entsteht zwischen dem Dach der Orbita bzw. dessen Periost (= Periorbita) und den oben gelegenen Augenmuskeln (M. levator palp. sup., M. rectus sup., M. obliquus sup. und M. rectus lat.). Dieser schmale Spaltraum wird durch ein dünnes Bindegewebsblatt abgeschlossen und von einem isolierbaren, abgeplatteten Fettkörper ausgefüllt. In ihm verläuft der N. lacrimalis, dem sich weiter vorne die aus der tieferen Loge aufsteigenden Vasa lacrimalia anschließen (Abb. 195). Der N. lacrimalis nimmt auch parasympathische Fasern (hauptsächlich für die Tränendrüse) durch eine Anastomose mit dem N. zygomaticus (R. communicans cum n. zygomatico) aus dem zweiten

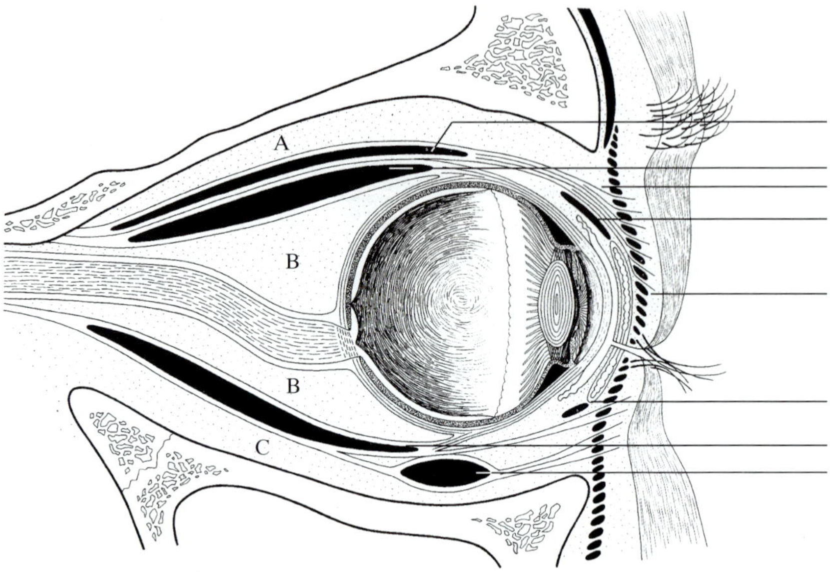

Abb. 194. Darstellung der Etagengliederung der Orbita am Sagittalschnitt.

A = **Obere Etage** (Inhalt)	N., A. und V. lacrimalis N., A. und V. supraorbitalis N. trochlearis
B = **Mittlere Etage** (Inhalt)	A. ophthalmica mit ihren Ästen N. nasociliaris N. abducens N. oculomotorius Ggl. ciliare und Nn. ciliares V. ophthalmica sup.
C = **Untere Etage** (Inhalt)	R. inf. n. oculomotorii V. ophthalmica inf. (Anfangsstück) A., V. und N. infraorbitalis

Trigeminusast (N. maxillaris) auf (Abb. 193). Auf dem M. levator palpebrae sup. zieht der frontale Ast des N. ophthalmicus (N. frontalis aus N. V_1) dicht unter der Periorbita nach vorn und zweigt sich bald in seine Endäste für die Stirnhaut und den medialen Lidwinkel auf (R. med. und lat. des N. supraorbitalis, N. supratrochlearis). Ihm schließen sich die aus der tieferen Etage kommenden Äste der A. ophthalmica (A. supraorbitalis und supratrochlearis) an. Das dritte Gebilde dieser Zone ist der N. trochlearis, der sich medial dem N. ophthalmicus anschließt, aber in der Orbita nur einen sehr kurzen Verlauf hat. Er verschwindet rasch an der Unterseite des M. obliquus sup., des einzigen Muskels, der von ihm innerviert wird (Abb. 195).

In der **mittleren Etage** der Orbita, innerhalb des Muskelkegels gelegen, verlaufen die wichtigsten Leitungsbahnen des Seh- und Lidapparates (Abb. 196). Das sind vor allem die A. ophthalmica, die in der Regel den Sehnerven im hinteren Drittel überkreuzt und dabei ihre Hauptäste zum Auge (2 Aa. ciliares post. longae, 12–15 Aa. ciliares post. breves, A. centralis retinae) abgibt, und der N. nasociliaris, der die Arterie begleitet und die sensible Wurzel zum Ggl. ciliare liefert. Auch der kurze N. abducens (N. VI) und der N. oculomotorius, der sich bald in seinen

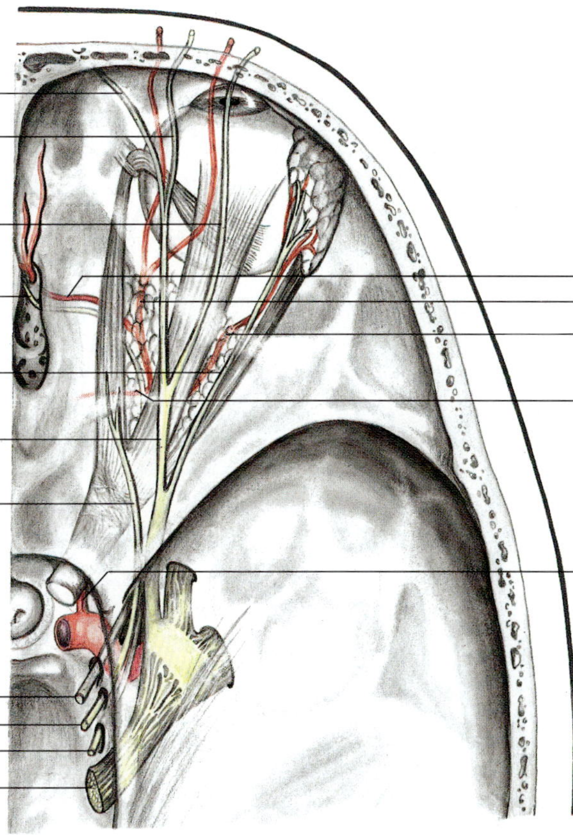

Abb. 195. Lage der Nerven in der oberen Etage der Orbita, unmittelbar unter der Periorbita des Augenhöhlendachs, das durchsichtig gedacht ist.

R. sup. und inf. teilt, treten in diesen Raum ein. Die A. ophthalmica läuft in Begleitung des N. nasociliaris an der Innenseite des M. obliquus sup. nach vorn. Zwischen M. obliquus sup. und M. rectus med. treten die Nasenäste (A. ethmoidalis ant. und post.) zusammen mit den gleichnamigen Zweigen des N. nasociliaris durch die gleichbenannten Foramina zwischen den Siebbeinzellen hindurch zur Nasenhöhle (Rr. nasales). Außer den Muskelästen der A. ophthalmica sind besonders die vorderen Ziliararterien bemerkenswert (A. ciliares ant.), die im Limbusbereich die Sklera perforieren und damit eine wichtige Quelle für die Blutversorgung der Uvea bilden. Das etwa 2 mm lange **Ganglion ciliare** findet sich an der lateralen Seite des Sehnerven nahe am Anulus tendineus communis, etwa 15–20 mm hinter dem Bulbus meist vor der Stelle, wo die A. ophthalmica den Sehnerven überkreuzt. Die Distanz vom unteren-lateralen Orbitarand schwankt zwischen 34 und 51 mm. Das Ganglion hat drei Verbindungen mit benachbarten Nerven, wobei nur die kurze, aus dem R. inf. des N. oculomotorius stammende Wurzel (Radix parasympathetica) Fasern führt, die im Ganglion synaptisch umgeschaltet werden. Es handelt sich um den parasympathischen Anteil des N. oculomotorius für Akkommodation und Pupillenmotorik (Kontraktion von M. ciliaris und M. sphincter pupillae). Die postganglionären Fasern erreichen den Bulbus über die zahl-

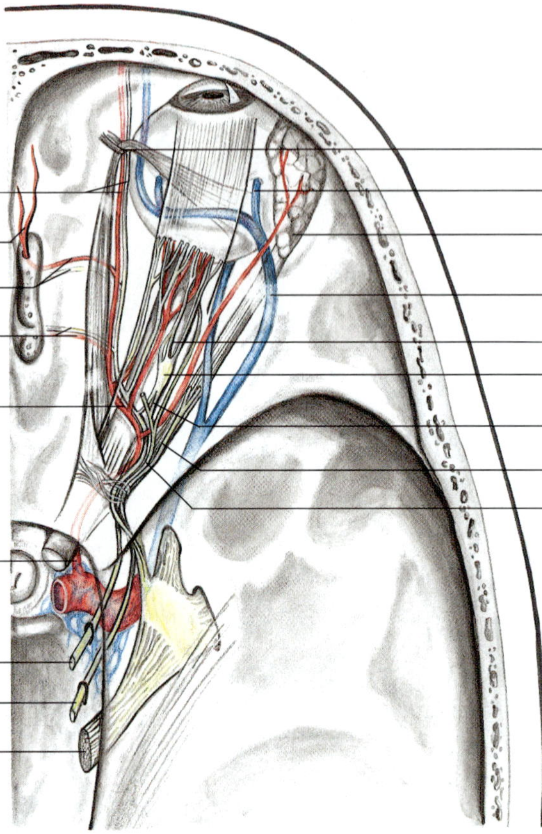

Abb. 196. Lage der Leitungsbahnen in der mittleren Etage der Orbita, die vom Kegel der Augenmuskulatur umschlossen wird. Orbitadach und die Gebilde der oberen Etage wurden durchsichtig gezeichnet.

reichen Nn. ciliares breves, die dicht am Sehnerven entlang bis zur Siebplatte ziehen, hier die Sklera durchbrechen und in die Aderhaut gelangen. Die lange, sensible Wurzel des Ganglions enthält nur einen Teil der sensiblen Trigeminusfasern aus dem Auge, die sich dem N. nasociliaris anschließen. Die sympathische Wurzel erhält ihre Fasern aus dem Plexus caroticus über die Geflechte der A. ophthalmica.

Die mittlere Etage der Orbita enthält auch die großen *Venen*, die sich aus den vier bis fünf Vortexvenen des Bulbus zusammen mit den Lid- und Muskelvenen zu zwei größeren Stämmen vereinigen. Die V. ophthalmica sup. fließt in den Sinus cavernosus ab. Die V. ophthalmica inf. hat aber auch Verbindungen durch die untere Orbitafissur mit dem Plexus pterygoideus. Über die V. angularis existieren Anastomosen der Orbitavenen mit den Gesichtsvenen.

Die **untere Etage** der Orbita umfaßt schließlich den Raum unter dem Muskelkegel am Boden der Orbita. Hier verlaufen die infraorbitalen Leitungsbahnen (A., V., N. infraorbitalis), teilweise noch der R. inf. des N. oculomotorius sowie die V. ophthalmica inf. Die außerhalb des Muskelkegels gelegenen Etagen der Orbita bilden auch Reserveräume für die Bewegungen der Augenlider, was besonders am Oberlid von Bedeutung ist. Durch Rückwärtsbewegung und Umformung des Fettkörpers entsteht jeweils eine Tasche, in die das Lid eingeschlagen werden kann.

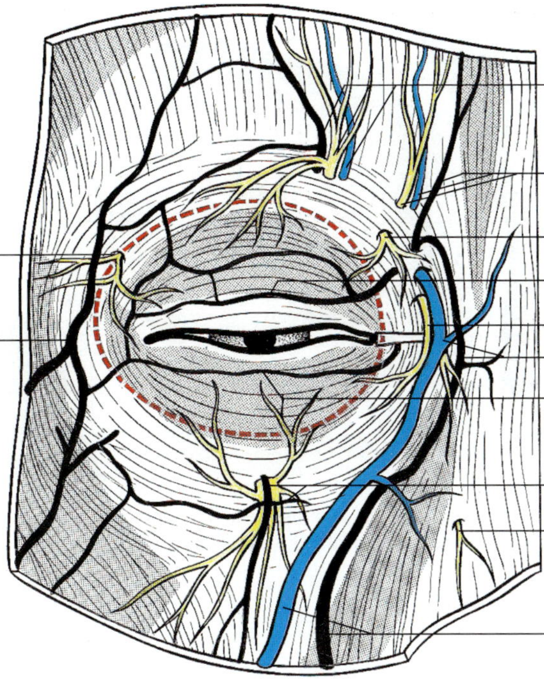

Abb. 197. Gefäße und Nerven im Bereich der Augenlider und der Nasenwurzel (Regio palpebralis) (nach Corning). Die gestrichelte Linie markiert die Ausdehnung des Konjunktivalsacks.

Orbitawände und -kanäle. Die etagenartige topographische Ordnung der Leitungsbahnen wird schon bei Eintritt der Gebilde in die Orbitapyramide konstituiert, indem ein Teil der Leitungsbahnen durch den Anulus tendineus communis, ein anderer Teil außerhalb des Sehnenrings die Orbita betritt und damit von vornherein in dem zugehörigen Bindegewebsraum zu liegen kommt (Abb. 198). Die Vv. ophthalmicae schließen sich dabei meist dem N. frontalis an oder verlassen oberhalb des Sehnenrings, z. T. auch unterhalb desselben oder durch die Fissura orbitalis inf. die Augenhöhle.

3. Lid- und Tränenapparat

Die Augenlider schließen die Orbita vorn ab und bilden einen druckelastischen Gurtungszug über dem Bulbus (s. S. 280). Sie haben die Aufgabe, die Cornea feucht zu halten. Öffnen und Schließen ist daher nicht nur ein einfaches Heben und Senken der Lider, sondern eine komplizierte, nach medial gerichtete Wischbewegung, auf die die konstruktive Bauweise des Lidapparats ausgerichtet ist. Die Medialverschiebung ist im Unterlid stärker ausgeprägt als im Oberlid. Medial sind die Lider durch das vor dem Tränensack gelegene Lig. palpebrale mediale und durch die hinter dem Tränensack verlaufende Pars lacrimalis des M. orbicularis oculi (Horner-Muskel) fixiert (Abb. 197). Im lateralen Lidwinkel existieren drei Lidbänder, wodurch jedoch nur eine relative Fixation erreicht wird (Abb. 192). Der laterale Lidwinkel wird daher bei Lidschluß etwas medialwärts verschoben. Die Lidspalte verkürzt sich dabei um einige Millimeter. Die Lidhaut ist nahezu fettfrei und durch ein sehr lockeres Bindegewebe, das eine äußerst regelmäßige, scherengitterartige Anordnung hat, in der Lage, den charakterisierten Seitwärtsbewegungen zu folgen. Bei Ödemen

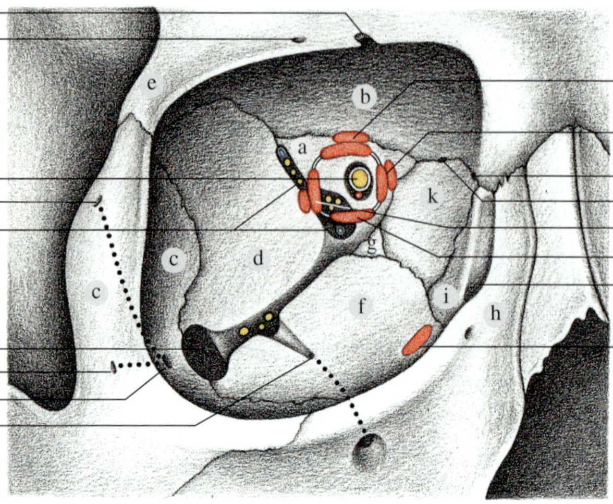

Abb. 198. Knöcherne Orbita mit ihren Kanälen und Fissuren. Der Zinn-Sehnenring, von dem die Augenmuskeln entspringen, ist rot eingezeichnet; (umgez. nach Hafferl). (Einzelheiten der Beschriftung entsprechen der Tabelle auf S. 287).

und Hämatomen kann die Lidhaut leicht nachgeben und die Lidspalte durch Schwellungen einengen. Die Medialverschiebung der Lider hat vor allem den Sinn, die Tränenflüssigkeit, die in der Tränendrüse gebildet wird und durch zahlreiche (12–15) Ausführungsgänge von lateral-oben in den Bindehautsack geleitet wird, gleichmäßig auf der Bulbusoberfläche zu verteilen und den medial gelegenen Tränenkanälchen zuzuleiten.

Der **Bindehautsack** bildet hinter den Lidern jeweils eine Tasche (Fornix conjunctivae sup. und inf.). Die Ausdehnung des Bindehautsacks ist lateral-oben größer als medial und unten. Medial fällt die Grenze des Konjunktivalsacks praktisch mit dem Lidwinkel, unten etwa mit dem Sulcus palpebralis inf. zusammen (Abb. 197).

Die Lider werden jeweils durch einen Tarsus versteift, der nicht aus Knorpel, sondern einem geordneten kollagen-elastischen Fasernetz und den Meibom-Talgdrüsen besteht. Die Tarsi erleichtern die Lidbewegungen. Sie werden jeweils durch einen glatten M. tarsalis (sup. und inf.) gehalten, weshalb sich der vegetative Tonus auch auf die Größe der Lidspalte auswirkt (z. B. Lidptose beim Horner-Symptomenkomplex). Im Bereich der Augenlider anastomosieren Äste der A. temporalis superf. und A. ophthalmica, wobei in der Nähe der Lidspalte Gefäßkränze (Arcus palpebralis sup. et inf.) gebildet werden (Abb. 197). An der Nasenwurzel anastomosieren auch A. und V. facialis mit der A. und V. ophthalmica mittels der A. und V. angularis, die oberhalb des Lig. palpebrale med. verlaufen. Die Lage der Endäste des N. trigeminus geht aus Abb. 198 hervor.

Die **ableitenden Tränenwege** beginnen am Tränensee (Lacus lacrimalis), der sich im medialen Lidwinkel auf der Caruncula lacrimalis befindet (Abb. 199). Die Lider sind hier leicht abgeknickt. Bei sorgfältiger Beobachtung sind an dieser Stelle zwei schlitzförmige Öffnungen zu erkennen, die Puncta lacrimalia, die den Beginn der Tränenkanälchen darstellen (Canaliculi lacrimales). Die Tränenpünktchen liegen auf den Papillae lacrimales, die etwas nach innen gerichtet sind, so daß sie bei den Lidbewegungen in den Tränensee eintauchen. Die obere Papille ist etwas weiter nach medial, die untere nach lateral verschoben. Das untere Tränenkanälchen ist also geringgradig länger als das obe-

Hintere Orbitafissuren und -kanäle

1. Canalis opticus	Innerhalb der Ala minor ossis sphenoidalis	N. opticus A. ophthalmica
2. Fissura orbitalis sup.	Zwischen Ala major und minor ossis sphenoidalis	a) Oberhalb des Anulus tendineus communis durchtretend: V. ophthalmica sup. N. trochlearis (N. IV) N. frontalis (N. V_1) N. lacrimalis (N. V_1) b) Durch den Anulus tendineus communis hindurchtretend: N. abducens (N. VI) N. oculomotorius (N. III) N. nasociliaris (N. V_1) c) Unterhalb des Anulus tendineus communis durchtretend: Anastomosen der Vv. ophthalmicae
3. Fissura orbitalis inf.	Zwischen Maxilla und Ala major ossis sphenoidalis	N. zygomaticus (N. V_2) A., V., N. infraorbitalis (N. V_2) Venenanastomosen zwischen V. ophthalmica inf. und Plexus pterygoideus M. orbitalis (Müller)

Orbitawände und -kanäle (vgl. Beschriftungshinweise in Abb. 197)

	Zugehörige Knochenteile	Angrenzende Regionen	Kanäle mit Leitungsbahnen
Dach (Paries sup.)	Ala minor ossis sphenoidalis (a) Pars orbitalis ossis frontalis (b)	Fossa cranii ant. Sinus frontalis (variable Ausdehnung!)	1. For. (Incisura) supraorbitale N. supraorbitalis (R. lat.), A., V. supraorbitalis 2. Incisura (For.) frontalis N. supraorbitalis (R. med.) A., V. supratrochlearis
Seitenwand (Paries lat.)	Os zygomaticum (c) Ala major ossis sphenoidalis (d) Proc. zygomaticus ossis frontalis (e)	Fossa temporalis	3. For. zygomaticoorbitale – N. zygomaticus 4. Canalis zygomaticotemporalis – R. zygomaticotemporalis 5. Canalis zygomaticofacialis – R. zygomaticofacialis
Boden (Paries inf.)	Maxilla (f) Os zygomaticum (c) Proc. orbitalis ossis palatini (g)	Sinus maxillaris	6. Canalis infraorbitalis – A., V., N. infraorbitalis (bis For. infraorbitale)
Mediale Wand (Paries med.)	Proc. frontalis maxillae (h) Os lacrimale (i) Lamina orbitalis ossis ethmoidalis (k) Proc. orbitalis ossis palatini (g) Ala minor ossis sphenoidalis (a)	Cellulae ethmoidales Nasenhöhle	7. For. ethmoidale ant. – A., V., N. ethmoidalis ant. 8. For. ethmoidale post. – A., V., N. ethmoidalis post. 9. Canalis nasolacrimalis – Ductus nasolacrimalis

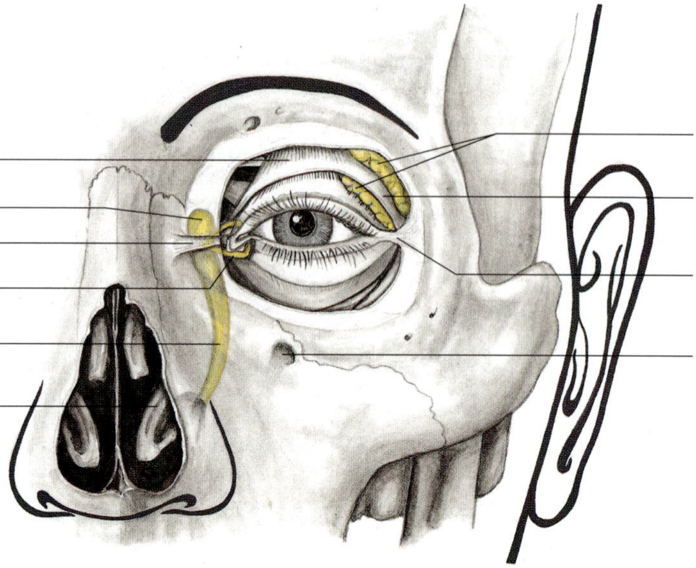

Abb. 199. Topographie des Tränenapparats. Der Tränen-Nasen-Gang endet unter der unteren Muschel. Die Tränendrüse wird durch die Levatoraponeurose in zwei Teile gespalten.

re. Die Tränenkanälchen besitzen einen vertikalen und einen horizontalen Abschnitt, bevor sie entweder gemeinsam oder getrennt in den Tränensack einmünden. Im Gegensatz zum Tränensack enthält die Wandung der Tränenröhrchen ein kompliziert strukturiertes Muskelsystem, das aus Ring- und Längsfasern besteht und nach Art einer Druck-Saug-Pumpe funktioniert. Die Anfangsteile der vertikalen Röhrchen werden durch doppelspiralige Sphinkteren verschlossen. Können die Tränenpünktchen nicht mehr in den Tränensee eintauchen oder ist das Muskelsystem insuffizient, so resultiert Tränenträufeln. Die Tränenflüssigkeit fließt über die Wange ab. Normalerweise wird sie über den Tränensack und den Ductus nasolacrimalis abgeleitet, der unter der unteren Nasenmuschel, von einer kleinen Schleimhautfalte (Hasner-Klappe) bedeckt, endet. Der Tränen-Nasen-Kanal ist von einem dichten Venengeflecht umgeben und weitgehend von Respirationsschleimhaut ausgekleidet. Vom Sinus maxillaris ist der Kanal nur durch eine dünne Knochenlamelle getrennt.

VI. Gesichtsteil des Kopfes (Viszerokranium)

1. Regio faciei superficialis (Regio buccalis und masseterica)

In der oberflächlichen Gesichtsregion lassen sich drei Zonen unterscheiden: Vorn, um die Gesichtsöffnungen herum das Gebiet der mimischen Muskulatur, anschließend die Wangenregion zwischen Jochbogen und M. masseter (Regio buccalis) und hinten die Regio masseterica, die hinter dem aufsteigenden Kieferast in die Fossa retromandibularis und damit in die tiefe Gesichtsregion übergeht. Der N. facialis tritt aus dem For. stylomastoideum aus und von dorsal in die Gesichtsregion ein. Er bildet in der Gl. parotidea den Plexus parotideus, der meist innerhalb eines flächenhaften Bindegewebsseptums liegt. Die Drüse wird dadurch unvollständig in einen oberflächlichen und einen tiefen Abschnitt geteilt. Am Vorderrand der Parotis treten die **Fazialisäste** dann mehr an die

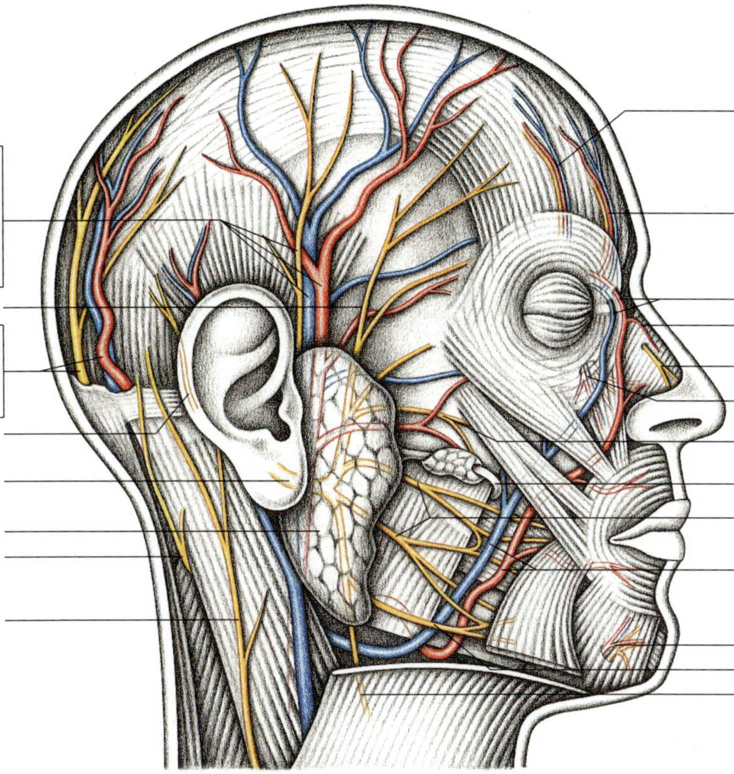

Abb. 200. Seitliche Gesichtsregion, oberflächliche Schicht. Die Gl. parotidea ist durchsichtig gezeichnet, um das zwischen den zwei Parotislappen gelegene Geflecht des N. facialis zu zeigen. Die A. u. V. facialis anastomosieren im Bereich des medialen Augenwinkels (A. u. V. angularis) mit der A. u. V. ophthalmica. **Äste des N. facialis:** 1 = N. auricularis post.; 2 = Rr. temporales; 3 = Rr. zygomatici; 4 = Rr. buccales; 5 = R. marginalis mandibularis; 6 = R. colli.

Oberfläche und überqueren den Mittelteil der Gesichtsregion in radiärer Richtung und erreichen die mimische Muskulatur von unten. Innerhalb der Parotis entstehen zwei Hauptstämme, ein oberer und ein unterer, die bald in zahlreiche Ästchen zerfallen. Am wichtigsten sind die Äste zum M. orbicularis oculi, weil Störungen im Lidschlußmechanismus Tränenträufeln und Korneaschäden zur Folge haben können. Am unteren und am vorderen Rand der Parotis treten nur wenige Äste aus. Der muskulöse Teil des Masseters ist daher nahezu frei von Fazialisästen (Abb. 200).

Klinische Hinweise. Der radiäre Verlauf der Fazialisäste und ihre stellenweise sehr oberflächliche Lage müssen bei Inzisionen im Gesichtsbereich beachtet werden (keine vertikalen, sondern möglichst nur radiäre Schnitte anlegen! Vorsicht besonders bei tieferen Inzisionen!). Bei Parotisexstirpationen ist die Gefahr einer Fazialisläsion naturgemäß besonders groß. Auch bei der Probepunktion der Ohrspeicheldrüse ist hinsichtlich des N. facialis größte Vorsicht geboten. Der komplizierte Verlauf des N. facialis vom Kleinhirnbrückenwinkel durch Felsenbein und Parotis hindurch bis zur mimischen Muskulatur ermöglicht eine genaue Lokalisation der jeweiligen Läsionsstelle aus den klinischen Ausfallserscheinungen. Die periphere **Fazialislähmung** ist dadurch gekennzeichnet, daß alle

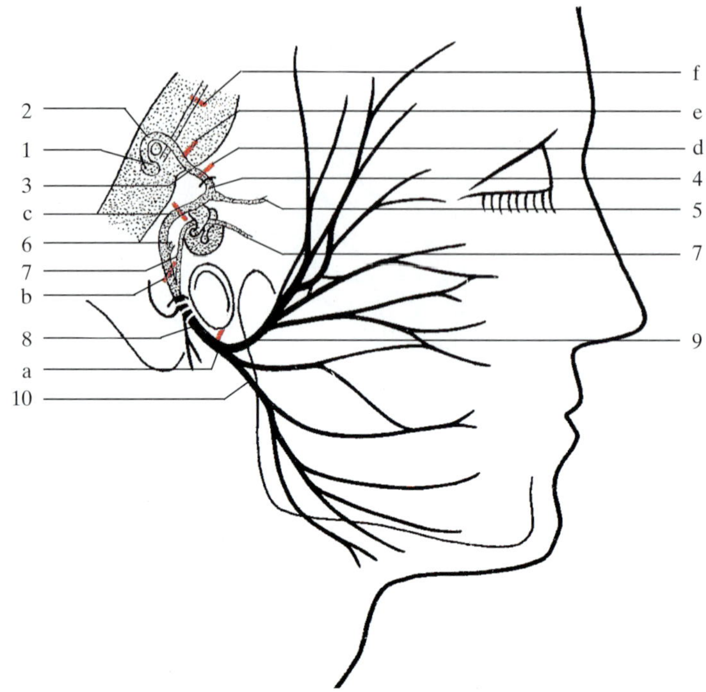

Abb. 201. Schema über Verlauf und Schädigungsmöglichkeiten (rote Striche) des N. facialis. 1 = Ursprungskern; 2 = Inneres Fazialisknie (biegt um den Abduzenskern herum); 3 = Austritt des N. VII im Kleinhirnbrückenwinkel; 4 = Ggl. geniculi; 5 = N. petrosus major; 6 = N. stapedius; 7 = Chorda tympani; 8 = Austritt aus dem For. stylomastoideum; 9 = Oberer Ast (Pars temporofacialis); 10 = Unterer Ast (Pars cervicofacialis).
Bei lokalisierten Schädigungen des Nerven treten folgende Ausfallerscheinungen auf:
a) Einseitgie periphere Fazialislähmung mit Ausfall der gesamten mimischen Muskulatur.
b) Gesichtsmuskellähmung plus Geschmacks- und Speichelsekretionsstörungen.
c) Dasselbe wie bei a und b plus Hyperakusis.
d) Dasselbe wie bei a–c plus Störungen der Tränensekretion.
e) Bei Schädigungen im Kleinhirnbrückenwinkel (z. B. durch Hirntumoren) sind meist auch die anderen hier austretenden Hirnnerven mitbetroffen. Sonst alle Symptome wie bei a–d.
f) Bei zentraler Fazialislähmung ist meist nur der untere Fazialisast (pars cervicofacialis 10) ausgefallen, da der obere Ast (Pars temporofacialis 9) aus der dorsalen, von beiden Hirnhälften stimulierten Hälfte des Fazialiskerns versorgt wird.

Äste des Nerven ausfallen und die gesamte mimische Muskulatur gelähmt ist. Bei der zentralen Fazialisparese dagegen sind das Runzeln der Stirn und der Lidschluß noch möglich, da der obere Fazialisast, dessen Fasern aus der dorsalen Hälfte des Fazialiskerns der Medulla oblongata kommen, im Gegensatz zum unteren doppelseitig versorgt wird. Schädigungen im Bereich des Kleinhirnbrückenwinkels, des Fazialiskanals oder des Mittelohrs führen zur sog. kryptogenetischen Fazialisparese mit Gesichtslähmung, Speichelsekretions- und Geschmacksstörungen, die im vorderen Bereich der Zunge liegen. Der Lidschluß ist unvollständig.

Der etwa 1 cm unterhalb des Jochbogens verlaufende Ductus parotideus wird in der Regel von den bukkalen Fazialisästen und der A. transversa faciei begleitet. Er durchbohrt den M. buccinator in Höhe des zweiten oberen Molaren. Kleinere Drüsenläppchen sind dem Gang häufig angelagert (Gl. parotidea accessoria).

A. und **V. facialis** kommen aus dem Trigonum submandibulare, überkreuzen den Unterkiefer unmittelbar vor dem M. masseter (hier kann der Puls gefühlt werden!) und ziehen dann schräg zum Augenwinkel nach oben, wo sie mit den Vasa ophthalmica anastomosieren (A. und V. angularis). Die Arterie läuft vor der Vene und ist meist stärker geschlängelt. Die Gefäße liegen ähnlich wie die Fazialisäste in der Hauptsache *unter* der mimischen Muskulatur. Für die Ober- und Unterlippe zweigen Äste ab (Aa. und Vv. labiales sup. und inf.), die mit denen der Gegenseite anastomosieren und auf diese Weise vollständige Gefäßkränze um die Mundöffnung bilden.

Klinische Hinweise. Da die A. facialis zahlreiche Anastomosen mit den Nachbargefäßen (A. ophthalmica, A. infraorbitalis, A.buccalis, A. mentalis, A. transversa faciei) eingeht, kann sie ohne Gefahr unterbunden werden. Phlegmonen im Gesichtsbereich sind selten. Die Venenanastomosen mit der Orbita ermöglichen eine Infektionsübertragung auf Orbita und Hirnhäute.

Im Gegensatz zum Fazialis liegen die sensiblen **Trigeminusäste** der Gesichtsregion tiefer und relativ versteckt. Die Endäste des ersten Astes betreten die Regio faciei am oberen Orbitarand (R. lat. und med. des N. supraorbitalis) sowie am medialen Lidwinkel (N. supra- und infratrochlearis). Der zweite Trigeminusast erscheint am For. infraorbitale, das am unteren Orbitarand, 0,8 cm unterhalb der tastbaren Fissura zygomaticomaxillaris, zu finden ist. Von hier aus gehen die Nerven in der Fossa canina fächerartig zur Nase und Oberlippe (Rr. labiales sup., Rr. nasales ext. et int., Rr. palpebrales inf.). Zum zweiten Trigeminusast gehören auch die Endäste des N. zygomaticus, die zur Haut über dem Jochbein (R. zygomaticofacialis) und der Schläfengegend (R. zygomaticotemporalis) ziehen. Der dritte Trigeminusast liefert den N. buccalis, den einzigen sensiblen Ast der sonst motorischen, für die Kaumuskulatur bestimmten Portion des N. mandibularis. Dieser kommt aus der Fossa infratemporalis und erscheint in der Tiefe des Wangenfettpfropfes (Corpus adiposum buccae) dicht am Vorderrand des M. masseter. Er versorgt die Wangenschleimhaut sowie die Gingiva der Backen- und Mahlzähne. Für eine Anästhesie kann er am besten von der Mundhöhle aus, in der Ebene der Oberkieferzähne dicht vor dem aufsteigenden Kieferast, erreicht werden. Die motorische Innervation des M. buccinator erfolgt vom N. facialis; der N. buccalis enthält nur sensible Äste. Die für die Haut von Kinn und Unterlippe bestimmten Nerven sind ebenfalls Äste des dritten Trigeminusastes, die als N. mentalis in Höhe des zweiten Prämolaren den Unterkieferkanal verlassen. Die Gesichtsregion enthält damit für jeden Trigeminusast einen markanten Knochenpunkt, von dem die Hautnerven ausgehen *(Druckpunkte des Trigeminus)*, nämlich das For. supraorbitale (N. V_1), For. infraorbitale (N. V_2), For. mentale (N. V_3).

Klinischer Hinweis. Die Palpation der Druckpunkte des Trigeminus gibt dem Arzt rasch einen Eindruck über die Druckempfindlichkeit des zugehörigen Nervenstamms, was bei Zahnaffektionen oder Entzündungen im Bereich der Nebenhöhlen der Nase wichtige diagnostische Hinweise liefern kann.

Die **Innervationsfelder** der drei Trigeminusäste bilden in der Gesichtsregion segmentähnliche Areale (Abb. 202). Dabei sind besonders das ausgedehnte Innervationsgebiet des ersten Astes, das einen großen Teil der Scheitelregion sowie den Nasenrücken umfaßt, und die zungenförmig scheitelwärts reichende Zone des Mandibularisgebietes zu beachten. An der Innervation des äußeren Ohres beteiligt sich der N. auricularis ma-

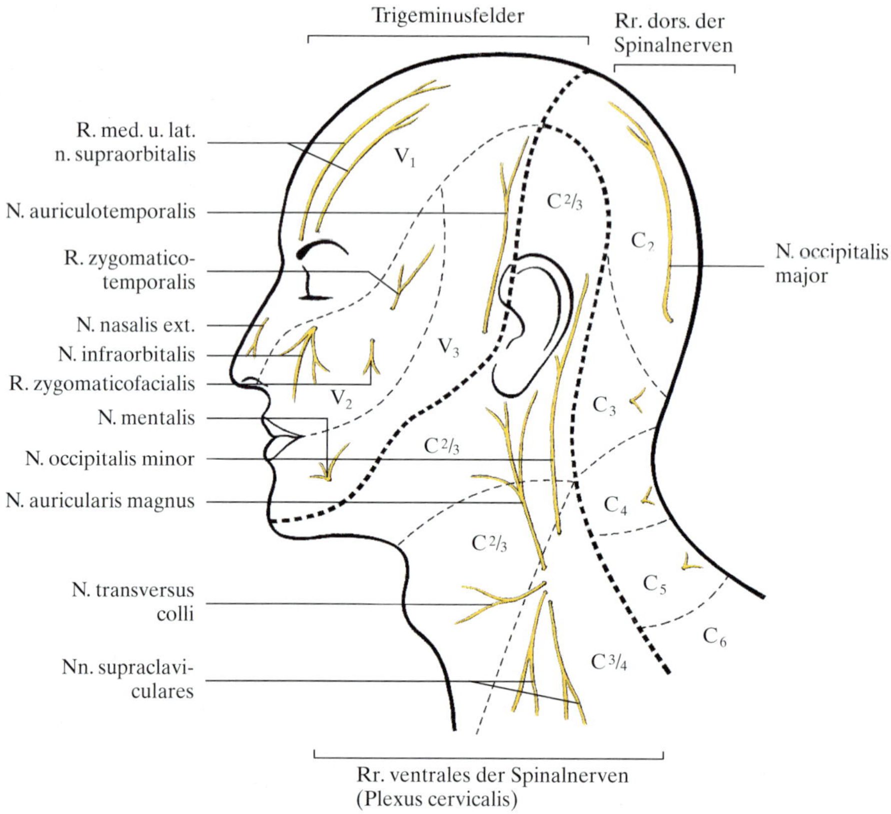

Abb. 202. Innervationsfelder von Kopf und Hals. Trigeminus- und Segmentgrenzen punktiert.

Muskeln, die vom Trigeminus (N. V_3) innerviert werden	Muskeln, die vom Fazialis (N. VII) innerviert werden
M. temporalis M. pterygoideus lat. M. pterygoideus med. M. masseter M. mylohyoideus M. digastricus, venter ant. M. tensor tympani M. tensor veli palatini	Alle mimischen Muskeln Platysma (teilweise) M. stylohyoideus M. digastricus, venter post. M. stapedius

gnus (C_3), an der des Gehörgangs des N. auriculotemporalis (N. V_3) und N. vagus (N. X). Die motorische Innervation der Kau- und Mundbodenmuskulatur übernimmt der dritte Trigeminusast (Radix motoria des N. mandibularis), die motorische Innervation der mimischen Muskeln der N. facialis.

Die für den M. masseter bestimmten Leitungsbahnen gelangen aus der Fossa infratemporalis durch die Incisura mandibulae von medial an den Muskel (A., V. masseterica und N. massetericus). Sie liegen dabei in einer nach hinten offenen Tasche zwischen den beiden Portionen des Kaumuskels. Vor dem Ohr laufen die temporalen Leitungsbahnen entlang (A. und V. temporalis superf. und N. auriculotemporalis). Sie geben Äste für Gehörgang und Trommelfell (Rr. auriculares ant.) sowie zur Gesichtsregion (A. und V. transversa faciei) ab. (Lymphgefäße des Gesichts, s. S. 238).

2. Regio faciei profunda

Die oberflächliche Gesichtsregion steht durch die Parotisloge mit der tiefen Gesichtsregion und dem Spatium lateropharyngeum in Verbindung. Dieser Raum entsteht dadurch, daß der M. buccinator den Unterkiefer hinten überkreuzt und sich medial umbiegend – nur durch die Raphe pterygomandibularis unterbrochen – in die Pharynxwand fortsetzt; mit anderen Worten: die Mandibula bildet einen hinten offenen, paraboloiden Bogen, der sich zunehmend von der Mundschleimhaut entfernt (Abb. 203). Der dadurch entstehende Raum (Spatium lateropharyngeum) wird fast vollständig von den Mm. pterygoidei und der Parotis ausgefüllt. Die drei vom Proc. styloideus entspringenden

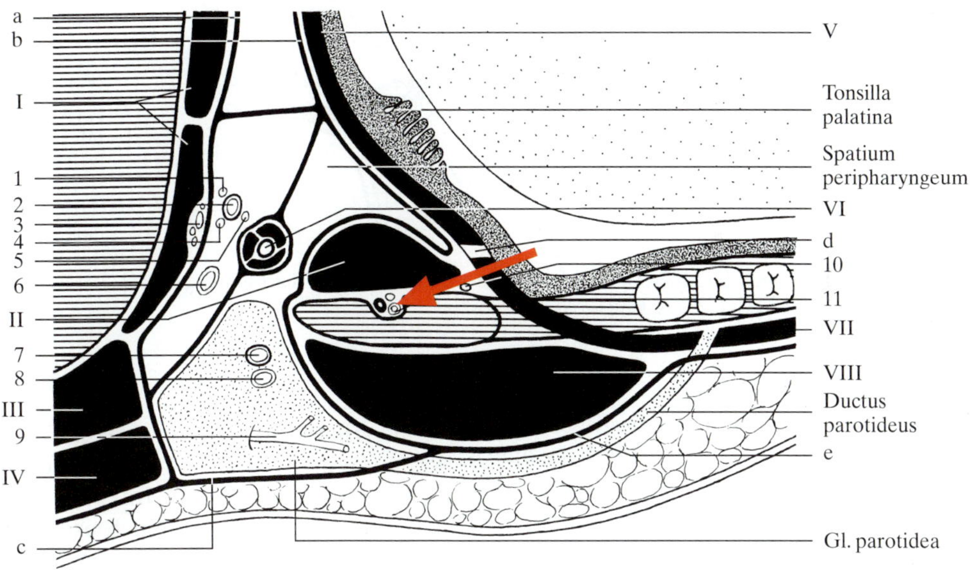

Abb. 203. Schema über den Aufbau der Parotisloge und die Lage des Spatium peripharyngeum, dargestellt an einem Horizontalschnitt (roter Pfeil gibt die Nadelführung bei der Leitungsanästhesie des N. alveolaris inf. an).

Leitungsbahnen:
1 = N. vagus; 2 = A. carotis int.; 3 = Truncus sympatheticus; 4 = N. hypoglossus; 5 = N. glossopharyngeus; 6 = V. jugularis int.; 7 = A. carotis ext.; 8 = V. retromandibularis; 9 = Plexus parotideus n. facialis; 10 = N. lingualis; 11 = Canalis mandibulae mit A., V. und N. alveolaris inf.

Faszien:
a = Lamina praevertebralis fasciae cervicalis (umschließt die prävertebrale Halsmuskulatur und den Truncus sympatheticus); b = Fascia peripharyngea; c = Fascia parotidea; d = Raphe pterygomandibularis; e = Fascia masseterica.

Muskeln:
I = Prävertebrale Halsmuskulatur (M. longus colli und M. longus capitis); II = M. pterygoideus med.; III = M. digastricus; IV = M. sternocleidomastoideus; V = M. constrictor pharyngis; VI = Proc. styloideus mit M. stylopharyngeus, M. styloglossus und M. stylohyoideus; VII = M. buccinator; VIII = M. masseter.

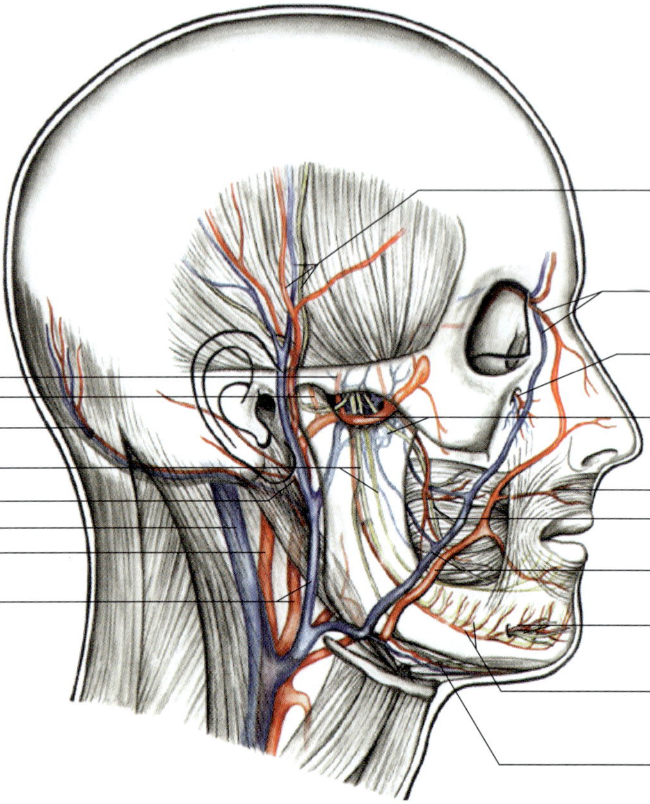

Abb. 204. Regio faciei prof. (Jochbogen und aufsteigender Unterkieferast sind durchsichtig gedacht). 1 = A. auricularis post.; 2 = A. meningea media; 3 = A. temporalis prof. post.

Muskeln (M. stylohyoideus, styloglossus und stylopharyngeus) teilen den Raum in eine laterale und eine mediale Abteilung auf.

Die **Gl. parotidea** wird nach außen von einer derben Faszie abgeschlossen, die auch den Masseter überzieht und als Fortsetzung der oberflächlichen Körperfaszie angesehen werden muß.

Klinische Hinweise. Dadurch, daß die Parotisloge außen gut abgegrenzt ist, bleiben Tumoren meist lange auf die Region beschränkt. Entzündungen der Parotis können sich nur schwer in die Umgebung ausbreiten. Sie setzen die Kapsel unter Spannung und werden dadurch äußerst schmerzhaft. In der Tiefe wird die Drüsenkapsel dünner. Hier ist die Parotisloge gegen den Pharynx offen. Infektionen, die vom Pharynx oder von den Tonsillen ausgehen, können daher auf diesem Wege in die Parotisloge vordringen oder Parotisprozesse auf das Spatium latero- und retropharyngeum sowie auf den äußeren Gehörgang übergreifen.

Die Gl. parotidea ist entwicklungsgeschichtlich erst sekundär in den Raum der Fossa retromandibularis eingewachsen. Der Verlauf des Ausführungsgangs zeigt noch die Wachstumsrichtung an. Dadurch sind die hier gelegenen Leitungsbahnen sekundär von Drüsengewebe umwachsen und eingehüllt worden. In der Parotis liegen vor allem der Plexus parotideus des N. facialis und – etwas tiefer – die A. carotis ext., V. retromandibularis und die tiefen Parotislymphknoten. Außerhalb der Parotisloge, hinter den Styloidmuskeln, sind die A. carotis int., die V. jugularis int. und die Hirnnerven IX, X, XII zu finden.

Die **A. carotis ext.** kreuzt – vom Hals aufsteigend – zunächst den M. stylohyoideus und den hinteren Bauch des M. digastricus an deren medialer Seite und zieht dann parallel zum hinteren Unterkieferrand aufwärts (Abb. 204 und 205), wo sie dem Lig. stylomandibulare lateral dicht anliegt. Durch Vorziehen des Unterkiefers wird das Band gespannt, wodurch das Aufsuchen der Arterie erleichtert wird. In Höhe des Kieferhalses teilt sie sich dann in die A. temporalis superf., die vor dem äußeren Gehörgang aufwärts zur Scheitelregion verläuft und in die A. maxillaris, die rechtwinklig umbiegend – zwischen Collum mandibulae und Lig. sphenomandibulare – in die tiefe Gesichtsregion eintritt.

Die **A. maxillaris** benützt in der Regel den Spalt zwischen den beiden Mm. pterygoidei, um auf die Außenfläche des M. pterygoideus lat. und schließlich in die Fossa

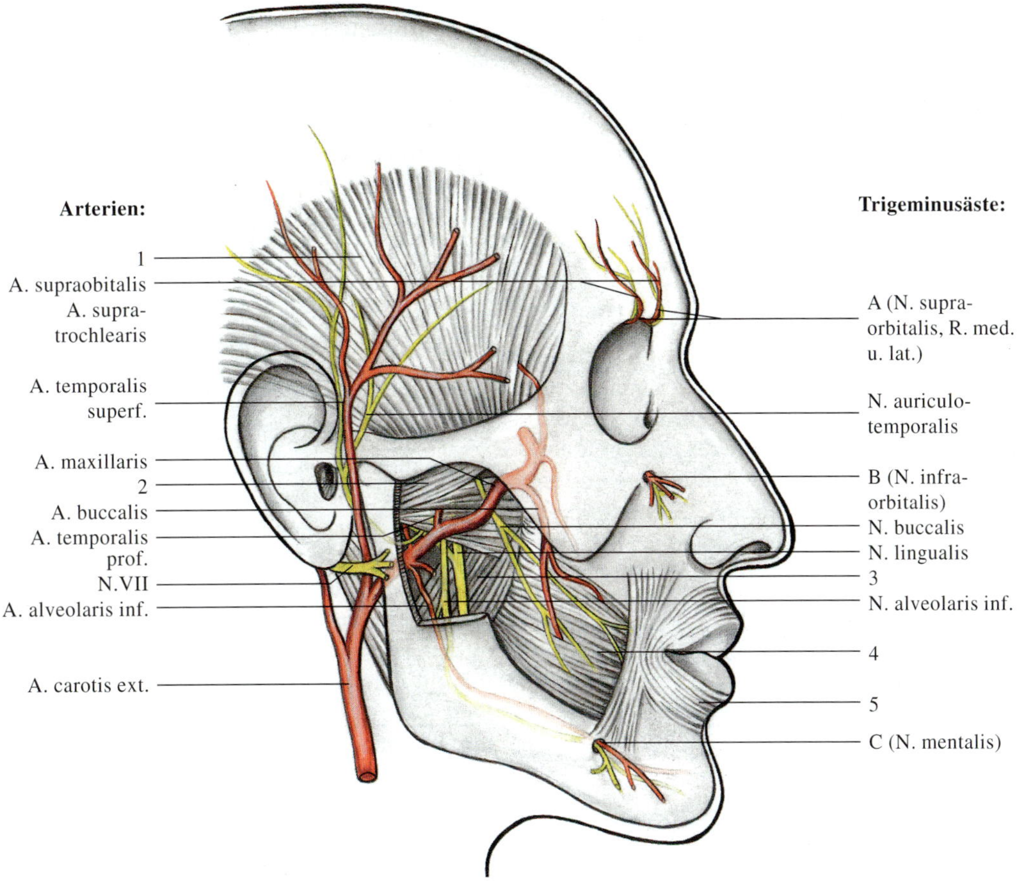

Abb. 205. Tiefe Gesichtsregion mit A. maxillaris und Ästen des N. mandibularis (modif. nach Corning). N. VII = N. facialis; A, B und C = Druckpunkte des Trigeminus. **Muskeln:** 1 = M. temporalis; 2 = M. pterygoideus lat.; 3 = M. pterygoideus med.; 4 = M. buccinator; 5 = M. orbicularis oris.

pterygopalatina zu gelangen. Lagevariationen der Arterie sind hier besonders häufig. Die Arterie ist durch Faserzüge am Collum mandibulae fixiert, so daß sie bei den Kaubewegungen nicht gezerrt oder komprimiert werden kann. Die A. maxillaris versorgt mit der ersten Gruppe ihrer Äste das Mittelohr (A. tympanica ant.), das Kiefergelenk (A. auricularis prof.), den Unterkiefer (A. alveolaris inf.) und die Dura mater (A. meningea media); mit der zweiten Gruppe die vier großen Kaumuskeln (Rr. pterygoidei med. und lat., A. masseterica, Aa. temporales prof.) und mit der dritten Gruppe schließlich von der Flügelgaumengrube aus den hinteren Teil der Nasenhöhle, den Gaumen und den Oberkiefer (A. alveolaris sup. post., A. infraorbitalis, A. palatina descendens, A. sphenopalatina, A. canalis pterygoidei) (Abb. 205).

Die Mm. pterygoidei sind von einem dichten Venengeflecht (Plexus pterygoideus) umgeben, das zur V. retromandibularis abfließt und anastomotische Verbindungen durch die Schädelbasislöcher hindurch mit dem Sinus cavernosus sowie den Gesichts- und Kiefervenen besitzt (Abb. 204).

Klinische Hinweise. Infratemporalphlegmonen mit Kieferklemme, die häufig von Tonsillar- oder Zahnprozessen ausgehen, können sich über den **Plexus pterygoideus** bis in die Schädelhöhle hinein ausbreiten und eine basale Meningitis hervorrufen.

Die Äste der **A. alveolaris sup. post.** verlaufen dicht am Tuber maxillae entlang, wo sie durch Faserzüge des Periosts am Knochen fixiert werden. Bei einer Leitungsanästhesie der benachbarten hinteren Alveolarnerven kann es daher hier zu Verletzungen und Blutungen kommen.

Trigeminusäste. Den Spaltraum zwischen den beiden Mm. pterygoidei benützen die beiden Hauptnerven des dritten Trigeminusastes (N. mandibularis), um vom For. ovale zu ihren Erfolgsorganen zu gelangen: der N. lingualis zur Zunge und der N. alveolaris inf. zum Unterkiefer (Abb. 204 und 205). Der N. auriculotemporalis behält den Kontakt zur Schädelbasis und zieht – meist mit einer Schlinge um die A. meningea media – hinter dem Kiefergelenk und vor dem äußeren Gehörgang vorbei zur Schläfenregion. Der N. alveolaris inf. tritt etwa in der Mitte des aufsteigenden Unterkieferastes in den Canalis mandibulae ein. An der Medialseite des N. mandibularis ist das Ggl. oticum gelegen, von dem die sekretorischen, postganglionären Fasern für die Gl. parotidea ausgehen. Diese schließen sich hauptsächlich dem N. auriculotemporalis und Plexus parotideus des N. facialis an und gelangen so in die Drüse. Der N. lingualis nimmt von hinten die Chorda tympani auf und führt deren parasympathische Fasern zum Ggl. submandibulare und weiter zur Zunge (sekretorische Innervation der Unterzungendrüsen). Auch die Geschmacksfasern von den Papillen der vorderen $^2/_3$ der Zunge laufen über den N. lingualis und die Chorda tympani. Oberhalb des M. pterygoideus lat. kommt der N. buccalis zum Vorschein (Abb. 204 und 205). Er wird von gleichnamigen Gefäßen begleitet. Der N. buccalis spielt eine wichtige Rolle für die sensible Innervation der Gingiva sowie der Mund- und Wangenschleimhaut im Bereich der Molaren. Bei zahnärztlichen Eingriffen am ersten oder zweiten Molaren wird daher meist auch der außen auf dem Buccinator gelegene Nerv anästhesiert.

Das **Kiefergelenk,** das aus zwei durch einen Discus articularis vollständig getrennten Abteilungen besteht, ist überall von wichtigen Gebilden umgeben. Kaudal liegen A. maxillaris sowie die Zuflüsse der V. retromandibularis, dorsal der äußere Gehörgang, lateral ein Teil der Fazialisäste und oben die dünne Knochenwandung der mittleren Schädelgrube.

Die tiefe Gesichtsregion wird vom M. temporalis und dem aufsteigenden Kieferast (R. mandibulae) überdeckt (Abb. 205). Der **M. temporalis** hat zwei durch einen Fettkörper getrennte Faszien, die am Jochbogen befestigt sind, während die Sehne tief auf den

Proc. coronoideus des Unterkiefers herunterreicht.

3. Spatium lateropharyngeum mit seinen Verbindungen zum Mundboden

Seitlich vom Pharynx befindet sich eine breite, auf dem Querschnitt dreiseitige Bindegewebsmasse, die als Durchgangsstraße für die zahlreichen Leitungsbahnen zwischen Kopf und Hals benützt wird (Spatium peripharyngeum). Die aus dem For. jugulare austretenden Hirnnerven (N. IX, X, XI), die V. jugularis int. wie auch die A. carotis int. nehmen diesen Weg, um die Halseingeweide oder den Mundboden zu erreichen. Der Spaltraum zwischen Pharynx und Halswirbelsäule (Spatium retropharyngeum) ist schmal und enthält keine wesentlichen Leitungsbahnen. Die vom Proc. styloideus entspringenden Muskeln bilden einen Fächer, der annähernd sagittal gestellt ist und dadurch bis zu einem gewissen Grad eine Scheidewand zwischen dem retromandibulären Raum mit der Parotisloge und dem tiefer gelegenen lateropharyngealen Raum darstellt (Abb. 203 und 206).

Von den im lateropharyngealen Bindegewebe eingebetteten Nerven liegt der **N. lin-**

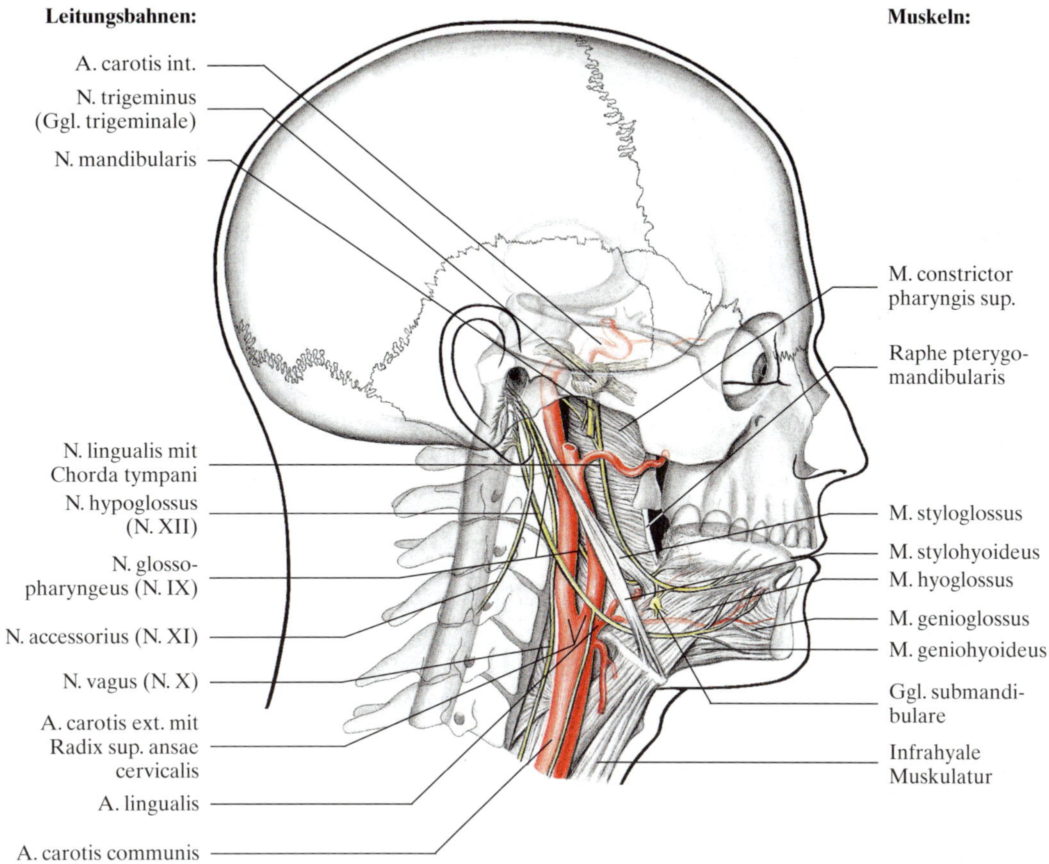

Abb. 206. Spatium peripharyngeum zwischen Pharynxwand, Mundboden, Mandibula und Halswirbelsäule (umgez. nach Braus und Elze).

gualis am weitesten vorne und medial. Er spaltet sich vom N. mandibularis unterhalb des For. ovale ab und verläuft bogenförmig zwischen M. pterygoideus med. und lat. zum Mundboden. Er lagert sich dem M. hyoglossus lateral dicht an und geht hier eine enge Verbindung mit dem Ggl. submandibulare ein, in dem seine von der Chorda tympani stammenden parasympathischen Fasern umgeschaltet und an die Unterzungendrüse weitergegeben werden. Der N. lingualis unterkreuzt dann den Ductus submandibularis und strahlt von lateral fächerförmig in die Zunge ein, deren vordere zwei Drittel er mit sensiblen, sensorischen und sekretorischen Fasern versorgt.

Wesentlich weiter dorsal verläuft der **N. glossopharyngeus.** Er zieht zwischen A. carotis int. und V. jugularis int. bogenförmig nach vorn zur Zungenwurzel, wobei er den M. stylopharyngeus als »Leitmuskel« benützt. Er verschwindet medial vom M. hyoglossus in der Zunge, deren hinteres Drittel er, vor allem mit Geschmacksfasern für die Wallpapillen, versorgt.

Am weitesten kaudal läuft schließlich der **N. hypoglossus,** der vom Canalis hypoglossi kommt und zwischen V. jugularis int. (lateral) und A. carotis int. (medial) unter dem M. digastricus und stylohyoideus hindurch einen weitausholenden Bogen über die beiden Karotiden samt ihren Ästen ausführt (Arcus n. hypoglossi). Am großen Zungenbeinhorn vorbei gelangt er dann außen auf die laterale Fläche des M. hyoglossus. Hier begleitet er die V. lingualis, den Ductus submandibularis und den mehr kranial liegenden N. lingualis bis zur Zunge, wobei der Spaltraum zwischen der Mundbodenmuskulatur und dem M. hyoglossus sowie die Plica sublingualis als Leitbahn dienen. Die *A. lingualis* verläuft im Gegensatz zu den genannten Leitungsbahnen medial vom M. hyoglossus.

N. vagus und **N. accessorius** durchsetzen den lateropharyngealen Raum mehr in der Längsrichtung. Der Vagus begleitet die A. carotis int., die er im weiteren Verlauf in einer langgestreckten Spiraltour von hinten nach vorne umzieht. Der N. accessorius kreuzt die V. jugularis int. an ihrer ventralen Seite und tritt dann von der Unterseite an den M. sternocleidomastoideus und M. trapezius, deren motorischer Nerv er ist, heran. Am tiefsten liegt der Halsgrenzstrang, dessen oberes Ganglion (Ggl. cervicale sup.) innerhalb oder hinter dem tiefen Blatt der Halsfaszie gelagert und dicht hinter der A. carotis int. zu finden ist. Das relativ große, etwa 2 cm lange Ganglion setzt sich kranial in zahlreiche Nervenfasern fort, die den Plexus caroticus int. bilden. Dieser Plexus stellt die direkte Fortsetzung des Halsgrenzstrangs dar und enthält die postganglionären sympathischen Fasern für den Kopf. Seine Unterbrechung bedeutet daher Ausfall der gesamten sympathisch-vegetativen Innervation der Kopforgane (wie z. B. beim Horner-Symptomenkomplex).

Der **Mundboden** besteht in der Hauptsache aus dem M. mylohyoideus (sog. Diaphragma oris), dessen quere Faserzüge sich median in einer Raphe verankern. Das Diaphragma wird durch zwei Längsmuskeln verstärkt, oben (kranial) durch den M. geniohyoideus, unten (kaudal) durch den vorderen Bauch des M. digastricus. Der muskulöse Mundboden ist jedoch hinten unvollständig, da der M. mylohyoideus bereits vor dem Kieferwinkel endet. Auf diese Weise bekommt der submandibuläre und parapharyngeale Bindegewebsraum Zugang zur Mundbodenregion. Von Zähnen oder Mundorganen ausgehende Mundbodenphlegmonen können sich daher um den Hinterrand des M. mylohyoideus herum in das Halsbindegewebe, ja bis in das Mediastinum ausbreiten.

Die Kommunikation der Bindegewebsräume gibt den oben genannten Leitungsbahnen die Möglichkeit, die Mundhöhle zu erreichen. Diesen Weg nimmt auch der *Ductus submandibularis,* begleitet von kleineren Drüsenläppchen der Gl. submandibularis. Der Ausführungsgang biegt um den Hinterrand des Diaphragma oris herum, liegt zusammen mit der V. lingualis, dem N. hypoglossus und N. lingualis lateral *auf* dem M. hyoglossus, in Höhe des letzten Molaren. Nach vorne zu *über*kreuzt er den N. lingualis und endet zusammen mit dem großen Ausführungsgang der Gl. sublingualis auf der Caruncula sublingualis unter der Zunge, dicht neben der Wurzel des Frenulum linguae. Die Unterzungendrüsen werfen eine sichtbare Schleimhautfalte auf (Plica sublingualis), an deren medialer Seite der Ductus submandibularis und der N. lingualis zungenspitzenwärts ziehen. Dem Nerv liegt die A. lingualis dicht an, die vorn in die A. sublingualis und A. prof. linguae übergeht.

4. Fossa pterygopalatina mit ihren Verbindungen zur Nasen- und Mundhöhle

Nach medial setzt sich das Spatium peripharyngeum schließlich in die Fossa pterygopalatina (Flügelgaumengrube) fort (Abb. 206). Dieser kleine pyramidenförmige Raum ergibt sich durch die Aneinanderlagerung von Gaumenbein, Oberkiefer und Flügelgaumenfortsatz (Abb. 207). Er ist oben weiter und verengt sich gaumenwärts zu einem rundlichen Kanal (Canalis palatinus major, Canalis pterygopalatinus), dessen Ausgänge das For. palatinum majus und die Forr. palatina minora darstellen. Die Fossa pterygopalatina hat durch Kanäle und Öffnungen Verbindungen zu allen Nachbarregionen (Nasenhöhle, mittlere Schädelgrube, Mundhöhle, Fossa infratemporalis und Orbita). Da alle diese Kanälchen Leitungsbahnen enthalten, stellt die Fossa pterygopalatina einen zentralen »Verkehrsknotenpunkt« im hinteren Bereich des Gesichtsschädels dar.

Die A. maxillaris erreicht die Fossa pterygopalatina von lateral, indem sie durch den dreieckigen Spalt zwischen Tuber maxillae und Proc. pterygoideus (Fissura pterygomaxillaris) hindurchtritt. In der Flügelgaumengrube teilt sie sich in ihre Endäste auf. Der Hauptstamm läuft als A. palatina descendens im Canalis pterygopalatinus abwärts und teilt sich in die Gaumenäste auf, die dann durch das For. palatinum majus zum harten und die Forr. palatina minora zum weichen Gaumen ziehen. Die A. sphenopalatina versorgt mit ihren nasalen Ästen den hinteren Teil der Nasenhöhle und anastomosiert hier mit den vorderen Nasengefäßen aus der A. ophthalmica (wichtiges Anastomosengebiet zwischen A. carotis ext. und int.!). Durch die untere Orbitafissur erreichen die infraorbitalen Gefäße den Canalis infraorbitalis und auf diesem Wege Oberkiefer, Oberlippe und Nase.

Die Fossa pterygopalatina beherbergt auch das Ggl. pterygopalatinum. In ihm werden die präganglionären Fasern des parasympathischen Fazialisanteils, die über den N. petrosus major durch den Canalis pterygoideus in das Ganglion gelangt sind, umgeschaltet (sekretorische Innervation der Nasen-, Gaumen- und Tränendrüsen). Im Dach der Flügelgaumengrube findet man den N. maxillaris, der sich bald in seine Äste aufspaltet. Diese begleiten die eben genannten Gefäße.

Innervation der Zunge

Motorisch	N. hypoglossus (N. XII)	
Sensibel	Vordere zwei Drittel der Zunge Hinteres Drittel der Zunge Zungenwurzel bis Kehlkopfeingang	N. lingualis (N. V_3) N. glossopharyngeus (N. IX) N. vagus (N. laryngealis sup.)
Sensorisch (Geschmacks-afferenzen)	Vordere zwei Drittel Hinteres Drittel Zungenwurzel bis Kehlkopf	N. lingualis (Chorda tympani – Ggl. geniculi) N. glossopharyngeus (Ggl. sup. und inf.) N. vagus (Ggl. sup. und inf.)

Innervation der Zähne

Praktische Bedeutung besitzen vor allem die zu den Zähnen verlaufenden Zweige des N. trigeminus. Aus dem Hauptstamm scheren noch innerhalb der Fossa pterygopalatina die für die Molaren bestimmten Ästchen ab. Sie liegen am Tuber maxillae dem Knochen dicht auf, treten durch mehrere Forr. alveolaria post. zum Plexus dentalis und versorgen die Molaren des Oberkiefers einschließlich der angrenzenden Gingiva.

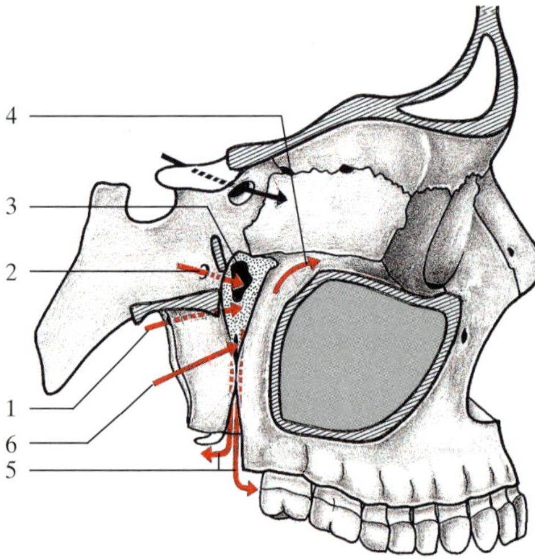

Abb. 207. Lage und Kanäle der Fossa pterygopalatina in der Ansicht von lateral. Der große Keilbeinflügel wurde an der Wurzel durchtrennt. (Zahlenhinweise siehe nachfolgende Tabelle.) Schwarzer Pfeil = Canalis opticus.

Die Front- und Backenzähne des Oberkiefers erhalten ihre nervöse Versorgung aus den Nn. alveolares sup. ant. und med., die vom N. infraorbitalis kurz vor dem Austritt aus dem For. infraorbitale abzweigen und in kleinen Knochenkanälchen – der Kieferhöhlenschleimhaut eng benachbart – von vorne in den Plexus dentalis einstrahlen. Bei Anästhesien der Frontzähne muß man berücksichtigen, daß diese außerdem noch Fasern aus den vorderen alveolaren Nerven der Gegenseite und aus dem N. nasopalatinus (Scarpae), einem direkten Ast des Ggl. pterygopalatinum, der am Nasenseptum schräg abwärts bis zum Canalis incisivus und zur Papilla incisiva verläuft, erhalten.

Klinische Hinweise. Eine Leitungsanästhesie der Nerven für die Oberkieferzähne ist von verschiedenen Punkten aus möglich (Abb. 208): 1. vom For. infraorbi-

Öffnungen und Kanäle der Fossa pterygopalatina (vgl. Hinweise in Abb. 207)

	Verbindung zur	Leitungsbahnen
1. Canalis pterygoideus	Unterfläche der Schädelbasis	N. petrosus major (parasympathisch) } N. canalis pterygoidei N. petrosus prof. (sympathisch) A. canalis pterygoidei (Vidiani)
2. For. rotundum	mittleren Schädelgrube	N. maxillaris (N. V_2)
3. For. sphenopalatinum	Nasenhöhle	Rr. nasales post. sup. lat. A. sphenopalatina Ggl. pterygopalatinum
4. Fissura orbitalis inf.	Augenhöhle	A., V. und N. infraorbitalis N. zygomaticus
5. Canalis palatinus major, Übergang in For. palatinum majus und Forr. palatina minora	Mundhöhle (harter und weicher Gaumen)	A., V. palatina major Vasa palatina minora N. palatinus major, Nn. palatini minores
6. Fissura pterygomaxillaris	Fossa infratemporalis	A. maxillaris Aa., Vv., Nn. alveolares sup. post.

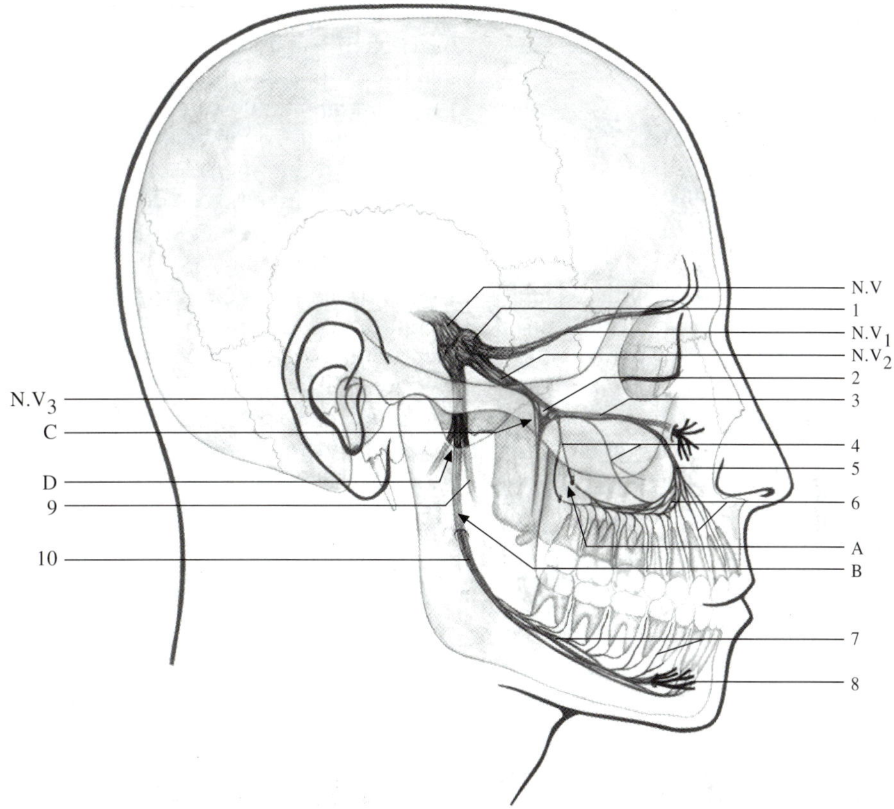

Abb. 208. Astfolge des N. trigeminus. Innervation der Zähne und Orte für Leitungsanästhesien (modif. nach Sicher).
Äste und Ganglien des N. trigeminus (N. V): N. V_1 = N. ophthalmicus; N. V_2 = N. maxillaris; N. V_3 = N. mandibularis. 1 = Ggl. trigeminale; 2 = Ggl. pterygopalatinum; 3 = N. infraorbitalis; 4 = Rr. alveolares sup. post. und medii; 5 = R. alveolaris sup. ant.; 6 = Plexus dentalis sup. und Rr. gingivales sup.; 7 = Plexus dentalis inf. und Rr. gingivales inf.; 8 = N. mentalis; 9 = N. lingualis; 10 = N. alveolaris inf.
Leitungsanästhesien: A = Tuberanästhesie am Tuber maxillae; B = Anästhesie des N. alveolaris inf. oberhalb des For. mandibulae; C = Stammanästhesie des N. infraorbitalis in der Fossa pterygopalatina; D = Stammanästhesie des N. mandibularis unterhalb des For. ovale.

tale, 2. vom For. palatinum majus, 3. am Proc. zygomaticus, 4. am Tuber maxillae und 5. am For. incisivum. In der Fossa pterygopalatina (Einstich unterhalb des Jochbogens) erreicht man den Stamm des zweiten Trigeminusastes, an den übrigen Stellen die genannten alveolaren Hauptäste für den Plexus dentalis sup.
Am Unterkiefer kommen für die Leitungsanästhesie ebenfalls mehrere Punkte in Frage (Abb. 208): 1. For. mentale, 2. Wangenumschlagsfalte in Höhe des ersten Molaren zur Ausschaltung des N. buccalis, 3. Mundbodenschleimhaut oral neben dem ersten Molaren zur Ausschaltung des N. lingualis, 4. Vorderseite des aufsteigenden Unterkieferastes zur Ausschaltung des N. buccalis und 5. For. mandibulae, das etwa gleich weit vom vorderen und hinteren Rand der Mandibula entfernt, ½ cm oberhalb der Kaufläche des letzten Molaren, lokalisiert ist. An dieser Stelle erfolgt die Ausschaltung des N. alveolaris inf.

5. Nasenhöhle und Sinus paranasales

In der **Nasenhöhle** unterscheidet man einen knorpeligen Abschnitt (Vestibulum nasi) und einen knöchernen Abschnitt (Cavitas nasi). Das Dach ist schmal. Hier steht die Nasenhöhle durch die Lamina cribrosa mit der vorderen Schädelgrube in Verbindung. Der Boden wird von den Gaumenfortsätzen des Oberkiefers und denen des Gaumenbeins gebildet und schließt vorne das kleine, dreiseitige Os incisivum mit dem Canalis incisivus ein. Das Septum nasi, das der Vomer, die Lamina perpendicularis des Siebbeins und der Septumknorpel aufbauen, zeigt häufig Deviationen durch eine vorspringende Crista septi, welche die Entfaltung der rechten mittleren Muschel beeinträchtigt und dadurch klinische Symptome hervorrufen kann. Die Septumschleimhaut ist reich vaskularisiert. Besonders im vorderen Bereich bilden sich ausgedehnte Venenplexus, von denen häufig eine Nasenblutung ausgeht (Locus Kiesselbachii). Die laterale Wand wird durch die Ausbildung der Nasenmuscheln kompliziert. Die Concha nasalis inf. ist ein selbständiger Knochen, der von einer schwellkörperreichen, meist polypösen Schleimhaut überzogen wird. Schon geringe Reize genügen, die Schleimhaut zur Schwellung zu bringen und den unteren Nasengang zu verlegen. Die Conchae nasales med. und sup. sind Teile des Siebbeins. Sie sind wesentlich kleiner und kürzer als die untere Muschel und meist nur in ihrem hinteren Abschnitt kavernös verdickt. Gelegentlich sind zusätzlich noch Nebenmuscheln (Conchae intermediae) und akzessorische Muscheln über der Concha sup. (sog. Conchae supremae) vorhanden. Die drei Hauptmuscheln grenzen die drei Nasengänge (Meatus nasi inf., med. und sup.) vom gemeinsamen Nasengang (Meatus nasi communis) ab. In diesen Gängen liegen die Zugänge zu den Nebenhöhlen der Nase (Sinus paranasales, Abb. 209 und 210).

Unter der mittleren Muschel entsteht zwischen Bulla ethmoidalis und Proc. uncinatus ein halbmondförmiger Spalt, der *Hiatus semilunaris,* dessen Schleimhautüberzug sich trichterförmig gegen die Kieferhöhle verengt (Infundibulum ethmoidale). In diesen Spalt münden die vorderen Siebbeinzellen sowie die Stirn- und Kieferhöhle ein. Akzessorische, rundliche Öffnungen für die Kieferhöhle können am hinteren Ende des Hiatus semilunaris oder weiter unten im mittleren Nasengang (Meatus nasi med.) vorhanden sein.

Der Sinus sphenoidalis öffnet sich gegen den Meatus nasi communis hinter der obersten Muschel, wo meist eine kleine laterale Vertiefung existiert (Rec. sphenoethmoidalis).

Die **Kieferhöhle (Sinus maxillaris)** ist die größte Nasennebenhöhle. Sie besitzt eine pyramidenförmige Gestalt (die Spitze der Pyramide zeigt zum Jochbein) und höhlt den Körper des Oberkiefers fast vollständig aus. Ihre obere Wand ist sehr dünn und bildet zugleich den Boden der Augenhöhle, in dem der Canalis infraorbitalis verläuft. Die mediale Wand liegt in Höhe des unteren und mittleren Nasengangs und steht durch das Infundibulum ethmoidale mit dem mittleren Nasengang in Verbindung. Der Boden hat die Form einer Rinne, die dem Alveolarfortsatz folgt und nach hinten zu ansteigt. In Höhe des ersten Molaren ist der Boden am tiefsten, so daß die Wurzeln dieses Zahnes nicht selten – nur von einer dünnen Knochenlamelle überzogen – in die Kieferhöhle vorragen.

Die **Stirnhöhlen (Sinus frontales)** sind in Größe und Form sehr variabel. Sie dehnen sich in den Bereich des Stirnbeins einerseits nach oben, andererseits aber auch nach hinten-unten im Dach der Orbita aus. Das beide Stirnhöhlen trennende Septum zeigt häufig Deviationen nach der einen oder anderen Seite, so daß die beiden Höhlen in der Regel ungleich groß sind. Ihr Boden geht unten kontinuierlich in den *Ductus nasofrontalis* über, der unter der mittleren Muschel ausmündet.

Gefäße und Nerven der Nasenhöhle (vgl. Pfeile und Beschriftung in Abb. 209)

A. Aa. nasales ant. (aus der A. ethmoidalis ant., einem Ast der A. ophthalmica, der durch das For. ethmoidale ant. und weiter durch die Lamina cribrosa in die vordere Nasenhöhle gelangt ist).
B. Aa. nasales post. lat. et septi (aus der A. sphenopalatina, Endast der A. maxillaris, der durch das For. sphenopalatinum in die hintere Nasenhöhle gelangt ist).
C. Endäste der A. ethmoidalis post. (aus der A. ophthalmica – durch das For. ethmoidale post. zur hinteren Nasenhöhle).
D. Kleinere, unwesentliche Äste aus der A. facialis und A. infraorbitalis.

Man beachte die Tatsache, daß im Bereich der Nasenschleimhaut die Gefäßgebiete von A. carotis ext. und int. miteinander anastomosieren (vgl. S. 252).

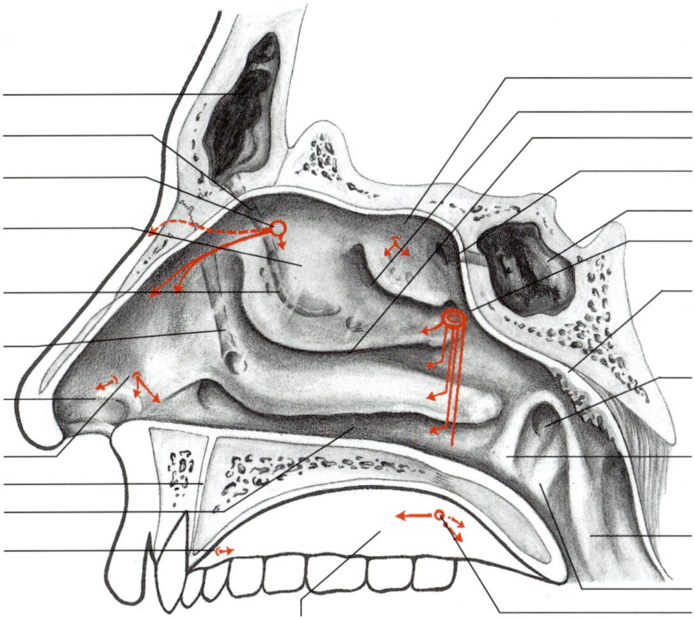

Abb. 209. Schema über den Aufbau der Nasenhöhle mit den Zugängen zu den Sinus paranasales (durchscheinend gezeichnet). Die Eintrittsstellen und Verlaufsrichtungen der wichtigsten Leitungsbahnen sind durch rote Pfeile markiert.

Nasengänge:	**Gefäße:**	
1 = Meatus nasi inf.	A = Vasa ethmoidalia ant.	D = Vasa infraorbitalia
2 = Meatus nasi med.	B = Vasa sphenopalatina	E = Vasa palatina major et minora
3 = Meatus nasi sup.	C = Vasa ethmoidalia post.	F = Vasa nasopalatina

Nasengänge und Nebenhöhlen (vgl. Hinweise in Abb. 209)

1. Meatus nasi inf.	Ductus nasolacrimalis
2. Meatus nasi med.	Sinus frontalis (Ductus nasofrontalis) Sinus maxillaris (Hiatus semilunaris) Cellulae ethmoidales ant.
3. Meatus nasi sup.	Cellulae ethmoidales post.

Die **Keilbeinhöhlen (Sinus sphenoidales)** sind ebenfalls paarig ausgebildet und werden durch ein unregelmäßig verlaufendes Septum getrennt. Sie füllen den Keilbeinkörper weitgehend aus, können aber bei ausgedehnter Pneumatisation auch schleimhautausgekleidete Taschen in die angrenzenden Knochenabschnitte des Keilbeins vortreiben, wodurch sich klinisch wichtige topographische Beziehungen zum Canalis opticus, zur A. carotis int., eventuell auch zu den hinteren Siebbeinzellen und zur Kieferhöhle ergeben.

Die **Siebbeinzellen (Cellulae ethmoidales)** liegen in den zahlreichen Knochenkapseln des Siebbeins, d. h. in der lateralen Wand der Nasenhöhle (Siebbeinlabyrinth) und lassen sich in mehrere Gruppen einteilen. Die hinteren Siebbeinzellen (Cellulae ethmoidales post.) schließen sich an die Keilbeinhöhle an und münden – häufig mit mehreren kleinen Öffnungen – in den oberen Nasengang; die vorderen Siebbeinzellen (Cellulae ethmoidales ant.) liegen daran anschließend zwischen Nasenwurzel, Stirnbein und Oberkiefer und münden in der Umgebung des Infundibulum ethmoidale in den mittleren Nasengang aus. Manche Autoren unterscheiden auch eine mittlere Gruppe zwischen den vorderen und hinteren Siebbeinzellen.

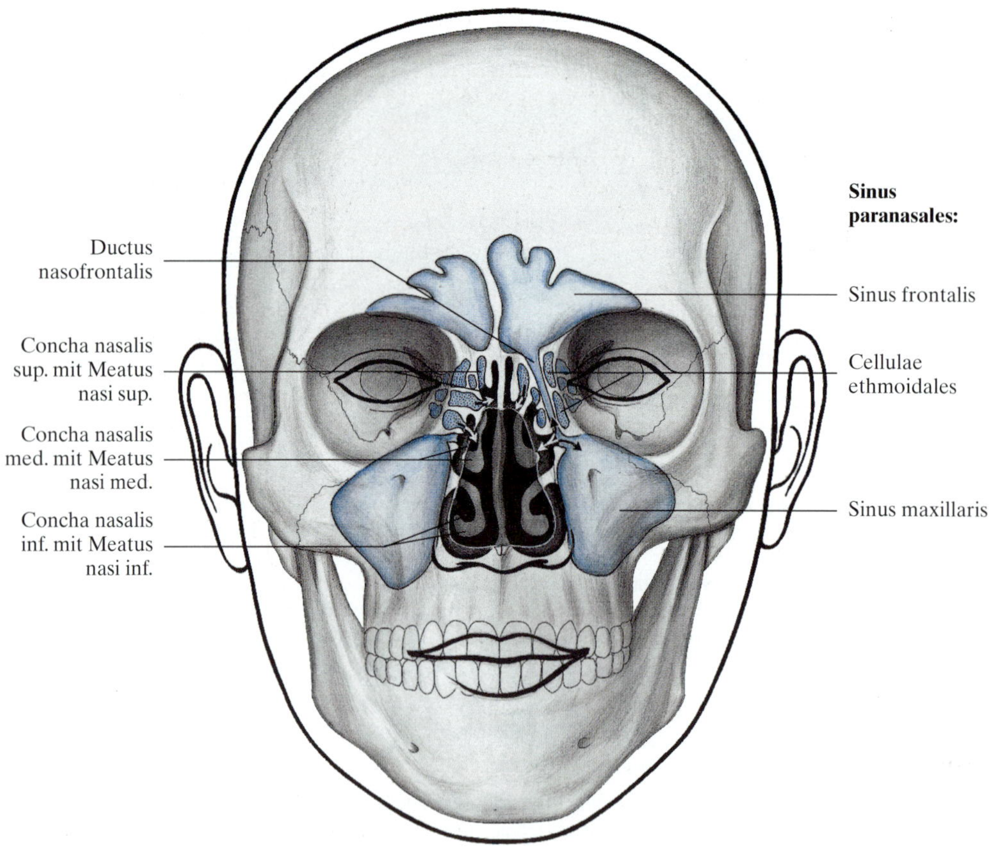

Abb. 210. Lage der Nasennebenhöhlen (blau) und deren Verbindungen zu den Nasengängen (Pfeile). Rechts ist der Ductus nasofrontalis nicht dargestellt (modif. nach Pernkopf und Ferner).

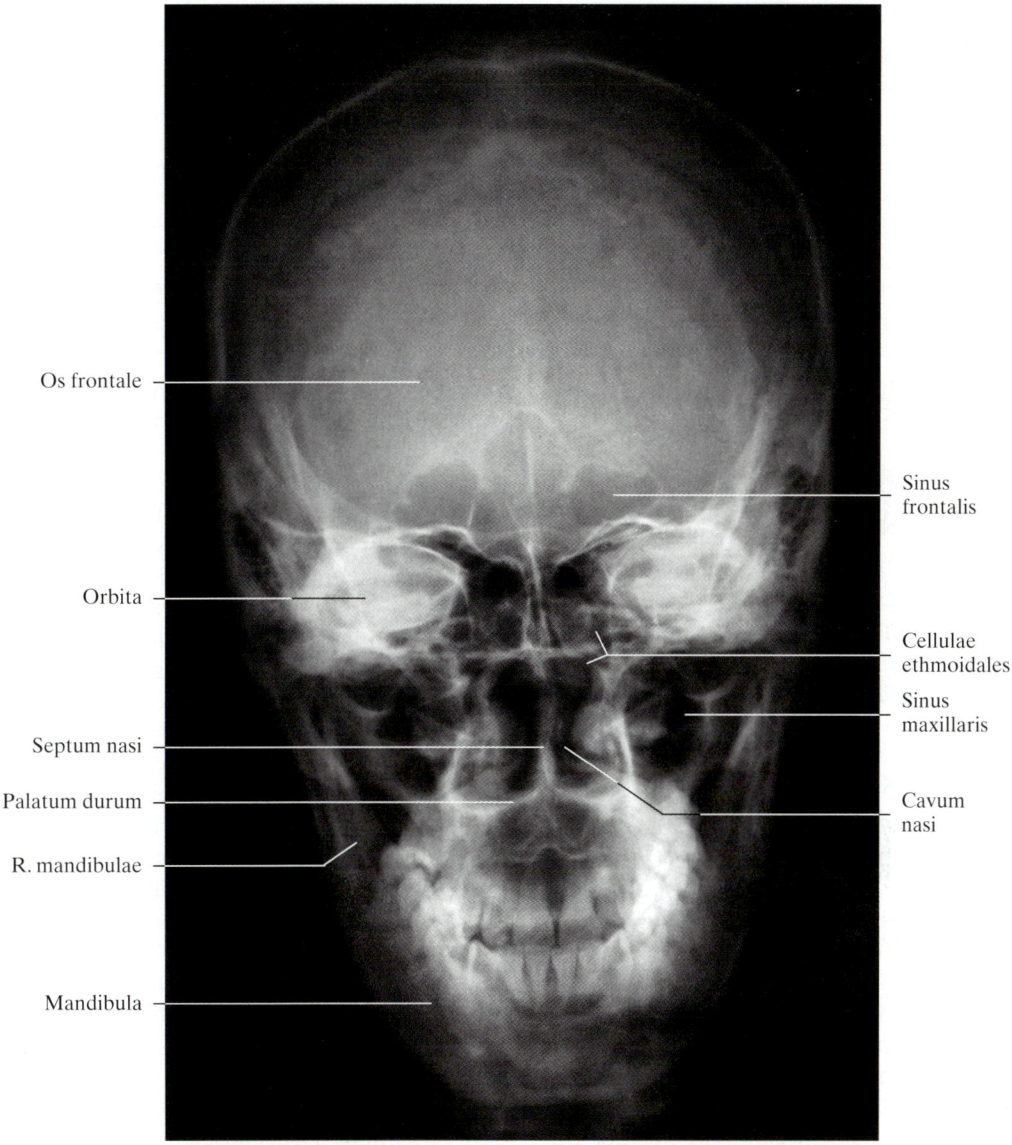

Abb. 211. Röntgenaufnahme des Schädels (A.-p.-Aufnahme). Man beachte die Lokalisation der Nasennebenhöhlen.

Klinische Hinweise. Klinisch wichtig ist besonders die Tatsache, daß die Siebbeinzellen an die Augenhöhle, die vordere Schädelgrube, die Kiefer- und Keilbeinhöhlen angrenzen. Nur durch dünne Knochenplatten getrennt, liegt hier die Nasenschleimhaut diesen Räumen dicht an, wodurch das Übergreifen von Infektionen begünstigt wird.

Entzündliche Prozesse können auch von den Alveolen der Zähne, besonders

Nerven der Nasenschleimhaut

I. Regio respiratoria
1. Rr. nasales med. und lat. (aus dem N. ethmoidalis ant. des N. nasociliaris [N. V_1]).
2. a) Rr. nasales post. sup. lat. (aus dem Ggl. pterygopalatinum [N. V_2] durch das For. sphenopalatinum zur hinteren Nasenhöhle, zur oberen und mittleren Muschel).
b) Rr. nasales post. inf. lat. (aus dem Ggl. pterygopalatinum durch das For. sphenopalatinum zur mittleren und unteren Muschel).
3. N. nasopalatinus (aus dem Ggl. pterygopalatinum und den Rr. nasales post. sup. med. zum Nasenseptum – schräg abwärts zum Canalis incisivus, zu den oberen Schneidezähnen und zum vorderen Gaumen).
II. Regio olfactoria (Riechschleimhaut oberhalb der oberen Muschel und angrenzende Teile des Septums).
Nn. olfactorii, Fila olfactoria (ziehen durch die Lamina cribrosa zum Bulbus olfactorius).

der vorderen Molaren, auf die Kieferhöhle übergreifen. Eine Kieferhöhlenentzündung (Sinusitis) kann andererseits zu Reizungen der infraorbitalen oder hinteren alveolären Nerven führen. Durch die Lage der Keilbeinhöhle ergibt sich ein operativer Zugangsweg zur Hypophysenregion. Bei der Beurteilung von Röntgenbildern ist die große Variabilität der Sinus paranasales zu berücksichtigen.

6. Pharynx und dessen Beziehungen zu Mundhöhle, Nasenhöhle und Hals; Regio tonsillaris

Der **Schlund** ist das gemeinsame Verbindungsstück für Luft- und Speisewege, das sich an die Nasen- und Mundhöhle anschließt. Topographisch kann man einen oberen, mittleren und unteren Abschnitt unterscheiden (Pars nasalis, oralis und laryngea). Anatomisch hat die Pharynxmuskulatur noch keinen Schichtenaufbau wie der Magen-Darm-Kanal. Die Muscularis mucosae ist durch eine elastische Lamelle ersetzt, die Längsmuskelzüge verlaufen innen, die Konstriktoren außen, was am Darmrohr umgekehrt ist. Infolgedessen vollzieht sich am Übergang zum Ösophagus ein konstruktiver Umbau der Muskelschichten, indem sich die schräg aufwärts ziehenden Fasern des unteren Schlundschnürers in Längsmuskelfasern umgruppieren. Dadurch kommt es nicht selten am Ösophagusanfang zur Ausbildung eines muskelfreien Feldes (Laimer-Dreieck), das die Entstehung von Divertikeln an dieser Stelle begünstigt.

Die Schleimhaut des Pharynx weist verschiedene Besonderheiten auf, die mit der topographischen Lage ihrer Abschnitte zusammenhängen (Abb. 212). Die Pars nasalis pharyngis (Epipharynx) steht durch die Choanen mit der Nasenhöhle in Verbindung. Sie enthält die Tubenöffnung (Ostium pharyngeum tubae auditoriae), die durch zwei Längsfalten (Plica salpingopalatina [vorn] und salpingopharyngea [hinten]) am Schleimhautrelief deutlich hervortritt. Die Tube ist schräg nach vorn gerichtet, so daß eine Sonde vom unteren Nasengang leicht in ihr Lumen vorgeschoben werden kann. Am unteren Tubenumfang wölbt sich der M. levator veli palatini vor (Levatorwulst, Torus levatorius). Die Gaumensegelmuskulatur, vor allem der M. tensor veli palatini, kann durch Fasern, die am membranösen Teil der Tube entspringen, das Lumen der Ohrtrompete erweitern und damit das Mittelohr ventilieren (wichtiger Druckausgleich bei plötzlichen Luftdruckveränderungen). Die Schleimhaut im Bereich der Tubenöffnung ist allseitig von lymphatischem Gewebe durchsetzt *(Tonsilla tubaria)*, das nach der Pubertät reduziert wird.

Klinischer Hinweis. Anschwellen der oberen Pharynxschleimhaut bei infektiösen Prozessen beeinträchtigt wegen der Verlegung der Tubenöffnung die Mittelohrven-

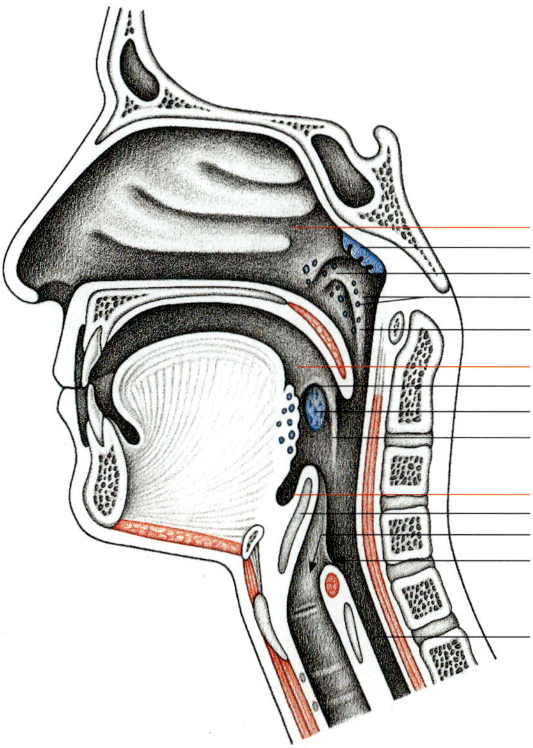

Abb. 212. Gliederung des Pharynx, dargestellt am sagittalen Durchschnitt des Kopfes.

tilation und kann zu Trommelfellperforationen führen. Aufsteigende Infektionen können Mittelohrentzündungen hervorrufen.

Im **Epipharynx** (Pars nasalis pharyngis, Abb. 212) liegt median vor dem Keilbeinkörper die Tonsilla pharyngealis, die sich ebenfalls mit zunehmendem Lebensalter zurückbildet. Sie kann von der Mundhöhle aus beobachtet werden (Rhinoscopia post.). Der obere Abschnitt des Pharynx verengt sich gegen die Schädelbasis und wird kranial ganz membranös (Membrana pharyngobasilaris). Die hier entstehende seitliche Tasche wird als Rec. pharyngeus (Rosenmüller-Grube) bezeichnet. Der obere Schlundschnürer kann sich vorwölben (Passavant-Wulst) und mit der Uvula zusammen den nasalen Pharynxabschnitt von der Mundhöhle vollständig abschließen, was für den Schluckakt von Bedeutung ist. Bei Gaumensegellähmungen wird dieser Abschluß defekt, und Nahrungsteile dringen in die Nasenhöhle vor.

Mesopharynx (Pars oralis pharyngis). Die zwischen Epiglottis und Uvula gelegene Pars oralis steht durch den Isthmus faucium mit der Mundhöhle in Verbindung. Der Isthmus wird durch die beiden Gaumenbögen (Arcus palatoglossus und palatopharyngeus) gebildet. Zwischen ihnen liegt die **Tonsilla palatina.** Diese verändert sich in Form und Größe – im Gegensatz zu den übrigen Gliedern des lymphatischen Rachenrings – während des Lebens wenig. Sie wird durch eine Kapsel gegen die unterlagernde

Pharynxwand abgegrenzt. Im peripharyngealen Bindegewebe verlaufen zwar in Höhe der Tonsille zahlreiche lebenswichtige Gebilde (A. carotis int., V. jugularis int., die Hirnnerven V_3, IX, X, XI, XII) (vgl. S. 293). Ihr Abstand von der Fossa tonsillaris ist jedoch so groß, daß sie bei Tonsillarabszessen in der Regel nicht gefährdet sind. Die A. carotis int. und A. facialis können aber so ausgedehnte Schlingen bilden, daß sie in die Nähe der Gaumenmandel zu liegen kommen.

Der **Hypopharynx** (Pars laryngea pharyngis) schließt kaudal an die Pars oralis an. Die Epiglottis steht mit dem Zungengrund durch die Plicae glossoepiglotticae lat. und die Plica glossoepiglottica mediana, zwischen denen sich kleine Gruben befinden (Valleculae), in Verbindung. Die Speisen gleiten nicht über die Epiglottis und den Kehlkopfeingang hinweg, sondern seitlich an ihnen vorbei durch den Rec. piriformis zum Ösophagusmund. Innerhalb des Recessus wirft der N. laryngealis sup. des Vagus eine Schleimhautfalte auf. In den Hypopharynx ragt der Kehlkopf hinein, dessen Aditus schräg gestellt und vom unteren Pharynx aus zugänglich ist. In der Schleimhaut befinden sich ausgedehnte submuköse Venengeflechte, die besonders am Ösophagusmund verdichtet sind und beim Glottisödem stark anschwellen können (vgl. S. 226).

Leitungsbahnen des Pharynx

Arterien:	1. A pharyngea ascendens (aus der A. carotis ext.) 2. A palatina ascendens (aus der A. facialis, versorgt mehr die oberen Pharynxabschnitte sowie Tube, Tonsillen usw.)
Lymphgefäße:	Hauptsächlicher Abfluß zu den tiefen zervikalen Lymphknoten
Nerven:	Obere Abschnitte – aus Ästen des N. glossopharyngeus Untere Abschnitte – aus Ästen des N. vagus Beide bilden zusammen mit dem Sympathikus den Plexus pharyngeus.

Brust- und Bauchsitus

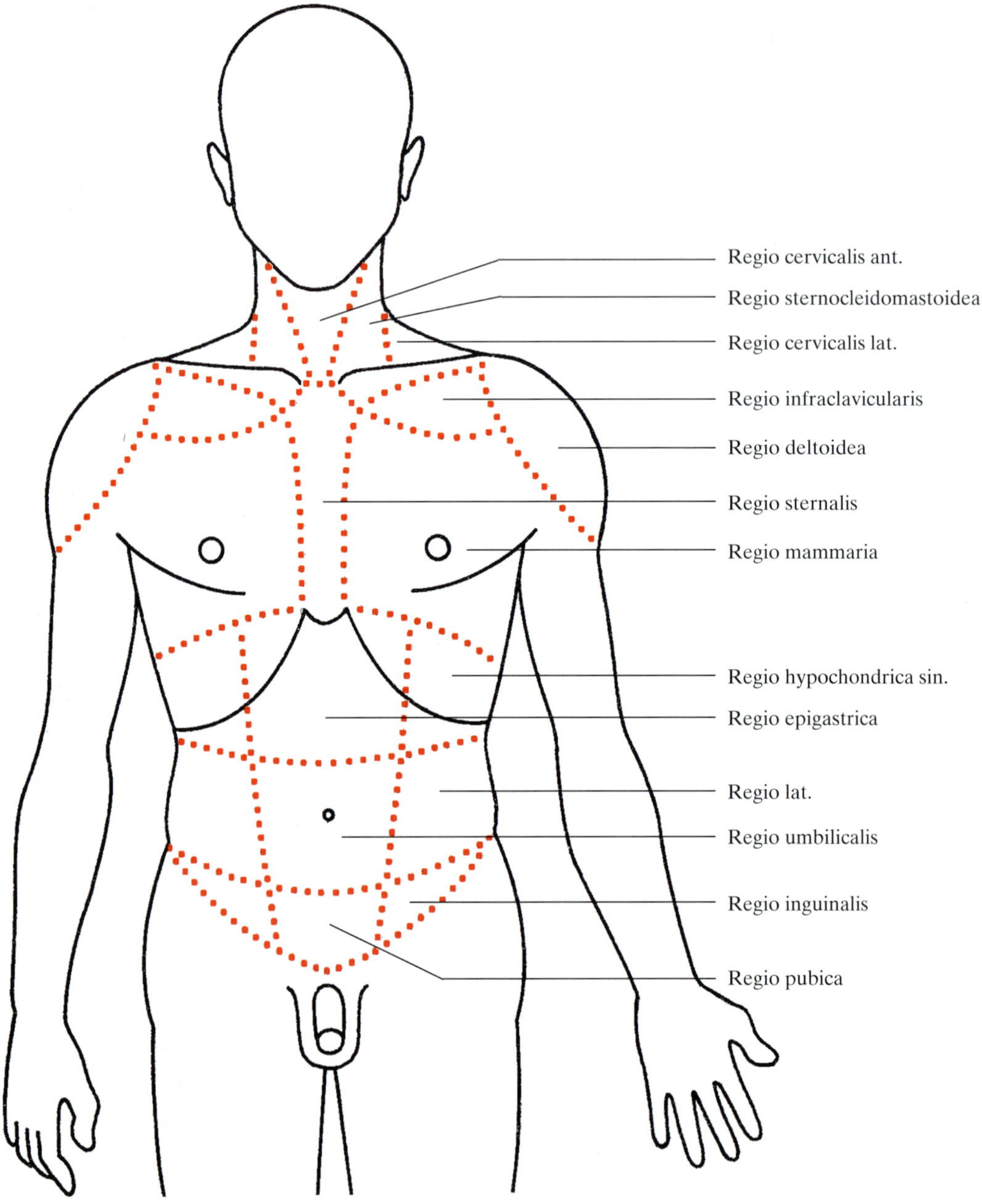
Regio cervicalis ant.
Regio sternocleidomastoidea
Regio cervicalis lat.
Regio infraclavicularis
Regio deltoidea
Regio sternalis
Regio mammaria
Regio hypochondrica sin.
Regio epigastrica
Regio lat.
Regio umbilicalis
Regio inguinalis
Regio pubica

A. Topographische Anatomie der Brustorgane (Brustsitus, Situs thoracis)

I. Pleura- und Lungengrenzen

Die Projektion der im Thorax untergebrachten Organe auf die Brustwand wird zweckmäßigerweise auf bestimmte *Orientierungslinien* bezogen:

1.	Linea mediana ant. (vordere Medianlinie)
2.	Linea sternalis (senkrechte Parallele zum Sternalrand)
3.	Linea medioclavicularis oder mamillaris (Senkrechte durch die Mitte der Clavicula)
4.	Linea parasternalis (zwischen Sternal- und Medioklavikularlinie)
5.–7.	Linea axillaris ant., med. und post. (durch die vordere oder hintere Begrenzung der Achselhöhle bzw. durch deren Mitte)
8.	Linea scapularis (Senkrechte durch den unteren Winkel der Scapula)
9.	Linea paravertebralis (Senkrechte neben der Wirbelsäule)
10.	Linea mediana post. (hintere Mittellinie)

Die **Grenzen des Pleurasackes** (Abb. 213), die zugleich die tiefsten Punkte der Komplementärräume (Recc. pleurales) darstellen, liegen so, daß hinter dem Manubrium sterni und vor dem Herzbeutel jeweils ein pleurafreies, dreiseitiges Feld übrigbleibt (Trigonum thymicum und Trigonum pericardiacum). Das Thymusdreieck ist bei Kindern größer, da der Thymus die Pleura zurückdrängt. Vorn laufen die Pleuragrenzen beim Erwachsenen vom Sternoklavikulargelenk auf den Ansatz der 2. Rippe zu. Hinter dem Sternum nähern sich die beiden Pleurasäcke oft weitgehend. Das Trigonum pericardiacum ist bei tiefer Herzlage kleiner als beim oberflächennahen, breitbasig aufliegenden Herzen. Da die linke Lungen- und Pleuragrenze am Ansatz der 4. bis 6. Rippe bogenförmig zurückspringt (Incisura cardiaca pulmonis sin.), ergibt sich hier ein operativer Zugang zum Herzen sowie die Möglichkeit einer Herzpunktion, ohne Gefahr, den Pleuraraum zu eröffnen. Der *Rec. costodia-*

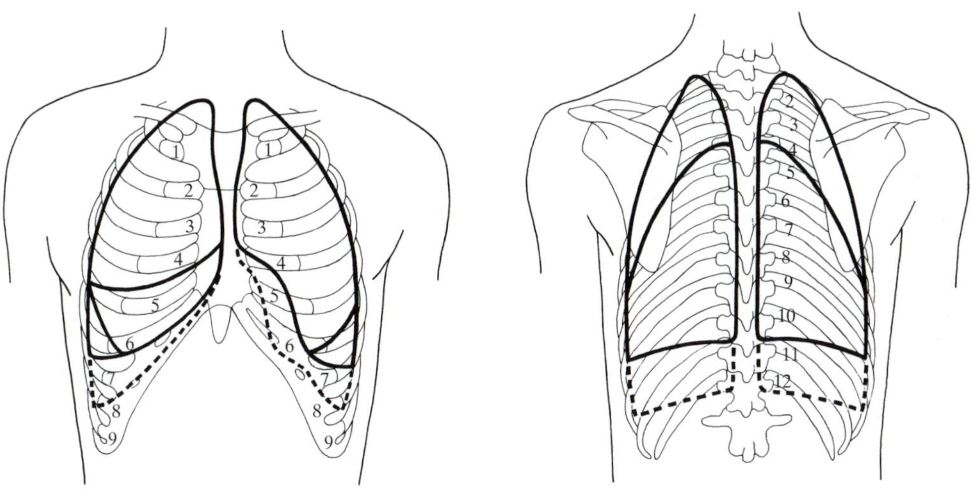

Abb. 213. Schemata über die Lage der Lungen- und Pleuragrenzen in ihrer Projektion auf den Thorax. Durchgezogene Linie = Lungengrenzen; gestrichelte Linie = Pleuragrenzen; 1–12 = Rippen.

phragmaticus ist in Höhe der Axillarlinie am tiefsten (6–8 cm), vorn und hinten verkleinert er sich auf 2–3 cm. Entsprechend ist die Ausdehnung der Lungen seitlich am größten. Die übrigen Recessus sind funktionell von geringerer Bedeutung *(Rec. costomediastinalis, Rec. phrenicomediastinalis)*. Dorsal greift die rechte Pleura stets weiter auf die Wirbelkörper über als die linke. Im unteren Teil des Ösophagus schiebt sich der Pleuraspalt häufig etwas hinter den Ösophagus vor *(Rec. retro-oesophageus)*. Immerhin hat das untere Ösophagusdrittel Beziehungen zur Pleura, so daß pathologische Prozesse hier von einem Organ auf das andere übergreifen können. Links lagert sich die Pleura mediastinalis der Brustaorta an.

Im allgemeinen stehen Lungen- und Pleuragrenzen rechts etwas tiefer als links. Die Lungengrenzen verschieben sich bei der Atmung um 3–6 cm, was etwa 2 bis 3 Querfingerbreiten entspricht.

Die **Lungenlappengrenzen** (Fissurae interlobares) verlaufen schräg von hinten-oben nach vorn-unten. Die Oberlappen-Unterlappen-Grenze (Fissura obliqua) beginnt hinten etwa in Höhe der Spina scapulae (3. bis 4. Brustwirbel) und trifft vorn auf die Knorpel-Knochen-Grenze der 6. Rippe. Die Oberlappen-Mittellappen-Grenze (Fissura horizontalis) folgt vorne etwa der 4. Rippe. Die Ausbildung des Mittellappens ist aber individuell sehr variabel, was sich auch auf den Verlauf dieser Grenze auswirkt.

Die Komplementärräume entfalten sich auch bei maximaler Atmung nie vollständig. Die Haftung zwischen der parietalen Pleura und der Fascia endothoracica ist nicht sehr groß. Die Pleura visceralis oder pulmonalis haftet der Lungenoberfläche dagegen fest an. Beide Pleurablätter gehen am Lungenhilus ineinander über. Die Umschlagfalte läuft nicht zirkulär um den Hilus herum, sondern verlängert sich mesoartig nach kaudal (Lig. pulmonale). Zwischen den beiden Ligg. pulmonalia spannt sich eine frontal gestellte Membran mediastinalen Bindegewebes aus, die von der Bifurcatio tracheae abwärts bis zum Zwerchfell zieht und das Mediastinum stabilisiert.

Klinische Hinweise. Der Rec. costodiaphragmaticus reicht lateral und dorsal so tief herunter, daß er in eine topographische Beziehung zu den hier gelegenen Oberbauchorganen kommt (Leber, Milz, Nieren usw.). Diese Nachbarschaft zum Pleuraraum, der praktisch nur durch das dünne Zwerchfell vom Peritonealraum getrennt ist, erklärt das gelegentliche Übergreifen z.B. perinephritischer Abszesse auf die Pleura oder die Gleichzeitigkeit von Leber-, Milz- und Pleuraverletzungen (»Zweihöhlenverletzungen«).

Dringt Luft in den Spaltraum zwischen Pleura visceralis und parietalis ein, wird der Adhäsionskontakt zwischen Lunge und Thoraxwand gelöst, was im Extremfall zu einem lebensbedrohlichen Kollaps der Lungen führen kann **(Pneumothorax).** Ursache dafür können Stichverletzungen der Thoraxwand, Rippenbrüche, Platzen oberflächennaher Lungenbläschen (Emphysem, Überbelastung bei Trompetern) oder Komplikationen beim Anlegen eines Subklaviakatheters sein. Ein Pneumothorax führt meist zu einer Verschiebung des Mediastinums zur gesunden Seite hin.

Lungen- und Pleuragrenzen

	Sternallinie	Medioklavikularlinie	Mittlere Axillarlinie	Skapularlinie	Paravertebrallinie
Pleuragrenze	6. Rippe	7. Rippe	9. Rippe	11. Rippe	12. Rippe
Lungengrenze	6. Rippe	6. Rippe	8. Rippe	10. Rippe	11. Rippe

Als Faustregel kann man sich merken, daß die Pleuragrenzen in der Regel um eine Rippe tiefer stehen als die Lungengrenzen und im großen und ganzen den ungeraden Zahlen folgen, während die Lungengrenzen den geraden Zahlen folgen.

II. Lungen

Die Lungen füllen den Thoraxraum oberhalb des Zwerchfells bis auf das Mediastinum voll aus. Vorne überlagern sie das Herz, das an der linken Lunge die Incisura cardiaca hervorruft; kaudal stehen sie mit Leber, Milz und Magen – nur durch das dünne Zwerchfell getrennt – in topographischer Beziehung. An jeder Lunge kann eine Facies diaphragmatica, costalis und med. unterschieden werden. Links wird die Zwerchfellfläche in der Hauptsache vom Unterlappen und ein wenig auch vom Oberlappen gebildet, rechts beteiligt sich auch der Mittellappen an der Facies diaphragmatica. Durch die schräg gestellte Ober- und Unterlappengrenze läßt sich die Form der Lungenlappen mit zwei umgekehrt aufeinanderliegenden stumpfen Kegeln vergleichen. Der Unterlappen ragt immer bis in Hilushöhe hinauf. Der Mittellappen wird rechts mehr oder weniger aus dem Oberlappen herausgeschnitten. In Hilusnähe verschmelzen die Lappen miteinander. Verwachsungen der Fissuren können durch Gefäße (meist Lungenvenen) zustande kommen. Beim Eindringen größerer, exogener Gefäße ins Lungenparenchym entstehen zusätzliche Lappen, wie der Lobus cardiacus, der an der herznahen Fläche der rechten Lunge in Höhe der V. cava inf. auftreten kann, oder der Lobus v. azygos, der sich durch eine atypisch verlaufende Azygosvene ausbildet. Akzessorische Lappen und Fissuren, unvollständige oder überzählige Spalten sind an der menschlichen Lunge nicht selten und können bei der Beurteilung von Röntgenbildern Schwierigkeiten machen. Die Fissuren sind funktionelle Verschiebe-

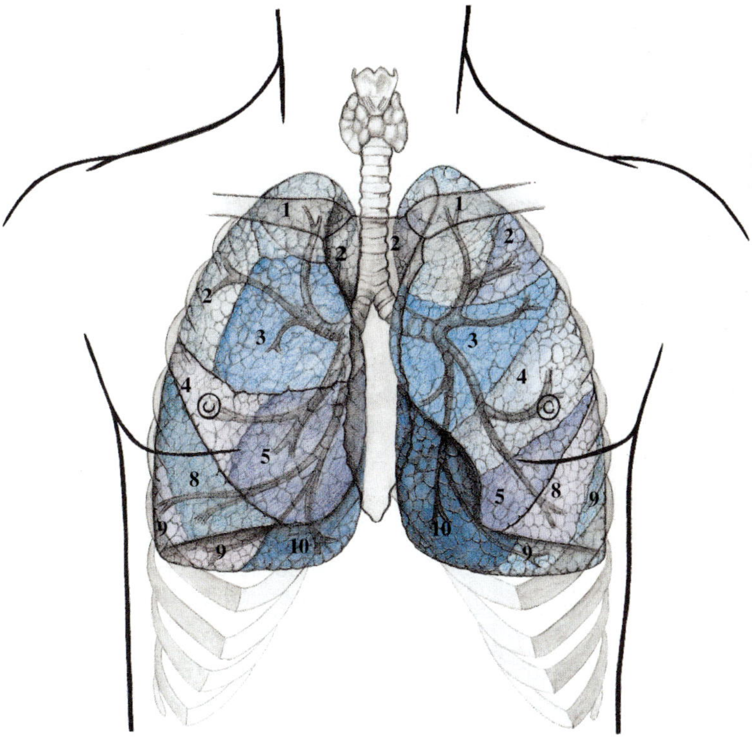

Abb. 214. Lage der Lungenlappen und Lungensegmente im Brustraum. Die Zahlen entsprechen den Lungensegmenten (s. Tab. S. 318).

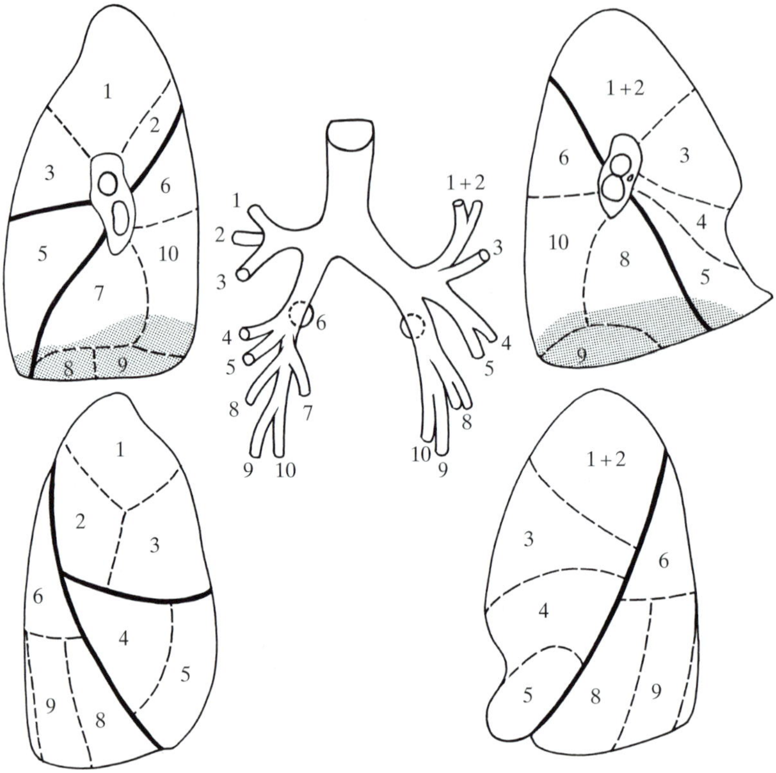

Abb. 215. Bronchopulmonale Segmente der Lungen (oben von mediastinal, unten von lateral) (nach J. F. Huber).

Segmente der rechten Lunge	Segmente der linken Lunge
Oberlappen 1. Apikales Segment 2. Posteriores Segment 3. Anteriores Segment	**Oberlappen** Pars superior 1. Apikales Segment 2. Posteriores Segment 3. Anteriores Segment
Mittellappen 4. Laterales Segment 5. Mediales Segment	Pars inferior (lingularis) 4. Superiores Segment 5. Inferiores Segment
Unterlappen 6. Apikales Segment 7. Mediobasales Segment 8. Anterobasales Segment 9. Laterobasales Segment 10. Posterobasales Segment	**Unterlappen** 6. Apikales Segment 7. – 8. Anterobasales Segment 9. Laterobasales Segment 10. Posterobasales Segment

oder Gleitspalten, die in den Ebenen maximaler Scherungskräfte gebildet werden.

Die rechte Lunge kann in zehn, die linke in *neun* **Segmente** gegliedert werden (Abb. 214 und 215). Jedes Lungensegment ist eine für sich voll funktionstüchtige Atmungseinheit. Es wird jeweils von einem Segmentbronchus versorgt, der vom Lappenbronchus abzweigt und regelmäßig mit einem entsprechenden Ast der A. pulmonalis im zentral liegenden

Gewebsstrang der Segmente verläuft. Die Äste der Pulmonalvenen befinden sich dagegen in den intersegmentalen Septen. Die Segmente entstehen also durch eine besondere, konstruktiv-topographische Anordnung der Gefäße und Bronchien.

Die Segmentgliederung der Lunge zeigt, daß zwischen rechter und linker Lunge kein struktureller Unterschied besteht, obwohl die linke Lunge zwei, die rechte Lunge drei Lappen besitzt. Der Mittellappen rechts wird vom 4. und 5. Segment gebildet. Ein entsprechender Lungenabschnitt ist auch links vorhanden, ohne allerdings als Lappen sichtbar zu werden (Lingula). Da das 7. Segment links fehlt, besitzt die linke Lunge nur 9 Segmente. Der Lobus cardiacus (Segmentum cardiacum) ist bedingt durch eine zusätzliche Fissur zwischen dem 7. Segment und dem Rest des Lappens. Er wurde rechts relativ häufig, links wegen des normalerweise fehlenden 7. Segments dagegen sehr selten beobachtet. Der Lobus venae azygos, der gelegentlich durch das Einschneiden der Azygosvene in das Lungengewebe hervorgerufen werden kann, hat mit der Segmentgliederung nichts zu tun.

Der **Lungenhilus** projiziert sich etwa auf den 5., die Bifurcatio tracheae auf den 4. Brustwirbel. Die gesetzmäßige Lage der Lungengefäße und Bronchien im Lungenparenchym, durch die die Segmentgliederung entsteht, spiegelt sich auch in der *Hilustopographie* wider. Auch hier sind Lungenarterien und Bronchien eng benachbart, während die Venen generell ventrokaudal verlaufen. Die Hauptbronchien sind in der Regel im Hilusfeld dorsokranial, die Arterien ventrokranial lokalisiert. Links liegt die A. pulmonalis in der Regel kranial vom Hauptbronchus. Der rechte Oberlappenbronchus liegt häufig kranial von der Lungenarterie (eparteriell), während die anderen Bronchien hyparteriell verlaufen. Die Venen sind im ventrokaudalen Hilusfeld meist in der Zweizahl zu finden. Die Lungengefäße stel-

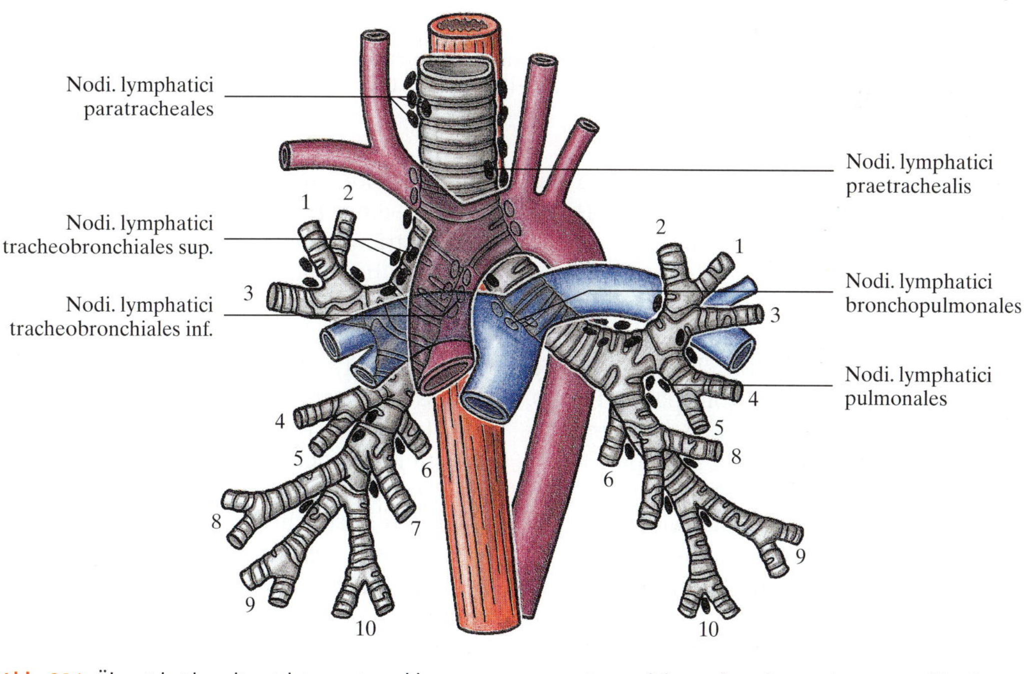

Abb. 216. Übersicht über die wichtigsten Lymphknotengruppen am Lungenhilus und an der Trachea. Die Zahlen kennzeichnen die gleichnamigen Segmentbronchien.

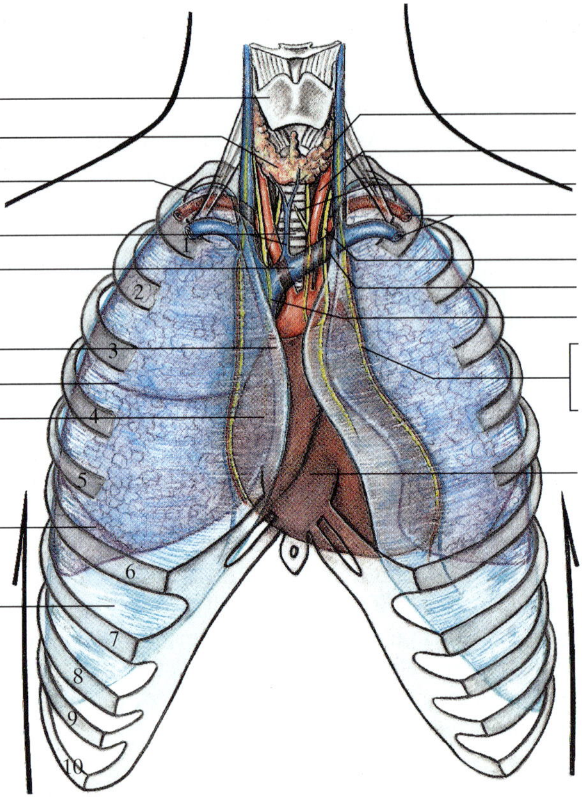

Abb. 217. Brustsitus, vorderes und mittleres Mediastinum am durchsichtig gezeichneten Präparat. Der N. vagus zieht hinter, der N. phrenicus vor der Lungenwurzel entlang. 1–10 = Rippen; I = Trigonum thymicum; II = Trigonum pericardiacum.

len Vasa publica dar. Die Vasa privata der Lunge sind die Bronchialgefäße. Die Bronchialarterien entspringen aus der Aorta, meist im Bereich der Konkavität des Aortenbogens, oder aus der vierten Interkostalarterie. Ihre Äste schließen sich dem Bronchialbaum an. Die Bronchialvenen stammen aus den peribronchialen Plexus, die ziemlich viel Blut fassen können, wodurch die Lunge zu einem Blutspeicherorgan wird. Sie fließen in die V. azygos bzw. hemiazygos ab. Die Lungenarterien werden funktionell als Endarterien angesehen.

Besonders wichtig ist der Hilus als Sammelpunkt für die *regionären Lymphknoten der Lunge* (Abb. 216). Man unterscheidet ein oberflächliches (subpleurales) und ein tiefes (zentrales) Lymphgefäßnetz in der Lunge. Beide münden in die Hiluslymphknoten ein. Die zentralen pulmonalen Lymphstränge begleiten die Bronchien und fließen über die bronchopulmonalen zu den tracheobronchialen Lymphknoten, von denen es eine superiore und eine inferiore Gruppe gibt, ab. Der Truncus bronchomediastinalis sammelt schließlich die Lymphe und führt sie der V. subclavia entweder unmittelbar oder über den Ductus thoracicus zu. Die Lymphe der oberen Lungenabschnitte erreicht über die Hilusdrüsen mehr direkt die para- und retrotrachealen Lymphknoten, während die Lymphe der unteren Lungenabschnitte zuerst in die Nodi lymphatici tracheobronchiales inf., die in der Bifurcatio tracheae gelegen sind, gelangt.

Klinische Hinweise. Vergrößerungen der Hiluslymphknoten werden bei Entzündungen (z. B. Tuberkulose) oder bei Tumoren (Lymphome, Metastasen) beobachtet. Sie können alle benachbarten Organe in Mitleidenschaft ziehen. Bei Einengungen von Trachea oder Bronchien entstehen Atembeschwerden, bei solchen des Oesophagus Schluckbeschwerden, bei solchen der V. cava sup. Einflußstauungen; bei Affektionen des N. laryngealis recurrens Heiserkeit bzw. Stimmbandlähmungen und bei solchen des N. phrenicus Zwerchfellähmungen, Singultus usw.

III. Mediastinum

Als Mediastinum wird derjenige Bindegewebsraum bezeichnet, der nach Entfernung beider Lungen noch im Brustraum zurückbleibt (medium stat = was in der Mitte steht). Es handelt sich also um einen von den beiden Pleurae mediastinales begrenzten, sagittal gestellten Raum, der mit einem lockeren, saftreichen Bindegewebe erfüllt ist. Man pflegt das Mediastinum durch eine gedachte, frontal gestellte Ebene, die die Bifurcatio tracheae schneidet, in einen vorderen Abschnitt (Mediastinum ant. und medium) und einen hinteren Abschnitt (Mediastinum post.) zu unterteilen. Man unterscheidet ein *Mediastinum ant.* zwischen Perikard und Sternumrückfläche, ein *Mediastinum medium,* das in der Hauptsache vom Herzen ausgefüllt wird, und ein *Mediastinum post.* zwischen hinterem Perikard und Wirbelsäule (Abb. 218). Der Mediastinalabschnitt oberhalb des Herzens wird dann als *Mediastinum superius* bezeichnet (Abb. 219). Vom klinischen Standpunkt aus ist aber der mediastinale Bindegewebsraum eine Einheit.

1. Gebilde des vorderen und mittleren Mediastinums

Lage des Herzens

Das menschliche Herz ist so weit nach links verlagert, daß etwa ⅔ der Herzmasse links von der Medianebene gelegen sind. Der Herzspitzenstoß ist beim gesunden Erwach-

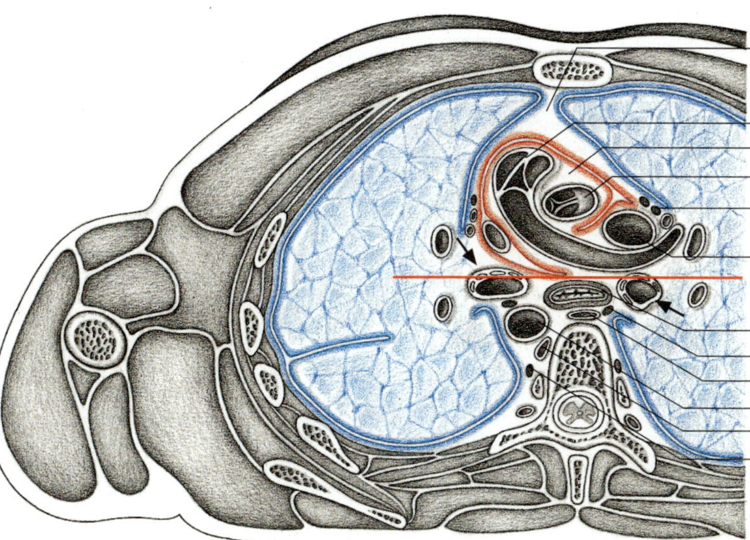

Abb. 218. Schema über die Lage der Mediastinalorgane am Horizontalschnitt (Ansicht von oben). Der Schnitt wurde in Höhe des 6. Brustwirbels geführt (nach Braune).

senen im 5. ICR lokalisiert. Die linke Grenzlinie verläuft schräg vom Ansatz der 2. Rippe bis zum 5. ICR, fingerbreit medial von der Medioklavikularlinie entfernt. Sie wird nacheinander vom Aortenbogen (sog. Aortenknopf), dem Truncus pulmonalis, dem lin-

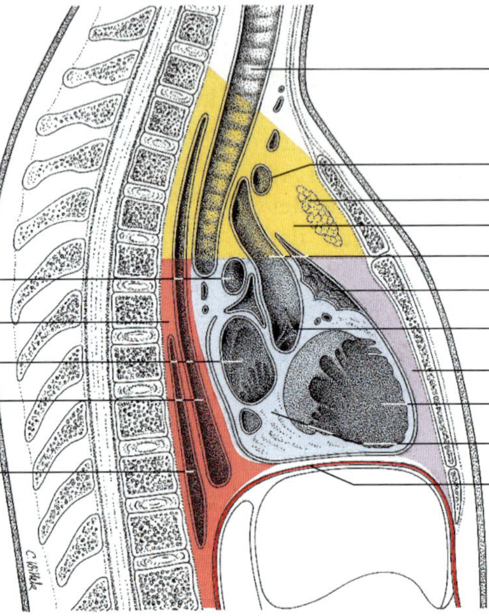

Abb. 219. Regionale Gliederung des Mediastinalraums in der Sagittalansicht (aus Durst J, Rohen JW. Chirurgische Operationslehre in einem Band. Stuttgart: Schattauer 1991). Gelb = Mediastinum sup. (4); violett = Mediastinum ant. (1); blau = Mediastinum medium (2); rot = Mediastinum post. (3).

Inhalt des Mediastinalraums (vgl. Hinweise in Abb. 219)

1. Mediastinum ant.	Lockeres Bindegewebe zwischen Sternum und Perikard, Lymphgefäße und Lymphknoten sowie kleinere Blutgefäße
2. Mediastinum medium	Herz und Herzbeutel Aorta ascendens Endabschnitt von V. cava sup. und V. azygos Tr. pulmonalis mit seinen Aufzweigungen Vv. pulmonales Nn. phrenici mit Vasa pericardiacophrenica
3. Mediastinum post.	Oesophagus mit Nn. vagi Aorta thoracica mit ihren Ästen Ductus thoracicus V. azygos und V. hemiazygos Tr. sympatheticus und Nn. splanchnici majores et minores
4. Mediastinum sup.	Arcus aortae, Truncus brachiocephalicus, Anfangsteil der A. carotis communis sin. und A. subclavia sin. V. cava sup. (oberer Teil), Vv. brachiocephalicae Thymus (beim Erwachsenen: retrosternaler Fettkörper) Nn. vagi, N. laryngealis recurrens sin., Nn. cardiaci Nn. phrenici Trachea, Oesophagus und Ductus thoracicus

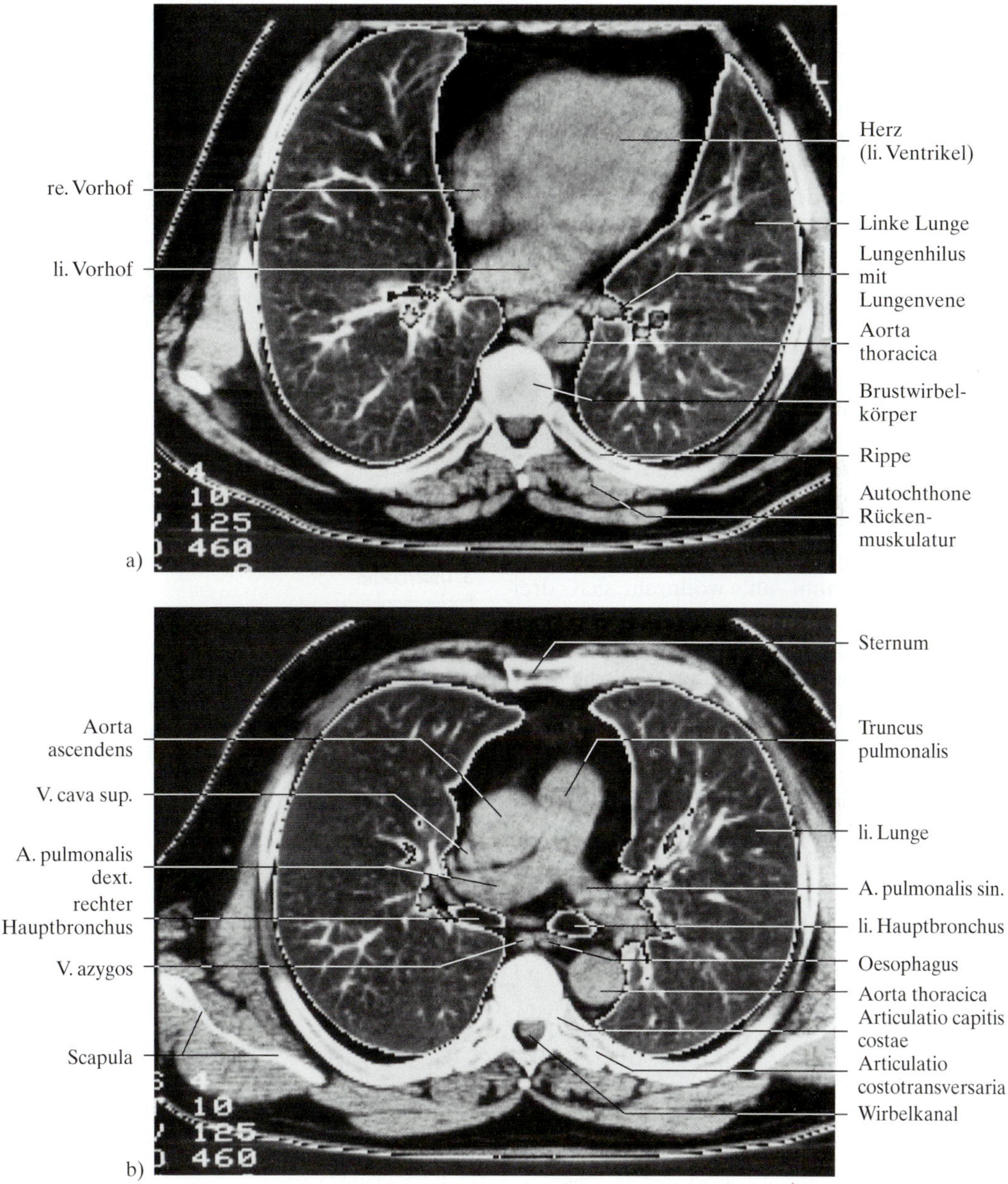

Abb. 220. Computertomogramme von Transversalschnitten durch den Thorax in Höhe der Herzspitze (a) und in Höhe des Lungenhilus (b), Ansicht von kaudal (Aufnahmen Prof. Dr. H. W. Stadler, Erlangen).

ken Herzohr und schließlich dem linken Ventrikel geformt (Abb. 221). Die rechte Grenzlinie zieht parasternal fast senkrecht abwärts und wird von der V. cava sup. und dem rechten Vorhof gebildet (Abb. 221). Die *Herzachse* ist in der Sagittalebene durchschnittlich um 45 Grad gegen die Körperachse geneigt. Darüber hinaus verläuft sie von rechts dorsokranial nach links ventrokaudal, erscheint also aus der Frontalebene nach vorne herausgedreht. Von der Herzspitze aus betrachtet (axial), erscheint das Herz im Uhrzeigersinn gedreht, so daß der rechte Ventrikel mehr ventral und kranial, der linke mehr dorsal und kaudal zu liegen kommt. Bei asthenischem Thorax ist das Herz mehr steil gestellt, bei Pyknikern liegt es breitbasig dem Zwerchfell auf (Schwankungsbreite der Herzachse: 27–55°). Bei Kindern bis zum 4. Lebensjahr liegt der Spitzenstoß lateral von der Mamillarlinie, meist im 4. ICR. Mit der zunehmenden Streckung des Thorax verlagert sich das kindliche Herz, so daß der Spitzenstoß etwa vom 13. Lebensjahr an medial von der Medioklavikularlinie zu finden ist.

Das Herz grenzt an Zwerchfell, Lungen und Mediastinum an, wodurch sich drei Flächen ergeben: Facies sternocostalis, diaphragmatica und post. (Abb. 223). Als Faustregel kann man sich merken, daß die Vorderfläche in der Hauptsache vom rechten Ventrikel, die Hinterfläche vom linken Vorhof und die Zwerchfellfläche vom linken und rechten Ventrikel gebildet wird. Im einzelnen ergeben sich folgende Verhältnisse:

Topographie des Herzens

1. Vorderfläche
Facies sternocostalis
- Rechter Ventrikel
- Linker Ventrikel (der auch die Herzspitze bildet)
- Sulcus interventricularis ant. (mit R. interventricularis ant. [aus der A. und V. coronaria sin.])
- Rechter Vorhof
- Rechtes und linkes Herzohr
- Aorta ascendens, V. cava sup. und Truncus pulmonalis

2. Hinterfläche
Facies post.
- Linker Vorhof (mit den Vv. pulmonales)
- Rechter Vorhof (nur wenig beteiligt)
- Linker Ventrikel

3. Unterfläche
Facies diaphragmatica
- Linker Ventrikel
- Rechter Ventrikel
- Rechter Vorhof (mit der V. cava inf.)
- Sulcus interventricularis post. (mit R. interventricularis post. [aus der A. und V. coronaria dext.])

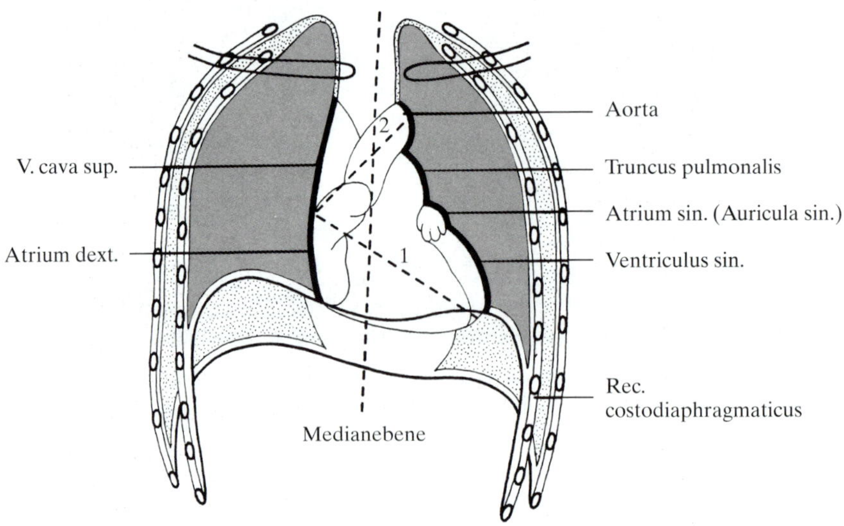

Abb. 221. Schema über die Begrenzung des Herzmittelschattens sowie über die Herzmaße. Schematischer Frontalschnitt nach Röntgenaufnahmen von Hasselwander bei Ein- und Ausatmung gezeichnet (nach Wolf-Heidegger). 1 = Herzlänge; 2 = Aortenlänge.

a)

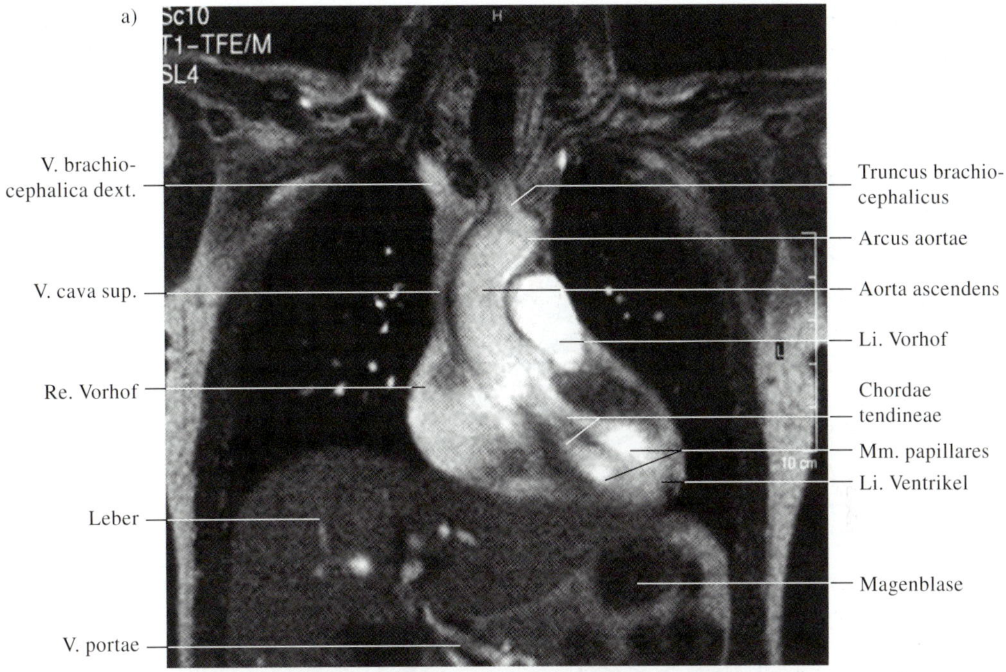

b)

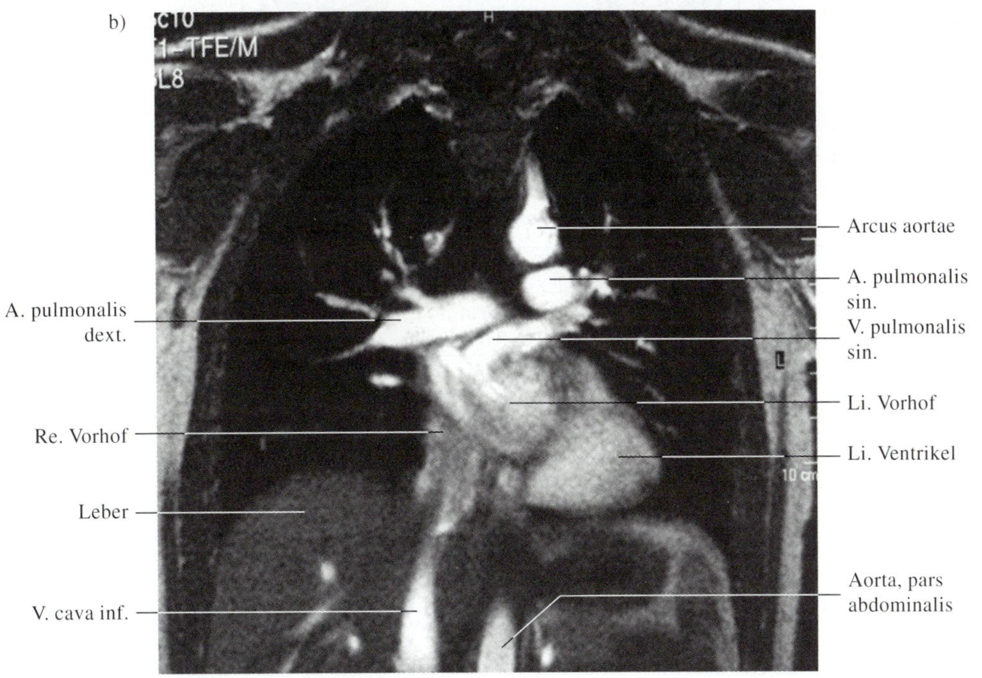

Abb. 222. Frontalschnitte durch die Brusthöhle: a) in Höhe der Aortenwurzel, b) in Höhe der Einmündumg der Lungenvenen in den linken Vorhof (MR-Aufnahmen, freundlicherweise zur Verfügung gestellt von Prof. Dr. W. Bautz, Institut für diagnostische Radiologie der Universität Erlangen).

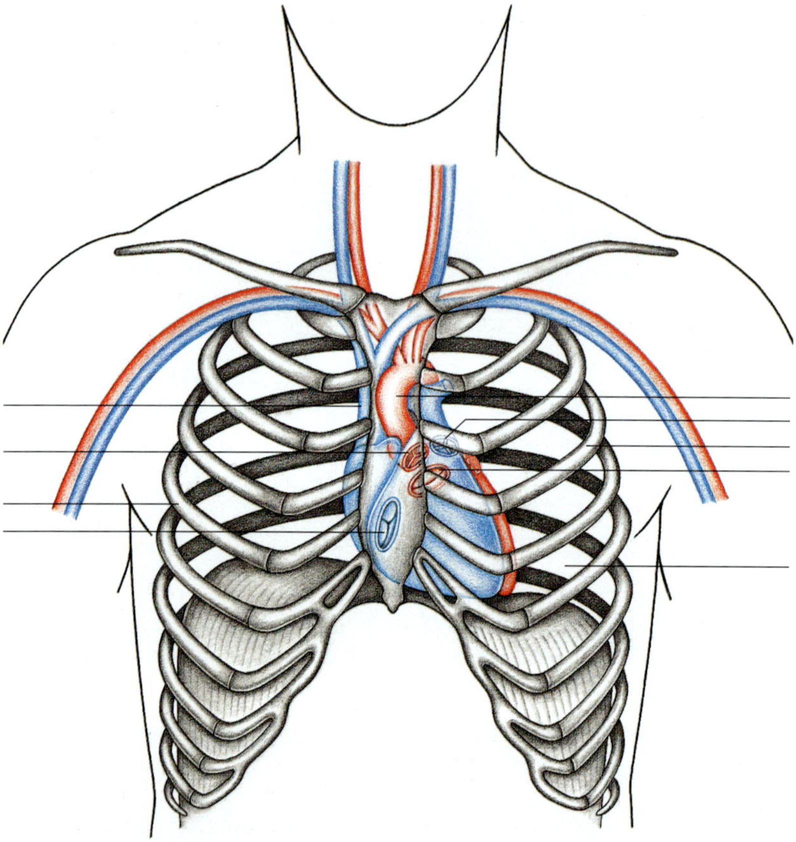

Abb. 223. Lage der Herzklappen und deren Projektion auf die Brustwand. 1–4 = Herzostien und -klappen (die Nummern entsprechen denen der nachfolgenden Tabelle).

Klappen	Anatomische Lage	Auskultationspunkte
1. Valva atrioventricularis dext.	Hinter dem Sternum in Verlängerung 5. Rippe rechts	4. ICR rechts
2. Valva atrioventricularis sin.	Ansatz 4. Rippe links	Herzspitze, 5. ICR links
3. Aortenklappe (Valva aortae)	Hinter dem Sternum in Verlängerung des 3. ICR	2. ICR rechts und 3. ICR links
4. Pulmonalklappe (Valva trunci pulmonalis)	Ansatz 3. Rippe links	2. ICR links

Die Pleura überlagert das Herz in Höhe des sternalen Ansatzes der 2. und 3. Rippe nahezu vollständig. Im Bereich des Trigonum pericardiacum bleibt jedoch ein pleurafreies Feld, wo der Herzbeutel dem Sternum und den knorpeligen Abschnitten der 4. bis 7. Rippe links direkt anliegt (Abb. 223). Hier kann der rechte Ventrikel am besten im 5. ICR, 1. bis 2. Querfinger breit links neben dem Sternum, punktiert werden, ohne daß die Gefahr einer Pleuraverletzung besteht. Auch bei der offenen Herzmassage, etwa bei

Narkosezwischenfällen, kann der Operateur vom 4. oder 5. ICR aus das Herz freilegen (Thorakotomie). Das pleurafreie Feld entspricht nur annähernd der absoluten Herzdämpfung, die im Bereich der Lungengrenzen in die relative Dämpfung übergeht. Die Größe des pleurafreien Feldes variiert individuell. Bei oberflächlich gelagerten Herzen (Situs cordis superf.) ist es größer als bei tiefer gelegenen Herzen (Situs cordis prof.). Die Basis des Herzens ist stärker fixiert als die Spitze, die innerhalb des Herzbeutels über eine gewisse Beweglichkeit verfügt, so daß bei Ergüssen oder Pneumothorax Verlagerungen der Herzspitze möglich sind. Die dünne Wandung des linken Vorhofs grenzt dorsal an den Ösophagus (Abb. 227). Mitralstenosen mit einer Einflußstauung im linken Vorhof können daher zu einer Einengung oder Verlagerung des Ösophagus führen (Schluckbeschwerden!).

Das menschliche Herz liegt dem Zwerchfell in der Regel breit auf und macht daher die Atemexkursionen des Diaphragmas mit. Es kann durch Volumenänderungen der angrenzenden Organe (Magen, Milz, Leber) in Mitleidenschaft gezogen werden. Die Herzbasis ist in der Hauptsache an den zuführenden großen Gefäßen, vor allem am sog. Venenkreuz, das von den beiden Hohlvenen und den Pulmonalvenen gebildet wird, fixiert. Eine Querverlagerung des Herzens ist durch eine übermäßige Magenfüllung (z. B. beim Roemheldschen Symptomenkomplex der Luftschlucker), durch Leber- oder Milzschwellung möglich.

Die beiden Vorhöfe greifen mit ihren Herzohren auf die Vorderfläche des Herzens über, der rechte mehr als der linke. Auf diese Weise sind die atrioventrikulären Ostien wie auch das Ventrikelseptum operativ von ventral erreichbar.

Projektion der Herzostien auf die Brustwand

Die Ventilebene, in der alle vier Herzostien liegen, steht annähernd senkrecht zur Herzachse und ist äußerlich durch den Sulcus coronarius markiert. Die Klappen gruppieren sich nicht genau in eine Ebene, vielmehr ist die Trikuspidalis etwas mehr vertikal, die Mitralis etwas mehr horizontal geneigt. Die Auskultationspunkte entsprechen nicht der anatomischen Lage der Klappen, sondern beziehen sich auf die Orte der besten Schallübertragung in Richtung des Blutstroms (s. Abb. 223 und Tabelle).

Topographie der großen Gefäße der Herzbasis

Durch die entwicklungsgeschichtlichen Verlagerungen der Porta arteriosa und Porta venosa des Herzschlauches sind die großen zu- und abführenden Gefäße an der Herzbasis zusammengedrängt worden (Corona cordis). Am weitesten hinten und rechts kommt die obere Hohlvene, anschließend die Aorta und am weitesten links vorne die Pulmonalarterie zu liegen. Zum größten Teil liegen diese Gefäße hinter dem Sternum.

Die beiden **Vv. brachiocephalicae** vereinigen sich hinter dem Manubrium sterni, etwa in Höhe des Sternalansatzes der ersten Rippe rechts, zur oberen Hohlvene (V. cava sup.). Diese zieht dann senkrecht nach unten und mündet in Höhe des 4. ICR in den Vorhof ein. Sie nimmt von dorsal die V. azygos auf und überragt den Sternalrand seitlich um etwa 1–2 cm. Die obere Hohlvene wird rechts von der mediastinalen Pleura, links vom Arcus aortae begrenzt. Vorn wird ihr unterer Abschnitt vom Perikard überzogen und rechts lagert sich der N. phrenicus ihrer Wand dicht an.

Die **Aorta** bildet hinter dem Sternum einen annähernd sagittal gestellten spiraligen Bogen. Man unterscheidet daran drei Abschnitte: die Aorta ascendens, den Arcus aortae und die Pars thoracica der Aorta. Die Aorta ascendens steigt hinter dem Truncus pulmonalis zuerst gegen den Ansatz der zweiten Rippe nach rechts auf und wendet sich dann aber steil nach links-hinten. Der

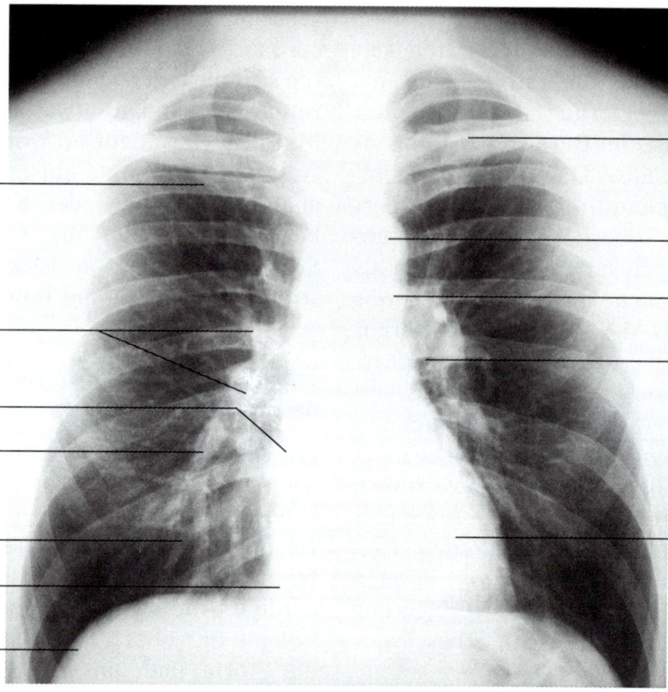

Abb. 224. Normale P.-a.-Thoraxübersichtsaufnahme eines 32jährigen gesunden Mannes. (Aufnahme Dr. H. W. Stadler, Medizinische Universitätsklinik, Erlangen.)

Aortenbogen (Arcus aortae) liegt annähernd sagittal im Brustraum und projiziert sich etwa auf den Angulus sterni. Die drei großen von ihm abzweigenden Gefäße liegen daher eher hintereinander als nebeneinander und werden von der V. brachiocephalica sin., der V. thyroidea inf. und dem Thymus überlagert. Der Truncus brachiocephalicus liegt am weitesten ventral, dann folgt die A. carotis communis sin. und zuletzt die A. subclavia sin. Der Aortenbogen geht in Höhe des vierten Brustwirbels in die Aorta descendens über. Er reitet auf dem linken Stammbronchus und lagert sich der Trachea und dem Oesophagus unmittelbar an. Der links am Aortenbogen vorbeiziehende Vagus gibt hier den N. laryngealis recurrens ab, der zwischen Oesophagus und Trachea wieder nach kranial zieht und als N. laryngeus inf. in den Kehlkopf eintritt.

Das Lig. arteriosum ist ein Rudiment des embryonalen Ductus arteriosus (Botalli), der postnatal (spätestens im ersten Lebensjahr) obliteriert. In 1–2% bleibt er allerdings offen. Das Ligament verläuft vom Truncus pulmonalis zur Aorta, die es nach dem Abgang der drei großen Aortenäste, dicht neben dem N. laryngealis recurrens erreicht. In Höhe des Lig. arteriosum kommt es am häufigsten zur Entwicklung einer Aortenisthmusstenose (s. S. 46).

Klinische Hinweise. Die charakterisierte topographische Lage der Aorta erklärt, warum Aortenaneurysmen eine Bronchusschädigung, Schluckbeschwerden sowie Wirbelkörper- und Rippenusuren hervorrufen können. Auch Rekurrenslähmungen (Heiserkeit) oder Trachealverengungen mit Atembeschwerden wurden hierbei beobachtet. Ein Aneurysma der aufsteigenden Aorta kann die benachbarte obere Hohlvene einengen und auf diese Weise eine Einflußstauung bewirken.

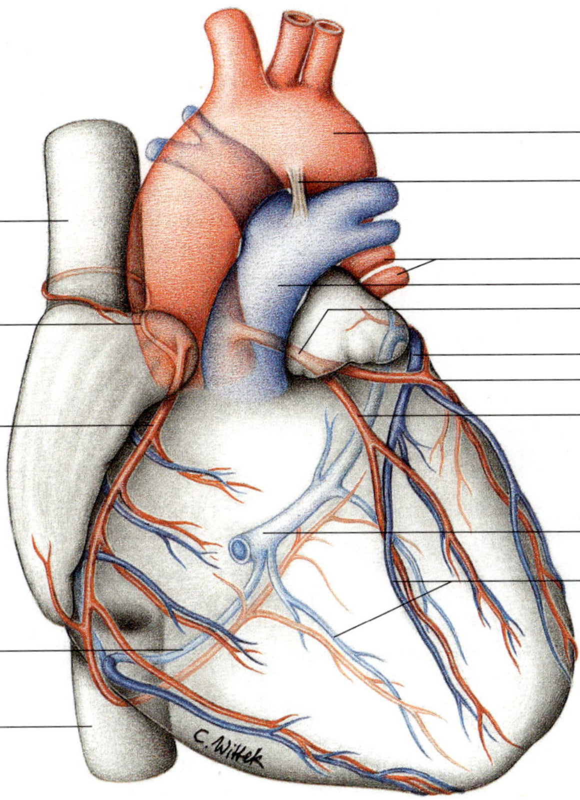

Abb. 225. Lage und Astfolge der Herzkranzgefäße. Die Herzwand wurde durchsichtig gezeichnet, um die hinteren Kranzgefäße und den Sinus coronarius zu zeigen.

Der **Truncus pulmonalis** liegt von den Gebilden der Herzbasis am oberflächlichsten. Er beginnt in Höhe des Ansatzes der dritten Rippe, umgreift bogenförmig die aufsteigende Aorta und teilt sich dann rasch in seine beiden Hauptstämme, wobei der rechte Ast (A. pulmonalis dext.) den Aortenbogen unterkreuzt und dann zwischen Aorta und Stammbronchus (Bronchus principalis dext.) zum oberen Abschnitt des Lungenhilus verläuft, während sich der linke Ast (A. pulmonalis sin.) noch vor der Aorta thoracica zum linken Lungenhilus wendet. Die beiden Herzohren lagern sich an die Wurzel des Truncus pulmonalis eng an. Das kurze Anfangsstück des Truncus projiziert sich links parasternal auf den 2. ICR.

Koronargefäße und Herzinnervation

Aorta und Pulmonalgefäße sind als Vasa publica, die Kranzgefäße als Vasa privata des Herzens zu betrachten. Die **Aa. coronariae** entspringen unmittelbar oberhalb der Aortenklappen im Sinus aortae (Valsalvae), die rechte über der Valvula semilunaris dext., die linke über der Valvula semilunaris sin. (Abb. 225). Die etwas dünnere, rechte Kranzarterie tritt zwischen Truncus pulmonalis, Aorta und rechtem Herzohr in den Sulcus coronarius ein und erreicht unverzweigt den Sulcus interventricularis post. Die stärkere, linke Kranzarterie unterkreuzt den Truncus pulmonalis und erscheint zwischen linkem Herzohr und Truncus im Sulcus coronarius, wo sie sich bald in ihre

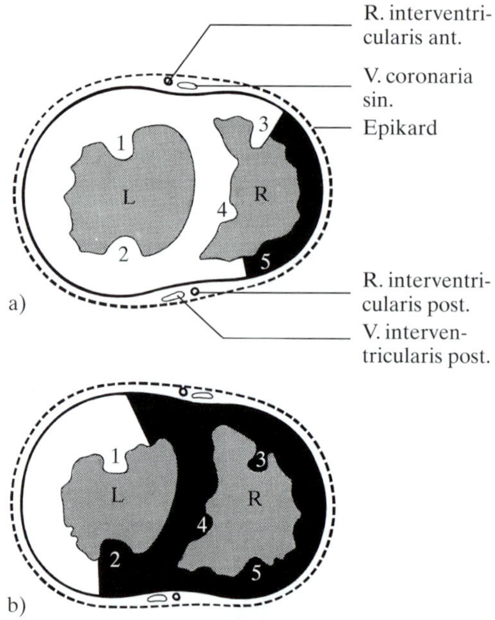

Abb. 226. Zwei Extremvarianten der Versorgungsgebiete der Kranzarterien (weiß = linke, schwarz = rechte Arterie).
a) Linkstyp.
b) Rechtstyp.
L = linke Kammer; R = rechte Kammer. 1 = M. papillaris ant. (li. Ventrikel); 2 = M. papillaris post. (li. Ventrikel); 3 = M. papillaris ant. (re. Ventrikel); 4 = M. papillaris septalis (re. Ventrikel); 5 = M. papillaris post. (re. Ventrikel).

beiden Hauptäste, den R. circumflexus und den R. interventricularis ant., aufteilt.

Die Koronarien werden als funktionelle Endarterien betrachtet. Thrombosierung eines Astes ruft einen Herzinfarkt hervor. Funktionsfähige interarterielle Anastomosen sind nur in 6–10% vorhanden. Die rechte Kranzarterie versorgt in der Regel den rechten Ventrikel, die dorsalen Abschnitte des Ventrikelseptums sowie der linken Kammerwand einschließlich des M. papillaris post., außerdem den Sinusknoten und das His-Bündel. Die stärkere, linke Kranzarterie versorgt die übrigen Abschnitte der linken Ventrikelwandung, den Hauptteil des Kammerseptums, die Vorderwand des rechten Ventrikels und die angrenzenden Abschnitte der Vorhöfe. Die Grenzen dieser Versorgungsgebiete (Abb. 226) schwanken individuell sehr, wobei es jeweils zum Überwiegen einer Arterie kommen kann (sog. Rechts- oder Linkstyp).

Klinische Hinweise. Herzinfarkte betreffen überwiegend die Muskulatur des linken Ventrikels und des Ventrikelseptums. Vorhofinfarkte oder solche der rechten Kammer sind außerordentlich selten. Bei Verschluß des R. interventricularis ant. entsteht ein Vorderwand-Spitzen-Infarkt. Thrombosierung des R. circumflexus bewirkt einen »hinteren Lateralinfarkt«, Verschluß der rechten Koronararterie den sog. großen »Hinterwandinfarkt«, bei dem häufig auch das Septum mitbetroffen ist.

Die **Venen des Herzmuskels** laufen nicht mit den Kranzarterien parallel. In der rechten Kranzfurche liegt die V. cardiaca parva, in der linken die V. coronaria sin. Die V. cardiaca parva ist ein kleines, variables Gefäß, das mehrere kleine Venen von der Vorder- und Seitenwand des rechten Ventrikels (Vv. ventriculares) aufnimmt und hinten in den Sinus coronarius oder in die V. interventricularis post., die im Sulcus interventricularis post. verläuft, einmündet. Die V. coronaria sin. entsteht aus den Zusammenflüssen kleinerer Venen im Sulcus interventricularis ant. Sie wendet sich im linken Sulcus coronarius nach dorsal, wobei sie weitere kleine Venen aus der linken Ventrikel- und Vorhofwandung aufnimmt (Vv. ventriculares, V. obliqua atrii sin.), und geht dann unter Erweiterung ihres Lumens in den Sinus coronarius über. Der Sinus tritt unterhalb der Einmündung der V. cava inf. in den rechten Vorhof ein, nachdem er zuvor noch die V. interventricularis post. und die V. cardiaca parva aufgenommen hat. Die sog. Thebesius-Gefäße (Vv. cardiacae minimae) perforieren das Myokard direkt und münden unmittelbar in die Herzhöhlen ein. Sie sollen bei Verlegung des Sinus coronarius bis zu 50% des Venenbluts in den Kreislauf zurückführen können.

Das **Erregungsleitungssystem** des Herzens besitzt zwei Reizbildungszentren. Der Sinusknoten (Nodus sinuatrialis oder Keith-Flack-Knoten) liegt im Sulcus terminalis an der Einmündungsstelle der oberen Hohlvene; der Atrioventrikularknoten (Aschoff-Tawara-Knoten) liegt am Boden des rechten Vorhofs, in der Nähe des bindegewebigen Teils des Kammerseptums (pars membranacea septi). Vom AV-Knoten geht das His-Bündel (Fasciculus atrioventricularis) aus, das sich in zwei Schenkel aufteilt, wobei der linke die Pars membranacea septi durchsetzt, am Kammerseptum entlang zieht und schließlich mit den Purkinje-Fasern in die Wand des linken Ventrikels und die Papillarmuskeln einstrahlt, während der rechte Schenkel, ebenfalls dicht unter dem Endokard am Kammerseptum entlang ziehend zur Herzspitze verläuft und mit den Purkinje-Fasern in den rechten Ventrikel übergeht.

Die **autonomen Herznerven** stammen aus dem Halsteil des Sympathikus und dem N. vagus. Aus den drei Grenzstrangganglien des Halses entspringt jeweils ein N. cardiacus cervicalis (sup., med. und inf.); aus dem N. vagus und N. laryngealis recurrens stammen die parasympathischen Rr. cardiaci. Diese bilden gemeinsam an der Herzbasis die ganglienhaltigen Plexus cardiaci (superf. und prof.), die sich zwischen Aorta ascendens und Truncus pulmonalis ausbreiten und von da über die periarteriellen Geflechte der Kranzgefäße in die Muskulatur übergehen. Der Plexus cardiacus prof. ist das wichtigste Herzgeflecht, das durch den Sinus transversus pericardii in zwei Abschnitte untergliedert wird. Der eine liegt ventrokranial zwischen Aorta und Truncus pulmonalis. Er breitet sich in der vorderen Kranzfurche aus und versorgt hauptsächlich die Ventrikel. Der andere liegt dorsokaudal zwischen V. cava sup. und V. pulmonalis dext. sup. und versorgt vornehmlich die Rückwand der Vorhöfe. In die Herzgeflechte sind auch paraganglionäre Zellgruppen eingelagert (Paraganglion supracardiale), deren Bedeutung noch unklar ist. Die aufsteigenden, afferenten Fasern verlaufen ebenfalls im Vagus bzw. Sympathikus. Dazu gehören z. B. die Blutdruckzügler (N. depressor), die von Drucksensoren in der Wand des Aortenbogens und des Truncus brachiocephalicus stammen und ähnlich dem Karotissinusnerven des N. IX den afferenten Schenkel für kardioinhibitorische Reflexe darstellen. Im N. vagus verlaufen auch Fasern von Volumensensoren aus der Wand der Vorhöfe.

Die Reizbildung im Sinus- und Atrioventrikularknoten wird über die efferenten autonomen Herznerven modifiziert. Dabei besteht eine interessante Asymmetrie der Innervation. Der rechte Vagus innerviert bevorzugt den Sinusknoten, der linke dominiert in der Innervation des AV-Knotens.

Herzbeutel

Der Herzbeutel besteht aus einem viszeralen (Epikard) und einem parietalen Blatt (Perikard). Am Perikard, das sich an den großen Gefäßen der Herzbasis auf das Epikard umschlägt, unterscheidet man eine Pars mediastinalis, sternocostalis, diaphragmatica und post. Der derbe sternokostale und diaphragmale Teil des Perikards ist mit der Umgebung relativ fest verwachsen, der mediastinale Abschnitt jedoch weitgehend verschieblich.

Da sich das Herz aus einem Schlauch mit einer Ein- und Ausstrombahn (Porta venosa, Porta arteriosa) entwickelt hat, sind die perikardialen Umschlagfalten an den großen Herzgefäßen und Venen von vornherein getrennt. Zwischen beiden bleibt der **Sinus transversus pericardii** zeitlebens bestehen. An der Porta venosa bilden die Umschlagränder des Herzbeutels eine rechtwinklige Figur mit zahlreichen Recessus und Sinus (»Venenkreuz«) (Abb. 227). Die Pulmonalvenen vereinigen sich rechts wie auch links in der Regel zu je zwei größeren Stämmen, die mit einem wechselnd langen, von Perikard überzogenen Stiel in den linken Vorhof einmünden. Vorn überzieht das Perikard die Aorta etwa bis zum Abgang des Truncus brachiocephalicus und des Lig. arteriosum. Die Wurzeln der großen Gefäße liegen also noch innerhalb des Herzbeutels.

Klinische Hinweise. Die intraperikardiale Lage der dünnwandigen großen Venen erklärt das Zustandekommen von Einflußstauungen bei der sog. Herzbeuteltamponade oder nach voluminösen Perikardergüssen. Ansammlung von Flüssigkeit (oder Blut) infolge einer Entzündung (Perikarditis) oder Blutung (Hämatoperikard) kann zu lebensbedrohlichen Zuständen führen und macht gegebenenfalls eine Herzbeutelpunktion erforderlich.

2. Gebilde des oberen Mediastinums

Der **Thymus** liegt zwischen Sternum, Trachea und den Vv. brachiocephalicae. Er reicht bei Kindern mit zwei langgestreckten Lappen kaudal bis an den Herzbeutel. Die Rückbildung des Organs beginnt im zweiten Lebensjahrzehnt und führt zur Entwicklung des sog. retrosternalen Fettkörpers (Corpus adiposum retrosternale). Dieser nimmt dann nur noch den oberen Teil des vorderen Mediastinums (Mediastinum sup.) ein. Der Thymus kann auch eine retrovenöse Lage haben, d. h. *hinter* den Vv. brachiocephalicae

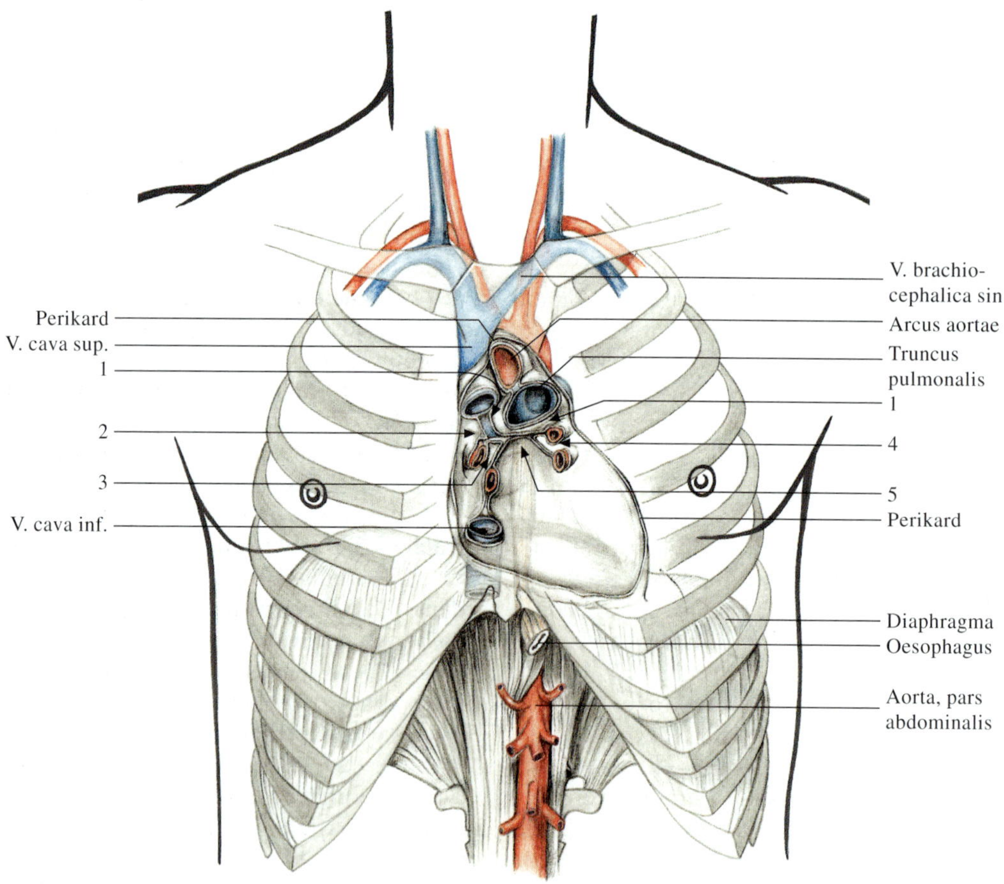

Abb. 227. Topographie des Herzbeutels mit Sinus und Recessus. Man beachte, daß kranial die großen Gefäße (Aorta ascendens, Truncus pulmonalis und V. cava sup.) noch innerhalb des Herzbeutels liegen. **Herzbeutel:** 1 = Sinus transversus; 2 = Recessus postcavalis; 3 = Recessus pulmonalis dext.; 4 = Recessus pulmonalis sin.; 5 = Sinus obliquus pericardii.

gelegen sein, was die Gefahr einer Venenstauung mit sich bringt.

Gefäßversorgung des Thymus
Rr. thymici – Arterielle Äste aus der A. thoracica int. Vv. thymicae – Venöse Abflüsse direkt in die Vv. brachiocephalicae

Die **Nn. phrenici** sind mit dem entwicklungsgeschichtlichen Descensus von Herz und Zwerchfell nach kaudal gerückt und dadurch in die Länge gezogen worden. Ihr Ursprung aus dem Plexus cervicalis (C_3–C_5) weist noch auf diese Entstehungsgeschichte hin.

Klinische Hinweise. Der Ursprung des N. phrenicus aus dem Plexus cervicalis erklärt die gelegentlich auftretenden Atembeschwerden bzw. Störungen der Zwerchfellmotorik bei Erkrankungen der Halswirbelsäule. Da die Nn. phrenici nicht nur motorische Fasern für das Zwerchfell, sondern auch sensible für Perikard, Pleura mediastinalis und das Peritoneum der Zwerchfellunterfläche enthalten, können bei Pleuritis, Peritonitis, Gallenblasenaffektionen »ausstrahlende« Schmerzen bis in die Schulter hinein auftreten (Dermatome der Halssegmente). Eine Schädigung des Rückenmarks bei Erkrankungen der Halswirbelsäule (Frakturen, Entzündungen, Metastasen) birgt nicht nur die Gefahr eines »hohen Querschnitts« mit Lähmungen aller vier Gliedmaßen (Tetraplegie), sondern auch die einer Phrenikusschädigung mit Atemlähmung in sich.

Am Hals liegt der N. phrenicus ventral auf dem M. scalenus ant. (Leitmuskel) und ist hier von ventral erreichbar. Der Nerv verläuft hinter der V. subclavia durch die obere Thoraxapertur ins vordere Mediastinum. An der rechten Seite folgt er der oberen Hohlvene, der er eng anliegt, und zieht dann vor der Lungenwurzel zwischen Pleura und Perikard abwärts zum Zwerchfell, in das er in der Nähe der V. cava inf. eintritt. Einige Äste gehen auch durch das For. v. cavae hindurch (Rr. abdominales). Der linke Phrenikus biegt um das Herz herum, ist dadurch etwas länger als der rechte und liegt im ganzen etwas oberflächlicher. Mit den begleitenden Gefäßen (Vasa pericardiacophrenica) durchbohren die Nn. phrenici das Zwerchfell und erreichen so auch das unten anlagernde Peritoneum.

Klinischer Hinweis. Die enge Nachbarschaft des N. phrenicus zum Lungenhilus kann bei hilusnahen Bronchialkarzinomen eine Zwerchfellähmung bewirken. Ventral vom M. scalenus ant., auf dem der N. phrenicus verläuft, liegen die supraklavikulären Lymphknoten, die sowohl aus der Achselhöhlenregion als auch vom Mediastinum Zuflüsse erhalten. Ein Befall dieser Lymphknoten, z. B. bei Mammatumoren oder Mediastinalgeschwülsten, kann daher auch Phrenikusschädigungen hervorrufen.

Die **Trachea** setzt sich aus 16 bis 20 halbmondförmigen, nach dorsal geöffneten Knorpelspangen zusammen und hat eine durchschnittliche Länge von 12 cm. Die elastische Längsspannung der Luftröhre wird durch die infra- und suprahyalen Muskelschlingen des Zungenbein-Kehlkopf-Apparates einerseits und die frontal gestellte, elastisch-muskulöse Membran zwischen Lungenhilus und Zwerchfell andererseits aufrechterhalten. Bei tiefer Einatmung kann sich die Trachea um 1–2 cm verlängern. Topographisch unterscheidet man eine Pars cervicalis (C_6–Th_1) und eine Pars thoracalis (Th_1–Th_4). Die Bifurkation projiziert sich hinten auf den vierten Brustwirbel und vorn auf den Sternalansatz der dritten Rippe. Beim Neugeborenen liegt die Bifurkation wesentlich höher als beim Erwachsenen. Oben legen sich vor die Trachea die beiden Vv. brachiocephalicae und die V. thyroidea inf. An die Bifurkation und den linken Hauptbronchus legt sich der Aortenbogen an. Der rechte Hauptbronchus verläuft mehr senkrecht, der linke, um 4–5 cm längere Hauptbronchus mehr bogenförmig-horizontal. Die aus dem Arcus aortae entspringenden drei großen Gefäßstämme liegen der Trachea dicht an. Der linke Vagus kreuzt den Aortenbogen links-vorn. An dieser Stelle zweigt der N. laryngealis recurrens nach medial hinten ab. Der Vagus zieht dann *hinter* dem linken Hauptbronchus vorbei, steil nach dorsal zum Ösophagus, wo er sich in mehrere Äste aufsplittert und den Plexus oesophagealis bildet. Der rechte Vagus kreuzt die A. subclavia ventral, legt sich rechts der Trachea an und gelangt dann *hinter* dem rechten Hauptbronchus zum Ösophagus. In der Ösophaguswand bilden rechter und linker Vagus den Plexus oesophagealis.

An der Trachea finden sich zahlreiche Lymphknoten, besonders im Bereich der Bifurcatio tracheae (Abb. 216). Die tracheobronchialen, retro- und paratrachealen Lymphknoten sind als die regionären Knoten für Lunge, Herz und Mediastinalorgane zu betrachten. Sie stehen mit den bronchomediastinalen Gruppen in Verbindung (»Hilusdrüsen«).

Klinische Hinweise. Eine Vergrößerung dieser Hiluslymphknoten kann durch die enge Nachbarschaft zum Ösophagus Schluckbeschwerden verursachen. Beim Bronchialkarzinom gilt das Auftreten von Rekurrens- oder Phrenikusparesen als Zeichen einer breiteren Metastasierung (Inoperabilität).

3. Gebilde des hinteren Mediastinums

Ösophagus

Der Ösophagus geht am Ringknorpel (in Höhe von C_6) aus dem Pharynx hervor und endet an der Kardia. Von der Zahnreihe ist der Ösophagusmund in Höhe des Ringknorpels 15 cm (1. Enge), die Bifurcatio tracheae 25 cm (2. Enge) und die Kardia 40 cm (3. Enge) entfernt. Man unterscheidet am Ösophagus eine Pars cervicalis, thoracalis und abdominalis. Der abdominale Abschnitt ist am kürzesten (3–4 cm) und innerhalb des Hiatus oesophageus des Zwerchfells geringgradig verschieblich. Seine Vorderwand wird vom Peritoneum überzogen. Die oberen Abschnitte des Ösophagus liegen bis Th_{7-8} vor der Wirbelsäule. Kaudal davon liegt die Aorta dann zwischen Speiseröhre und Wirbelsäule. Dadurch entfernt sich der Ösophagus zunehmend von der Wirbelsäule und lagert sich dem Perikard an (Bereich des linken Vorhofs, Abb. 227). Der untere thorakale Abschnitt wird teilweise von der rechten Pleura bedeckt, so daß ösophageale Erkrankungen auf Pleura und Lunge übergreifen können. Hinter dem Ösophagus liegen Ductus thoracicus und Azygosvenen.

Der untere Ösophagusabschnitt besitzt einen echten Sphinkter, der in der Lage ist, einen wirksamen Verschluß aufzubauen und Rückfluß von Mageninhalt (Reflux) zu verhindern. Dieser wird unterstützt durch eine schraubenförmig angeordnete Längsmuskulatur und einen ausgedehnten Venenplexus, die einen wirksamen Dehnverschluß zustande bringen, d. h. wenn der Ösophagus längsgespannt ist, ist der Verschluß dicht, wenn er sich verkürzt und entspannt, ist der Verschluß geöffnet.

Das untere Ende der Speiseröhre geht mit den Trunci vagales und den abdominalen Ästen des linken N. phrenicus durch den Zwerchfellschlitz **(Hiatus oesophageus).** Hier ist der Ösophagus durch zeltartige Faszienzüge konstruktiv so eingebaut, daß der unter Längsspannung stehende Schlauch zugleich fixiert und verschieblich ist. In Höhe des Hiatus liegt die dritte Ösophagusenge. An dieser Stelle beobachtet man röntgenologisch den sog. epikardialen Stopp des Kontrastbreis. Das abdominale Ösophagusende läuft im Vergleich zum epiphrenischen Teil schräg und mündet spitzwinklig in den Magen ein. Dadurch entsteht die **Incisura cardiaca** oder der His-Winkel (Abb. 228), der beim Erwachsenen etwa 50–60° beträgt.

Das abdominale Ösophagusende wird fast ausschließlich von den Magengefäßen (A. gastrica sin.) versorgt, was bei chirurgischen Eingriffen berücksichtigt werden muß. Die Venen aus diesem Bereich fließen zur Pfortader hin ab, anastomosieren aber nach kranial auch mit dem Azygossystem (s. S. 333).

Klinische Hinweise. Im Übergangsbereich von Pharynx und Ösophagus, vor allen im Bereich des Laimer-Dreiecks, entwickeln sich häufig taschenförmige Ausbuchtungen *(Divertikel),* die erhebliche Schluckbeschwerden machen können. Epiphrenale Divertikel (Pulsionsdivertikel) können sich oberhalb des Zwerchfells im Bereich der epiphrenischen Ampulle (Abb. 228) häufig bei Kardiospasmus ausbilden.

Eine Lockerung des konstruktiven Einbaus des unteren Ösophagusabschnitts in das Zwerchfell kann zur Entwicklung von Brüchen **(Hiatushernien)** oder Störungen des Verschlußmechanismus mit entzündlichen Erscheinungen (retroösophagealer Reflux, Refluxösophagitis) führen.

Bei *Rupturen* im unteren Ösophagusgebiet wird meist die Pleurahöhle eröffnet. Ein Ösophaguskarzinom kann daher auch in den Herzbeutel durchbrechen.

Die ausgedehnten Anastomosen des unteren ösophagealen Venenplexus mit den Azygosvenen (Kavasystem) können bei Stauungen im Pfortadersystem (z. B. bei Leberzirrhose) zu *Ösophagusvarizen* und (eventuell tödlichen) Blutungen führen.

Im unteren Ösophagusbereich lassen sich mit einer Schlucksonde Herzpulsationen registrieren. Hier besteht auch die Möglichkeit für transösophageale EKG-Ableitungen sowie sonographische Untersuchungen der Kranzgefäße und Herzklappen.

Gefäße des Ösophagus

Arterien: Die arterielle Versorgung stammt jeweils aus den benachbarten regionalen Gefäßen: Die *Pars cervicalis* wird von Zweigen der A. thyroidea inf. und A. subclavia, die *Pars thoracica* von den Rr. oesophageales propriae aus der Aorta und die *Pars abdominalis* von Ästen der A. gastrica sin. und A. phrenica inf. versorgt.

Venen: Das venöse Blut der submukösen und adventitiellen Plexus fließt zu den Vv. azygos und hemiazygos bzw. zur V. thyroidea inf. ab. Im unteren Ösophagusabschnitt bestehen breite Anastomosen zu den Magenvenen und damit zum Pfortaderkreislauf (vgl. S. 357 und 358).

Die *Lymphe* fließt jeweils zu den benachbarten Lymphknoten: Nodi. lymphatici cervicales prof. inf., Nodi. lymphatici tracheales, tracheobronchiales, bronchopulmonales dext.,

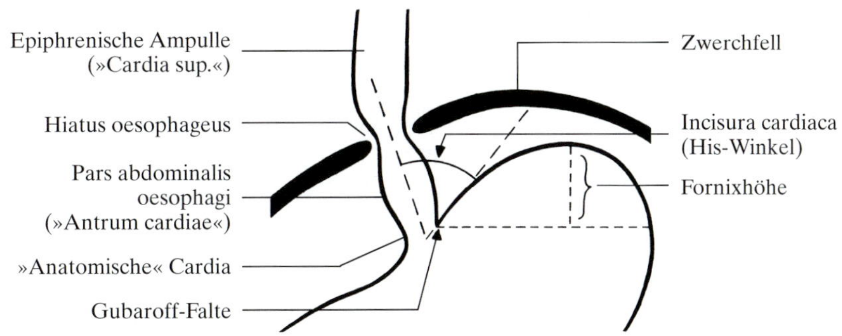

Abb. 228. Schema über die Gliederung der Kardiaregion und die Lage des His-Winkels (modif. nach J. K. Dittrich).

mediastinales post. und gastrici sin. Karzinommetastasen der mittleren und unteren Ösophagusabschnitte breiten sich bevorzugt abdominalwärts, die der oberen Abschnitte jugularwärts aus.

Ductus thoracicus

Der Brustmilchgang sammelt die Lymphe der ganzen unteren Körperhälfte, der Brustorgane und des linken Arms. Er beginnt an der Cisterna chyli, die im Aortenschlitz des Zwerchfells direkt auf der Wirbelsäule in Höhe des ersten Lendenwirbels gelegen ist (Abb. 230). In die Zisterne münden die beiden Trunci lumbales mit der Lymphe von Becken und Bein sowie der Truncus intestinalis mit der Lymphe des Darms ein. Der Ductus thoracicus zieht durch den Hiatus aorticus etwas rechts von der Aorta unmittelbar vor der Wirbelsäule aufwärts etwa bis in Höhe von Th_5, von wo er dann mehr und mehr nach links abbiegt und dicht vor der A. vertebralis bogenförmig in den linken Venenwinkel einmündet. Hier nimmt er noch den Truncus jugularis mit der Lymphe des Kopfs, den Truncus subclavius mit der Lymphe des linken Arms und den Truncus bronchomediastinalis sin. mit der Lymphe von Brustwand und Teilen der Brustorgane auf.

Die Lymphe aus den unteren sechs bis sieben Interkostalräumen fließt in den Trunci descendentes zunächst neben der Aorta abwärts zur Cisterna chyli und dann erst im Ductus thoracicus wieder nach kranial.

Klinischer Hinweis. Eine Verletzung des Ductus thoracicus, z. B. nach Thoraxtraumen, kann zur Ansammlung fetthaltiger Lymphe in der Pleurahöhle führen **(Chylothorax).**

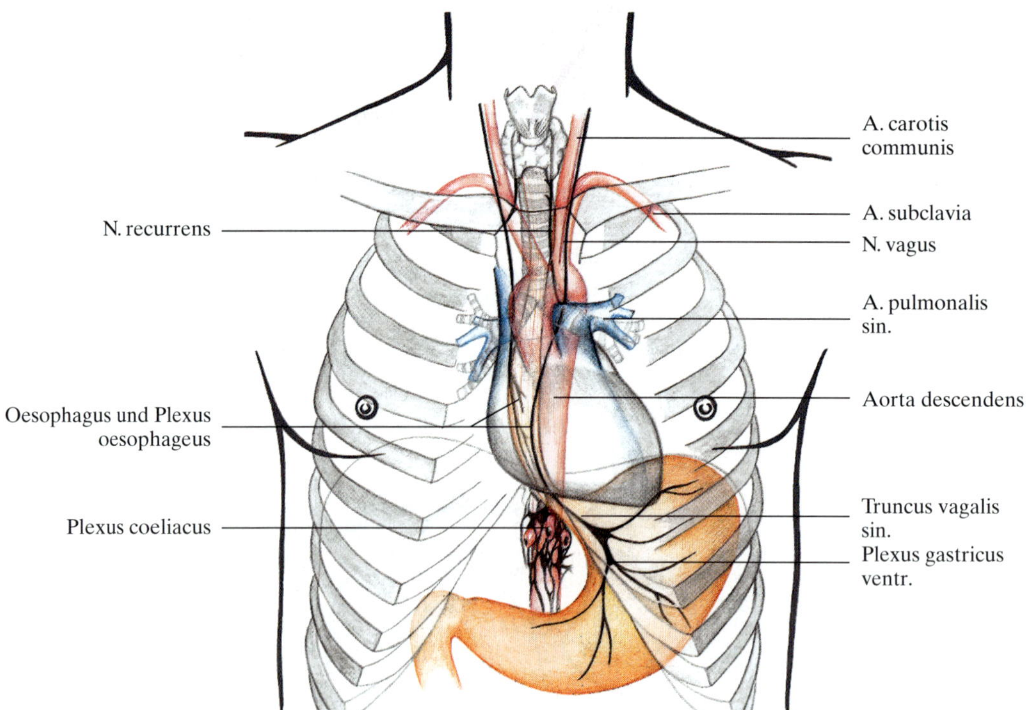

Abb. 229. Schema der hinteren Mediastinalorgane. Das Herz ist durchscheinend gedacht. Exspirationsstellung.

Venen der dorsalen Brustwand

Die Interkostalvenen (Abb. 230) münden rechts und links von der Wirbelsäule jeweils in ein großes, längsverlaufendes Sammelgefäß, die V. azygos (rechts) und die V. hemiazygos bzw. V. hemiazygos accessoria (links) ein. Diese stellen die Fortsetzung der dorsalen Bauchwandvenen (Vv. lumbales ascendentes) dar. Die V. hemiazygos überquert die Wirbelsäule meist in Höhe des achten Brustwirbelkörpers und geht dann hinter der Aorta zur anderen Seite über, wo sie in die V. azygos einmündet. Das venöse Blut der linken oberen Interkostalräume (Th_{1-9}) sammelt sich zunächst in der V. hemiazygos accessoria, die sowohl nach kaudal mit der V. hemiazygos, als auch nach kranial mit der V. brachiocephalica in Verbindung steht. Die V. azygos biegt in Höhe des dritten Brustwirbels senkrecht nach vorn ab und »reitet« gleichsam auf dem rechten Hauptbronchus, ehe sie in die obere Hohlvene einmündet (auf dem linken Hauptbronchus »reitet« der Aortenbogen). Da die Vv. lumbales einerseits mit der unteren Hohlvene, andererseits mit der V. azygos in Verbindung stehen, ergibt sich an der dorsalen Rumpfwand ein venöser Kollateralkreislauf zur Umgehung der unteren Hohlvene. Die V. azygos hat enge topo-

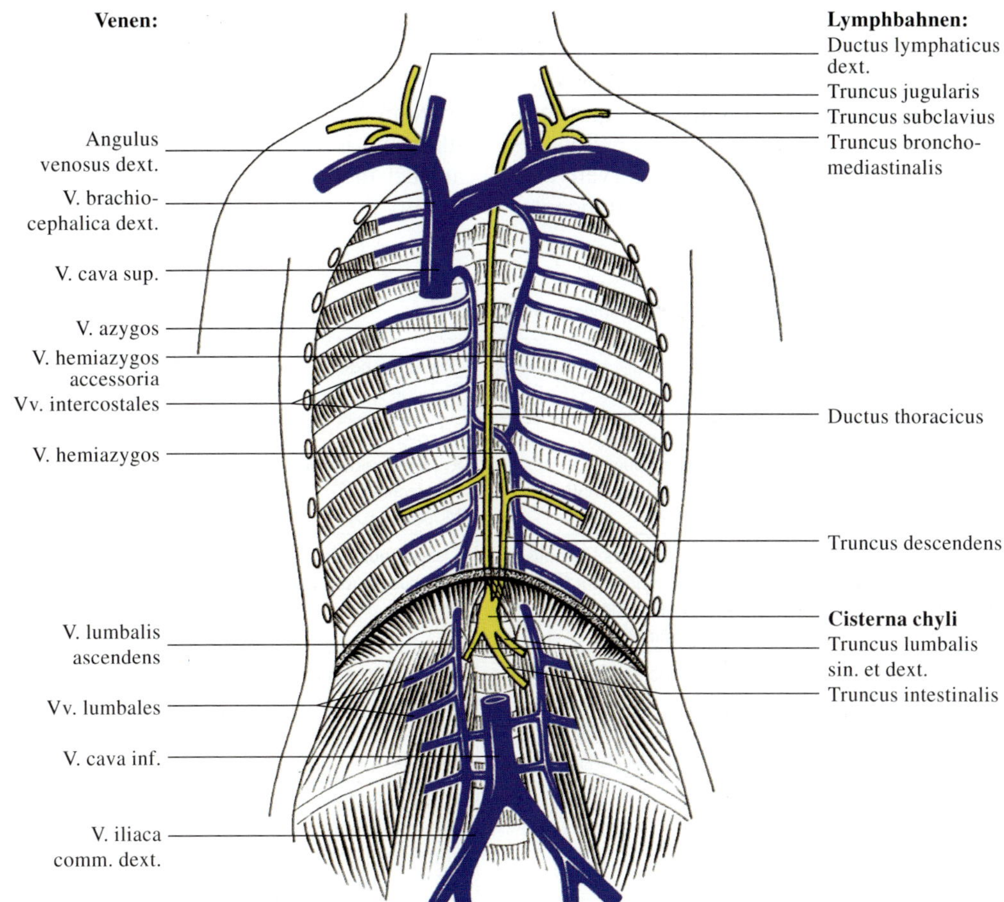

Abb. 230. Dorsale Brustwandvenen und Verlauf des Ductus thoracicus, der in den linken Venenwinkel einmündet.

graphische Beziehungen zum Ösophagus (Abb. 218 und 219).

Das System der Brustwandvenen anastomosiert nach dorsal auch mit den venösen Geflechten der Wirbelkörper und des Wirbelkanals (Plexus venosus vertebralis int. und ext.). Die Wirbelgeflechte entleeren sich größtenteils über das Azygossystem in die obere Hohlvene, andererseits aber auch über die Vv. vertebrales und lumbales in die untere Hohlvene, so daß auch die venösen Wirbelsäulenplexus als Kollateralsysteme zwischen V. cava sup. und inf. fungieren können.

Truncus sympatheticus

Vor den Rippenköpfchen zieht der Grenzstrang beiderseits der Wirbelsäule senkrecht abwärts und bildet in jedem Segment ein Ganglion. Die Grenzstrangganglien sind untereinander durch die Rr. interganglionares verbunden. Zu den Interkostalnerven werden jeweils zwei bis drei Rr. communicantes abgegeben. Medial zweigen die Nn. splanchnici ab. Der N. splanchnicus major kommt aus den Grenzstrangganglien der Segmente Th_{6-9}, der N. splanchnicus minor entsprechend aus Th_{10-12}. Beide durchsetzen die Pars lumbalis des Zwerchfells und enden im Plexus coeliacus. Sie führen die präganglionären Fasern für den Bauchsympathikus, die im Plexus coeliacus und im Ggl. mesentericum sup. umgeschaltet werden.

Pars thoracica aortae

Der Aortenbogen geht am vierten Brustwirbelkörper in die Aorta descendens über, die zunächst etwas links von der Wirbelsäule verläuft und kaudal mehr in die Medianebene gelangt. Im Hiatus aorticus ist die Aorta genau vor der Wirbelsäule gelegen. Die Aorta gibt während ihres mediastinalen Verlaufes zehn Paare von Interkostalarterien ab, außerdem Rr. oesophagei, bronchiales, pericardiaci, mediastinales sowie die Aa. phrenicae sup.

Zwerchfell und durchtretende Gebilde (vgl. Hinweise in Abb. 231)

	Ort	Durchtretende Gebilde	Projektion auf das Skelett
A. For. v. cavae inf.	Im Centrum tendineum (fest verspannt)	V. cava inf. R. phrenicoabdominalis des rechten N. phrenicus	8. Brustwirbelkörper
B. Hiatus oesophageus	In der Pars lumbalis (wird nur vom Crus mediale dext. gebildet)	Ösophagus, Nn. vagi (Truncus vagalis ant. und post.)	12. Brustwirbelkörper
C. Hiatus aorticus	Zwischen Crus dext. und sin.	Aorta, Cisterna chyli, Ductus thoracicus	1. Lendenwirbelkörper
1. Trigonum sternocostale	Zwischen Pars sternalis und costalis	Vasa epigastrica sup.	8.–9. Brustwirbelkörper
2. Spalt zwischen Crus med. und intermedium		N. splanchnicus major und minor, V. azygos (rechts), V. hemiazygos (links)	1. Lendenwirbelkörper
3. Spalt zwischen Crus intermedium und lat.		Truncus sympatheticus	2. Lendenwirbelkörper

IV. Zwerchfell

Anatomisch werden am Diaphragma drei Teile unterschieden: eine Pars lumbalis, costalis und sternalis. Die lumbale Portion entspringt mit zwei lang ausgezogenen Muskelzipfeln (Crus dext. und sin.) von der Lendenwirbelsäule, das rechte Crus meist etwas tiefer (L_3–L_4) als das linke (L_2–L_3). Lateral bilden sich zwei größere Sehnenbögen und zwar einmal vom Querfortsatz des ersten Lendenwirbels zur zwölften Rippe, wobei der M. quadratus lumborum bogenförmig überspannt wird (sog. Quadratusarkade, Lig. arcuatum lat.) und einmal vom Querforsatz zum Wirbelkörper des ersten Lendenwirbels, wobei der M. psoas major bogenförmig überspannt wird (sog. Psoasarkade, Lig. arcuatum med.). Die Pars lumbalis des Zwerchfells wird von den großen Leitungsbahnen des hinteren Mediastinums durchsetzt und dadurch weiter untergliedert (Abb. 231). Die beiden Crura bilden mit dem Lig. arcuatum medianum kranial ein spitzbogenartiges Tor über der Aorta (Hiatus aorticus). Die Muskelbündel durchflechten sich dann ventral und umschließen so den Hiatus oesophageus, bevor sie in das Centrum tendineum übergehen. Durch die Nn. splanchnici und die Azygosvenen wird vom Crus dext. bzw. sin. jeweils ein Muskelstreifen abgetrennt, der früher als

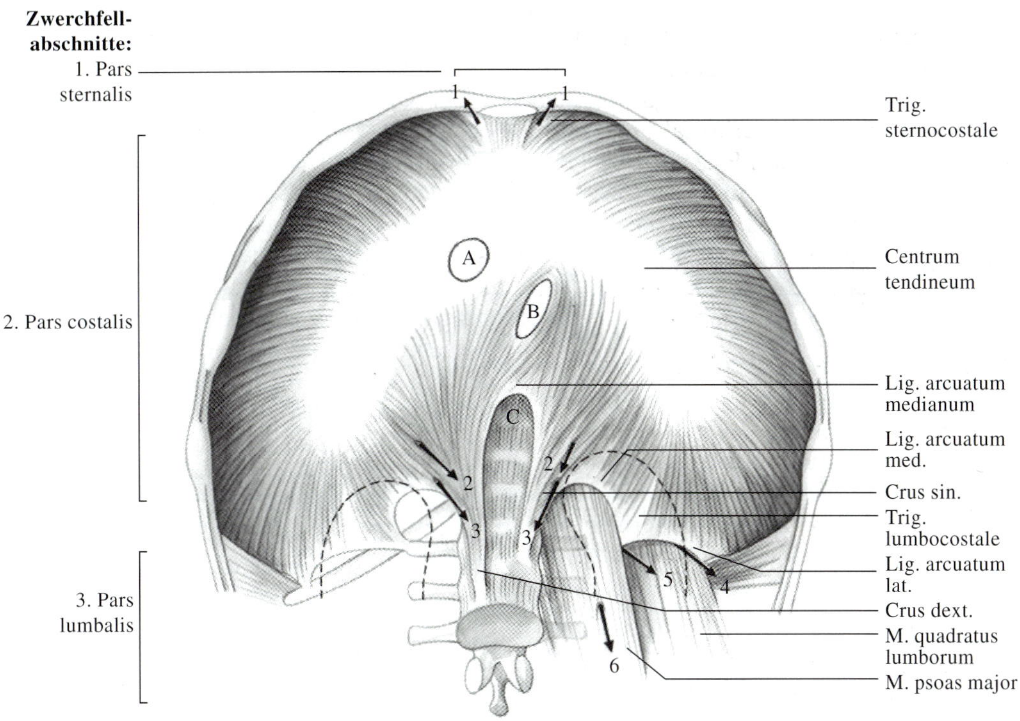

Abb. 231. Zwerchfell mit Öffnungen und Durchtrittsstellen (von unten) (Projektion der Nieren punktiert). A = For. v. cavae inf. (V. cava inf. mit N. phrenicus); B = Hiatus oesophageus (Oesophagus mit Trunci vagales); C = Hiatus aorticus (Aorta mit Ductus thoracicus).
Durchtretende Leitungsbahnen:

1 = Vasa epigastrica sup.
2 = Nn. splanchnici, V. azygos bzw. V. hemiazygos
3 = Truncus sympatheticus
4 = N. subcostalis
5 = N. iliohypogastricus
6 = N. genitofemoralis

Gefäßversorgung des Zwerchfells

Von kranial	A. musculophrenica (aus der A. thoracica int.) – folgt dem Rippenbogen A. pericardiacophrenica (aus der A. thoracica int.) – begleitet den N. phrenicus und die Aa. phrenicae sup. (aus der Aorta thoracica)
Von kaudal	A. phrenica inf. (aus der Aorta, Pars abdominalis) – Abgang im Hiatus aorticus

Crus intermedium bezeichnet wurde. Weiter lateral perforiert der Grenzstrang das Zwerchfell, dicht neben den Wirbelkörpern. Er bewahrt auch im Retroperitonealraum die enge Nachbarschaft zur Wirbelsäule.

Die kostale Portion des Zwerchfells befestigt sich ringsum an der unteren Thoraxapertur und alterniert dabei mit den Ursprungszacken des M. transversus abdominis. Zwischen der lumbalen und der kostalen Portion bleibt häufig eine muskelfreie Stelle bestehen, das sog. Bochdalek-Dreieck (Trigonum lumbocostale, Abb. 231), ein Prädilektionsort für Zwerchfellhernien.

Die sternale Portion entspringt vom Sternum und ist durch das schmale, bindegewebige Trigonum sternocostale von der Pars costalis getrennt. Etwas vor dieser Lücke treten die Vasa thoracica int. durch das Zwerchfell hindurch und gehen als Vasa epigastrica sup. auf die hintere Rektusscheide über.

Klinische Hinweise. *Zwerchfellhernien* kommen am häufigsten im Bereich des Ösophagusdurchtritts vor (Hiatushernien). Im Trigonum sternocostale treten Brüche nur selten auf (Parasternalhernien). Angeborene Zwerchfellhernien bevorzugen die Stellen, wo embryonal Anlagematerial miteinander verwachsen ist, z. B. im Trigonum lumbocostale.

Das Zwerchfell bildet zwei Kuppeln, die hoch in den Thorax aufsteigen (Projektion s. Abb. 221, 222 und 229). Die verschiedenen Muskelabschnitte sind in der Sehnenplatte des Centrum tendineum, auf dem das Herz lagert (Herzsattel), verankert. Im Alter tritt das Zwerchfell etwas tiefer, was mit einer Zunahme der Rippenneigung und einer allgemeinen Senkung der Brustorgane korreliert ist.

Lymphgefäße des Zwerchfells

Das Zwerchfell ist reich an Lymphgefäßen. Man unterscheidet ein subperitoneales und ein subpleurales Gefäßnetz. Durch den intrathorakalen Sog ist der Lymphstrom gegen den Brustraum begünstigt, »so daß eine sympathische Pleuritis bei entzündlichen Vorgängen im subphrenikalen Raum weit häufiger angetroffen wird als eine sekundäre Beteiligung des subdiaphragmalen Peritoneums bei pleuralen, pulmonalen oder mediastinalen Eiterungen« (NISSEN). Die regionären Lymphknoten des Zwerchfells liegen im vorderen und im hinteren Mediastinum (Nodi. lymphatici mediastinales ant. und post.).

Projektion des Zwerchfells auf Thorax und Skelett

		Ventrale Projektion	Dorsale Projektion
Am Lebenden	Exspiration	Rechts 4. Rippe Links 4./5. Rippe	8. Brustwirbelkörper 8./9. Brustwirbelkörper
	Inspiration	Rechts: 7. Rippe Links: 7./8. Rippe	11. Brustwirbelkörper 11./12. Brustwirbelkörper
An der Leiche	Rechts	4. ICR	9. Rippe
	Links	5. ICR	10. Rippe

B. Topographische Anatomie der Bauchorgane, Bauchsitus (Situs abdominis)

I. Oberbauch

1. Allgemeine Lageverhältnisse und Bursa omentalis

Topographisch läßt sich die Bauchhöhle in zwei große Abschnitte gliedern, den sog. Oberbauch (Pars supracolica) und den eigentlichen Bauchraum oder Unterbauch (Pars infracolica). Kaudal setzt sich der Bauchraum kontinuierlich in das kleine Becken fort. Die Lage der Oberbauchorgane ist konstanter als die der übrigen Bauchorgane. Die komplizierten topographischen Verhältnisse erklären sich aus der *Entwicklungsgeschichte* (Abb. 232). Der Magen-Darm-Kanal liegt embryonal zunächst in der Medianebene. Im Bereich des Oberbauchs wird er durch ein ventrales und dorsales Gekröse (Mesogastrium ventr. und dors.), im Unterbauchbereich nur durch ein dorsales Mesenterium fixiert (Abb. 232 a). Im anfangs voluminösen dorsalen Mesogastrium, in dem die Magenanlage relativ unbeweglich eingebettet liegt, bildet sich frühzeitig an der rechten Seite eine peritoneale Tasche, der Rec. pneumatoentericus (Abb. 232 a). Der Magen wird dadurch beweglich und beginnt sich nach links zu verlagern (Abb. 232 b). Andererseits wird durch den Recessus in Höhe der V. cava inf. ein »Nebenmesenterium« abgegrenzt, das die Leber allmählich mehr und mehr an die dorsale Bauchwand fixiert. Die Massenentfaltung der Leber erfolgt nun in zunehmendem Maße nach rechts, wobei die dorsale Anlagerungsfläche verbreitert wird (Area nuda oder Pars affixa), die untere Hohlvene breiten Kontakt zum Lebergewebe bekommt und das »Nebenmesenterium« verschwindet (Abb. 232 b).

Gleichzeitig verlagert sich der Magen nach links und dreht sich um seine Längsachse (etwa 90°). Unabhängig davon dehnt sich der Rec. pneumatoentericus hinter Magen und Pankreas weiter nach links aus und bildet sich dadurch zu einer großen Zölomtasche aus, die durch die Magendrehung und Zwerchfellentwicklung ihre endgültige Form und Gliederung erhält. Wir bezeichnen sie jetzt als *Bursa omentalis* oder Netzbeutel. Durch die Drehung des Magens in der Längsachse wird die kleine Kurvatur nach rechts, die große nach links verlagert. Das ventrale, zur Leber ziehende Magengekröse bekommt eine frontale Stellung und wird zum Omentum minus (Abb. 232 b). Durch die jetzt einsetzende Rückwärtsverlagerung und Drehung des Duodenums, das dadurch mit der dorsalen Bauchwand verlötet, wird der Magen nun aber auch um eine sagittale Achse gedreht, woraus die für den Erwachsenen charakteristische Stierhorn- oder Angelhakenform resultiert.

Schließlich beginnt im 2. bis 3. Embryonalmonat das dorsale Mesogastrium aktiv kaudalwärts zu wachsen und sich schürzenförmig vorne über Querkolon und Dünndarm auszubreiten (Abb. 256). Es wird damit zum großen Netz (Omentum majus), das anfangs aus vier peritonealen Blättern besteht. Durch sekundäre Verklebungen dieser Blätter untereinander sowie mit dem Colon transversum kommen die bleibenden Verhältnisse zustande. Ein von der Bursa omentalis ausgehender Rec. inf., der gelegentlich tief in das Omentum majus vorragt, deutet noch auf die entwicklungsgeschichtlichen Zusammenhänge hin.

Die **Bursa omentalis** ist ein Gleitspalt, der die Exkursion der Oberbauchorgane, vor allem von Leber, Milz und Magen, bei den Atem- und Körperbewegungen wie auch bei

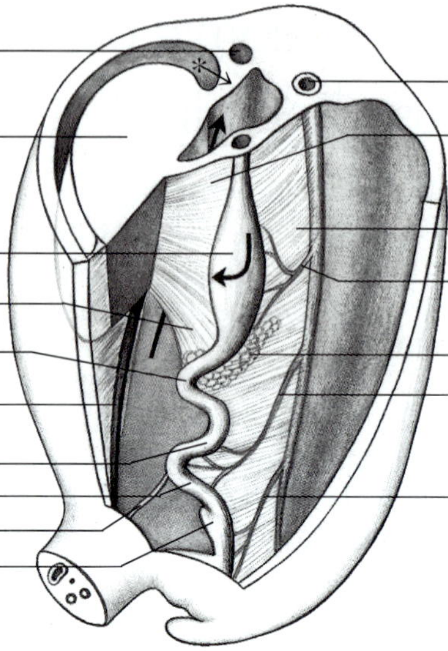

a)

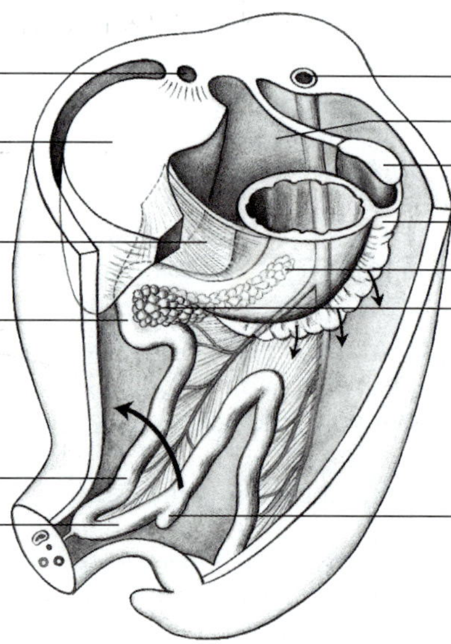

b)

Abb. 232a und b. Schemata zur Verdeutlichung der Entwicklungsbewegungen der Bauchorgane bei jungen (a) und älteren (b) menschlichen Embryonen. Der senkrechte Pfeil in Bild (a) liegt im Rec. pneumatoentericus. Die übrigen Pfeile deuten die Bewegungsrichtungen des Magens und der Nabelschleife an. Man erkennt die Ausweitung des Rec. pneumatoentericus zur Bursa omentalis sowie die Lageveränderungen des ventralen und dorsalen Mesogastriums (modif. nach Grosser und Ortmann). Pfeil mit Sternchen = Nebenmesenterium.

1 = Leber
2 = Magen
3 = Duodenumanlage
4 = ventrale und dorsale Pankreasanlage
5 = Dünndarmschenkel } der Nabelschleife
6 = Dickdarmschenkel } der Nabelschleife
7 = Zäkumknospe
8 = Ductus omphaloentericus
9 = Milz

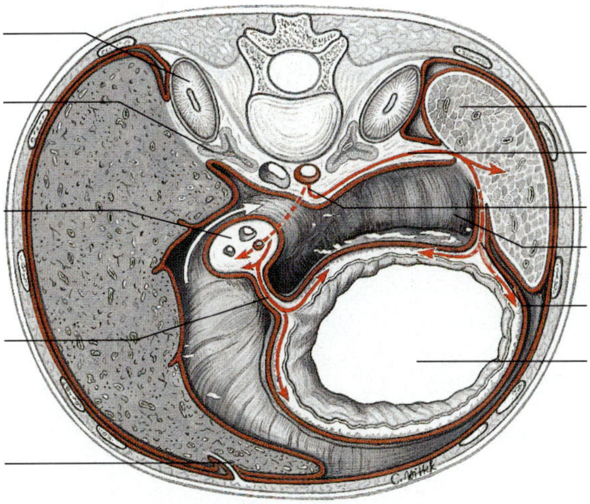

Abb. 233. Bursa omentalis in der Ansicht von oben. Horizontalschnitt durch den Oberbauch in Höhe des 1. Lendenwirbels (unter Verwendung von Abbildungen von Tandler und Hafferl). Braunrot = Peritoneum; rote Pfeile = Gefäßstraßen; weißer Pfeil = For. omentale.

Wände der Bursa omentalis

Vorn:	Omentum minus Hinterwand des Magens Lig. gastrocolicum
Unten:	Mesocolon transversum Rec. inf. bursae omentalis
Dorsal:	Pankreas (mit Tuber omentale, Corpus und Cauda pancreatis) Aorta, Truncus coeliacus, A. und V. splenica Plica gastropancreatica (A. und V. gastrica sin., A. hepatica communis) Linke Nebenniere und linker oberer Nierenpol
Oben:	Leber (Lobus caudatus)
Lateral links:	Milz, Lig. gastrosplenicum
Lateral rechts:	Leber, Duodenum (Bulbus duodeni)

wechselnder Magenfüllung ermöglicht (Abb. 232 und 233). Der natürliche Zugang zur Bursa omentalis ist das For. omentale (epiploicum). Es liegt rechts von der Wirbelsäule, unter der Leber, etwa in Höhe des 1. Lendenwirbelkörpers. Die 2–3 cm große Öffnung wird dorsal von der V. cava inf., kranial von der Leber, insbesondere dem Lobus caudatus, kaudal vom Duodenum (Pars sup.) und ventral vom Lig. hepatoduodenale, dem rechten, freien Rand des Omentum minus begrenzt, das die »Trias der Leberpforte« (A. hepatica propria, V. portae und Ductus choledochus) beherbergt. Im Lig. hepatoduodenale liegt der Ductus choledochus rechts, die A. hepatica propria links und die V. portae hinter beiden (Abb. 242, 243, 249). Das Ligament wird kaudalwärts breiter, so daß sich die Leitungsbahnen kaudal voneinander entfernen. In der Nachbarschaft des For. epiploicum stoßen Leber, Gallenblase und Duodenum

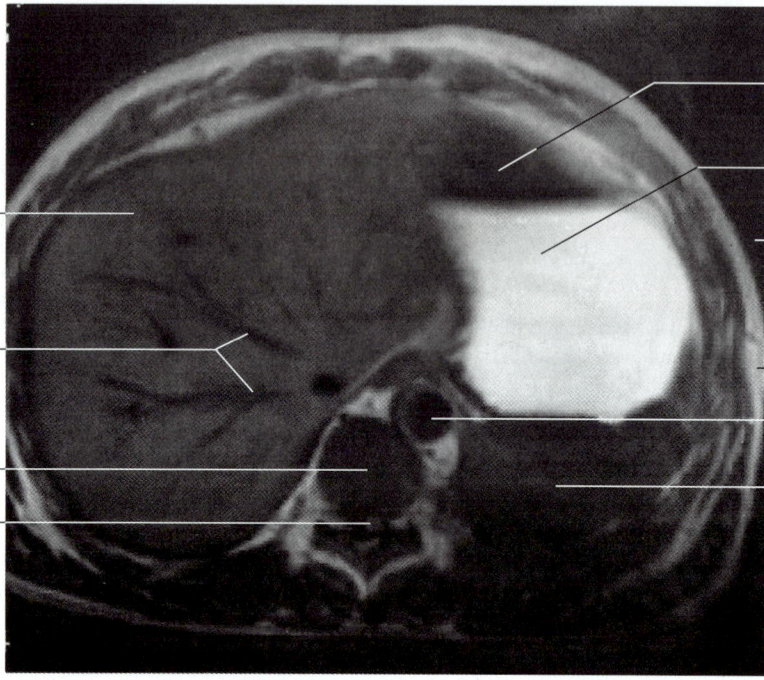

Abb. 234. Horizontalschnitt durch den Oberbauch, Ansicht von unten. Der Magen wurde mit dem paramagnetischen Kontrastmittel Gadolinium gefüllt (MR-Aufnahme, freundlicherweise zur Verfügung gestellt von Prof. Dr. W. Rödl, Med. Univ.-Kliniken, Erlangen).

wie auch die rechte Kolonflexur auf engem Raum zusammen. Das ist die »Wetterecke« des Oberbauchs.

Vom *For. omentale* gelangt man in das Vestibulum bursae omentalis (Abb. 233 und 257). Das Foramen ermöglicht eine Drainage der Bursa nach operativen Eingriffen an den Gallenwegen oder am Magen. Das Vestibulum wird vom Hauptraum des Netzbeutels durch eine schräg gestellte Peritonealfalte (Plica gastropancreatica), die durch Gefäße (A. gastrica sin. und A. hepatica communis) aufgeworfen wird, abgegliedert. Die Falte kann so hoch werden, daß ein Isthmus entsteht, der Vestibulum und Hauptraum trennt. Der kraniale Teil der Falte wird durch die A. u. V. gastrica sin. hervorgerufen, der kaudale durch die A. hepatica communis (Abb. 235).

Der Hauptraum der Bursa omentalis wird außerdem durch eine von der A. splenica (lienalis) aufgeworfene Peritonealfalte in eine Pars sup. und eine Pars inf. gegliedert. Die Pars sup. kann durch sekundäre Verklebungen des Magens mit der dorsalen Bauchwand stark eingeengt sein. In die Pars inf. wölbt sich das Pankreas vor (Tuber omentale). Der Rec. inf. stellt eine kaudale Aussackung der Bursa omentalis in das Omentum majus dar; der Rec. splenicus reicht bis an den Milzhilus, und der Rec. sup. ist eine kraniale Tasche des Vestibulums, die sich zwischen der Area nuda der Leber, dem Oesophagus und der V. cava inf. einschiebt.

Arterien des Oberbauchs

Der *Truncus coeliacus* geht als unpaarer Gefäßstamm am Oberrand des Pankreas in Höhe des 1. Lendenwirbels aus der Aorta ab und versorgt den größten Teil der Oberbauchorgane (Abb. 237).

Die A. gastrica sin. wendet sich nach links und biegt an der Kardia bogenförmig zur

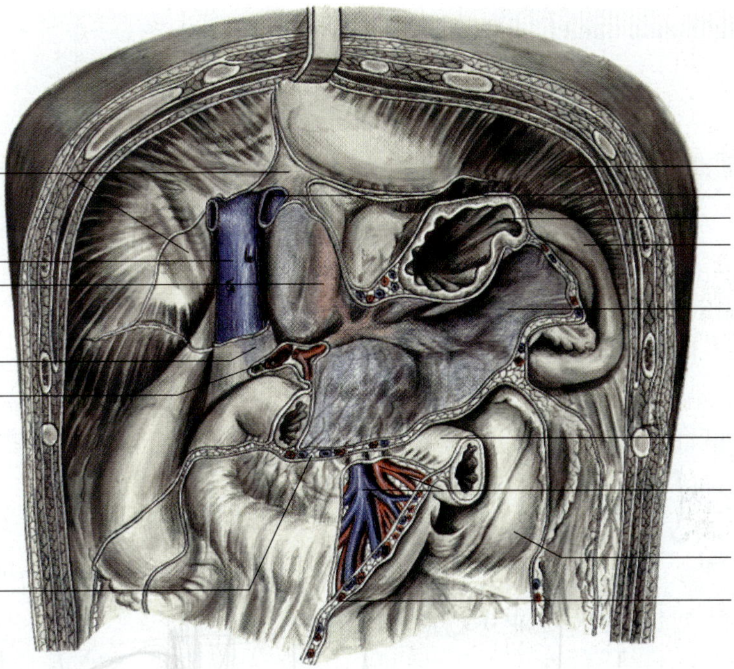

Abb. 235. Aufsicht auf die Hinterwand der Bursa omentalis (hellblauer Bezirk) nach Entfernung von Magen, Querkolon und Leber (aus Töndury).

kleinen Kurvatur des Magens um, wo sie mit der A. gastrica dext. anastomosiert und dadurch einen Gefäßkranz ausbildet. Kleinere Äste zweigen zum unteren Ösophagus ab (*Rr. oesophageales*).

Die *A. splenica* zieht geschlängelt nach links und folgt dabei dem Oberrand des Pankreas, an das sie zahlreiche Äste abgibt (A. pancreatica magna usw.). Kurz vor Eintritt in den Milzhilus gibt sie die *Aa. gastricae breves* zum Magenfundus und die *A. gastroomentalis sin.* zur großen Kurvatur ab.

Die *A. hepatica communis* wendet sich nach rechts und teilt sich schon bald in zwei Hauptstämme: die *A. gastroduodenalis* für Magen, Duodenum und Pankreas und die *A. hepatica propria* für Leber und Gallenblase.

Die *A. gastroduodenalis* zieht hinter dem Pylorus abwärts zum Duodenum und Pankreaskopf. Hier zweigen die *Aa. pancreaticoduodenales sup. ant.* und *post.* ab (Abb. 243). Unterhalb des Pylorus bzw. der Pars sup. duodeni (Bulbus) zweigt nach links die *A. gastroomentalis dext.* zur großen Kurvatur des Magens ab, die mit der gleichnamigen Arterie aus der A. splenica (lienalis) anastomosiert.

Die *A. hepatica propria* zieht geradeaus weiter durch das Lig. hepatoduodenale zur Leberpforte, in der sie sich in je einen Hauptast für den rechten und linken Leberlappen aufgabelt (R. dext. und sin.). Vorher zweigt die *A. gastrica dext.* zur kleinen Kurvatur des Magens und die *A. cystica* zur Gallenblase ab. Eine häufige Variation ist der Ursprung der A. hepatica propria aus der A. mesenterica sup.

Arterien für Dünn- und Dickdarm

Die *A. mesenterica sup.* (Abb. 238) entspringt aus der Aorta hinter dem Pankreas, tritt ventral vom Duodenum in die Wurzel

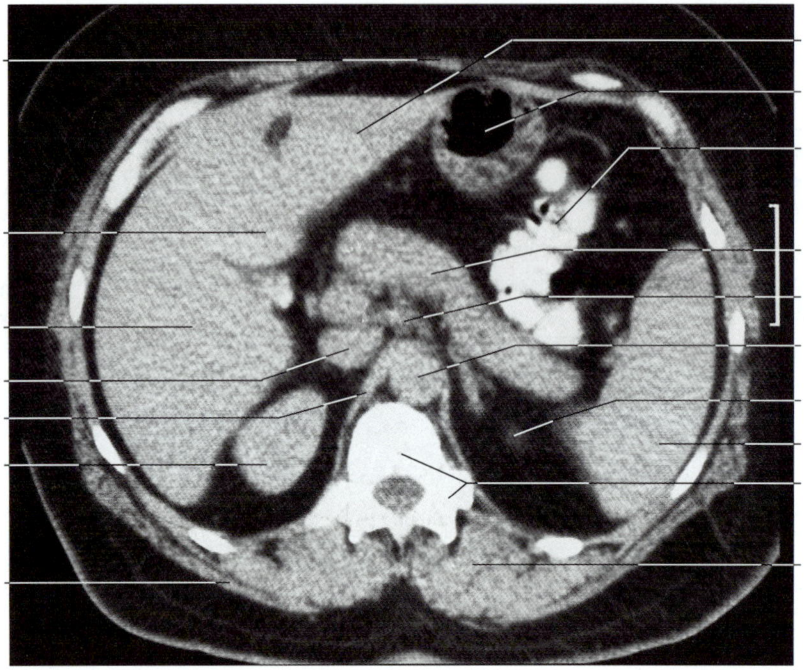

Abb. 236. Transversalschnitt durch den Oberbauch in Höhe des Pankreas (12. Brustwirbel), Ansicht von unten (CT-Aufnahme Dr. A. Düring, Medizinische Universitätsklinik Erlangen).

des Mesenteriums ein und zweigt sich dann fächerförmig in die einzelnen Äste für den Dünndarm und die rechte Hälfte der Dickdarmgirlande auf (Abb. 238). Rückläufig geht zuerst ein Ast für das Duodenum und den Pankreaskopf ab, die *A. pancreaticoduodenalis inf.*, die mit der A. pancreaticoduodenalis sup. einen doppelten Gefäßkranz an der medialen Seite des Duodenums bildet. Dann folgen 10 bis 18 Äste zum Jejunum und Ileum *(Aa. jejunales und ileales),* die im Mesenterium verlaufen und mit ihren Endästen arkadenförmig untereinander anastomosieren (Gefäßarkaden des Dünndarms). Von den Arkaden gehen kleinere Arterien ab, die radiär zur Darmwand ziehen.

Die *A. iliocolica* setzt die Verlaufsrichtung der A. mesenterica sup. in Richtung auf das Caecum fort und versorgt dieses zusammen mit dem distalen Ileumende und der Appendix *(A. appendicularis).* Retroperitoneal verläuft die *A. colica dext.* zum Colon ascendens, während die *A. colica media* im Mesocolon transversum geradewegs zum Querkolon zieht und hier in einer langgestreckten Arkade mit der *A. colica sin.* aus der unteren Mesenterialarterie anastomosiert.

Die *A. mesenterica inf.* versorgt von der linken Kolonflexur an das Colon descendens, das Colon sigmoideum und Rectum. Im Bereich der Flexura coli sin. bildet sich regelmäßig eine arkadenförmige Gefäßanastomose mit der A. colica media aus *(Riolan-Anastomose).* Die A. mesenterica inf. liegt retroperitoneal und teilt sich nach ihrem Abgang aus der Aorta abdominalis meist in drei Äste, die *A. colica sin.*, die *Aa. sigmoideae* und die *A. rectalis sup.*, die untereinander durch Arkaden verbunden sind (Abb. 238). Der untere Teil des Rektums erhält noch zusätzliche Gefäße aus der A. iliaca int. (A. pudenda int.).

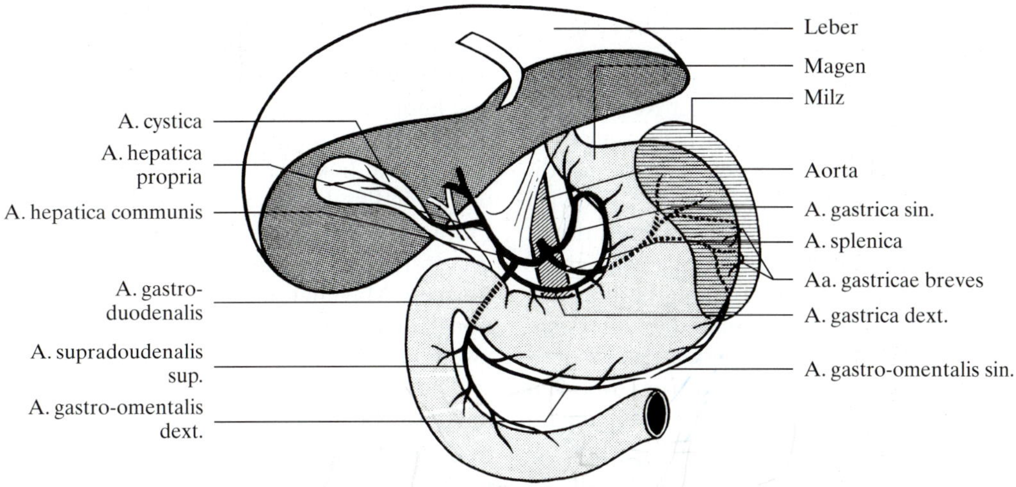

Abb. 237. Astfolge des Truncus coeliacus, Schemazeichnung (vgl. Abb. 242).

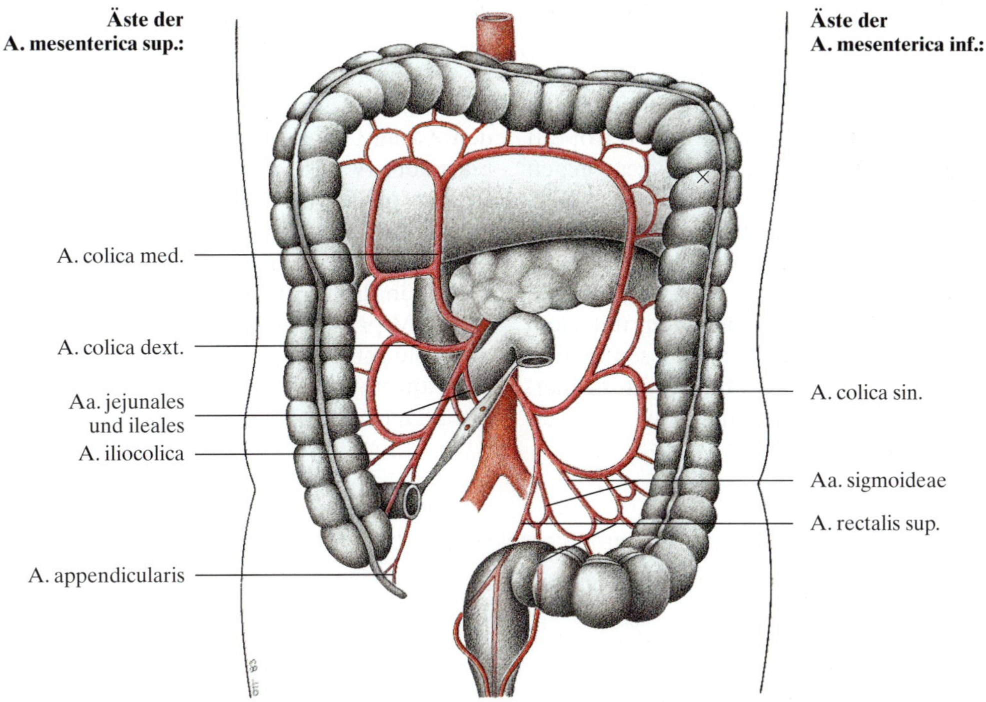

Abb. 238. Astfolge der A. mesenterica sup. und inf. zur Versorgung von Dünn- und Dickdarm. × = Cannon-Böhm-Punkt an der Flexura coli sin.

2. Magen (Gaster)

Der Magen liegt in der Hauptsache unter dem linken Rippenbogen in der Regio hypochondriaca sin. Er lagert sich im epigastrischen Winkel teilweise der Bauchwand direkt an (Magenfeld, Abb. 245 und 247), wird aber normalerweise vom Zwerchfell durch den linken Leberlappen und die Milz abgedrängt. Nur bei starker Füllung berührt der Fundus in größerem Ausmaß die Unterseite des Zwerchfells. Der Hauptteil des Magens liegt links von der Wirbelsäule in Höhe von L_2–L_3, die Pars pylorica jedoch weitgehend rechts im Bereich des 1. Lendenwirbelkörpers. Dadurch erhält der Magen im ganzen eine Hakenform. Der linke Rec. costodiaphragmaticus der Pleura projiziert sich auf den Fundus des Magens. Die große Kurvatur grenzt an das Querkolon, die Hinterwand an die Bursa omentalis. Die Vorderwand liegt versteckt unter dem Rippenbogen und wird weitgehend vom linken Leberlappen überdeckt. Die Pars pylorica überlagert das Tuber omentale des Pankreas.

Die Kardia (Pars cardiaca), in Höhe von Th_{11-12} gelegen, ist nur vorn vom Peritoneum überzogen. Der dorsale Teil liegt retroperitoneal. Die übrigen Teile des Magens liegen intraperitoneal und sind an der kleinen Kurvatur durch das Omentum minus mit der Leber, an der großen Kurvatur durch das Lig. gastrocolicum mit dem Querkolon und durch das Lig. gastrosplenicum mit dem Milzhilus verbunden. Diese mesenterialen Duplikaturen sind nicht nur Haltebänder, sondern auch Leitstrukturen für die Leitungsbahnen und Lymphgefäße. Die Fixation des Magens ist nicht straff, sondern erlaubt gewisse Lageveränderungen. Der Magen kann sich besonders an der großen Kurvatur ausweiten und verlagern, wodurch seine Form individuell und situationsabhängig wechselt. Die kleine Kurvatur, die durch die Fibrae obliquae und die Längsmuskelzüge dieser Region besser stabilisiert ist als die übrigen Magenabschnitte, ist relativ lagekonstant (»Magenstraße«). Die Fixation ist zweifellos an der Kardia am größten.

Die Gastroptose (hypotonischer Langmagen) ist häufig eine Teilerscheinung einer allgemeinen Ptose der Eingeweide (Enteroptose), die keine krankhafte Veränderung darstellt.

Der Magenfundus wird vornehmlich von den Aa. gastricae breves versorgt. Die Gefäße für Corpus und Pars pylorica liegen im Omentum minus an der kleinen Kurvatur unmittelbar an der Magenwandung, an der großen Kurvatur dagegen in einem Abstand von 1–1½ cm vom Magen entfernt im Lig. gastrocolicum. Die von den Aa. gastro-omentales abzweigenden Äste zur großen Kurvatur sind zahlreicher als die das Kolon versorgenden Zweige. Die Grenze des Versorgungsgebietes der A. gastro-omentalis dext. und sin. stimmt etwa mit der des physiologischen Antrums überein. Die Venen des Magens begleiten die gleichnamigen Arterien und fließen in die Pfortader. Die am Pylorus gelegene V. praepylorica zeigt häufig die Lage des Sphinkters an. Pfortader- und Kavasystem anastomosieren an der Kardia über die Ösophagusvenen miteinander.

Magenformen

Orthotonischer Hakenmagen	Pylorus steht in Höhe von L_1–L_2, Antrum erreicht L_3–L_4 – Incisura angularis ist rechtwinklig
Hypotonischer Langmagen	Antrum erreicht L_3, Pylorus L_2–L_3 – Incisura angularis ist spitzwinklig. Diese Form ist besonders häufig bei Asthenikern und Ptotikern
Hypertonischer Magen	Seltenste Form – Magen steht relativ hoch – Antrum bis L_2, Pylorus in Höhe von L_1
Kaskadenmagen	Fundus hängt ventral etwas über, besonders bei Pyknikern

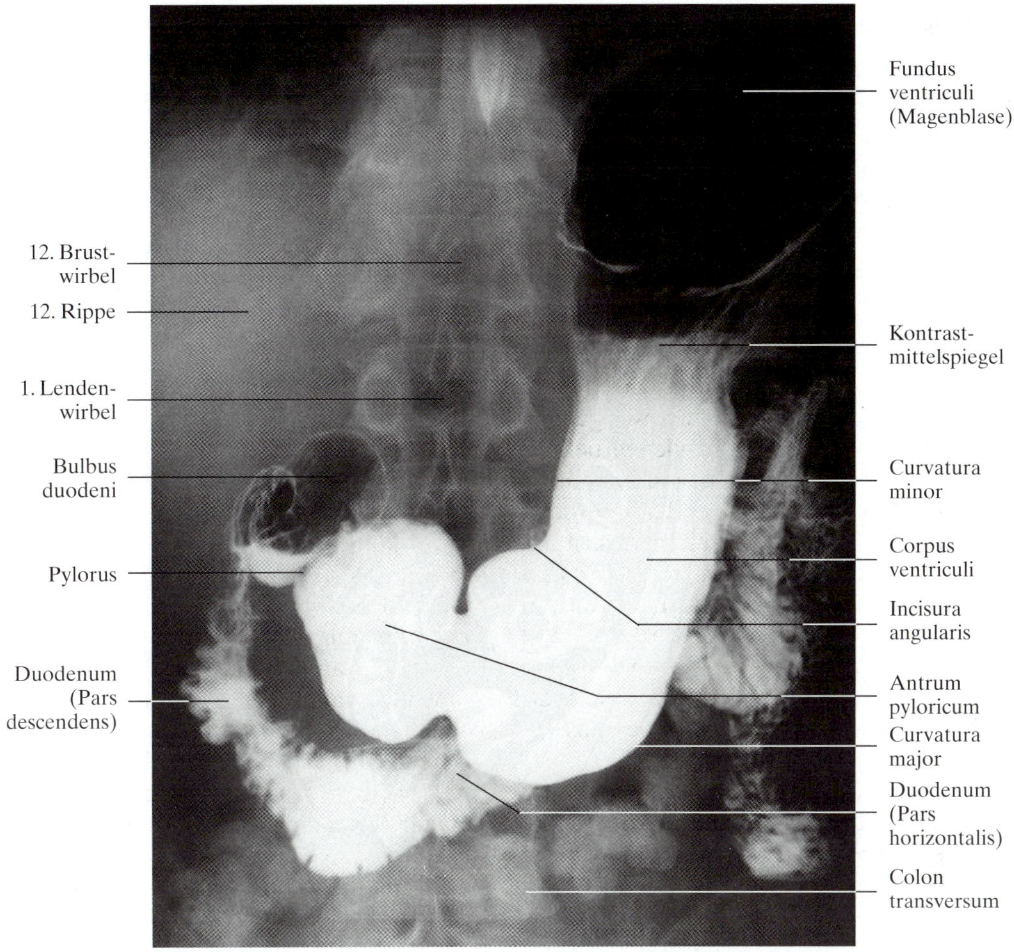

Abb. 239. Röntgenaufnahme vom Magen, Übersichtsaufnahme im Stehen (Prallfüllung). (Aufnahme Prof. Dr. H. W. Stadler, Erlangen.)

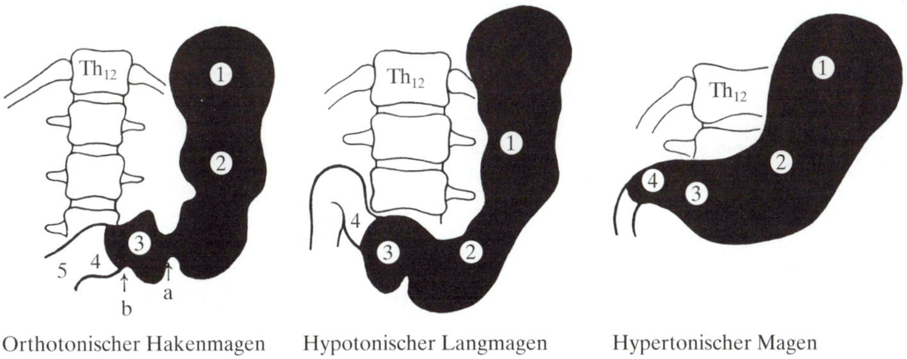

Abb. 240. Typische Magenformen nach Röntgenaufnahmen gezeichnet (aus Töndury). 1 = Fundus ventriculi; 2 = Corpus ventriculi; 3 = Antrum (Pars pylorica); 4 = Pylorus; 5 = Bulbus duodeni; a = Sphincter antri; b = Sphincter pylori.

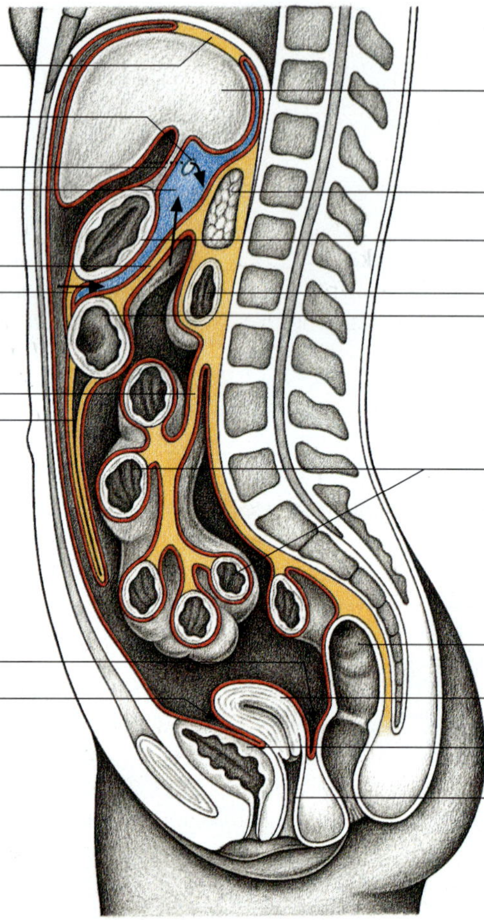

Abb. 241. Gliederung und Peritonealverhältnisse des Bauchraums am Sagittalschnitt (modif. nach Corning). Die Pfeile kennzeichnen die operativen Zugangswege zur Bursa omentalis und zur Hinterwand des Magens.

Zugänge zur Bursa omentalis und Hinterwand des Magens

1. Durch das Lig. gastrocolicum – zwischen großer Kurvatur und Querkolon (hauptsächlicher Weg)
2. Durch Ablösen des Omentum majus unter Umgehung des Colon transversum
3. Durch das Mesocolon transversum – kaudaler Zugang zur Bursa omentalis
4. Durch das Omentum minus – zwischen kleiner Kurvatur des Magens und der Leber
5. Durch das For. omentale (epiploicum) vornehmlich zu diagnostischen Zwecken

Klinische Hinweise. Von penetrierenden Prozessen des Magens (Ulzera, Tumoren) sind die A. gastrica sin. und die A. gastroduodenalis am häufigsten betroffen. Eine Arrosion dieser kräftigen Gefäße kann eine lebensbedrohliche Blutung in die Bursa omentalis zur Folge haben.

Stauungen im Pfortaderkreislauf bewirken eine übermäßige Füllung des Ösophagusplexus, was zur Entwicklung von *Ösophagusvarizen* führen kann.

Lymphgefäße des Magens

Die Lymphe der Magenschleimhaut sammelt sich in einem submukösen und subserösen Plexus, der die Hauptlymphstämme bildet. Im ganzen lassen sich drei Regionen am Magen (Abb. 242) unterscheiden.

1. Die Lymphe aus dem Bereich der kleinen Kurvatur sammelt sich in Gefäßen, die mit der V. gastrica sin. zu den zöliakalen Lymphknoten gelangen (Nodi lymphatici gastrici sup.);
2. die Lymphe aus dem Fundusgebiet fließt in der Hauptsache nach dorsal über die lienalen Lymphknoten ab;
3. die Lymphgefäße aus dem Bereich der großen Kurvatur münden in die Lymphknotengruppe entlang der V. gastroepiploica dext. und der V. mesenterica sup. und anastomosieren mit den retropylorischen und hepatischen Lymphknoten (Nodi lymphatici gastrici inf. – Nodi lym-phatici coeliaci). Die zöliakalen Lymphstämme enden kranial im Ductus thoracicus oder gehen über die bronchialen und mediastinalen Lymphknoten direkt in den linken Venenwinkel über.

Klinische Hinweise. Die retropylorischen Lymphknoten werden von metastasierenden Magenkarzinomen meist zuerst betroffen. Die Metastasen greifen von hier über die Nodi lymphatici hepatici auf den Leberhilus oder auf das Pankreas über. Die enge topographische Nachbarschaft der Pars pylorica mit der Hinterwand der Bursa omentalis begünstigt besonders ein Übergreifen von Metastasen auf das Pankreas. Ein weiterer, allerdings sehr selten beobachteter Metastasenweg geht nach kranial über die paraaortalen und mediastinalen Lymphwege zu den supraklavikulären Lymphknoten (Virchow-Drüse) oder direkt zum Truncus bronchomediastinalis.

Innervation des Magens

Die postganglionären, sympathischen Fasern für den Magen stammen aus dem Ggl. coeliacum, das seine präganglionären Fasern über die Nn. splanchnici erhält. Die parasympathische Innervation kommt von den Ästen der Trunci vagales. Durch die embryonale Rechtsdrehung des Magens geht der linke Truncus vagalis nach Durchtritt durch den Ösophagusschlitz des Zwerchfells auf die Magenvorderwand, der rechte dagegen in das Ggl. coeliacum und von da auf die Magenhinterwand über.

3. Duodenum

Dieser etwa 25–30 cm lange, U-förmig gekrümmte Darmabschnitt liegt weitgehend retroperitoneal rechts von der Wirbelsäule in Höhe von L_1–L_3. Man unterscheidet eine noch intraperitoneale Pars sup., die an den Pylorus anschließt und anfangs etwas erweitert ist (Bulbus duodeni der Kliniker), eine Pars descendens, die sich über den Nierenhilus hinweg um den Pankreaskopf herumlagert, eine quer verlaufende Pars horizontalis (oder auch Pars inf.) und schließlich eine Pars ascendens, die links neben der Wirbelsäule wieder aufsteigt und mit der Flexura duodenojejunalis (Treitz-Flexur) in das Jejunum übergeht. An den Übergängen dieser Abschnitte entstehen Flexuren, die zugleich den Wechsel zwischen intra- und retroperitonealer Lage einleiten (Flexura duodeni sup. und Flexura duodenojejunalis). Im klinischen Sprachgebrauch wird am Duodenum ein supra- und infrapapillärer Abschnitt – oberhalb bzw. unterhalb der Papilla duodeni – unterschieden. Der suprapapilläre Duodenalabschnitt gehört zum Stromgebiet des Truncus coeliacus, der infrapapilläre zu dem der A. mesenterica sup. (Abb. 243).

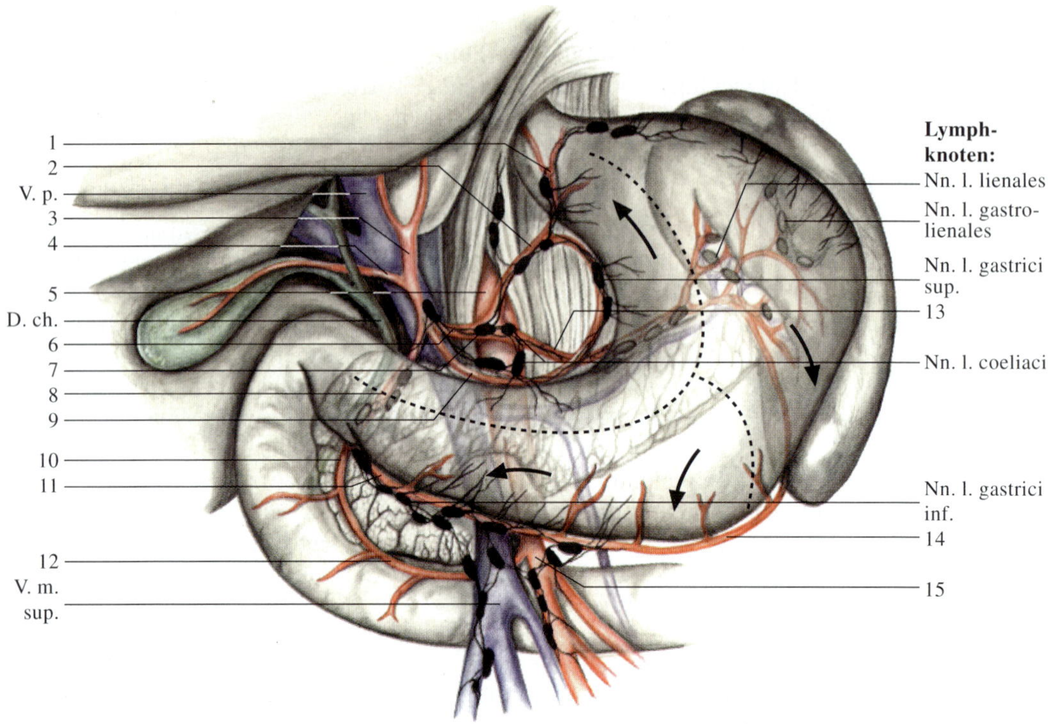

Abb. 242. Gefäßversorgung und Lymphabflußwege des Magens. Die punktierten Linien geben die Grenzen der Stromgebiete der regionären Lymphknotengruppen an. Nn. l. = Nodi lymphatici; D. ch. = Ductus choledochus; V. m. sup. = V. mesenterica sup.; V. p. = V. portae. **Arterien:** 1 = Rr. oesophageales; 2 = A. gastrica sin.; 3 = A. hepatica propia; 4 = A. cystica; 5 = Aorta, pars abdominalis; 6 = A. hepatica communis; 7 = Truncus coeliacus; 8 = A. gastroduodenalis; 9 = A. gastrica dext.; 10 = A. pancreaticoduodenalis sup. ant.; 11 = A. gastro-omentalis dext.; 12 = A. pancreaticoduodenalis inf.; 13 = A. splenica; 14 = A. gastro-omentalis sin.; 15 = A. mesenterica sup.

Gefäßversorgung des Magens

Arterienbogen an der kleinen Kurvatur (im Omentum minus) A. gastrica sin. – aus dem Truncus coeliacus A. gastrica dext. – aus der A. hepatica propria – in 1/3 der Fälle auch aus der A. hepatica communis
Arterienbogen an der großen Kurvatur (im Lig. gastrocolicum und gastrolienale) Aa. gastricae breves – aus der A. splenica A. gastro-omentalis sin. – aus der A. splenica A. gastro-omentalis dext. – aus der A. gastroduodenalis
Venenkranz an der kleinen Kurvatur (im Omentum minus) V. gastrica sin. – parallel zur A. gastrica sin. V. gastrica dext. – parallel zur A. gastrica dext. V. praepylorica – an der Pylorusvorderseite – Abfluß zur V. gastrica dext. oder V. portae
Venenkranz an der großen Kurvatur (im Lig. gastrocolicum und gastrolienale) Vv. gastricae breves – zur V. lienalis V. gastro-omentalis sin. – zur V. splenica V. gastro-omentalis dext. – zur V. mensenterica sup.

Normalerweise hat das Duodenum eine retrovaskuläre Lage, d.h. der mesenteriale Gefäßstiel, der hinter dem Pankreaskopf hervortritt und die Vasa mesenterica sup. enthält, überkreuzt ventral den horizontalen Duodenalabschnitt, in der Regel in Höhe des 3. Lendenwirbelkörpers. In seltenen Fällen wird auch eine prävaskuläre Lage des unteren Duodenalabschnittes beobachtet, meist im Zusammenhang mit anderen Mißbildungen der Darmentwicklung (z. B. unvollständige Drehung der Nabelschleife oder Mesenterium commune). Solche Anomalien bergen die Gefahr einer Stieldrehung mit Darmverschluß in sich.

Gefäße. Zwischen Pankreaskopf und Duodenum existieren zwei hinten und vorne parallel verlaufende Gefäßkränze. Die A. pancreaticoduodenalis inf. (Ast der A. mesenterica sup.) anastomosiert mit zwei Ästen (R. ant. und R. post) mit der A. pancreaticoduodenalis sup. ant. (vorn) und post. (hinten), Äste der A. gastroduodenalis. Diese Anastomosenkränze liegen an der Innenseite des Duodenalrings (Abb. 243). Sie werden von gleichnamigen Venen sowie von Lymphgefäßen begleitet und graben sich teilweise tief in das Pankreasgewebe ein. Dorsal gesellt sich dem Gefäßbündel der Ductus choledochus bei, der hinter der Pars sup. zum Leberhilus aufsteigt. Die Pfortader, die sich an der Dorsalseite des Pankreas durch den Zusammenschluß der V. mesenterica sup. und der V. splenica bildet, unterkreuzt die Pars sup. des Duodenums in etwas weiterem Abstand, ehe sie in das Lig. hepatoduodenale eintritt.

Die Vorderwand der Pars sup. duodeni wird von der Leber (Lobus quadratus) und der Gallenblase überlagert. Lateral grenzt die rechte Kolonflexur an. Der Hauptausführungsgang des Pankreas (Ductus pancreaticus major [Wirsungi]) mündet zusammen mit dem Ductus choledochus auf der Papilla duodeni major (Vateri) kaudal von einem gelegentlich vorhandenen akzessorischen Ausführungsgang (Ductus pancreaticus accessorius [Santorini]). Die

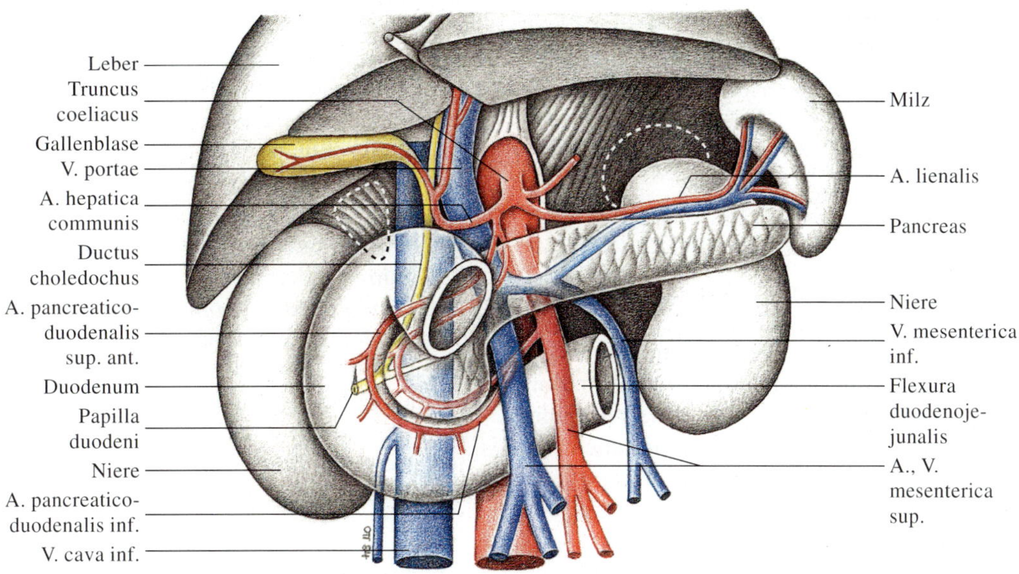

Abb. 243. Topographische Beziehungen zwischen Duodenum, Pankreas und Leberpforte mit den Zuflüssen der V. portae. Punktierte Linien = Lage der Nebennieren.

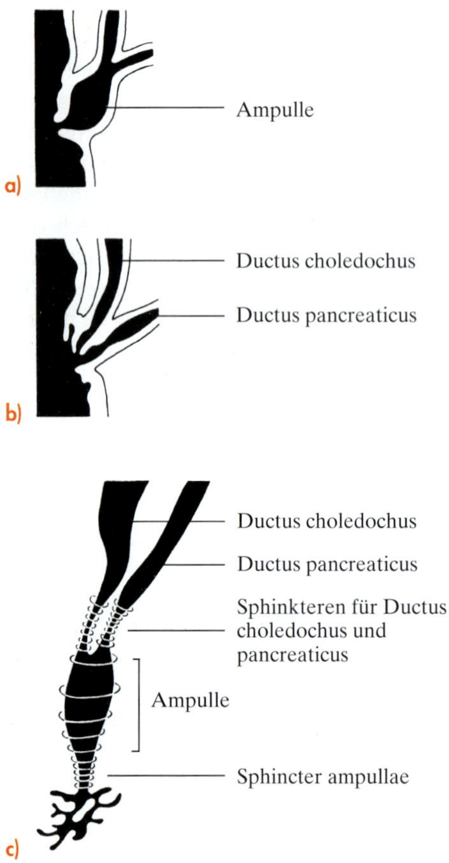

Abb. 244. a und b) Typische Varianten der Mündung des Ductus choledochus und pancreaticus ins Duodenum (aus Töndury). Bild c (nach einer Röntgenaufnahme gezeichnet) gibt nur das Hohlraumsystem der Gänge (operative Cholangiographie) wieder.

Einmündung wirft an der Duodenalschleimhaut eine Längsfalte auf (Plica longitudinalis duodeni). Ductus pancreaticus und choledochus können auf der Papilla duodeni major getrennt oder gemeinsam in eine Ampulle einmünden (Abb. 244). Sie können auch ein gemeinsames Gangstück ohne ampulläre Erweiterung bilden. In jedem Falle sorgt ein differenziertes Muskelsystem, der sog. Sphincter Oddi, der in der Hauptsache von der Duodenalwand gebildet wird, für die Regelung des Galleneinstroms in das Darmlumen und verhindert den Übertritt von Galle in den Pankreasgang. Im Bereich der Papille sind ausgedehnte submuköse Venengeflechte vorhanden. Die Pars descendens wird von der Radix mesocoli transversi überkreuzt und mit einem dreiseitigen Feld (»Pars tecta duodeni«) vom Kolonmesenterium überlagert (Abb. 257). Der horizontale Abschnitt des Duodenums ist zwischen dem mesenterialen Gefäßstiel und der Wirbelsäule eingeklemmt. Dorsal liegen Aorta und V. cava inf., ventral die Vasa mesenterica sup.

Klinischer Hinweis. Die enge Nachbarschaft der Vasa pancreaticoduodenalia zur Duodenalwand kann bei penetrierenden Ulzerationen lebensbedrohliche retroperitoneale Blutungen verursachen. Gallenblasenprozesse können auch zu sekundären Verklebungen mit dem Duodenum oder Kolon, evtl. zur Ausbildung innerer Fisteln führen. Verklebungen der Gallenblase mit dem Kolon können auch einen Ileus hervorrufen (z. B. Gallensteinileus). Die Duodenalwand ist im Bereich der Pars sup. nicht mit dem Pankreaskopf verwachsen. Beim Pankreaskopfkarzinom bleibt der obere Duodenalabschnitt meist verschont. Dagegen ist die Duodenalwand im Bereich der Pars descendens so eng mit dem Pankreasgewebe verbunden (entwicklungsgeschichtlich entsteht ja das Pankreas auch aus diesem Teil der Duodenalschleimhaut), daß z. B. ein Karzinom rasch vom Pankreas auf die Duodenalwand übergreifen kann. Pathologische Prozesse im Bereich des Pankreaskopfs (Pankreatitis, Pankreaskopfkarzinom) oder des Duodenums (Ulzera, Divertikel) können zu einer Okklusion des Ductus choledochus führen und damit Gallenstauung und Ikterus bewirken.

Die **Fixation des Duodenums** liegt anatomisch hauptsächlich an der Flexura duodenojejunalis in Höhe von L_2. Der intraperito-

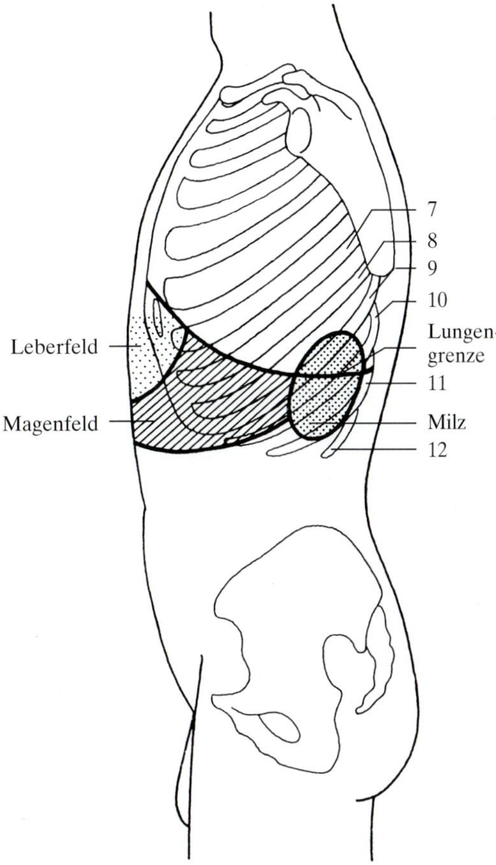

Abb. 245. Topographische Lage der Milz in der Seitenansicht (nach Corning). 7–12 = Nummern der entsprechenden Rippen.

neale obere Abschnitt des Duodenums ist relativ beweglich. Auch die retroperitonealen Abschnitte sind gegenüber dem lockeren Bindegewebe der dorsalen Bauchwand relativ verschieblich. Röntgenologisch werden respiratorische Verschiebungen von bis zu 1 bis 1½ Wirbelhöhen beobachtet. Die Lage der duodenojejunalen Flexur ist dagegen relativ konstant. Kräftige Muskelzüge vom Zwerchfell (M. suspensorius duodeni [Treitz]), die sich vom Crus dext. abspalten, gehen hier auf die Duodenalwand über und fixieren mit entsprechenden Bindegewebszügen die Flexur. Die Radix mesenterii, an der der übrige Dünndarm hängt, beginnt meist an der medialen Seite der Flexur. Lateral von der Flexur bildet das Peritoneum zwei Falten zur dorsalen Bauchwand *(Plicae duodenales sup. und inf.),* die häufig eine kleine Bauchfelltasche abgrenzen (Rec. duodenalis sup. und inf.). In der Plica duodeni sup. verläuft regelmäßig die V. mesenterica inf. und mündet bald darauf in die V. splenica und auf diesem Wege in die V. portae ein.

4. Milz (Splen)

Die vollständig intraperitoneal gelegene Milz hat die Form einer Kaffeebohne und ist normalerweise nicht tastbar, da sie ganz unter dem linken Rippenbogen versteckt liegt (Länge normal etwa 12 cm, Breite 6 cm, Dicke 3–4 cm, Gewicht 150–180 g). Die Längsachse der Milz folgt etwa der 10. Rippe, Ober- und Unterrand (Margo sup. und inf.) berühren die 9. bzw. 11. Rippe (Abb. 245). Durch das Lig. splenorenale (phrenicolienale) wird die Milz an der dorsalen Bauchwand, durch das Lig. gastrosplenicum (gastrolienale) an der großen Kurvatur des Magens fixiert. Im Lig. gastrosplenicum sind häufig versprengte Nebenmilzen vorhanden. Das Lig. splenorenale enthält die Milzgefäße, das Lig. gastrosplenicum die Aa. gastricae breves und A. gastro-omentalis sin., beides Äste der Milzarterie. Beide Bänder bilden eine Tasche, den Rec. splenicus der Bursa omentalis. Sie sind am Milzhilus

Gefäßversorgung der Milz

A. splenica – aus dem Truncus coeliacus der Aorta – verläuft stark geschlängelt am oberen Rand des Pankreas durch das Lig. splenorenale (phrenicolienale) zum Milzhilus
V. splenica – zur V. portae – verläuft etwas mehr kaudal von der Arterie – hinter dem Pankreaskörper – vereinigt sich mit der V. mesenterica inf. zu einer der beiden großen Pfortaderwurzeln

befestigt. Verlagerungen der Milz werden nach kaudal durch das derbe Lig. phrenicocolicum, das von der linken Kolonflexur zur lateralen Bauchwand zieht und eine sekundäre Verbindung des Omentum majus mit dem Zwerchfell darstellt, gehemmt (Milznische).

Die Milz verschiebt sich bei der Atmung um mehrere Zentimeter – in der Richtung nach schräg vorne-unten (die Atemexkursionen der Leber erfolgen mehr in senkrechter Richtung). Eine abnorme Beweglichkeit führt zur sog. Wandermilz, die eine besondere Schlaffheit der Aufhängebänder voraussetzt und meist mit einer allgemeinen Enteroptose verknüpft ist. 10–35% aller Menschen haben Nebenmilzen, die im Bereich des Milzhilus, des Milzstiels oder im retroperitonealen Bindegewebe lokalisiert sind.

Die Außenfläche der Milz lagert sich an das Zwerchfell an (Facies diaphragmatica), die Innenfläche (Facies visceralis) berührt den Fundus des Magens (Facies gastrica), den linken oberen Nierenpol (Facies renalis)

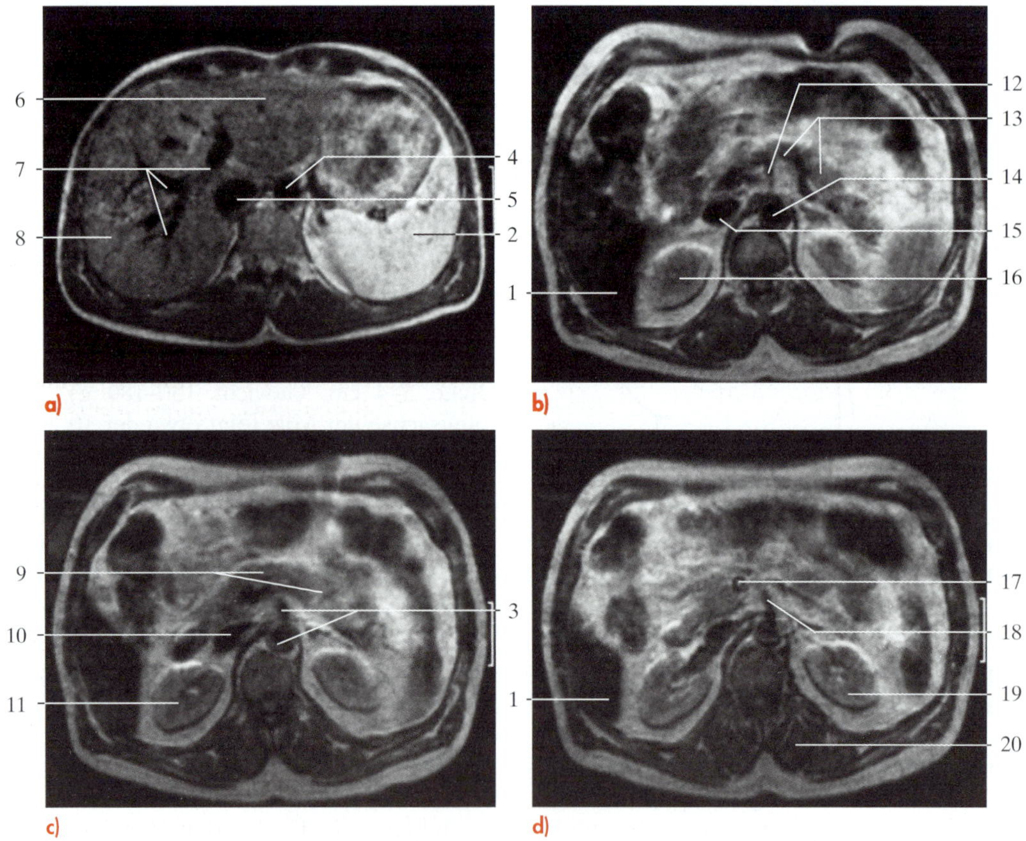

Abb. 246. Axiale Kernspintomogramme. Transversalschnitte durch den Oberbauch, Ansicht jeweils von unten. Aufnahme mit supraleitenden Magneten. Magnetfeldstärke 0,5 Tesla (Aufnahme freundlicherweise zur Verfügung gestellt von Prof. Dr. W. Rödl, Medizinische Universitätsklinik, Erlangen).
a) Querschnitt durch Leber und Milz.
b–d) Anderer Patient, Schnitte durch Ober- und Mittelbauch.
1 = Leber; 2 = Milz; 3 = Aorta mit Truncus coeliacus; 4 = Aorta; 5 = V. cava inf.; 6 = Leber (Lobus sin.); 7 = Äste der V. portae; 8 = Leber (Lobus dext.); 9 = Pancreas; 10 = V. cava inf.; 11 = re. Niere; 12 = Truncus coeliacus; 13 = Pancreas; 14 = Aorta, pars abdominalis; 15 = V. cava inf.; 16 = re. Niere; 17 = V. mesenterica sup.; 18 = A. mesenterica sup.; 19 = li. Niere; 20 = autochthone Rückenmuskulatur.

und die linke Kolonflexur (Facies colica). Praktisch wichtig ist, daß sich der hintere Komplementärraum der Pleura (Rec. costodiaphragmaticus) und der Rand des linken unteren Lungenlappens über den hinteren oberen Pol der Milz hinwegschieben, so daß bei Rippenfrakturen, Stich- oder Schußverletzungen Pleura, Lunge, Zwerchfell, Magen und Milz gleichzeitig geschädigt sein können. Milzrupturen sind wegen der Verblutungsgefahr lebensbedrohlich.

Die **Gefäße** bilden einen wechselnd langen Milzstiel im Hilusgebiet. Zweigt die A. gastroepiploica sin. frühzeitig von der Milzarterie ab, so ist der Stiel lang, andernfalls kurz. In der Regel spaltet sich ein größerer Ast vor Eintritt der Arterie in den Hilus zum hinteren Milzpol (Extremitas post.) ab. Die Aufteilung der A. splenica in segmentartig gegliederte Äste erfolgt meist vor Eintritt in den Hilus.

Die Milz ist gleichsam das »elastische Herz« des Pfortaderkreislaufs, das kompensatorisch Drucksteigerungen im Portasystem abfangen und durch Volumenänderungen ausgleichen kann. Normalerweise sollen etwa 40% des Portalvenenblutes aus der Milzvene kommen. Milzschwellungen sind daher bei chronischen Stauungen im Pfortadergebiet fast regelmäßig vorhanden.

5. Pankreas

Die 65–80 g schwere, retroperitoneal gelegene Bauchspeicheldrüse erstreckt sich vom Duodenum (Caput pancreatis) bis zum Milzhilus (Cauda). Am Unterrand ist das Organ durch den mesenterialen Gefäßstiel scharf eingeschnitten (Incisura pancreatis). Das Pankreas entsteht aus einer ventralen und einer dorsalen Anlage, die erst sekundär miteinander verschmelzen. Die ventrale Anlage liefert den unteren Teil des Pankreaskopfs und den Endabschnitt des Ausführungsgangs (Ductus pancreaticus [Wirsungi]). Die wesentlich umfangreichere dorsale Anlage bildet das übrige Drüsengewebe. Der Endabschnitt ihres Ausführungsgangs geht meist zugrunde oder bildet den Ductus pancreaticus accessorius (Santorini), der etwas weiter kranial auf der Papilla duodeni minor ausmündet. Der Pankreaskopf ist in der Regel eng mit der Duodenalwand verwachsen.

Klinische Hinweise. Ein infiltrativ wachsendes Pankreaskopfkarzinom verursacht unter Umständen eine Abklemmung der extrahepatischen Gallenwege mit Ikterus und eine Stauungsgallenblase, die als prall-

Gefäßversorgung des Pankreas

1. *A. pancreaticoduodenalis sup.* – aus der A. gastroduodenalis – von kranial zum Pankreaskopf
2. *A. pancreaticoduodenalis inf.* mit je einem R. ant. und R. post. – aus der A. mesenterica sup. – beide Äste von kaudal zum Pankreaskopf
3. *A. pancreatica dors.* – aus der A. splenica zum Pankreaskörper
4. *A. pancreatica inf.* – Ast der A. pancreatica dors. – zum Pankreaskörper und Schwanz
5. *A. pancreatica magna* – aus der A. splenica – zum Pankreasschwanz
6. *A. caudae pancreatis* und Rr. pancreatici aus der A. splenica – zum Pankreasschwanz

Alle Gefäße anastomosieren ausgiebig untereinander, so daß Unterbindungen einzelner Äste schadlos vertragen werden.

Innervation des Pankreas

1. Sympathische Innervation über den *linken* N. splanchnicus major und minor
2. Innervation des Pankreaskopfes und der Sphinkterorgane an der Papilla duodeni (Oddi) erfolgt hauptsächlich über die *rechten* Nn. splanchnici sowie den rechten N. vagus

elastischer Tumor tastbar ist (Courvoisier-Zeichen). Die Abklemmung der Ausführungsgänge durch den wachsenden Tumor führt gegebenenfalls zu Sekretstauungen und Pankreatitis. Eine diabetische Stoffwechselstörung entsteht jedoch bei pathologischen Prozessen am Pankreaskopf nicht, da die Langerhans-Inseln bevorzugt im Schwanzteil und Pankreaskörper lokalisiert sind.

An der Dorsalseite des Organs gräbt sich die Milzvene in das Drüsengewebe ein. Die V. portae konstituiert sich dorsal des Pankreaskopfs in Höhe der Incisura pancreatis durch den Zusammenfluß von V. splenica, V. mesenteriva sup. und inf. (Abb. 243). Sie liegt in Verlängerung der oberen Mesenterialvene. Das Pankreas überlagert auch die großen Gefäße des Retroperitonealraums (V. cava inf., Vasa renalia, Aorta abdominalis).

6. Leber (Hepar)

Die Leber füllt das rechte Hypochondrium aus. Sie legt sich eng an die rechte Zwerchfellkuppel an, die sich bei maximaler Exspiration vorne auf die 4. Rippe, bei maximaler Inspiration auf die Knorpel-Knochen-Grenze der 7. Rippe projiziert. Ein Viertel des Organs liegt links von der Medianebene, im epigastrischen Raum oberhalb des Magenfeldes (Abb. 247). Der untere Leberrand

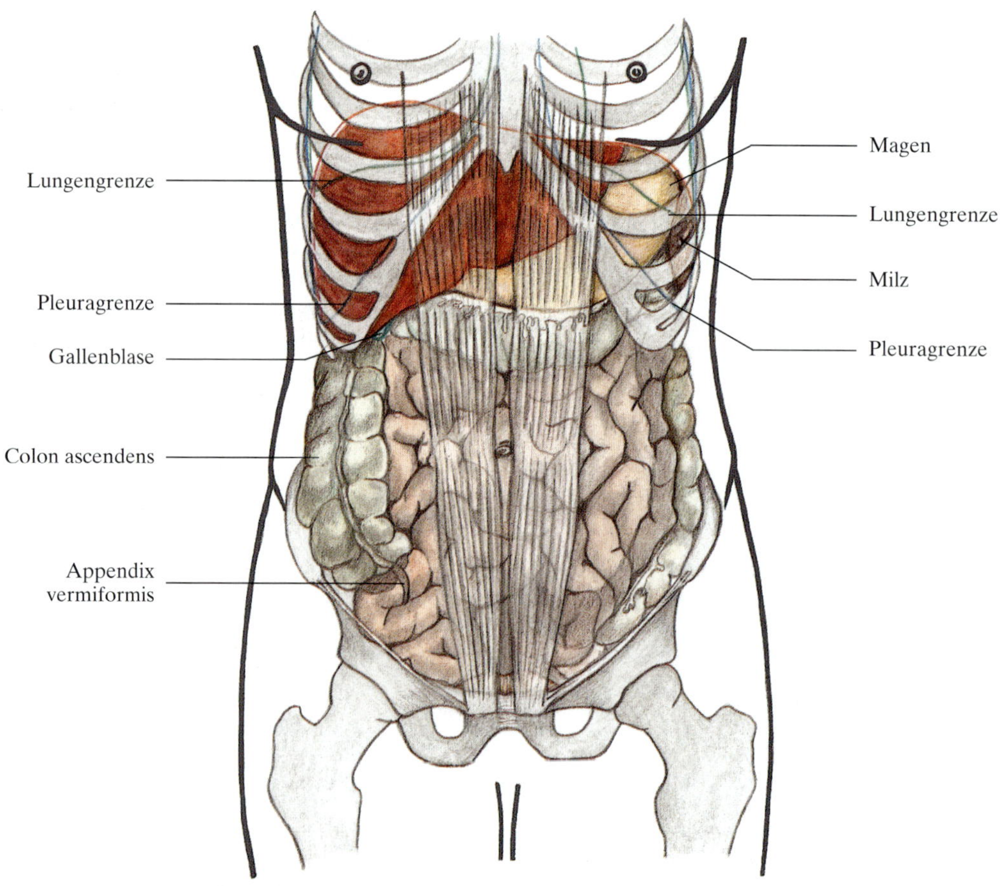

Abb. 247. Topographische Lage der Bauchorgane in ihrer Projektion auf die vordere Bauchwand (nach Pernkopf).

reicht von der 10. Rippe rechts bis zur 7. Rippe links und bewegt sich bei der Atmung senkrecht abwärts. Da die Pleura ventral die 7. Rippe und in der mittleren Axillarlinie die 9. Rippe schneidet, überlappen sich hier Peritoneal- und Pleurahöhle, was perforierende Verletzungen und andere pathologische Prozesse kompliziert. Erst im Bereich der 9. bis 11. Rippe liegt die Leber ventral außerhalb des Pleurafeldes.

An der Unterseite der Leber (Facies visceralis) lagern sich Gallenblase (Vesica biliaris oder fellea) und die V. cava inf. z. T. tief in das Lebergewebe ein. Dadurch entsteht die rechte Leberfissur (Fissura sagittalis dext.), die funktionell als die Grenze zwischen rechtem und linkem Leberlappen angesehen wird (punktierte Linie in Abb. 248), wobei der (funktionelle) linke Lappen dann den Lobus quadratus (vorne) und Lobus caudatus (hinten) mit umfaßt. Diese beiden Lappen werden durch das Lig. falciforme, an dessen Unterrand die obliterierte Nabelvene *(Lig. teres hepatis)* zu finden ist, und das *Lig. venosum,* den Rest des Ductus venosus (Arantii), der während der Embryonalzeit eine Anastomose zwischen V. cava inf. und V. portae darstellte, vom anatomischen Lobus sin. abgegrenzt. Diese beiden Bänder bilden die linke Leberfissur (Fissura sagittalis sin.), wodurch zusammen mit der Leberpforte und der rechten Leberfissur die bekannte H-Figur (Abb. 248) entsteht. Die Bauchfellduplikaturen der linken Leberfissur umgreifen die Leberpforte und stellen die anatomische Lappengrenze dar, die die Unterfläche des Organs in zwei Regionen aufteilt, rechts das Spatium hepatorenale und links das Spatium hepatogastricum. Die Unterfläche wird vollständig vom Peritoneum überzogen und ist daher gegen die angrenzenden Organe verschieblich (subhepatischer Spaltraum). Sie gleitet links über den Magen, rechts über Duodenum, Kolonflexur und Niere. Die

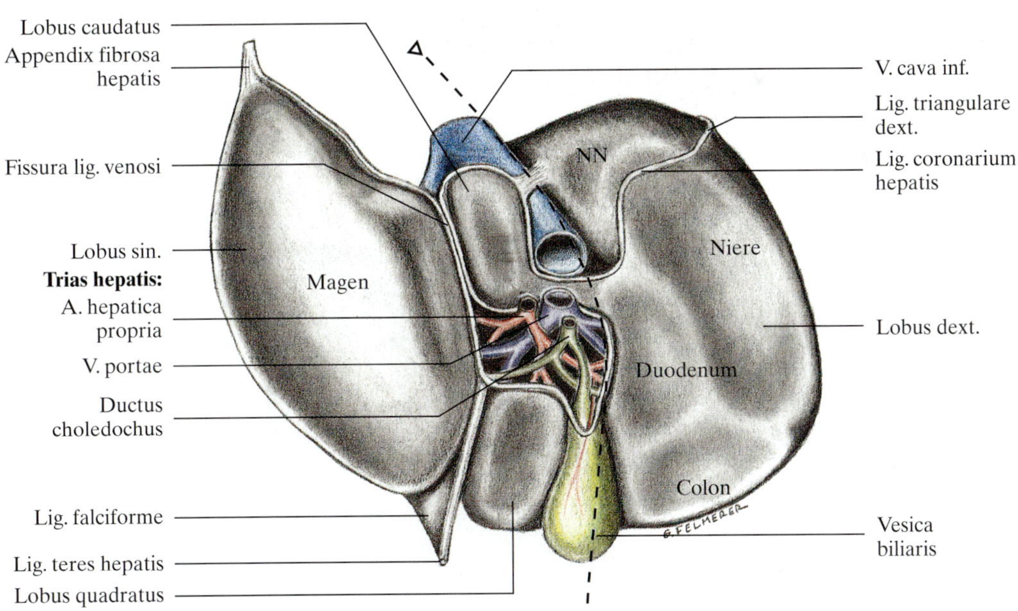

Abb. 248. Leberunterfläche mit Leberpforte. Ansicht von kaudal. Darstellung der Bauchfellschnittränder und Impressionen der angrenzenden Organe (aus Töndury). NN = Nebenniere; punktierte Linie: funktonelle Grenze zwischen rechtem und linkem Leberlappen.

Grenz- und Gleitflächen bilden an der gehärteten Leber entsprechende Impressionen (Abb. 248).

An der Oberseite der Leber (Facies diaphragmatica) spaltet sich das Lig. falciforme in zwei Blätter auf (Lig. coronarium hepatis dext. und sin.) (Abb. 249), die ein rhombisches, extraperitoneales Feld umgrenzen (Area nuda oder Pars affixa). Hier ist die untere Hohlvene tief in das Lebergewebe eingelassen. Außerdem sind die rechte Nebenniere und der obere Nierenpol innerhalb dieses peritoneumfreien Feldes gelegen. Die Pars affixa liegt nahezu vollständig im Bereich des Centrum tendineum des Zwerchfells und fixiert die Leber in ihrer Lage. Der thorakale Sog und die untere Hohlvene, die an dieser Stelle mehrere Lebervenen aufnimmt, sowie die Appendix fibrosa unterstützen diese recht wirkungsvolle Fixation. Eine »Wanderleber« gibt es daher nicht.

Die Abgrenzung der Area nuda ist durch die beiden Ligg. coronaria, die nach lateral in die Ligg. triangularia und damit in die Zwerchfellfaszie auslaufen, gegeben. Die peritoneale Umschlagfalte an der Rückfläche der Leber ist meist etwas derber und wird ihrer Lage wegen häufig auch besonders als Lig. hepatorenale und Lig. hepatocavoduodenale gekennzeichnet.

In der **Leberpforte,** die den eigentlichen Hilus der Leber darstellt, haben die Leitungsbahnen eine gesetzmäßige Lage. Am weitesten dorsal ist die Pfortader lokalisiert, nach ventral folgen die A. hepatica propria mit den adventitiellen, autonomen Nervengeflechten, die extrahepatischen Gallenwege (Ductus hepatici dext., sin. und comm.) sowie die portalen Lymphgefäße, die in der Hauptsache über die Nodi lymph. coeliaci und para-aortales die Cisterna chyli erreichen. Die Lebervenen treten nicht in der Leberpforte aus, sondern münden im Bereich der Area nuda direkt in die untere Hohlvene ein. Die Arterien der Leber stammen aus Ästen der A. hepatica propria, die von der A. hepatica comm. und damit vom Truncus coeliacus kommt (Abb. 237, 242 und 243).

Lebersegmente. Die Hauptstämme der V. portae haben jeweils ihr eigenes Versorgungsgebiet und anastomosieren kaum miteinander. Die Äste der Lebervenen verlaufen nicht mit den Pfortaderästen zusammen, so daß eine charakteristische Gefäß-

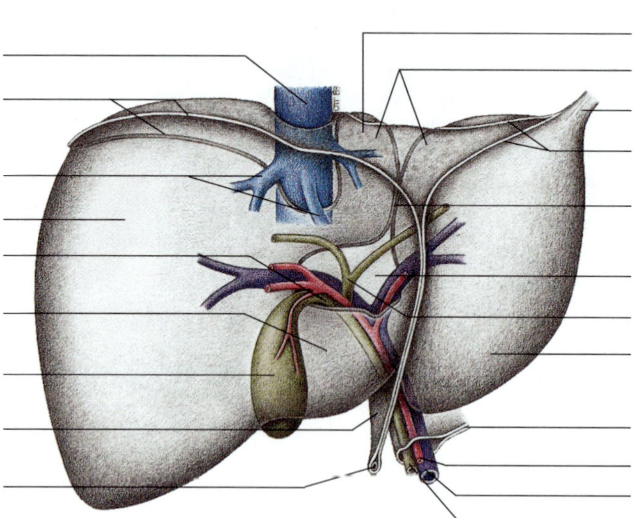

Abb. 249. Leber in der Ansicht von vorn. Die Leber ist durchscheinend gezeichnet, um die Lage der Bauchfellduplikaturen und der Leberpforte verständlich zu machen.

architektur entsteht, die die Grundlage der Segmentgliederung bildet. Die Hauptstämme der Lebervenen verlaufen dabei **zwischen** den Segmenten, die Äste der Pfortader dagegen jeweils im Zentrum der Segmente (Abb. 250). Die Vv. hepaticae münden unmittelbar unter dem Zwerchfell in die V. cava inf. ein. Meist sind drei Venenstämme vorhanden (V. hepatica dext., sin. u. media), die im wesentlichen die Anordnung der Segmentgruppen bestimmen (Abb. 250). Im allgemeinen unterscheidet man neun Segmente, von denen lediglich die Segmente II und III auf den anatomischen Lobus sin. entfallen. Geht man von der funktionellen Gliederung aus (Grenzlinie in Abb. 248 durch eine punktierte Linie gekennzeichnet), so gehören zum (funktionellen) linken Leberlappen die Segmente I, II, III, IV a und b, zum rechten die Segmente V, VI, VII u. VIII. Das Segment I umfaßt in der Hauptsache den Lobus caudatus, der meist direkt durch eine oder zwei Vv. lobi caudati zur V. cava inf. drainiert wird (Einteilung nach Couinaud) (Abb. 250). Da die einzelnen Segmente in gewisser Hinsicht zirkulatorisch isolierbare Funktionseinheiten darstellen, können sie als solche reseziert werden.

Pfortaderkreislauf. Die *Pfortader (V. portae)* sammelt das Blut aus den unpaaren Bauchorganen und bildet sich durch den Zusammenfluß von drei größeren Venen, nämlich der oberen und unteren Mesenterialvene *(V. mesenterica sup. et inf.)* sowie der Milzvene *(V. splenica).* Sie tritt von der Unterseite in die Leber ein (Leberpforte) und verzweigt sich innerhalb der Leber wieder in größere, segmental angeordnete Gefäßstämme, die über die Vv. interlobulares die Kapillarnetze des Leberparenchyms versorgen. Die Leber besitzt zusätzlich noch eine arterielle Versorgung durch die A. hepatica propria (Vas privatum der Leber), da das aus dem Darm stammende Pfortaderblut zu sauerstoffarm

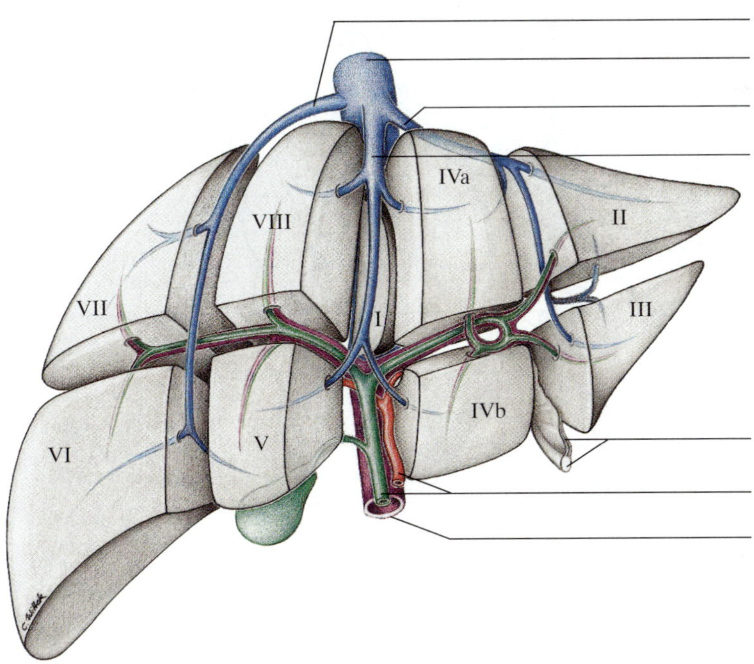

Abb. 250. Schema der Lebersegmentation. I–VIII = Lebersegmente. V. portae und deren Äste (violett), Gallengänge (grün) und A. hepatica propria mit ihren Ästen (rot) verlaufen im Zentrum der Segmente, während die Äste der V. hepatica (blau) zwischen den Segmenten verlaufen.

ist, um das Lebergewebe ausreichend ernähren zu können.

Die **Hauptzuflüsse zur Pfortader** stammen aus dem Dünn- und Dickdarm, vor allem aus dem Stromgebiet der V. mesenterica sup., die sich direkt in die V. portae fortsetzt (Abb. 251). Meist nimmt die ebenfalls sehr starke Milzvene, die hinter dem Magen und Pankreas verläuft, noch die V. mesenterica inf. mit dem Blut aus dem Colon descendens, sigmoideum und Rectum auf, bevor sie sich mit der V. mesenterica sup. vereinigt. Häufig mündet aber auch die V. mesenterica inf. unmittelbar in die Pfortader ein.

Die *V. mesenterica sup.* verläuft intraperitoneal und nimmt das Venenblut aus dem Jejunum *(Vv. jejunales)*, Ileum *(Vv. ileales)*, dem Caecum *(V. ileocolica)*, dem Wurmfortsatz *(V. appendicularis)*, dem Colon ascendens *(V. colica dextra)*, dem rechten Teil des Colon transversum *(V. colica media)*, aus dem Pankreaskopf und Duodenum *(Vv. pancreaticae, Vv. pancreaticoduodenales inf.)* sowie auch aus der an der großen Magenkurvatur verlaufenden *V. gastro-omentalis dext.* auf, überkreuzt den horizontalen Teil des Duodenums und geht dann in die V. portae über (Abb. 252 und 253).

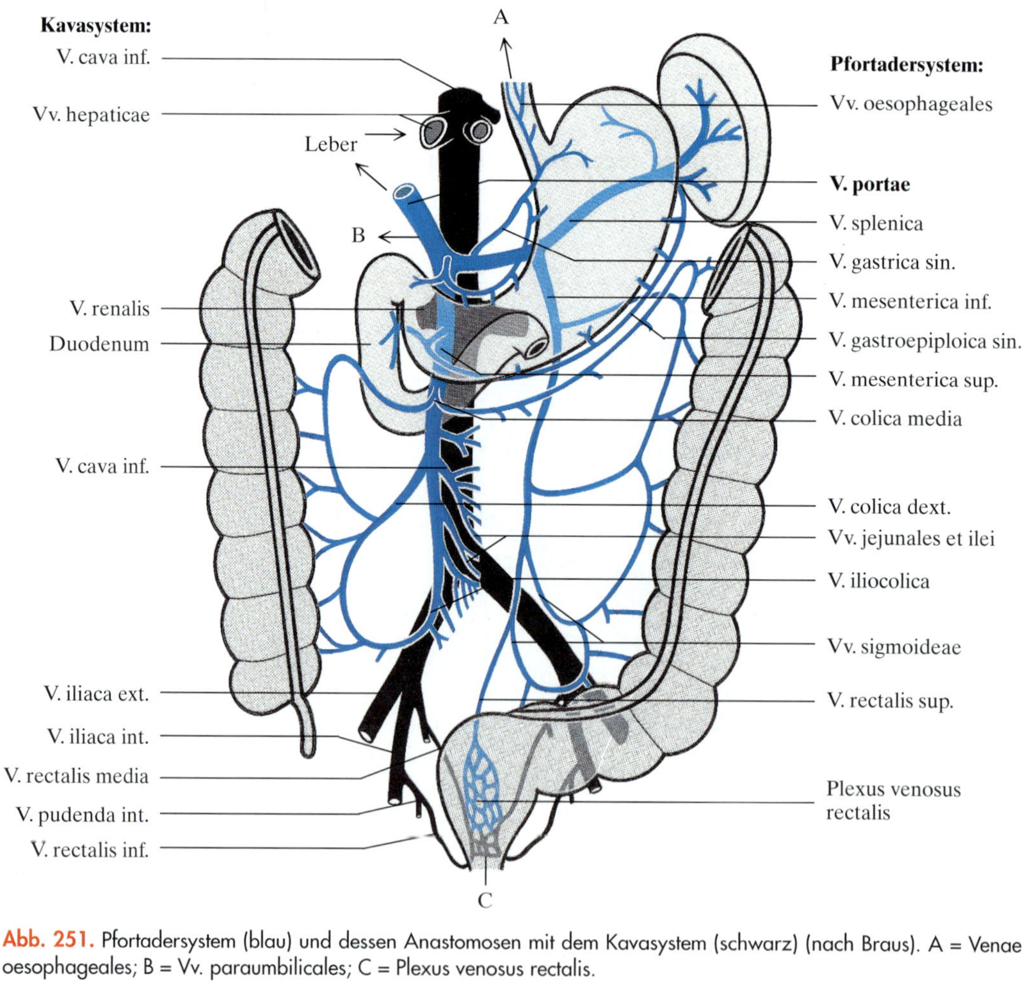

Abb. 251. Pfortadersystem (blau) und dessen Anastomosen mit dem Kavasystem (schwarz) (nach Braus). A = Venae oesophageales; B = Vv. paraumbilicales; C = Plexus venosus rectalis.

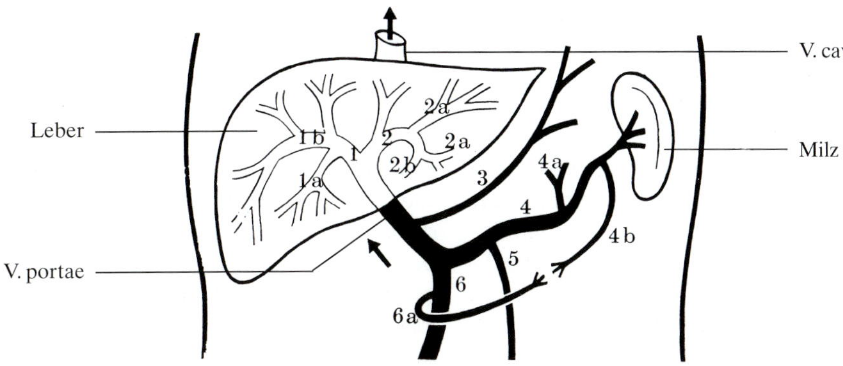

Abb. 252. Schematische Darstellung der portalen Strombahn nach röntgenologischen Befunden (Portographie, Splenoportogramm) (modif. nach Schinz, Baensch u. Mitarb.). 1 = rechter Hauptast der V. portae; 1a = ventraler paramedianer Ast; 1b = dorsaler lateraler Ast; 2 = linker Hauptast der V. portae; 2a = dorsale laterale Äste; 2b = ventraler paramedianer Ast; 3 = V. gastrica sin.; 4 = V. splenica; 4a = Vv. gastricae breves; 4b = V. gastro-omentalis sin.; 5 = V. mesenterica inf.; 6 = V. mesenterica sup.; 6a = V. gastro-omentalis dext.

Die *V. mesenterica inf.* verläuft retroperitoneal und sammelt das venöse Blut aus dem Rektum *(V. rectalis sup.)*, dem Colon sigmoideum *(Vv. sigmoideae)*, dem Colon descendens *(V. colica sin.)* und dem linken Teil des Colon transversum (Abfluß auch über die V. colica media).

Die *V. splenica* verläuft ebenfalls retroperitoneal. Sie erhält hauptsächlich Zuflüsse vom Corpus und Fundus des Magens *(Vv. gastricae breves* und *V. gastro-omentalis sin.)*, vom Pylorusabschnitt des Magens *(V. pylorica)* und aus dem Pankreas *(V. pancreatica magna, Vv. pancreaticae dors. et inf.)*.

Die Venen, die an der kleinen Kurvatur des Magens verlaufen (*V. praepylorica, V. gastrica sin.* und *dext.*) fließen meist in die Pfortader ab (Abb. 253).

Als Faustregel kann man sich merken: Die V. portae nimmt das Blut aus den *unpaaren* Organen der Bauchhöhle (Milz, Pankreas, Magen, Duodenum, Dünn- und Dickdarm) auf, während die untere Hohlvene das Blut aus den *paarigen* Bauchorganen (Niere, Nebennieren, Keimdrüsen usw.) sammelt.

Klinische Hinweise. Normalerweise beträgt der Portalvenendruck 8–12 mm Hg; steigt er über 25 mm Hg an, so spricht man von einer **portalen Hypertension.** Die Ursache dafür kann intra- oder extrahepatisch liegen. Die häufigste Ursache der Pfortaderstauung ist die Leberzirrhose (sog. intrahepatischer Block, 90–95%). Ein prähepatischer Block (5%) kann z. B. durch eine Pfortaderthrombose (bei Neugeborenen durch Nabelinfektion, bei Erwachsenen durch eine verschleppte Appendizitis u. ä.), ein posthepatischer Block (1–2%) durch eine Einflußstauung am Herzen (Perikarditis, Thrombose der unteren Hohlvene) zustande kommen. In allen Fällen tritt der Kollateralkreislauf der Pfortader in Funktion.

Kollateralkreislauf der Pfortader. Das Pfortadersystem grenzt im Bereich der Kardia, des Rektums, der vorderen und der dorsalen Bauchwand an die Kapillarnetze des Kavasystems an. Bei Stauungen im Pfortadersystem kann das Blut über Kollateralen zu diesen Gefäßgebieten abgeleitet und damit in den Allgemeinkreislauf zurückgeführt werden. Klinisch besonders wichtig sind dabei die Anastomosen über die Kardia und das untere Drittel des Ösophagus, da sich hier Varizen ausbilden, die die Veranlassung zu lebensbedrohlichen Blutungen geben können. Die wichtigsten Anastomosengebiete sind folgende (Abb.253):

1. Die *Venen der Bauchwand:* Das Venennetz der Bauchwand steht in der Nabelregion über die ad- und paraumbilikalen Venen des Lig. teres hepatis mit der Pfortader in Verbindung, die in der Nachbarschaft der obliterierten Nabelvene erhalten geblieben sind. Vom Nabel gehen kaudal die V. epigastrica inf. und superf. zur V. iliaca ext. und V. cava inf., nach kranial die V. epigastrica sup. via V. thoracica int. zur V. subclavia und V. cava sup. oder über die V. thoracoepigastrica via V. axillaris zur V. subclavia und so zur V. cava sup. Beim intra- und posthepatischen Block können sich die paraumbilikalen Venen und dadurch die Venen der Bauchwand stark ausweiten (Caput medusae). Beim prähepatischen Block bleiben die Nabelvenen jedoch unverändert, wenn die Stauung distal vom Abgang der paraumbilikalen Venen im Lig. falciforme auftritt. Ein Caput medusae entwickelt sich dann nicht.

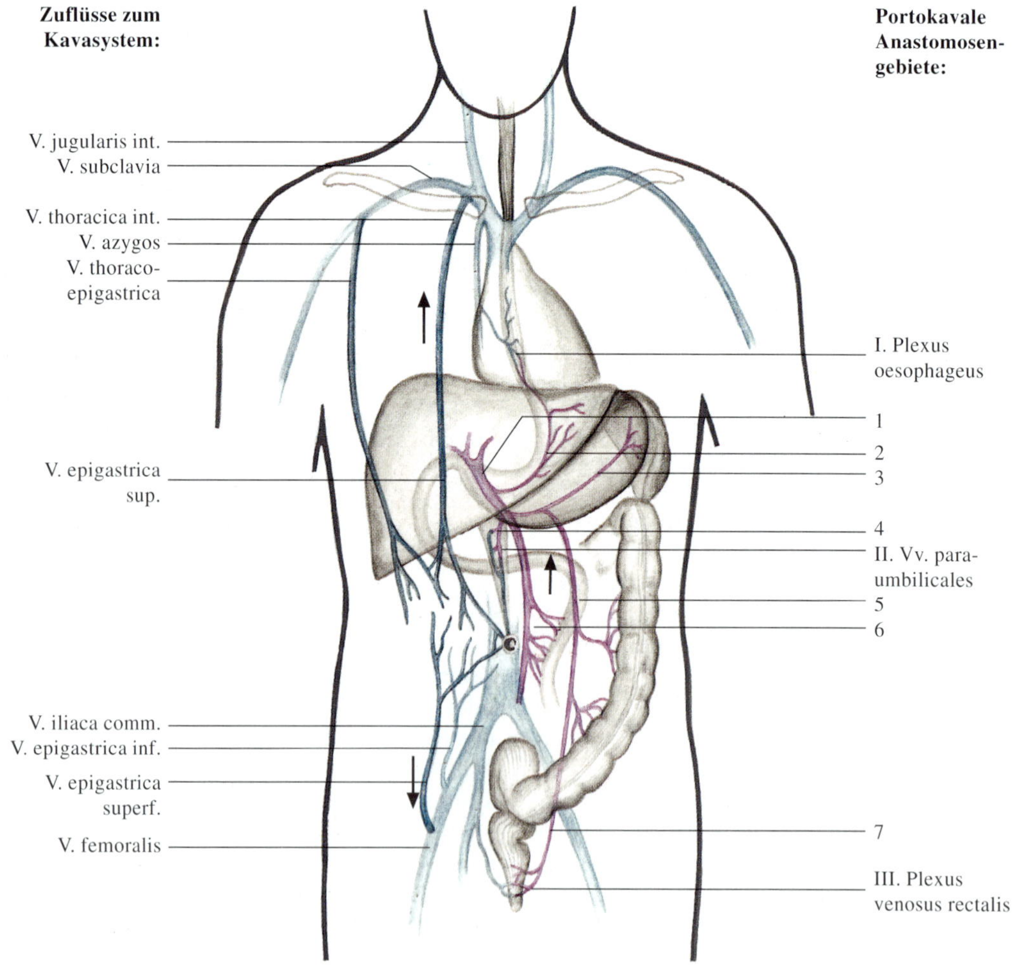

Abb. 253. Pfortadersystem (violett) mit seinen Verbindungen zum Kavasystem (blau). I–III = Portokavale Anastomosengebiete. 1 = V. portae; 2 = Vv. gastricae; 3 = V. splenica; 4 = Vv. paraumbilicales; 5 = V. mesenterica inf.; 6 = V. mesenterica sup.; 7 = V. rectalis sup.

2. Die *Venen an der kleinen Kurvatur des Magens* (Vv. gastricae sin. und dext., V. praepylorica) stehen einerseits über die Kardiavenen mit den unteren Ösophagusvenen, andererseits über die Vv. gastricae breves mit der Milzvene in Verbindung. Die Ösophagusvenen münden in die Vv. azygos und hemiazygos und auf diesem Wege in die V. cava sup. ein. Die Anastomosen zur Milzvene können bei isolierten Milzvenenstenosen von Bedeutung sein, da das Milzblut dann über die Vv. gastricae in die Pfortader fließen kann, was gegebenenfalls das Bild eines portalen Hochdrucks mit Ösophagusvarizen erzeugt.

3. Die *rektalen Anastomosen* kommen über venöse Verbindungen der V. rectalis sup. und media zustande. Die V. rectalis sup. leitet das venöse Blut aus dem Plexus rectalis (haemorrhoidalis) der unteren Rektumabschnitte in die V. mesenterica inf. und damit zur Pfortader, die V. rectalis media und inf. dagegen über die V. iliaca int. zur V. cava inf. ab (Abb. 268 und 269). Man nahm früher an, daß ein Teil der Hämorrhoiden durch Pfortaderstauungen zustande käme, eine Annahme, die sich jedoch wegen der besonderen Gefäßverhältnisse im Bereich des Analkanals (vgl. S. 373) nicht bestätigen ließ.

4. *Dorsale, portokavale Anastomosen:* Im Bereich des Retroperitonealraums existieren ferner ausgedehnte Verbindungen zwischen dem Stromgebiet der V. portae und V. cava inf., vornehmlich über die Vv. lumbales, renales und suprarenales sowie die Vv. phrenicae inf.

7. Gallenblase (Vesica biliaris) und extrahepatische Gallenwege

Der Fundus der Gallenblase überragt den unteren Leberrand um 1–1½ cm (Abb. 247). Diese Stelle liegt etwa da, wo sich der Leberrand mit der Verlängerungslinie der 9. Rippe schneidet. Röntgenologisch projiziert sich der Fundus der Gallenblase nach Kontrastfüllung beim liegenden Patienten etwa auf den oberen Rand des 3. Lendenwirbelkörpers. Collum und Ductus cysticus projizieren sich in der Regel rechts neben den 1. Lendenwirbel bzw. kaudal der 12. Rippe (vgl. Abb. 255 a). Das Corpus ist fester mit dem Lebergewebe verwachsen als Fundus oder Collum. Der Hals der Gallenblase ist häufig sogar durch eine peritoneale Duplikatur, durch die die Gefäße das Organ erreichen, beweglich (A. und V. cystica aus dem R. dext. der A. hepatica propria). Die Gallenblasenvenen fließen einerseits zur Pfortader, andererseits direkt zu den Lebersinusoiden ab, was ein Übergreifen von pathologischen Prozessen begünstigt.

Gallenwege. Der Ausführungsgang der Gallenblase (Ductus cysticus) vereinigt sich im Bereich der Leberpforte mit dem Ductus hepaticus communis der Leber zum Ductus choledochus, der in das Lig. hepatoduodenale eintritt und hinter dem Duodenum entlang zur Papilla duodeni (major) zieht (s. S. 349, Abb. 243). Die Art der Vereinigung beider Gänge variiert individuell sehr. In 12% der Fälle liegt die Kommunikation zwischen Ductus cysticus und hepaticus weit kaudal hinter dem Pankreaskopf, in 8% ganz weit kranial direkt am Gallenblasenhals. Ein langer Ductus cysticus kann parallel neben dem Ductus hepaticus herlaufen oder ihn spiralig umwinden und schließlich ganz kaudal von links in ihn einmünden (Abb. 254 und 255). Der Ductus choledochus kann also sehr verschieden lang sein. Der Ductus choledochus wird von Ästen der A. hepatica propria versorgt.

II. Der übrige Bauchraum (Unterbauch)

Klinisch und topographisch muß der Bauchraum als eine Einheit betrachtet werden. Die peritonealen Oberflächen sind relativ groß (ca. 2 m^2), so daß eine generalisierte Peritonitis lebensbedrohlich ist. Die biologischen Abwehrkräfte des Peritoneums sind

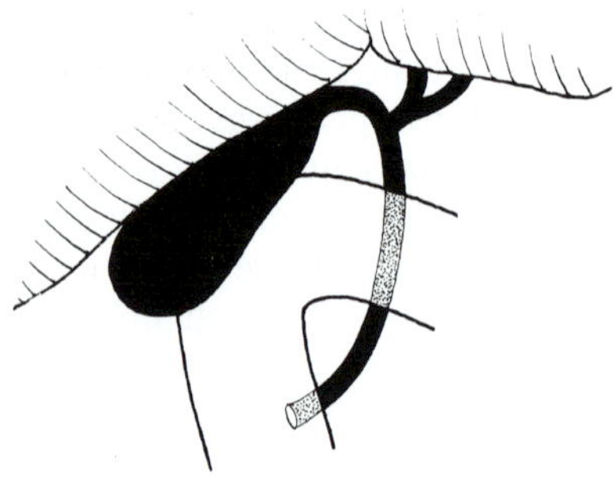

a) Normaltyp (etwa 70%).

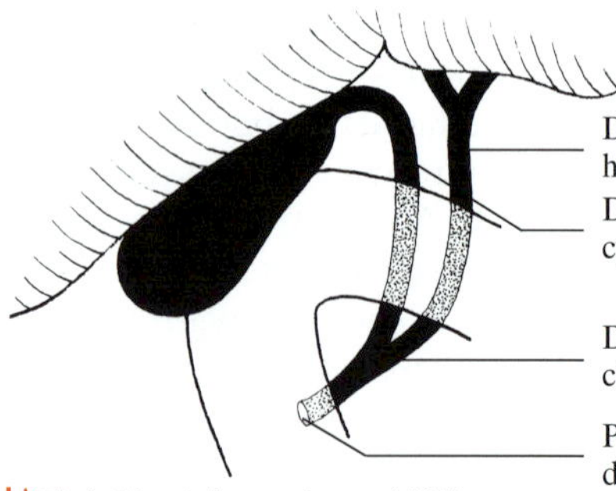

b) Tiefe Vereinigung (etwa 15%).

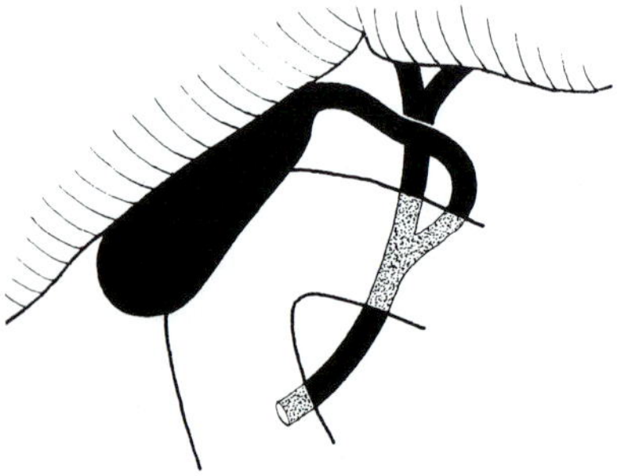

c) Vorderer (entsprechend hinterer) Spiralverlauf (je etwa 1–2%).

Abb. 254. a–c) Extrahepatische Gallenwege. Verschiedene Formtypen der Vereinigung von Ductus cysticus und Ductus hepaticus communis zum Ductus choledochus (umgez. nach Wolf-Heidegger).

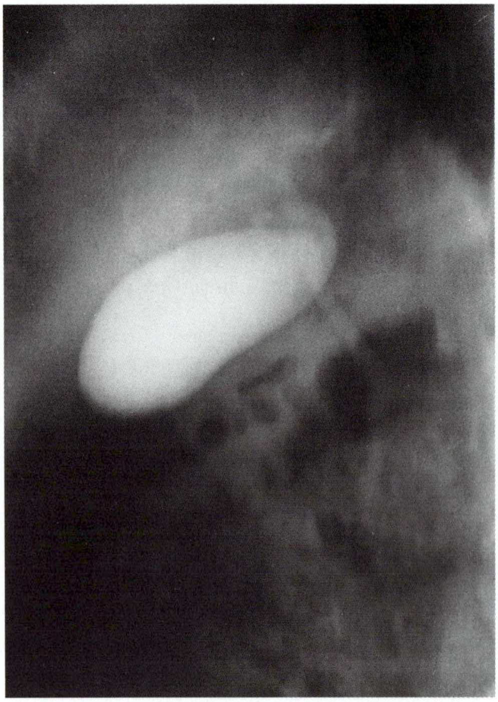

a)

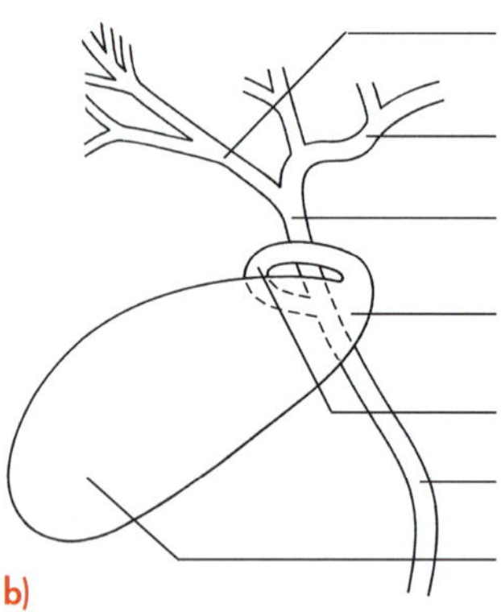

b)

Abb. 255. a) Infusionscholezystocholangiogramm. Nach Infusion eines über die Leber ausgeschiedenen, jodhaltigen Kontrastmittels kommen Gallenblase und extrahepatische Gallenwege zur Darstellung (Aufnahme Prof. Dr. H. W. Stadler, Erlangen).
b) Extrahepatische Gallengänge. Schematische Skizze zu (a).

andererseits so stark, daß Infektionen meist lokalisiert bleiben. Die Serosa spielt im übrigen auch für die Gleitfähigkeit der intraperitoneal gelegenen Darmabschnitte eine wichtige Rolle. Die peritonealen Aufhängebänder und Mesenterien sind zugleich Leitstrukturen für die Gefäße und Nerven. Sie enthalten zudem die Lymphbahnen und regionären Lymphknoten, die meist in Gruppen zusammengefaßt sind.

Mesenterium und parietales Peritoneum sind äußerst schmerzempfindlich, während

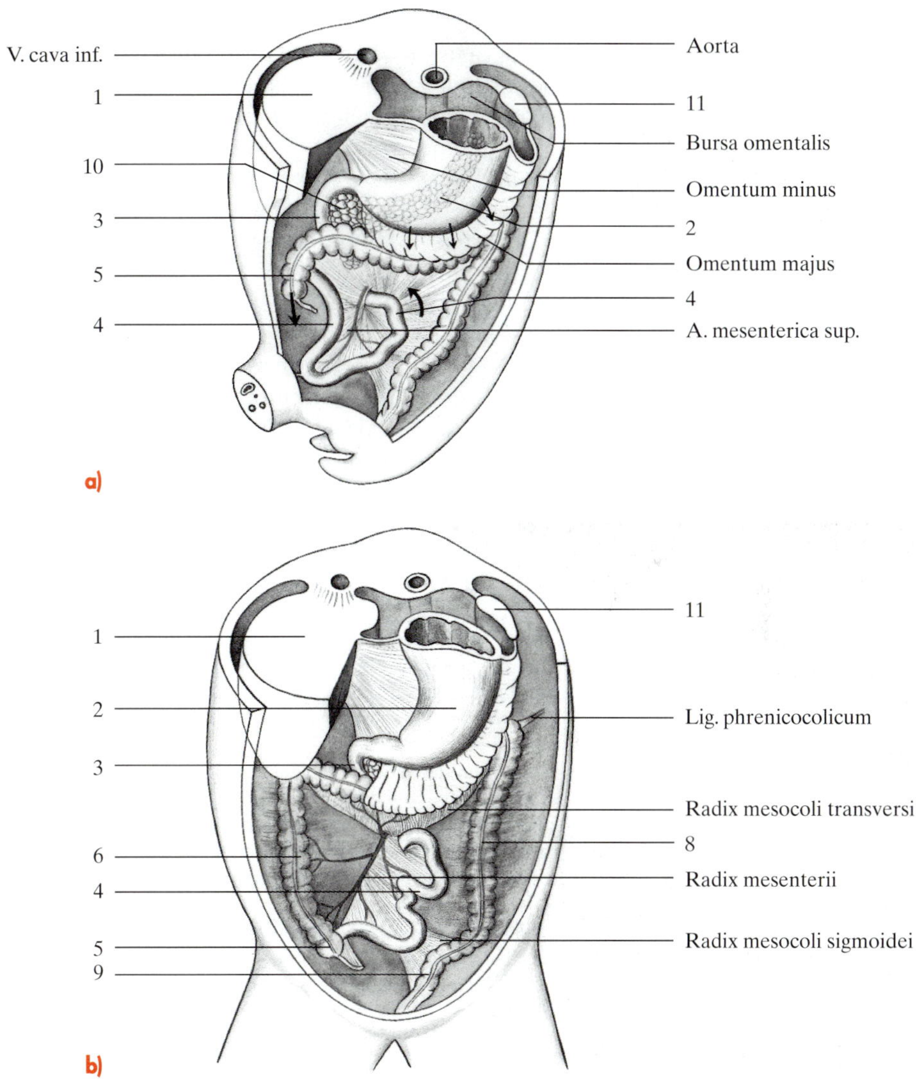

Abb. 256. a und b) Schemata zur Verdeutlichung der Drehung der Nabelschleife und Entwicklung der definitiven Peritonealverhältnisse nach Anlagerung von Duodenum, Colon ascendens und descendens an die dorsale Bauchwand (modif. nach Grosser und Ortmann). (Vergleiche dazu die Schemata der Abb. 232 a und b, die die vorhergehenden Entwicklungsstadien darstellen.) 1 = Leber; 2 = Magen; 3 = Duodenum; 4 = Jejunum und Ileum; 5 = Caecum; 6 = Colon ascendens; 7 = Colon transversum; 8 = Colon descendens; 9 = Colon sigmoideum; 10 = Pankreas; 11 = Milz.

das viszerale Peritoneum für mechanische Reize fast unempfindlich ist. Andererseits verursachen Dehnungen oder krampfartige Kontraktionen des Darms heftige Schmerzen (Koliken). Die sympathische Versorgung geht von den prävertebralen Gangliengruppen aus (Ggl. coeliacum, Ggl. mesentericum sup. und inf.). Die Nervenfasern erreichen über die periarteriellen Geflechte mit den Arterien ihre Versorgungsgebiete. Die parasympathischen Faserbündel des N. vagus nehmen denselben Verlauf. Die mesenterialen Nerven enthalten auch eine große Zahl sensibler, afferenter Nervenfasern, deren Zellkörper in den Spinalganglien und im Ggl. nodosum des N. vagus liegen.

Das Kolon bildet eine girlandenartige Kette, die das Dünndarmkonvolut umringt (Abb. 247). Die rechte Kolonflexur liegt in Höhe von Th_{12}–L_3, die linke etwas höher (Th_{10}–L_2). Im Alter findet ein Descensus statt. Das Jejunum füllt den linken-oberen, das Ileum mehr den rechten-unteren Teil der Bauchhöhle aus. Beide werden vom Omentum majus, das an der Taenia omentalis des Querkolons befestigt ist, schürzenartig überdeckt.

Darmentwicklung. Die topographischen Verhältnisse des Unterbauchs werden in der *Embryonalentwicklung* durch die Drehung der Nabelschleife und die Verklebung bestimmter Peritonealduplikaturen mit der dorsalen Bauchwand geschaffen. Der rasch wachsende embryonale Darm führt zur Verlagerung von Darmschlingen in den noch weiten Nabel (physiologische Nabelhernie). Mit der Vergrößerung des Bauchraums werden diese Darmteile wieder ins Innere verlagert und die Drehung der Nabelschleife eingeleitet. Diese erfolgt um die Achse der Vasa mesenterica sup. Der untere Schenkel der Nabelschleife (Kolonschenkel) dreht sich um etwa 300° nach rechts über den Dünndarmschenkel hinweg, so daß das Zäkum zunächst rechts-oben unter die Leber zu liegen kommt. Das Duodenum, das sich nach retroperitoneal verlagert, wird dabei vom Colon und seinem zugehörigen Mesenterium überwandert und zugedeckt (Abb. 256 a). Erst in der zweiten Hälfte der Schwangerschaft, teilweise erst nach der Geburt, rückt das Zäkum nach kaudal bis zum Becken vor. Colon ascendens und descen-

Die wichtigsten Recessus des Bauchraums (vgl. Abb. 257)

1. Recc. subphrenici	Peritonealtaschen zwischen Zwerchfell, Leber und Lig. coronarium hepatis
2. Rec. hepatorenalis	Hinterer, an die Niere angrenzender Abschnitt des Spatium subhepaticum
3. Rec. duodenalis sup.	Entsteht durch die am Oberrand der Flexura duodenojejunalis gelegene, nach links gerichtete Plica duodenalis sup. – in der Plica verläuft die V. mesenterica inf. – der Recessus kann zum Bruchsack erweitert werden (Herniae retroperitoneales, Treitz)
4. Rec. duodenalis inf.	Entsteht durch die vom horizontalen Abschnitt des Duodenums nach links gerichtete Plica duodenalis inf.
5. Sulci bzw. Rec. paracolici	Seitlich am Colon descendens gelegen
6. Rec. iliocaecalis sup.	Oberhalb des Ileums in der Nische zum Colon ascendens – vorne begrenzt durch die Plica iliocaecalis vascularis (Inhalt: A. caecalis ant.)
7. Rec. iliocaecalis inf.	Unterhalb des Ileums, im Winkel zwischen Ileum, Appendix und Zäkum – vorne begrenzt durch die Plica iliocaecalis – am Boden verläuft die A. appendicularis
8. Rec. retrocaecalis	Bauchfelltasche neben und hinter dem Zäkum und Colon ascendens
9. Rec. intersigmoideus	Von unten zugängliche Tasche an der Wurzel des Mesocolon sigmoideum – am Boden verläuft der linke Ureter

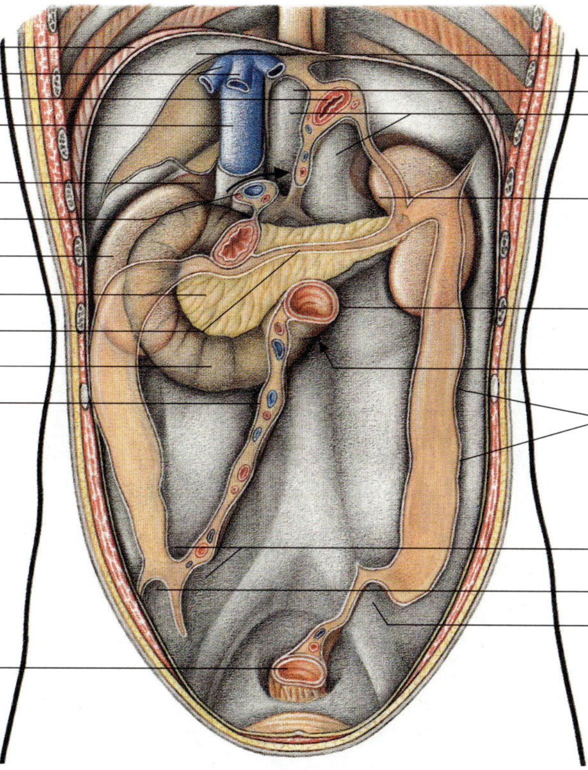

Abb. 257. Topographie der mesenterialen Wurzeln und Recessus an der dorsalen Bauchwand. Leber, Magen, Dünn- und Dickdarm, mit Ausnahme des Duodenums, sind entfernt. Pfeil = For. omentale (Zugang zur Bursa omentalis). Das Lig. hepatoduodenale enthält hier die V. portae, den Ductus choledochus und die A. hepatica communis.

dens heften sich sekundär an die Bauchwand an, wodurch sich breite Verklebungsflächen des Peritoneums mit der dorsalen Bauchwand entwickeln. An den Grenzen dieser Flächen entstehen die Anheftungsstellen des Mesenteriums (Radix mesenterii, Radix mesocoli transversi). Es ist wichtig, sich die räumliche Lage dieser Verklebungsflächen klarzumachen, da man sonst den Verlauf der mesenterialen Anheftungslinien beim Erwachsenen (Abb. 257) nicht versteht.

Die *Radix mesocoli transversi* beginnt an der Flexura coli dext. unter dem rechten Leberlappen, geht über den rechten unteren Nierenpol hinweg, überkreuzt die Pars descendens duodeni, den Pankreaskopf, den Gefäßstiel des Dünndarms (Vasa mesenterica sup.) und zieht dann am unteren Pankreasrand entlang, schräg ansteigend in Richtung Milz über den linken unteren Nierenpol hinweg zur Flexura coli sin. bis zum Lig. phrenicocolicum (Abb. 257 und 258).

Die *Radix mesenterii* beginnt etwa am zweiten Lendenwirbel, in der Regel einige Zentimeter links von der Wirbelsäule an der Flexura duodenojejunalis, läuft dann schräg abwärts auf dem Psoas zwischen Aorta und unterer Hohlvene an der A. iliaca communis entlang, überkreuzt den rechten Ureter und die Vasa spermatica bzw. ovarica und endet im Ileozäkalwinkel. Bleibt die embryonale Verklebung des Peritoneums im Bereich des Colon ascendens unvollständig, so resultiert ein Colon mobile, d. h. ein teilweise intraperitoneal gelegenes Colon ascendens. In solchen

Mesenteriale Wurzeln:

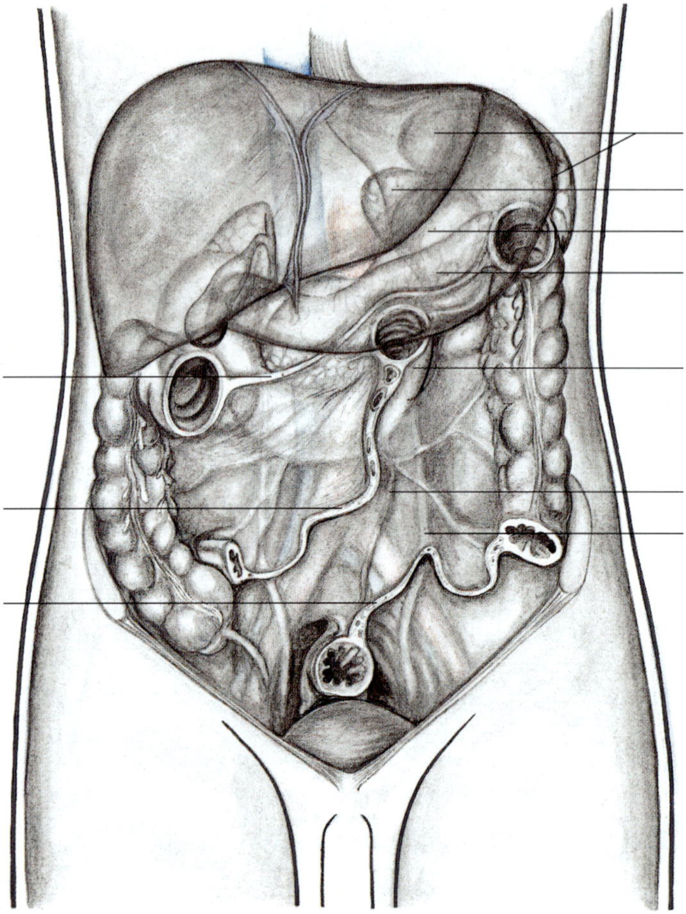

Abb. 258. Topographie der dorsalen Bauchwand und der mesenterialen Wurzeln beim Erwachsenen. Die retroperitonealen Organe und Leitungsbahnen sind durchscheinend gezeichnet.

Fällen endet die Radix mesenterii am Colon ascendens oberhalb der Valva ileocaecalis. Findet die Verklebung dagegen in größerem Ausmaß statt, so wird das ganze Zäkum einschließlich des unteren Ileumabschnitts retroperitoneal; es entsteht ein Caecum fixum. Die Radix mesenterii endet dann noch vor Einmündung des Ileums in den Dickdarm.

An der Abgangsstelle des Dottergangs vom Ileum bleibt in 2% der Fälle ein Divertikel erhalten *(Meckel-Divertikel)*, das gelegentlich aberrierendes Magen- und Pankreasgewebe enthält.

Die Entwicklungsgeschichte des Dickdarms erklärt auch, warum die Kolongefäße normalerweise keine Anastomosen mit den Gefäßen der dorsalen Bauchwand besitzen. Die *Gefäße* für den Dünn- und Dickdarm bis zur linken Kolonflexur (Cannon-Böhm-Punkt) sind Äste der Vasa mesenterica sup., distal von diesem Punkt Äste der Vasa mesenterica inf. (Abb. 238). Die oberen Mesenterialgefäße laufen intraperitoneal, die unteren retroperitoneal. In der Pankreasinzisur liegt die A. mesenterica sup. links von der Vene. Die Arterienäste kreuzen in der Regel die gleichnamigen Venen vorn. Die Gefäßabgänge betreffend, lassen sich im allgemeinen 3 Abschnitte unterscheiden.

1. Abschnitt: Hier zweigen die A. pancreaticoduodenalis inf., die A. colica media und dextra nach rechts sowie einige Aa. pancreaticae und jejunales nach links ab.

2. Abschnitt: Hier gehen die A. iliocolica nach rechts und zwei bis drei Aa. jejunales nach links ab.

3. Abschnitt: Abgang der übrigen Aa. jejunales und Aa. ileales. Das Mesocolon transversum enthält die A. colica media (Abb. 238), die an der unteren Duodenalflexur aus der A. mesenterica sup. entspringt und ventral das mesenteriale Gefäßbündel sowie die A. pancreaticoduodenalis inf. überkreuzt.

Die Darmgefäße bilden Arkaden, von denen kleine Arteriolae rectae zur Versorgung des Darms ausgehen. Die Zahl der Arkaden und Arteriolen nimmt distalwärts kontinuierlich ab. Die Vaskularisation wird damit geringer. Die Arteriolae rectae sind am Dickdarm kürzer als am Dünndarm. Die Arkadenreihe zwischen den Ästen der A. colica media und sin. wird auch als Arcus Riolani bezeichnet. Die abdominalen Gefäßstämme der Aorta lassen sich im Angiogramm gut zur Darstellung bringen (Abb. 259 bis 263).

Die **Lymphgefäße** des oberen Dünndarms sind zahlreicher als die des Ileums und Kolons. Die Darmlymphe wird von drei meist an den Aufzweigungen der Arterien gelegenen Lymphknotengruppen filtriert. Die erste Gruppe ist in Darmnähe, die zweite in der Mitte des Mesenteriums, die dritte an der Wurzel der Netzstiele lokalisiert. Die Lymphknoten und -gefäße nehmen an Größe zu, je weiter sie von der Darmwand entfernt sind. Die größeren Lymphgefäße sammeln sich schließlich hinter dem Pankreaskopf in je einen Hauptstamm (Truncus intestinalis), der in die Cisterna chyli einmündet (Abb. 262).

Innervation. Da die autonomen Nervengeflechte in die Adventitia der Blutgefäße eingelagert sind, ergibt sich für die autonome Innervation des Darms dieselbe topographische Gliederung wie bei der

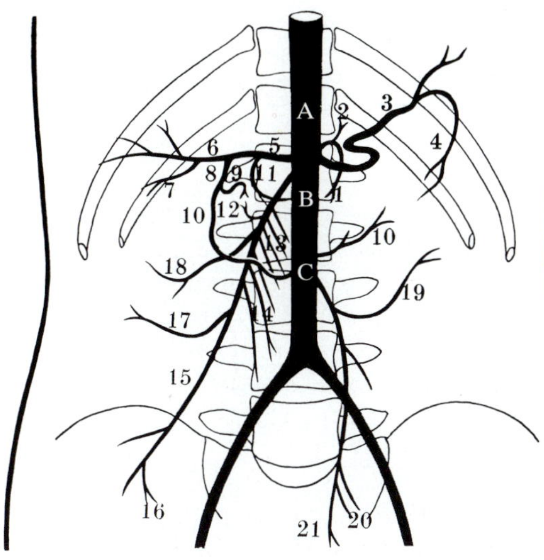

Abb. 259. Schematische Darstellung der abdominalen Gefäßstämme der Aorta im Angiogramm (modif. aus Schinz, Baensch et al.).

A = *Truncus coeliacus:*
- 1 = A. gastrica sin. mit Rr. oesophageales (2)
- 3 = A. splenica
- 4 = A. gastro-omentalis sin.
- 5 = A. hepatica communis
- 6 = A. hepatica propria
- 7 = A. cystica
- 8 = A. gastroduodenalis
- 9 = A. pancreaticoduodenalis sup.
- 10 = A. gastro-omentalis dext.
- 11 = A. gastrica dext.

B = *A. mesenterica sup.:*
- 12 = A. pancreaticoduodenalis inf.
- 13 = Aa. jejunales
- 14 = Aa. ileales
- 15 = A. iliocolica
- 16 = A. appendicularis
- 17 = A. colica dext.
- 18 = A. colica media

C = *A. mesenterica inf.:*
- 19 = A. colica sin.
- 20 = Aa. sigmoideae
- 21 = A. rectalis sup.

Gefäßversorgung. Bis zur Flexura coli sin. erhält der Dünn- und Dickdarm (sog. rechtes Kolon) sympathische Fasern aus dem Plexus mesentericus sup. und parasympathische aus dem N. vagus. Die kaudal anschließenden Kolonabschnitte (sog. linkes Kolon) werden sympathisch aus dem Ggl. mesentericum inf. und parasympathisch aus den Beckengeflechten (Plexus hypogastricus inf.) versorgt.

1. Appendix vermiformis

Die topographische Lage des Wurmfortsatzes (Abb. 262 und 264) ist weitgehend von der Zäkumlage abhängig. Bei Zäkumhochstand findet man die Appendix in Höhe des Duodenums vor dem unteren Nierenpol; beim Zäkumtiefstand im kleinen Becken. Als normal gilt die Lokalisation in der Fossa iliaca dext., absteigend ins kleine Becken (31%). Am häufigsten dagegen ist die retrozäkale Lage im Rec. retrocaecalis (nach WAKELEY 65%), die in zwei Formen (medioretrozäkale und lateroretrozäkale Position) auftritt. In seltenen Fällen (2%) gelangt die Appendix kaudal unter das Zäkum (parakolische Lage) oder nach medial in die Nachbarschaft des Ileum (prä- bzw. retroiliakale Lage, 1–2%).

Die normale Länge der Appendix ist 8–9 cm, kann aber gelegentlich auch bis zu 20 cm betragen. Der Wurmfortsatz liegt intraperitoneal und wird von der A. appendicularis aus der A. iliocolica, die hinter dem Ileum entlangläuft und von dorsal in die Mesoappendix (Mesenteriolum) eintritt, versorgt. Zur palpatorischen Lagebestimmung des Wurmfortsatzes dienen zwei Punkte:

1. *MacBurney-Punkt* = Halbierungspunkt der Verbindungslinie zwischen Nabel und vorderem Darmbeinstachel (nach klinischen Erfahrungen meist 5 cm von der Spina iliaca ant. sup. entfernt).

2. *Lanz-Punkt* = rechter Drittelpunkt der Verbindungslinie beider vorderer Darmbeinstacheln.

Der Lanz-Punkt gibt mehr die Lage des Wurmfortsatzes, der MacBurney-Punkt mehr die des Zäkums an.

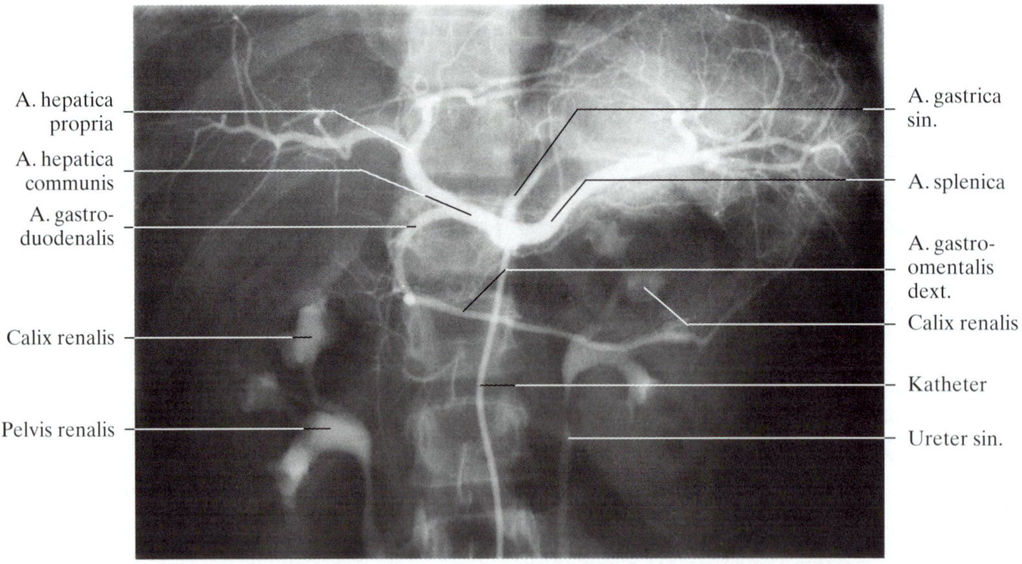

Abb. 260. Selektive Angiographie des Truncus coeliacus (Seldinger-Katheter) (Aufnahme Prof. Dr. H. W. Stadler, Erlangen).

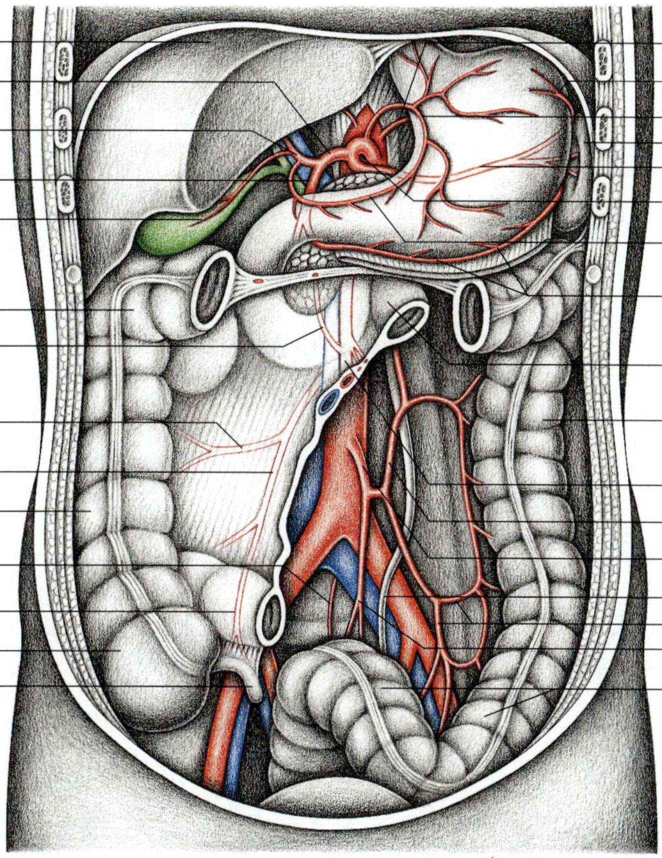

Abb. 261. Gefäßversorgung der Bauchorgane. Topographie der drei großen Arterienstämme des Bauchraums: 1. Truncus coeliacus (für Oberbauchorgane); 2. A. mesenterica sup. (für Dünndarm und Kolon bis zur linken Flexur); 3. A. mesenterica inf. (für absteigendes Kolon bis Rektum).

Klinische Hinweise. Appendizitiden sind vor dem 3. Lebensjahr selten. Sie sind zwischen 5. und 30. Lebensjahr häufiger als im Alter. Für die Appendektomie ist die anatomische Tatsache von Bedeutung, daß die Appendix einen Kolonabschnitt darstellt, der aber im Gegensatz zum Colon ascendens keine Tänien, sondern eine geschlossene Längsmuskulatur besitzt. Beim Verfolgen der Taenia libera des Dickdarms nach kaudal stößt man daher zwangsläufig auf den Wurmfortsatz. Bei retrozäkaler Lage der Appendix kann eine Appendizitis wegen der Nachbarschaft zum M. iliopsoas beim Anheben des Beins Schmerzen verursachen (sog. Psoaszeichen).

Die *Topographie der Gefäße* kann praktisch von Wichtigkeit sein. Die A. caecalis ant. aus der A. ileocolica bildet die Plica ileocaecalis ant., wodurch der Rec. ileocaecalis sup. entsteht. Sie versorgt die vordere Wand des Zäkums. Die A. caecalis post. versorgt die hintere Zäkumwand und gibt die A. appendicularis zum Wurmfortsatz ab. Die Venen fließen über die V. ileocolica zur V. portae ab (daher evtl. Thrombophlebitiden und Leberabszesse nach Appendizitis [sog. Pylephlebitis]).

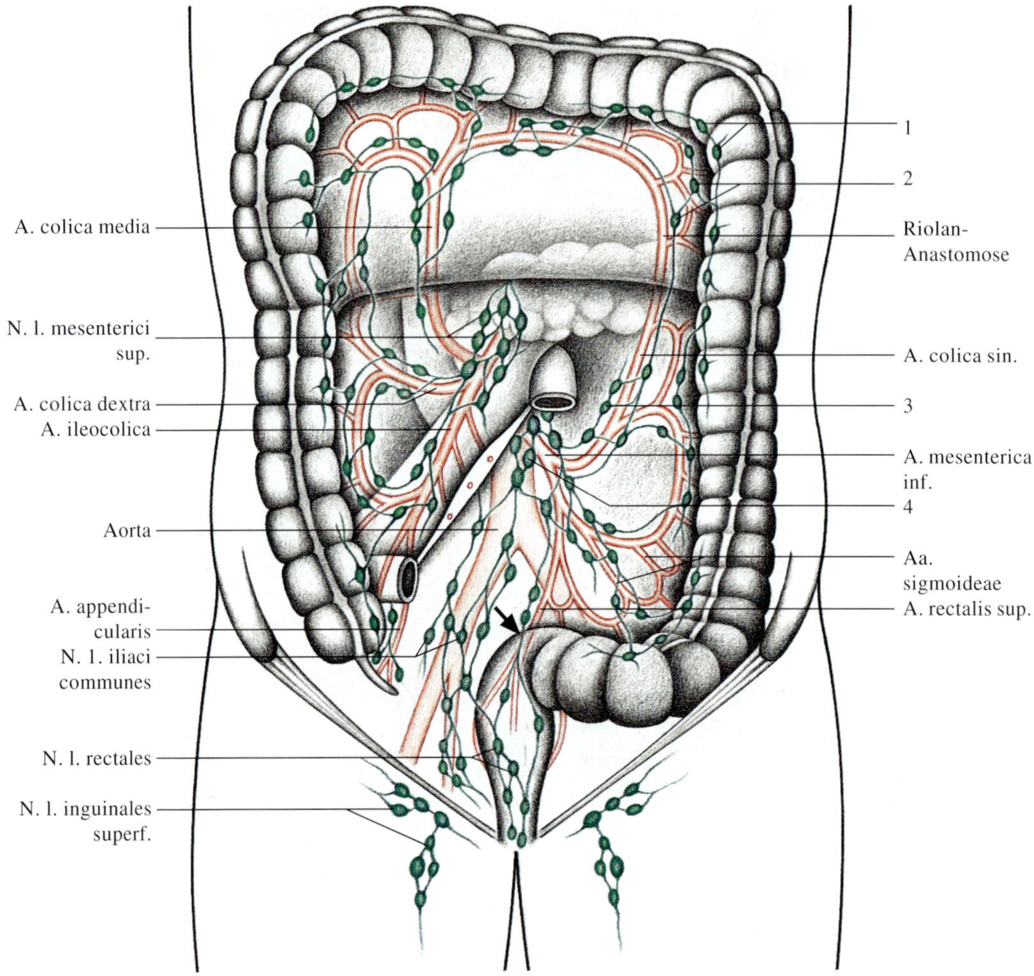

Abb. 262. Gefäßversorgung des Dickdarms und zugehörige regionäre Lymphknoten (N. l. = Nodi lymphatici). Bei den Lymphabflüssen des Kolons unterscheidet man vier Hauptgruppen von Lymphknoten: 1. epikolische, 2. parakolische, 3. perikolische oder intermediäre, 4. nicht regionale oder zentrale Lymphknoten. Pfeil = Sudeck-Punkt.

2. Colon sigmoideum und Rectum

Die linke Kolonflexur ist lagekonstanter als die rechte. Das Colon descendens zieht von dieser Stelle retroperitoneal am lateralen Nierenrand abwärts und geht in Höhe des Beckenrandes in das intraperitoneal gelegene **Colon sigmoideum** über. Kaudal vom dritten Sakralwirbel heißt der Dickdarm Rektum. Hinter dem Rektum liegt eine mesoartige Bindegewebsplatte, die von Klinikern als *»Mesorektum«* bezeichnet wird, obwohl hier eine peritoneale Abdeckung fehlt. In diesem »Mesorektum« verlaufen keine größeren Gefäße, so daß die operative Mobilisation des Rektums hier relativ gefahrlos möglich ist.

Die Radix mesosigmoidei bildet eine V-förmige Ansatzlinie am Übergang vom großen ins kleine Becken und überlagert den linken Ureter sowie die Vasa iliaca ext. Das Sigmoid hängt also am Mesosigmoid so, daß eine kaudal offene Tasche entsteht (Rec. intersigmoideus). Am Boden dieser Tasche findet man retroperitoneal den lin-

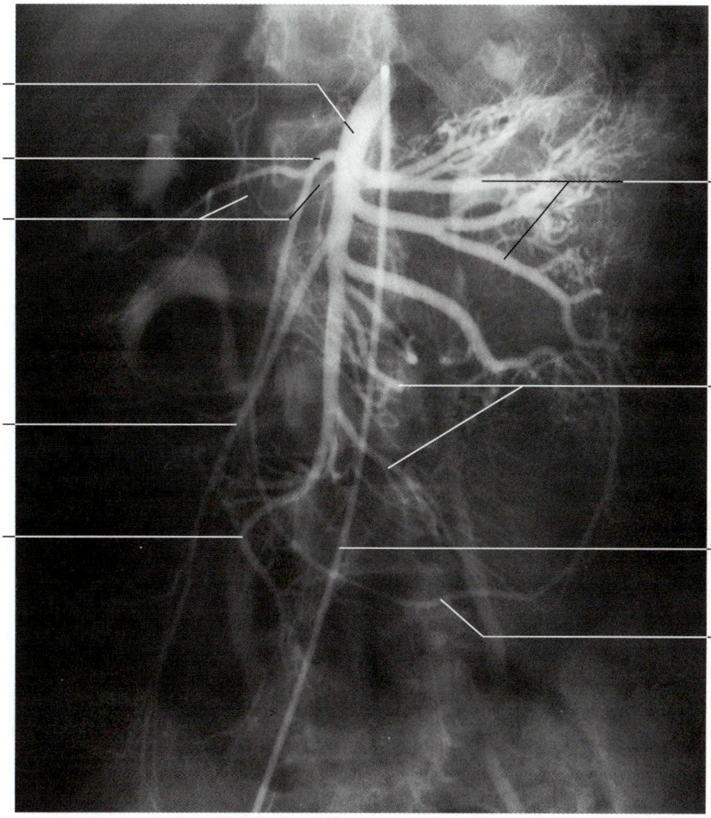

Abb. 263. Selektive Angiographie der A. mesenterica sup. (Aufnahme Prof. Dr. H. W. Stadler, Erlangen.) Pfeil = Spitze des über die rechte A. femoralis eingeführten Seldinger-Katheters in der A. mesenterica sup. Riolan-Anastomose zwischen A. colica media und A. mesenterica inf.

ken Ureter. Die Spitze des Recessus zeigt auf das Promontorium. Größe und Form des Recessus intersigmoideus variieren stark, ebenso wie das auch für das Sigma selbst zutrifft. Von ein- und mehrfachen Schlingenbildungen bis zum Megakolon gibt es alle Übergänge.

Klinische Hinweise. Dem Megacolon congenitum (Hirschsprung-Krankheit) liegt eine Agenesie des Auerbach-Plexus im Rektumgebiet zugrunde. Dadurch kommt die Peristaltik rektal ins Stocken; im vorgeschalteten Sigmoid entwickelt sich eine Muskelhypertrophie und anschließend eine oft extreme Verlängerung und Dilatation.

Das Mesosigmoid enthält gewöhnlich zwei bis vier Aa. sigmoideae, die mit den Ästen der A. rectalis sup. nur wenig anastomosieren. Sie bilden noch deutliche Gefäßarkaden, die beim Rektum fehlen.

Die A. rectalis sup. besitzt in der Regel eine Anastomose mit der untersten A. sigmoidea. Eine Gefäßunterbindung unterhalb dieser Anastomose (sog. **Sudeck-Punkt**) gefährdet die Blutversorgung des Rektums.

Das **Rektum** schmiegt sich in die Konkavität des Sakrums (Flexura sacralis) und liegt zunächst retro-, dann extraperitoneal. Es verliert rasch die typischen Kolonmerkmale (Haustren, Tänien, Appendices epiploicae usw.). Die in Tänien zusammengefaßte Längsmuskulatur verbreitert sich am

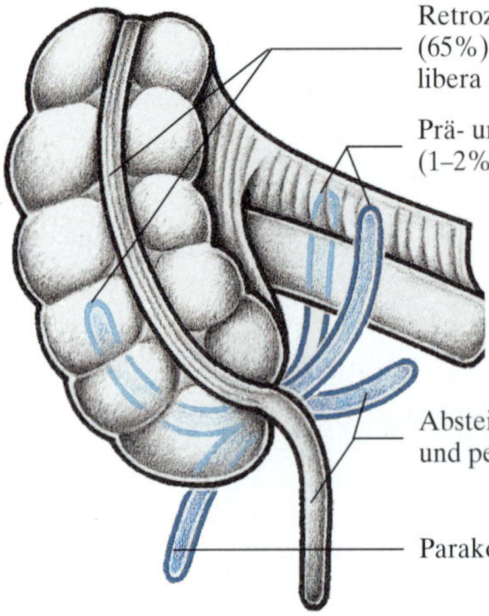

Abb. 264. Lagevariabilität der Appendix vermiformis (Ansicht von ventral) (nach Ellis).

Rektum zu einer geschlossenen Längsmuskelschicht, die sich kaudal verstärkt und in das Sphinkterorgan integriert wird. Man unterscheidet einen längeren, oberen (Ampulla recti) und einen kürzeren, unteren Abschnitt (Canalis analis). Der Flexura sacralis folgt die Flexura perinealis, indem das Rektum – scharf nach hinten abbiegend – den muskulösen Beckenboden (M. levator ani) durchsetzt und sich dabei zum Analkanal verengt. Ampullärer und analer Abschnitt unterscheiden sich hinsichtlich ihrer Genese, Topographie und Gefäßversorgung. Meist ist die Ampulle etwas nach rechts abgebogen, so daß sie mit dem rechten Ureter und den Vasa iliaca int. der rechten Seite in Kontakt kommt. Bei der Frau kann die gefüllte Ampulle das rechte Ovar und die Tube berühren. Die Vorderwand der Ampulle wird größtenteils vom Peritoneum überzogen, das sich beim Mann zwischen Rektum und Blase (Excavatio rectovesicalis), bei der Frau zwischen Rektum und Uterus (Excavatio recto-uterina [Douglasi]) taschenartig einschiebt (Abb. 265, s. a. 289 und 293).

In der Tumorchirurgie werden die Rektumabschnitte nicht nach den anatomischen, sondern den endoskopisch erkennbaren Strukturen definiert. Das »chirurgische Rektum« ist 16 cm lang und wird in drei Teile gegliedert, wobei die Grenze zum mittleren Drittel bei 7,5 cm, die zum proximalen Drittel bei 12 cm von der Linea anocutanea entfernt liegt. Die drei Houston-Falten liegen jeweils in der Mitte eines Rektumdrittels. Beim Mann lassen sich im Bereich der untersten Falte (auch Kohlrausch-Falte) die

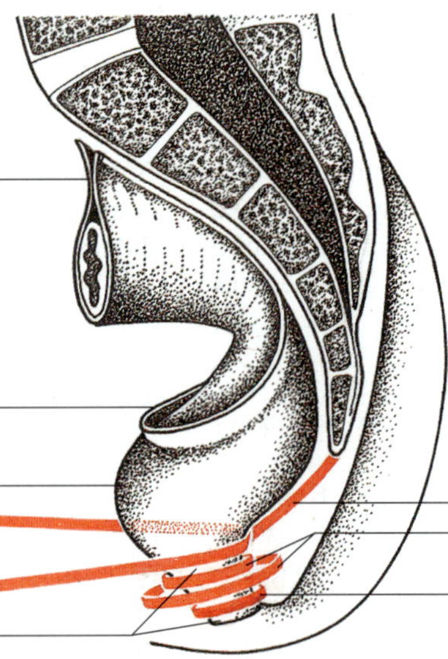

Abb. 265. Schema der Muskelgruppen, die das Sphinkterorgan des Rektums bilden (nach Hansen).

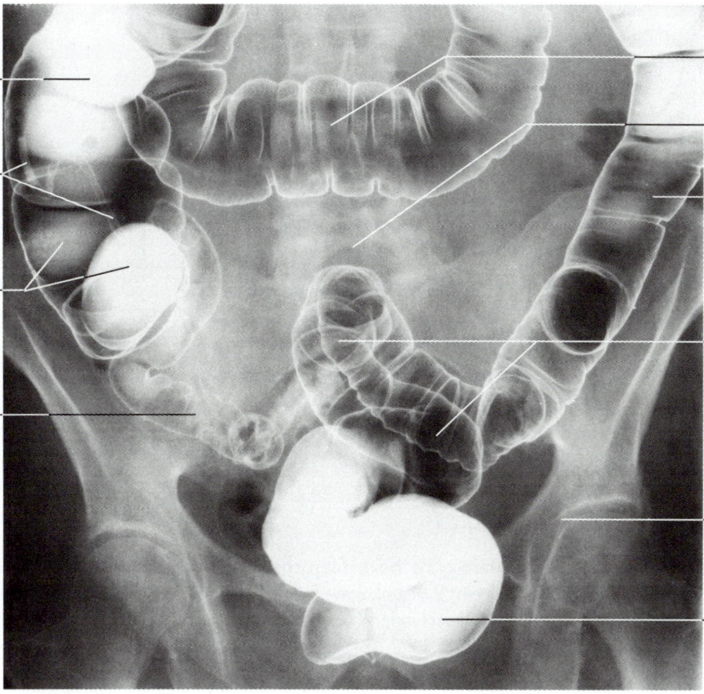

Abb. 266. Röntgenaufnahme vom Colon im Liegen (Doppelkontrasteinlauf) (Aufnahme Prof. Dr. W. Rödl, Erlangen). Appendix liegt retrozökal.

Prostata und Samenblasen, bei der Frau die Portio vaginalis cervicis und die rektouterine Exkavation (Douglas) tasten. Die Falten besitzen oft eine verstärkte Ringmuskulatur, die bei der Kohlrausch-Falte besonders kräftig ist (sog. M. sphincter ani tertius).

Die Ampulle ist aus ihrer subperitonealen Bindegewebsloge leicht ausschälbar, während der kurze Analkanal durch den trichterförmigen M. levator ani straff fixiert ist.

Der **Analkanal** enthält längsgestellte Schleimhautfalten (Columnae anales), die kaudal durch Querbrücken verbunden sind (Sinus anales) und dadurch kleine taschenförmige Vertiefungen erzeugen (Abb. 267 und 269). Die Längsfalten des Analkanals entstehen durch Längsmuskelzüge, die der rektalen Ringmuskulatur innen auflagern, sowie durch ausgedehnte Venengeflechte (Corpus cavernosum recti).

Haut- und Schleimhautzone des Analkanals werden durch eine weißliche Linie (Hilton-Linie) voneinander getrennt (Linea anocutanea). Von hier ab ist die Haut pigmentiert, auffallend reich sensibel innerviert und mit zahlreichen verschiedenartigen Drüsen ausgestattet.

Analkanal und Sphinkterorgan. Der Anus ist beim Mann spaltförmig, bei der Frau rundlich. Er wird durch ein Sphinkterorgan besonderer Bauweise verschlossen (Abb. 265). Die verdickte Ringmuskulatur des Rektums bildet den unwillkürlichen glatten Spincter ani int., und der M. levator ani den Sphincter ani ext., der quergestreift ist und eine komplizierte konstruktive Bauweise aus vier Teilmuskeln besitzt (Abb. 267). Der subkutane Teilabschnitt ist ein Ringmuskel von etwa 1 cm Dicke, der durch Bindegewebssepten in Lamellen gegliedert wird und dicht unter der Haut liegt (M. sphincter ani ext. subcutaneus). Die funktionell wichtigsten Teilmuskeln sind der M. sphincter ani ext. prof. und M. puborectalis (zusammen auch als Compressor recti bezeichnet),

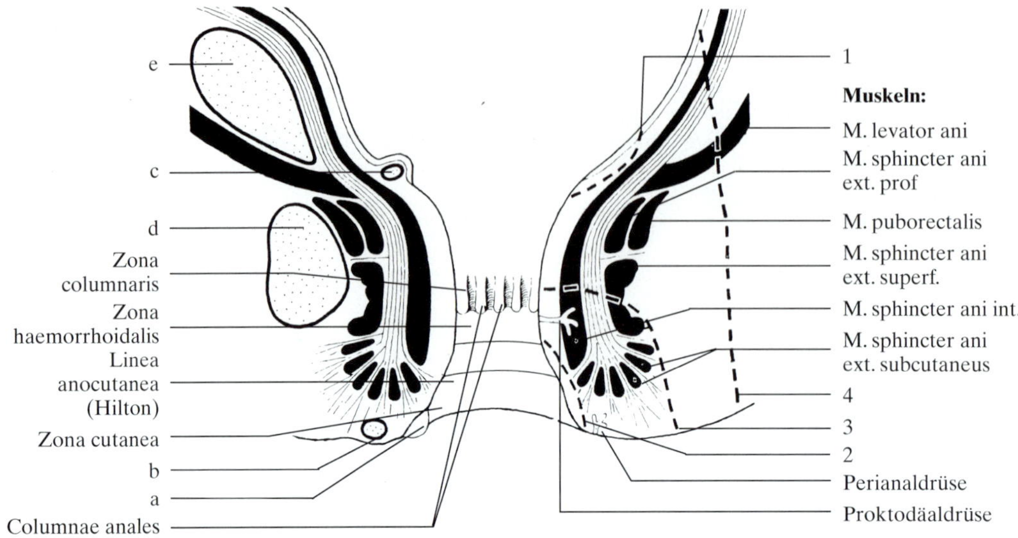

Abb. 267. Schema vom Bau des Sphinkterorgans beim Menschen (nach Stelzner). I. Gestrichelte Linien rechts: Verschiedene Fistelformen: 1 = submuköse Fisteln; 2 = subkutane Fisteln; 3 = ischiorektale, transsphinktere Fisteln; 4 = extrasphinktere Fisteln. II. Punktierte Flächen links: Verschiedene Abszeßformen: a = intrakutaner, paranaler Abszeß; b = subkutaner, paranaler Abszeß; c = submuköser, intrarektaler Abszeß; d = ischiorektaler Abszeß; e = pelvirektaler Abszeß.

die für die Erhaltung der Kontinenz von großer Bedeutung sind. Der M. puborectalis umfaßt das Rektum zangenartig und verschließt nicht nur den oberen Teil des Analkanals, sondern zieht ihn auch nach vorn, wodurch der Kanal stärker abgeknickt wird (sog. Anorektalwinkel). Beim Prolaps oder bei Inkontinenz versagen diese Halte- und Schließmechanismen. Der M. sphincter ani int. sorgt durch seinen Dauertonus für eine Entlastung der Externusfunktion. Der Verschluß der Analöffnung wird außerdem durch die Gefäßpolster der Hämorrhoidalzone, die wie Schwellkörper wirken, unterstützt (Corpus cavernosum recti). Hierbei handelt es sich nicht einfach um Venenkonvolute, sondern um vielfältig miteinander kommunizierende, efferente Strecken arteriovenöser Anastomosen (Glomerula rectalia). Durch Füllung dieser Gefäße und Straffung der Bindegewebskapseln entstehen prall-elastische Polster, die eine Teilfunktion beim Analverschluß übernehmen (angiomuskulärer Verschlußmechanismus). Hämorrhoiden sind daher nicht als krampfaderartige, venöse Bildungen zu betrachten. Beim Platzen von Hämorrhoiden erscheint hellrotes Blut, das aus den arteriovenösen Anastomosen dieser Gefäßkammern der Anorektalschleimhaut stammt.

Die arterielle Versorgung des Rektums stammt aus den Ästen der A. rectalis sup., der A. rectalis media und inf. Der venöse Abfluß erfolgt einerseits zum Pfortadersystem, andererseits zum Kavasystem. Im Bereich des Plexus venosus rectalis anastomosieren also beide Systeme untereinander (s. Pfortaderkreislauf, S. 357 ff.). Man unterscheidet einen Plexus rectalis ext. aus der Region des Analkanals, dessen Venen hauptsächlich in die pudendalen und iliakalen Venen übergehen, und einen Plexus rectalis int., dessen efferente Venen in die Pfortader münden.

Lymphgefäße des Rektums

Wegen der Häufigkeit des Rektumkarzinoms (11–15% aller Karzinome des Digestionstraktes, 6% aller malignen Geschwülste)

Gefäßversorgung des Rektums

Arterien

1. A. rectalis sup.,
   unpaares Hauptgefäß der A. mesenterica inf. – liegt dorsal vom Rektum, unmittelbar vor dem Os sacrum – erreicht mit drei Ästen kaudal den Analkanal. Es werden keine Arkaden gebildet. Bei Unterbindung der A. rectalis sup. muß daher die letzte Arkade des Sigmoids erhalten bleiben, sonst besteht die Gefahr einer Rektumnekrose.
   Die Anastomosen mit der A. rectalis media und inf. reichen nicht zur Versorgung des Rektums aus.
2. Aa. rectales mediae,
   Äste der A. iliaca int., treten oberhalb des M. levator ani durch das Paraproktium von lateral an das Rektum heran.
3. Aa. anales (rectales inf.),
   zweigen innerhalb der Fossa ischiorectalis aus dem Alcock-Kanal von der A. pudenda int. ab – versorgen die Analhaut und das Sphinkterorgan.

Venen (folgen den gleichnamigen Arterien, vgl. Abb. 268)

1. V. rectalis sup. (unpaar),
   wichtigstes venöses Gefäß – Abfluß über die V. mesenterica inf. zur V. portae.
2. Vv. rectales mediae (paarige Gefäße),
   Abfluß über die V. iliaca int. zur V. cava inf.
3. Vv. anales (rectales inf.) (paarige Gefäße),
   Abfluß über die V. pudenda int. zur V. iliaca int. und V. cava inf.

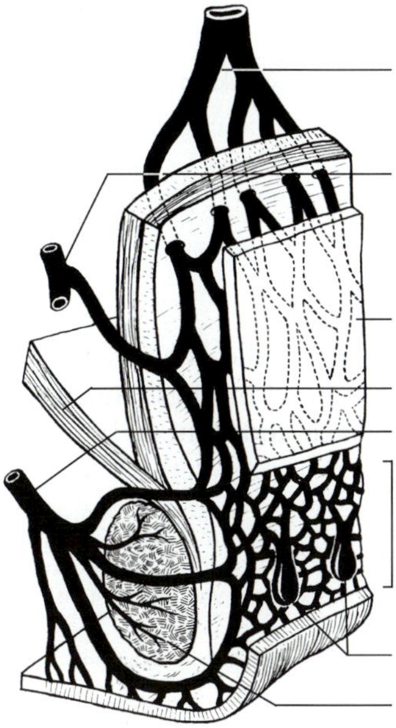

Abb. 268. Venöse Abflüsse aus der Rektumschleimhaut im Bereich des Analkanals (aus Töndury, leicht modif.).

ist die Kenntnis der Lymphwege von besonderer Wichtigkeit. Vom Rektum fließt die Lymphe in der Hauptsache auf drei Wegen ab:

1. Über die präsakralen Lymphknoten zu den lumbalen und retroaortalen Knotengruppen.

2. Über die pararektalen und iliakalen oder lumbalen Lymphknoten zum Truncus intestinalis.

3. Aus der Analregion (hauptsächlich von der Zona cutanea bis zur Hilton-Linie) fließt die Lymphe zuerst zu den inguinalen Lymphknoten ab (Nodi lymphatici inguinales superf.). Nach klinischen Erfahrungen geht die Hauptmetastasenstraße des Rektumkarzinoms präsakral entlang der A. mesenterica inf. zu den linken para- und retroaortalen Lymphknotengruppen.

III. Retroperitonealraum

Der Retroperitonealraum erstreckt sich vom Zwerchfell bis zum Beckenboden und umfaßt den relativ schmalen Bindegewebsraum zwischen dem dorsalen Peritoneum bzw. der Rückfläche der an die dorsale Rumpfwand angrenzenden Organe (z. B. Duodenum, Colon ascendens und descen-

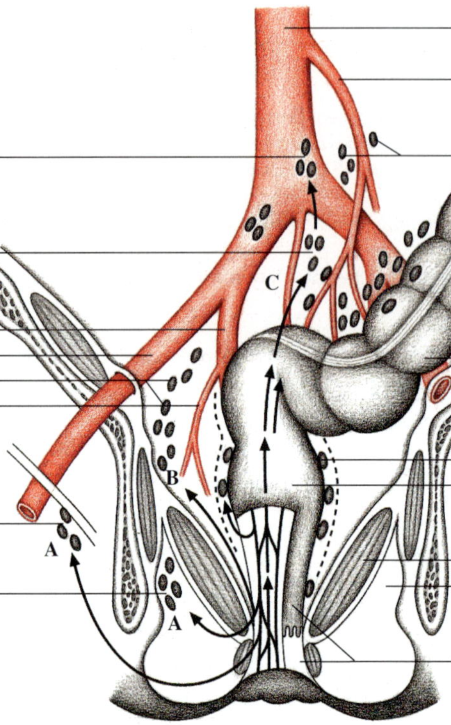

Abb. 269. Lymphabflüsse vom Rektum und Sigmoid. Jede der drei klinisch unterschiedenen Rektumabschnitte besitzt eigene bevorzugte Lymphabflußwege (N. l. = Nodi lymphatici).
A = vom Analkanal zu den inguinalen oder ischiorektalen Lymphknotengruppen
B = vom mittleren Rektumdrittel zu den iliakalen Lymphknotengruppen
C = vom oberen Rektumdrittel zu den sakralen und präaortalen Lymphknotengruppen

dens) und den dorsalen Rumpfmuskeln (M. iliopsoas, M. quadratus lumborum, M. transversus abdominis) (Abb. 270). Er beherbergt die Nieren, Ureteren, das Pankreas und Duodenum sowie die Leitungsbahnen für Bauchorgane, Becken und Bein (s. Tabelle).

Organe und Leitungsbahnen des Retroperitonealraums

1. Organe:	Nebennieren, Nieren, Ureteren, Harnblase, Pankreas, Pars descendens und horizontalis duodeni
2. Gefäße:	Aorta, pars abdominalis mit ihren Ästen für die Lumbal- und Sakralregion, V. cava inf. und Anfangsteil der V. portae mit ihren Zuflüssen
3. Nerven:	Äste des Plexus lumbalis (N. ilioinguinalis, N. iliohypogastricus, N. genitofemoralis, N. cutaneus femoralis lat., N. femoralis), Truncus sympatheticus und vegetative Gangliengeflechte des Bauch- und Beckenraums (Plexus solaris, Plexus mesentericus sup. et inf., Plexus hypogastricus sup.)
4. Lymphgefäße:	Sakrale, iliakale, prä- und retroaortale Lymphknotengruppen mit ihren Verbindungen zu den Trunci lumbales und zur Cisterna chyli
5. Rudimente der Fetalentwicklung:	Epitheliale Reste aus der Entwicklung des Urogenitalapparates (z. B. Urnierenreste, Reste der Müller-Gänge etc.)

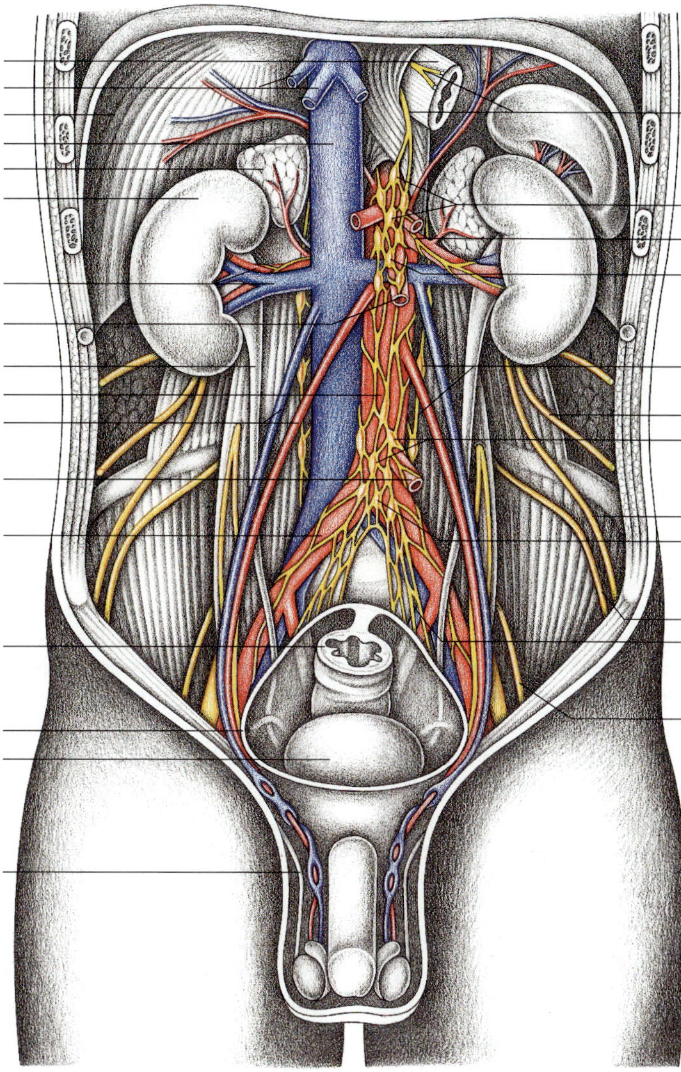

Abb. 270. Topographie des Retroperitonealraums. Äste des Plexus lumbalis: 1 = N. iliohypogastricus; 2 = N. ilioinguinalis; 3 = N. cutaneus femoralis lat.; 4 = N. genitofemoralis; * = Plexus solaris.

Eine gewisse Fixation der Retroperitonealorgane wird durch die großen, median verlaufenden Gefäße erreicht. Die Aorta verläuft unmittelbar vor der Wirbelsäule, im oberen Bereich des Retroperitonealraums meist etwas links von der Wirbelsäule. Die Bifurcatio aortae projiziert sich ventral etwa auf die Nabelregion (Höhe von L_4). Die V. cava inf. ist etwas mehr nach rechts verlagert. Sie entfernt sich kranial mehr und mehr von der Wirbelsäule, schiebt sich aber andererseits kaudal hinter die Arterien. Die beiden großen Gefäße stehen also schräg zueinander und bilden zusammen einen in der Vertikalen spitzen Winkel. Durch diese charakteristische Anordnung kommt es, daß die Nierenarterien ganz dorsal hinter den Nierenvenen liegen, die Iliakalarterien dagegen ventral die gleichnamigen Venen überkreuzen. Alle Gefäße werden von dichten Ge-

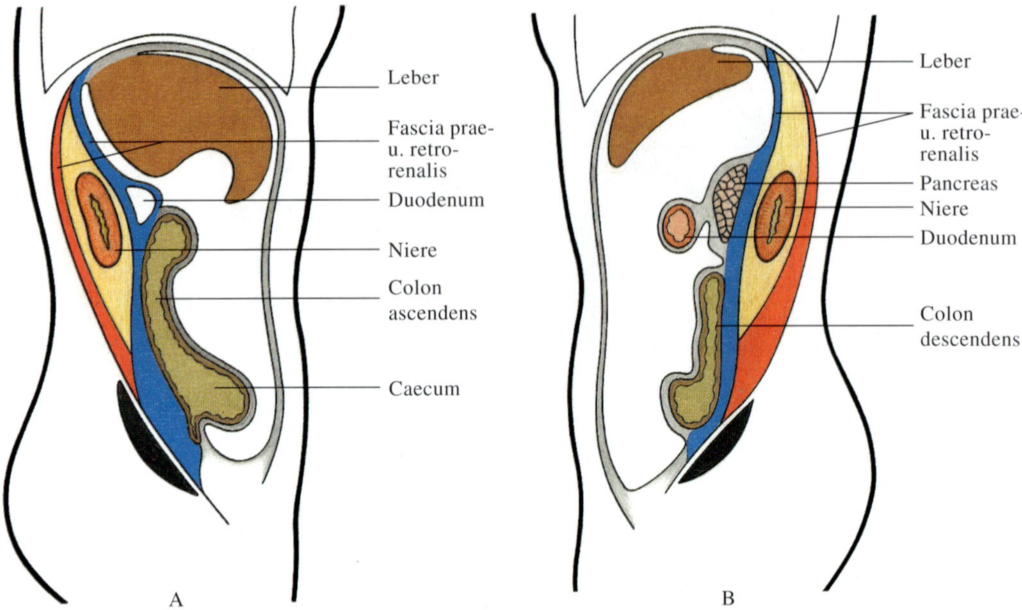

Abb. 271. Schema über die Gliederung des retroperitonealen Bindegewebsraums (durch Raster hervorgehoben) an Sagittalschnitten (A = rechte Seite; B = linke Seite). Man beachte die Aufteilung des oberen Retroperitonealraums in 3 Abschnitte durch das Nierenlager, das durch die Fascia prae- und retrorenalis abgegrenzt wird (nach Rodeck und Rösner).

flechten des autonomen Nervensystems umgeben. Der *Plexus solaris* gruppiert sich um den Truncus coeliacus und die A. mesenterica sup. Er besteht aus drei Gangliengruppen (Ggl. coeliacum, Ggl. mesentericum sup. und Ggl. aorticorenale). Kaudal schließen sich das Ggl. mesentericum inf. sowie der Plexus hypogastricus sup. an. Der Grenzstrang verläuft neben der Wirbelsäule links nahe der Aorta, rechts hinter der V. cava inf. Im Lendenbereich existieren nur noch vier Grenzstrangganglien, die starke Nervenstränge zu den mesenterialen und hypogastrischen Geflechten entsenden (Nn. splanchnici lumbales und sacrales). Diese Geflechte bilden um die Arterien herum adventitielle Plexus, die die Gefäße bis zu ihren Erfolgsorganen begleiten und sympathische wie parasympathische Fasern enthalten. Die parasympathischen Zuflüsse stammen aus dem N. vagus (Eintritt in die retroperitonealen Geflechte am Ganglion coeliacum) sowie aus dem sakralautonomen System des Rückenmarks (Eintritt in die retroperitonealen Geflechte über den Plexus sacralis in den Plexus hypogastricus inf. [vgl. S. 399]).

1. Nierenlager

Das Nierenlager gliedert sich beiderseits der Wirbelsäule in den retroperitonealen Bindegewebsraum ein (Abb. 271). Es wird vom umgebenden Retroperitonealraum durch die Fascia prae- und retrorenalis (Gerota-Faszie), die außer der Niere die Capsula adiposa und die Nebennieren einschließt, abgegrenzt.

Die **Nieren** (Größe etwa 6 × 12 cm) lagern sich beiderseits der oberen Lendenwirbelsäule in die Rinne zwischen M. quadratus lumborum, M. psoas major und Zwerchfell. Die Längsachsen der Nieren konvergieren nach kranial, so daß die oberen Pole etwa 7 cm, die unteren 11 cm auseinanderliegen. Die Querachsen schneiden sich vor dem ersten Lendenwirbelkörper. Die rechte Niere steht etwa ½ Wirbelkörperhöhe tiefer (Th_{12}–L_3) als die linke (Th_{11}–L_2). Als Faustre-

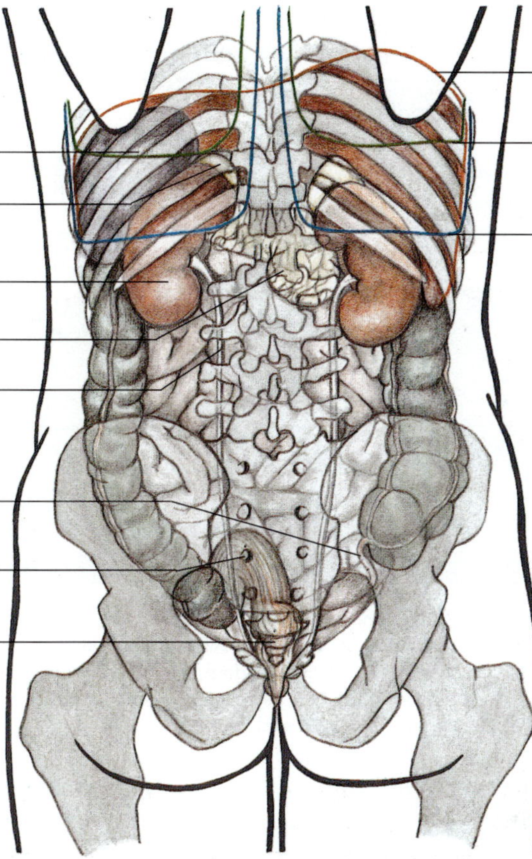

Abb. 272. Topographie der Bauchorgane in ihrer Projektion auf die dorsale Rumpfwand (nach Pernkopf).

gel kann gelten, daß der rechte obere Nierenpol die 12. Rippe, der linke die 11. Rippe berührt. Der obere Nierenpol erreicht das lumbokostale Dreieck des Zwerchfells (Bochdalek) und wird hier nur durch eine dünne Bindegewebsplatte vom Pleuraraum getrennt, weshalb paranephritische Abszesse auf die Pleura übergreifen können. Der Rec. costodiaphragmaticus überlagert im allgemeinen das obere Drittel der Nieren, das mittlere Drittel wird vom Zwerchfell, das untere vom M. quadratus lumborum überdeckt (Abb. 272 und 273). So entstehen im Nierenlager drei Etagen mit verschiedener Topographie. Die 12. Rippe überquert das Nierenlager von dorsal und kann eine sehr unterschiedliche Länge (2–14 cm) haben. Hinter der Niere ziehen der N. subcostalis, N. iliohypogastricus (L_1) und N. ilioinguinalis (L_2) vorbei.

Klinischer Hinweis. Bei Nierenerkrankungen (z. B. Tumoren) können durch die Hautäste des Plexus lumbalis ausstrahlende Schmerzen bis in die Leisten- und Genitalregion auftreten.

Ventral ragt die rechte Nebenniere in den Bereich der Area nuda der Leber hinein. Der absteigende Teil des Duodenums überlagert den rechten Nierenhilus. Der kaudale Pol der Niere wird vom Mesocolon transversum gekreuzt. Links gelangen Milzhilus, Lig. gastrolienale und phrenicocolicum sowie Magen, Pankreasschwanz und Kolonflexur

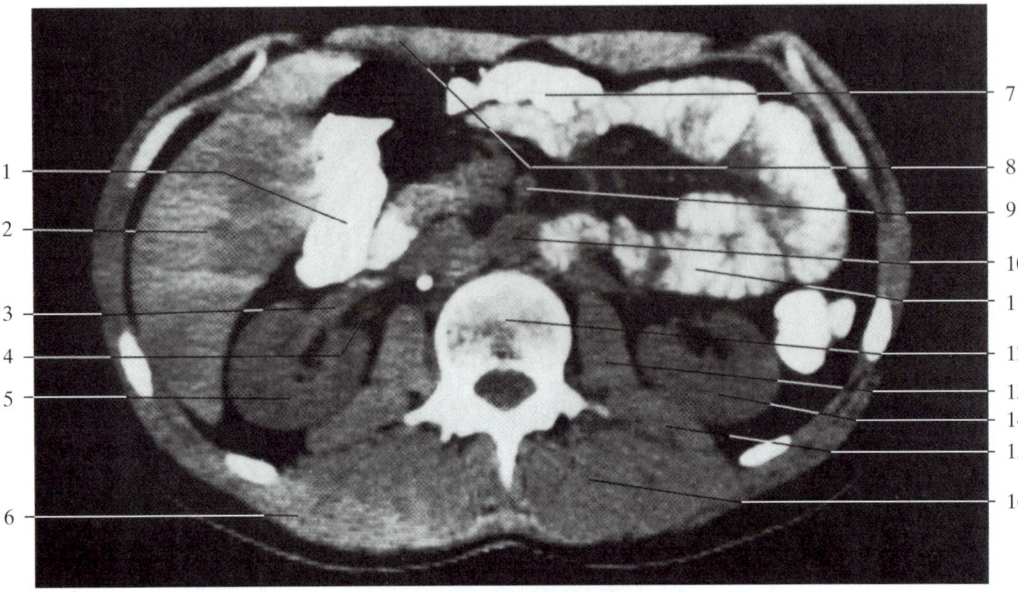

Abb. 273. Computertomogramm, Transversalschnitt durch die Bauchhöhle in Höhe des Nierenlagers. Ansicht von kaudal (Siemens Somatom 2) (Aufnahme von Prof. Dr. H. W. Stadler). 1 = Flexura coli dext.; 2 = re. Leberlappen; 3 = V. renalis dext.; 4 = A. renalis dext.; 5 = re. Niere; 6 = M. latissimus dorsi; 7 = Colon transversum; 8 = M. rectus abdominis; 9 = A. mesenterica sup.; 10 = Aorta abdominalis; 11 = Jejunum; 12 = Lendenwirbelkörper; 13 = M. psoas major; 14 = li. Niere; 15 = M. quadratus lumborum; 16 = M. erector spinae.

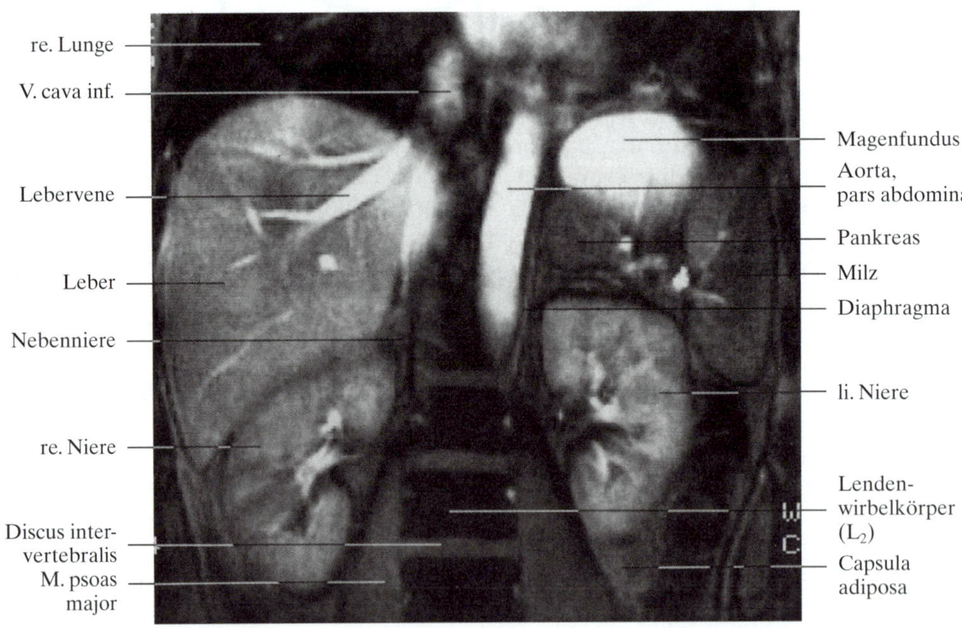

Abb. 274. Frontalschnitt durch den Retroperitonealraum mit Nierenlager. Ansicht von vorne (MR-Aufnahme nach peroraler und i. v. Kontrastverstärkung mit dem paramagnetischen Kontrastmittel Gadolinium; freundlicherweise zur Verfügung gestellt von Prof. Dr. W. Rödl).

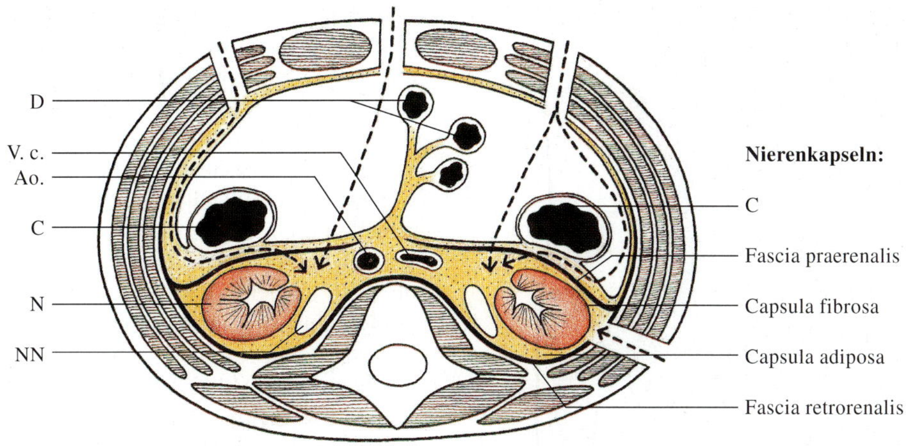

Abb. 275. Querschnitt durch das Nierenlager mit Darstellung der operativen Zugangswege zur Niere (punktierte Linien). Ao. = Aorta; C = Colon; D = Dünndarm; N = Niere; NN = Nebenniere; V. c. = V. cava inf.

in eine topographische Beziehung zur Nierenvorderfläche.

Innerhalb ihrer Hüllen sind die Nieren relativ beweglich. Sie verlagern sich mit der Atmung und Körperstellung um 3–6 cm, wobei sich der proximale Abschnitt des Ureters mitverschiebt (Abb. 276).

Klinische Hinweise. Bei para- und perinephritischen Prozessen bzw. Tumoren ist diese Verschieblichkeit der Nieren eingeschränkt. Bei der Einschmelzung des Fettlagers können die Nieren auch kaudal aus ihrem Fasziensack herausschlüpfen und bis in das kleine Becken verlagert werden (Ectopia renis, Senkniere). Ektopien können angeboren oder erworben sein (Ectopia renis congenita bzw. acquisita). Sie sind rechts häufiger als links. Habituelle Verlagerungen kommen bei der sog. Wanderniere, besonders bei Frauen nach mehreren Geburten vor. Bei den Ektopien bleiben die Nebennieren innerhalb der Fascia renalis meist an Ort und Stelle liegen.

Das **Nierenhohlraumsystem** besteht aus dem Nierenbecken (Pelvis renalis), den Hauptkelchen (Calices renales majores oder Kelchen I. Ordnung) und den Endkelchen (Calices renales minores oder Kelchen II. Ordnung).

Die Kapazität des Nierenbeckens beträgt 2–10 ml. Man unterscheidet drei Beckentypen, das *trichterförmige,* das *ampulläre* und das *dendritische* Becken (Abb. 277). Liegt der größte Teil des Beckens außerhalb des Parenchyms, so spricht man von einem extrarenalen Nierenbecken, im umgekehrten Falle vom intrarenalen Becken. Das intrarenale

Fixation und Kapseln der Nieren

1. Capsula fibrosa:	Dünne, relativ unnachgiebige Organkapsel der Niere.
2. Capsula adiposa:	Nierenfettkörper – vornehmlich seitlich und hinten lokalisiert – Ausbildung erst nach der Geburt – volle Differenzierung erst in der Pubertät – Abbau bei Unterernährung
3. Fascia prae- und retrorenalis:	Fasziensack der Niere, der auch die Nebenniere, die Leitungsbahnen und die Fettkapsel einschließt – medial und kaudal offen – Übergang kranial in die Fascia diaphragmatica, lateral in die Fascia transversalis

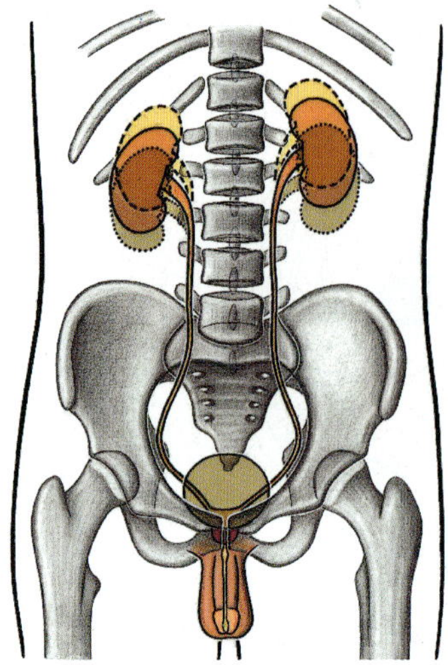

Abb. 276. Schematische Darstellung der physiologischen Beweglichkeit der Nieren nach röntgenologischen Beobachtungen (aus Schinz, Baensch und Mitarb.). --- = Rückenlage; —— = normale Atmung; ····· = aufrechte Körperhaltung

Becken zeigt häufig den dendritischen Verzweigungstyp. Zahl und Ausbildung der Hauptkelche schwanken in weiten Grenzen. In der Regel werden drei Gruppen, eine obere, mittlere und untere, unterschieden. Da die mittlere Gruppe häufig mit der unteren verschmilzt, sind meist nur zwei Hauptkelchsysteme abzugrenzen. Die obere Kelchgruppe steht der Wirbelsäule näher und liegt etwas weiter dorsal (evtl. Ursache für Füllungsunterschiede im Urogramm beim liegenden Patienten). Die Hauptkelche gehen in die Endkelche über, in die die Papillen (beim Menschen 8–14) napfförmig hineinragen. Bei Gesunden sind die Konturen im Röntgenbild scharfrandig begrenzt (Abb. 278). Das Nierenbecken besitzt ein dichtes Netz glatter Muskulatur, durch dessen Kontraktionen der Ureter in rhythmischen Abständen aufgefüllt wird.

Klinische Hinweise. Röntgenologisch läßt sich das Hohlraumsystem durch intravenöse Kontrastmittelinjektionen (Pyelographie, Ausscheidungsurographie) oder mittels eines Ureterenkatheters (retrograde Pyelographie) zur Darstellung bringen. Das

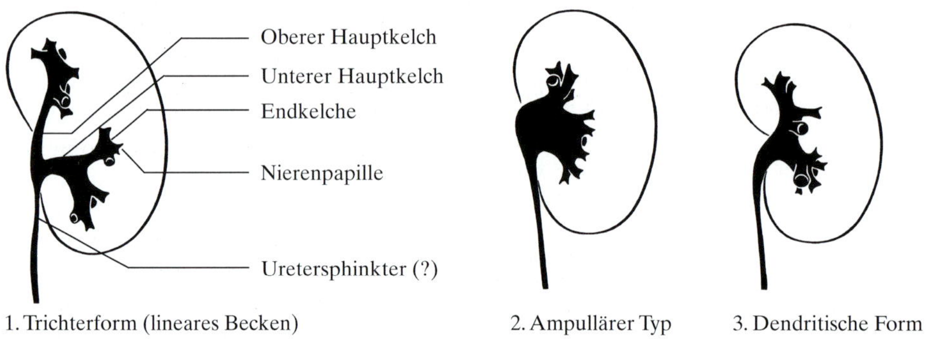

Abb. 277. Die wichtigsten Formtypen des Nierenbeckens. Dendritische Form nach Röntgenbildern gezeichnet (Originalaufnahmen in Schinz, Baensch und Mitarb.) (vgl. Tabelle).

Nierenbeckentypen

1. Trichterförmiges Becken	(Auch linearer Typ) Meist klein und geräumig – Kelchsystem stark verzweigt – geht unter konischer Verjüngung in den Ureter über – guter Entleerungsmechanismus
2. Ampulläres Becken	Geräumig – Gesamtform meist rundlich bis oval – spitzwinkeliger Abgang des Ureters mit sphinkterartiger Muskelverdickung – schlechter Entleerungsmechanismus
3. Dendritisches Becken	Seltenere Form – Hauptkelche entspringen direkt aus dem Ureter, so daß ein eigentliches Nierenbecken meist gar nicht entwickelt ist – häufig ganz intrarenal gelegen

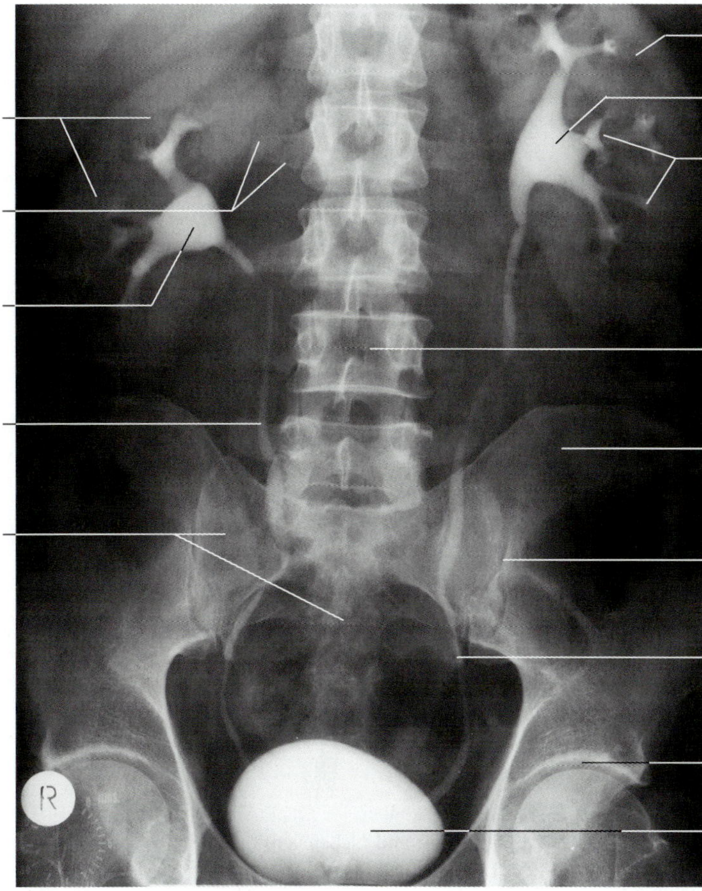

Abb. 278. Ausscheidungsurogramm der Nieren, 20 Min. post infusionem (Aufnahme Prof. Dr. H. W. Stadler, Erlangen).

Urogramm erlaubt vor allem Rückschlüsse auf die Leistungsfähigkeit der Niere als Ausscheidungsorgan. Sie macht Lage, Form und Größe des Organs, eventuelle Mißbildungen und Atypien rasch sichtbar und gibt Hinweise auf Tonus und Bewegungsfähigkeit der ableitenden Harnwege.

Gefäße der Nieren

Kein Organ zeigt so viele Gefäßvariationen wie die Niere. Im Durchschnitt besitzen 18% aller Menschen mehr als eine Nierenarterie (akzessorische Gefäße). In 2–3% kommen auch drei und mehr Nierengefäße vor. Doppelarterien sind dabei häufiger als aortennahe Aufspaltungen. Treten größere Äste der Nierenarterien in einiger Entfernung vom Hilus selbständig an die Nierenpole heran, so spricht man von Polarterien (obere und untere Polarterien, Häufigkeit 34%).

Klinischer Hinweis. Aberrierende Nierengefäße (Polarterien) dieser Art können bei kaudaler Lage ebenso wie die akzessorischen Arterien Ureterobstruktionen mit Spasmen und Koliken hervorrufen.

In der Regel ist die linke Nierenarterie kurz (3,5–8 cm) und entspringt in Höhe

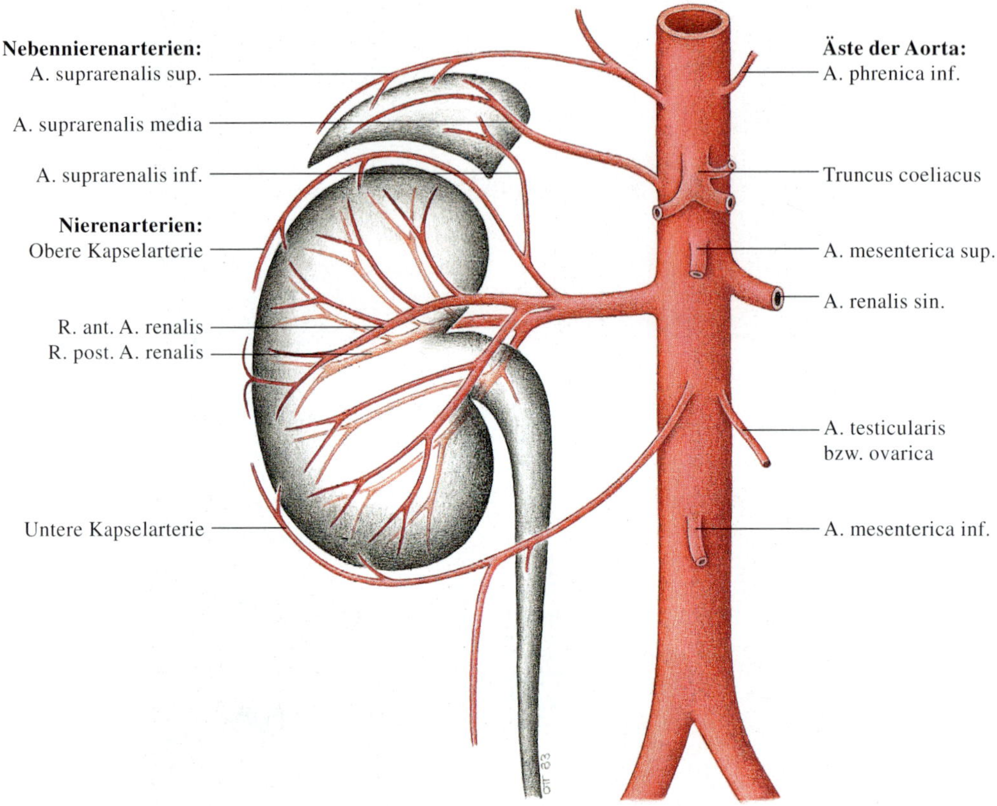

Abb. 279. Arterielle Versorgung der rechten Niere und Nebenniere (nach röntgenologischen Beobachtungen, aus Schinz, Baensch und Mitarb.).

des ersten Lendenwirbels; die rechte ist länger (4–9 cm) und geht häufig ½ Wirbelbreite weiter kaudal von der Aorta ab. Umgekehrt ist die linke Nierenvene länger als die rechte, da die untere Hohlvene etwas nach rechts von der Medianlinie verschoben ist. Auf diese Weise liegt das Kreuz der Venen rechts und etwas weiter kaudal vom Kreuz der Arterien. Die Hilustopographie der Gefäße ist also in der Regel so, daß die Vasa renalia vorn-oben, Ureter und Nierenbecken hinten-unten lokalisiert sind, wobei die Venen die Arterien überlagern (Merkwort: VAU = Vene, Arterie, Ureter). Weiter kaudal im Retroperitonealraum ist es umgekehrt: dort treten die Arterien *vor* die Venen (s. S. 377).

Die **Nierenarterien** spalten sich im oberen Hilusbereich in stärkere ventrale und schwächere dorsale Äste, die sich dem Nierenbecken anlagern. Die Interlobararterien sind Endarterien, so daß Gefäßverschlüsse einen Infarkt hervorrufen. Die Nierenarterien geben zwar im Hilus auch Zweige zur Fett- und Organkapsel sowie zur Nebenniere und zum Ureter ab. Die Nierenkapsel bekommt auch zusätzlich Äste aus den Keimdrüsen- und Nebennierenarterien. Die Kapselgefäße können jedoch bei Verschlüssen der Nierengefäße die Infarzierung des Parenchyms nicht verhindern.

Die linke *Nierenvene* ist relativ lang und nimmt außer der linken V. suprarenalis noch die linke V. testicularis (bzw. ovarica) auf. Sie überkreuzt die Aorta und mündet in die untere Hohlvene ein. Die rechte Nierenvene ist kurz und wendet sich ventrokranial zur V. cava inf., die sich aufsteigend mehr und mehr von der dorsalen Bauchwand entfernt, um

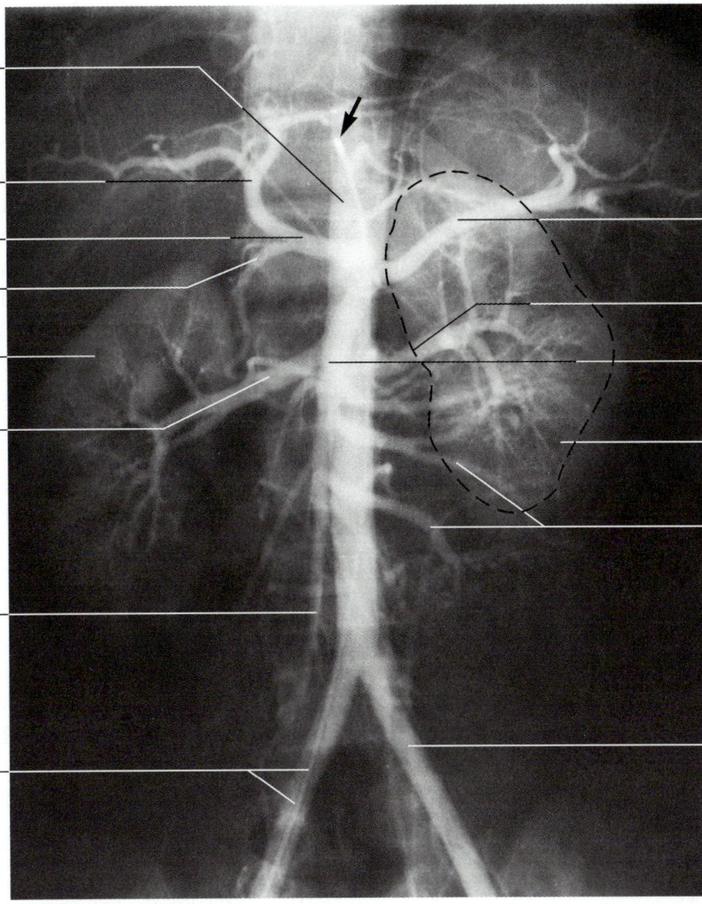

Abb. 280. Aortographie mit Darstellung der Nierengefäße (Aufnahme Prof. Dr. H. W. Stadler, Erlangen). Pfeil = Spitze des über die rechte A. femoralis eingeführten Hettler-Katheters; punktierte Linie = Nierenparenchymschatten.

Anomalien und Mißbildungen der Nieren

Nierenaplasie	= Völliges Fehlen einer Niere
Nierenhypoplasie	= Zwergniere, Unterentwicklung der Niere
Kuchen- oder Klumpenniere	= Verformte, verklumpte Niere, die aber an normaler Stelle liegt – häufig mit Gefäß- und Beckenanomalien verknüpft
Nierendystopie	= Verlagerung an fremde Stellen (Thoraxniere, Beckenniere). Dystope Nieren neigen besonders zu Hydronephrosen, Steinbildungen oder entzündlichen Prozessen
Verschmelzungsniere	= Beide Nieren sind entweder L-förmig (L-Niere) oder U-förmig (Hufeisenniere) miteinander verschmolzen
Doppelniere	= Vergrößerte Nieren mit doppeltem Becken, doppeltem Ureter oder Gabelureter – relativ häufig
Zystenniere	= Das Parenchym ist mit multiplen Zysten durchsetzt – die Harnkanälchen bekommen fetal keinen Anschluß an das Sammelrohrsystem

zu ihrer Durchtrittsstelle im Zwerchfell zu gelangen.

Die *regionären Lymphknoten* der Niere liegen an der Aorta und der unteren Hohlvene. Nierenparenchym und Nierenkapsel haben getrennte Lymphabflüsse. Die Lymphe der rechten Niere fließt in die retrokavalen und paraaortalen Lymphknoten, diejenige der linken Niere in die latero- und retroaortalen Knotengruppen ab. Über die Trunci lumbales gelangt die Nierenlymphe in die Cisterna chyli und den Ductus thoracicus.

2. Ureter

In Höhe des 2. bis 3. Lendenwirbels geht das Nierenbecken in den Ureter über, der kaudalwärts senkrecht neben der Wirbelsäule ventral auf dem M. psoas major (Pars abdominalis) über den Beckenrand und die seitliche Beckenwandung bis zum Blasenfundus (Pars pelvina) verläuft (Abb. 270 und 272). In der Klinik unterscheidet man drei Abschnitte: ein renales, ein lumbales und ein vesikales Segment. Der durchschnittlich 28 cm lange Ureter projiziert sich im Röntgenbild auf die Querfortsätze der Lendenwirbel und die Sakroiliakalgelenke und erscheint am Beckeneingang abgeknickt (Abb. 278). Der kraniale Teil macht die Atemexkursionen der Niere mit (Abb. 276).

Bei der Frau liegt der Ureter im kaudalen Abschnitt des Parametriums, wo er von der A. uterina überkreuzt wird. Er läuft nahe (1–2½ cm) an der Cervix uteri vorbei zum Blasendreieck. Beim Mann überlagert der Ductus deferens den Ureter, dessen Endabschnitt von den Samenblasen gerade noch berührt wird. Der Durchtritt durch die Harnblasenwandung ist sehr schräg (Pars intramuralis) und in der Blase durch eine quere Schleimhautfalte (Plica interureterica) gekennzeichnet. Beide Plicae bilden die Basis des Harnblasendreiecks (Trigonum vesicae [Lieutaudi]). Man unterscheidet am Ureter *drei physiologische Engen:*

1. Am Abgang vom Nierenbecken (sog. Ureterhals, hier wird die Existenz eines sphinkterartigen Muskelrings diskutiert);
2. an der Kreuzungsstelle mit den Iliakalgefäßen, wo der Ureter meist am Peritoneum haftet, und
3. an der Durchtrittsstelle durch die Harnblasenwandung (juxtavesikulärer Ureterteil).

An den physiologischen Engen bleiben Steine leichter hängen oder lokalisieren sich entzündliche Prozesse häufiger. Die Beförderung des Harns im Ureter geschieht durch peristaltische Kontraktionswellen (sog. Spindelperistaltik). Die Länge der Spindeln ist verschieden. Sie bewegen sich mit einer Geschwindigkeit von 2–3 cm/s blasenwärts und benötigen etwa 8–10 s für die ganze Strecke.

Faustregel:
Der Ureter *unter*kreuzt die Vasa testicularia (bzw. ovarica),
*über*kreuzt die Vasa iliaca communes (meist links) oder die Vasa iliaca ext. (meist rechts),
*unter*kreuzt den Ductus deferens (bzw. die A. uterina).

Ureteranomalien

Ureter fissus:	Gespaltener Ureter
Ureter duplex:	Verdoppelung des Ureters
Ureterdystopie:	Mündung des Urethers an anomaler Stelle, z. B. im Trigonum vesicae oder kaudal in der Urethra
Ureterektopie:	Extravesikale Mündung des Ureters, z. B. in Vagina, Zervix, ableitende Samenwege oder Samenblasen
Megaureter:	Primäre Dilatation des Ureters (intrauterin entstehende Entwicklungshemmung)
Ureterozele:	Zystische Dilatation des vesikalen Ureterendes – durch eine Entwicklungshemmung hervorgerufen

Uretergefäße

1. Oberes Drittel:	Äste der A. renalis und Aa. lumbales
2. Mittleres Drittel:	Äste der A. testicularis (bzw. ovarica) und der A. iliaca communis
3. Unteres Drittel:	Äste der A. ductus deferentis (bzw. A. uterina) und A. iliaca int.

Klinischer Hinweis. In der zweiten Hälfte der Schwangerschaft zeigen die Ureteren der Frau häufig eine Erweiterung ihrer Lumina (sog. Lyra), die aber nicht auf einer Kompression, sondern auf einer Atonie der Muskulatur beruht.

Die *Uretergefäße* zweigen von den Nachbargefäßen des Retroperitonealraums ab und anastomosieren ausgiebig in der Adventitia des Harnleiters. Im oberen Drittel treten die Gefäße von medial an die Adventita heran, im unteren Drittel dagegen von lateral, was bei der chirurgischen Präparation zu beachten ist. Strikturbildungen lassen sich vermeiden, wenn bei operativen Eingriffen die gefäßreiche Adventitiascheide geschont wird.

3. Nebennieren

Die Nebennieren liegen in Höhe des 11. und 12. Brustwirbels und sind mit in den Fasziensack der Niere eingeschlossen (Abb. 271). Die rechte Nebenniere hat eine dreieckige, abgeplattete Form und sitzt dem oberen Nierenpol kappenartig auf. Sie ist ganz dem Bereich der Area nuda der Leber angelagert und liegt damit vollständig extraperitoneal.

Die linke Nebenniere ist mehr halbmondförmig gestaltet, reicht vom oberen Nierenpol bis zum Hilus und wird teilweise noch vom Peritoneum der Hinterwand der Bursa omentalis überzogen. Die Nebennieren überlagern den N. splanchnicus major und teilweise das Ggl. coeliacum. Dadurch, daß sich die untere Hohlvene von der Bauchwand um so mehr entfernt, je mehr sie sich dem Centrum tendineum des Zwerchfells nähert, kommt ein dreiseitiger Bindegewebsraum zwischen Hohlvene und Bauchwand zustande (Spatium intervasculare), in den sich die rechte Nebenniere einfügt. In ihm befinden sich auch zahlreiche Lymphknoten und Gangliengeflechte sowie der Lobus caudatus der Leber. Durch diesen Spaltraum erreicht die A. renalis dext. den rechten Nierenhilus und die A. phrenica inf. das Zwerchfell.

Klinischer Hinweis. Die topographische Nähe der rechten Nebenniere zur V. cava inf. führt bei Tumoren dieses Organs typischerweise zur Kompression der unteren Hohlvene mit eventueller Ausbildung eines Umgehungskreislaufs über die Vv. lumbales ascendentes, V. azygos und Wirbelgeflechte zur V. cava sup.

Gefäße der Nebennieren

1. A. suprarenalis sup. (aus der A. phrenica inf.)
2. A. suprarenalis media (aus der Aorta)
3. A. suprarenalis inf. (aus der A. renalis)

Die hiluswärts abgehende V. suprarenalis fließt links in die V. renalis und rechts in die V. cava inf. ab.
Mark und Rinde haben, obwohl entwicklungsgeschichtlich aus verschiedenen Quellen stammend, ein einheitliches Gefäßsystem.

Becken und Genitalapparat

A. Becken, Beckenboden und zugehörige Leitungsbahnen

1. Becken und Beckenmaße

Die Bauchhöhle setzt sich nach kaudal kontinuierlich in den Beckenraum fort, so daß die darin untergebrachten Organe (Harnblase, Rektum, innere Geschlechtsorgane) auch vom Peritoneum – zumindest an ihrer kranialen Oberfläche – überzogen werden. Das große Becken wird in der Hauptsache von den Beckenschaufeln (Fossa iliaca) gebildet und reicht bis zur Linea terminalis. Das kleine Becken beginnt unterhalb davon und reicht bis zum Beckenboden.

Das kleine Becken mit seinem Band- und Muskelapparat bildet einen gekrümmten, schlauchartigen Kanal, dessen Eingangsebene (Apertura pelvis sup.) von der Linea terminalis, der Symphyse und dem Promontorium begrenzt wird. Die Stellung der Beckeneingangsebene zur Horizontalen wird von der Beckenneigung bestimmt (bei aufrechter Körperhaltung normalerweise 55–60°). Der Beckenausgang (Apertura pelvis inf.) wird durch die Tubera ischiadica, das Steißbein, die Ligg. sacrotuberalia, den Schambogen und die Symphyse umrandet und bildet keine Ebene im strengen Sinne des Wortes.

Die *Geschlechtsunterschiede* in der Beckenform entwickeln sich in vollem Umfang erst während der Pubertät. Das weibliche Becken ist im ganzen niedriger, breiter und geräumiger. Der Abstand zwischen den Sitzbeinknorren ist weiter, der Schamwinkel (Arcus pubis) bei der Frau ausgerundet und meist über 90°, beim Mann unter 90° und spitz (Angulus pubis). Der Beckeneingang hat beim Mann durch das stark vorspringende Promontorium eine Kartenherzform, bei der Frau ist er dagegen mehr elliptisch gestaltet.

Klinische Hinweise. Die Orientierung am knöchernen Becken spielt in der Frauenheilkunde eine große Rolle. Die Symphyse, das Tuberculum pubicum, bei Mageren auch die Eminentia iliopectinea, dann der Beckenrand (von der Spina iliaca ant. sup. bis zur Spina iliaca post. sup.), die Dorsalseite des Os sacrum und das Os coccygis sind gut zu tasten. Von der Vagina aus kann das Promontorium, vom Rektum aus die seitliche Beckenwand abgetastet werden. Die oberflächliche Lage der Crista iliaca ermöglicht eine *Knochenmarkspunktion,* die meist am Beckenkamm angelegt wird.

Für die Geburtshilfe sind die **Beckenmaße** von besonderer Wichtigkeit. Die Conjugata vera (Distantia mediana oder anatomica) ist die Distanz zwischen Promontorium und oberem Symphysenrand. Die Conjugata vera der Kliniker (auch Conjugata obstetrica) ist die absolut engste Stelle des Beckeneingangsraums und stellt die Verbindungslinie zwischen Promontorium und dem dem Promontorium am nächsten gelegenen Punkt der Hinterfläche der Symphyse dar. Beide Linien können beim Menschen nicht direkt gemessen werden. Dagegen läßt sich die Länge der Conjugata diagonalis (Distanz Promontorium – unterer Symphysenrand) am Lebenden bestimmen, denn normalerweise läßt sich das Promontorium von der Vagina aus tasten. Je nach Symphysenhöhe und Größe des Schambeinwinkels zieht man 1,5–2 cm ab und gewinnt dadurch einen indirekten Anhalt für die Länge der Conjugata vera. Die größte Beckenweite liegt in der Mitte des Beckenkanals (etwa 13–14 cm). Durch Dorsalverschiebung der Steißbeinspitze in der Schwangerschaft kann der sagittale

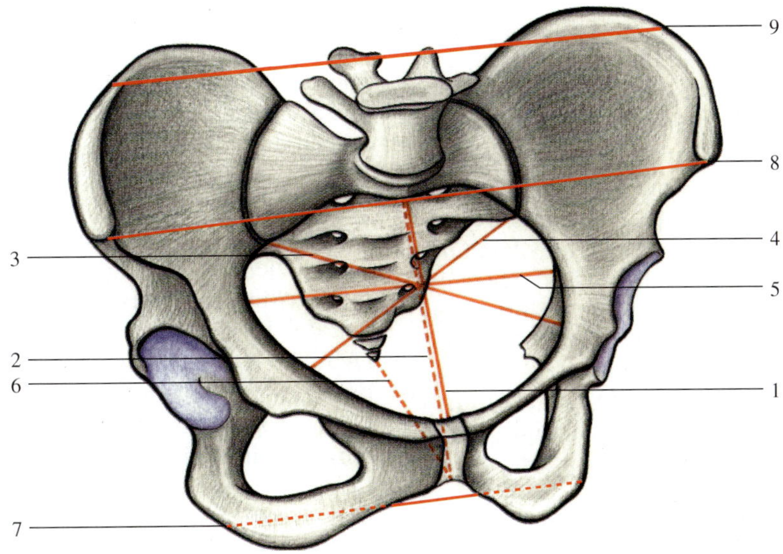

Abb. 281. Schema der wichtigsten Beckenmaße (Ansicht von rechts-oben). Die Nummern entsprechen den Hinweisen in der Tabelle.

Beckenmaße (vgl. Nummernhinweise in Abb. 281)

	Maß	Definition	
	Beckenneigungswinkel	Winkel zwischen der Beckeneingangsebene und Horizontalen	55–77°
Beckeneingangs-ebene	1. Conjugata vera 2. Conjugata diagonalis 3. und 4. Diameter obliqua 5. Diameter trans-versa	Abstand Promontorium – oberer Symphysenrand Distanz unterer Symphysenrand – Promontorium Schrägdurchmesser von der Articulatio sacroiliaca zur Eminentia iliopectinea größter Querdurchmesser der Becken-eingangsebene	11,0 (♀) 12,5 (♀) 12,5 (♀) 13,0 (♀)
Beckenausgangs-ebene	6. Conjugata 7. Diameter trans-versa	Abstand Steißbeinspitze – Unterrand der Symphyse Abstand beider Sitzbeinknorren	9,5 (♀) 8,0 (♂) 12,0 (♀) 8,5 (♂)
Äußere Beckenmaße	Conjugata externa 8. Distantia spinarum 9. Distantia cristarum Distantia inter-trochanterica	Distanz Symphyse – 5. Lendenwirbel Abstand beider Spinae iliacae ant. sup. größter Abstand beider Cristae iliacae größter Abstand beider Trochanteren	17,5–22,1 cm 23,0–25,6 cm 27,5–30,8 cm 30,8–34,2 cm

Durchmesser der Beckenausgangsebene um 2–2,5 cm vergrößert werden. Der quere Durchmesser der Beckenausgangsebene (zwischen den beiden Tubera ischiadica) mißt etwa 11 cm. Der I. schräge Durchmesser des Beckeneingangs läuft von rechts-hinten nach links-vorn (vgl. die Fechterstellung), der II. umgekehrt.

Ist die Conjugata externa (vom oberen Symphysenrand bis zum Dornfortsatz des 5. Lendenwirbels) sehr klein, kann auf ein enges Becken (kleine Conjugata vera), ist die Distantia intertrochanterica (Abstand beider Trochantera majora) ungewöhnlich klein, kann auf ein querverengtes Becken geschlossen werden. Jedoch sind damit nur Anhaltspunkte gegeben. Als Distantia cristarum wird die maximale Entfernung beider Darmbeinkämme, als Distantia spinarum der Abstand der vorderen Darmbeinstacheln bezeichnet. Die äußeren Beckenmaße sind jedoch klinisch von geringer Bedeutung. Auch die Form der *Michaelis-Raute* (Trigonum sacrale) kann dem Geburtshelfer wichtige Hinweise auf Form und Weite des Beckens geben (vgl. S. 25).

2. Beckenboden

Die inneren Geschlechtsorgane, Harnblase und Rektum liegen im kleinen Becken, das kaudal durch eine bindegewebig-muskulöse Platte, den Beckenboden, abgeschlossen wird. Der Beckenboden besteht aus einem *Diaphragma pelvis* (M. levator ani mit seinen Faszien) und einem Diaphragma urogenitale (Mm. transversi perinei), die innen von der Fascia perinei superf. bedeckt sind (Abb. 282). Der M. levator ani entspringt nahe der Beckeneingangsebene von einem Sehnenbogen (Arcus tendineus m. levatoris ani) und bildet eine trichterförmige Muskelplatte, die vom Rektum durchbohrt wird. Man unterscheidet eine Pars pubica und eine Pars iliaca. Im Schambeinteil bleibt eine spaltförmige Öffnung bestehen, das sog. Levatortor (Hiatus levatorius), das zu beiden

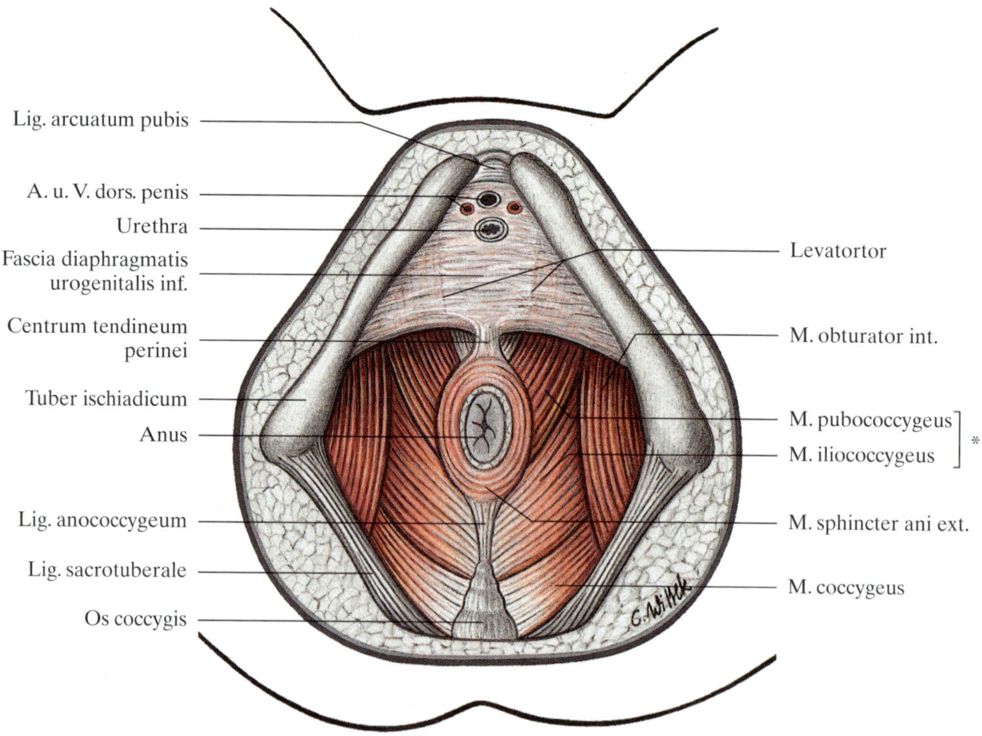

Abb. 282. Beckenboden beim Mann (von unten). Das äußere Genitale wurde entfernt. * = M. levator ani.

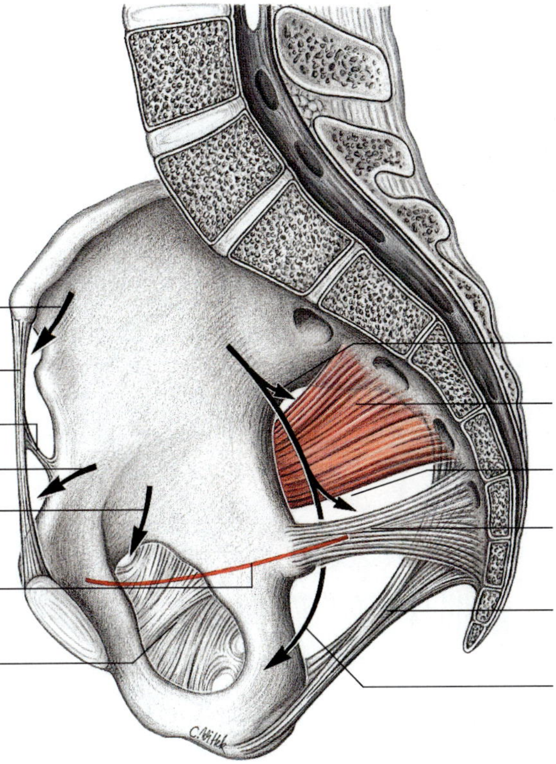

Abb. 283. Lage der Gefäß-Nerven-Straßen am Becken.
A = Nervenstraße der Lacuna musculorum für N. femoralis, N. cutaneus femoralis lat.
B = Gefäßstraße der Lacuna vasorum für A. und V. femoralis, Vasa lymphatica
C = Gefäß-Nerven-Straße des Canalis obturatorius für A. und V. obturatoria, N. obturatorius
D = Gefäß-Nerven-Straße durch das For. suprapiriforme für A. und V. glutealis sup., N. gluteus sup.
E = Gefäß-Nerven-Straße durch das For. infrapiriforme für A. und V. glutealis inf., N. gluteus inf., N. ischiadicus, A. und V. pudenda int., N. pudendus
F = Gefäß-Nerven-Straße des Canalis pudendalis (Alcock-Kanal) für A. und V. pudenda int., N. pudendus

Seiten von den Levatorschenkeln begrenzt wird (Abb. 282). Das Levatortor wird von einer transversal orientierten, quergestreiften Muskelplatte kaudal überlagert, die in der Hauptsache aus dem M. transversus perinei prof. besteht (Diaphragma urogenitale). Zwischen den Diaphragmata bleibt ein blinder Recessus im Schambeinbogen erhalten (Rec. pubicus), der nach dorsal mit der Fossa ischiorectalis in Verbindung steht und die Leitungsbahnen für das äußere Genitale beherbergt. Dorsal heftet sich der M. levator ani mit dem Lig. anococcygeum ans Steißbein an. Er wird hier dorsal durch die Mm. coccygei ergänzt. Der Levator wird beiderseits von einer derben Faszie überzogen (Fascia diaphragmatis pelvis sup. und inf.), die einen Teil der äußeren Beckenfaszie darstellt (Fascia pelvis parietalis). Der Muskel bildet die wichtigste Fixation für die Beckeneingeweide und damit die wirksamste Sicherung gegen eine Prolapsneigung.

Die **Leitungsbahnen** für Beckenboden und äußeres Genitale durchsetzen das Diaphragma pelvis nicht, sondern umgehen diese Muskelplatte an deren Hinterrand und zwar dort, wo zwischen dem Lig. sacrospinale und sacrotuberale eine Lücke entsteht

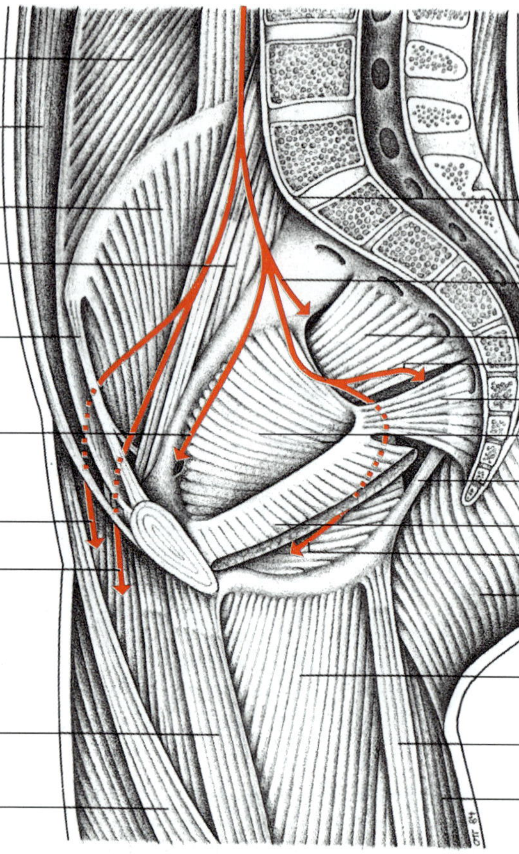

Abb. 284. Muskulatur von Becken und Beckenboden und Lage der Gefäß-Nerven-Straßen (rote Pfeile).
A = Canalis obturatorius zur Adduktorenloge für A. und V. obturatoria und N. obturatorius
B = Nervenstraße der Lacuna musculorum zum Bein für N. femoralis und N. cutaneus femoris lat.
C = Gefäßstraße der Lacuna vasorum zum Bein für A. und V. femoralis, Vasa lymphatica
D = Durch For. suprapiriforme zur Glutäalregion für A. und V. glutealis sup., N. gluteus sup.
E = Durch For. infrapiriforme zur Glutäalregion und zum Bein für A. und V. glutealis inf., N. gluteus inf., N. ischiadicus, A. und V. pudenda int. und N. pudendus
F = Canalis pudendalis (Alcock-Kanal) zum Beckenboden und Genitale für A. und V. pudenda int., N. pudendus

(For. ischiadicum minus), die nicht mehr vom M. levator ani bzw. dem M. coccygeus überspannt wird. Die Leitungsbahnen, die durch das For. infrapiriforme den Beckenraum verlassen haben und den Beckenboden von außen erreichen wollen, biegen hier scharf um das Lig. sacrospinale und damit um den Hinterrand des M. levator ani herum und ziehen dann nach vorne durch das For. ischiadicum minus zur Unterseite des M. levator ani, wo sie dann in der seitlichen Beckenwand innerhalb der Faszie des M. obturator int. verlaufen (Alcock-Kanal). Sie liegen zunächst kranial des Diaphragma urogenitale, das sie durchsetzen müssen, um dann von unten zum äußeren Genitale zu gelangen (Abb. 282, 283 und 284).

Die *Leitungsbahnen* für die Glutäalregion und das Bein verlassen das kleine Becken entweder durch eine Muskellücke oberhalb des M. piriformis (For. suprapiriforme) oder durch eine entsprechende Muskellücke unterhalb des M. piriformis (For. infrapiriforme) (Hinweis D in Abb. 284). Unterhalb der

Beckeneingangsebene, nämlich am Vorderrand des For. obturatum befindet sich ein schräg nach vorne-innen verlaufender Kanal (Canalis obturatorius), der den Leitungsbahnen den Zugang zur Adduktorenloge des Oberschenkels erschließt (Hinweis A in Abb. 284). Die für das Bein bestimmten Leitungsbahnen (A., V., N. femoralis) ziehen – wie oben dargestellt (vgl. S. 121 und 153) – mit dem M. iliopsoas unter dem Leistenband hindurch nach distal, wobei sie entweder die Lacuna musculorum (N. femoralis) (Hinweis B in Abb. 284) oder die Lacuna vasorum (A., V. femoralis) (Hinweis C in Abb. 284) benützen.

3. Arterien

Die Keimdrüsen haben sich embryonal zunächst in der oberen Lendenregion entwickelt und sind dann aber an der dorsalen Bauchwand entlang bis ins kleine Becken (Ovarium) oder durch den Leistenkanal bis in den Skrotalsack (Hoden) abwärtsgewandert. Dabei haben sie ihre Gefäße, deren Ursprung aus der Aorta abdominalis noch den Entstehungsort der Keimdrüsen anzeigt, mit in die Länge gezogen. Die *A. testicularis* bzw. *ovarica* zweigt in der Regel in Höhe des zweiten Lendenwirbelkörpers von der Aorta abdominalis ab, und zieht dann neben der Wirbelsäule senkrecht abwärts, wobei sie zuerst den Ureter und dann die Vasa iliaca ext. überkreuzt. Beim Mann erreicht die A. testicularis durch den Leistenkanal hindurch den Hoden, während bei der Frau die A. ovarica nur bis zu dem an der lateralen Wand des kleinen Beckens gelegenen Ovarium zieht (Verlauf im Lig. suspensorium ovarii).

Die Organe des kleinen Beckens werden hauptsächlich aus der A. iliaca int. versorgt. Die Aorta abdominalis teilt sich in Höhe des 3. oder 4. Lendenwirbelkörpers in die beiden *Aa. iliacae communes* auf, die sich meist in Höhe der Articulatio sacroiliaca beiderseits in die A. iliaca ext. (für Bauchwand und untere Extremität) sowie die A. iliaca int. für Becken- und Genitalorgane sowie die Glutealregion aufzweigt (Abb. 285).

Die *A. iliaca int.* zieht über den Beckeneingang zur seitlichen Wand des kleinen Beckens. Oberhalb des For. ischiadicum majus teilt sie sich in zwei Hauptstämme, die sich dann in fünf parietale und fünf viszerale Äste aufzweigen. Die viszeralen Äste versorgen die im kleinen Becken liegenden Organe (Harnblase, Uterus, Rektum, Analkanal, Prostata, Samenblasen etc.) sowie auch auf dem Umweg über die A. pudenda int. den Beckenboden und das äußere Genitale. Die parietalen Äste ziehen zur Beckenwand (M. iliopsoas, M. obturator int., Becken, Kreuzbein, Sakralkanal) sowie auch zur Glutealregion und zur Adduktorenloge des Oberschenkels.

Die *A. umbilicalis* steigt während der Embryonalentwicklung an der vorderen Bauchwand auf, um über den Nabelstrang das fetale Blut zur Plazenta zu bringen. Nach der Geburt obliteriert das Gefäß und wird zur Chorda a. umbilicalis (im Lig. umbilicale mediale); nur der Anfangsteil des Gefäßes bleibt erhalten, da von hier die *A. vesicalis sup.* abzweigt, die die oberen und seitlichen Abschnitte der Harnblase versorgt. Der Blasengrund erhält dagegen einen selbständigen Ast der A. iliaca int., nämlich die *A. vesicalis inf.*, die auch beim Manne die Prostata und die Samenbläschen, bei der Frau einen Teil der Vagina ernähren.

Zum Rectum ziehen insgesamt fünf Arterien:

1. von kranial die unpaare A. rectalis sup. (aus der A. mesenterica inf.),
2. von beiden Seiten jeweils eine *A. rectalis media* (oberhalb des Diaphragma pelvis) sowie
3. von außen zur Analregion die beiden A*a. anales (rectales) inf.* (unterhalb des Diaphragma pelvis).

Vom vorderen Hauptteil der A. iliaca int. zweigt bei der Frau eine kräftige Arterie zum Uterus und zum proximalen Teil der Vagina ab (A. uterina), beim Mann entspricht ihr die *A. ductus deferentis,* die mit dem Samenstrang durch den Leistenkanal bis zum Hoden zieht, wo sie mit den Endästen der A.

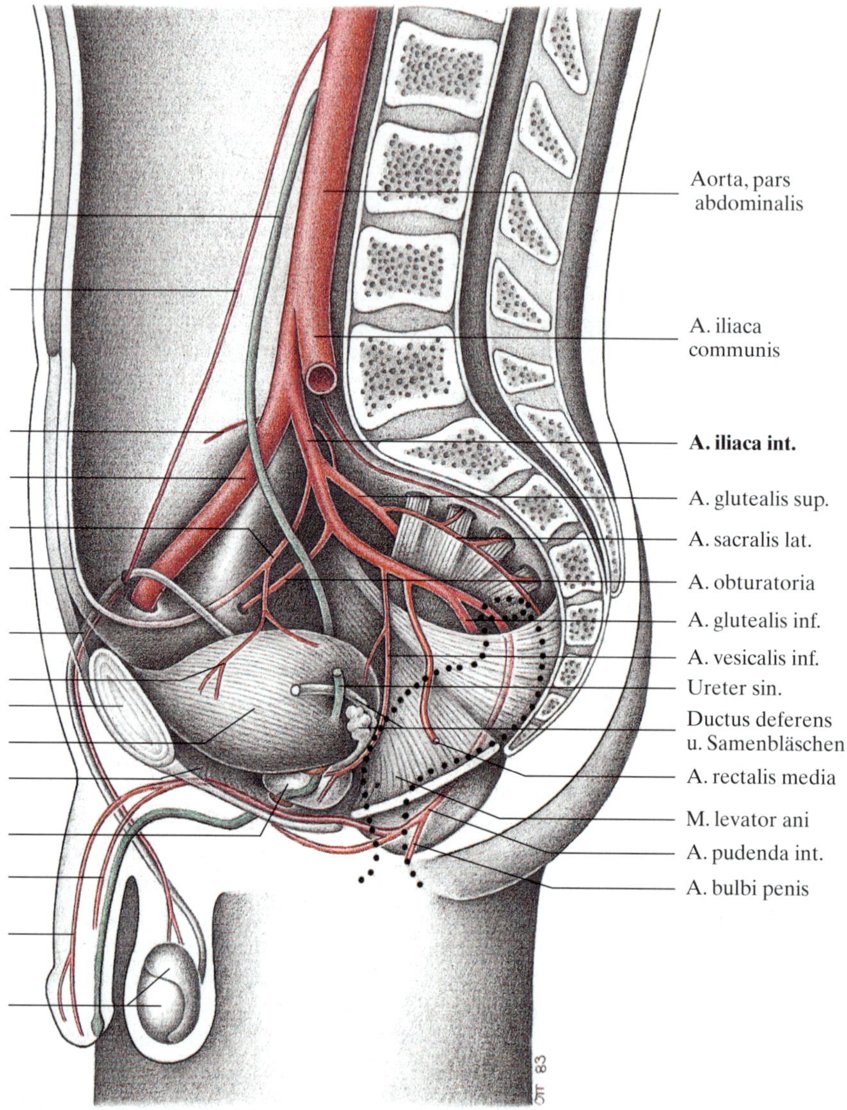

Abb. 285. Gefäßversorgung der Genitalorgane und des Beckens beim Mann (modif. nach Benninghoff). Astfolge der A. iliaca interna. Punktierte Linie = Lokalisation von Rektum und Analkanal.

testicularis anastomosiert. In ähnlicher Weise anastomosieren auch die A. uterina über Äste der Ovarialarkade (*R. ovaricus* und *R. tubarius*), die die Keimdrüse aufsteigend über das Lig. ovarium proprium erreichen, mit der A. ovarica und den Tubengefäßen.

Über die Glutealgefäße ist oben schon gesprochen worden (S. 126).

Parietale Äste der A. iliaca int.

1. Die *A. iliolumbalis* verläuft hinter dem M. psoas längs des Beckenkamms lateralwärts und anastomosiert mit der A. circumflexa iliaca prof. Sie stellt die Hauptarterie für den M. iliacus und M.psoas (R. iliacus) dar. Ein Nebenast erreicht den Wirbelkanal (R. spinalis).

2. Die *A. sacralis lat.* zieht an der Innenfläche des Kreuzbeins lateral von den Forr. sacralia pelvina, durch die sie Zweige zum Sakralkanal abgibt (Rr. spinales), abwärts.

3. Die *A. glutealis sup.* ist ein kräftiger Ast nach dorsal zur Glutäalregion, der das For. suprapiriforme oberhalb des M. piriformis durchquert und mit einem R. superf. sowie einem R. prof. hauptsächlich den M. glutaeus medius und minimus versorgt.

4. Die *A. glutealis inf.* durchquert das For. ischiadicum majus unterhalb des M. piriformis (For. infrapiriforme) und versorgt hauptsächlich den M.glutaeus maximus. Ein kleiner Zweig, der ursprünglich die Hauptarterie des Beins war, begleitet den N. ischiadicus (A. comitans n. ischiadici).

5. Die *A. obturatoria* entspringt aus dem vorderen Stamm der A. iliaca int. und zieht durch den Canalis obturatorius zur Muskelgruppe der Adduktoren. Der kleine *R. pubicus* zweigt noch vor Eintritt der A. obturatoria in den Canalis obturatorius ab und zieht steil abwärts an der Innenfläche des Schambeins zum Beckenrand, wo er mit Ästen der A. epigastrica inf. anastomosiert. Die Anastomose kann gelegentlich die A. obturatoria ersetzen. Sie verläuft am Lig. lacunare vorbei, das die innere Bruchpforte für Femoralhernien medial begrenzt (Corona mortis).

Der *R. ant.* zweigt nach dem Durchtritt der A. obturatoria durch den Canalis obturatorius nach medial zu den Ursprüngen der Adduktorenmuskulatur ab. Der *R. post.* zieht zwischen der Membrana obturatoria und dem M. obturatorius ext. abwärts zu den tiefen Hüftmuskeln. Ein wichtiger Ast ist der *R. acetabularis.* Er verläuft durch die Incisura acetabuli im Lig. capitis femoris zum Hüftgelenkskopf. Dieses Gefäß obliteriert meist im Alter.

Viszerale Äste der A. iliaca int.

6. Die *A. pudenda int.* entspringt aus dem vorderen Hauptast der A. iliaca int. und verläuft durch das For. infrapiriforme zum For. ischiadicum minus. In der Fossa ischiorectalis liegt die Arterie mit den gleichnamigen Venen und Nerven zusammen im Alcock-Kanal. Abschnittsweise zweigen Äste zu den Organen des Beckenbodens und zum äußeren Genitale ab.

Die *A. rectalis inf.* zieht quer durch das Fettgewebe der Fossa ischiorectalis zum Analkanal und zur Analschleimhaut. Sie anastomosiert mit der A. rectalis sup. und media.

Die *A. perinealis* ist ein kleiner Ast für die Dammregion und die Hinterfläche des Hodensacks (Rr. scrotales post.) bzw. der großen Schamlippen (Rr. labiales post.).

Die *A. bulbi penis* zieht durch den M. transversus perinei prof. hindurch, den sie versorgt, und erreicht den Bulbus penis und die Gl. bulbourethralis. Bei der Frau entspricht ihr die *A. bulbi vestibuli,* die den Bulbus vestibuli versorgt.

Die *A. urethralis* versorgt die Harnröhre und den Harnröhrenschwellkörper.

Die *A. prof. penis* bzw. *clitoridis* tritt unter der Symphyse von medial her in den Penis- bzw. Klitorisschwellkörper ein, dessen Gefäßnetze sie mit Blut versorgt.

Die *A. dors. penis* bzw. *clitoridis* ist der Endast der Penis- bzw. Klitorisarterie, der an der Dorsalseite des Penis bzw. der Klitoris außerhalb der Tunica albuginea bis zur Glans verläuft.

7. Die *A. umbilicalis* gehört vor der Geburt zum Plazentarkreislauf. Nach der Geburt bleibt nur der Anfangsteil bis zum Abgang der *A. vesicalis sup.* erhalten, während der zur Bauchwand bis zum Nabel verlaufende Abschnitt obliteriert (Chorda a. umbilicalis im Lig. umbilicale mediale).

8. Die *A. rectalis media* entspringt meist aus dem vorderen Hauptstamm der A. iliaca int. und zieht zur Ampulla recti, zur Prostata, zu den Samenblasen und zum M. levator ani.

9. Die *A. vesicalis inf.* verläuft zum Fundus der Harnblase, zur Prostata und zu den Samenbläschen, bei der Frau zum mittleren Abschnitt der Vagina.

10. Die *A. ductus deferentis* zweigt meist aus der unteren Blasenarterie ab und versorgt Samenblase und Ductus deferens, mit dem sie zusammen durch den Leistenkanal bis zum Nebenhoden zieht. Bei der Frau entspricht ihr die *A. uterina.* Diese erreicht durch das Lig. latum uteri den Genitalschlauch in Höhe der Cervix uteri, überkreuzt den Ureter und spaltet sich seitlich im Parametrium in ihre Endäste auf, vor allem in die *A. vaginalis,* einen absteigenden Ast zum proximalen Abschnitt der Vagina, in den *R. ovaricus,* einen aufsteigenden Ast zum Ovarium, der mit der A. ovarica (sog. Ovarialarkade) anastomosiert, und einen *R. tubarius,* der die Tube von der Mesosalpinx aus versorgt.

4. Venen

Die *V. iliaca int.* liegt an der lateralen Wand des kleinen Beckens und sammelt das venöse Blut hauptsächlich aus den Organen des Beckens und Beckenbodens. Die im kleinen Becken untergebrachten Organe sind meist von schwellungsfähigen, venösen Geflechten umgeben. Der *Plexus venosus rectalis* umgibt das Rektum im Bereich des Analkanals und fließt einerseits über die V. rectalis sup. zur Pfortader, andererseits über die Vv. rectales mediae und inf. zur V. iliaca int. ab (vgl. a. S. 361). Der Plexus venosus vesicalis liegt am Blasengrund. Er steht beim Mann mit den Harnröhren- und Penisschwellkörpern, bei der Frau mit dem neben dem Uterus und der Vagina gelegenen Venengeflechten in Verbindung. Die *Plexus venosi uterini et vaginales* füllen weitgehend das Parametrium aus und werden über die V. uterina zur V. iliaca int. drainiert. Der Plexus venosus prostaticus ist beim Mann zwischen Arcus pubis und Prostata gelegen. Bei der Frau findet sich ein vergleichbarer Venenplexus zwischen Blase und Urethra. Diese mächtigen Venenpolster nehmen das aus dem äußeren Genitale zurückfließende Blut auf (V. dors. penis bzw. clitoridis prof.) und leiten es zur seitlichen Beckenwand, d. h. zur V. iliaca int. ab.

Die *V. pudenda int.* läuft innerhalb der Fossa ischiorectalis, d. h. der Nische zwischen M. levator ani und M. obturator int. in einem in der Obturatorfaszie gelegenen Kanal (Alcock-Kanal) und sammelt das Blut aus dem Analbereich (V. rectalis inf.) und dem Genitale (*Vv. scrotales* bzw. *labiales post.* und *V. dorsalis penis* bzw. *clitoridis prof.* und *Vv. bulbi penis* bzw. *vestibuli*). Sie geht über die V. glutaea inf. in die V. iliaca int. und damit in das Kavasystem über.

Die vorderen Abschnitte der Genitalorgane (Symphyse, Haut des Penis, vordere Skrotal- bzw. Labialregion) werden dagegen zur Inguinalregion über die *Vv. pudendae ext.* oder zur *V. saphena magna* und damit zur V. femoralis hin drainiert. Die Venen aus den Keimdrüsen (*Vv. ovaricae* bzw. *testiculares*) bilden sich aus den mächtigen Venengeflechten in der Nachbarschaft der Keimdrüsen, die man als Plexus pampiniformis bezeichnet hat, und ziehen dann kranialwärts bis zur Lendenregion, wo sie rechts direkt in die V. cava inf. und links in die V. renalis einmünden. Diese »umständliche« Verlaufsform erklärt sich aus der Entwicklungsgeschichte.

5. Nerven

Die Nerven für die Beckenorgane stammen alle aus dem Plexus lumbosacralis und den autonomen Beckengeflechten.

Der *N. pudendus* bildet sich aus den ventralen Ästen der Spinalnerven von S_2–S_4 und findet sein Verzweigungsgebiet hauptsächlich kaudal vom Diaphragma pelvis. Von der Fossa ischiorectalis aus entsendet er der Reihe nach:

1. Die *Nn. rectales inf.* zum Anus und zum M. sphincter ani ext.

2. Die *Nn. perineales,* deren sensible Äste die dorsalen Hautbereiche des Skrotalsacks bzw. der großen Schamlippen versorgen (*Nn. scrotales post.* bzw. *labiales post.*) und deren motorische Äste zum M. transversus perinei superf. sowie zum M. bulbo- und ischiocavernosus ziehen.

3. Der *N. dors. penis* innerviert den M. transversus perinei prof. und M. sphincter urethrae sowie die Haut des Penis bzw. der Klitoris.

Der M. levator ani wird nicht vom N. pudendus, sondern von einem kleinen Nerven, der direkt aus dem vierten Sakralsegment hervorgeht, versorgt (N. m. levatoris ani).

Der *Plexus coccygeus* entsendet kleinere Nerven zur Haut über der Steißbeinspitze sowie zur Analregion (Nn. anococcygei) und steht auch mit den ventralen Ästen der letzten Sakralnerven in Verbindung.

Die *autonomen Beckengeflechte* erhalten Zuflüsse vom Parasympathikus des Sakralmarks und vom unteren Ende des Grenzstrangs des Sympathikus.

Beide Grenzstränge, die im Beckenbereich jederseits nur vier Ganglien ausbilden, vereinigen sich vor dem Steißbein zum unpaaren *Ganglion impar.* Oberhalb der Teilungsstelle der Aorta liegt der *Plexus hypogastricus sup.,* der sich in Höhe des Promontoriums in den N. hypogastricus dext. und sin. aufteilt. Diese Stränge gehen im kleinen Becken in ein ausgedehntes autonomes Nervengeflecht über, das beiderseits des Rektums eine sagittal gestellte Platte bildet, die vorne bis zur Harnblase reicht *(Plexus hypogastricus inf.).* Dieser Plexus nimmt aus dem Grenzstrang sympathische Fasern *(Nn. splanchnici sacrales)* sowie vor allem auch parasympathische Fasern auf, die aus den sakralen Rückenmarksegmenten stammen und über den Plexus sacralis oder pudendalis das Beckengeflecht erreichen (*Nn. splanchnici pelvini* oder *erigentes*). Die peripheren autonomen Nervengeflechte erreichen ihre Erfolgsorgane (Harnblase, Prostata, Urethra, Ductus deferens, Penis oder Clitoris) meist über die adventitiellen Geflechte der versorgenden Arterien. Bei der Frau existiert neben Uterus und Vagina auch der große *Plexus uterovaginalis,* der sich besonders in der Nähe des Zervikalkanals stark verdichtet und als Frankenhäuser-Ganglion bezeichnet wird.

Klinischer Hinweis. Bei der operativen Entfernung des Rektums (Rektumexstirpation) sind die autonomen Plexus, insbesondere die Nn. erigentes gefährdet. Ihre Verletzung kann zu Erektionsstörungen führen (Impotentia coeundi).

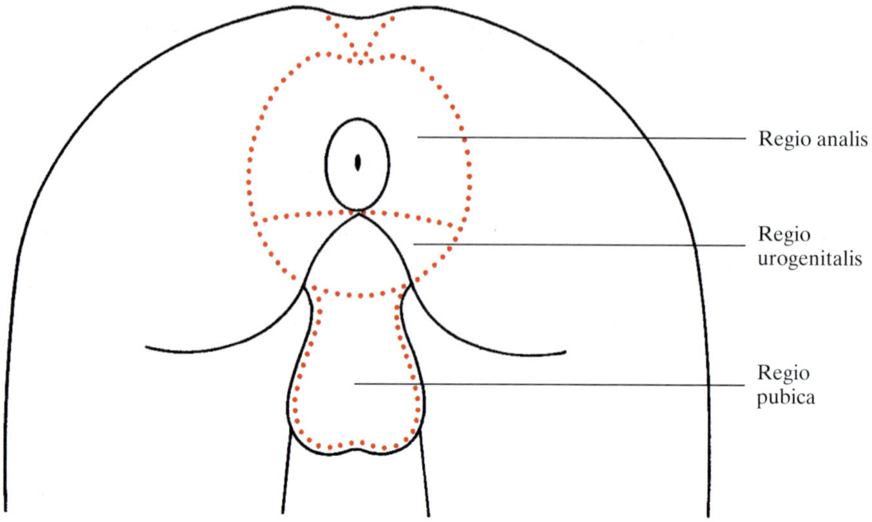
Regio analis
Regio urogenitalis
Regio pubica

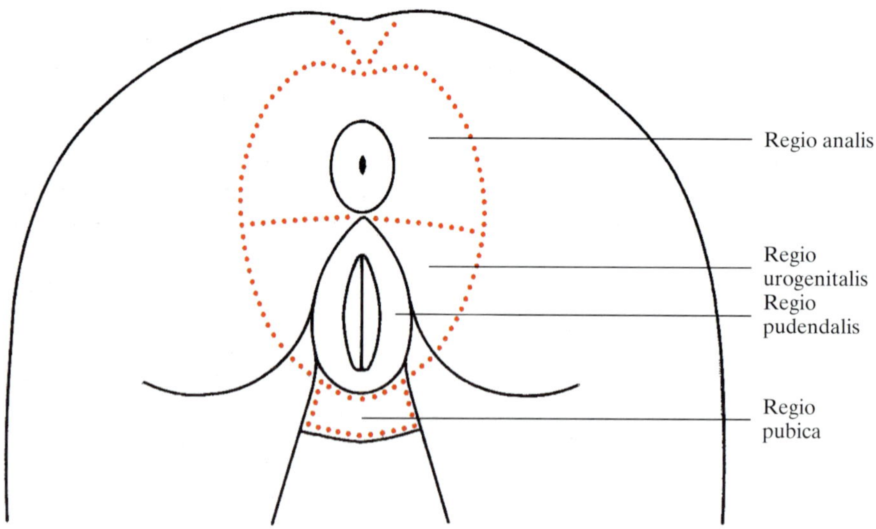
Regio analis
Regio urogenitalis
Regio pudendalis
Regio pubica

B. Topographische Anatomie der Beckenorgane

I. Beckenorgane beim Mann

1. Beckenboden und Damm (Regio urogenitalis, Regio perinealis)

Die Beckenausgangsebene kann durch eine quere Linie durch beide Sitzbeinknorren in ein vorderes Trigonum urogenitale und ein hinteres Trigonum anale geteilt werden. Im Bereich des Trigonum urogenitale lagert sich der M. transversus perinei prof. kaudal über den Levatorspalt. Der Muskel wird an seinem Hinterrand durch den zwischen beiden Sitzbeinknorren ausgespannten variablen M. transversus perinei superf. ergänzt. Vorn unter dem Symphysenwinkel bleibt die Muskelplatte unvollständig. Sie wird jederseits von einer Faszie bedeckt (Fascia diaphragmatis urogenitalis sup. und inf.), die vorn unter der Symphyse gemeinsam in das Lig. transversum perinei übergeht. Diese bindegewebig-muskulöse Platte erreicht aber die Symphyse, die unten vom Lig. arcuatum pubis überspannt wird, nicht. Es bleibt ein schmaler Schlitz übrig, durch den die V. dors. penis prof. in den ausgedehnten Plexus venosus prostaticus übertritt (Abb. 282).

Dem Diaphragma urogenitale lagern sich außen die Crura corporis cavernosi und der Bulbus penis mit den zugehörigen Muskeln auf (M. bulbospongiosus und M. ischiocavernosus). Die Gebilde der Peniswurzel haben jedoch keinen Anteil am Aufbau des Diaphragma urogenitale.

2. Fossa ischiorectalis und äußeres Genitale (Regio analis, Regio pudendalis)

Die Gefäße und Nerven zum Beckenboden und zum äußeren Genitale verlaufen in dem taschenförmigen Spaltraum zwischen M. levator ani und seitlicher Beckenwand, der *Fossa ischiorectalis.* Die Vasa pudenda int. zusammen mit dem N. pudendus verlassen das kleine Becken durch das For. infrapiriforme, biegen um die Spina ischiadica herum und treten in den Alcock-Kanal (Canalis pudendalis) ein. Dieser liegt innerhalb der Faszie des M. obturator int., also ganz an der lateralen Wand der Fossa ischiorectalis. Von hier aus zweigen die Äste nacheinander fächerförmig zum Anus, zum Damm, zum Bulbus penis, zum Scrotum und schließlich zum Penis ab.

Die Äste zum Rektum durchbrechen die Obturatorfaszie relativ weit hinten und ziehen dann schräg durch das Fettgewebe der Fossa ischiorectalis zur Analregion (*Aa., Vv.* und *Nn. rectales inf.*).

Am Hinterrand des Diaphragma urogenitale verläßt die A. pudenda int. zusammen mit der gleichnamigen Vene den Alcock-Kanal und spaltet sich in ihre Endäste, die A. perinealis und die A. penis auf. Die A. perinealis läuft zusammen mit den Nn. perineales neben dem M. ischiocavernosus ziemlich oberflächlich nach vorne, und versorgt den Hodensack (*Aa. scrotales post.*) (Abb. 286).

Die *A. dors. penis* ist die Fortsetzung des Stamms der A. pudenda int., durchsetzt den M. transversus perinei prof. und zieht nahe am Schambeinast zusammen mit dem N. dors. penis nach vorne zu den Schwellkörpern des Penis. Schon im dorsalen Teil des Diaphragma urogenitale zweigt ein Ast zusammen mit der gleichnamigen Vene zum Bulbus penis (*A.* und *V. bulbi penis*) und ein weiterer zum Corpus spongiosum penis (*A.* und *V. urethralis*) ab. Von den beiden Endästen zieht der eine sofort nach lateral zum Crus penis *(A. prof. penis)*, der andere nach medial zum Dorsum penis *(A. dors. penis)*, wo die paarig ausgebildete Arterie mit der unpaaren, großen Sammelvene des Penis,

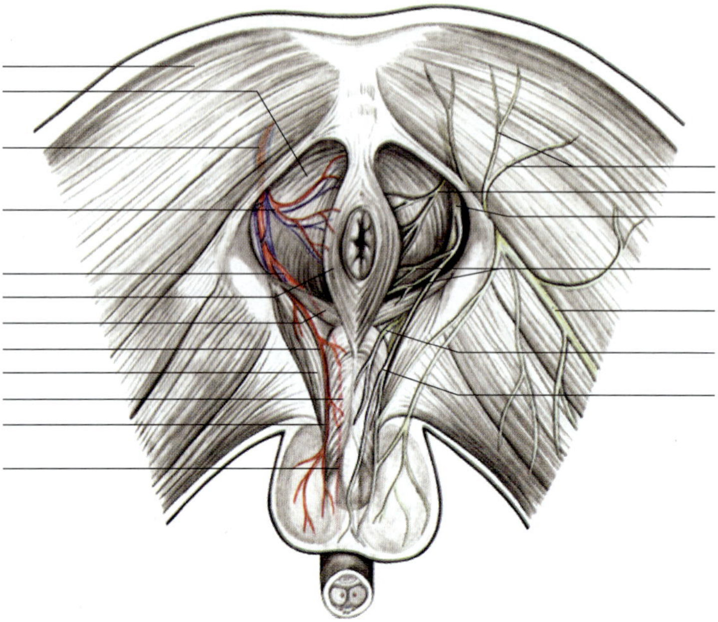

Abb. 286. Regio analis, perinealis und genitalis beim Mann. 1 = M. glutaneus maximus; 2 = M. levator ani; 3 = M. sphincter ani ext.; 4 = M. transversus perinei superf.; 5 = M. ischiocavernosus; 6 = M. bulbospongiosus.

der *V. dors. penis prof.,* am Penisrücken unter des Fascia penis prof. gelegen ist (Abb. 287).

Der *N. dors. penis* begleitet die A. penis durch das Diaphragma urogenitale hindurch und verläuft dann zusammen mit der A. dors. penis am Dorsum penis nach vorne bis zum Praeputium und zur Glans penis. Er führt auch die motorischen Fasern für den M. transversus perinei prof. und den M. sphincter urethrae.

An der Innervation der Anal- und Dammregion beteiligen sich auch die *Rr. perineales* aus dem N. cutaneus femoris post. sowie in der Steißregion die Nn. anococcygei, die aus dem Plexus coccygeus stammen.

Die oberflächlichen, subkutanen Penisvenen *(Vv. dors. penis superf.)* stehen mit der Inguinalregion in Verbindung und fließen über die Vv. pudendae ext. zur V. saphena magna ab, während die tiefen Penisvenen *unter* der Symphyse in den Plexus venosus prostaticus übergehen. Die Lymphbahnen folgen den Venenstämmen. Die regionalen *Lymphknoten* des äußeren Genitales liegen daher auch entweder in der Inguinalregion oder in der Regio urogenitalis (Blasengrund, Beckenwandung usw.).

Die Penisschwellkörper werden von einer derben Tunica albuginea umschlossen, während das Corpus spongiosum der Urethra keine solche Bindegewebskapsel besitzt. Jedoch werden die drei Schwellkörper von einer, allerdings schwachen Fascia penis prof. umgeben (Abb. 287).

Die *Fixation des Penis* kommt hauptsächlich durch die straffe Befestigung der Crura penis an den Schambeinästen zustande. Die Penisbänder fixieren vornehmlich die Peniswurzel.

Die **Urethra** durchsetzt die Harnblasenwand (Pars intramuralis), die Prostata (Pars prostatica) und etwa 1,5 cm von der Symphyse entfernt, auch das Diaphragma urogenitale (Pars membranacea), bevor sie in den Bulbus und das Corpus spongiosum penis eintritt (Pars spongiosa). Vom Ostium int. zum Ostium ext. urethrae zeigt die Urethra

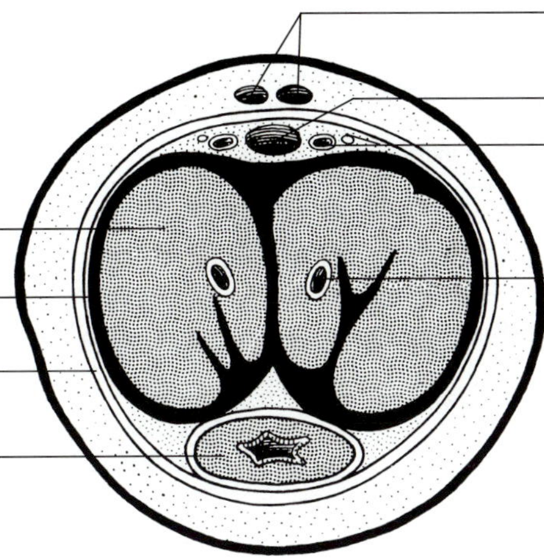

Abb. 287. Querschnitt durch den Penis (vgl. Abb. 285 und 286) (modif. nach Corning).

zwei Krümmungen (Curvatura infra- und praepubica), drei Erweiterungen und drei Verengungen (s. Tab. S. 404). Am Blasengrund bildet sich der glatte Schließmuskel (Lissosphinkter, M. sphincter vesicae oder kurz Sphincter int.), sowie am diaphragmalen Durchtritt der Urethra der quergestreifte Schließmuskel (Rhabdosphinkter, M. sphincter urethrae oder kurz Sphincter ext.).

Der Internus stellt eine elliptisch den Blasenausgang umgreifende, glattmuskuläre Schlinge dar, die von der Detrusormuskulatur unabhängig ist. Er grenzt funktionell den Harntrakt vom Geschlechtstrakt ab und verhindert eine retrograde Ejakulation sowie auch einen Urinreflux in die Samenwege. Der Harnröhrensphinkter ist nach neueren Untersuchungen ein zweigeteiltes System. Der quergestreifte M. sphincter urethrae hat die Form eines Hufeisens und keine Verbindungen mit der umgebenden Beckenbodenmuskulatur. Daneben existiert aber zusätzlich noch ein glattmuskulärer Ringmuskel (M. sphincter urethrae glaber), der autonom innerviert ist und den Harntrakt distalwärts gegen Inkontinenz schützt. Außerdem wurden noch zwei glattmuskuläre Längsbündel gefunden, die von Dorschner als M. dilatator urethrae und M. ejaculatorius bezeichnet wurden. Ein M. transversus perinei prof. soll gar nicht existieren.

Das dilatatorische Längssystem unterstützt den Sphincter vesicae und verhindert mit diesem das Eindringen von Ejakulat in die Harnblase. Das zweite Längsmuskelsystem der Urethra (M. ejaculatorius) bewirkt die Emission und Ejakulation des Samens und spielt damit bei der Kohabitation eine wichtige Rolle.

In der Pars prostatica wölbt der Mittellappen der Prostata (Lobus medius) die Schleimhaut etwas vor (Colliculus seminalis). Hier münden die beiden Ductus ejaculatorii (die gemeinsamen Ausführungsgänge von Ductus deferens und Ductus excretorius der Samenblase), der Utriculus prostaticus, der ein Homologon des Uterus darstellt, sowie mehrere Ausführungsgänge der Prostata.

Fixationsbänder des Penis

1.	*Lig. suspensorium penis* in der Tiefe der Peniswurzel, Fortsetzung der Fascia penis prof.
2.	*Lig. fundiforme penis* Fortsetzung der Fascia abdominalis superf., im Bereich der Linea alba und des subkutanen Bindegewebes, umfaßt schlingenförmig die Peniswurzel

Männliche Urethra

Pars fixa	Curvatura infrapubica	Ostium urethrae int.			
		1. Pars intramuralis	← M. sphincter vesicae (int.)	1. Enge	
		2. Pars prostatica			1. Weite
		3. Pars membranacea	M. sphincter urethrae (ext.)	2. Enge	
	Curvatura praepubica	4. Pars spongiosa	a) Ampulla b) Pars spongiosa c) Fossa navicularis		2. Weite 3. Weite
Pars mobilis		Ostium urethrae ext.		3. Enge	

Klinische Hinweise. Bei der *Katheterisierung der Blase* kann die präpubische Kurvatur durch Hebung des Penis ausgeglichen werden, die infrapubische nicht, weshalb der Katheter in der Regel eine gekrümmte Form hat. Die wichtigste Enge bei der Einführung eines Katheters liegt im Bereich des Diaphragmas. Da die Urethra vorher ampullär erweitert ist, kann sich der Katheter hier besonders leicht verfangen. 10% aller Beckenfrakturen sind mit *Harnröhrenverletzungen,* die meist in Höhe der Pars membranacea lokalisiert sind, verbunden. Bei direkten Gewalteinwirkungen vom Damm her sind dagegen mehr die hinteren Abschnitte der Pars spongiosa (»pars bulbosa«) betroffen. Die Existenz des neuerdings nachgewiesenen glattmuskulären, autonom innervierten M. sphincter urethrae erklärt das lange Zeit nicht verstandene Phänomen, daß nach operativer Zerstörung des glatten M. sphincter vesicae bei Prostataoperationen oder nach Blasenhalsnekrosen keine Inkontinenz auftritt.

Die **Cowper-Drüsen** (Gll. bulbourethrales) liegen im Diaphragma urogenitale. Die relativ langen Ausführungsgänge durchdringen den Beckenboden und enden im ampullär erweiterten Anfangsteil der Pars spongiosa urethrae (sog. Ampulle der Kliniker, vgl. Abb. 288).

Hoden (Testis) und **Nebenhoden** (Epididymis) liegen im Hodensack (Scrotum), der durch ein Septum scroti (äußerlich erkennbar durch die Raphe scroti) in zwei Hälften geteilt ist. Der linke Hoden steht meist etwas tiefer als der rechte. Der Hoden wird von einer derben Bindegewebsschicht (Tunica albuginea) umschlossen, so daß die Hodenkanälchen normalerweise unter Spannung stehen. Wird die Tunica albuginea zerrissen, so quellen die Kanälchen heraus und degenerieren rasch. Der Nebenhoden lagert sich dem hinteren-oberen Umfang des Hodens an. Der Kopf des Nebenhodens (Caput epididymidis) liegt hinten-oben, der Schwanz (Cauda epididymidis) geht hinten-unten in den Ductus deferens über. Hoden und Nebenhoden werden von mehreren Hüllen, die eine Fortsetzung der Bauchwandschichten darstellen, umgeben (vgl. Regio inguinalis, S. 50). Unmittelbar auf den beiden Organen liegt die Serosa, die Tunica vaginalis testis, die durch den obliterierten Proc. vaginalis mit dem Peritoneum in Verbindung steht (La-

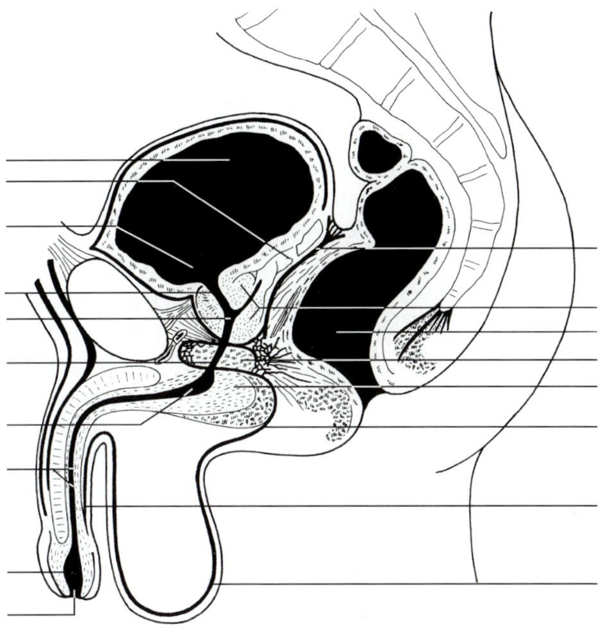

Abb. 288. Sagittalschnitt durch das männliche Becken zur Darstellung der Faszienverhältnisse und der Urethraabschnitte (aus Töndury). 1 = Bulbus penis; 2 = M. sphincter urethrae und Diaphragma urogenitale; 3 = Prostata; 4 = Vesicula seminalis; 5 = Vesica urinaria; 6 = Rectum.

mina visceralis und parietalis oder im klinischen Sprachgebrauch Epi- und Periorchium).

Klinische Hinweise. Flüssigkeitsansammlungen zwischen den beiden Serosablättern des Hodens ergeben das Bild der Hydrocele testis (Wasserbruch), solche im Proc. vaginalis das der Hydrocele funiculi spermatici.

Die Hinterwand von Hoden und Nebenhoden bleibt serosafrei. Hier grenzt das Gefäße und Nerven enthaltende Bindegewebe an. Die Arterien beider Organe stammen aus der Aorta (A. testicularis). Die Venen kommen aus dem Plexus pampiniformis und münden rechts in die untere Hohlvene, links in die V. renalis. Hoden und Nebenhoden werden mit ihrer Serosa von der derben Fascia spermatica int., dem M. cremaster mit seinen zugehörigen Faszien sowie von der Fleischhaut des Hodensacks, der Tuniva dartos, umhüllt (Weiteres s. S. 56). Die bewegliche, fettfreie und reichlich pigmentierte Skrotalhaut zeigt eine gute Heilungstendenz.

Klinische Hinweise. Bei stumpfen Verletzungen kann ein Hodensackhämatom entstehen. Die gut durchblutete Skrotalhaut resorbiert jedoch in der Regel das Hämatom rasch, so daß sich die Schwellung ohne ernstere Gefahren für die Keimdrüsen bald zurückbildet. Akute Verletzungen des Hodens, z. B. durch Peitschenschlag, führen dagegen meist zur Parenchymschädigung und Nekrose.

3. Harnblase

Die Blase ist ein schleimhautausgekleideter Hohlmuskel, dessen Fasern einen scherengitterartigen Bau zeigen. Das normale Fassungsvermögen der Blase, das Harndrang auslöst, ist 300–500 ml. Die Kapazität beträgt beim Mann jedoch etwa 700 ml oder mehr. Sie ist bei der Frau etwas geringer.

Klinische Hinweise. Bei einer Abflußbehinderung (Prostataadenom) kann die Blase bis zu 1500 ml aufnehmen und sich so weit ausdehnen, daß sie oberhalb des Nabels tastbar wird. Hypertrophie des Muskelgitters, z. B. durch Abflußbehinderungen, wird am Lebenden bei der Blasenspiegelung (Zystoskopie) an dem verstärkten Schleimhautrelief erkennbar.

Während der Fundus der Harnblase fixiert ist, sind Blasenkörper und Scheitel im lockeren Bindegewebe der Beckenwandung gut verschieblich. Nur die oberen Flächen des Blasenkörpers werden vom Peritonaeum überzogen. Bei gefüllter Blase (300–400 ml) hebt sich das Peritoneum von der vorderen Bauchwand ab, so daß über der Symphyse ein peritoneumfreies Feld entsteht (Spatium praevesicale [Retzii]). Das Peritoneum zeigt bei entleerter Blase Reservefalten (Plicae vesicales transversae).

Klinischer Hinweis. Das Spatium praevesicale ermöglicht einen extraperitonealen Zugang zur Blase (Sectio alta, Blasenpunktion, suprapubischer Weg zur Prostata). Es ist mit seinem lockeren Bindegewebe funktionell ein Verschiebespalt. Bei Blasenrupturen, die z. B. bei Schambeinbrüchen auftreten können, kann sich Harn von hier in das gesamte subseröse Bindegewebe des Beckens ausbreiten (Abb. 288).

Beim Säugling überragt die Blase die Symphyse weitgehend, da das Becken klein ist und sich erst in den ersten Lebensjahren ausweitet. Mit der Vergrößerung des Beckenraums verlagert sich die Blase kaudalwärts hinter die Symphyse (Descensus vesicae). Durch die Prostata ist der Blasengrund am Diaphragma urogenitale fixiert. Zwischen Symphyse, Prostata und Blase bleibt jedoch oberhalb des Beckenbodens ein lockermaschiger Bindegewebsraum bestehen, der ausgedehnte Venengeflechte enthält (Plexus venosus prostaticus). Dorsal wird der Blasengrund mit den ihm anlagernden Samenbläschen und der Prostata durch eine derbe Bindegewebsplatte vom Rektum getrennt. Das Peritoneum senkt sich normalerweise dorsal zwischen Rektum und Blase nur bis zu den Kuppen der Samenblasen und zur Ampulla ductus deferentis nach unten (Excavatio rectovesicalis). Die Prostata und der übrige Teil der Vesiculae seminales bleibt daher extraperitoneal.

Die *Innervation der Harnblase* ist sehr differenziert und für die Entleerungsfunktion wichtig. Die vegetativen intramuralen Geflechte, die zahlreiche Ganglien enthalten, werden von zwei Blasenzentren des Rückenmarks stimuliert, deren Fasern die Blasengeflechte über die präsakralen und pelvinen Plexus (Plexus hypogastricus sup. et inf.) erreichen. Der Sphincter ext. ist will-

Halteapparat der Harnblase

1. Lig. pubovesicale – sagittale Bandzüge von der Symphyse zum Blasengrund (♀)
2. Ligg. puboprostatica – sagittale Faserzüge von den Schambeinästen zur Prostata (♂)
   Beide vorgenannten Faserzüge enthalten glatte Muskelbündel (M. pubovesicalis) und quere bindegewebige Verspannungssysteme
3. Ligg. rectovesicalia (♀) und Ligg. rectoprostatica (♂) – bindegewebige Faserzüge von der Vorderfläche des Kreuzbeins und vom Rektum zur Fascia prostatica und Fascia vesicalis
   Diese Bandmassen werfen kranial beiderseits des Rektums eine Peritonealfalte auf, die den Eingang des Douglas-Raums begrenzt und teilweise auch Muskelfasern enthält (Plica rectovesicalis, M. rectovesicalis)
4. Plica umbilicalis mediana – vom Blasenscheitel in einer Peritonealfalte aufsteigende Faserbündel, die die Chorda urachi, d. h. den obliterierten Allantoisgang, enthalten

Gefäße und Nerven der Harnblase

Arterien
1. A. vesicalis sup. – aus der A. umbilicalis – für Corpus und Apex vesicae.
2. A. vesicalis inf. – aus der A. iliaca int., – für Blasengrund, Prostata und Vesicula seminalis.
3. Rr. vesicales der A. rectalis media – für die Dorsalfläche der Blase.

Venen
Abfluß der ausgedehnten Venengeflechte von Prostata und Blase (Plexus venosus vesicalis und Plexus venosus prostaticus) in die V. iliaca int. – Anastomosen mit den Vv. obturatoriae und Vv. pudendae sind vorhanden.

Lymphgefäße
1. Entlang der V. iliaca int. an der seitlichen Beckenwand zu den Nodi lymphatici iliaci int.
2. Dorsale Lymphstränge vom Blasengrund zum Rektum und Sakrum – Verbindungen mit den Nodi lymphatici anorectales und Nodi lymphatici sacrales.

Nerven
1. Sympathische, präsakrale Äste aus dem lumbalen Grenzstrang – zugehörige Segmente des Rückenmarks: Th_{10} und L_1 (sympathisches Blasenzentrum).
2. Parasympathische, pelvine Äste aus dem Plexus hypogastricus inf. – zugehörige Segmente des Rückenmarks: S_1–S_3 (parasympathisches, sakralautonomes Blasenzentrum).
3. Motorische Äste für die quergestreifte Muskulatur des Beckenbodens und des willkürlichen Blasensphinkters (Sphincter ext.) aus dem N. pudendus – zugehörige Segmente des Rückenmarks: S_2–S_4.

kürlich, der Sphincter int. nur autonom innerviert.

4. Prostata

Die kastaniengroße Vorsteherdrüse umschließt die Urethra am Blasengrund (Abb. 289). Sie lagert unmittelbar auf dem Diaphragma urogenitale, bleibt aber vom Symphysenrand 2–3 cm entfernt. Dorsal grenzt sie an das Rektum, von dem sie durch das derbe Septum rectoprostaticum (Denonvilliers) getrennt wird. Anatomisch unterscheidet man bei der Prostata eine Periurethralzone, eine Innen- und Außenzone. Die Innenzone (auch zentrale Zone, früher Lobus medius) macht etwa ⅓ der Drüse aus und umgibt die Urethra und die beiden Ductus ejaculatorii. Im Bereich des Trigonum vesicae wölbt sie die Blasenwandung etwas vor (Uvula vesicae). Die periphere oder Außenzone, die hauptsächlich vom rechten und linken Drüsenlappen gebildet wird, wird mehr von Testosteron, die Innenzone von Östrogenen beeinflußt.

Klinische Hinweise. Im Alter vergrößert sich häufig die Innenzone (sog. Prostataadenom), was zu Miktionsstörungen und Harnstauung führen kann. Prostatakarzinome entwickeln sich bevorzugt in der Außenzone.

Die muskelreiche Prostata wird von einer sehr derben Organkapsel umschlossen (Capsula prostatae) und an beiden Seiten von den Levatorschenkeln umfaßt. Zwischen Organkapsel und Fascia prostatae breitet sich der Santorini-Venenplexus aus (Plexus venosus prostaticus), der das Organ hufeisenförmig umgibt und den hinteren Organbereich an der Grenzfläche zum Rectum freiläßt. Er verschmilzt mit dem Plexus venosus vesicalis zum Plexus vesicoprostaticus, in den auch die Penisvenen einmünden (Blutfang nach der Erektion).

5. Samenblasen (Vesiculae seminales)

Die Samenblasen lagern sich dem Blasengrund an und sind von der Ampulla recti durch das derbe Septum rectovesicale und die Fascia prostatoperitonaealis getrennt (Abb. 288). Oberhalb der Prostata, schräg

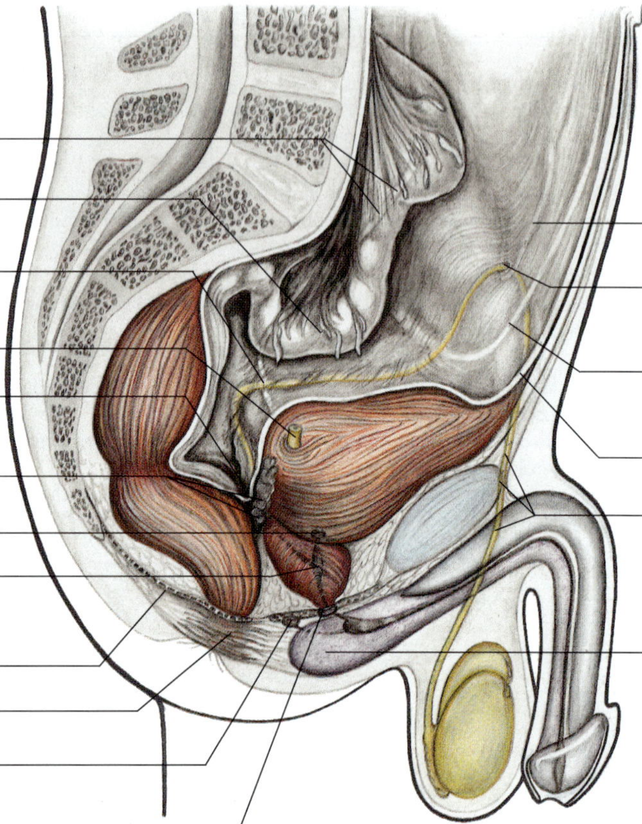

Abb. 289. Halbplastischer Sagittalschnitt durch das männliche Becken (nach Pernkopf).

Gefäße der Prostata

Arterien
1. Äste der A. vesicalis inf. – aus der A. iliaca int.
2. Äste der A. rectalis media – aus der A. iliaca int.

Lymphabflüsse
1. über Begleitgefäße des Ductus deferens zu den Nodi lymphatici iliaci ext.
2. über die Nodi lymphatici iliaci int. zur seitlichen Beckenwandung
3. über die Nodi lymphatici sacrales lat. zu den rektalen Abflußbahnen

nach lateral aufsteigend, erreichen die beiden etwa 6–7 cm langen Drüsenkörper die kaudale Umschlagfalte des Peritoneums (Excavatio rectovesicalis) und die Uretermündung, haben aber sonst keine Beziehungen zum Peritoneum. Medial grenzen die Ductus deferentes mit ihren Ampullen an. Der Ausführungsgang der Samenblase (Ductus excretorius) vereinigt sich innerhalb der Prostata mit dem Ductus deferens zum Ductus ejaculatorius, der beiderseits auf dem Colliculus seminalis im Bereich der Pars prostatica urethrae mündet. Die Drüsen sind durch das sie kapselartig umgebende relativ derbe Septum rectovesicale mit der Harnblase und Prostata enger verbunden als mit der dorsal anschließenden Rektumwandung. Die Gefäße stammen aus der

A. vesicalis inf. und A. rectalis media. Die Venen entleeren sich in den Plexus vesicoprostaticus.

6. Rektum beim Mann

Die allgemeinen Verhältnisse der Rektumtopographie sind schon geschildert worden (s. S. 371). Beim Mann lagert sich das Rektum breit an den Blasengrund und die hier gelegenen Organe (Prostata, Samenblasen, Ductus deferens, Ureter) an. Das Kontaktfeld ist dreiseitig und schließt oben mit der horizontal verlaufenden peritonealen Umschlagfalte der Excavatio rectovesicalis ab. Die Umschlagfalte liegt in Höhe der Kohlrausch-Falte des Rektums, berührt zwar die Kuppen der Samenbläschen, die Prostata aber nicht. Der Eingang zur Excavatio rectovesicalis wird beiderseits von der Plica rectovesicalis begrenzt. Die Exkavation enthält häufig Ileumschlingen. Beim Neugeborenen reicht sie noch bis zur Mitte der Prostata herunter. Die kaudalen Abschnitte des Peritonealsacks obliterieren aber und bilden dadurch die Fascia prostatoperitonaealis.

Die **Ampulla recti** ist von der Kreuzbeinwandung durch lockeres Bindegewebe getrennt (in der Klinik als »Mesorectum« bezeichnet). Zwischen Rektum und Os sacrum liegen die Vasa rectalia sup., Vasa sacralia med. und lat., die Äste des Plexus sacralis und die Grenzstränge. Lateral verbreitert sich das Spatium retrorectale und geht kontinuierlich in das lockere pararektale Bindegewebe (Paraproktium) über, das den Plexus sacralis und die lateralen Beckengefäße, vor allem die A. rectalis media, beherbergt.

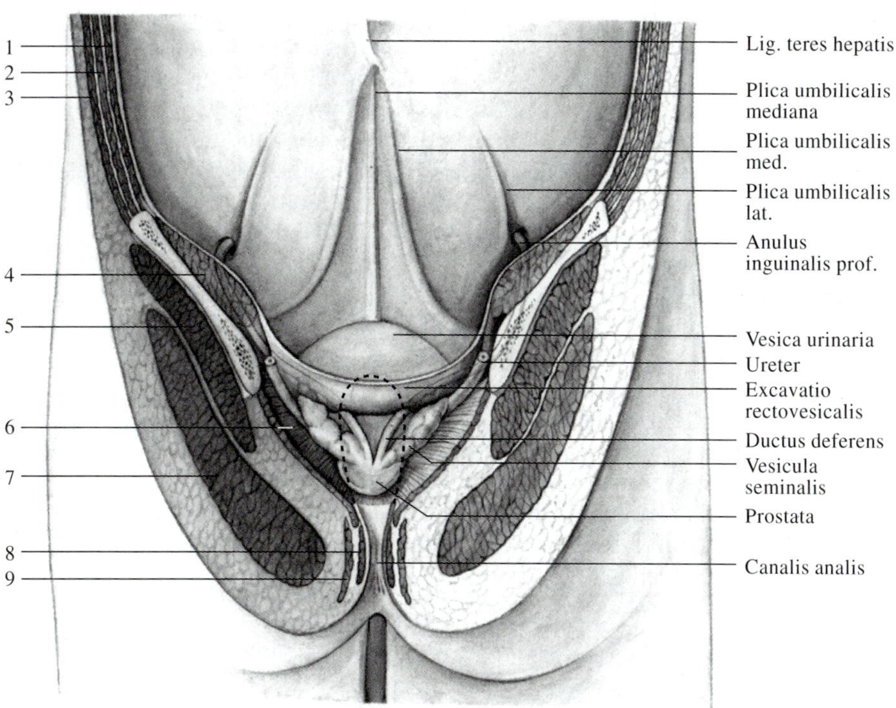

Abb. 290. Lage der Prostata und Samenbläschen am Blasengrund (Ansicht von dorsal). Punktierte Linie = Anlagerungsfeld des Rektums. **Muskeln:** 1 = M. transversus abdominis; 2 = M. obliquus int. abdominis; 3 = M. obliquus ext. abdominis; 4 = M. iliacus; 5 = M. glutaeus medius; 6 = M. levator ani; 7 = M. glutaeus maximus; 8 = M. sphincter ani int.; 9 = M. sphincter ani ext.

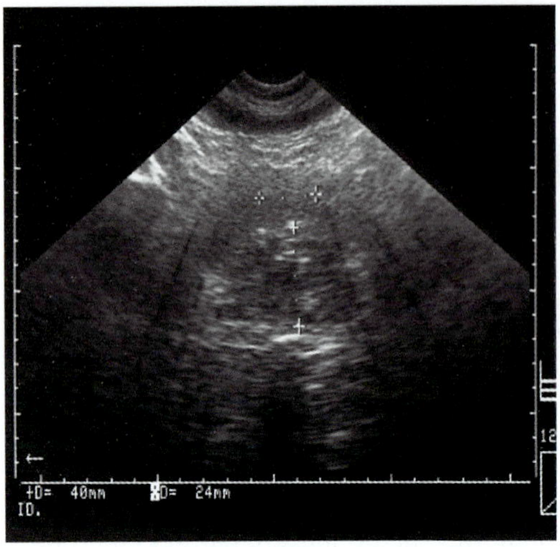

Abb. 291. Ultraschallaufnahme von Harnblase und Prostata (76jähr. Patient). Die Prostata ist durch ein Adenom vergrößert (Begrenzung durch helle Kreuze markiert). Restharn ist nicht erkennbar. Die Harnblase (oberer Rand siehe durchbrochene Kreuze) ist vollständig entleert. (Die Aufnahme wurde freundlicherweise von Dr. H. Cumme, Erlangen, zur Verfügung gestellt.)

Ventral wird das Bindegewebe in der Umgebung des Rektums etwas derber und verdichtet sich an der Grenzfläche zur Blase, zum Septum rectoprostaticum und rectovesicale (Fascia prostatoperitonealis). Diese Septen bilden zusammen eine keilförmige, frontal stehenden Platte, die sich kaudal zum Damm hin verbreitert und mit dem Centrum tendineum perinei verbindet.

Digital sind beim Mann vom Rektum aus Prostata, Sakrum, die pararektalen und iliakalen Lymphknoten, gegebenenfalls auch pathologische Prozesse in der Fossa ischiorectalis zu tasten. Die Samenblasen (Vesiculae seminales) sind ihrer Konsistenz wegen normalerweise nicht tastbar.

7. Beckenstockwerke

Die Etagengliederung des Beckenbodens kommt durch die trichterförmige Gestalt des M. levator ani sowie dadurch, daß das Peritoneum den muskulösen Beckenboden nicht erreicht, sondern einen größeren subserösen Bindegewebsraum bestehen läßt, zustande: Von kranial nach kaudal folgen drei Räume aufeinander (Abb. 292): 1. *Cavum peritoneale* oder *serosum.* Es handelt sich um den mit Peritoneum ausgekleideten Beckenraum. 2. *Spatium subperitoneale* oder *subserosum.* Das lockere Bindegewebe, das diesen vielfach gegliederten Raum ausfüllt, verdichtet sich um die Beckenorgane und bildet dadurch um das Rektum herum das Paraproktium, um die Blase das Parazystium und um die Prostata das Paraprostatium. Es verbreitert sich an der lateralen Beckenwand, um Raum für die großen Leitungsbahnen zum Bein und Becken zu schaffen. Beiderseits des Mastdarms liegt hier auch der Plexus hypogastricus inf., das wichtigste vegetative Nervengeflecht des kleinen Beckens, das parasympathische Fasern aus dem Plexus sacralis und sympathische aus den Aortengeflechten aufnimmt. Das Spatium subserosum endet am Diaphragma pelvis und urogenitale (sog. Pars supradiaphragmatica des kleinen Beckens). 3. Das *Spatium subcutaneum* ist die Region zwischen äußerer Haut und muskulösem Beckenboden (daher auch Pars infradiaphragmatica des kleinen Beckens genannt). Den Hauptteil dieses Raums nehmen die Fossae ischiorectales ein, die die Gefäß-Nerven-Straßen für die Anal- und Genitalregion enthalten (Alcock-Kanal, s. S. 401).

II. Beckenorgane bei der Frau

1. Beckenstockwerke und allgemeine Gliederung des weiblichen Beckensitus

Cavitas peritonealis

Der Stockwerkbau des weiblichen Beckens ist dem des männlichen Beckens vergleichbar. Durch die voluminösen inneren Geschlechtsorgane entsteht jedoch eine stärkere Gliederung des kleinen Beckens, so daß

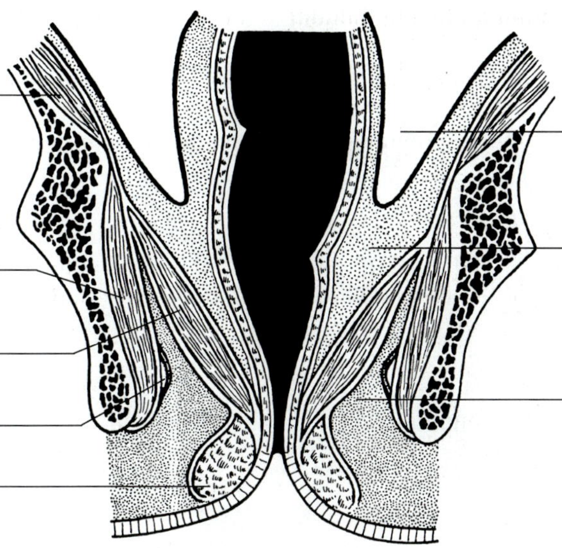

Abb. 292. Schema der Etagengliederung des Beckens (Beckenstockwerke) (aus Töndury).

Inhalt der Beckenstockwerke

1. Cavitas peritonealis	Sigmoid, Ileumschlingen, Appendix vermiformis Peritoneum – bildet Überzüge für Blase und Rektum, Beckenwand mit ihren Buchten und Nischen (z. B. Excavatio rectovesicalis)
2. Spatium subperitoneale (subserosum)	A. und V. iliaca int. mit fünf parietalen und fünf viszeralen Ästen Ureter A. und V. obturatoria, N. obturatorius Plexus sacralis mit seinen Ästen Plexus hypogastricus inf. (früher Plexus pelvicus) mit zu- und abführenden vegetativen Geflechten Ausgedehnte Venengeflechte um die einzelnen Beckenorgane herum (z. B. Plexus vesicoprostaticus usw.)
3. Spatium subcutaneum (Fossa ischiorectalis)	A., V. pudenda int. N. pudendus (mit den verschiedenen Ästen für Anus, Damm und Genitale)

das Spatium subperitoneale bei der Frau weiträumiger und ausgedehnter ist. Der Uterus hebt das Peritoneum vom Beckenboden bis nahe an die Beckeneingangsebene nach oben, so daß zwei größere Bauchfelltaschen entstehen (Excavatio vesico-uterina und Excavatio recto-uterina). Die vordere Ausbuchtung steht höher, so daß Blasengrund, Zervix und ein Teil der Uterusvorderwand keinen peritonealen Überzug besitzen. Die Excavatio recto-uterina (Douglas-Raum) reicht dagegen bis zum hinteren Scheidengewölbe (Fornix posterior) in Höhe der Kohlrausch-Falte des Rektums (etwa 6 cm vom Anus entfernt) und ist daher rektal oder vaginal tastbar. Douglas-Abszesse können vom hinteren Scheidengewölbe, aber auch vom Rektum aus punktiert werden (Abb. 293).

Die **Excavatio recto-uterina** erreicht beim Embryo den Beckenboden, beim einjährigen Mädchen noch die hintere Vaginalwand und steht erst vom 2. bis 3. Lebensjahr an in Höhe des hinteren Scheidengewölbes. Ein

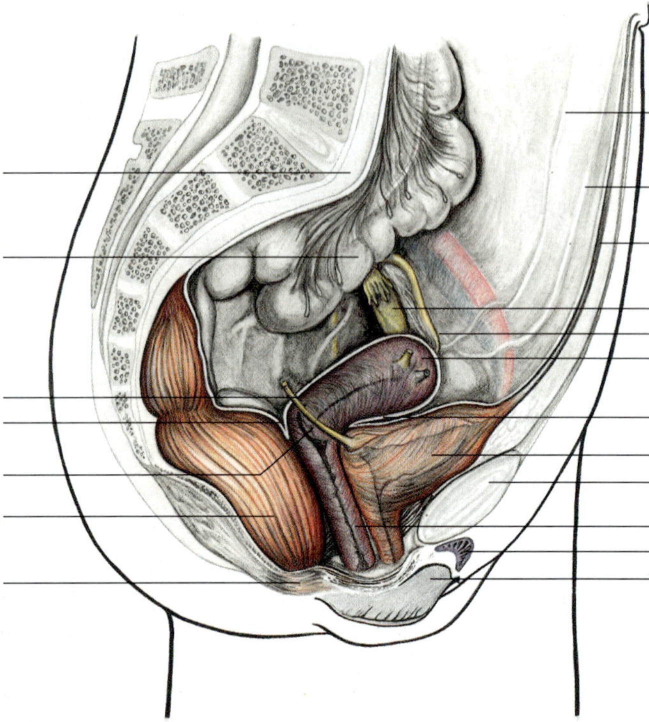

Abb. 293. Halbplastischer Sagittalschnitt durch das weibliche Becken (nach Pernkopf).

»tiefer Douglas« bei der erwachsenen Frau ist also ein Zeichen einer Persistenz fetaler Verhältnisse und kann einen Uterusprolaps begünstigen. Der Eingang zum Douglas-Raum wird kranial durch zwei Peritonealfalten (Plicae recto-uterinae), die glatte, mit dem Rektum zusammenhängende Muskelzüge enthalten, umgrenzt. Diese Bänder stellen zugleich wichtige Haltezügel für den Uteruskörper dar. Der Douglas-Raum beherbergt in der Regel Ileumschlingen sowie den unteren Schenkel des Sigmoids.

Spatium subserosum und Beckenbindegewebe

Der subperitoneale Bindegewebsraum ist bei der Frau größer als beim Mann, da neben Uterus (Parametrium), Blase (Parazystium), Rektum (Paraproktium) und Scheide (Parakolpium) umfangreiche lockermaschige Bindegewebsmassen vorhanden sind (Abb. 298). Sie bilden die anatomische Grundlage für die Ausbreitungsmöglichkeiten von Entzündungen im weiblichen Becken. Die Gesamtheit dieser Bindegewebsformationen wird als Corpus intrapelvinum (Fascia endopelvina) oder Bindegewebsgrundstock bezeichnet. Am Beckenboden und an den Organgrenzflächen konzentriert sich das Bindegewebe zu Faszien und Septen. Auf dem M. levator ani wird es zur Fascia pelvis parietalis (Fascia diaphragmatis pelvis sup.), zwischen Cervix uteri und Blasenfundus zum Septum cervicovesicale, zwischen Vagina und Urethra zum Septum urethrovaginale, zwischen Rektum und Vagina zum Septum rectovaginale verdichtet. Das Septum rectouterinum verbreitert sich keilförmig nach kaudal, wodurch das Trigonum rectovaginale entsteht (Abb. 293). Es geht direkt in das Bindegewebe des Damms über und beteiligt sich am Aufbau des Centrum tendineum perinei.

Klinischer Hinweis. Bei Dammrissen unter der Geburt verhindert die Verschieblichkeit dieser Bindegewebsschichten oft den zusätzlichen Einriß des Rektums.

An die inneren Genitalorgane schließt sich seitlich das **Lig. latum uteri** (breites Mutterband, Plica lata) an. Dieses stellt eine frontal stehende, breite Peritonealduplikatur dar, die vom Uterus bis zur seitlichen Beckenwandung reicht und ein lockeres, gefäßreiches Bindegewebe (Parametrium) einschließt. In den freien, oberen Rand lagert sich die Tube ein, wodurch das Ligament hier zur *Mesosalpinx* ausgezogen wird (Abb. 297). Hinten faltet sich das dünne Aufhängeband des Ovars ab (Mesovarium). Vorne-oben, vom Tubenwinkel des Uterus ausgehend, verbreitert sich das Lig. latum und steht über das Lig. teres uteri, einem Rest des Keimdrüsenleistenbandes, mit dem Leistenkanal in Verbindung. Nach rückwärts stellt das Mesovarium mit dem Lig. ovarii proprium, ebenfalls einem Rest des Keimdrüsenleistenbands, die bindegewebige Verbindung mit der weiblichen Keimdrüse und nach kranial über das Lig. suspensorium ovarii mit dem Retroperitonealraum her (Abb. 297).

Das parametrane Bindegewebe enthält die Leitungsbahnen für die inneren Genitalorgane, vor allem die Vasa uterina, den Plexus hypogastricus inf., Lymphgefäße und kaudal auch den Ureter. Elastisch-muskulöse Systeme stabilisieren den Gefäßbindegewebsapparat des Parametriums. Der **Ureter** unterkreuzt die A. uterina und erreicht etwa 2 cm von der Cervix uteri und 1 cm vom lateralen Scheidengewölbe entfernt – das Blasendreieck.

Im lockeren Bindegewebe der lateralen Wand des Beckens verlaufen – wie beim Mann – die Gefäße zum Bein (Vasa obturatoria), zur Glutealregion (Vasa glutaea), zu den Beckenorganen (viszerale Äste der Vasa iliaca int.) und zum äußeren Genitale (Vasa pudenda int.). Sie werden zum Teil von gleichnamigen Nerven begleitet.

Klinischer Hinweis. Ein Ureterenkatheter oder ein tiefsitzender Ureterstein ist per vaginam tastbar. Eine Vergrößerung des Uterus nach der Seite, etwa durch Tumoren, komprimiert gegebenenfalls den Ureter und bewirkt dadurch eine Harnstauung. Bei der Totalexstirpation des Uterus muß die zervixnahe Lage des Ureters beachtet werden, um postoperative Nierenkomplikationen zu vermeiden.

Spatium subcutaneum und Beckenboden (Regio pudendalis, perinealis und analis)

Die topographischen Verhältnisse des weiblichen Beckenbodens und der unteren Beckenetage (Fossa ischiorectalis) entsprechen weitgehend denjenigen des Mannes (s. S. 401). Der M. levator ani (Diaphragma pelvis) hat den gleichen trichterförmigen Bau. Die Levatorschenkel umgeben aber vorne nicht die Prostata, sondern die Vagina. Das Diaphragma urogenitale besteht ebenfalls aus dem M. transversus perinei prof. und superf., wird aber von der Vagina und Urethra sowie den Leitungsbahnen der Klitoris durchbohrt. M. sphincter ani ext. und M. bulbospongiosus bilden eine achtertourartige Schlinge um die Anal- und Vaginalöffnung, deren sich kreuzende Faserzüge im Centrum tendineum perinei verankert sind. Weder der M. bulbospongiosus, der den Scheidenschwellkörper (Bulbus vestibuli), noch der M. ischiocavernosus, der das Corpus cavernosum clitoridis umhüllt, beteiligen sich am Aufbau des Diaphragma urogenitale. Sie liegen vielmehr diesem nur auf und ergänzen es an seiner kaudalen Fläche (Abb. 294).

Die großen Schamlippen, in die jederseits das Lig. teres uteri einstrahlt, umgrenzen die Schamspalte (Rima pudendi). Die innen anschließenden Labia minora pudendi sind ebenfalls Hautfalten, bestehen aber aus einem fettlosen, straffen Bindegewebe, das reich an Nerven, Pigmenten und Drüsen ist, aber keine Haarwurzeln besitzt. Beide Schamlippen stehen dorsal durch das Frenulum labiorum pudendi und ventral durch das Frenulum clitoridis miteinander in Verbindung. Diese Falten grenzen das Vestibulum vaginae gegen die Haut ab. In das Vestibulum, das innen vom Hymen abgeschlossen wird, münden verschiedene Drüsen und die Urethra (Ostium urethrae ext.). Beiderseits der Urethra endet der Ductus paraurethralis, der gemeinsame Ausführungsgang einer Gruppe von paraurethralen Drüsen, und dorsal beiderseits an der Basis der kleinen Schamlippen der Ausführungsgang der Gl. vestibularis major (Bartholini). Außerdem münden im ganzen Bereich des Ostium vaginae die Gll. vestibulares minores.

Die **Leitungsbahnen** (Vasa pudenda int., N. pudendus) benützen die Fossa ischiorectalis und den in der Faszie des M. obturator int. gelegenen *Alcock-Kanal* als Gefäß-Nerven-Straße zur Regio analis und urogenitalis. Sie gelangen durch das For. infrapiriforme in die Fossa ischiorectalis und ziehen dann im Alcock-Kanal, der in der Faszie des M. obturator int. liegt, radiär nach vorn. Die einzelnen Äste durchbrechen der Reihe nach die Wand des Kanals, um zu den Organen des Beckenbodens zu gelangen. Sie versorgen zuerst den Analkanal (Vasa rectalia inf.), dann den Damm (Vasa perinealia) und das äußere Genitale (Vasa clitoridis). Am hinteren Rand des Diaphragma urogenitale teilt sich das Gefäß-Nerven-Bündel in einen oberflächlichen und einen tiefen Stamm. Der oberflächliche zieht zum Damm (Vasa perinealia) und zum Genitale (Vasa labialia post.); der tiefe gibt zuerst die Vasa bulbi vestibuli zum Scheidenschwellkörper (Bulbus vestibuli) ab und perforiert dann das Diaphragma urogenitale, um zur Klitoris zu ge-

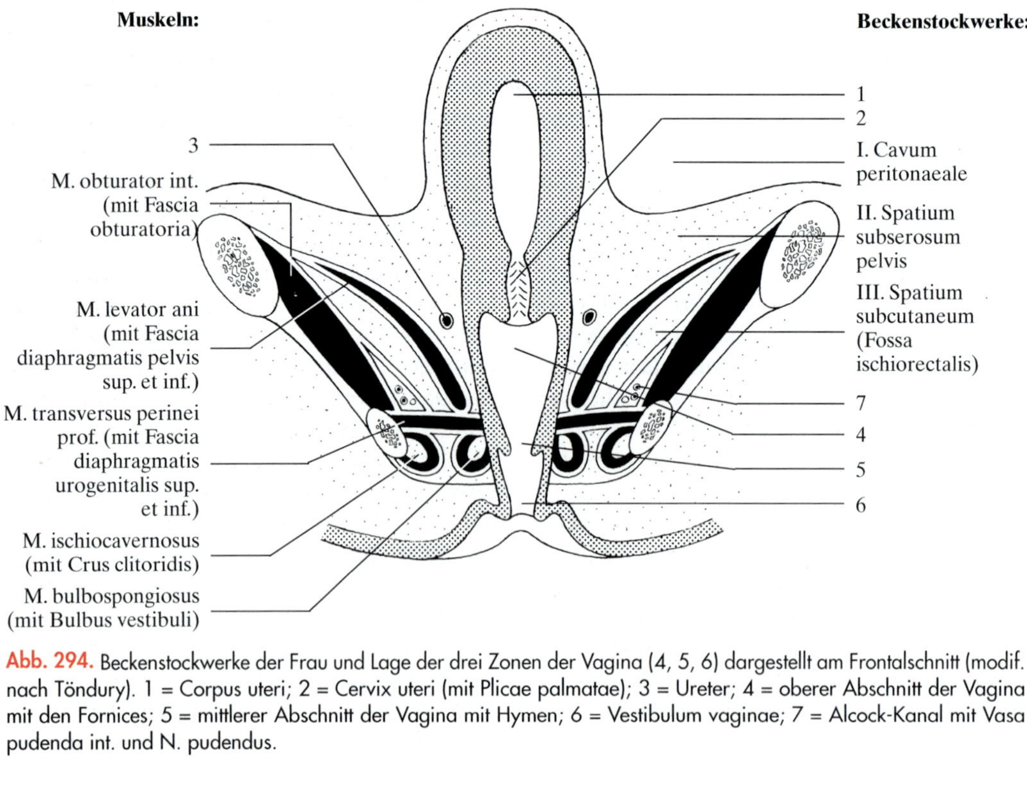

Abb. 294. Beckenstockwerke der Frau und Lage der drei Zonen der Vagina (4, 5, 6) dargestellt am Frontalschnitt (modif. nach Töndury). 1 = Corpus uteri; 2 = Cervix uteri (mit Plicae palmatae); 3 = Ureter; 4 = oberer Abschnitt der Vagina mit den Fornices; 5 = mittlerer Abschnitt der Vagina mit Hymen; 6 = Vestibulum vaginae; 7 = Alcock-Kanal mit Vasa pudenda int. und N. pudendus.

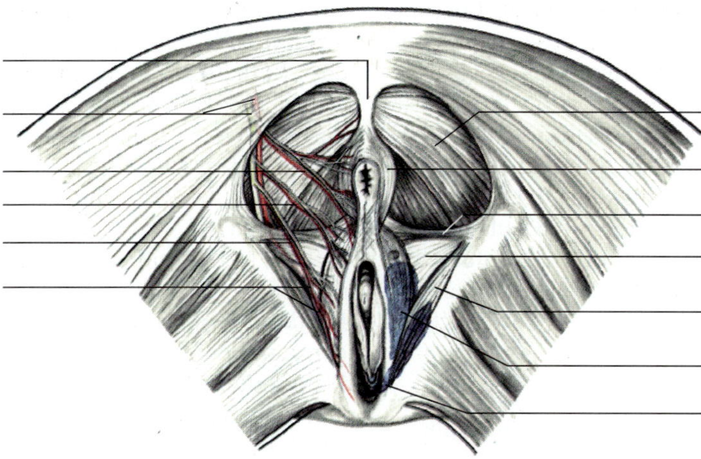

Abb. 295. Regio analis, Regio perinealis und Regio genitalis bei der Frau. L. a. = Lig. anococcygeum.

langen (Vasa prof. clitoridis, Vasa dors. clitoridis). Die gleichnamigen Nerven haben denselben Verlauf (Abb. 295).

2. Regio ovarica

Die weibliche Keimdrüse entwickelt sich an der dorsalen Bauchwand etwa in Höhe der Lendenwirbelsäule und wandert dann abwärts (Descensus ovarii). Bei neugeborenen Mädchen liegt das Ovarium noch in der Beckeneingangsebene, bei erwachsenen Frauen, die noch nicht geboren haben (Nullipara) an der seitlichen Wand des kleinen Beckens, in der sog. Fossa ovarica, die hinten durch die Vasa iliaca int. und den Ureter, vorne durch die Vasa iliaca ext. begrenzt wird. Bei Frauen, die mehrfach geboren haben (Multipara) ist das Ovar gewöhnlich etwas tiefer lokalisiert. Abnormerweise kann die weibliche Keimdrüse bei ihrem Descensus den Leistenkanal erreichen. Diese Zusammenhänge erklären die bekanntlich große Variabilität der Lage des Ovars. Tuba uterina und Ovar werden vom Gynäkologen zusammenfassend als *Adnexe* bezeichnet. Sie werden von eigenen peritonealen Auffaltungen im Parametrium gehalten (Abb. 297 sowie S. 417).

Am Boden der Fossa ovarica finden sich die Vasa obturatoria und der N. obturatorius. Da der N. obturatorius mit einem Hautast (R. ant.) zur Innenseite des Oberschenkels zieht, läßt sich die Tatsache, daß Ovarialzysten, Tumoren oder entzündliche Prozesse dieser Region häufig ausstrahlende Schmerzen am Oberschenkel verursachen, gut verstehen. Hinter der Fossa ovarica verlaufen auch die A. und V. iliaca int. sowie der Ureter.

Das **Ovar** liegt primär retroperitoneal, ist jedoch bis auf den Hilus nahezu allseitig vom Bauchfell überzogen, das nach lateral einen mesoartigen Stiel bildet (Mesovarium). Das Mesovarium gliedert sich vom Lig. latum ab und führt die Leitungsbahnen an das Organ heran. Die Vasa ovarica erreichen die Drüse über das Lig. suspensorium ovarii von kranial. Die A. ovarica entspringt aus der Aorta in Höhe des zweiten Lendenwirbelkörpers, die Vv. ovaricae münden rechts in die V. cava inf., links in die V. renalis ein. Das 3–4 cm lange Lig. ovarii proprium verbindet den Tubenwinkel des Uterus mit dem Ovar. Es führt den R. ovaricus der A. uterina, der mit Ästen der A. ovarica anastomosiert, zur Keimdrüse (Ovarialarkade).

Das Ovar wird von der **Tuba uterina** von vorn-oben umfaßt (Abb. 293). Ampulle und

Fimbrien können auf dem Ovar hin- und hergleiten, da sie durch eine mesoartige Aufhängung (Mesosalpinx) über eine gewisse Beweglichkeit verfügen. Dieses Hin- und Hergleiten spielt beim sog. Eiabnahmemechanismus während der Ovulation eine wichtige Rolle. Von der etwa 12 cm langen Tube entfallen 7–8 cm auf die Ampulle und 3–4 cm auf den Isthmus. Die Mesosalpinx wird uteruswärts kürzer und fester, so daß hier die Tubenbeweglichkeit abnimmt.

Klinischer Hinweis. Die Entfaltungsfähigkeit des Isthmus tubae ist gering, weshalb eine Tubargravidität in diesem Abschnitt frühzeitig in die Bauchhöhle perforiert. Kolonschlingen (vor allem das Sigmoid) und die Harnblase können bei starker Füllung die Oberflächen von Ovar und Tube berühren (Harndrang bei Affektionen der Adnexe).

3. Uterus und Vagina

Der **Uterus** ragt zwischen Blase und Rektum in das kleine Becken hinein. Der Fundus erreicht normalerweise die Beckeneingangsebene nicht. Der äußere Muttermund steht etwa in Höhe der Verbindungslinie beider Spinae ischiadicae. Der Uteruskörper ist normalerweise gegen den Uterushals um etwa 70 bis 100 Grad nach vorne abgeknickt (Anteflexio). Der Anteflexionswinkel ändert sich in Abhängigkeit vom Füllungszustand der Harnblase oder des Rektums, ohne daß der Uterus dabei grundsätzlich seine Lage verändert. Als Anteversio bezeichnet man die Vorneigung des Uterus im ganzen gegen die Vagina (etwa 90 Grad). Die normale Lage des Uterus ist eine Anteversio-Anteflexio (Abb. 293 und 296). Bei der vaginalen Untersuchung zeigt die Stellung der Portio vaginalis die Lage des Uterus an. Normalerweise schaut die Portio auf das hintere Scheidengewölbe. Bei aufrechter Körperhaltung liegt der Uterus fast horizontal. Das Corpus uteri erhält seine volle Größe erst während der Pubertät. Beim Kind beträgt das Verhältnis Korpus zu Zervix noch annähernd 1:2, während bei der erwachsenen Frau das Verhältnis umgekehrt etwa 2:1 ausmacht. Im Klimakterium verkleinert sich der Uterus wieder und deszendiert ins kleine Becken.

Die Peritonealverhältnisse des Uterus sind schon geschildert worden (s. S. 410). Die für die Uterusmotorik und -trophik wichtigen autonomen Nerven stammen aus dem Plexus uterovaginalis, einem ausgedehnten Nervengeflecht, das in der Hauptsache an der Seitenwand des Uterus im Parametrium lokalisiert ist und zahlreiche Ganglienzellen enthält. Diese bilden das Ggl. cervicale uteri oder Frankenhäuser-Ganglion. Von hier aus werden Harnblase, Uterus und Vagina autonom versorgt. Der Plexus uterovaginalis erhält sensible und parasympathische Fasern über die lumbalen und sakralen Spinalnerven (Plexus lumbosacralis) sowie sympathi-

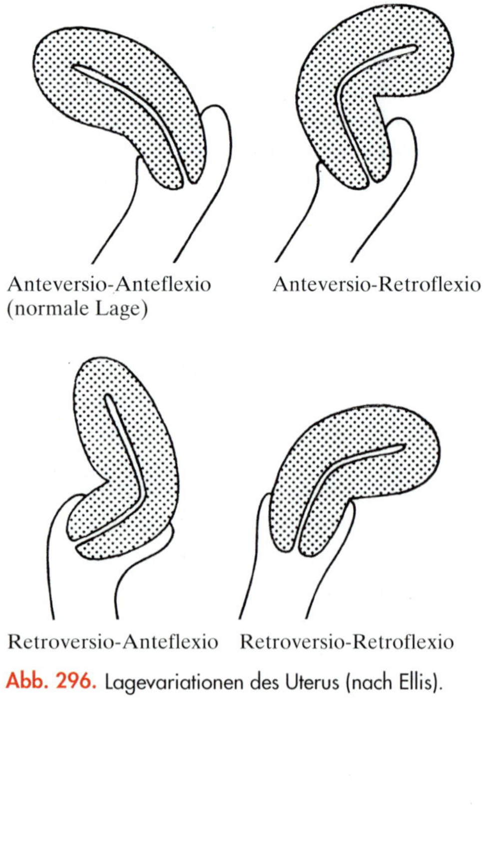

Abb. 296. Lagevariationen des Uterus (nach Ellis).

sche Fasern aus dem Plexus hypogastricus inf., der zwei ausgedehnte Platten neben dem Rektum unterhalb der Plicae rectouterinae bildet.

Die Gefäßversorgung kommt aus der A. uterina, die auch den hinteren Teil der Vagina versorgt und mit einem R. ovaricus an der Blutversorgung des Ovars beteiligt ist. Die Arterie wird in Höhe der Zervix vom Ureter unterkreuzt. Die Venen bilden ausgedehnte Plexus an der lateralen Uteruswandung.

Lymphgefäße des Uterus. Man unterscheidet vier Hauptabflußwege für die Lymphe von Uterus und Vagina: 1. Aus dem Fundus- und Tubenbereich fließt die Lymphe über das Lig. ovarii proprium zum Hilus der Keimdrüse und weiter über das Lig. suspensorium ovarii zu den Nodi lymphatici lumbales am unteren Nierenpol. Im Lig. suspensorium ovarii sollen ovarielle und uterine Lymphgefäße getrennt sein. 2. Vom Tubenwinkel und der Uterusvorderwand erreicht die Lymphe über das Lig. teres uteri und den Leistenkanal die Nodi lymphatici inguinales superf. (horizontaler Trakt). 3. Vom Uteruskörper und von der Zervix fließt die Lymphe nach lateral über das Parametrium

Fixation des Uterus

1. **Obere Fixation** – Bänder am Fundus und Uteruskörper a) *Lig. teres uteri* (vom Tubenwinkel zum Leistenkanal) – enthält Züge glatter Muskulatur sowie kollagenes und elastisches Bindegewebe b) *Lig. ovarii proprium* – vom Tubenwinkel des Uterus zum Ovar c) *Plicae recto-uterinae* – vom Rektum und Kreuzbein (Höhe von S_4) zum Isthmus uteri – enthalten reichlich glatte Muskulatur (M. recto-uterinus) – begrenzen den Eingang des Douglas-Raums – wirksame Haltebänder für den Uteruskörper – Fortsetzung nach vorn in die Ligg. pubovesicalia
2. **Laterale Fixation** – Verbindungen zur seitlichen Beckenwand *Lig. latum uteri* (Parametrium, Mesometrium) – enthält Bindegewebe, Venengeflechte (Plexus uterinus), elastisch-muskulöse Systeme, vegetative Nervengeflechte, A. und V. uterina sowie den Ureter
3. **Untere Fixation** – in Höhe von Vagina und Zervix a) *Lig. sacrouterinum* – vom unteren Teil des Os sacrum zur Cervix uteri b) *»Lig. cardinale uteri«* transversal vom Uterushals zur seitlichen Beckenwandung – Verstärkung des Parametriums im kaudalen Teil des Lig. latum c) *Lig. pubovesicale, Lig. urethrovaginale, Lig. pubouterinum*

Gefäßversorgung des Uterus

1. **A. uterina** Ast der A. iliaca int. – verläuft im Parametrium vor dem Ureter – erreicht in Höhe des Isthmus uteri die seitliche Uteruswand a) R. ovaricus – im Lig. ovarii proprium aufsteigend zum Ovar – anastomosiert mit der A. ovarica (Ovarialarkade) b) R. tubarius – in der Mesosalpinx aufsteigend zur Tube c) A. vaginalis – absteigend zur Vorder- und Hinterwand der Vagina und zur Cervix uteri
2. **V. uterina** a) Entsteht aus weitmaschigen Venengeflechten der Vagina und des Uterus (Plexus venosus vaginalis, Plexus uterinus), die gemeinsam den Plexus uterovaginalis und daraus die V. uterina bilden – Abfluß durch das Parametrium zur V. iliaca int. b) V. lig. teretis uteri – Verbindung zwischen den Uterusvenen und den subkutanen Venen der Leistenregion durch den Leistenkanal – nur bei der Schwangerschaft stärker hervortretend

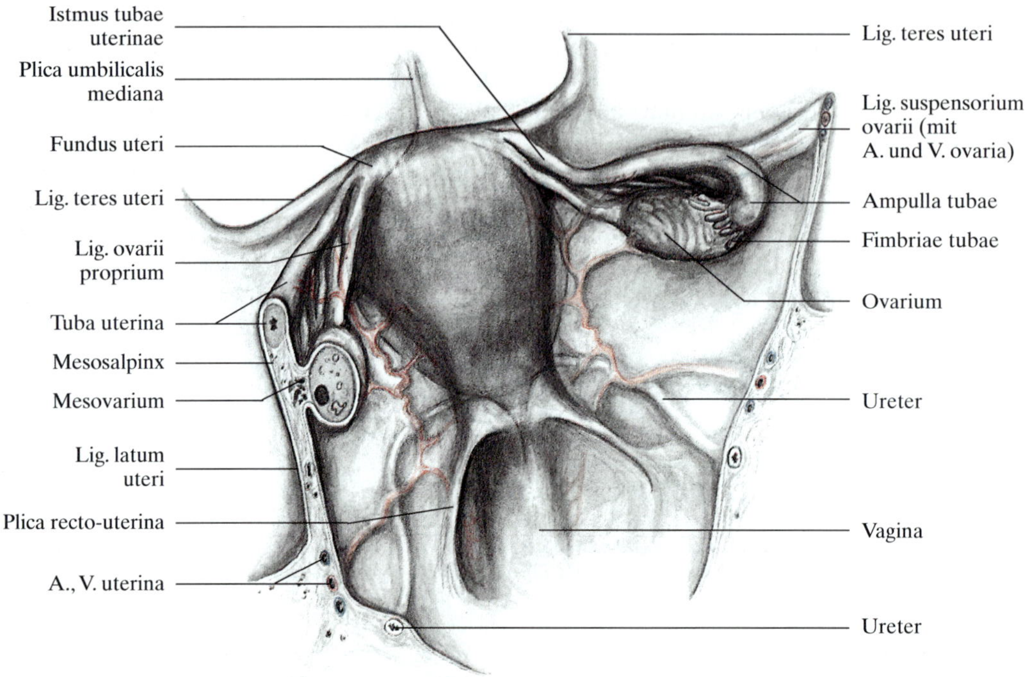

Abb. 297. Halbplastisches Schema zur Darstellung der oberen Uterusbänder und Bauchfellverhältnisse. Ansicht von links-hinten (modif. nach Martius und Droysen). Nach neueren Untersuchungen (H. Fritsch) soll das Lig. latum als abgrenzbare Struktur in dieser Form nicht existieren. Der Begriff wird jedoch in der Klinik immer noch verwendet.

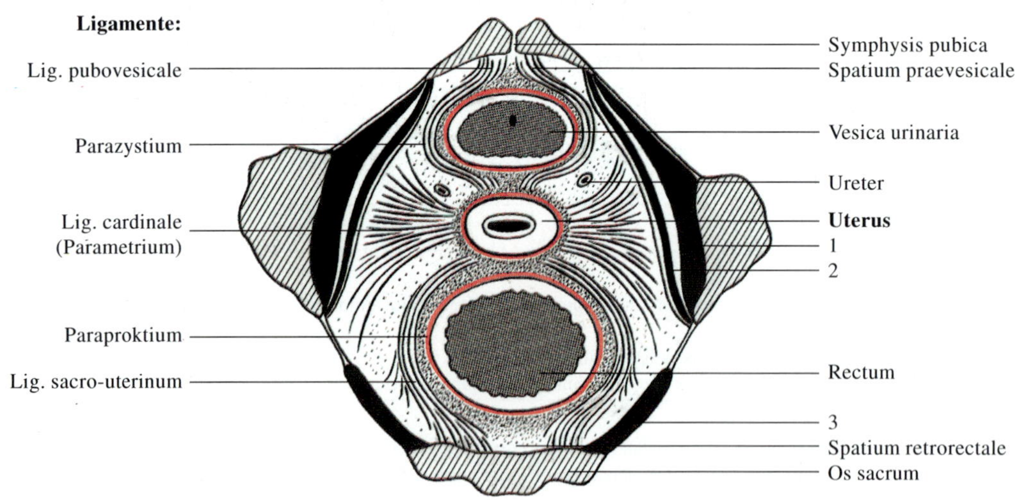

Abb. 298. Kaudale Uterusbänder und ihre Beziehungen zur knöchernen Wandung des kleinen Beckens. Rot = Organkapseln. **Muskeln:** 1 = M. obturator int.; 2 = M. levator ani; 3 = M. piriformis.

(Nodi lymphatici parauterini) zu den Nodi lymphatici iliaci int., evtl. auch nach dorsal am Rektum vorbei zu den Nodi lymphatici sacrales. 4. Vom Zervikalkanal und proximalen Teil der Vagina erreichen die Lymphgefäße zuerst die Nodi lymphatici iliaci int., dann die Nodi lymphatici iliaci ext. und auf diesem Wege schließlich die latero- und präaortalen Lymphknotengruppen.

Fast alle organnahen regionalen Lymphknoten des weiblichen Genitalschlauchs sind bei pathologischen Vergrößerungen palpabel, so die iliakalen und parametranen Lymphknoten per vaginam, die präsakralen rektal und die inguinalen perkutan. Die regionalen Lymphknoten der kaudalen Abschnitte der Vagina liegen in der Inguinalregion (Nodi lymphatici inguinales superf.).

Die **Vagina** stellt einen etwas schräg gestellten muskulösen Schlauch mit spaltförmigem Lumen dar. Die Schleimhaut besitzt zwei mit Venengeflechten unterpolsterte Längswülste an der Vorder- und Hinterwand der Vagina (Columnae rugarum) sowie zahlreiche Querfalten (Rugae vaginales), jedoch keine Drüsen. Die Vorderwand der Vagina ist um 1,5–2 cm kürzer als die Hinterwand da die Portio vaginalis cervicis in die Vorderwand eingestülpt ist und bei normaler Lage des Uterus auf die Hinterwand der Vagina sieht. Auf diese Weise entstehen ein vorderes und ein hinteres Scheidengewölbe (Fornix vaginae ant. und post.). Der Fornix post. ist größer und steht in topographischer Beziehung zum Peritoneum der Excavatio recto-uterina (Douglas). Die Urethra ist in die Vorderwand der Vagina durch straffe

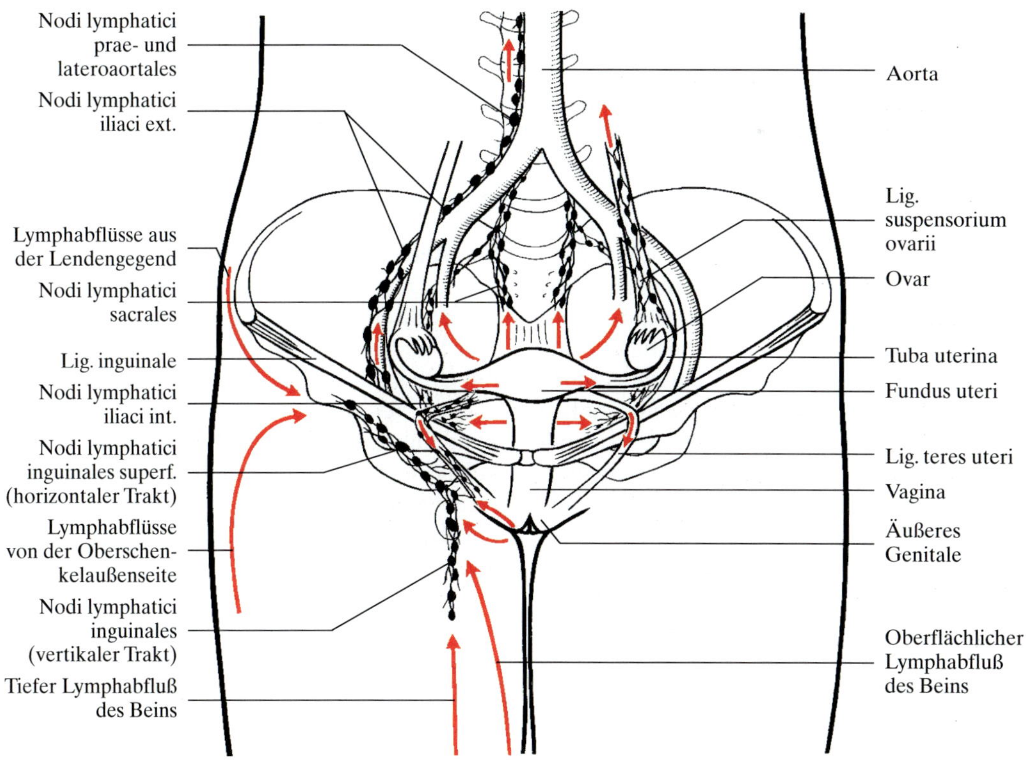

Abb. 299. Inguinale Lymphknoten (horizontaler und vertikaler Trakt) sowie die Lymphabflüsse des Uterus (in Anlehnung an v. Lanz, Wachsmuth und Lang).

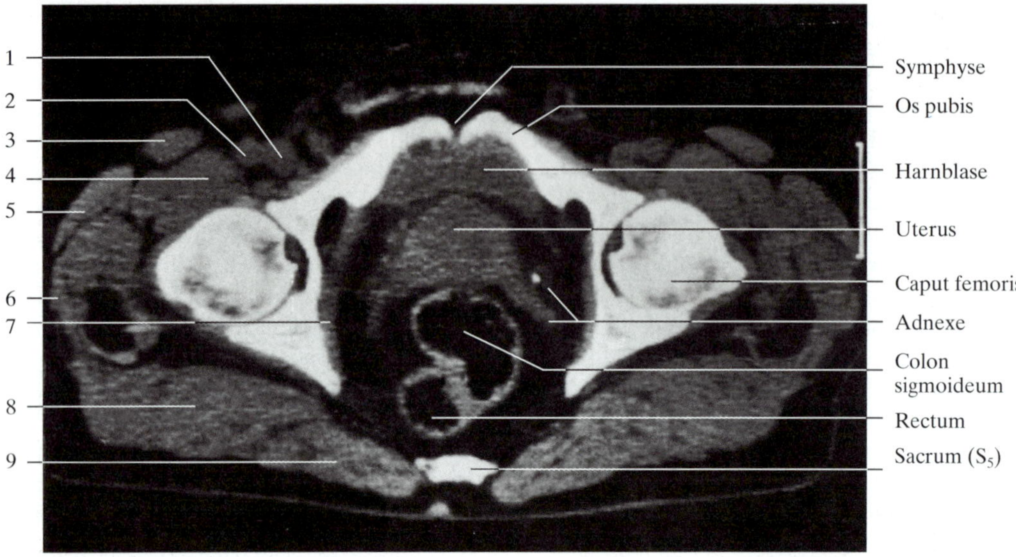

Abb. 300. Computertomogramm, Transversalschnitt durch das kleine Becken und die Hüftgelenke (Siemens Somatom 2) (Aufnahme Prof. Dr. H. W. Stadler, Erlangen). 1 = V. femoralis; 2 = A. femoralis; 3 = M. sartorius; 4 = M. iliopsoas; 5 = M. rectus femoris; 6 = M. tensor fasciae latae; 7 = M. obturator int.; 8 = M. glutaeus medius; 9 = M. glutaeus maximus.

Bindegewebszüge fest eingefügt und springt hier leistenartig vor (Carina urethralis). Die Vorderwand der Vagina grenzt an den Blasenfundus und die Ureteren an.

Topographisch können an der Vagina drei Etagen unterschieden werden (Abb. 294). Die obere Etage hat Beziehungen zum Douglas-Raum, zum Rektum und lateral auch zum Parametrium. Die mittlere Etage wird von den Levatorschenkeln zangenartig umgeben, bleibt aber hier verschieblich. Vom Levator zur Vaginalwand abzweigende Muskelfasern werden als M. pubovaginalis bezeichnet. Das untere Drittel der Vagina ist fest in das Diaphragma urogenitale eingelassen und durchbohrt den M. transversus perinei prof. Fasern des M. bulbospongiosus greifen auf die Vaginalwand über.

4. Blase und Urethra

Die **Blase** macht auch bei der Frau postnatal einen Descensus durch, so daß sie nur noch im gefüllten Zustand die Symphyse überragt. Der Fundus vesicae wird vorn durch das Lig. pubovesicale, hinten durch das Septum vesicocervicale und vesicovaginale von der Umgebung abgegrenzt. Die Levatorenschenkel berühren den Blasengrund an der lateralen Seite und tragen damit zur Fixation der Blase bei. Durch das lateral gelegene lockere Bindegewebe (Parazystium) treten

Gefäßversorgung von Harnblase und Urethra

1. A. vesicalis sup. – aus dem wegsam gebliebenen Anfangsstück der A. umbilicalis (aus der A. iliaca int.) zum Blasenscheitel.
2. A. vesicalis inf. – direkt aus der A. iliaca int. – zum Blasenfundus und zur Vagina.
   Die Venen kommen aus dem mächtigen Plexus venosus vesicalis, der auch die V. dors. clitoridis aufnimmt und mit dem Plexus uterinus kommuniziert.

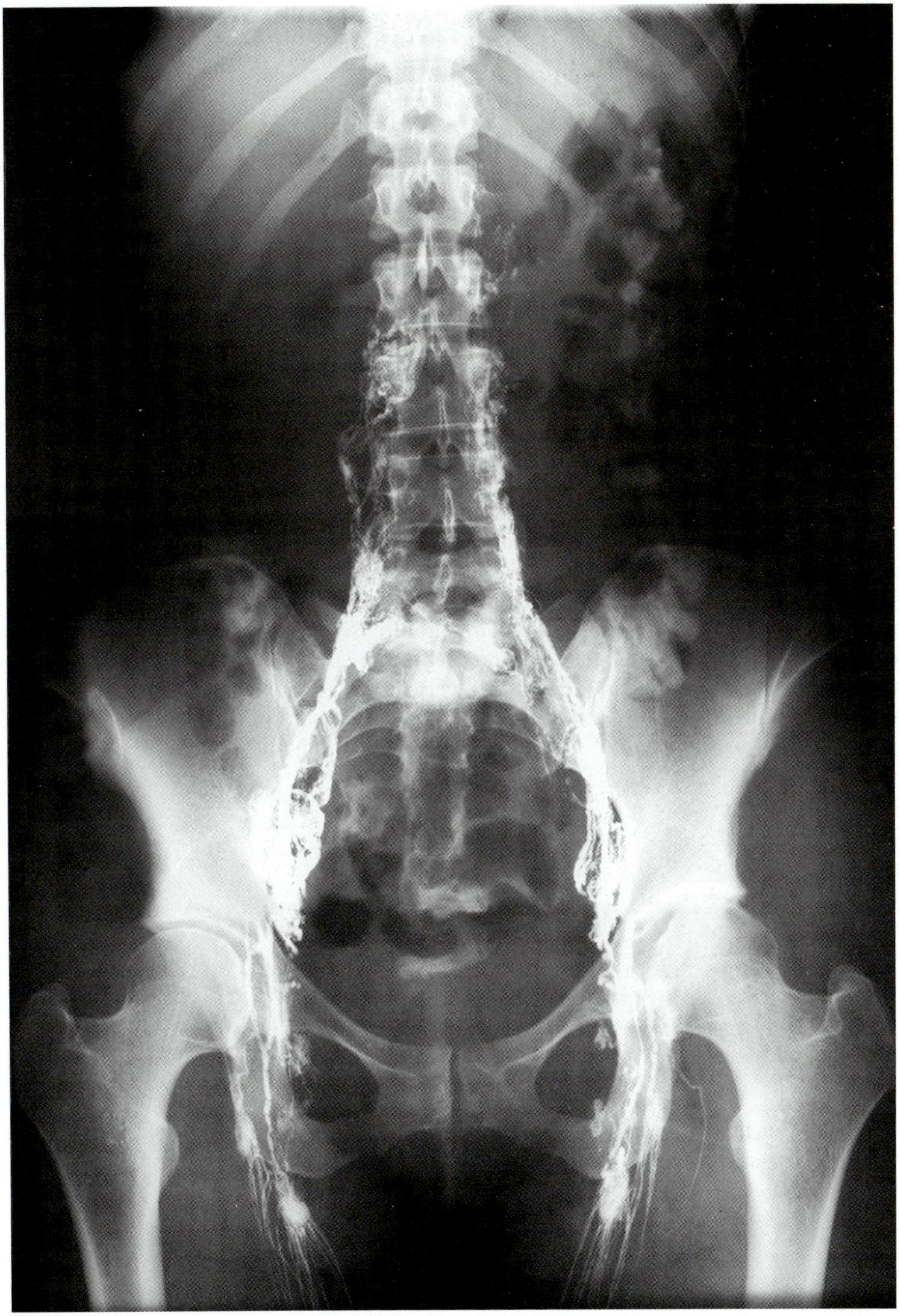

Abb. 301. Normales Lymphangiogramm nach langsamer Injektion eines Kontrastmittels in ein Lymphgefäß am Fußrücken bei einer 30jährigen Frau (Aufnahme Prof. Dr. H. W. Stadler, Erlangen). Darstellung der iliakalen und paraaortalen Lymphgefäßstraßen und Lymphknoten.

die Gefäße und Nervenplexus an die Blase heran.

Die **weibliche Urethra** ist wesentlich kürzer als die männliche (3,5 cm). Im Stehen verläuft sie fast senkrecht, im Liegen nahezu horizontal ohne wesentliche Krümmungen. Das Ostium urethrae ext. mündet in das Vestibulum vaginae. Wie beim Mann existieren zwei Sphinkteren. Das Ostium int. wird vom glatten M. sphincter vesicae (Lissosphinkter oder Sphincter int.) verschlossen. Der quergestreifte M. sphincter urethrae (Rhabdosphinkter, Sphincter ext.) wird vom Diaphragma urogenitale abgespalten und liegt etwas weiter distal. Hier ist die Fixation der Harnröhre am größten. Der vordere Teil der Urethra ist fest mit dem vaginalen Bindegewebe verbunden (Septum urethrovaginale). Die engste Stelle ist das Ostium urethrae ext. Auch am diaphragmalen Durchtritt und am Blasengrund wird das Lumen eingeengt. Die urethrale Schleimhaut wird von einem mächtigen kavernösen Venengeflecht umgeben (Corpus spongiosum urethrae). Schleimhaut und Schwellkörper sind gut entfaltungsfähig, so daß sich der Durchmesser der weiblichen Harnröhre auf 8–12 mm erweitern läßt.

5. Rektum bei der Frau

Ventral grenzt das Rektum der Frau an Vagina und Cervix uteri, von denen es durch das Septum rectovaginale und die Excavatio rectouterina getrennt wird. Kaudalwärts entfernt sich der Analkanal zunehmend von der hinteren Vaginalwand, so daß ein pyramidenförmiger, im Schnitt dreiseitiger Bindegewebsraum, das Trigonum rectovaginale, in den kaudal die Dammuskulatur eingelagert ist, entsteht. Dorsal findet man hinter dem Rektum die A. sacralis mediana als Fortsetzung der Aorta abdominalis, die Aa. sacrales lat. und die Äste der A. rectalis sup.

Vom Rektum aus können der Douglas-Raum (etwa 5–6 cm vom Anus entfernt), Zervix, Kreuz- und Steißbein sowie bei pathologischen Prozessen die Beckenlymphknoten und Verhärtungen in der Fossa ischio-analis getastet werden. Tuba uterina und Ovar sind normalerweise vom Rektum aus nicht palpabel.

Sachverzeichnis

B

C

D

E

F

G

H

M

N

O

P

Q

R

S

T

U

V